Verilog HDL 설계

Vivado와 FPGA를
이용한 설계 실습

JN446330

한빛아카데미
Hanbit Academy, Inc.

지은이 **신경욱** kwshin@kumoh.ac.kr

한국항공대학교 전자공학과에서 공학사(1984년)를 취득하고, 연세대학교에서 공학석사(1986년)와 공학박사(1990년) 학위를 취득했다. 이후, 한국전자통신연구원(ETRI) 반도체연구단에서 근무했으며, 1991년 7월부터 현재까지 금오공과대학교 전자공학부 교수로 재직 중이다. 일리노이 주립대학교 전기 및 컴퓨터공학과(1995), 캘리포니아 주립대학교 전기 및 컴퓨터공학과(2003), 조지아텍 전기 및 컴퓨터공학과(2013)에서 방문 연구를 수행했으며, 연구 분야는 디지털 집적회로 설계, 정보보안 회로 설계 및 보안 SoC 설계 등이다.

저서 및 역서

- 『핵심이 보이는 전자회로 with PSPICE(개정판)』(2018, 한빛아카데미)
- 『핵심이 보이는 전자회로 실험 with PSPICE』(2017, 한빛아카데미)
- 『기초 회로실험(개정판)』(번역서, 2016, 한올출판사)
- 『FPGA를 이용한 디지털 시스템 설계 및 실습』(2015, 카오스북)
- 『CMOS 디지털 집적회로 설계』(2014, 한빛아카데미)
- 『전자회로 : 핵심 개념부터 응용까지』(2013, 한빛아카데미)

Verilog HDL 설계 : Vivado와 FPGA를 이용한 설계 실습

초판발행 2023년 6월 23일
2쇄발행 2025년 7월 10일

지은이 신경욱 / **펴낸이** 전태호
펴낸곳 한빛아카데미(주) / **주소** 서울시 서대문구 연희로2길 62 한빛아카데미(주) 2층
전화 02-336-7112 / **팩스** 02-336-7199
등록 2013년 1월 14일 제2017-000063호 / **ISBN** 979-11-5664-661-7 93560

총괄 박현진 / **책임편집** 김평화 / **기획 · 편집** 임여울 / **교정** 이정현 / **진행** 임여울
디자인 윤혜원 / **전산편집** 임희남 / **제작** 박성우, 김정우
영업 김호철, 김태진, 김성삼, 이정훈, 임현기, 이성훈, 김주성, 심지연

이 책에 대한 의견이나 오탈자 및 잘못된 내용은 출판사 홈페이지나 아래 이메일로 알려주십시오.
파본은 구매처에서 교환하실 수 있습니다. 책값은 뒤표지에 표시되어 있습니다.

홈페이지 www.hanbit.co.kr / 이메일 question@hanbit.co.kr

Published by HANBIT Academy, Inc. Printed in Korea

Verilog HDL의 기초부터 RTL 설계 및 FPGA 구현까지

Verilog HDL은 1995년 "IEEE Std. 1364-1995"로 표준화된 이래로 반도체 집적회로(Integrated Circuit, IC)의 설계도구로 널리 사용되고 있다. 최근에는 시스템 반도체(System-on-Chip, SoC) 설계 기업체뿐만 아니라 가전, 통신 시스템, 산업용 제어기기 관련 기업체까지 사용이 보편화되고 있다. 산업체 현장실무에서 Verilog HDL의 사용이 일반화됨에 따라 최근에는 대학교와 전문대 학부과정에서 Verilog HDL을 정규 교과목으로 편성해서 교육하는 대학이 크게 늘어나고 있다. 그러나 대학교재로 사용하기에 적합한 Verilog HDL 관련 서적은 많지 않으며, 산업체 엔지니어들이 Verilog HDL을 익힐 수 있는 서적도 한정되어 있는 실정이다. 이 책은 대학교와 전문대 학부생을 대상으로 집필했으며, 대학원생이나 산업체 엔지니어들이 Verilog HDL을 익히고 실무에 활용할 수 있도록 고려했다.

이 책은 2005년에 개정된 Verilog HDL 표준(IEEE Std. 1364-2005)의 Language Reference Manual(LRM)을 반영했다. Verilog HDL 문법뿐만 아니라 디지털 시스템 설계에 사용되는 다양한 조합회로와 순차회로의 모델링 예와 적용되는 구문들을 폭넓게 소개하려고 노력했다. 또한, Verilog HDL로 설계된 회로의 FPGA 구현을 통한 하드웨어 검증, 그리고 Xilinx Vivado 툴 사용법에 관한 내용도 포함하고 있다. 따라서 이 책을 읽는 독자들은 디지털 하드웨어의 Verilog HDL 모델링에서부터 FPGA 구현 및 검증에 이르는 전체 과정을 체계적으로 학습하고 실무에 활용할 수 있을 것이다.

일반적으로 HDL을 처음 접하면 HDL을 이용한 설계가 C 언어나 Python을 이용한 소프트웨어 개발과 유사하다고 잘못 생각하기 쉽다. 그러나 HDL은 회로 설계를 위한 도구이고 HDL로 모델링된 회로는 궁극적으로 하드웨어로 구현되므로, 소프트웨어 프로그래밍과는 개념적으로 차이가 크다. 예를 들어, 특정 회로를 HDL로 설계할 때 사용되는 구문 또는 HDL 모델링 방식에 따라 합성된 회로의 게이트 복잡도, 동작속도, 전력소모 등이 달라질 수 있다. 따라서 HDL을 이용한 설계에서는 Verilog HDL의 하드웨어적인 특성을 잘 이해하는 것이 매우 중요하며, 이 책에서도 Verilog HDL 사용자가 하드웨어 구현 측면에서 고려해야 할 사항들을 상세히 언급하고자 했다.

이 책은 2013년에 출간된 『Verilog HDL을 이용한 디지털 시스템 설계 및 실습(2판)』(카오스북)의 내용을 새롭게 개편하고, 새로운 소프트웨어 툴과 설계 실습장비를 반영했다. Verilog HDL 문법을 다루는 PART 01에는 각 장에서 학습한 내용의 이해도를 점검하고 응용력을 키울 수 있도록 연습문제를 추가했다. 또한 실무현장에서 사용되는 최신 설계용 소프트웨어 툴과 FPGA 디바이스를 실습에 활용할 수 있도록 Vivado Design Suite 툴의 사용법을 소개하고, 설계 실습에 반영했다.

지은이 머리말

이 책은 지난 20여 년 동안 필자의 강의 경험을 토대로 Verilog HDL의 핵심 내용들을 간추렸으며, 학생들의 이해도를 반영하여 가능한 쉽고 명확하게 설명하고자 했다. 이 책의 모든 예제들은 시뮬레이션 또는 FPGA 구현 검증 과정을 통해 소스코드에 오류가 없도록 최대한 노력했다. 그러나 대학에서 강의하는 교수님들의 시각에 따라서는 부족한 부분이 있을 것으로 생각된다. 이 책의 내용 중 보완해야 할 부분이 있거나 소스코드에 오류가 발견되면 저자나 출판사에 알려주기 바라며, 이는 개정판에 반영하도록 하겠다.

감사의 글

이 책은 많은 분들의 직간접적인 도움으로 출간될 수 있었으며, 그분들께 감사드린다. FPGA 실습장비의 자료를 제공해주신 한백전자(주) 관계자께 감사드리며, 교정 작업에 도움을 준 금오공과대학교 VLSI설계연구실 대학원생 및 학부연구생들에게 감사의 마음을 전한다. 이 책이 출간되기까지 많은 분량의 원고를 짜임새 있고 읽기 편하게 편집하고, 교정해주신 한빛아카데미 관계자분들의 수고에도 감사드린다.

마지막으로, 이 책이 독자들에게 도움이 될 수 있기를 바란다.

2023년 6월
지은이 **신경욱**

이 책의 구성

이 책은 학부생 또는 산업체에서 일하는 실무자를 대상으로 한다. Verilog HDL에 대한 기초 문법과 함께 다양한 설계 예제를 수록했으며, Verilog HDL에 대한 사전 경험이 없는 사람들도 개인적으로 학습하는 데 어려움이 없도록 했다.

이 책은 크게 3개의 PART로 구성된다.

PART 01 Verilog HDL 문법

Verilog HDL의 어휘 규칙을 비롯해 자료형과 연산자, 할당문, 함수와 태스크 등 디지털 회로 설계 및 합성에 사용되는 Verilog HDL의 기초 문법을 중점적으로 다룬다.

PART 02 Verilog HDL을 이용한 하드웨어 모델링

PART 01에서 설명한 Verilog HDL의 문법을 적용한 하드웨어 설계 방법과 시뮬레이션을 통한 기능 검증 실습을 다룬다.

PART 03 FPGA 구현 실습

설계된 회로를 FPGA 디바이스에 구현하고 하드웨어 동작을 검증하는 과정, FPGA 실습장비와 Vivado Design Suite 툴 사용법, 그리고 다양한 실습 예제들을 포함하고 있다. 이 책의 10장, 11장, 14장, 15장에서는 다양한 설계 실습 예제와 설계과제들을 수록하여 Verilog HDL을 이용한 하드웨어 설계 및 검증 능력을 배양할 수 있도록 했다. 학생들 스스로 설계과제들을 실습해 본다면 Verilog HDL에 대한 이해와 응용력뿐만 아니라 실무 능력도 크게 향상될 것이다.

이 책의 구성

이 책은 총 15개의 장으로 구성되어 있으며, 각 장에서 다루는 주요 내용은 다음과 같다.

1장 Verilog HDL의 개요

Verilog HDL의 역사 및 특징, HDL 기반의 시스템 IC 설계과정, Verilog HDL의 어휘 규칙 등을 설명한다. 또한, Verilog HDL의 전체적인 개요를 파악할 수 있도록 네 가지 모델링 방법과 테스트벤치 예를 소개한다.

2장 자료형과 연산자

Verilog HDL의 net, variable 자료형과 벡터, 배열, parameter의 선언 방법을 설명한다. 또한, Verilog HDL의 자료형과 연산자의 사용 방법과 회로 모델링에 적용하는 예를 설명한다.

3장 게이트 수준 모델링

Verilog HDL에서 제공되는 기본 논리 게이트 프리미티브를 소개하고, 게이트 프리미티브를 이용한 게이트 수준의 설계 방법을 설명한다. 또한, 논리 게이트에 지연을 설정하는 방법과 관성지연에 대해 설명한다.

4장 할당문

Verilog HDL의 할당문과 할당문의 지연에 대해 설명하고, 연속 할당문(assign 문)을 이용한 회로 모델링 방법을 소개한다. 또한 절차형 할당문의 특성과 연속 할당문과의 차이점을 설명한다.

5장 행위수준 모델링

다양한 디지털 회로 설계와 테스트벤치 작성에 사용되는 행위수준 모델링 방법을 설명한다. 행위수준 모델링에 사용되는 always 구문과 initial 구문, 그리고 blocking 할당문과 nonblocking 할당문을 먼저 설명한 다음, 행위수준 모델링에 사용되는 if 조건문, case 문, 반복문에 대해 설명한다.

6장 구조적 모델링

구조적 모델링을 위한 모듈 정의, 모듈 인스턴스 방법, 모듈 간의 포트 연결 등에 대해 설명한다. 예를 들어, 모듈 인스턴스에 의한 계층적 설계 방법과 계층적 이름의 참조 방법에 대해 설명한 다음, 모듈 parameter 선언과 사용 방법, 생성문을 이용한 하드웨어 모델링 방법을 설명한다.

7장 함수와 태스크

Verilog HDL의 함수와 태스크의 차이를 설명하고, 함수와 태스크를 정의 및 호출하는 방법을 설명한다.

8장 컴파일러 지시어

Verilog HDL 소스코드의 컴파일 과정에 영향을 미치는 컴파일러 명령어 중 자주 사용되는 것들을 소개한다. 예를 들어, 문자 매크로 정의와 사용을 위한 컴파일러 지시어, 시간과 지연의 단위와 정밀도 지정을 위한 컴파일러 지시어, 파일 삽입과 선택적 컴파일 방법 등에 대해 설명한다.

9장 시스템 태스크와 시스템 함수

Verilog HDL에서 기본적으로 제공하는 시스템 태스크와 시스템 함수의 사용 방법에 대해 소개한다. 예를 들어, 디스플레이 시스템 태스크, 파일처리용 시스템 태스크, 시뮬레이션 제어 시스템 태스크, 자료형 변환용 시스템 함수의 사용 방법을 설명한다.

10장 조합회로 모델링

여러 가지 조합회로를 Verilog HDL의 다양한 방법으로 모델링하고, 시뮬레이션 테스트벤치를 작성해서 RTL을 검증하는 실습을 다룬다. 또한, if 문과 case 문의 형태가 회로 합성에 미치는 영향과 원하지 않는 래치가 합성되지 않도록 하는 Verilog HDL의 코딩 스타일을 소개한다.

11장 순차회로 모델링

여러 가지 순차회로를 Verilog HDL의 다양한 방법으로 모델링하고, 시뮬레이션 테스트벤치를 작성해서 RTL을 검증하는 실습을 다룬다. 또한, blocking 할당문과 nonblocking 할당문이 순차회로 합성에 미치는 영향을 설명하고, 시뮬레이션을 통해 확인할 수 있도록 한다.

12장 FPGA 실습장비

FPGA 구현 실습에 사용되는 실습장비(FPGA Digital Logic Design, 한백전자(주))의 구성과 주요 특징을 소개한다. 14장과 15장의 실습 예제에 사용되는 주요 장치들의 기능, 동작원리, 핀 할당 정보 등을 소개하여 실습에 활용할 수 있도록 한다.

13장 Vivado Design Suite 사용법

Xilinx Vivado를 이용한 설계 방법과 과정을 개략적으로 소개한다. 프로젝트 생성부터 설계 입력, 시뮬레이션, 설계 합성 및 구현, 디바이스 프로그래밍에 이르기까지 설계 흐름을 설명하며, Vivado를 처음 접하는 초급자들에게 필요한 핵심적인 기능과 사용법을 중심으로 설명한다.

14장 조합회로의 FPGA 구현 실습

다양한 조합회로를 Verilog HDL로 모델링하여 기능 검증을 하고, 실습장비의 FPGA 디바이스에 구현하여 하드웨어 동작을 확인하는 설계 실습을 다룬다.

15장 순차회로의 FPGA 구현 실습

다양한 순차회로와 FPGA 실습장비에 장착되어 있는 Piezo, 스텝 모터, Color LED, Text LCD 등의 장치를 이용한 응용회로를 설계하여 기능 검증을 하고, 실습장비의 FPGA 디바이스에 구현하여 하드웨어 동작을 확인하는 설계 실습을 다룬다.

미리보기

학습 목표

- Verilog HDL의 역사를 살펴보고, 주요 특징을 이해한다.
- HDL 기반의 시스템 IC 및 디지털 시스템 설계과정에 대해 이해한다.
- Verilog HDL을 구성하는 어휘 단위와 어휘 규칙을 이해한다.
- Verilog HDL의 개략적인 구성 요소와 회로 모델링 방법, 테스트벤치에 대해 이해한다.

학습 목표

각 장에서 학습할 주제와
목표를 제시한다.

들어가기 전에

해당 장의 내용을 왜 배우는지,
무엇을 배우는지 설명한다.

들어가기 전에

Verilog HDL[Hardware Description Language]은 단순 논리 게이트나 플립플롭에서부터 마이크로프로세서, 시스템 반도체[System-on-Chip, SoC]에 이르기까지 다양한 디지털 회로와 시스템의 설계, 검증, 문서화에 적합하도록 개발된 하드웨어 기술 언어이다. C 언어, 파이썬[Python] 등의 소프트웨어 프로그래밍 언어와 다르게 하드웨어 구조와 동작의 모델링에 적합한 언어 요소들을 가지며, 디지털 하드웨어를 여러 계층 레벨에서 표현하고 검증할 수 있다.

회로의 복잡도가 크지 않았던 과거에는 회로 기호를 배치 · 배선하여 회로도를 그리는 회로도[schematic] 기반의 설계 방법과 이를 위한 설계자동화[Computer Aided Design, CAD] 툴들이 널리 사용되어 왔다. 그러나 수십만 게이트 이상의 복잡도를 갖는 시스템 IC[Integrated Circuit]의 설계, 검증 작업에 있어서 이러한 고전적인 회로설계 방법은 많은 시간과 노력이 소요되는 비효율성을 갖게 되었다. 따라서 하드웨어 기술 언어를 이용하여 회로의 기능과 구조를 언어 기반으로 표현함으로써 보다 쉽고 효율적으로 회로를 설계하고 검증하는 방법의 필요성에 의해 HDL이 개발되었다.

문법 7-3 태스크 정의

```
// 방법-①
task [automatic] task_name ;
   port_declaration port_name {, port_name};
   {block_item_declaration}
    procedural_statements;
endtask
```

```
// 방법-②
task [automatic] task_name (port_declaration port_name {, port_name}, ... );
   {block_item_declaration}
    procedural_statements;
endtask
```

- 방법-① : 태스크 이름 뒤에 입력, 출력 인수 목록을 생략하고, 선언부에 입력, 출력 인수와 절차형 블록에서 선언될 수 있는 자료형들이 선언된다.
- 방법-② : 태스크 이름 뒤의 괄호 안에 입력, 출력 인수 목록을 나열한다. 태스크 포트 목록은 생략될 수 있으며, 생략되지 않는 경우에는 콤마로 분리된 포트들로 구성된다.
- [automatic] : Verilog-2001에서 추가된 선택사항(옵션)이며, 태스크가 호출될 때마다 저장 공간을 할당하여 태스크가 재진입할 수 있도록 한다. 참고로, 태스크에 대한 이전 호출의 실행 중인 동안에도 태스크를 호출할 수 있다.
- port_declaration : port_direction [signed] [reg] [range]가 될 수 있으며, port_direction은 input, output, inout 중 하나가 될 수 있다. 태스크 결과 값 또는 입력 인수의 부호 속성, 비트 범위, 자료형을 지정하며, `signed [msb : lsb]`, `reg [msb : lsb]`, `integer`, `real`, `time`, `realtime` 중 하나가 될 수 있다. 생략되면 1비트로 처리된다.
- 태스크는 내부에 `#`, `@`, wait 등의 시간 제어를 포함할 수 있다.

문법 박스

반드시 알아야 할
Verilog HDL의 주요 문법을
상세하게 설명한다.

■ 식별자와 키워드

식별자[identifier]는 객체에 이름을 지정하기 위해 사용되며, 단순 식별자와 확장 식별자[escaped identifier]로 구분된다. 단순 식별자는 일련의 알파벳 문자, 숫자, 기호 $, 밑줄 등으로 구성되며, 첫 번째 문자는 알파벳 또는 밑줄만 사용될 수 있고, 숫자나 기호 $가 사용될 수 없다. 식별자에서 대문자와 소문자는 서로 다른 문자로 취급된다.

다음의 예는 유효한 Verilog HDL 식별자들을 나타낸다.

[예시 1-10] 유효한 Verilog HDL 식별자 예

```
shiftreg_a
busa_index
error_condition
merge_ab
_bus3
n$657
```

NOTE 시뮬레이터 또는 논리 합성 소프트웨어에 따라 식별자의 최대 길이에 제한이 있으나, 최대 1,024문자 이내이다. 식별자의 길이가 소프트웨어의 길이제한을 초과하는 경우에는 오류가 발생된다.

예시 박스

Verilog HDL의 문법이 적용된 예를 보여주고 설명한다.

NOTE

참고로 알아두면 좋은 내용과 주의해야 할 사항을 설명한다.

❷ Verilog HDL 모델링

15.1.2절에서 설계된 방식과 유사하게 여러 가지 방법으로 설계할 수 있으나, 시프트 연산자 <<와 >>를 사용해서 [코드 15-14]와 같이 설계한다. if (load) 조건문을 사용해서 load='1'인 경우 din[7:0]을 레지스터에 병렬입력하고, load='0'인 경우 mode 신호에 따라 왼쪽 또는 오른쪽 시프팅 동작을 구현한다.

코드 15-14 좌우 시프팅 기능을 갖는 병렬입력-병렬출력 8비트 시프트 레지스터 모델링

```
module shift_reg8b_pld (input clk, input rst, input load, input mode, input [7:0] din,
                        output [7:0] pout);
  reg     [7:0] reg_tmp;

  assign pout = reg_tmp;

  always @(posedge clk or posedge rst) begin
  // active-high 비동기식 리셋 동작을 모델링한다.
  // if (load) 조건문에 의해
   - load=1인 경우, data_in[7:0]을 레지스터에 병렬로 입력한다.
   - load=0인 경우, 왼쪽 시프트(mode=0) 또는 오른쪽 시프트(mode=1) 동작을 모델링한다.
  end

endmodule
```

코드 박스

다양한 회로의 Verilog HDL 모델링 소스코드를 소개한다.

코딩 가이드

직접 코드를 완성해볼 수 있도록 가이드를 제시한다.

연습문제

2.1 다음에 대해 Verilog HDL 자료형을 선언하라.

(a) **wire** 자료형의 32비트 add_out
(b) **wire** 자료형의 1비트 y_out
(c) **wire** 자료형의 16비트 A_sig, B_sig, C_sig
(d) **reg** 자료형의 16비트 addr_dec
(e) **reg** 자료형의 1비트 mux_out
(f) **reg** 자료형의 16비트 워드 128개로 구성되는 1차원 배열 Mem_16bx128

2.2 다음의 Verilog HDL 자료형 선언에서 잘못된 곳을 찾아 올바로 수정하라.

(a) **reg** [7:0] reg_A, **reg** [15:0] reg_B;
(b) **integer** [31:0] int_A;
(c) **wire** [3:0] wireA, **reg** [3:0] regB;
(d) module exam (**input** [3:0] a, **output** [1:0] b);
    reg [3:0] a;

연습문제

학습한 내용을 점검할 수 있도록 양질의 연습문제를 제공한다.

강의 보조 자료

한빛아카데미 홈페이지에서 '교수회원'으로 가입하신 분은 인증 후 교수용 강의 보조 자료를 제공받을 수 있습니다. 한빛아카데미 홈페이지 상단의 〈교수전용공간〉 메뉴를 클릭하세요.

http://www.hanbit.co.kr/academy

연습문제 해답 안내

이 책은 대학 강의용 교재로 개발되었으므로 연습문제 해답을 제공하지 않습니다.

참고 문헌

1. 신경욱, 『Verilog HDL을 이용한 디지털 시스템 설계 및 실습(2판)』, 카오스북, 2013
2. IEEE Standard Verilog Hardware Description Language, "IEEE. Std 1364–2005", IEEE Computer Society, Apr. 2006
3. Michael D. Ciletti, 『Modeling, Synthesis and Rapid Prototyping with Verilog HDL』, Prentice Hall, 1999
4. Stuart Sutherland, "Verilog HDL Quick Reference Guide", Sutherland HDL, Inc., 2001
5. Clifford E. Cummings, "Advanced Verilog Techniques Workshop", 2001
6. Clifford E. Cummings, "Nonblocking Assignments in Verilog Synthesis, Coding Styles That Kill!", SNUG–2000, San Jose, CA, 2000
7. M. B. Lin, 『Digital System Designs and Practices』, Wiley, 2008
8. T. R. Padmanabhan, B. Bala Tripura Sundari, 『Design Through Verilog HDL』, Wiley–IEEE Press, 2003
9. 한백전자(주), 『FPGA Digital Logic Design 장비를 이용한 디지털 논리회로 설계(Xilinx FPGA)』, 도서출판 한백, 2019
10. Vivado Design Suite User Guide – Design Flows Overview(UG892), Xilinx, Inc., Apr. 2018
11. Vivado Design Suite User Guide – Using the Vivado IDE(UG893), Xilinx, Inc., Apr. 2022
12. Vivado Design Suite User Guide – Synthesis(UG901), Xilinx, Inc., Apr. 2018
13. Vivado Design Suite User Guide – Using Constraints(UG903), Xilinx, Inc., Apr. 2018
14. Vivado Design Suite User Guide – Implementation(UG904), Xilinx, Inc., Apr. 2018
15. 7 Series FPGAs Configurable Logic Block – User Guide(UG474), Xilinx, Inc., Sep. 2016

목차

PART 01 Verilog HDL 문법

목차

목차

PART 02

Verilog HDL을 이용한 하드웨어 모델링

PART 03 FPGA 구현 실습

PART 01
Verilog HDL 문법

CHAPTER 01
Verilog HDL의 개요

학습 목표

- Verilog HDL의 역사를 살펴보고, 주요 특징을 이해한다.
- HDL 기반의 시스템 IC 및 디지털 시스템 설계과정에 대해 이해한다.
- Verilog HDL을 구성하는 어휘 토큰과 어휘 규칙을 이해한다.
- Verilog HDL의 개략적인 구성 요소와 회로 모델링 방법, 테스트벤치에 대해 이해한다.

들어가기 전에

Verilog HDL[Hardware Description Language]은 단순 논리 게이트나 플립플롭에서부터 마이크로프로세서, 시스템 반도체[System-on-Chip, SoC]에 이르기까지 다양한 디지털 회로와 시스템의 설계, 검증, 문서화에 적합하도록 개발된 하드웨어 기술 언어이다. C 언어, 파이썬[Python] 등의 소프트웨어 프로그래밍 언어와 다르게 하드웨어 구조와 동작의 모델링에 적합한 언어 요소들을 가지며, 디지털 하드웨어를 여러 계층 레벨에서 표현하고 검증할 수 있다.

회로의 복잡도가 크지 않았던 과거에는 회로 기호를 배치 · 배선하여 회로도를 그리는 회로도[schematic] 기반의 설계 방법과 이를 위한 설계자동화[Computer Aided Design, CAD] 툴들이 널리 사용되어 왔다. 그러나 수십만 게이트 이상의 복잡도를 갖는 시스템 IC[Integrated Circuit]의 설계, 검증 작업에 있어서 이러한 고전적인 회로 설계 방법은 많은 시간과 노력이 소요되는 비효율성을 갖게 되었다. 따라서 하드웨어 기술 언어를 이용하여 회로의 기능과 구조를 언어 기반으로 표현함으로써 보다 쉽고 효율적으로 회로를 설계하고 검증하는 방법의 필요성에 의해 HDL이 개발되었다.

디지털 회로와 아날로그 회로를 막론하고 상향식[bottom-up] 설계 방법이 보편적으로 사용되어 왔다. 그러나 회로의 기능과 구조의 복잡도가 급격히 증가함에 따라 상향식 설계 방법으로는 적절한 설계 생산성을 유지하는 것이 어렵게 되었으며, 따라서 HDL을 기반으로 한 계층적, 하향식[top-down] 설계 방법이 등장하게 되었다. Verilog HDL은 상향식 설계와 하향식 설계에 모두 적용 가능하며, 트랜지스터 수준에서부터 게이트 수준, 레지스터 전송 수준[Register Transfer Level, RTL] 및 행위수준[behavioral level]에 이르기까지 다양한 계층에서의 디지털 하드웨어 설계에 사용될 수 있다.

Verilog HDL은 언어의 규격이 IEEE[Institute of Electrical and Electronics Engineers] 표준으로 규정되어 있다. 많은 EDA[Electronic Design Automation] 업체에서 상호 호환되는 검증 및 회로 합성용 소프트웨어를 개발 · 판매하고 있으며, 반도체 설계 및 시스템 업체에서 폭넓게 사용되고 있다. HDL 기반의 설계를 통해 EDA 소프트웨어, FPGA[Field Programmable Gate Array] 디바이스, 반도체 제조공정 등에 무관하게 회로 설계, 검증, 합성 등 설계 작업을 효율적으로 할 수 있다.

SECTION 1.1

Verilog HDL의 역사

Verilog HDL의 역사는 1980년대로 거슬러 올라간다. 1983년 미국 매사추세츠 액튼[Acton] 소재의 게이트웨이 디자인 오토메이션[Gateway Design Automation]사에서 Verilog-XL이라는 논리 시뮬레이터와 함께 사용될 수 있는 하드웨어 기술 언어를 개발한 것이 시초이며, 그 당시 사용되고 있던 하드웨어 기술 언어인 HiLo와 범용 컴퓨터 언어인 C 언어의 특징을 기반으로 개발된 것으로 알려지고 있다. 1985년 Verilog 시뮬레이터 제품이 EDA 시장에 발표되었으며, 1989년에 캘리포니아 산호세[San Jose] 소재의 케이던스 디자인 시스템즈[Cadence Design Systems]사에서 게이트웨이 디자인 오토메이션사를 합병하여 Verilog HDL과 시뮬레이터에 대한 사용권한을 인수하게 되었다. 케이던스[Cadence]사는 Verilog HDL 언어와 시뮬레이터인 Verilog-XL에 대한 판매를 지속해왔고, 시놉시스[Synopsys]사는 Verilog HDL을 이용한 하향식[top-down] 설계 방법 및 EDA 툴을 판매해왔다.

한편, 그 당시 미국 정부(국방성)의 지원을 받아 국제 표준화가 진행된 VHDL이 업계의 표준으로 자리 잡아가는 것에 부담을 느낀 케이던스사는 Verilog HDL의 표준화 필요성을 인식하고, 1991년 Open Verilog International[OVI]이라는 조직을 구성하고 Verilog HDL을 공개했다. OVI는 Language Reference Manual[LRM]을 개정하는 등 많은 노력을 기울였으며, 그 결과로 1993년 12월에 IEEE Working Group이 구성되어 표준화 작업을 진행했으며, 1995년 12월 IEEE Std. 1364-1995로 표준화되었다.

케이던스사가 OVI에 LRM을 공개한 이후로 많은 회사들이 Verilog 시뮬레이터를 개발하기 시작했으며, 크로놀로지 시뮬레이션[Chronologic Simulation]사에 의해 개발된 Verilog Compiled Simulator[VCS]는 일반적으로 사용되는 Verilog 시뮬레이터들 중의 하나이다. VCS는 번역기인 Verilog-XL과는 달리 컴파일러로 개발되었으며, 그 결과 시뮬레이션 속도가 매우 빨라지게 되었다.

그 후, 기존의 Verilog HDL의 단점들을 보완하고 개선하기 위해 2001년에 IEEE Std. 1364-2001로 개정되었으며, 최근에는 시스템 반도체[System-on-Chip, SoC] 기술의 보편화 추세에 따라 Verilog HDL의 확장 형태인 SystemVerilog가 개발되어 IEEE 표준화되었다.

SECTION 1.2

Verilog HDL의 특징

Verilog HDL은 국제적으로 표준화[IEEE Std. 1364-1995, 2001]된 언어이므로 시뮬레이션 및 합성을 위한 특정 EDA 소프트웨어에 종속적이지 않으며, 특정 반도체 제조공정 또는 설계 방법에 제한을 받지 않는다. Verilog HDL로 기술된 설계는 특정 FPGA 디바이스 또는 특정 반도체 제조공정 기술에 맞도록 회로를 합성하고, 검증할 수 있다.

Verilog HDL은 일반적으로 사용되는 프로그래밍 언어와 원리가 유사하다. 또한, 하드웨어적인 특성이 추가되어 표현 능력이 향상되었다. Verilog HDL은 광범위한 기술 능력을 가져 트랜지스터 스위치에서부터 시스템 수준에 이르기까지 하드웨어의 동작과 기능 그리고 구조를 기술할 수 있으며, 시뮬레이션과 합성을 위해서 여러 레벨의 표현을 혼합해서 사용할 수 있다.

Verilog HDL은 여러 계층의 설계 표현이 가능하므로, 설계과정의 여러 단계에서 다른 목적으로 사용될 수 있다. 최상위 수준에서 확률함수(큐, 랜덤 확률분포)를 포함하는 성능 모델링이 가능하고, 행위 수준 모델링을 통해 시스템 기능을 모델링할 수 있어 시스템 분석과 분할 단계에서 매우 유용한 수단을 제공한다. 한편, Verilog HDL은 하드웨어-소프트웨어 분할 이전의 추상적 시스템 수준 시뮬레이션에는 적합하지 않으며, 최근에는 이를 위해 SystemVerilog가 사용된다. Verilog HDL은 RTL 모델링을 통한 디지털 시스템의 상세설계에 사용될 수 있으며, RTL 모델링은 회로 합성 툴에 의해 게이트 수준의 회로로 변환된다. Verilog HDL은 또한 게이트와 스위치 수준의 표현도 제공하며, 게이트 수준의 논리 시뮬레이션, 정적 및 동적 타이밍 분석, 테스트 용이성 분석과 고장모델 시뮬레이션 등 디지털 설계의 다양한 검증에 사용될 수 있다. Verilog HDL은 시뮬레이션 벡터, 예상 결과, 결과 비교 및 분석 등 시뮬레이션 환경의 표현에도 사용될 수 있다. 또한 게이트 수준의 fanout 부하효과와 SDF[Standard Delay Format] 데이터를 이용한 타이밍 시뮬레이션에도 사용될 수 있다. Verilog HDL을 지원하는 EDA 툴들은 이들 설계과정에서 필요한 집적화된 설계환경을 제공한다.

SECTION 1.3

HDL 기반의 시스템 반도체 설계과정

최근 반도체 설계 및 제조공정 기술의 급속한 발전에 힘입어 단일 칩에 수십만에서 수백만 게이트가 집적되는 시스템 반도체SoC가 보편화되고 있다. 수십만 게이트 이상의 복잡한 회로를 효율적이고도 정확하게 설계하기 위해서는 HDL 기반의 설계, 검증, 합성을 지원하는 고성능 EDA 툴의 사용이 필수적이다.

[그림 1-1]은 HDL 기반의 시스템 반도체 및 디지털 시스템 설계과정을 개략적으로 나타낸다. 전반부 설계front-end design에서는 설계할 시스템의 설계사양design specification 결정부터 시작하여 상위수준 모델링 및 검증, HDL을 이용한 RTL 모델링 및 기능 검증, 회로 합성 및 게이트 수준 검증 등의 과정을 거쳐 게이트 수준의 netlist를 생성한다. 후반부 설계back-end design에서는 전반부 설계에서 얻어진 netlist를 사용하여 레이아웃layout 설계를 진행하고, 레이아웃 후post-layout 검증을 거쳐 매스크 제작을 위한 PGPattern Generation 데이터를 생성한다. 후반부 설계에서 생성된 PG 데이터는 매스크 제작회사로 보내 매스크를 제작하며, 반도체 제조회사는 제작된 매스크를 이용하여 웨이퍼에 칩을 제조한다. 제조된 웨이퍼는 각종 테스트를 거쳐 개별 칩으로 패키징되고, 최종 테스트와 신뢰성 검사를 거쳐 상품으로 판매된다. 이와 같은 시스템 반도체 개발과정은 레이아웃 설계와 매스크 제작, 웨이퍼 가공 및 칩 테스트 등에 긴 시간과 많은 비용이 소요되므로, 대량으로 생산되는 IC에 적합하다. 반면에, 소량 다품종으로 생산하거나 설계된 회로의 하드웨어 동작을 검증하는 경우에는 [그림 1-1]의 전반부 설계 결과를 직접 FPGA 디바이스에 구현하는 방법을 사용한다.

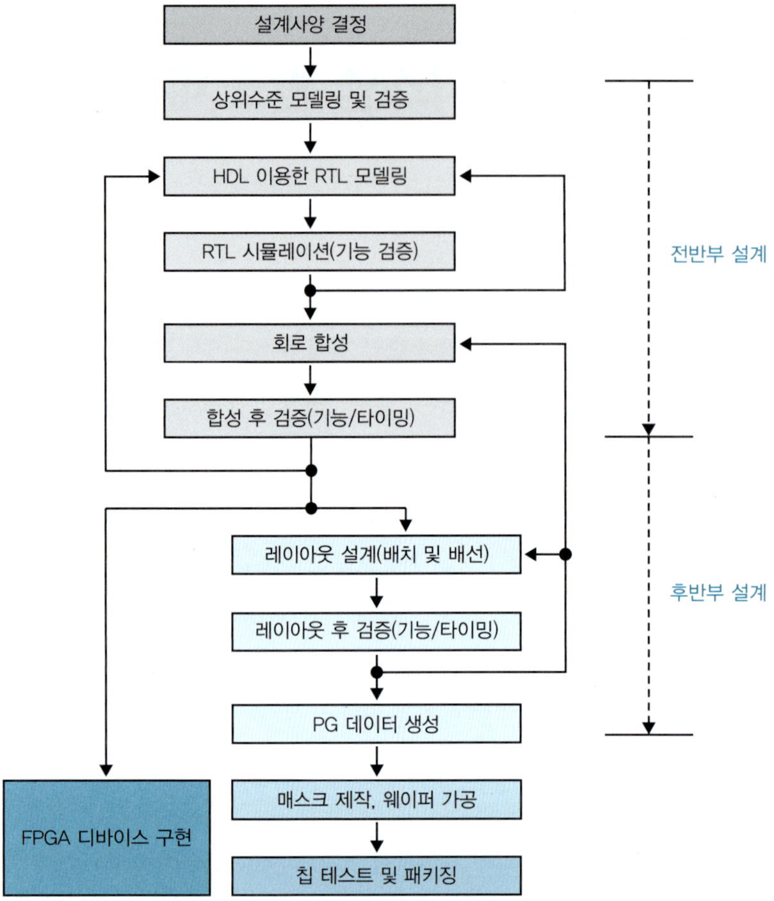

[그림 1-1] HDL 기반 시스템 반도체(디지털 시스템) 설계과정

1 설계사양 결정

설계사양은 회로의 기능, 성능 목표치, 동작 주파수, 칩 면적 및 전력소모 목표치, 테스트 커버리지[test coverage], 설계기간, NRE[Non-Recurring Engineering] 비용, 칩 단가 등이 포함된 설계목표를 체계적으로 정리한 명세서를 의미한다. 설계사양을 구체적이고 정확하게 작성하는 것은 설계과정에서 나타날 수 있는 여러 가지 형태의 타협 조건[trade-off] 문제에 대해 올바른 설계사양 결정을 내리는 데 도움을 줄 수 있다. 목표 시스템에 대한 구체화된 설계사양에는 설계될 시스템의 분할, 적용될 알고리즘과 아키텍처, 입출력 신호의 이름과 비트 폭, 데이터 입출력 및 제어신호의 타이밍 관계, 리셋과 클록신호에 대한 정의 등이 포함된다.

2 상위수준 모델링 및 검증

상위수준[behavioral-level] 모델링은 상세설계 이전에 설계사양을 확인할 수 있도록 시스템의 전체 기능을 모델링하고 검증하는 과정이다. 설계사양에서 정의된 기능의 만족 여부, 입출력 인터페이스의 호환성, 국제표준을 적용하는 경우에 표준규격의 만족 여부 등을 검증한다. 또한, 시스템 성능의 병목[bottleneck] 부분을 찾아내기 위한 성능모델 등 시스템 특성을 추상화하는 모델이 포함될 수도 있다. 이를 위해 C 언어, 파이썬과 같은 프로그래밍 언어, SystemVerilog 또는 Verilog HDL 등이 사용된다. Verilog HDL은 시스템 수준의 모델링에는 적합하지 않은 측면이 있으며, 최근에는 SystemVerilog가 많이 사용된다.

3 RTL 설계와 테스트벤치 작성

전체 시스템 구조와 분할, 상위수준 모델링 및 검증이 완료되면, 전용 시스템 반도체[System Integrated Circuit] 또는 FPGA 디바이스로 구현하기 위한 상세설계가 진행된다. 상세설계는 합성 가능한 Verilog HDL 구문들을 이용하여 RTL 모델링을 하고 이를 검증하기 위한 테스트벤치[testbench]를 작성하는 것이다. RTL 모델링과 테스트벤치 작성은 상호 보완적이며, 때로는 설계사양에 대한 의미 해석이 올바른지 확증하기 위해 서로 다른 팀에 의해 진행기도 한다. RTL 모델링은 회로 합성 툴로 합성될 수 있도록 개발되어야 한다. 합성 가능한 RTL 설계는 하위모듈 또는 게이트 프리미티브[primitive] 인스턴스를 이용한 구조적 모델링, `assign` 문을 이용한 데이터 흐름[data flow] 모델링, 그리고 `always` 구문을 이용한 행위수준 모델링을 적절하게 혼합하여 사용한다. RTL 설계에서는 최적의 하드웨어가 합성되도록 모델링하는 것이 중요하며, 합성이 지원되지 않는 구문은 사용하지 말아야 한다. 또한, 회로의 목표 성능이 만족되는 최적의 레지스터 위치를 고려해서 모델링해야 한다.

4 RTL 기능 검증

RTL 설계가 완료된 Verilog HDL 모델은 회로의 기능이 올바른지를 확인하기 위해 기능 검증을 수행한다. 회로 합성 이전에 행해지는 RTL 시뮬레이션은 회로 내부의 지연이 고려되지 않고 단순히 기능수준에서 이루어지며, 회로의 기능을 정확하게 검증할 수 있는 시뮬레이션 입력 벡터의 생성이 중요하다. 최종 제품(시스템 IC 또는 FPGA 디바이스)의 품질이 테스트벤치의 테스트 커버리지에 영향을 받으므로, 테스트벤치 작성은 설계자의 능력과 숙련도를 요구하는 중요한 작업이다. 최근 시스템 복잡도가 급격히 증가함에 따라 검증 작업이 설계과정의 병목이 되며, 이를 해결하기 위한 방안으로 SystemVerilog가 사용되기도 한다. RTL 기능 검증은 게이트 수준의 시뮬레이션에 비해 수 배~수십 배 빠르며, 이와 같은 고속 시뮬레이션 특성은 더욱 다양하고 정밀한 시뮬레이션을 통해 검증의 정확성을 확보하는 목적으로 활용된다. 일반적으로, 전체 설계시간의 70~80%가 RTL 모델링과 검증에 소요되고, 나머지 20~30%의 시간이 회로 합성과 게이트 수준의 검증에 소요된다. 최근의 deep-submicron 공정 기술과 수백 MHz 이상의 고속 회로의 설계에서는 보다 정밀한 타이밍 검증이 요구되며, 따라서 회로 합성과 게이트 수준의 타이밍 검증에 점점 더 많은 시간이 소요되는 추세이다.

5 회로 합성

회로 합성logic synthesis은 RTL 모델링된 HDL 소스코드를 게이트 수준의 논리회로로 변환하는 과정이며, 이때 합성 조건들이 명시된 design constraint와 타깃 라이브러리target library가 사용된다. [그림 1-2]는 회로 합성의 개념을 보여준다. design constraint에는 합성되는 회로의 목표 동작 주파수, 클록신호 사양, 입출력 신호 사양, 환경변수 및 설계규칙, 면적 등 회로 합성에 사용될 각종 조건들이 명시되며, 타깃 라이브러리는 특정 회사의 FPGA 디바이스 또는 특정 반도체 제조회사의 셀 라이브러리cell library가 사용된다.

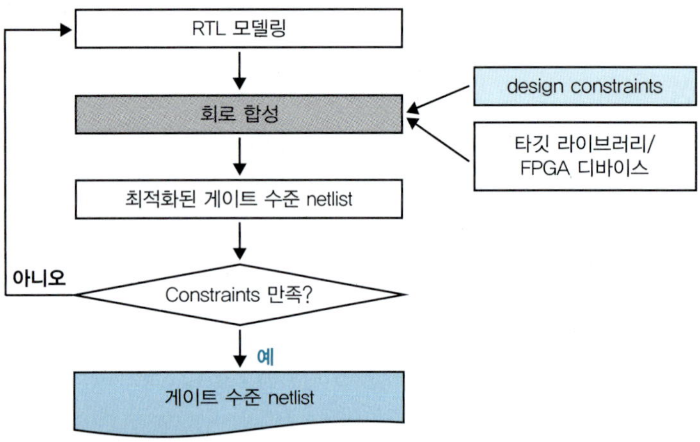

[그림 1-2] 회로 합성의 개념

합성synthesis은 여러 EDA 툴에서 일반적으로 사용되는 용어이며, 이 책에서는 Verilog HDL로 모델링된 소스코드로부터 게이트 수준의 로직을 생성하는 과정이라고 정의한다. 일반적으로, 회로 합성은 [그림 1-3]의 과정으로 이루어진다. HDL 소스코드를 읽어 문법적인 오류를 분석하고, 구문을 해석하여 논리게이트로 변환하는 단계, 논리회로 최적화 알고리즘을 적용하여 회로를 간소화시키는 최적화 단계, 그리고 셀 라이브러리로 매핑하는 단계로 처리된다.

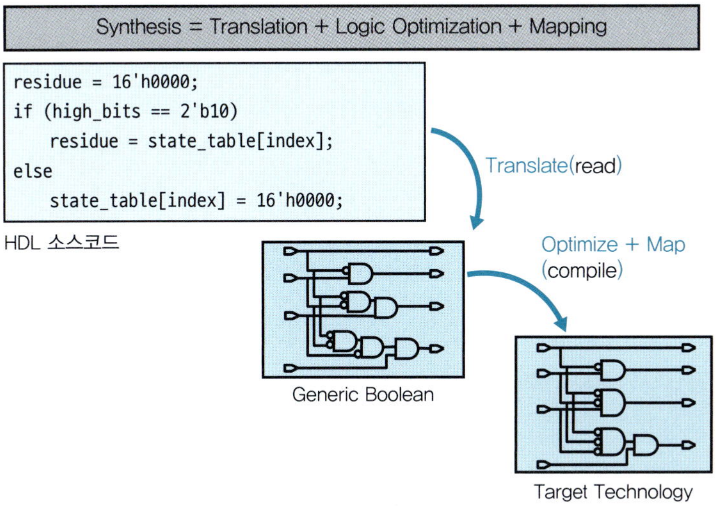

[그림 1-3] 회로 합성 과정

설계자가 원하는 하드웨어를 얻기 위해서는 합성 가능한 올바른 Verilog HDL 소스코드를 작성해야 한다. Verilog HDL의 합성을 위한 IEEE 표준[IEEE Std. 1364-2001]이 제정되어 있으나, 모든 회사의 합성 툴들이 이 표준을 엄격히 따르는 것은 아니며, 기능적으로 올바른 Verilog HDL 소스코드라도 합성 툴에 따라 결과가 달라질 수 있다. 따라서 게이트 수, 동작속도, 전력소모 등의 측면에서 우수한 회로가 생성되도록 Verilog HDL 모델링을 해야 한다.

6 합성 후 기능 및 타이밍 검증

회로 합성이 완료되면 게이트 수준의 netlist가 생성되며, 합성에 사용된 라이브러리(또는 FPGA 디바이스)의 특성(셀의 지연, 면적, 부하효과 등)이 합성된 회로에 반영된다. 따라서 합성 이전의 RTL 검증에서 반영되지 못했던 회로의 동작 타이밍을 보다 자세히 검증할 수 있다. 게이트 수준의 타이밍 검증은 정적 타이밍 분석[Static Timing Analysis, STA]과 타이밍 시뮬레이션을 통해 이루어진다. STA는 합성된 회로의 신호경로를 중심으로 타이밍을 분석하므로 시뮬레이션 벡터가 사용되지 않는다. STA는 레지스터의 준비시간[setup time]과 유지시간[hold time] 위반 여부를 분석하여 합성된 회로의 타이밍을 검증한다. 합성 후 검증에서는 RTL 검증에서 사용되었던 테스트 벡터를 동일하게 적용하여 기능 및 타이밍 시뮬레이션도 함께 수행된다.

7 레이아웃 설계

레이아웃 설계는 회로 합성을 통해 생성된 게이트 수준 netlist를 매스크 제작에 사용될 레이아웃 도면으로 변환하는 과정이다. 최근의 시스템 IC 레이아웃 설계는 자동 배치 · 배선[Automatic Placement & Routing, Auto P&R] 툴에 의해 이루어진다.

[그림 1-4]는 Auto P&R에 의한 레이아웃 설계의 개념을 나타낸다. P&R 툴은 칩 제작공정에 맞게 미리 설계된 표준 셀 라이브러리standard cell library, RAM, ROM 등의 매크로 셀, I/O 패드 셀과 설계자가 지정한 타이밍 조건timing constraint을 적용하여 최적화된 레이아웃 도면을 생성한다.

Auto P&R에 의한 레이아웃 설계는 설계자가 지정한 타이밍 제약조건을 읽어 들이는 준비과정을 거친 후, floor-planning 과정을 통해 전체적인 칩의 크기, 패드 영역, 코어 영역 등을 지정하고 패드 셀을 배치하며, 전원VDD와 GND 공급을 위한 power ring을 설계한다. floor-planning이 완료되면, 타이밍 제약조건을 고려하여 셀을 배치placement하는 과정이 진행된다. 그 다음으로 클록 트리 합성Clock Tree Synthesis, CTS을 통해 전체 칩에 클록신호를 공급하는 클록 버퍼를 삽입하고, 마지막 단계로 배치된 셀들에 대한 배선과정을 통해 레이아웃 설계가 완성된다.

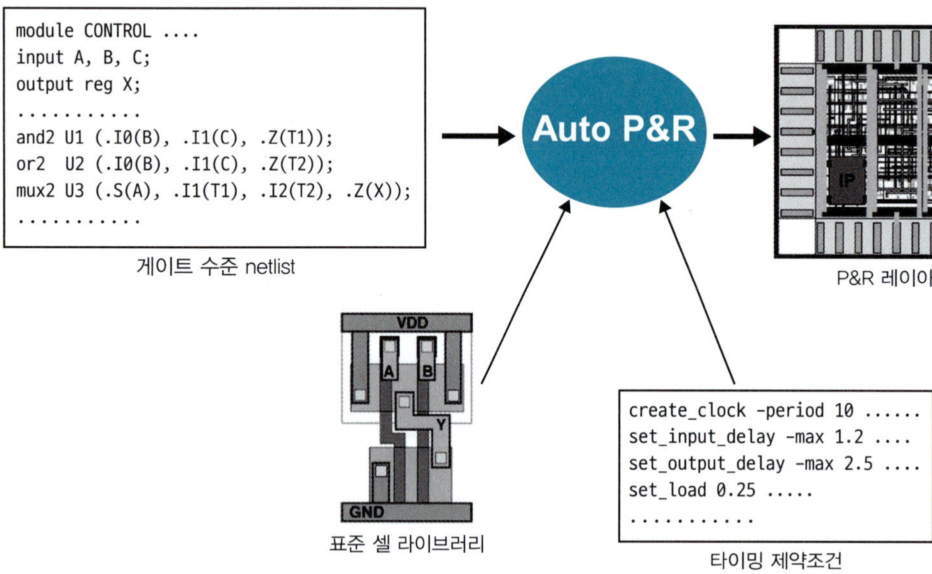

[그림 1-4] 레이아웃의 설계 개념

8 레이아웃 후 검증

레이아웃 설계가 완료되면, 완성된 레이아웃으로부터 셀과 배선에 의한 지연 특성과 게이트 수준 netlist를 추출하고, 타이밍 특성이 고려된 레이아웃 후post-layout 검증을 실시한다. 레이아웃 후 검증에서는 게이트 수준 타이밍 시뮬레이션, 레이아웃의 기생효과parasitic effect를 고려한 STA, 각종 설계규칙 검사design rule checking, DRC 등을 통해 설계의 정확성을 검증한다.

SECTION 1.4 Verilog HDL의 어휘 토큰과 규칙

Verilog HDL의 소스코드는 일련의 어휘 토큰^lexical token^들로 구성되며, 여백^white space^, 주석^comment^, 연산자^operator^, 수^number^, 문자열^string^, 식별자^identifier^, 키워드^keyword^의 어휘 토큰을 갖는다.

■ 여백

여백은 빈칸^space^, 탭^tab^, 줄바꿈 등을 포함하며, 이들은 어휘 토큰의 분리를 위해 사용되는 경우 이외에는 무시된다. 그러나 공백^blank^과 탭은 문자열에서 의미 있게 취급된다.

■ 주석

Verilog HDL에서는 주석을 두 가지 형태로 지정할 수 있다. 단일 라인 주석문은 //로 시작되어 줄바꿈으로 끝나며, //가 시작되는 위치에서부터 그 라인의 끝까지 주석문으로 처리된다. 블록 주석문은 /*로 시작되어 */로 끝나며, 그 사이에 있는 내용은 모두 주석문으로 처리된다. 블록 주석문은 내부에 또 다른 블록 주석문을 가질 수 없으며, 단일 라인 주석문을 나타내는 //는 블록 주석문에서 특별한 의미를 갖지 않는다.

■ 수 표현

Verilog HDL에서 상수^constant^ 값은 정수형^integer^ 또는 실수형^real^ 중 하나이다. 정수형 상수는 10진수, 16진수, 8진수, 2진수로 표현될 수 있으며, 두 가지 형식이 사용된다. 첫 번째 형식은 0~9의 숫자를 사용한 일반적인 10진수 표현이며, + 또는 − 기호가 함께 사용될 수 있다. 또 다른 형식은 [문법 1-1]과 같이 3개의 어휘 토큰을 사용해서 표현하는 것이다.

문법 1-1 Verilog HDL의 수 표현 형식

```
[size_constant]'base_format <number_value>
```

- [size_constant] : 상수 값의 비트 수를 나타내는 상수로서 0이 아닌 unsigned 10진수가 사용된다. 생략되면, 비트 수가 지정되지 않은 unsized 수가 되며 32비트로 표현된다.
- 'base_format : 밑수(base) 지정 문자로 2진수(b, B), 8진수(o, O), 10진수(d, D), 16진수(h, H)를 지정하며, 대소문자 구별이 없다.
  - signed를 나타내기 위해 부호 지정자 s 또는 S가 함께 사용될 수 있다.
  - 인용부호(')와 밑수 지정 문자는 붙여야 하며, 여백으로 분리될 수 없다.
- number_value : unsigned 숫자를 사용하여 값을 표현한다.
  - 'base_format으로 지정된 밑수에 적합한 숫자로 구성되어야 한다.
  - 밑수 지정자와 숫자 사이에 부호(+ 또는 -)를 사용할 수 없으며, 여백 없이 붙여야 한다.
  - 16진수의 값을 나타내는 문자 a ~ f는 대소문자 구별이 없다.
  - 첫 번째 숫자를 제외하고 중간에 밑줄을 사용할 수 있으며, 이는 가독성(readability)을 좋게 한다.

상위 비트가 x(unknown) 또는 z(high-impedance)인 unsized unsigned 상수는 그 상수가 사용되는 수식의 비트 크기만큼 확장된다. 참고로, IEEE Std. 1364-1995 표준에서는 상위 비트가 x 또는 z인 unsized 상수는 32비트로 확장된다.

비트 크기와 밑수 지정을 갖지 않는 단순 10진수는 signed 정수로 취급된다. 밑수 지정자와 함께 부호 지정자 s가 사용되면 signed 정수로 취급되고, 부호 지정자 없이 밑수만 지정되면 unsigned 정수로 취급된다. 부호 지정자 s는 비트패턴에는 영향을 미치지 않으며, 단지 비트패턴의 해석에만 영향을 미친다. 음수는 2의 보수[two's complementary] 형식으로 표현된다.

지정된 비트 크기보다 unsigned 수의 크기가 작은 경우에는 MSB 왼쪽에 0이 삽입되며, unsigned 수의 MSB가 x 또는 z이면, x 또는 z가 왼쪽에 삽입된다.

다음은 비트 크기가 지정되지 않은 unsized 상수의 예이다.

[예시 1-1] unsized 상수

```
659       // ① 단순 10진수 표현이므로 32비트의 unsized 상수로 취급된다.
'h837FF   // ② size_constant가 생략되었으므로, 32비트의 16진수로 취급된다.
'o7460    // ③ size_constant가 생략되었으므로, 32비트의 8진수로 취급된다.
4af       // ④ 문법적인 오류이다. 16진수 표현이라면 'h가 추가되어야 하며,
             10진수 표현이라면 af가 사용될 수 없다.
```

다음은 비트 크기가 지정된 sized 상수의 예이다.

[예시 1-2] sized 상수

```
4'b1001    // ① 4비트의 2진수 1001을 나타낸다.
5'D3       // ② 5비트로 표현된 10진수 3을 나타낸다.
3'b01x     // ③ LSB가 x인 3비트의 2진수 01x를 나타낸다.
12'hx      // ④ 12비트의 x를 나타낸다.
16'hz      // ⑤ 16비트의 z를 나타낸다.
```

다음은 상수에 부호가 사용된 예이다.

[예시 1-3] 상수와 부호

```
8'd-6   // ① 밑수 지정자 d와 값 사이에는 부호(+,-)가 사용될 수 없으므로 문법적인 오류이다.
-8'd6   // ② -(8'd6)과 등가이고, 10진수 -6을 나타낸다.
        //    2의 보수 형식의 8비트 1111_1010을 나타낸다.
4'shf   // ③ 부호 지정자 s는 비트패턴에는 영향을 미치지 않으며 2의 보수로 해석되도록 한다.
        //    2의 보수 형식의 4비트 1111을 나타내며, 10진수로 -1이고, -4'h1과 등가이다.
-4'sd15 // ④ -(-4'd1)과 등가이며, 4비트 0001을 나타낸다.
-'d12   // ⑤ 밑수 지정자만 가지므로 unsigned 정수형으로 취급되며,
        //    -12에 대한 2의 보수 표현의 unsigned 값인 4294967284로 해석된다.
-'sd12  // ⑥ 부호 지정자와 밑수 지정자가 함께 사용되었으며,
        //    부호 지정자 s는 -12에 대한 2의 보수 표현의 비트패턴에는 영향을 주지 않고
        //    signed 정수형으로 해석되도록 한다.
```

■ -'d12와 -'sd12는 동일한 2의 보수 형식의 비트패턴을 가지나, 부호 지정자 s의 유무에 따라 값의 해석(양수 또는 음수)이 달라진다.

상수의 표현에서 가독성을 높이기 위해 [예시 1-4]와 같이 적절한 위치에 밑줄을 사용하는 것이 좋다. 10진수는 3자리마다 밑줄을 삽입하며, 2진수는 4자리마다 밑줄을 삽입한다.

[예시 1-4] 밑줄을 사용한 수의 표현

```
27_195_000
16'b0011_0101_0001_1111
32'h12ab_f001
```

다음의 예는 지정된 비트 크기보다 unsigned 수의 크기가 작은 경우에 MSB 왼쪽에 0, x, z가 자동으로 삽입되는 경우를 나타낸다.

[예시 1-5] MSB 자동 삽입

```
reg [11:0] a, b, c, d;
initial begin
   a = 'hx;      // ① MSB 왼쪽에 16진수 xx가 자동으로 삽입되어 16진 값 xxx가 a에 할당된다.
   b = 'h3x;     // ② 3의 왼쪽에 16진수 0이 삽입되어 16진 값 03x가 b에 할당된다.
   c = 'hz3;     // ③ 왼쪽에 16진수 z가 삽입되어 16진 값 zz3이 c에 할당된다.
   d = 'h0z3;    // ④ 지정된 16진 값 0z3이 d에 할당된다.
end
```

실수형 상수는 IEEE Std. 754-1985[IEEE standard for double-precision floating-point number]에 따라 표현된다. 실수는 10진수(예를 들면, 14.72) 또는 과학표기법(예를 들면, 39e8)에 따라 표현되며, 지수 기호는 대소문자 구분 없이 e 또는 E가 사용된다. 소수점을 갖는 10진 실수는 소수점 좌우에 반드시 숫자가 있어야 하며, 가독성을 위해 밑줄이 사용될 수 있다. 실수는 가장 가까운 정수로 반올림되어 정수로 변환된다. 실수형 값이 정수형 객체에 할당될 때 묵시적 변환이 이루어진다. 예를 들어, 35.7과 35.5는 36으로 반올림되며, -1.5는 -2로 변환된다.

다음의 예는 실수형 상수에 대한 다양한 표현을 나타낸다.

[예시 1-6] 실수형 상수

```
1.2
2394.26331
1.2E12
1.30e-2
0.1e-0
29E-2
236.123_763_e-12  // 가독성을 위해 밑줄을 사용할 수 있다.
```

다음의 실수형 표현은 문법적으로 오류이므로 사용할 수 없다.

[예시 1-7] 문법적 오류가 있는 실수형 표현

```
.12
9.
4.E3
.2e-7
```

▪ 문자열

2개의 이중 인용 부호(" ") 사이에 있는 일련의 문자들을 문자열character string이라 한다. 문자열은 단일 라인에 있어야 하며, 여러 라인에 걸친 문자열은 허용되지 않는다. 문자열은 수식의 피연산자로 사용될 수 있으며, 문자열 할당은 일련의 8비트 ASCII 값으로 표현되는 unsigned 정수형 상수로 취급된다. 문자열 변수는 reg 자료형의 변수이며, 문자열을 구성하는 문자 개수에 8을 곱한 크기의 비트 폭을 갖는다. 문자열은 Verilog HDL 연산자를 사용하여 처리될 수 있으며, 연산자에 의해 처리되는 값은 일련의 8비트 ASCII 값들이다.

다음은 12개의 문자로 구성되는 문자열 "Hello world!"을 저장하기 위해 8*12 = 96비트의 reg 변수가 사용된 예이다.

[예시 1-8] 문자열 저장을 위한 reg 자료형의 예

```
reg [8*12:1] string_var;

initial begin
   string_var = "Hello world!";
end
```

다음은 Verilog HDL에서 문자열이 처리되는 방법을 보여준다. 이 소스코드를 실행시키면 실행 결과와 같이 문자열이 출력된다. 변수의 비트 크기가 문자열의 비트 크기보다 큰 경우에는 변수의 좌측에 0이 삽입된다. 변수의 비트 크기가 문자열의 비트 크기보다 작은 경우에는 문자열의 우측부터 할당되어 좌측 부분이 잘려나간다.

[예시 1-9] 문자열 출력 예

```
module string_test;
   reg [8*14:1] string_var;

   initial begin
      string_var = "Hello world";
      $display("%s is stored as %h", string_var, string_var);
      string_var = {string_var,"!!!"};
      $display("%s is stored as %h", string_var, string_var);
   end
endmodule
```

↳ [예시 1-9]의 실행 결과

```
Hello world is stored as 00000048656c6c6f20776f726c64
Hello world!!! is stored as 48656c6c6f20776f726c64212121
```

특수문자 앞에 이스케이프 문자escape character를 사용하면 일부 특수문자를 문자열에 포함시킬 수 있다. 문자열에 포함될 수 있는 특수문자는 [표 1-1]과 같다.

[표 1-1] 확장문자를 이용한 특수문자 표현

이스케이프 문자열	이스케이프 문자열에 의해 생성되는 특수문자
\n	줄바꿈
\t	탭(tab)
\\	\ 문자(back slash)
\"	" 문자
\ddd	1~3 octal digits로 지정되는 문자

■ 식별자와 키워드

식별자identifier는 객체에 이름을 지정하기 위해 사용되며, 단순 식별자와 확장 식별자escaped identifier로 구분된다. 단순 식별자는 일련의 알파벳 문자, 숫자, 기호 $, 밑줄 등으로 구성되며, 첫 번째 문자는 알파벳 또는 밑줄만 사용될 수 있고, 숫자나 기호 $가 사용될 수 없다. 식별자에서 대문자와 소문자는 서로 다른 문자로 취급된다.

다음의 예는 유효한 Verilog HDL 식별자들을 나타낸다.

[예시 1-10] 유효한 Verilog HDL 식별자 예

```
shiftreg_a
busa_index
error_condition
merge_ab
_bus3
n$657
```

NOTE 시뮬레이터 또는 논리합성 소프트웨어에 따라 식별자의 최대 길이에 제한이 있으나, 최대 1,024문자 이내이다. 식별자의 길이가 소프트웨어의 길이 제한을 초과하는 경우에는 오류가 발생된다.

Verilog HDL의 구성 요소를 위해 미리 정의된 식별자를 키워드[keyword]라고 하며, 확장문자가 포함된 키워드는 키워드로 인식되지 않는다. Verilog HDL의 키워드는 [그림 1-5]와 같으며, 모든 키워드는 소문자로만 정의된다.

```
always          if                    release
and             ifnone                repeat
assign          incdir                rnmos
automatic       include               rpmos
begin           initial               rtran
buf             inout                 rtranif0
bufif0          input                 rtranif1
bufif1          instance              scalared
case            integer               showcancelled
casex           join                  signed
casez           large                 small
cell            liblist               specify
cmos            library               specparam
config          localparam            strong0
deassign        macromodule           strong1
default         medium                supply0
defparam        module                supply1
design          nand                  table
disable         negedge               task
edge            nmos                  time
else            nor                   tran
end             noshowcancelled       tranif0
endcase         not                   tranif1
endconfig       notif0                tri
endfunction     notif1                tri0
endgenerate     or                    tri1
endmodule       output                triand
endprimitive    parameter             trior
endspecify      pmos                  trireg
endtable        posedge               unsigned
endtask         primitive             use
event           pull0                 vectored
for             pull1                 wait
force           pulldown              wand
forever         pullup                weak0
fork            pulsestyle_onevent    weak1
function        pulsestyle_ondetect   while
generate        rcmos                 wire
genvar          real                  wor
highz0          realtime              xnor
highz1          reg                   xor
```

[그림 1-5] Verilog HDL의 키워드

■ 시스템 태스크와 시스템 함수

문자 $는 시스템 태스크[task]와 시스템 함수[function]를 호출하기 위해 사용되며, 문자 $ 뒤에 오는 식별자는 시스템 태스크 또는 시스템 함수로 해석된다. 시스템 태스크와 시스템 함수는 9장에서 설명한다.

다음은 문자열을 디스플레이 하는 시스템 태스크 `$display`와 시뮬레이션을 종료시키는 시스템 태스크 `$finish`의 예이다.

[예시 1-11] 시스템 태스크의 예

```
$display("display a message"); // 문자열(display a message)을 출력하는 시스템 태스크
$finish;                       // 시뮬레이션을 종료시키는 시스템 함수
```

■ 컴파일러 지시어

문자 `(ASCII 값 0x60, grave accent 또는 open quote)는 컴파일러 지시어[compiler directive]를 지정하기 위해 사용된다. 컴파일러 지시어는 Verilog HDL 소스코드의 컴파일 과정에 영향을 미치며, 컴파일러가 지시어를 읽는 순간부터 효력이 나타나고 다른 컴파일러 지시어에 의해 변경되지 않으면 컴파일 끝까지 효력이 유지된다. 특정 파일에 있는 컴파일러 지시어는 다수 파일의 컴파일 동작을 제어할 수 있다. 컴파일러 지시어는 8장에서 설명한다.

다음은 컴파일러 지시어의 예로서, 소스 파일 내의 wordsize가 8로 대체되어 컴파일된다.

[예시 1-12] 컴파일러 지시어의 예

```
'define wordsize 8
```

■ 속성

Verilog HDL을 지원하는 시뮬레이터와 회로 합성 툴의 동작을 제어하기 위해 HDL 소스코드의 객체, 문장, 문장 그룹에 대한 속성[attribute] 지정이 사용될 수 있다. 예를 들어, 회로 합성 툴에서 사용되는 속성을 Verilog HDL 소스코드에 포함시켜 합성 툴의 동작을 제어할 수 있다. 속성은 (* 속성 *)의 형식으로 지정된다. 속성 지정에 관한 상세한 내용은 사용하는 EDA 툴의 사용 설명서를 참조하기 바란다.

다음은 `case` 문에 속성을 부가하는 방법을 보이고 있으며, 두 경우 모두 동일하게 해석된다.

[예시 1-13] case 문에 속성을 부가한 예

```
(* full_case, parallel_case *)
case (foo)
   <case_statements>
```

```
(* full_case = 1, parallel_case = 1 *)
case (foo)
   <case_statements>
```

다음은 full_case 속성만 지정하고, parallel_case 속성은 지정하지 않은 경우를 보인 것이다.

[예시 1-14] full_case 속성을 지정한 예

```
(* full_case *)  // parallel_case not specified
case (foo)
   <case_statements>
```

```
(* full_case = 1, parallel_case = 0 *)
case (foo)
   <case_statements>
```

다음은 여러 가지 속성을 지정한 예이다.

[예시 1-15] 여러 가지 속성을 지정한 예

```
(* optimize_power=1 *) module mod1(<port_list>);      // 모듈 정의에 속성이 지정된 경우
(* optimize_power=0 *) mod1 synth1(<port_list>);      // 모듈 인스턴스에 속성이 지정된 경우
a = b + (* mode = "cla" *) c;                         // 연산자에 속성이 지정된 경우
a = add (* mode = "cla" *) (b, c);                    // 함수 호출에 속성이 지정된 경우
a = b ? (* no_glitch *) c : d;                        // 조건 연산자에 속성이 지정된 경우
```

SECTION 1.5 Verilog HDL 모델링 방법 개요

Verilog HDL의 구문은 다음과 같이 세 가지 유형으로 구분된다.

- 회로 합성용 구문
- 시뮬레이션용 구문
- 라이브러리 설계용 구문

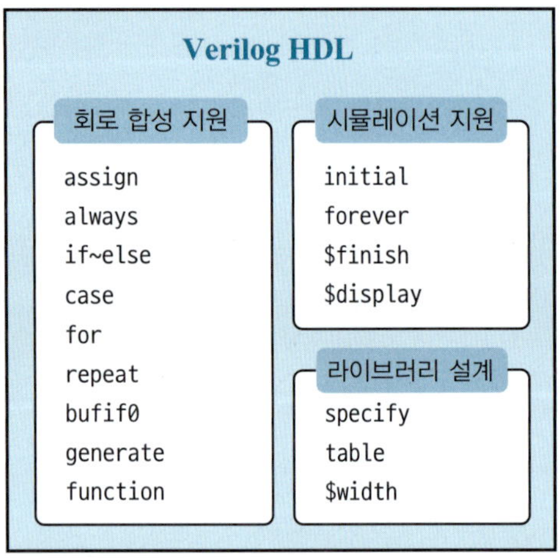

[그림 1-6] Verilog HDL 구문의 구성

회로 합성용 구문은 `assign` 문, `always` 문, `if-else` 문, `case` 문, `for` 문 등 대부분의 회로 합성 툴에서 게이트 수준 합성을 지원하는 구문들이다. 시뮬레이션용 구문은 `initial` 문, `$finish`, `$fopen` 등 시뮬레이션을 위한 테스트벤치의 작성에 사용되며, 회로 합성이 지원되지 않는다. 라이브러리 설계용 구문은 회로 합성에 적용되는 셀 라이브러리 설계에 사용되며, 셀의 기능, 지연, 핀 정보 등을 정의하는 데 사용된다. 회로 합성을 위한 RTL 모델링에는 합성이 지원되는 구문들만 사용해야 하며, 시뮬레이션용 구문은 사용하지 말아야 한다.

1.5.1 Verilog HDL 모듈

Verilog HDL은 모듈(`module`)을 기본 단위로 구성된다. Verilog HDL의 모듈은 [그림 1-7]과 같은 구성을 가지며, 키워드 `module`로 시작하여 키워드 `endmodule`로 끝나는 기본 설계단위이다. Verilog HDL 모듈은 크게 나누어 머리부, 선언부, 몸체부의 세 부분으로 구성된다.

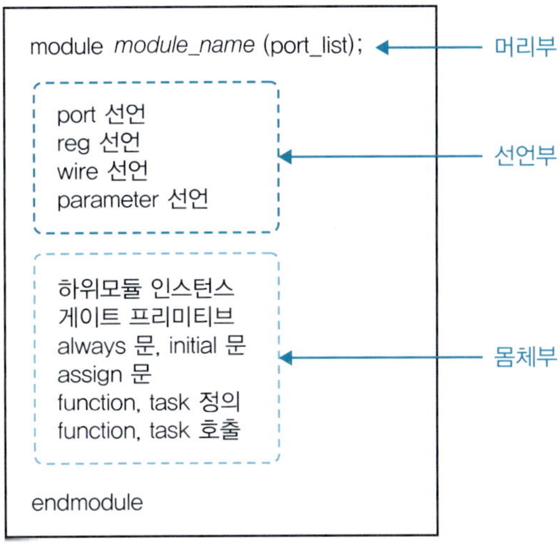

[그림 1-7] Verilog HDL의 모듈

❶ **머리부** : 키워드 `module`로 시작하여 모듈 이름, 포트 목록으로 구성되며 세미콜론(;)으로 끝난다. 모듈 이름은 식별자 규칙에 따라 설계자가 지정하며, 키워드와 동일한 이름을 사용할 수 없고, 가독성을 위해 밑줄이 포함될 수 있다. 회로의 기능을 함축적으로 나타내는 모듈 이름을 사용하는 것이 좋다. 모듈 이름 뒤의 괄호에는 모듈의 입력과 출력 포트가 나열되며, 포트의 방향과 비트 폭도 함께 선언될 수 있다. 포트의 나열에 있어서 일정한 규칙(예를 들면, 클록신호, 리셋신호, 제어신호, 입력 데이터, 출력 데이터 등의 순서)을 따르는 것이 바람직하다. 테스트벤치 모듈의 경우에는 포트 목록이 생략될 수 있다.

❷ **선언부** : 입력과 출력 포트 선언, 자료형 및 `parameter` 선언 등 모듈에서 필요로 하는 것들을 선언한다. 포트 목록에 포트 선언이 포함되어 있으면, 선언부에서 다시 선언할 수 없다.

❸ **몸체** : 회로의 기능, 동작, 구조 등을 표현하는 다양한 Verilog HDL 구문들로 구성된다. 게이트 프리미티브 또는 하위모듈의 인스턴스, `always` 또는 `initial` 블록, 함수 또는 태스크 정의 및 호출, `assign` 문 등을 적절하게 사용하여 회로의 기능과 구조를 모델링한다. 합성을 위한 RTL 모델링에서는 합성이 지원되는 구문만 사용해야 한다. Verilog HDL의 문장은 기본적으로 병행[concurrent]문이며, 따라서 문장의 순서에 무관하게 동일한 결과를 갖는다. 그러나 `always` 블록, `initial` 블록, 함수, 태스크 내부의 문장은 순서가 결과에 영향을 미칠 수 있다.

[그림 1-8]은 Verilog HDL 모듈 내부의 구성을 보인 개념도이다. 테스트벤치 모듈을 제외한 회로 모듈은 하나 이상의 입력 · 출력 · 입출력 포트를 가지며, 이들 포트는 모듈의 머리부 또는 선언부에서 선언된다. 모듈의 내부로 들어가는 입력 포트는 모듈 외부에서는 `net` 또는 `reg` 자료형이 될 수 있으며, 모듈 내부에서는 `net` 자료형을 갖는다. 모듈 밖으로 나오는 출력포트는 모듈 내부에서 `net` 또는 `reg` 자료형이 되며, 모듈 외부에서는 `net` 자료형을 갖는다. 이들 입출력 포트의 신호와 모듈 내부에서 필요한 객체들은 모듈 선언부에서 선언된다.

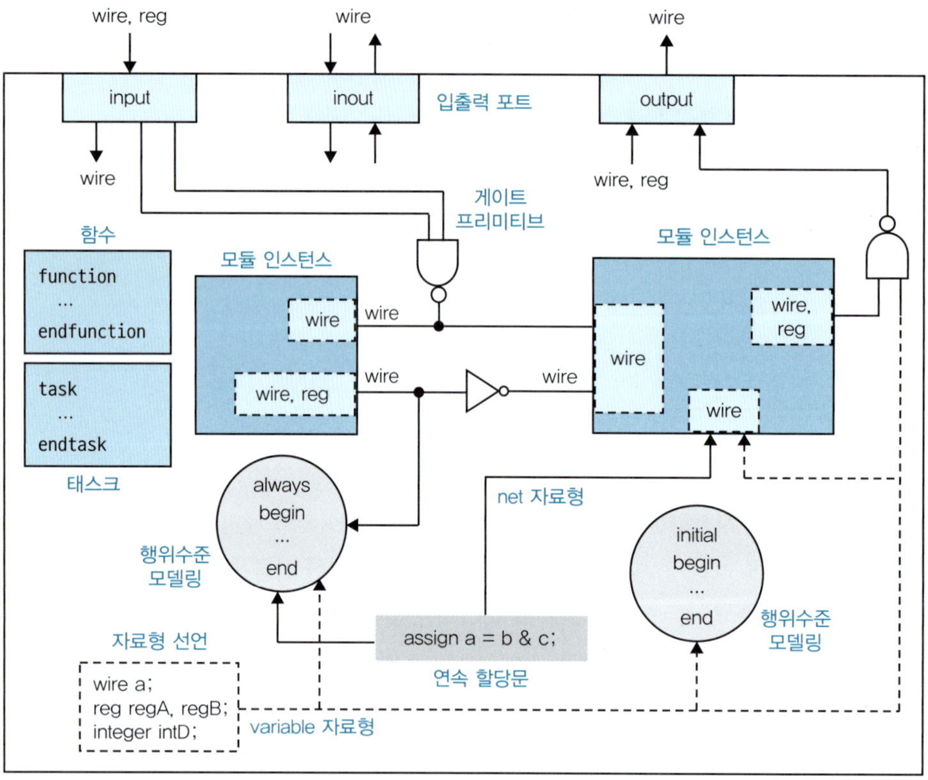

[그림 1-8] Verilog HDL 모듈의 내부 구성

모듈 몸체는 게이트 프리미티브 또는 하위모듈의 인스턴스에 의한 구조적 모델링, `always` 또는 `initial` 블록을 이용한 행위수준 모델링, 그리고 `assign` 문을 이용한 모델링 등을 포함한다. 모듈 내부에서 신호의 전달을 모델링하기 위해 `net` 자료형이 사용되며, `always` 또는 `initial` 블록 내부에서 값을 유지하기 위해 variable 자료형이 사용된다. Verilog HDL의 자료형은 2.1절에서 상세히 설명한다.

1.5.2 회로 모델링 방법

■ 게이트 프리미티브를 이용한 모델링

[그림 1-9(a)]의 반가산기 회로를 게이트 프리미티브gate primitive를 이용하여 모델링한 예는 [그림 1-9(b)]와 같다. 모듈 이름은 half_adder이며, 포트 목록에는 반가산기의 입력신호 a, b와 출력신호 sum, cout이 선언된다. 선언부에는 wire 자료형이 선언된다. 몸체부는 게이트 프리미티브인 xor 게이트, nand 게이트, not 게이트를 이용하여 [그림 1-9(a)]의 반가산기 회로를 모델링한다. 신호 cout_bar는 nand 게이트의 출력을 not 게이트의 입력에 연결하기 위한 내부 연결선으로 사용된다. Verilog HDL을 구성하는 문장은 병행문이므로 게이트 프리미티브를 인스턴스하는 3개의 문장은 그 순서가 결과(시뮬레이션, 회로 합성)에 영향을 미치지 않는다. 게이트 프리미티브를 이용한 모델링 방법은 3장에서 설명한다.

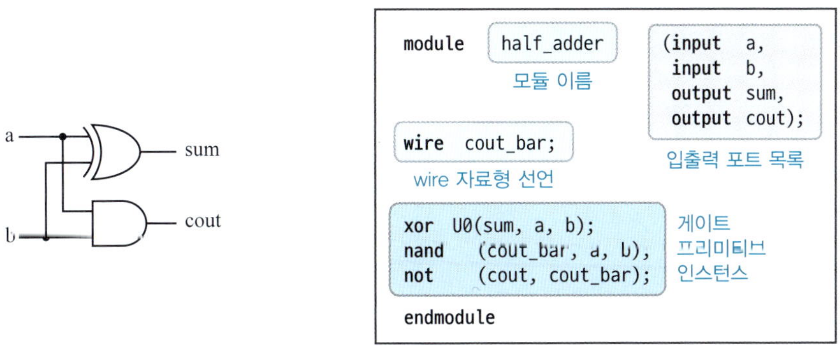

(a) 반가산기 (b) Verilog HDL 모델링

[그림 1-9] 게이트 프리미티브를 이용한 모델링 예 (반가산기 회로)

■ 연속 할당문을 이용한 모델링

[코드 1-1]은 연속 할당문을 이용한 반가산기의 모델링 예이다. Verilog HDL의 연속 할당문은 `assign` 문으로 표현되며, 할당 기호 '=' 좌변의 신호에 우변의 결과 값을 할당한다. [그림 1-9(a)]의 cout과 sum에 대한 논리식을 Verilog HDL의 연산자 & (논리 AND)와 연산자 ^ (논리 XOR)를 사용하여 직접 표현한 것이다. 앞에서도 언급되었듯이, Verilog HDL의 문장은 병행문이므로, 2개의 `assign` 문장은 그 순서에 무관하게 동일한 결과를 갖는다. 연속 할당문을 이용한 모델링 방법은 4장에서 설명한다.

코드 1-1 연속 할당문을 이용한 반가산기 모델링

```
module half_adder2 (input a, input b,
                    output sum, output cout);

    assign cout  = a & b;
    assign sum   = a ^ b;

endmodule
```

■ 행위수준 모델링

행위수준behavioral level 모델링은 조합회로와 순차회로의 모델링 그리고 시뮬레이션 테스트벤치 작성에 폭넓게 사용된다. [그림 1-10(a)]의 2비트 2 : 1 멀티플렉서 회로를 행위수준 모델링한 예는 [그림 1-10(b)]와 같다. 모듈 이름은 mux2b_if이며, 포트 목록에는 in0, in1, sel, out의 신호가 선언되어 있다. 모듈의 선언부에는 `always` 문에서 값을 할당받는 변수 out의 자료형이 `reg`로 선언된다. 신호의 비트 폭은 [yy : xx]의 형식을 신호이름 앞에 추가해서 선언된다. 신호 sel과 같은 1비트 신호는 비트 폭 지정을 생략할 수 있다. 모듈의 몸체부에서는 `always` 블록과 그 내부에 `if ~ else` 문을 이용하여 멀티플렉서의 기능이 모델링된다.

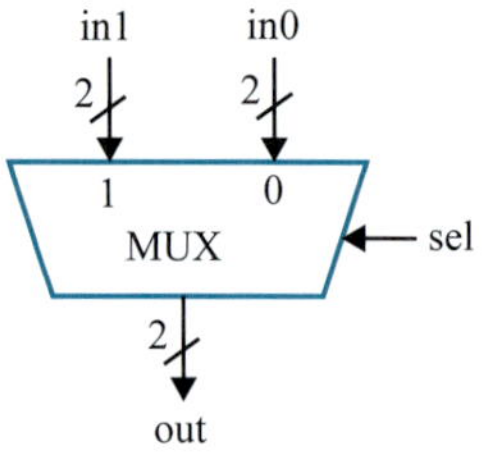

(a) 2비트 2:1 멀티플렉서

```
module mux2b_if (input [1:0] in0, input [1:0] in1,
                 input sel, output [1:0] out);
  reg    [1:0] out;

  always @(sel or in0 or in1) begin
    if (sel == 0)
        out = in0;
    else
        out = in1;
  end
endmodule
```

(b) Verilog HDL 모델링

[그림 1-10] 2비트 2 : 1 멀티플렉서(조합회로)의 행위수준 모델링

[그림 1-11(a)]의 D 플립플롭flip-flop 회로를 행위수준으로 모델링한 예는 [그림 1-11(b)]와 같다. 모듈 이름은 D_ff이며, 포트 목록에는 clk, din, rst, q의 입출력 신호가 선언되어 있다. 모듈의 선언부에는 출력신호 q가 reg 자료형으로 선언된다. `always @(posedge` clk `or posedge` rst)는 플립플롭이 클록 신호 clk의 상승에지로 동작함을 나타내며, `always` 블록 내부의 `if ~ else` 문에 의해 리셋을 포함한 D 플립플롭의 동작이 모델링되었다. 행위수준 모델링은 5장에서 상세히 설명된다.

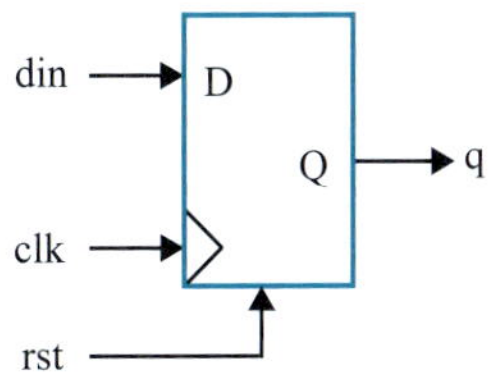


```
module D_ff (input clk, input din,
             input rst, output q);
   reg    q;

always @(posedge clk or posedge rst) begin
   if (rst == 1)
      q <= 1'b0;
   else
      q <= din;
end
endmodule
```

(a) D 플립플롭　　　　　　　　　　(b) Verilog HDL 모델링

[그림 1-11] D 플립플롭(순차회로)의 행위수준 모델링 예

▪ 하위모듈 인스턴스를 이용한 구조적 모델링

1비트 전가산기는 [그림 1-12]와 같이 2개의 반가산기와 하나의 OR 게이트로 구현될 수 있다. [코드 1-2]는 [그림 1-9(b)]의 반가산기 모듈 half_adder를 인스턴스하여 구조적 모델링으로 설계한 예이다. 하위모듈의 인스턴스에는 인스턴스 이름(U1, U2)이 반드시 사용되어야 하며, 포트 연결에 의해 모듈의 포트에 신호가 연결된다. [코드 1-2]에서 반가산기 인스턴스 U1은 이름에 의한 포트 연결 named connection 방법이 사용되었으며, 반가산기 인스턴스 U2는 순서에 의한 포트 연결 positional connection 방법이 사용되었다. 회로도의 OR 게이트는 게이트 프리미티브 `or`로 모델링되었으며, 게이트 프리미티브에는 인스턴스 이름(U3)이 생략될 수 있다. 하위모듈 인스턴스를 이용한 구조적 모델링 방법은 6장에서 상세히 설명된다.

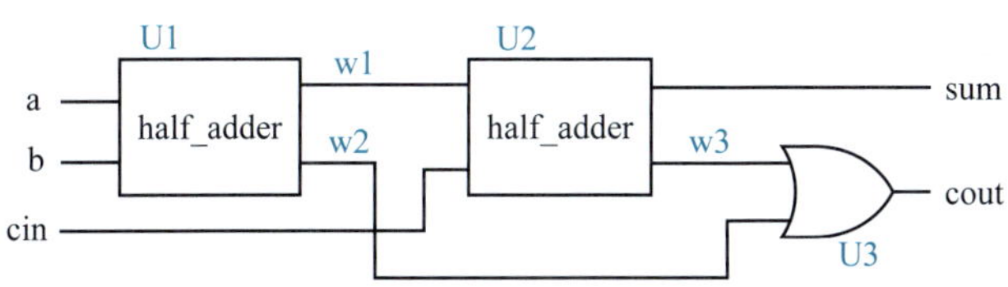

[그림 1-12] 전가산기

코드 1-2 모듈 인스턴스를 이용한 전가산기 모델링

```
module full_add (input a, input b, input cin,
                 output sum, output cout);
  wire   w1, w2, w3;                                // 1비트 wire 선언은 생략 가능

  half_adder U1(.a(a), .b(b), .sum(w1), .cout(w2)); // 이름에 의한 포트 연결
  half_adder U2(w1, cin, sum, w3);                   // 순서에 의한 포트 연결
  or         U3(cout, w2, w3);                       // 게이트 프리미티브 인스턴스

endmodule
```

1.5.3 테스트벤치 모듈

Verilog HDL을 이용한 회로 모델링이 완료되면, 작성된 Verilog HDL 소스코드에 대한 시뮬레이션을 통해 회로의 기능과 동작 타이밍을 검증해야 한다. 시뮬레이션을 위해서는 설계된 회로에 시뮬레이션 입력을 인가하고 그 응답을 확인하는 과정이 필요하며, 이를 위한 Verilog HDL 모듈을 테스트벤치[testbench]라고 한다.

Verilog HDL 테스트벤치는 회로를 모델링하는 모듈과 동일한 구조를 가지며, 모듈 머리부에 포트 목록이 생략된다. Verilog HDL 테스트벤치는 [그림 1-13]과 같이 크게 세 부분으로 구성되며, 각 부분은 다음과 같은 역할을 한다.

- 시뮬레이션 대상이 되는 모듈의 인스턴스
- 시뮬레이션 입력[stimulus]을 생성하는 `initial` 문, `always` 문
- 시뮬레이션 제어와 응답을 관찰하는 구문

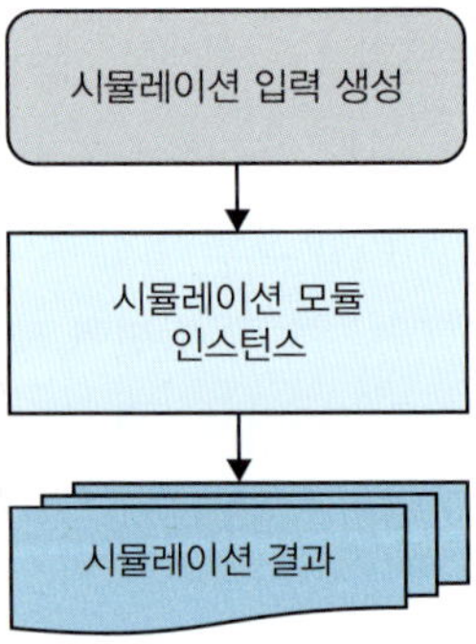

[그림 1-13] 테스트벤치 모듈의 구성

Verilog HDL 테스트벤치는 독립된 모듈로 취급되며, 별도의 파일로 작성된다. Verilog HDL의 구문 중에는 시뮬레이션만 지원되고 회로 합성이 지원되지 않는 구문이 있으므로, 테스트벤치 모듈을 회로 설계 모듈과 분리하여 독립된 파일로 작성하는 것이 일반적이다.

[그림 1-14(a)]는 Verilog HDL 테스트벤치 예이며, [그림 1-14(b)]와 같은 시뮬레이션 입력을 생성한다. [그림 1-14(a)]에서 보는 바와 같이, 테스트벤치 모듈은 모듈 외부로 신호의 입력 또는 출력이 없으므로 모듈 머리부에 포트 목록을 갖지 않는다. 테스트벤치 모듈은 `reg` 변수 선언, 시뮬레이션되는 모듈의 인스턴스, 시뮬레이션 입력을 생성하는 `initial` 또는 `always` 구문으로 구성된다. 일반적으로 시뮬레이션 입력은 `initial` 또는 `always` 구문에 의해 생성되므로, 시뮬레이션에 사용되는 입력은 모두 `reg` 변수로 선언되어야 한다. 테스트벤치에는 시뮬레이션 제어용 시스템 태스크인 `$finish`와 `$stop`, 시뮬레이션 결과 관찰용 시스템 태스크인 `$monitor`, `$display`, `$write`, 파일 입출력용 시스템 함수 및 시스템 태스크가 함께 사용된다. 시스템 태스크와 시스템 함수에 관해서는 9장에서 설명한다.

```
module test_fix();
  reg a, b, c;

  Mod_A U0(a, b, c, Out);

  initial begin
           a=1'b0; b=1'b1; c=1'b0;
     #50 a=1'b1;
     #50 a=1'b0;           c=1'b1;
     #50                   c=1'b0;
     #50 $finish;
  end
endmodule
```

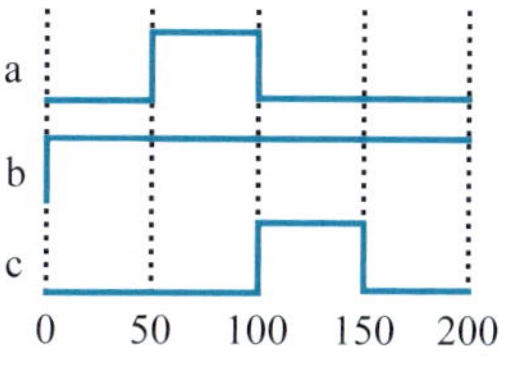

(a) 테스트벤치 예　　　　(b) 테스트벤치에서 생성되는 시뮬레이션 입력

[그림 1-14] Verilog HDL 테스트벤치 예

테스트벤치 작성에 있어서 가장 중요한 부분은 시뮬레이션 입력을 생성하는 것이다. 시뮬레이션은 설계된 Verilog HDL 모델이 설계사양을 충족시키며 올바로 동작하는지를 검증하는 과정이다. 따라서 가능하면 모든 조건에 대해 회로의 동작을 검증해야 하며, 이를 위한 시뮬레이션 입력의 생성이 매우 중요하다. 만약, 한정된 경우에 대해서만 시뮬레이션이 이루어진다면 설계된 Verilog HDL 모델의 정확성을 보장할 수 없을 것이다. 시뮬레이션 입력은 하나 또는 다수의 `initial` 또는 `always` 구문에 의해 생성되어 모듈에 인가된다.

[코드 1-3]은 [그림 1-9(b)]의 반가산기 모듈 half_adder를 시뮬레이션하기 위한 테스트벤치 예이다. 반가산기의 입력신호 a, b의 시뮬레이션 입력을 생성하기 위해 `initial` 구문이 사용되었으며, #은 지연[delay]을 지정하기 위해 사용된다.

코드 1-3 반가산기 모듈 half_adder의 시뮬레이션용 테스트벤치

```
module tb_half_adder;
  reg  a, b;

  half_adder U0_half_adder(a, b, sum, cout);

  initial begin
          a = 0; b = 0;
     #10 a = 1;
     #10 a = 0; b = 1;
     #10 a = 1;
     #10 a = 0; b = 0;
     #10 $finish;
  end
endmodule
```

[코드 1-4]는 set/reset을 갖는 D 플립플롭 모듈 dff_sr을 시뮬레이션하기 위한 테스트벤치 예이다. 클록신호를 생성하는 `initial` 구문과 set, reset, din 입력을 생성하는 `initial` 구문으로 구성되며, 각 `initial` 구문에 포함된 `forever` 문에 의해 신호들이 반복적으로 생성된다. `reg` 신호는 default 초기 값이 unknown(x)이므로, clock = ~clock에 의해 클록신호를 생성하기 위해서는 clock=1'b0으로 초기화하는 과정이 반드시 필요하다. 클록신호는 지연 #10을 이용하여 주기가 20ns인 신호로 생성된다.

코드 1-4 D 플립플롭 모듈 dff_sr의 시뮬레이션용 테스트벤치

```
module tb_dff_sr;
  reg set, reset, clock, din;

 dff_sr U0_dff_sr(set, reset, clock, din, q, qb);

 initial begin
   clock = 1'b0;
   forever begin
     #10 clock = ~clock;
   end
 end

 initial begin
   forever begin
          din = 0; reset = 1; set = 1;
     #15 din = 1;
     #30 reset = 0;
     #10 reset = 1;
     #25 din = 0;
     #20 set = 0;
     #10 set = 1;
     #30 din = 0;
   end
 end
endmodule
```

CHAPTER 02
자료형과 연산자

학습 목표

- Verilog HDL의 net, variable 자료형과 벡터, 배열, parameter의 선언 방법을 이해한다.
- Verilog HDL의 연산자 종류와 우선순위에 대해 이해한다.
- Verilog HDL 연산자의 기능과 사용 방법을 이해하고, 회로 모델링에 적용한다.

들어가기 전에

Verilog HDL은 일반적인 소프트웨어 프로그래밍 언어와 유사하게 자료형과 연산자를 갖는다. Verilog HDL의 자료형은 variable 자료형과 `net` 자료형의 두 그룹으로 구분되며, 이들은 값을 할당받고 유지하는 방식과 하드웨어 구조에 있어서 서로 다르다. Verilog HDL의 variable 자료형은 `reg`, `integer`, `real`, `time`, `realtime`이며, `always`, `initial` 블록 내부의 절차형 할당문(procedural assignment)에 의해 값을 받는 변수의 자료형이다. 반면에, `net` 자료형은 `wire`, `tri`, `wand`, `wor` 등이며, 회로 소자 또는 회로 블록의 하드웨어적인 연결에 사용되는 신호의 자료형이다. `net` 자료형은 일반 소프트웨어 프로그래밍 언어와 구별되는 HDL만의 특별한 자료형이므로, variable 자료형과 `net` 자료형의 차이점과 회로 모델링에 적용하는 방법을 잘 이해해야 한다. 또한 Verilog HDL은 35가지의 연산자를 제공하며, 조합회로와 순차회로 모델링에 폭넓게 사용된다. 일반 소프트웨어 프로그램과 다르게 Verilog HDL의 소스코드는 논리합성(logic synthesis)을 통해 회로로 변환되므로, 연산자가 사용된 모델링과 합성된 회로의 관계를 잘 이해해야 한다. 이 장에서는 Verilog HDL에서 지원되는 논리값과 자료형 그리고 연산자에 대한 전반적인 내용을 다룬다.

[표 2-1] net 자료형과 variable 자료형

자료형	예시
net	`wire`, `tri`, `wand`, `wor` 등
variable	`reg`, `integer`, `real`, `time`, `realtime`

SECTION 2.1

Verilog 자료형

Verilog HDL의 자료형은 variable 자료형과 `net` 자료형의 두 그룹으로 구분된다. 이들 자료형 그룹은 값을 할당받고 유지하는 방식에 있어서 다르며, 또한 서로 다른 하드웨어 구조를 나타낸다.

2.1.1 논리값

Verilog HDL은 디지털 회로 설계에 사용되는 언어이므로, 디지털 회로의 논리값 0과 1을 기본적으로 지원하며, 또한 논리값 x(unknown)와 z(high-impedance)를 포함하여 [표 2-2]와 같이 {1, 0, x, z}의 4가지 논리값을 지원한다. 논리값의 하드웨어적인 의미는 [그림 2-1]과 같다. 논리값 0은 디지털 회로의 논리 '0'(0V, 접지) 또는 논리 거짓false을 나타낸다. 논리값 1은 디지털 회로의 논리 '1'(전원전압) 또는 논리 참true을 나타낸다. 논리값 x는 [그림 2-1(c)]와 같이 논리 '0'과 논리 '1'의 충돌이 발생하여 논리값을 확정할 수 없는 unknown 상태를 나타낸다. 논리값 z는 [그림 2-1(d)]와 같이 구동자driver가 없는 high-impedance 상태를 나타낸다.

[표 2-2] Verilog HDL의 논리값

논리값	의 미
0	논리 '0', 거짓(false)
1	논리 '1', 참(true)
x	unknown 상태
z	high-impedance 상태

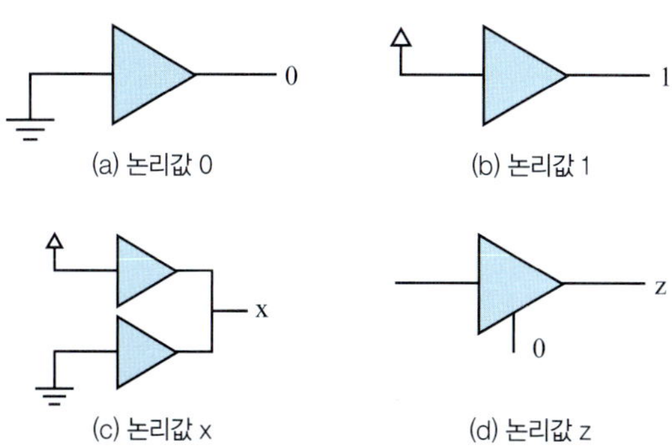

[그림 2-1] Verilog HDL 논리값의 하드웨어적인 의미

논리값 0과 1은 서로 논리적 보수complement 관계이다. z가 논리 게이트의 입력에 인가되거나 수식에 포함되어 있으면, x가 인가된 경우와 동일한 영향을 갖는다. 그러나 MOSMetal Oxide Semiconductor 스위치는 예외적으로 z가 인가되면 그 결과도 z가 된다. event 자료형을 제외한 대부분의 자료형들은 [표 2-2]에 정의된 4가지 논리값들을 가질 수 있으며, 벡터를 구성하는 비트들은 독립적으로 4가지 논리값 중 하나로 설정될 수 있다. net 형 객체에는 값과 함께 강도strength 정보를 포함시킬 수 있으나, 이 책에서는 신호강도는 다루지 않는다.

2.1.2 net 자료형

Verilog HDL에서 net 자료형은 논리 게이트나 모듈 등 하드웨어 요소들 사이의 물리적 연결physical connection을 추상화해서 나타내는 자료형이다. Verilog HDL은 다음과 같이 11개의 net 자료형을 제공한다.

- **wire** : 단순한 연결을 위해 사용되며, 함축된 논리적 동작이나 기능을 갖지 않는다. 명시적으로 자료형이 선언되지 않은 경우의 default 자료형은 1비트의 wire이다. 즉, 1비트 wire 자료형은 선언 없이 사용할 수 있다.
- **tri** : wire와 동일하게 단순한 연결을 위해 사용된다. 하지만 하드웨어에서 z(high-impedance)를 포함하는 3상태tri-state를 갖는 점이 다르다.
- **wand, wor** : 다중 구동자를 갖는 net에 사용되며, 각각 'wired-and'(open collector logic)와 'wired-or'(emitter coupled logic)의 하드웨어 구현을 모델링하기 위해 사용된다.
- **triand, trior** : 각각 wand와 wor와 동일하게 다중 구동자를 갖는 net에 사용되나, 하드웨어에서 3상태를 갖는 점이 다르다.
- **supply0, supply1** : 각각 회로접지circuit ground와 전원power supply에 연결되는 광역 net에 사용된다.
- **tri0, tri1** : 각각 저항성 pulldownresistive pulldown에 의해 접지로 연결되는 net와 저항성 pullupresistive pullup에 의해 전원으로 연결되는 net에 사용된다.
- **trireg** : 물리적인 net에 저장되는 전하를 모델링하기 위해 사용된다.

net는 값을 저장하지 않으며(단, trireg net는 예외임), 연속 할당문continuous assignment, 게이트 프리미티브 등과 같은 구동자의 값에 의해 net의 값이 연속적으로 유지된다. 만약 net에 구동자가 연결되어 있지 않으면, default 값인 high-impedance(z)가 된다. 단, trireg net는 이전에 구동된 값을 유지한다. net의 default 초기 값은 z이다. 단, 예외적으로 trireg net는 default 초기 값으로 x를 가지며, net 선언에서 지정된 신호강도(small, medium, large)를 갖는다.

net 자료형을 선언하는 문법은 [문법 2-1]과 같으며, net, parameter, variable 선언에 의해 이미 선언된 이름을 다시 선언하는 것은 허용되지 않는다.

문법 2-1 net 자료형의 선언

```
net_type [signed] [range] [ #(delay)] net_name [array] {, net_name [array]};
net_type [signed] [range] [ #(delay)] net_name = continuous_assignment;
```

- net_type : wire, tri, wand, wor, triand, trior, supply0, supply1, tri0, tri1, trireg 중 하나이다.
- [range] : 비트 범위를 표시하며, [array]는 배열 범위를 나타낸다.
- net 자료형 선언에서 값을 할당할 수 있으며, 이를 net 선언 할당문이라 한다. 이는 net 자료형 선언과 연속 할당문을 분리해서 표현하는 것과 동일하다.

net 자료형 선언의 예는 다음과 같다.

[예시 2-1] net 자료형 선언의 예

```
wire w1, w2;          // w1, w2는 1비트의 wire로 선언되었으며, 1비트의 wire는 Verilog HDL의 기본
                         자료형이므로 선언을 생략할 수 있다.
wire [7:0] bus;       // bus는 8비트의 wire로 선언되었다.
wire enable=1'b0;     // enable은 초기 값 0을 갖는 1비트의 wire로 선언되었다.
wand w3;              // w3는 1비트의 wand로 선언되었다.
tri [15:0] busa;      // busa는 16비트의 tri로 선언되었다.
```

wire와 tri

자료형 wire와 tri는 회로 구성요소 사이를 연결하기 위해 사용된다. 이들은 문법과 기능 측면에서 동일하나, 하드웨어의 3상태 동작 여부를 명확히 나타내기 위해 wire와 tri로 구분된 것이다. wire는 하나의 논리 게이트 또는 연속 할당문에 의해 구동되는 net에 사용되며, tri는 3상태 net에 사용된다. wire 또는 tri가 동일한 신호강도를 갖는 다중 구동자에 의해 구동되는 경우의 결정값[resolved value]은 [표 2-3]의 규칙에 의해 결정된다. 즉 wire 또는 tri를 구동하는 2개의 구동자가 모두 0(또는 1)의 값이면 그 net의 값은 0(또는 1)이 되며, 2개의 구동자 중 하나는 0이고 다른 하나는 1 또는 x의 값이면 그 net의 값은 x가 된다.

[표 2-3] wire, tri net의 진리표

wire / tri	0	1	x	z
0	0	x	x	0
1	x	1	x	1
x	x	x	x	x
z	0	1	x	z

■ wired net

wired-or 로직이나 wired-and 로직과 같이 다중 구동자를 갖는 설계를 지원하기 위해 `wired net` 자료형이 제공된다. 하드웨어에서 wired-or 로직은 바이폴라 접합 트랜지스터Bipolar Junction Transistor, BJT의 emitter-coupled 로직으로 구현되고 wired-and 로직은 open-collector 로직으로 구현된다. 두 로직 모두 최신 CMOS 기술에서는 사용되지 않는다.

Verilog HDL의 `wired net`는 `wor`, `wand`, `trior`, `triand` 등이 있으며, `wired` 로직의 모델링에 사용된다. `wired net`의 동작은 시뮬레이터에 의해 자동으로 결정되며, 이때 `wired net`의 결정값은 [표 2-4]와 [표 2-5]의 진리표에 의해 결정된다.

[표 2-4] wand, triand net의 진리표

wand / triand	0	1	x	z
0	0	0	0	0
1	0	1	x	1
x	0	x	x	x
z	0	1	x	z

[표 2-5] wor, trior net의 진리표

wor / trior	0	1	x	z
0	0	1	x	0
1	1	1	1	1
x	x	1	x	x
z	0	1	x	z

`wand`, `triand`는 wired-and 구성을 생성하며, 구동자 중 하나 이상이 0이면 결과 값은 논리 0이 된다. `wor`, `trior`는 wired-or 구성을 생성하며, 구동자 중 하나 이상이 논리 1이면 결과 값은 논리 1이 된다. `trior`, `triand`는 각각 `wor`, `wand`와 문법 및 기능이 동일하나, 하드웨어에서 3상태를 갖는 점이 다르다. `wired` 로직의 구현을 위해서는 자료형이 `wired net`로 선언되어야 한다. 만약 `wor`, `wand`, `trior`, `triand net`를 구동하는 다중 구동자가 서로 다른 신호강도를 갖는 경우에는 별도의 규칙에 의해 `net`의 값이 결정된다.

[코드 2-1]은 `wire`와 `wand` 자료형의 차이를 알아보기 위한 예이며, [그림 2-2]는 시뮬레이션 결과이다. `wire` 형으로 선언된 w_wire가 `nor` 게이트와 `buf` 게이트의 다중 구동자에 의해 구동되는 경우, w_wire의 값에 충돌이 생기면 결과 값은 x가 된다. 그러나 `wand` 형으로 선언된 w_wand는 [표 2-4]의 규칙에 의해 값이 결정되므로 x가 아닌 0 또는 1로 결정된다.

코드 2-1 wire와 wand 자료형의 구분

```
module wand_ex ;
   reg  a, b, c;
   wire w_nor, w_buf, w_wire;
   wand w_wand;

   initial  begin
          a=0; b=0; c=0;
     #50 a=1; b=1;
   end

   nor (w_nor, a, b);
   buf (w_buf, c);

   nor (w_wire, a, b);
   buf (w_wire, c);

   nor (w_wand, a, b);
   buf (w_wand, c);
endmodule
```

[그림 2-2]는 [코드 2-1]의 시뮬레이션 결과를 나타낸다.

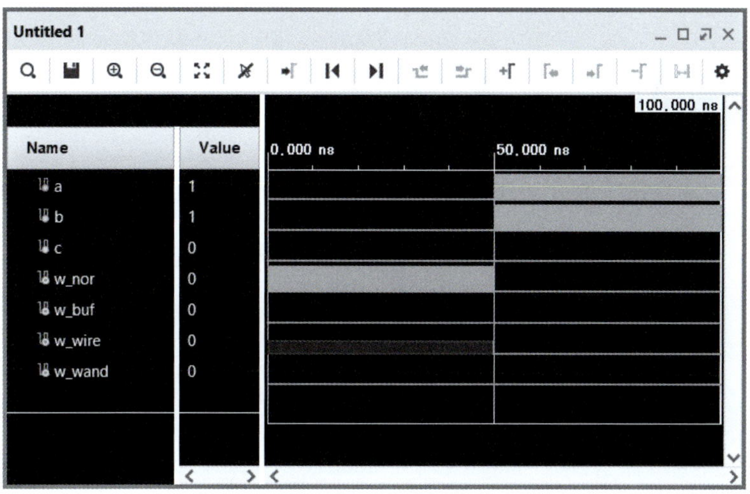

[그림 2-2] [코드 2-1]의 시뮬레이션 결과

▪ trireg

trireg는 전하저장 노드의 모델링에 사용되며, 다음 두 가지 상태 중 하나를 가질 수 있다.

❶ **구동 상태** driven state : trireg net 의 구동자 중 하나 이상이 1, 0, x 의 값을 가지면, 결정값은 trireg net 에 전파되어 trireg net 의 구동값이 된다.

❷ **정전용량 상태** capacitive state : trireg net의 모든 구동자가 high−impedance(z) 값을 가지면 trireg net는 마지막 구동된 값을 유지한다. high−impedance 값은 구동자로부터 trireg로 전파되지 않는다.

정전용량 상태에서 trireg net 값의 강도는 trireg 선언에서 지정된 크기에 따라 small, medium, large 중 하나가 될 수 있다. 구동 상태에서 trireg의 강도는 구동자의 강도에 따라 supply, strong, pull, weak 중 하나가 될 수 있다.

▪ tri0와 tri1

tri0와 tri1은 net에 연결된 저항성 pulldown과 pullup 소자의 모델링에 사용된다. tri0 net는 저항성 pulldown resistive pulldown에 의해 접지로 연결되는 net에 사용되며, tri1 net는 저항성 pullup resistive pullup에 의해 전원으로 연결되는 net에 사용된다. tri0 net가 구동자에 의해 구동되지 않으면 net의 값은 0이 되며, tri1 net가 구동자에 의해 구동되지 않으면 net의 값은 1이 된다. tri0는 0의 값을 갖는 wire와 등가이며, tri1은 1의 값을 갖는 wire와 등가이다. tri0와 tri1 net의 진리표는 각각 [표 2-6] 및 [표 2-7]과 같다.

[표 2-6] tri0 net의 진리표

tri0	0	1	x	z
0	0	x	x	0
1	x	1	x	1
x	x	x	x	x
z	0	1	x	0

[표 2-7] tri1 net의 진리표

tri1	0	1	x	z
0	0	x	x	0
1	x	1	x	1
x	x	x	x	x
z	0	1	x	1

▪ supply0와 supply1

supply0와 supply1은 회로의 전원을 모델링하기 위해 사용되며, supply 강도를 갖는다.

▪ 신호강도

net 선언에서 다음과 같은 두 가지의 신호강도 signal strength 중 하나를 지정할 수 있다.

❶ charge strength : trireg형의 net 선언에서만 사용될 수 있다.

❷ drive strength : net를 선언하는 문장에서 net에 대한 연속 할당이 이루어지는 경우에만 사용할 수 있다.

charge strength는 `trireg`형의 `net`에만 지정할 수 있다. `trireg net`는 전하 저장charge storage을 모델링하기 위해 사용되며, charge strength는 키워드 `small`, `medium`, `large`를 사용하여 정전용량의 상대적인 크기를 지정한다. `trireg net`의 default charge strength는 `medium`이다. `trireg net`는 전하가 시간에 따라 소멸되는 전하 저장 노드를 모델링하기 위해 사용된다. 신호강도는 대부분의 합성 툴에서 지원되지 않으므로, RTL 수준의 모델링에 사용하지 않는 것이 좋다. `net` 선언에서 신호강도를 지정하면 다음과 같다.

[예시 2-2] net 선언에서 신호강도 지정

```
trireg  a;                          // trireg 형으로 선언된 a는 default charge strength인 medium
                                       을 갖는다.
trireg(large) #(0,0,50) cap1;       // cap1은 charge strength로 large를 갖도록 선언되었다.
trireg(small) signed [3:0] cap2;    // cap2는 charge strength small을 갖는 4-bit trireg형으로
                                       선언되었다.
```

2.1.3 variable 자료형

Verilog HDL에서 사용되는 `reg`, `integer`, `real`, `time`, `realtime` 등의 자료형을 variable 자료형이라고 한다. variable 자료형을 갖는 변수는 절차형 할당문의 실행에 의해 그 값이 바뀌며, 할당에서부터 다음 할당까지 값을 저장하므로 프로그래밍 언어의 variable과 유사한 개념이라고 볼 수 있다. `reg`, `time`, `integer` 자료형의 기본 초기 값은 x(unknown)이며, `real`, `realtime` 자료형의 초기 값은 0.0이다. variable 자료형 선언에 할당문이 함께 사용되면 해당 변수는 할당된 초기 값을 가지며, 이는 `initial` 블록 내부의 블록킹blocking 할당문으로 할당되는 것과 동일한 효과를 갖는다. variable 자료형을 선언하는 문법은 [문법 2-2]와 같으며, `net`, `parameter`, `variable` 선언에 의해 이미 선언된 이름을 다시 선언하는 것은 허용되지 않는다.

문법 2-2 variable 자료형 선언

```
variable_type [signed] [range] variable_name [array] {, variable_name [array]};
variable_type [signed] [range] variable_name = initial_value;
```

- variable_type : `reg`, `integer`, `real`, `time`, `realtime` 중 하나이다.
- [range] : 비트 범위를 표시하며, [array]는 배열 범위를 나타낸다.
- variable 자료형 선언에서 초기 값을 할당할 수 있으며, 시뮬레이션 시간 0에서 초기 값이 설정된다. 이는 variable 자료형 선언과 `initial` 프로시저에서 변수값을 할당하는 것과 동일하다.

NOTE variable은 음의 값을 할당받을 수 있다. 그러나 `signed reg`, `integer`, `real`, `realtime` 자료형의 variable만이 부호를 유지한다. `unsigned reg`와 `time variable`들은 할당된 값을 `unsigned` 값으로 취급한다.

■ reg

reg 자료형은 always나 initial 블록 내부의 절차형 할당문에 의해 값을 받는 변수의 자료형이다. reg 변수는 할당 사이의 값을 유지하며, 하드웨어 레지스터register를 모델링하기 위해 사용될 수 있다. reg 자료형은 플립플롭flip-flop, 래치latch 등의 저장소자를 모델링하기 위해 사용될 수 있다. 그러나 reg 변수는 조합회로의 모델링에도 사용되므로, 모든 reg 변수가 하드웨어적인 저장소자를 의미하지는 않는다.

reg 자료형 선언의 예는 다음과 같다.

[예시 2-3] reg 자료형 선언의 예

```
reg a;                      // a는 1비트의 reg 자료형으로 선언되었다.
reg [3:0] b;                // b는 4비트의 reg 자료형으로 선언되었다.
reg signed [3:0] signed_reg; // signed_reg는 4비트의 signed reg 자료형으로 선언되었으며,
                               -8 ~ 7 범위의 값을 갖는다.
reg [-1:4] c;               // c는 6비트의 reg 자료형으로 선언되었다.
reg [4:0] x, y, z;          // x, y, z는 5비트의 reg 자료형으로 선언되었다.
```

또 다른 예로, [코드 2-2]에서 qout과 out은 always 블록 내부에서 값을 할당받기 때문에, reg 자료형으로 선언된다. [코드 2-2(a)]에서 reg 변수 qout은 저장소자인 플립플롭의 출력이며, [코드 2-2(b)]에서 reg 변수 out은 조합회로의 출력이다.

코드 2-2 reg 자료형 선언이 사용된 예

```
module dff (input  clk, input  d,
            output qout);
  reg  qout;

  always @(posedge clk) begin
    qout <= d;
  end

endmodule
```

(a) D 플립플롭

```
module mux21_if (input [1:0] a, input [1:0] b,
                 input sel,
                 output [1:0] out);
   reg  [1:0] out;

   always @(a or b or sel) begin
     if (sel == 1'b0)
        out = a;
     else
        out = b;
   end

endmodule
```

(b) 2:1 멀티플렉서

■ integer, real, time, realtime

integer, real, time, realtime 자료형은 하드웨어 모델링 이외의 다른 용도로 사용된다. 특정 net 값이 변화한 횟수와 같은 일반적인 경우에는 reg 자료형이 사용될 수 있으나, integer와 time 자료형은 설계의 문서화를 포함한 여러 가지 편리성을 제공한다.

integer 자료형[1]은 하드웨어 레지스터로 취급되지 않는 양quantity을 위해 사용되는 범용 변수이다. time 자료형은 타이밍 체크가 필요한 상황에서 시뮬레이션 시간을 처리하거나 저장하기 위해 사용되며, 진단과 디버깅 용도로 사용된다. 이 자료형은 일반적으로 시스템 태스크인 $time과 함께 사용된다. integer와 real 자료형은 reg 자료형 변수와 동일하게 절차형 할당문에 의해 값이 변경된다. time 자료형은 64비트의 reg와 동일하게 작용하며, unsigned 값이고 unsigned 연산이 이루어진다. 반면에, integer 자료형은 signed reg로 취급되며, 연산 결과는 2의 보수가 된다.

real 자료형으로 선언된 변수는 다음과 같이 예외적인 사항을 제외하면, integer 형 또는 time 형 변수와 동일하게 사용될 수 있다.

- Verilog HDL의 일부 연산자들은 real 자료형의 값에 사용될 수 없다.
  real 자료형에 적용될 수 있는 연산자는 [표 2-9]를 참고한다.
- real 자료형은 선언에서 범위를 지정할 수 없다.
- real 자료형은 default 초기 값으로 0을 갖는다.

reatime 자료형은 real 자료형과 동일하게 취급되며, 상호 교환되어 사용될 수 있다. 실수형 상수와 real 자료형 변수가 논리 연산자 또는 관계 연산자에 사용되면 그 결과는 단일 비트 값이 된다. Verilog HDL의 일부 연산자들은 실수형 값에 적용될 수 없으며, [표 2-9]는 실수형 상수와 real 자료형 변수에 적용할 수 있는 연산자들을 나열한 것이다. 다음의 경우에는 real형 변수와 실수형 상수의 사용이 금지된다.

- real 자료형 변수에 대한 edge 지시자posedge, negedge
- real 자료형으로 선언된 변수에 대한 비트 참조 또는 부분 참조
- 벡터에 대한 비트 참조 또는 부분 참조를 나타내는 real 인덱스 수식

실수 값은 그 값에 가장 가까운 정수로 반올림되어 정수형으로 변환될 수 있다. 실수 값이 정수형 변수에 할당될 때에는 내부적으로 변환이 이루어진다. 만약 실수 값의 소수점 이하 부분이 정확하게 0.5인 경우에는 반올림된다. 수식이 real 자료형 변수에 할당될 때에도 내부적 변환이 일어난다. net 또는 variable의 개별 비트에 x 또는 z가 포함되어 있으면, 이들은 변환에서 0으로 취급된다.

---

1 integer 자료형의 최대 크기는 소프트웨어에 따라 제한되며, 최대 32비트 이하가 된다.

integer, real, time 자료형 선언의 예는 다음과 같다.

[예시 2-4] integer, real, time 자료형 선언의 예

```
integer a;              // integer value
real float ;            // a variable to store real value
time last_change;       // time value
realtime rtime ;        // a variable to store time as a real value
```

2.1.4 벡터와 배열

범위지정을 갖지 않는 net나 reg 선언은 1비트로 취급된다. Verilog HDL에는 2비트 이상으로 구성되는 벡터vector를 선언하기 위한 독립된 자료형이 없으며, net 또는 reg 자료형 선언에서 변수이름 앞에 범위지정 [msb : lsb]를 추가하여 [문법 2-3]의 형식으로 벡터를 선언할 수 있다.

문법 2-3 벡터 선언

```
data_type [msb:lsb] identifier;
```

- 벡터[2]의 범위지정 상수 msb는 벡터의 제일 왼쪽 비트인 MSB(Most Significant Bit)를 나타내고, 상수 lsb는 벡터의 제일 오른쪽 비트인 LSB(Least Significant Bit)를 나타낸다.
- 벡터로 선언된 변수는 단일 할당문으로 값을 받을 수 있다.
- signed로 선언되거나 signed로 선언된 포트에 연결되는 경우를 제외하고는 unsigned로 취급된다.

벡터의 범위지정을 위한 상수 msb와 lsb는 양수, 음수, 0을 모두 사용할 수 있으며, lsb와 msb의 크기는 상관없다. lsb=msb, lsb>msb, lsb<msb 모두 허용된다.

벡터 선언의 예는 다음과 같다.

[예시 2-5] 벡터 선언의 예

```
reg  [7:0]  rega      // rega는 8비트 reg 자료형의 벡터이다.
wire [15:0] d_out     // d_out은 16비트 wire 자료형의 벡터이다.
```

배열array은 특정 자료형의 원소element들을 다차원 변수로 묶기 위해 사용된다. Verilog HDL에는 배열을 위한 독립된 자료형이 없으며, net 또는 reg 자료형 선언에서 변수이름 뒤에 범위지정을 추가하여 [문법 2-4]의 형식으로 배열을 선언할 수 있다.

2 벡터의 최대 길이는 소프트웨어에 따라 제한되며, 최대 65,536(2^{16})비트 이하이다.

문법 2-4 배열 선언

```
data_type identifier [Uaddr:Laddr];                              // 스칼라의 1차원 배열
data_type identifier [Uaddr:Laddr][Uaddr2:Laddr2];               // 스칼라의 2차원 배열
data_type [msb:lsb] identifier [Uaddr:Laddr];                    // 벡터의 1차원 배열
data_type [msb:lsb] identifier [Uaddr:Laddr][Uaddr2:Laddr2];     // 벡터의 2차원 배열
```

- 2차원 배열에서 [Uaddr : Laddr]은 행(row), [Uaddr2 : Laddr2]는 열(column)을 나타낸다.
- 배열을 구성하는 개별적인 원소는 단일 할당문으로 값을 할당받을 수 있으나, 배열 전체 또는 일부분은 단일 할당문에 의해 값을 할당받거나 수식에 사용될 수 없다.

Verilog HDL에서는 다차원 배열을 선언할 수 있으며, 배열의 차원^dimension^은 주소 범위의 개수에 의해 정의된다. 예를 들어 1차원 배열은 하나의 주소 범위를 사용하고, 2차원 배열은 [Uaddr1 : Laddr1][Uaddr2 : Laddr2]와 같이 2개의 주소 범위를 사용하여 선언된다. 배열의 인덱스 Uaddr, Laddr은 상수로 표현되며, 상수의 값은 양의 정수, 음의 정수 또는 0이 될 수 있다. 또한 벡터와 배열을 하나의 선언문으로 선언할 수도 있다. 이는 벡터 폭 [msb : lsb]를 갖는 원소와 배열을 하나의 선언문으로 선언할 수 있어 편리하다. 배열의 원소에 값을 할당하기 위해 배열의 인덱스가 사용되며, 배열의 인덱스에는 수식이 사용될 수 있다. 이에 의해 회로 내의 다른 variable 또는 `net`의 값에 따라 다른 배열 원소를 참조할 수 있다.

모든 variable 자료형(`reg`, `integer`, `real`, `time`, `realtime`)은 배열로 선언되고 사용될 수 있다. `reg` 자료형 원소를 갖는 1차원 배열을 메모리라고 한다. 메모리는 ROM^Read Only Memory^, RAM^Random Access Memory^, 레지스터 파일 등의 모델링에 사용된다. 배열을 구성하는 각 reg를 원소 또는 워드^word^라고 하며, 단일 배열 인덱스에 의한 주소 값을 갖는다.

`net`의 배열[3]은 모듈 인스턴스의 포트를 연결하기 위해 사용된다. 배열의 각 원소는 스칼라 또는 벡터 `net`와 동일한 방식으로 사용될 수 있다.

배열은 벡터와 다르게 취급된다는 점을 유의해야 한다. n비트 벡터는 단일 할당문에 의해 값을 받을 수 있으나, 배열로 선언되는 메모리 전체는 단일 할당문으로 값을 받을 수 없다. 메모리는 인덱스로 지정되는 워드 단위로 값을 할당하거나 수식에 사용될 수 있다.

배열 선언의 예는 다음과 같다.

---

3 배열의 최대 크기는 소프트웨어에 따라 제한되며, 최대 16777216(2^{24})이다.

[예시 2-6] 배열 선언의 예

```
reg [7:0] mem_A [0:255];        // reg mem_A는 8비트 레지스터 256개로 구성되는 메모리에 대한 선언
reg array_B [7:0][0:255];       // reg array_B는 1비트 레지스터가 8×256 크기로 구성된 2차원 배열의 선언
wire w_array [7:0][5:0];        // wire w_array는 8×6 크기의 1비트 wire에 대한 2차원 배열의 선언
integer int_A [1:64];           // 정수형 값 64개로 구성되는 1차원 배열의 선언
time chng_hist [1:1000];        // 시간값 1,000개로 구성되는 1차원 배열의 선언
```

앞서 선언된 배열에 대한 할당을 나타내면 다음과 같다.

[예시 2-7] 배열 원소에 대한 할당

```
mem_A = 0;                      // 예-① Illegal syntax- Attempt to write to entire array
array_B[1] = 0;                 // 예-② Illegal Syntax - Attempt to write to elements
                                //       [1][0], [1][1], [1][2], ... [1][255]
array_B[1][12:31] = 0;          // 예-③ Illegal Syntax - Attempt to write to
                                //       elements [1][12], [1][13], ... [1][31]
mem_A[1] = 0;                   // 예-④ Assigns 0 to the second element of mem_A
array_B[1][0] = 0;              // 예-⑤ Assigns 0 to the bit referenced by indices [1][0]
int_A[4] = 33559;               // Assign decimal number to integer in array
chng_hist[t_index] = $time;     // Assign current simulation time to array element
                                // addressed by integer index
```

- 예-① : 1차원 배열 mem_A 전체가 단일 할당문에 의해 값을 할당받으므로 문법적으로 오류이다.
- 예-②, ③ : 2차원 배열로 선언된 array_B를 구성하는 여러 개의 배열 원소들이 하나의 할당문으로 값을 할당받으므로 역시 문법적인 오류이다.
- 예-④, ⑤ : 배열은 배열을 구성하는 원소에 개별적인 할당만 가능하다. mem_A[1]=0은 배열 mem_A의 두 번째 원소에 0을 할당한다.

메모리 선언의 예는 다음과 같다.

[예시 2-8] 메모리 선언의 예

```
reg [1:n] Reg_A;                             // Reg_A는 n비트의 reg 벡터로 선언된다.
reg  Mem_A [1:n];                            // Mem_A는 1비트 레지스터 n개로 구성되는 메모리로 선언된다.
wire [7:0] Array_2D [0:255][0:255];          // Array_2D는 8비트 워드의 256×256 크기 2차원 배열로 선언
                                             //    된다.
wire  Array_3D [0:255][0:255][7:0];          // Array_3D는 1비트의 256×256×8 크기 3차원 배열로 선언
                                             //    된다.
assign Array_2D[14][1][3:0] = 4'b1100;       // Array_2D의 15번째 행, 2번째 열 워드의 하위 4비트에
                                             //    4'b1100을 할당한다.
```

```
assign Array_2D[1][3][6] = 1'b1;          // Array_2D의 2번째 행, 4번째 열 워드의 하위 7번째 비트에
                                            1'b1을 할당한다.
assign Array_3D[14][1][3:0] = 3'b100;     // Array_3D의 3차원 배열을 구성하는 배열요소 4개[14][1]
                                            [3], [14][1][2], ... [14][1][0]에 값을 할당하므로, 오류
                                            이다.
```

2.1.5 parameter

Verilog HDL의 parameter는 variable 또는 net 범주에 속하지 않는 상수 값이며, 모듈 parameter와 specparam의 형태로 나뉜다. 두 형태의 parameter는 범위지정을 가질 수 있으며, 범위가 지정된 경우를 제외하고는 상수 값에 적합한 크기의 비트 폭을 default로 갖는다. parameter는 [문법 2-5]의 형식으로 선언할 수 있다. specparam은 cell library 개발에 사용되므로 이 책에서는 다루지 않는다.

문법 2-5 parameter 선언

```
localparam [signed] [range] parameter_name = value {, parameter_name = value};
localparam constant_type parameter_name = value {, parameter_name = value};

parameter [signed] [range] parameter_name = value {, parameter_name = value};
parameter constant_type parameter_name = value {, parameter_name = value};
```

- constant_type : integer, time, real, realtime 중 하나이다.
- 하나의 parameter 문으로 다수의 parameter를 콤마로 분리해서 선언할 수 있다.
- localparam : defparam 문에 의해 직접 변경될 수 없으며, 모듈 인스턴스의 순서와 이름에 의한 parameter 값 할당이 불가능하다는 점을 제외하고는 parameter와 동일한 기능을 갖는다.

Verilog HDL에서 parameter는 상수이며, 시뮬레이션 실행 중에 값을 변경할 수 없다. 그러나 모듈 parameter는 컴파일 시에 parameter 선언에서 지정된 값을 변경할 수 있으며, 이에 의해 인스턴스된 모듈들의 parameter를 개별적으로 변경시킬 수 있다. parameter는 defparam 문 또는 모듈 인스턴스 문에 의해 변경될 수 있으며, 통상 변수의 비트 폭 또는 지연을 지정하기 위해 사용된다. 모듈 parameter 값의 변경은 6.3절에서 설명한다.

모듈 parameter는 자료형과 범위지정을 가질 수 있으며, 모듈 parameter의 자료형과 범위는 다음과 같은 규칙을 갖는다.

- 자료형과 범위지정을 갖지 않는 parameter 선언은 값의 덮어쓰기overriding에 의해 parameter에 할당되는 최종 값의 자료형과 범위를 갖는다.
- 자료형을 갖지 않고 범위지정만 갖는 parameter는 선언된 범위와 unsigned 자료형을 갖는다. 부호

와 범위는 값의 덮어쓰기에 의해 영향을 받지 않는다.

- 범위지정을 갖지 않고 자료형만 선언된 parameter는 선언된 자료형을 갖는다. signed parameter는 값의 덮어쓰기에 의해 parameter에 할당되는 최종 값의 범위를 갖는다.
- 범위지정과 함께 signed 자료형으로 선언된 parameter는 signed 자료형과 선언된 범위를 갖는다. 부호와 범위는 값의 덮어쓰기에 영향을 받지 않는다.
- 범위지정을 갖지 않으며 signed 자료형으로 선언되거나 또는 자료형 선언을 갖지 않는 parameter는 lsb가 0이고 msb는 parameter에 할당되는 최종 값의 비트 크기보다 1 작은 범위를 갖는다.
- 범위지정을 갖지 않으며 signed 자료형으로 선언되거나 또는 자료형 선언을 갖지 않는 parameter에 할당되는 최종 값이 unsized인 경우에는 lsb가 0이고 msb가 최대 31인 유추된 범위를 갖는다.

parameter 선언의 예는 다음과 같다.

[예시 2-9] parameter 선언의 예

```
parameter msb = 7;                      // defines msb as a constant value 7
parameter e = 25, f = 9;                // defines two constant numbers
parameter r = 5.7;                      // declares r as a real parameter
parameter byte_size = 8, byte_mask = byte_size - 1;
parameter average_delay =(r + f) / 2;
parameter p1 = 13'h7e;
parameter [31:0] dec_const = 1'b1;      // value converted to 32 bits
parameter newconst = 3'h4;              // implied range of [2:0]
parameter newconst = 4;                 // implied range of at least [31:0]
```

SECTION 2.2

Verilog 연산자

Verilog HDL의 연산자는 C 언어와 유사하며, [표 2-8]은 Verilog HDL의 연산자 목록이다.

[표 2-8] Verilog HDL의 연산자

연산자	기 능	연산자	기 능
{ }, {{ }}	결합, 반복	^	비트 xor
+, -, *, /, **	산술	^~ 또는 ~^	비트 xnor
%	나머지	&	축약(reduction) and
>, >=, <, <=	관계	~&	축약 nand
!	논리 부정	|	축약 or
&&	논리 and	~|	축약 nor
||	논리 or	^	축약 xor
==	논리 등가	^~ 또는 ~^	축약 xnor
!=	논리 부등	<<	논리 왼쪽 시프트
===	case 등가	>>	논리 오른쪽 시프트
!==	case 부등	<<<	산술 왼쪽 시프트
~	비트 부정	>>>	산술 오른쪽 시프트
&	비트 and	? :	조건
|	비트 or	or	event or

Verilog HDL 연산자들 중에서 실수형 피연산자를 지원하는 연산자들은 [표 2-9]와 같으며, 그 이외의 다른 연산자들은 실수형 피연산자를 사용할 수 없다. 실수형 값이 논리 또는 관계 연산자에 사용되면 1비트의 결과가 얻어진다.

[표 2-9] 실수형 수식에 사용될 수 있는 연산자

<table>
<tr><th>연산자</th><th>기 능</th><th>연산자</th><th>기 능</th></tr>
<tr><td>+, −, *, /, **</td><td>산술</td><td>||</td><td>논리 or</td></tr>
<tr><td>+, −</td><td>부호</td><td>==</td><td>논리 등가</td></tr>
<tr><td>>, >=, <, <=</td><td>관계</td><td>!=</td><td>논리 부등</td></tr>
<tr><td>!</td><td>논리 부정</td><td>? :</td><td>조건</td></tr>
<tr><td>&&</td><td>논리 and</td><td>or</td><td>event or</td></tr>
</table>

Verilog HDL 연산자의 우선순위는 [그림 2-3]과 같다. 동일 행에 있는 연산자들은 동일한 우선순위를 가지며, 행들은 우선순위가 낮아지는 순서로 나열되어 있다. 예를 들어 *, /, %는 동일한 우선순위이며, +, − 연산자보다 높은 우선순위를 갖는다.

<table>
<tr><td>+, −, !, ~ (단항)</td><td>우선순위 가장 높음</td></tr>
<tr><td>**</td><td></td></tr>
<tr><td>*, /, %</td><td></td></tr>
<tr><td>+, − (이항)</td><td></td></tr>
<tr><td><<, >>, <<<, >>></td><td></td></tr>
<tr><td><, <=, >, >=</td><td></td></tr>
<tr><td>==, !=, ===, !==</td><td></td></tr>
<tr><td>&, ~&</td><td></td></tr>
<tr><td>^, ^~, ~^</td><td></td></tr>
<tr><td>|, ~|</td><td></td></tr>
<tr><td>&&</td><td></td></tr>
<tr><td>||</td><td></td></tr>
<tr><td>? : (조건 연산자)</td><td>우선순위 가장 낮음</td></tr>
</table>

[그림 2-3] Verilog HDL 연산자의 우선순위

동일 우선순위를 갖는 연산자가 2개 이상 나열된 경우에는, 조건 연산자(? :)를 제외한 모든 연산자는 왼쪽에서 오른쪽 순서로 연산된다. 예를 들어 A+B−C를 연산하는 경우, A+B가 먼저 계산된 후 그 결과에서 C를 빼는 연산이 수행된다. 만약 우선순위가 다른 연산자가 2개 이상 포함된 경우에는, 당연히 우선순위가 높은 연산자가 먼저 계산된다. 예를 들어 A+B*C를 연산하는 경우, B*C가 먼저 계산된 후 그 결과 값이 A에 더해진다. 연산자의 우선순위를 지정하기 위해서는 괄호를 적절하게 사용하는 것이 권장된다.

수식에 사용되는 정수형의 수는 다음 중 하나로 표현될 수 있다.

- unsized, unbased 정수(예를 들면, 12)
- unsized, based 정수(예를 들면, 'd12, 'sd12)
- sized, based 정수(예를 들면, 16'd12, 16'sd12)

밑수base 지정자를 갖지 않는 정수의 음수 값은 밑수 지정자를 갖는 정수와 다르게 해석된다. 밑수 지정자를 갖지 않는 정수는 2의 보수two's complement 형식의 signed 값으로 해석되며, 밑수 지정자를 갖는 unsigned 정수는 unsigned 값으로 해석된다.

[예시 2-10]은 수식에서 정수형 수가 처리되는 방식을 보인 예이다. 연산 결과를 이해하기 위해 1.4절에서 설명된 정수형 수의 표현에 관한 내용을 참고하기 바란다.

[예시 2-10] 수식에서 정수형 수의 처리 방식

```
integer IntA, IntB, IntC, IntD;
IntA = -12 / 4;          // 예-① The result is -3.
IntB = -'d12 / 4;        // 예-② The result is 1073741821.
IntC = -'sd12 / 4;       // 예-③ The result is -3.
IntD = -4'sd12 / 4;      // 예-④ 4'sd12 is the negative of 1100, which is -4.
                         // -(-4) = 4  The result is 1.
```

- 예-① : 비트 크기와 밑수 지정자를 갖지 않는 정수는 signed 정수로 취급되므로, IntA는 −3의 결과 값을 갖는다.
- 예-② : 정수 값 −'d12는 부호 지정자 없이 밑수 지정자만 가지므로 unsigned 정수로 취급되며, 따라서 −12에 대한 2의 보수 표현을 unsigned 값 4294967284로 해석하고, 그 값을 4로 나눈 결과 값 1073741821가 IntB에 할당된다.
- 예-③ : −'sd12는 부호 지정자와 밑수가 함께 사용되었으며, 부호 지정자 s는 −12에 대한 2의 보수 표현의 비트패턴에는 영향을 주지 않고 단지 signed 정수로 해석되도록 한다. 따라서 결과 값은 −12를 4로 나눈 결과 값 −3이 IntC에 할당된다.
- 예-④ : −4'sd12는 비트 크기, 부호 지정자, 그리고 밑수를 모두 가지므로, 1100을 signed 정수로 해석하여 −(−4)=4로 해석되어 IntD는 1의 결과 값을 갖는다.

2.2.1 산술 연산자

Verilog HDL에서 제공되는 산술 연산자는 [표 2-10]과 같다. 산술 연산자에서 피연산자의 비트 값이 x(unknown)나 z(high-impedance) 값인 경우에 결과 값은 x가 된다.

[표 2-10] 산술 연산자

연산자	기 능	연산자	기 능
+	더하기	/	나누기(몫)
-	빼기	%	나머지(modulo)
*	곱하기	**	거듭제곱(power)

나누기 연산에서 피연산자가 정수형이면 결과 값의 소수점 이하는 절사된다. 나누기와 나머지 연산자에서 두 번째 피연산자가 0인 경우, 그 결과 값은 x가 된다. 나머지 연산자는 첫 번째 피연산자를 두 번째 피연산자로 나눈 나머지를 구하며, 결과 값은 첫 번째 피연산자의 부호를 따른다. 예를 들어 a%b의 결과는 a를 b로 나눈 나머지이며, 결과 값의 부호는 a의 부호를 따른다. [표 2-11]은 나머지 연산자(%)의 연산 결과 예를 보인 것이다.

[표 2-11] 나머지 연산자의 연산 결과 예

수 식	결과 값	설 명
10 % 3	1	10을 3으로 나눈 나머지는 1
11 % 3	2	11을 3으로 나눈 나머지는 2
12 % 3	0	12를 3으로 나눈 나머지는 0
-10 % 3	-1	결과 값은 첫 번째 피연산자의 부호를 따름
11 % -3	2	결과 값은 첫 번째 피연산자의 부호를 따름

거듭제곱 연산자의 피연산자 중 하나가 `real`, `integer`, `signed`이면 그 결과는 실수가 되며, 피연산자가 모두 `unsigned`이면 결과는 `unsigned`가 된다. 거듭제곱 연산자에서 다음의 경우에는 결과 값이 정의되지 않는다.

- 첫 번째 피연산자가 0이고 두 번째 피연산자가 양수가 아닌 경우
- 첫 번째 피연산자가 음수이고 두 번째 피연산자가 정수 값이 아닌 경우

reg 자료형은 명시적으로 `signed`로 선언되지 않으면, `unsigned` 값으로 취급된다. 정수형 변수는 `signed`로 취급되며, `signed` 값은 2의 보수의 형태로 표현된다. `signed` 값과 `unsigned` 값 사이의 변환은 비트 표현이 동일하게 유지되며, 단지 해석상의 의미만 바뀐다.

[표 2-12]는 산술 연산자에서 자료형이 취급되는 의미를 요약한 것이다.

[표 2-12] 산술 연산자에서의 자료형 해석

자료형	해 석	자료형	해 석
unsigned net	unsigned	integer	signed, two's complement
signed net	signed, two's complement	time	unsigned
unsigned reg	unsigned	real, realtime	signed, floating-point

[예시 2-11]은 -12를 3으로 나누는 연산에 대해 **integer**와 **reg**를 사용한 다양한 예들을 보이고 있다.

[예시 2-11] integer와 reg 자료형을 사용한 예

```
integer    intA, intB, intC;
reg [15:0] regA, regB, regC;
reg signed [15:0] regS, regT;

intA = -4'd12;          // 결과 값은 -4. intA는 integer 자료형이고,
regA = intA / 3;        // regA는 65532
regB = -4'd12;          // regB는 65524
intB = regA / 3;        // 결과 값은 21841
intC = -4'd12 / 3;      // 결과 값은 1431655761.  -4d'12는 32-bit reg 자료형
regC = -12 / 3;         // 결과 값은 -4, -12는 integer 자료형. regC는 65532
regS = -12 / 3;         // 결과 값은 -4. regS는 signed reg
regT = -4'sd12 / 3;     // 결과 값은 1.
                        // -4'sd12는 실제로 4이므로 정수 나눗셈 규칙에 의해 4/3=1이 된다.
```

2.2.2 관계 연산자

Verilog HDL은 [표 2-13]의 관계 연산자를 지원한다. 관계 연산자는 두 피연산자 a와 b의 크기를 비교하며, 결과 값은 1비트의 0(거짓) 또는 1(참)이 된다. 피연산자 중 하나에 x(unknown) 또는 z(high impedance)가 포함되어 있으면 관계 연산자의 결과 값은 1비트 x가 된다. 두 피연산자의 비트 수가 다른 경우에는, 비트 수가 작은 피연산자의 MSB 쪽에 0이 채워져 비트 수가 큰 피연산자에 맞춰진 후 관계가 판단된다. [표 2-13]에 나열된 관계 연산자들은 동일한 우선순위를 가지며, 관계 연산자는 산술 연산자보다 낮은 우선순위를 갖는다.

관계 연산자에 사용되는 두 피연산자가 모두 `signed integer`(또는 `unsized, unbased integer`)이면, 관계 연산자 수식은 `signed` 값으로 비교된다. 피연산자 중 하나가 실수형이면 다른 피연산자가 실수형으로 변환된 후, 두 실수 값이 비교된다. 그 이외의 경우에는 `unsigned` 값으로 비교된다.

[표 2-13] 관계 연산자

관계 연산자	해 석
a < b	a가 b보다 작다
a > b	a가 b보다 크다
a <= b	a가 b보다 작거나 같다
a >= b	a가 b보다 크거나 같다

[예시 2-12]는 관계 연산자의 결과를 보여준다. 예-④에서 피연산자 F에 x(unknown)가 포함되어 있으므로, 결과 값은 1비트의 x가 된다.

[예시 2-12] 관계 연산자의 연산 결과

```
// A = 9, B = 4
// D = 4'b1001, E = 4'b1100, F = 4'b1xxx

A <= B    // 예-① : 결과 값은 거짓(0)
A > B     // 예-② : 결과 값은 참(1)
E >= D    // 예-③ : 결과 값은 참(1)
E < F     // 예-④ : 결과 값은 x
```

관계 연산자는 산술 연산자보다 낮은 우선순위를 가지므로, [예시 2-13]의 예-①과 예-②는 동일한 결과 값을 가지며, 예-③과 예-④는 서로 다른 결과 값을 가질 수 있다. 예-③에서는 관계 연산자가 먼저 실행되어 결과 값이 0 또는 1로 결정된 후, 감산 연산이 수행되며, 반면에 예-④에서는 b−1이 먼저 실행된 후 그 결과 값과 a의 크기가 비교된다.

[예시 2-13] 관계 연산자와 산술 연산자의 우선순위

```
예-① : a < b - 1
예-② : a < (b - 1)
예-③ : b - (1 < a)
예-④ : b - 1 < a
```

2.2.3 등가 연산자

Verilog HDL에서 제공되는 등가 연산자는 [표 2-14]와 같다. 등가 연산자는 두 피연산자 a와 b가 등가인지를 비교하며, 결과 값은 1비트의 0(거짓) 또는 1(참)이 된다. 두 피연산자의 비트 수가 다른 경우에는 MSB 쪽에 0이 채워진 후 비교가 이루어진다. [표 2-14]에 나열된 4개의 등가 연산자는 동일한 우선순위를 가지며, 관계 연산자보다 낮은 우선순위를 갖는다.

[표 2-14] 등가 연산자

등가 연산자	해 석
a == b	a와 b는 같다(결과가 x가 될 수 있다)
a != b	a와 b는 같지 않다(결과가 x가 될 수 있다)
a === b	a와 b는 같다(x와 z가 포함된 일치를 판단)
a !== b	a와 b는 같지 않다(x와 z가 포함된 불일치를 판단)

논리적 등가 연산자(==, !=)의 피연산자가 x 또는 z를 포함하고 있으면 등가 여부에 대한 판단이 모호하므로, 그 결과는 1비트의 x가 된다. case equality(===) 또는 case inequality(!==) 연산자는 x와 z인 비트까지 포함하여 일치 여부를 비교한다. 따라서 그 결과 값은 항상 1(참) 또는 0(거짓)이 된다. case equality와 case inequality 연산자는 논리합성이 지원되지 않는 EDA 툴이 있으므로, 합성을 위한 RTL 수준의 모델링에는 사용하지 않아야 한다.

다음은 등가 연산자의 예시를 보여준다.

[예시 2-14] 등가 연산자의 연산 결과

```
// A = 9, B = 4, D = 4'b1001, E = 4'b1100
// F = 4'b1xxz, G = 4'b1xxz, H = 4'b1xxx

A === B    // 결과 값은 거짓(0)
D != E     // 결과 값은 참(1)
D == F     // 결과 값은 x
F === G    // 결과 값은 참(1)
F === H    // 결과 값은 거짓(0)
G !== H    // 결과 값은 참(1)
```

2.2.4 논리 연산자

논리 연산자 &&(논리 AND)와 ||(논리 OR)는 논리적 결합을 판단한다. 논리 연산자의 결과 값은 1비트의 참(1) 또는 거짓(0)이 되며, 참이나 거짓의 판단이 불가능한 경우의 결과 값은 x(unknown)가 된다. && 연산자가 || 연산자보다 높은 우선순위를 가지며, 논리 연산자는 관계 연산자나 등가 연산자보다 낮은 우선순위를 갖는다.

논리 부정 연산자 !는 하나의 피연산자를 갖는 단항 연산자이며, 피연산자의 값이 0이 아니거나 참인 경우의 결과 값은 0이 되며, 피연산자의 값이 0 또는 거짓인 경우의 결과 값은 1이 된다. 피연산자가 x를 포함하면 결과 값은 x가 된다. [예시 2-15]와 같이 `if` 조건문에서 사용된다.

[예시 2-15] if 조건문의 예

```
if(!reset)   // if(reset == 1'b0)과 등가임
```

다음은 논리 연산자를 이용한 다양한 예시를 보여준다.

[예시 2-16] 논리 연산자의 연산 결과 (1)

```
// A = 3, B = 0, C = 2'b0x, D = 2'b10;
A && B      // 결과 값은 0
A || B      // 결과 값은 1
!A          // 결과 값은 0
!B          // 결과 값은 1
C && D      // 결과 값은 x
```

[예시 2-17]에서 `alpha`가 정수 237이고 `beta`가 0인 경우, 논리 연산자 수식의 결과는 `regA`에 0이 할당되고, `regB`에는 1이 할당된다.

[예시 2-17] 논리 연산자의 연산 결과 (2)

```
regA = alpha && beta;      // regA에는 0이 할당된다.
regB = alpha || beta;      // regB에는 1이 할당된다.
```

[예시 2-18]에서는 괄호를 사용하지 않아도 올바른 논리 AND 연산 결과를 얻을 수 있다. 이는 논리 연산자가 관계 연산자 또는 산술 연산자보다 낮은 우선순위를 갖기 때문이다. 그러나 연산자들의 우선순위가 명백히 나타나도록 예-②와 같이 같이 괄호를 사용하여 수식을 표현하는 것을 권장한다.

[예시 2-18] 논리 연산자와 관계 연산자의 우선순위

```
예-① : a < size - 1 && b != c && index != last_one
예-② : (a < size - 1) && (b != c) && (index != last_one)
```

2.2.5 비트 연산자

비트 연산자는 피연산자의 각 비트에 적용되며, 피연산자 a와 b를 비트 단위로 연산하여 피연산자 비트 수 만큼의 결과를 출력한다. 피연산자의 비트 수가 같지 않으면, 비트 수가 작은 피연산자의 MSB 위치에 0이 채워진다. [표 2-15] ~ [표 2-19]는 비트 연산자의 진리표이다.

[표 2-15] 비트 AND 연산자

&	0	1	x	z
0	0	0	0	0
1	0	1	x	x
x	0	x	x	x
z	0	x	x	x

[표 2-16] 비트 OR 연산자

|	0	1	x	z
0	0	1	x	x
1	1	1	1	1
x	x	1	x	x
z	x	1	x	x

[표 2-17] 비트 XNOR 연산자

^~ ~^	0	1	x	z
0	1	0	x	x
1	0	1	x	x
x	x	x	x	x
z	x	x	x	x

[표 2-18] 비트 XOR 연산자

^	0	1	x	z
0	0	1	x	x
1	1	0	x	x
x	x	x	x	x
z	x	x	x	x

[표 2-19] 비트 부정 연산자

~	0
0	1
1	1
x	x
z	x

다음은 비트 연산자를 이용한 다양한 예시를 보여준다.

[예시 2-19] 비트 연산자의 연산 결과

```
// D = 4'b1001, E = 4'b1101, F = 4'b10x1

~D        // 결과 값은 4'b0110
D & E     // 결과 값은 4'b1001
D | E     // 결과 값은 4'b1101
D ^ E     // 결과 값은 4'b0100
D ~^ E    // 결과 값은 4'b1011
D & F     // 결과 값은 4'b1001
```

2.2.6 축약 연산자

축약 연산자는 피연산자가 하나인 단항 연산자이며, 피연산자의 비트들에 적용되어 1비트의 결과를 만든다. [표 2-20] ~ [표 2-22]는 축약 연산자의 진리표이다. 축약 연산자 AND, OR, XOR의 연산 방식은 다음과 같다. 피연산자의 첫 번째 비트와 두 번째 비트에 연산자를 적용하여 1비트의 결과를 만들고, 그 결과는 피연산자의 다음 비트와 연산되어 새로운 1비트의 결과를 만들어 다음 비트와의 연산에 반복적으로 사용되는 방식이다.

[표 2-20] 축약 AND 연산자

&	0	1	x	z
0	0	0	0	0
1	0	1	x	x
x	0	x	x	x
z	0	x	x	x

[표 2-21] 축약 OR 연산자

|	0	1	x	z
0	0	1	x	x
1	1	1	1	1
x	x	1	x	x
z	x	1	x	x

[표 2-22] 축약 XOR 연산자

^	0	1	x	z
0	0	1	x	x
1	1	0	x	x
x	x	x	x	x
z	x	x	x	x

예를 들어 [예시 2-20]과 같이 4비트의 cnt[3:0]에 대한 축약 XOR 연산자의 연산 결과는 cnt의 개별 비트에 XOR 연산자를 적용시킨 결과와 동일하다. 축약 연산자 NAND, NOR, XNOR는 각각 축약 연산자 AND, OR, XOR의 결과에 대한 반전 값을 만든다.

[예시 2-20] 축약 XOR 연산자의 연산 결과

```
wire [3:0] cnt;
wire parity;
assign parity = ^cnt;                              // ① 축약 XOR 연산자
assign parity = cnt[3] ^ cnt[2] ^ cnt[1] ^ cnt[0]; // ② 비트 XOR 연산자
```

[표 2-23]은 축약 연산자의 연산 결과를 나타낸 것이다.

[표 2-23] 축약 연산자의 연산 결과

연산자 / 피연산자	연산 결과						설 명
	&	~&	|	~|	^	~^	
4'b0000	0	1	0	1	0	1	모든 비트가 0인 경우
4'b1111	1	0	1	0	0	1	모든 비트가 1인 경우
4'b0110	0	1	1	0	0	1	1의 개수가 짝수인 경우
4'b1000	0	1	1	0	1	0	1의 개수가 홀수인 경우

[그림 2-4]는 4입력 NAND 게이트이다.

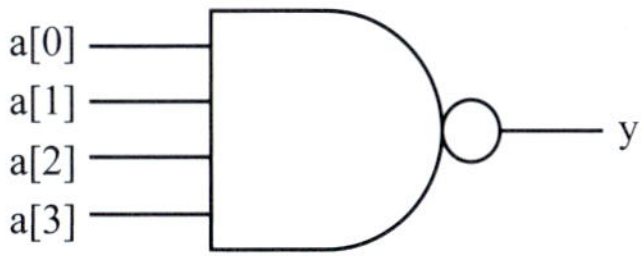

[그림 2-4] 4입력 NAND 게이트 회로

비트 연산자와 축약 NAND 연산자를 이용하여 모델링한 예는 [코드 2-3]과 같다.

코드 2-3 연산자를 이용한 4입력 NAND 게이트 모델링

```
module nand4_op1 (input [3:0] a,
                  output y);

  assign y = ~(a[0] & a[1] & a[2] & a[3]);

endmodule
```

(a) 비트연산자 사용

```
module nand4_op2 (input [3:0] a,
                  output y);

  assign y = ~&a;

endmodule
```

(b) 축약 NAND 연산자 사용

[코드 2-4]는 [그림 2-5]의 4비트 2입력 NOR 게이트 회로를 비트 연산자를 사용하여 모델링한 예이다. a, b, y가 모두 4비트의 벡터이고 벡터는 단일 할당문으로 값을 받을 수 있으므로, 비트 연산자를 사용해서 하나의 assign 문으로 모델링되었다.

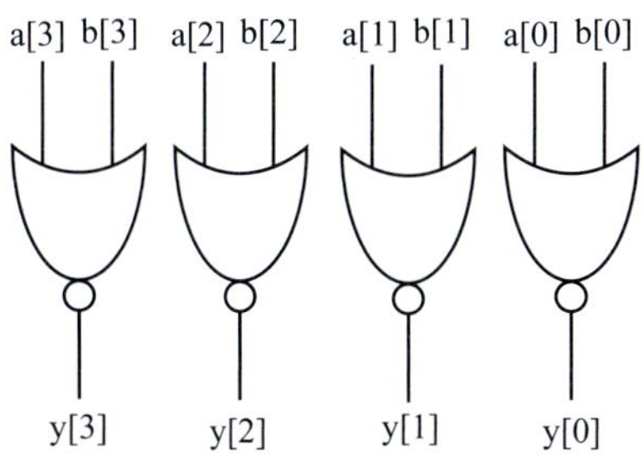

[그림 2-5] 4비트 2입력 NOR 게이트 회로

코드 2-4 연산자를 이용한 4비트 2입력 NOR 게이트 모델링

```
module nor_op (input [3:0] a, input [3:0] b,
               output [3:0] y);

   assign y = ~(a | b);

endmodule
```

2.2.7 시프트 연산자

Verilog HDL의 시프트 연산자는 논리시프트 연산자(<<, >>)와 산술시프트 연산자(<<<, >>>)로 구분된다. 왼쪽 논리시프트 연산자 <<와 왼쪽 산술시프트 연산자 <<<는 우측의 피연산자 값만큼 좌측의 피연산자를 왼쪽으로 이동시킨다. 이들 왼쪽 시프트 연산자는 시프트 후에 비어 있는 비트에 0을 채워 결과 값을 만든다.

오른쪽 논리시프트 연산자 >>와 오른쪽 산술시프트 연산자 >>>는 우측의 피연산자 값만큼 좌측의 피연산자를 오른쪽으로 이동시킨다. 오른쪽 시프트 연산자는 시프트 연산 후에 비어 있는 비트들을 채우는 방법에 있어서 차이를 갖는다. 논리시프트 연산자는 시프트 연산 후에 비어 있는 비트에 0을 채워 결과 값을 만든다. 산술시프트 연산자는 시프트 연산 결과 값의 자료형에 따라 비어 있는 비트를 채우는 방법이 달라진다. 산술시프트 연산의 결과 값이 `unsigned`인 경우에는 비어 있는 비트에 0이 채워지며, 반면에 결과 값이 `signed`인 경우에는 비어 있는 비트에 좌측 피연산자의 MSB(부호)가 채워진다.

만약 우측 피연산자에 x 또는 z가 포함된 경우에는, 시프트 연산의 결과 값은 x가 된다. 우측 피연산자는 항상 `unsigned` 수가 되어야 하며, 시프트 연산 결과의 부호에 영향을 미치지 않는다. 시프트 연산 결과의 부호는 왼쪽 피연산자와 수식의 나머지 부분에 의해 결정된다.

다음은 시프트 연산자를 이용한 다양한 예시를 보여준다.

[예시 2-21] 시프트 연산자의 연산 결과

```
// A = 4'b1100
B = A >> 1    // 오른쪽으로 1비트 시프트, 결과 값은 B=4'b0110
C = A << 1    // 왼쪽으로 1비트 시프트, 결과 값은 B=4'b1000
D = A << 2    // 왼쪽으로 2비트 시프트, 결과 값은 B=4'b0000
```

[코드 2-5]에서 왼쪽 논리시프트 연산 결과는 0001이 왼쪽으로 2비트만큼 이동되고 LSB 쪽에 2개의 0이 채워진 0100이 result에 할당된다.

코드 2-5 왼쪽 논리시프트 연산자의 예

```
module shift;
  reg [3:0] start, result;

  initial begin
     start = 1;
     result = (start << 2);   // 결과 값은 0100
  end

endmodule
```

[코드 2-6]에는 오른쪽 산술시프트 연산자가 사용되고 있다. 1000이 오른쪽으로 2비트만큼 이동되며, result가 signed이므로 MSB 쪽에 2개의 1(부호 비트)이 채워져 1110이 result에 할당된다.

코드 2-6 오른쪽 산술시프트 연산자의 예

```
module Arith_shift;
  reg signed [3:0] start, result;

  initial begin
     start = 4'b1000;
     result = (start >>> 2);   // 결과 값은 1110
  end

endmodule
```

2.2.8 조건 연산자

조건 연산자는 기호 ?와 :에 의해 구분되는 3개의 피연산자를 갖는 3항 연산자이다. 기호 ? 앞의 첫 번째 피연산자 값의 평가 결과에 따라 두 번째와 세 번째 피연산자 중 하나가 선택된다.

문법 2-6 조건 연산자

```
sel ? a : b
```

- sel이 참(0, x 또는 z가 아닌 값)으로 평가되면 a의 값이 결과 값으로 선택되며, sel이 거짓(0)으로 평가되면 b의 값이 결과 값으로 선택된다.
- sel이 x 또는 z이면(참 또는 거짓을 판단할 수 없는 모호성이 존재하는 경우), a와 b를 비트 단위로 비교하여 [표 2-24]와 같이 각 비트의 결과 값이 결정되며, 두 번째와 세 번째 피연산자의 비트 수가 다른 경우에는 비트 수가 작은 피연산자의 왼쪽에 0이 채워져 비트 수가 큰 피연산자에 맞추어진다.

[표 2-24] 조건에 애매성이 존재하는 경우의 조건 연산자의 결과 값 결정

? :	0	1	x	z
0	0	x	x	x
1	x	1	x	x
x	x	x	x	x
z	x	x	x	x

[예시 2-22]는 조건 연산자를 이용한 3상태 출력 버스를 모델링한 예이다. drive_busa가 1이면 16비트의 data가 busa에 전달되고, drive_busa가 x이면 busa는 x가 되며, 그 이외의 경우에는 z 상태가 된다.

[예시 2-22] 조건 연산자를 이용하여 3상태 출력 버스를 모델링한 예

```
wire [15:0] busa, data;

assign busa = drive_busa ? data : 16'bz;
```

2.2.9 결합 및 반복 연산자

결합[concatenation] 연산자는 중괄호 { }에 의해 묶인 2개 이상의 피연산자들을 순서대로 결합시킨다. 결합 연산자는 수식의 좌변 또는 우변에 모두 사용할 수 있다. 결합 연산자의 피연산자들은 각각의 크기를 결정할 수 있어야 결합할 수 있다. 따라서 unsized 상수는 결합 연산자로 결합시킬 수 없다.

다음은 8비트의 addr_h와 addr_l을 결합 연산자로 결합하여 16비트의 addr_bus를 만드는 예이다.

[예시 2-23] 결합 연산자로 16비트의 addr_bus를 만드는 예

```
wire [15:0] addr_bus;
wire [7:0] addr_h, addr_l;

assign addr_bus = {addr_h, addr_l};
```

다음은 결합 연산자가 수식의 좌변에 사용된 예이다. 4비트 데이터 a와 b의 가산 결과는 5비트가 되므로, 결합 연산자에 의해 4비트의 sum 우측에 1비트의 carry가 결합되어 a+b의 결과 5비트가 생성된다.

[예시 2-24] 결합 연산자가 수식의 좌변에 사용된 예

```
wire [3:0] a, b, sum;
wire       carry;

assign {carry, sum } = a + b;
```

중괄호 { }를 {a{b}}의 형태로 표현하면 반복replication 연산자로 사용된다. 이때 반복 횟수를 나타내는 a는 0, x, z가 아닌 상수이어야 하며, b는 결합 연산자의 규칙을 따른다.

[예시 2-25] 반복 연산자를 이용한 예

```
{4{w}}                              // {w, w, w, w}와 동일한 표현임.
a[31:0] = {1'b1, {0{1'b0}} };       // 우변이 {1'b1}가 되므로 잘못된 표현임.
a[31:0] = {1'b1, {1'bz{1'b0}} };    // 우변이 {1'b1}가 되므로 잘못된 표현임.
a[31:0] = {1'b1, {1'bx{1'b0}} };    // 우변이 {1'b1}가 되므로 잘못된 표현임.
```

반복 연산자와 결합 연산자가 함께 사용된 예는 다음과 같다.

[예시 2-26] 반복 연산자와 결합 연산자를 이용한 예

```
{4'b0011, {3{4'b0101}}}    // 16'b0011_0101_0101_0101과 동일함.
```

2.1 다음에 대해 Verilog HDL 자료형을 선언하라.

(a) `wire` 자료형의 32비트 add_out

(b) `wire` 자료형의 1비트 y_out

(c) `wire` 자료형의 16비트 A_sig, B_sig, C_sig

(d) `reg` 자료형의 16비트 addr_dec

(e) `reg` 자료형의 1비트 mux_out

(f) `reg` 자료형의 16비트 워드 128개로 구성되는 1차원 배열 Mem_16bx128

2.2 다음의 Verilog HDL 자료형 선언에서 잘못된 곳을 찾아 올바로 수정하라.

(a) `reg [7:0] reg_A, reg [15:0] reg_B;`

(b) `integer [31:0] int_A;`

(c) `wire [3:0] wireA, reg [3:0] regB;`

(d)
```
module exam (input [3:0] a, output [1:0] b);
  reg [3:0] a;
```

2.3 다음을 결합 연산자와 반복 연산자를 사용해서 다시 표현하라.

(a) 32'b0110_1101_0110_1101_0110_1101_0110_1101

(b) 32'b1011_0101_0101_0101_0011_0011_0011_0001

2.4 A=4'b1011, B=4'b0101, C=4'b10x0인 경우에 대해 다음 연산의 결과를 써라.

(a) A & B	(b) A & C	(c) ~(A & B)	(d) ~(B & C)
(e) A | B	(f) A | C	(g) ~(A | B)	(h) ~(B | C)
(i) A ^ B	(j) A ^ C	(k) A ~^ B	(l) B ~^ C
(m) &B	(n) |B	(o) ^B	(p) ~^B
(q) &C	(r) |C	(s) ^C	(t) ~^C

2.5 다음의 Verilog HDL 코드가 나타내는 회로의 기능을 설명하고, 회로도를 그려라.

```
wire [1:0] sel;
wire [7:0] data_A, data_B, data_C, data_D, bus_out;
assign bus_out = (sel == 2'b00) ? data_A :
                 (sel == 2'b01) ? data_B :
                 (sel == 2'b10) ? data_C :
                 (sel == 2'b11) ? data_D : 8'bx;
```

2.6 다음 할당문의 실행에 의해 reg 변수 A, B에 할당되는 값을 정확하게 써라.

```
reg [7:0]  A, B;

initial begin
    A = 'bx1;
    B = 'bzx1;
end
```

2.7 다음 할당문의 실행에 의해 reg 변수 C에 할당되는 값을 정확하게 써라.

```
reg [15:0]  C;

initial begin
    C = 8'bx01;
end
```

2.8 initial 구문으로 [그림 2-6]의 파형을 생성하기 위해 필요한 자료형을 선언하라.

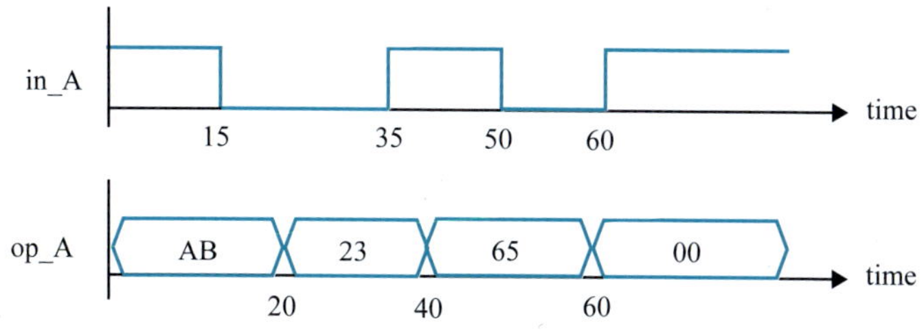

[그림 2-6]

```
// 자료형 선언

  initial begin
        in_A = 1'b1;   op_A = 8'hAB;
    #15 in_A = 1'b0;
    #15 op_A = 8'h23;
    ...
  end
```

2.9 [그림 2-7]의 회로를 Verilog HDL의 연산자를 사용해서 모델링하라.

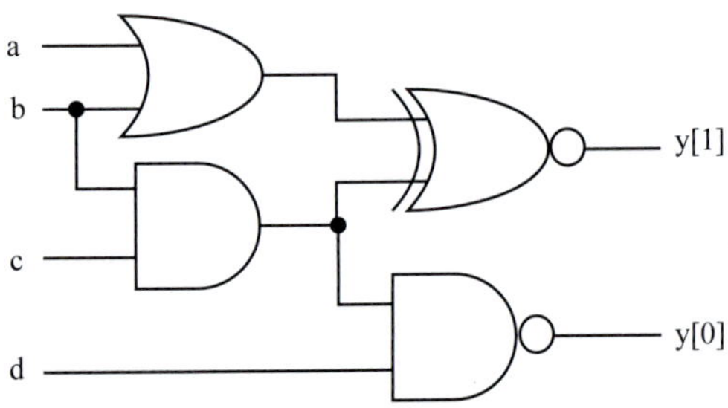

[그림 2-7]

2.10 다음의 회로를 Verilog HDL의 축약 연산자와 비트 연산자를 사용해서 각각 모델링하라. 단, 게이트의 입력은 a[3:0]이고, 출력은 y이다.

(a) 4입력 OR 게이트

(b) 4입력 NOR 게이트

(c) 4입력 AND 게이트

(d) 4입력 XNOR 게이트

2.11 다음의 부울 식이 나타내는 회로를 Verilog HDL의 연산자를 사용해서 모델링하라.

(a) $y1 = \overline{a[0]}b[0] + \overline{a[1]}b[1] + a[0]b[0]\overline{b[1]}$

(b) $y2 = a[1]\overline{b[1]} + \overline{a[1]}b[1]b[0] + a[0]\overline{b[0]}$

2.12 [그림 2-8]의 회로를 모델링하는 [코드 2-7]의 빈칸에 Verilog HDL의 조건 연산자를 사용해서 모델링을 완성하라.

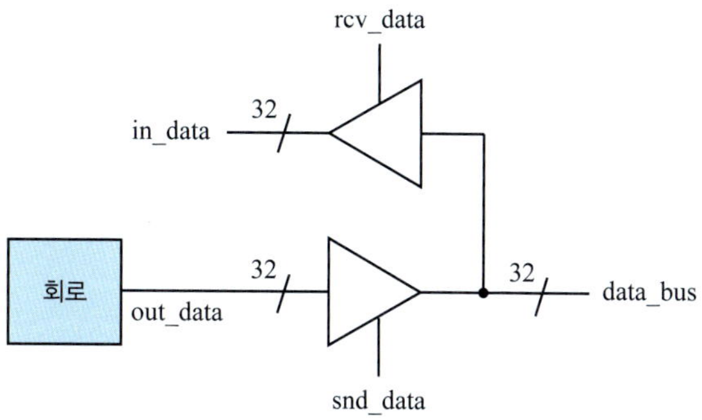

[그림 2-8]

코드 2-7

```
module Three_state_bus (input snd_data, input rcv_data,
                        inout [31:0] data_bus, input [31:0] out_data,
                        output [31:0] in_data);
   wire [31:0] data_bus;

   // assign 문에 조건 연산자를 이용해서 모델링을 완성한다.
   ...

endmodule
```

CHAPTER 03
게이트 수준 모델링

학습 목표

- Verilog HDL에서 제공되는 기본 논리 게이트 프리미티브를 이용한 게이트 수준 모델링 방법을 이해한다.
- buf, not 게이트와 3상태 버퍼 게이트를 이용한 모델링 방법을 이해한다.
- 게이트 프리미티브 배열을 이용한 모델링 방법을 이해한다.
- 논리 게이트에 지연을 설정하는 방법과 관성지연에 대해 이해한다.

들어가기 전에

Verilog HDL에는 논리 게이트 수준의 모델링에 사용될 수 있는 14개의 논리 게이트 프리미티브[primitive]와 스위치(트랜지스터) 수준의 모델링에 사용될 수 있는 12개의 스위치 프리미티브가 제공된다. 이 장에서는 Verilog HDL에서 제공되는 기본 논리 게이트 프리미티브에 관한 구문과 의미에 대해 알아보고, 기본 논리 게이트를 이용한 하드웨어 설계 방법을 설명한다. 일반적으로, 스위치 수준 모델링은 합성용 셀 라이브러리의 표현에 사용되며, 이 책에서는 스위치 수준 모델링에 관해서는 언급하지 않는다.

Verilog HDL의 논리 게이트 및 스위치 프리미티브들은 [표 3-1]과 같으며, 정의나 선언 없이 사용할 수 있다. 하드웨어 설계에 이들 프리미티브를 사용하기 위해서는 [표 3-1]에 나열된 논리 게이트 이름을 소문자로 사용해야 한다. 이들 게이트 및 스위치 프리미티브는 모듈 내에서만 사용이 가능하며, `initial` 또는 `always` 블록 내부에서는 사용할 수 없다.

[표 3-1] Verilog HDL에서 제공되는 논리 게이트 및 스위치 프리미티브

n-input gates	n-output gates	three-state gates	pull gates	MOS switches	bidirectional switches
and	buf	bufif0	pulldown	cmos	rtran
nand	not	bufif1	pullup	nmos	rtranif0
nor		notif0		pmos	rtranif1
or		notif1		rcmos	tran
xnor				rnmos	tranif0
xor				rpmos	tranif1

SECTION 3.1

기본 논리 게이트 프리미티브

게이트 수준의 회로 모델링에는 and, nand, or, nor, xor, xnor 등의 기본 논리 게이트 프리미티브를 사용할 수 있다. 기본 논리 게이트 프리미티브는 두 개 이상의 입력과 하나의 출력을 가지며, 진리표는 [표 3-2]와 같다. 논리 게이트 프리미티브의 인스턴스는 [문법 3-1]의 문법을 따른다.

문법 3-1 논리 게이트 프리미티브의 인스턴스

```
primitive_gate_name [#(n1, n2)][instance_name](output, input1, input2 ...);
```

- [#(n1, n2)] : 지연 연산자 #을 이용하여 전달지연을 지정할 수 있으며, 지연 값이 지정되지 않으면 전달지연은 0으로 가정된다. 지연 값은 시간 단위(time unit)를 의미하며, 시간 단위의 값은 컴파일러 지시어 'timescale로 지정할 수 있다.
- n1 : 상승 전달지연
- n2 : 하강 전달지연
- [instance_name] : 인스턴스 이름은 생략할 수 있으나, 게이트 프리미티브 배열을 만드는 경우에는 생략할 수 없다.
- 게이트의 입출력 신호 연결은 괄호 안에 콤마로 분리해서 나열한다. 반드시 출력(output) 또는 양방향(bidirectional) 신호가 맨 처음에 와야 하며, 그 뒤에 입력신호들을 나열한다.

기본 논리 게이트 프리미티브의 포트 연결은 순서에 의한 매핑만 사용할 수 있으며, 이름에 의한 매핑은 사용할 수 없다. 지연은 하나 또는 두 개의 값으로 지정할 수 있다. 두 개의 지연 값을 지정하는 경우, 첫 번째 값은 출력 상승지연을 나타내고 두 번째 값은 출력 하강지연을 나타내며, 두 값 중에서 작은 값은 출력이 x(unknown)로 변할 때의 지연을 나타낸다. 만약 하나의 지연 값만 지정되면, 상승지연과 하강지연이 동일한 값으로 설정된다. 게이트 프리미티브 인스턴스에서 #n 또는 #(n1, n2)로 지연을 지정하지 않으면 default 지연 0이 적용된다.

[표 3-2] 논리 게이트 프리미티브의 진리표

and	0	1	x	z
0	0	0	0	0
1	0	1	x	x
x	0	x	x	x
z	0	x	x	x

or	0	1	x	z
0	0	1	x	x
1	1	1	1	1
x	x	1	x	x
z	x	1	x	x

xor	0	1	x	z
0	0	1	x	x
1	1	0	x	x
x	x	x	x	x
z	x	x	x	x

nand	0	1	x	z
0	1	1	1	1
1	1	0	x	x
x	1	x	x	x
z	1	x	x	x

nor	0	1	x	z
0	1	0	x	x
1	0	0	0	0
x	x	0	x	x
z	x	0	x	x

nxor	0	1	x	z
0	1	0	x	x
1	0	1	x	x
x	x	x	x	x
z	x	x	x	x

[그림 3-1]은 게이트 프리미티브를 인스턴스하는 예이다.

- (a) : 2입력 nand 게이트를 인스턴스 이름 U1으로 인스턴스한다.
- (b) : 인스턴스 이름을 생략하고 3입력 nor 게이트를 인스턴스한다.
- (c) : 2입력 and 게이트를 인스턴스 이름 U3로 인스턴스하며, and 게이트는 입력에서 출력까지의 전달지연이 상승지연과 하강지연 모두 2시간 단위로 지정되었다.
- (d) : 3입력 xnor 게이트의 상승지연이 3시간 단위, 하강지연이 4시간 단위로 지정되었다.

```
nand  U1 (out_nd2, a, b);
```

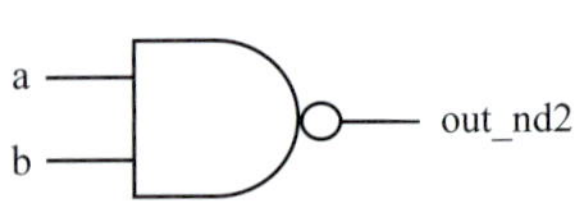

(a) 2입력 nand 게이트

```
nor  (out_nr3, a, b, c);
```

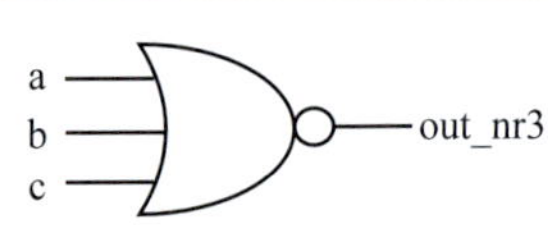

(b) 3입력 nor 게이트

```
and  #2  U3 (out_and2, a, b);
```

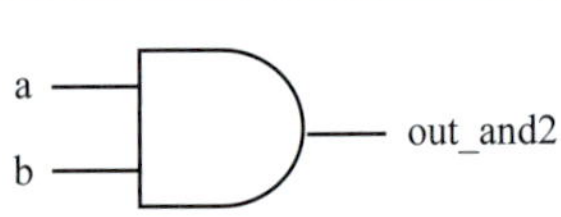

(c) 2입력 and 게이트

```
xor #(3, 4)  U4 (out_xnor3, c, b, a);
```

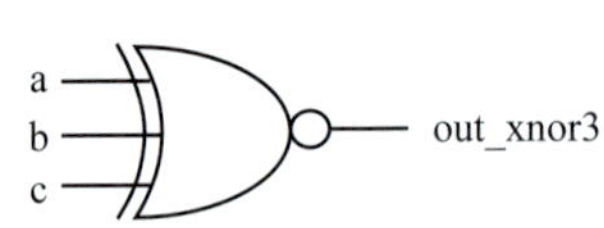

(d) 3입력 xnor 게이트

[그림 3-1] 게이트 프리미티브 인스턴스 예

[그림 3-2]의 전가산기[full adder] 회로를 게이트 프리미티브를 이용해서 모델링한 예는 [코드 3-1]과 같다. `wire` s1, c1, c2는 게이트 프리미티브의 출력을 위해 선언되었으며, 1비트의 `wire` 선언은 생략이 가능하다. 또한 게이트 프리미티브의 인스턴스 이름도 생략할 수 있다. [코드 3-1]의 Verilog HDL 모델링에서 동일한 이름의 `wire`는 [그림 3-2]의 회로도에서 물리적인 연결선에 대응되는 것을 확인할 수 있다.

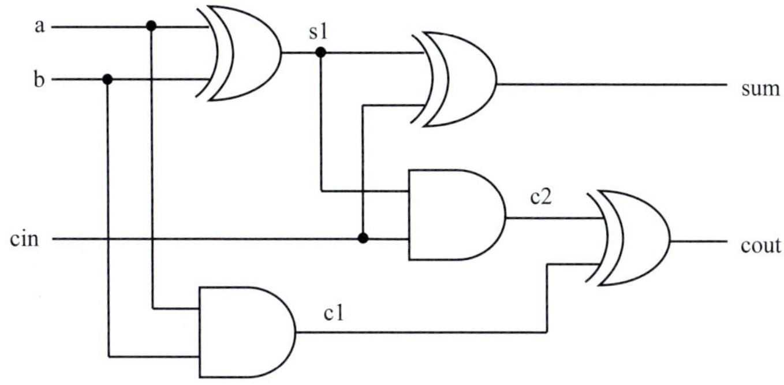

[그림 3-2] 전가산기 회로

코드 3-1 게이트 프리미티브를 이용한 전가산기 모델링

```
module full_adder_g (input a, input b, input cin,
                     output sum, output cout);
  wire    s1, c1, c2;       // 생략 가능함

  xor    (s1, a, b);        // 인스턴스 이름이 생략됨
  and    (c1, a, b);        // 인스턴스 이름이 생략됨
  and G3 (c2, s1, cin);
  xor G4 (sum, s1, cin);
  xor G5 (cout, c1, c2);

endmodule
```

SECTION 3.2

buf 게이트와 not 게이트 프리미티브

buf 게이트 프리미티브는 디지털 버퍼(인버터가 짝수 개 연결된 것과 논리적으로 등가임)이며, not 게이트 프리미티브는 인버터[inverter]이다. buf 게이트와 not 게이트는 하나의 입력과 하나 또는 그 이상의 출력을 갖는다. 기호는 [그림 3-3]과 같고, 진리표는 [표 3-3]과 같다. 포트 매핑은 출력신호를 먼저 연결하고, 그 뒤에 입력신호를 연결한다.

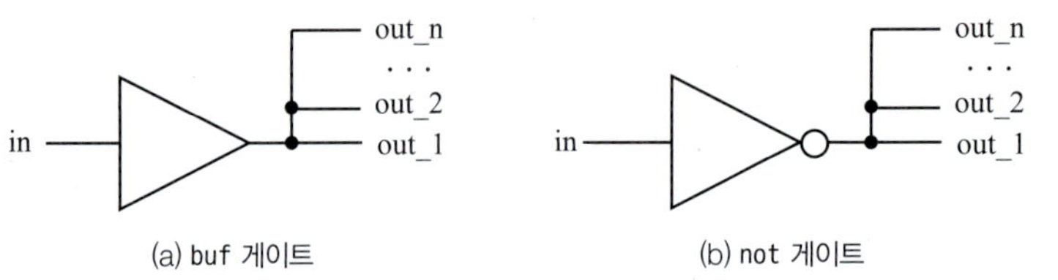

[그림 3-3] buf와 not 게이트의 기호

지연 연산자 #을 이용하여 전달지연을 지정할 수 있으며, 지연 값이 지정되지 않으면 그 게이트의 전달지연은 0으로 가정된다. 지연은 하나 또는 두 개의 값으로 지정할 수 있다. 두 개의 지연 값을 지정하는 경우, 첫 번째 값은 출력 상승지연을 나타내고 두 번째 값은 출력 하강지연을 나타내며, 두 값 중에서 작은 값은 출력이 x로 변할 때의 지연을 나타낸다. 만약 하나의 지연 값만 지정하는 경우, 상승지연과 하강지연이 동일한 값으로 설정된다.

[표 3-3] buf와 not 게이트 프리미티브의 진리표

buf	
input	output
0	0
1	1
x	x
z	x

not	
input	output
0	1
1	0
x	x
z	x

[그림 3-4]는 buf 게이트와 not 게이트 프리미티브의 인스턴스 예이다.

- (a) : 하나의 출력 out_buf를 갖는 buf 게이트를 인스턴스 이름 bf1으로 인스턴스하며, 상승전달지연과 하강전달지연이 각각 2시간 단위와 1시간 단위로 지정되었다.
- (b) : 하나의 출력 out_inv를 갖는 not 게이트를 인스턴스하며, 상승전달지연과 하강전달지연이 동일하게 3시간 단위로 지정되었으며, 인스턴스 이름은 생략되었다.
- (c) : 세 개의 출력 out1_buf, out2_buf, out3_buf를 갖는 buf 게이트를 인스턴스 이름 bf2로 인스턴스하며, 지연이 생략되어 default 지연 0이 적용된다.
- (d) : 두 개의 출력 out1_inv, out2_inv를 갖는 not 게이트를 인스턴스하며, 지연이 생략되어 default 지연 0이 적용된다.

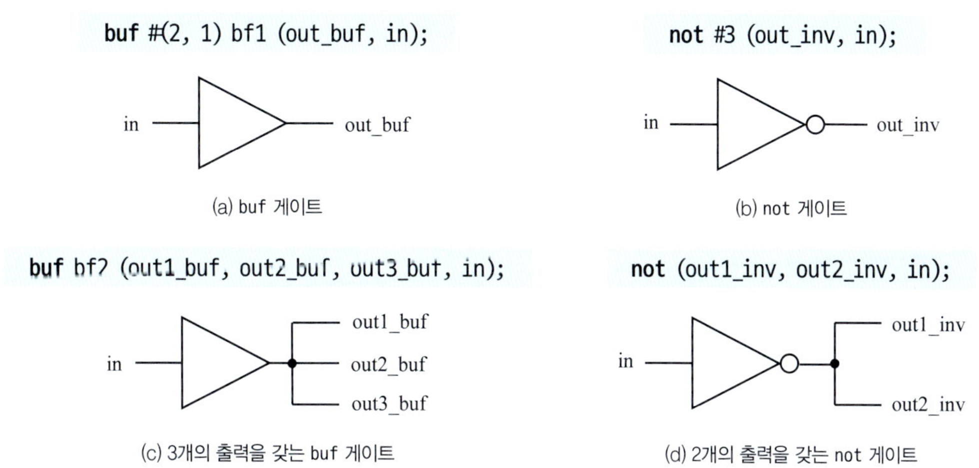

[그림 3-4] buf 게이트와 not 게이트 프리미티브의 인스턴스 예

SECTION 3.3 3상태 버퍼 게이트 프리미티브

bufif0, bufif1, notif0, notif1는 3상태 드라이버tri-state driver를 모델링하는 게이트 프리미티브이며, 출력은 0, 1 또는 z를 가질 수 있다. 3상태 버퍼 게이트의 기호는 [그림 3-5]와 같다. 이들 3상태 버퍼 게이트는 하나의 출력, 데이터 입력, 그리고 제어 입력을 가지며, 진리표는 [표 3-4]와 같다. 포트 매핑에서 첫 번째 포트에는 출력신호가 연결되고 두 번째 포트에는 데이터 입력이 연결되며, 마지막 포트에 제어 입력이 연결된다. 지연 연산자 #을 이용하여 전달지연을 지정할 수 있으며, 지연 값은 최대 세 개까지 지정할 수 있다.

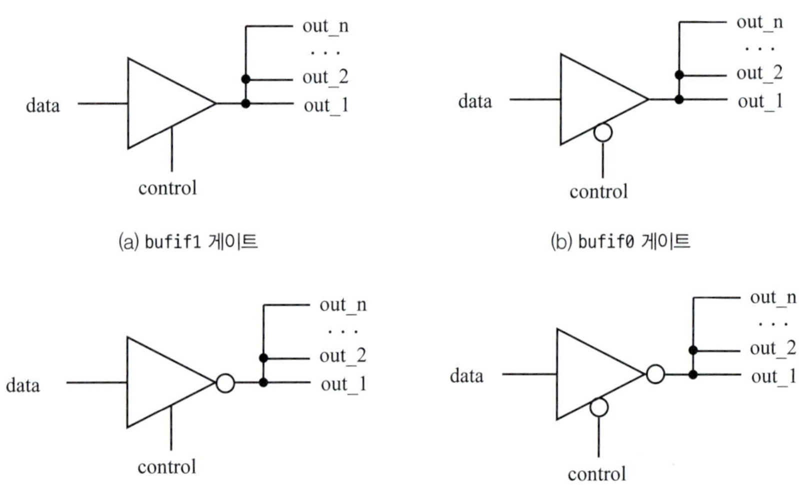

(a) bufif1 게이트 (b) bufif0 게이트

(c) notif1 게이트 (d) notif0 게이트

[그림 3-5] 3상태 버퍼 게이트의 기호

[표 3-4] 3상태 버퍼 게이트의 진리표 (계속)

bufif1		control			
		0	1	x	z
data	0	z	0	L	L
	1	z	1	H	H
	x	z	x	x	x
	z	z	x	x	x

bufif0		control			
		0	1	x	z
data	0	0	z	L	L
	1	1	z	H	H
	x	x	z	x	x
	z	x	z	x	x

[표 3-4] 3상태 버퍼 게이트의 진리표

notif1		control			
		0	1	x	z
data	0	z	1	H	H
	1	z	0	L	L
	x	z	x	x	x
	z	z	x	x	x

notif0		control			
		0	1	x	z
data	0	1	z	H	H
	1	0	z	L	L
	x	x	z	x	x
	z	x	z	x	x

3상태 버퍼 게이트 프리미티브는 데이터 입력 값과 제어 입력 값의 일부 조합에 대해 0 또는 z(기호 L) 중 하나, 1 또는 z(기호 H) 중 하나를 출력할 수 있으며, [표 3-4]의 진리표에 이들 두 가지 unknown 출력상태가 기호 L과 H로 표시되어 있다. L은 게이트 출력이 0 또는 z가 될 수 있는 경우를 나타내며, H는 게이트 출력이 1 또는 z가 될 수 있는 경우를 나타낸다. H나 L 상태로 변화에 대한 지연은 x로 변할 때와 동일한 지연을 갖는다.

[예시 3-1]은 3상태 버퍼 게이트에 지연 값을 지정하는 예이다.

- (a) : `bufif1` 게이트 프리미티브에 세 개의 지연 값을 지정한 경우이다. 첫 번째 값은 출력의 상승전달지연, 두 번째 값은 출력의 하강전달지연, 세 번째 값은 출력이 z로 변할 때의 전달지연을 나타내며, 세 값 중 가장 작은 값은 출력이 x로 변할 때의 전달지연을 나타낸다.
- (b) : `bufif0` 게이트 프리미티브에 두 개의 지연 값을 지정한 경우이다. 첫 번째 값은 출력의 상승전달지연, 두 번째 값은 출력의 하강전달지연을 나타내며, 두 값 중에서 작은 값은 출력이 x 또는 z로 변할 때의 전달지연을 나타낸다.
- (c) : 하나의 지연 값만 지정되는 경우, 출력의 모든 변화에 대해 동일한 전달지연 값이 설정된다.
- (d) : 지연 값이 지정되지 않은 경우이며, 전달지연은 0으로 가정된다.

[예시 3-1] 3상태 버퍼 게이트 프리미티브의 지연 값 지정 예

```
bufif1 #(10, 12, 11) (out3, in, control);
```

(a) 3개의 지연 값을 지정한 경우

```
bufif0 #(3, 5) u1 (out1, in, control);
```

(b) 2개의 지연 값을 지정한 경우

```
notif0 #3 U3 (out2, in, control);
```

(c) 1개의 지연 값을 지정한 경우

```
notif1 U4 (out4, in, control);
```

(d) 지연 값을 지정하지 않은 경우

SECTION 3.4

게이트 프리미티브 인스턴스의 배열

게이트 프리미티브를 다수 개 인스턴스하는 경우에는 인스턴스 배열[array]을 사용할 수 있으며, 인스턴스 이름 뒤에 배열의 범위를 지정하여 반복 횟수를 표현한다. 게이트 프리미티브 인스턴스의 반복 횟수는 [n : m]의 형식으로 지정되며, (n−m) + 1개의 인스턴스 배열이 만들어진다. 배열의 범위를 지정하는 두 상수 값 n, m 중 하나가 0이 되어야 할 필요는 없으며, n이 m보다 크지 않아도 된다. 만약 n=m으로 지정되면, 하나의 인스턴스가 생성된다. 인스턴스 배열은 연속적인 범위를 가지며, 하나의 인스턴스 식별자는 하나의 인스턴스 배열 범위에 결합된다. 서로 다른 인스턴스 배열에 동일한 인스턴스 이름을 사용할 수 없다.

다음은 서로 다른 게이트 프리미티브 배열에 동일한 인스턴스 식별자(I_nand)가 사용되었으므로 문법적으로 오류이다.

[예시 3-2] 게이트 프리미티브 인스턴스의 배열의 문법적 오류

```
nand I_nand [0:3]( ... ), I_nand [4:7]( ... );
```

다음은 모두 문법적으로 올바른 표현이며, nand 게이트 8개가 만들어진다.

[예시 3-3] 게이트 프리미티브 인스턴스의 배열의 올바른 표현

```
nand I_nand [0:7]( ... );
nand x_nand [0:3]( ... ), y_nand[4:7]( ... );
```

[그림 3-6]의 4비트 2입력 NOR 게이트 회로를 게이트 프리미티브 인스턴스 배열을 사용해서 모델링한 예는 [코드 3-2]와 같으며, 2입력 nor 게이트 프리미티브 4개를 개별적으로 인스턴스하는 [코드 3-3]과 등가이다.

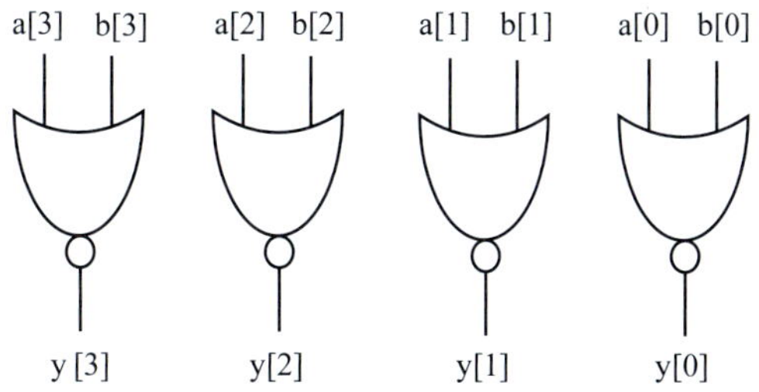

[그림 3-6] 4비트 2입력 NOR 게이트 회로

코드 3-2 게이트 프리미티브 배열을 이용한 4비트 2입력 NOR 게이트 회로의 모델링

```
module nor_gate_4b (input [3:0] a, input [3:0] b,
                    output [3:0] y);

  nor U0 [3:0] (y, a, b);     // 2입력 nor 게이트 배열
endmodule
```

코드 3-3 [코드 3-2]와 등가

```
module nor_gate_4b_eq (input [3:0] a, input [3:0] b,
                       output [3:0] y);

  nor U3 (y[3], a[3], b[3]);   // 2입력 nor 게이트의 개별적인 인스턴스
  nor U2 (y[2], a[2], b[2]);
  nor U1 (y[1], a[1], b[1]);
  nor U0 (y[0], a[0], b[0]);
endmodule
```

SECTION 3.5

게이트 지연과 net 지연

회로의 지연을 좀 더 정확하게 표현하기 위해 게이트 지연과 net 지연이 사용될 수 있다. 게이트 지연은 논리 게이트의 입력에서부터 출력까지의 신호 전달지연propagation delay을 나타내며, 하나의 출력에 대해 상승지연, 하강지연, 턴-오프turn-off 지연 등 세 가지의 지연 값을 지정할 수 있다. net 지연은 net를 구동하는 구동자의 값이 변하는 시점에서부터 net의 값이 갱신되는 시점까지 소요되는 시간을 의미하며, 상승지연, 하강지연, 턴-오프 지연 등 세 가지의 지연을 지정할 수 있다. net 지연은 4.1.2절을 참고하기 바란다. 게이트 지연과 net 지연에 세 개의 지연 값이 지정되는 경우에 각각 다음과 같은 의미를 갖는다.

- 첫 번째 값은 논리 1로 천이될 때의 지연(상승지연)을 나타낸다.
- 두 번째 값은 논리 0으로 천이될 때의 지연(하강지연)을 나타낸다.
- 세 번째 값은 z로 천이될 때의 지연(턴-오프)을 나타낸다.
- 신호가 x로 변할 때의 지연은 세 개의 지연 값 중 가장 작은 값이 된다.

지연 값이 지정되지 않으면, 게이트 프리미티브 지연과 net 지연의 default 값은 0이다. 하나의 지연 값만 주어지면, 게이트 또는 net의 모든 전달지연(상승지연, 하강지연, 턴-오프 지연)에 동일한 값이 설정된다. 두 개의 값이 주어지면, 첫 번째 값은 상승지연을 나타내고, 두 번째 값은 하강지연을 나타낸다. 신호가 z 또는 x로 변할 때의 지연은 두 지연 값 중에서 작은 값이 된다. 입력신호의 강도strength는 입력에서 출력까지 전달지연에 영향을 미치지 않는다.

[표 3-5]는 두 개 또는 세 개의 지연 값이 지정되는 경우의 전달지연 규칙을 나타낸다.

Verilog HDL에서는 지정된 지연 값보다 입력신호의 변화 폭이 작은 경우에는 입력신호가 출력에 영향을 미치지 않는 관성지연inertial delay이 default로 적용된다. 이는 일반적인 하드웨어의 동작 특성을 나타내며, 연속 할당문의 지연(4.1.2절)에도 동일하게 적용된다.

[예시 3-4] 게이트 프리미티브에 지연 값을 설정한 예

```
and    #(10)       u0 (out, in1, in2);    // only one delay
nor    #(10,12)    u1 (out, in1, in2);    // rise and fall delays
bufif0 #(10,12,11) u3 (out, in, ctrl);    // rise, fall, turn-off delays
```

[표 3-5] 논리 게이트의 전달지연 적용 규칙

천이 시작 값	천이 종료 값	2개의 지연 값(d1, d2)이 사용된 경우	3개의 지연 값(d1, d2, d3)이 사용된 경우
0	1	d1	d1
0	x	min(d1, d2)	min(d1, d2, d3)
0	z	min(d1, d2)	d3
1	0	d2	d2
1	x	min(d1, d2)	min(d1, d2, d3)
1	z	min(d1, d2)	d3
x	0	d2	d2
x	1	d1	d1
x	z	min(d1, d2)	d3
z	0	d2	d2
z	1	d1	d1
z	x	min(d1, d2)	min(d1, d2, d3)

[그림 3-7]은 3상태 출력을 갖는 래치 회로이며, 이를 게이트 프리미티브를 사용하여 모델링하면 [코드 3-4]와 같다. `nand` 게이트와 `bufif1` 게이트 프리미티브는 동일한 지연을 갖는 인스턴스들끼리 하나의 문장으로 표현되었다. 모듈의 입력에서부터 출력까지의 전달지연은 각 게이트가 갖는 지연의 누적 합이 되며, 회로에서 신호가 통과되는 경로에 따라 달라진다.

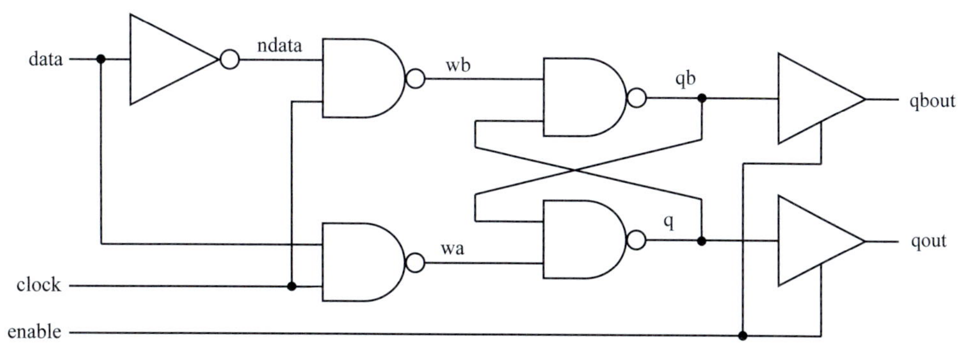

[그림 3-7] 3상태 출력을 갖는 래치 회로

코드 3-4 3상태 출력을 갖는 래치 회로의 Verilog HDL 모델링

```
module tri_latch (input clock, input data, input enable,
                  output qout, output qbout);
  tri    qout, qbout;

  not   #5        u0 (ndata, data);
  nand  #(3,5)    u1 (wa, data, clock), n3 (wb, ndata, clock);
  nand  #(12,15)  u2 (q, qb, wa), n5 (qb, q, wb);
  bufif1 #(3,7,13) u3 (qout, q, enable), u4 (qbout, qb, enable);
endmodule
```

[코드 3-5]는 논리 게이트에서의 관성지연을 확인하기 위한 예이다. and 게이트에 #30의 게이트 지연 값이 지정되었다. [그림 3-8]은 시뮬레이션 결과이며, 시간 단위는 ns^nano second^가 적용되었다. 입력 a, b의 변화가 출력 out에 나타나기까지 30ns의 지연을 갖는다. 신호 b가 '1'을 유지하는 기간이 20ns (150~170ns)로 게이트의 지연 30ns보다 작은 경우에는 출력에 영향을 미치지 못하며, 따라서 출력은 0이 됨을 확인할 수 있다.

코드 3-5 게이트 지연에서의 관성지연

```
module inertial_delay_gate ( );
  reg a, b;

  and #30 (out, a, b);

  initial begin
         a = 1'b0; b = 1'b0;
     #50 a = 1'b1; b = 1'b1;
     #50 a = 1'b0; b = 1'b0;
     #50 a = 1'b1; b = 1'b1;
     #20 b = 1'b0;
     #50;
  end
endmodule
```

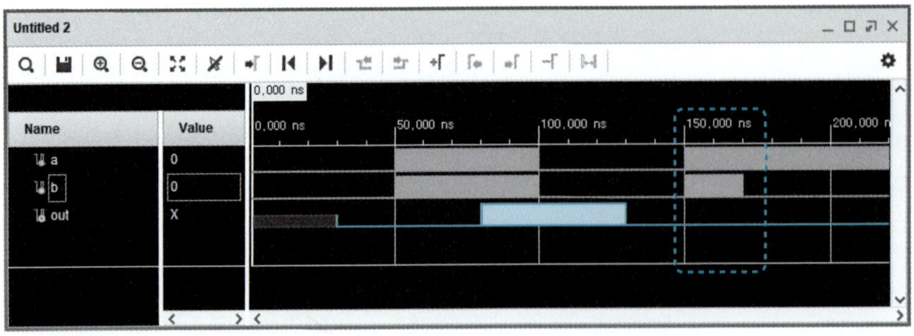

[그림 3-8] [코드 3-5]의 시뮬레이션 결과

3.1 다음의 부울 식이 나타내는 회로를 게이트 프리미티브를 사용해서 모델링하라.

(a) $y1 = \overline{a[0]}b[0] + \overline{a[1]}b[1] + a[0]b[0]\overline{b[1]}$

(b) $y2 = a[1]\overline{b[1]} + \overline{a[1]}b[1]b[0] + a[0]\overline{b[0]}$

3.2 [그림 3-9]의 회로를 게이트 프리미티브를 사용해서 모델링하라.

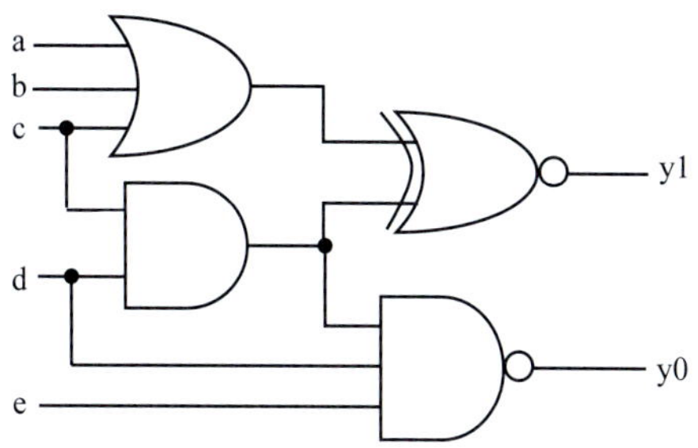

[그림 3-9]

3.3 다음의 회로를 게이트 프리미티브를 사용해서 각각 모델링하라. 단, 게이트의 입력은 a[3:0]이고, 출력은 y이다.

(a) 4입력 OR 게이트

(b) 4입력 NOR 게이트

(c) 4입력 AND 게이트

(d) 4입력 XNOR 게이트

3.4 다음의 회로를 게이트 프리미티브를 사용해서 각각 모델링하라. 단, 게이트의 입력은 a[1:0]이고, 출력은 y이다.

(a) 상승전달지연과 하강전달지연이 3인 2입력 XOR 게이트

(b) 상승전달지연이 2, 하강전달지연이 4인 2입력 NAND 게이트

3.5 다음의 [코드 3-6]이 나타내는 회로를 게이트 프리미티브를 사용한 모델링으로 바꾸어라.

코드 3-6

```
module NAND2_8b (input [7:0] a, input  [7:0] b,
                 output [7:0] y);

  assign y = ~(a & ~b);

endmodule
```

3.6 [그림 3-10]의 회로를 모델링하는 [코드 3-7]의 빈칸에 Verilog HDL의 게이트 프리미티브를 사용해서 모델링을 완성하라.

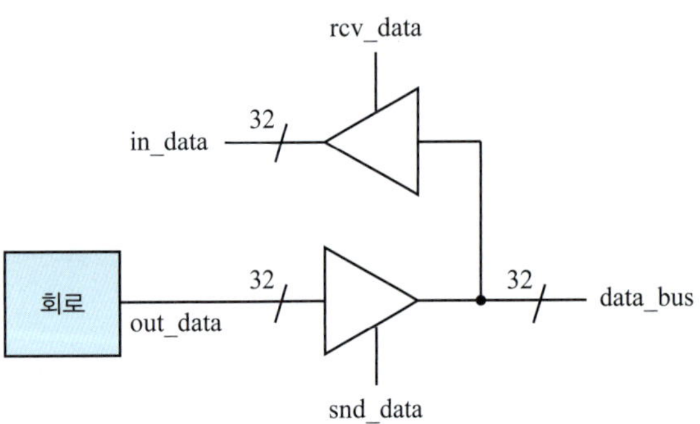

[그림 3-10]

코드 3-7

```
module Three_state_bus (input snd_data, input rcv_data,
                        inout [31:0] data_bus, input [31:0] out_data,
                        output [31:0] in_data);
  wire [31:0] data_bus;

  //  게이트 프리미티브를 이용해서 모델링을 완성한다.
  ...

endmodule
```

3.7 [코드 3-8]이 나타내는 회로의 회로도를 그려라.

코드 3-8

```
module Prob_3_7 (input pre_set, input clear,
                 output q, output q_bar);

   nand u0 (q, pre_set, q_bar), u1 (q_bar, clear, q);

endmodule
```

3.8 [코드 3-9]로 모델링된 회로에 [그림 3-11]의 신호가 인가될 때, and_out과 buf_out의 파형을 그려라.

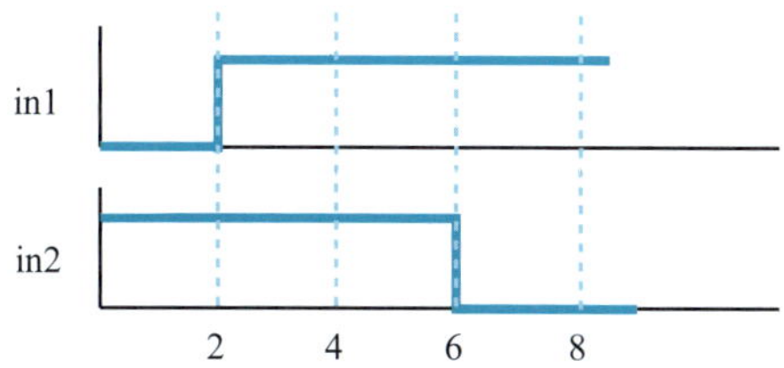

[그림 3-11]

코드 3-9

```
module Prob_3_8 (input in1, input in2,
                 output buf_out);

   wire #2 and_out;

   and #3 (and_out, in1, in2);
   buf #1 (buf_out, and_out);

endmodule
```

3.9 다음의 경우에 대해 출력 y_out1, y_out2의 파형을 그려라.

(a)

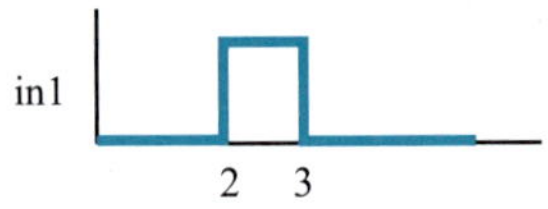


```
not #2 (y_out1, in1);
```

(b)

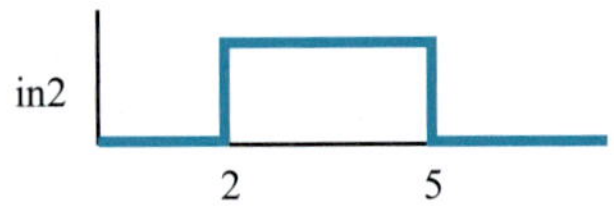


```
not #2 (y_out2, in2);
```

CHAPTER 04
할당문

학습 목표

- Verilog HDL의 할당문과 할당문의 지연에 대해 이해한다.
- 연속 할당문(assign 문)을 이용한 회로 모델링 방법을 이해한다.
- 절차형 할당문의 특성과 연속 할당문과의 차이점을 이해한다.
- 절차형 연속 할당문(assign－deassign 문, force－release 문)을 이용한 회로 모델링 방법을 이해한다.

들어가기 전에

할당문은 `net`나 variable에 값을 주는 기본적인 방법이며, Verilog HDL에는 두 가지 형태의 할당이 있다.

- `net` 자료형의 신호에 값을 할당하는 연속 할당continuous assignment
- variable 자료형의 변수에 값을 할당하는 절차형 할당procedural assignment

절차형 할당문은 blocking 할당문과 nonblocking 할당문으로 구분되며, 이에 대해서는 5.2절에서 설명한다. 할당문은 할당 기호를 중심으로 좌변과 우변으로 나뉘며, 연속 할당문과 blocking 할당문에는 할당 기호 '='가 사용되고, nonblocking 할당문에는 할당 기호 '<='가 사용된다. 할당문의 우변은 값을 평가하는 수식이 될 수 있으며, 좌변은 우변에서 결정된 값을 받는 `net` 또는 variable 자료형의 단일 비트, 벡터, 벡터의 일부분이 될 수 있다.

두 가지 기본적인 할당 이외에 절차형 연속 할당Procedural Continuous Assignment, PCA에 속하는 `assign` – `deassign`, `force` – `release` 할당문이 있다.

SECTION 4.1

연속 할당문

4.1.1 연속 할당문

연속 할당문은 assign 문을 이용해서 net에 스칼라(단일 비트) 또는 벡터 형태의 값을 할당하며, 논리식으로 표현된 조합회로를 모델링하기 위해 사용될 수 있다. 연속 할당문의 문법은 [문법 4-1]과 같다.

문법 4-1 연속 할당문

```
assign [drive_strength][delay3] net_lvalue=expression {, net_lvalue=expression };
```

- 기호 "="가 사용되며, 콤마로 분리된 다수의 할당문을 하나의 assign 문으로 표현할 수 있다.
- assign 문 좌변의 net_lvalue는 net 자료형의 스칼라(단일 비트), 벡터 또는 벡터의 일부분이 될 수 있으며, variable은 사용될 수 없다.
- 지연 연산자 #을 이용하여 전달지연을 지정할 수 있으며, 지연 값이 지정되지 않으면 전달지연은 0으로 가정된다.
- 우변 수식의 값에 변화(event)가 발생했을 때 좌변의 net에 값 할당이 일어나며, 따라서 소스코드에서 연속 할당문의 순서는 시뮬레이션이나 합성 결과에 영향을 미치지 않는다.

[코드 4-1]은 연속 할당문을 이용한 조합회로 모델링의 예이다. 문장-②는 2개의 할당문을 콤마(,)로 분리해서 하나의 assign 문으로 표현한 예이며, 문장-③은 할당문 좌변 y[4:3]이 5비트 벡터 y[4:0]의 일부분인 경우의 예이다.

코드 4-1 연속 할당문을 이용한 조합회로 모델링 예

```
module logic_assign (input inA, input inB, input inC, input inD,
                     output [4:0] y);

  assign y[0] = inA | inB & inC;                  // ①
  assign y[1] = inA ~^ inB, y[2] = inC ^ inD;     // ②
  assign y[4:3] = {inA, inB} | {inC, inD};        // ③

endmodule
```

net 선언문에 연속 할당문을 포함시킬 수 있으며, 이를 함축적implicit 연속 할당문이라고 한다. [예시 4-1]은 함축적 연속 할당문의 예이며, [예시 4-2]와 같이 wire 선언문과 연속 할당문으로 분리해서 표현하는 것과 동일하다.

[예시 4-1] 함축적 연속 할당문의 예

```
wire  mynet = enable & data;   // 함축적 연속 할당문
```

[예시 4-2] wire 선언문과 연속 할당문으로 분리한 예

```
wire mynet;                     // wire 선언
assign mynet = enable & data;   // 연속 할당문
```

net에 대한 값의 할당은 연속적이고 자동적으로 이루어진다. 즉, 할당문 우변 수식의 피연산자 값이 바뀌면 우변 수식이 평가되고, 평가된 값이 이전의 값과 다르면 새로운 값이 좌변의 net에 자동적으로 할당된다.

[코드 4-2]는 연속 할당문을 이용한 4비트 가산기 회로의 모델링 예이다. 할당문의 좌변에 결합 연산자 { }를 사용해서 carry_out과 sum_out을 결합시켰다.

코드 4-2 연속 할당문을 이용한 4비트 가산기 모델링

```
module adder_4b (input [3:0] ina, input [3:0] inb, input carry_in,
                 output carry_out, output [3:0] sum_out);

   assign {carry_out, sum_out} = ina + inb + carry_in;

endmodule
```

[그림 4-1]은 4개의 입력 버스 중 하나를 선택해서 출력 버스에 연결하는 기능을 갖는 16비트 출력 버스 회로이다. 연속 할당문을 이용해서 모델링한 예는 [코드 4-3]과 같으며, 4개의 입력 버스 중 하나를 선택하는 기능이 4개의 assign 문을 이용한 연속 할당문으로 모델링되었다. 하나의 assign 문으로 4개의 연속 할당을 표현할 수도 있으며, 이 경우 각각의 연속 할당은 콤마로 분리된다. enable 신호에 따라 출력으로 연결하는 기능은 연속 할당을 갖는 net 선언문(함축적 연속 할당문)으로 모델링되었다.

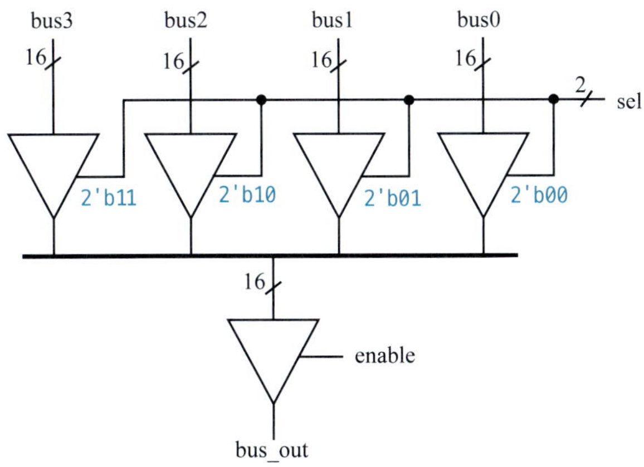

[그림 4-1] 16비트 출력 버스 회로

코드 4-3 연속 할당문과 조건 연산자를 이용한 16비트 출력 버스 모델링

```
module select_bus (output [n:1] bus_out,
                   input [n:1] bus0, input [n:1] bus1, input [n:1] bus2,
                   input [n:1] bus3, input enable, input [1:0] sel);

  parameter n = 16;
  parameter Zee = 16'bz;
  tri [n:1] data;      // net 선언

// 연속 할당을 갖는 net 선언(함축적 연속 할당문)
  tri [n:1] bus_out = enable ? data : Zee;

// 하나의 assign 문으로 4개의 연속 할당을 표현
  assign
    data = (sel == 0) ? bus0 : Zee,
    data = (sel == 1) ? bus1 : Zee,
    data = (sel == 2) ? bus2 : Zee,
    data = (sel == 3) ? bus3 : Zee;

/* // 4개의 assign 문을 이용한 표현 (위의 단일 assign 문으로 모델링한 코드와 등가임)
  assign data = (sel == 0) ? bus0 : Zee;
  assign data = (sel == 1) ? bus1 : Zee;
  assign data = (sel == 2) ? bus2 : Zee;
  assign data = (sel == 3) ? bus3 : Zee;
*/

endmodule
```

4.1.2 할당 지연과 net 지연

연속 할당문의 assign 뒤에 지연 연산자(#)를 사용하여 #n의 형식으로 지연 값을 지정할 수 있다. 지정된 지연 값은 우변 피연산자 값의 변화에서부터 그 값이 좌변에 할당되기까지의 시간 간격을 나타낸다. 만약 좌변이 스칼라 net이면, 지연은 게이트 지연(3.5절 참고)과 동일하게 취급되며, 출력의 상승, 하강, z로의 변화 등에 대해 서로 다른 지연 값을 지정할 수 있다. 만약 좌변이 벡터 net이면, 최대 세 가지의 지연 값을 지정할 수 있으며, 어떤 지연이 적용될 것인지는 다음의 규칙에 의해 결정된다.

- 할당문 우변이 0이 아닌 값에서 0으로 천이되는 경우에는 하강지연이 적용된다.
- 할당문 우변이 z로 천이되는 경우에는 turn-off 지연이 적용된다.
- 앞의 두 가지를 제외한 나머지 경우에는 상승지연이 적용된다.

다음의 예는 연속 할당문에 지연 값이 지정된 경우이다. 우변의 a 또는 b의 값이 변화한 시점으로부터 10시간 단위 후에 wireA에 a & b의 결과 값이 할당된다.

[예시 4-3] 연속 할당문에 지연 값이 지정된 예

```
assign  #10 wireA = a & b;
```

함축적 연속 할당문에서도 지연 값을 지정할 수 있으며, [예시 4-3]은 [예시 4-4]와 같이 표현될 수 있다.

[예시 4-4] 함축적 연속 할당문에 지연 값이 지정된 예

```
wire  #10 wireA = a & b;
```

net 선언문에서 지연 값이 지정되는 경우를 net 지연이라 한다. [예시 4-5]는 net 지연의 예이며, wireA는 10시간 단위의 net 지연을 갖는다. net 지연은 연속 할당문의 지연과 구별됨에 유의해야 한다. net 지연은 해당 net를 구동하는 모든 구동자(게이트 프리미티브, 연속 할당문 등)에 영향을 미치며, 게이트 수준 모델링(3장)에도 동일하게 적용된다.

[예시 4-5] net 지연의 예

```
wire  #10 wireA;
```

net 지연은 함축적 연속 할당문의 지연과 다르게 취급된다. 함축적 연속 할당문에 지연 값이 지정되면, 이는 net 지연이 아닌 연속 할당문의 지연으로 처리되며, 따라서 이는 해당 net를 구동하는 다른 구동자(게이트 프리미티브, 연속 할당문 등)의 지연에는 영향을 미치지 않는다. net 선언문에 벡터에 대한 할당이 포함된 경우에는 상승과 하강지연은 개별 비트에 대해 적용되지 않으며, 모든 비트에 일괄 적용된다.

Verilog HDL에서는 default로 관성지연[inertial delay]이 적용되어 주어진 지연 값보다 입력신호의 변화 폭이 작은 경우에는 입력신호가 출력에 영향을 미치지 않는다. 이는 일반적인 하드웨어의 동작 특성을 반영하는 것이다. 관성지연은 게이트 수준 모델링(3장)에도 동일하게 적용된다. Verilog HDL에서 관성지연이 적용되는 과정, 즉 이전에 발생된 할당 이벤트가 좌변에 할당되기 전에(주어진 지연 시간이 경과하기 전에) 우변의 피연산자 값이 변하는 경우는 다음의 과정으로 처리된다.

❶ 우변 수식의 값이 평가된다.
❷ 평가된 우변의 값이 좌변에 전달되도록 예정된 값과 다르면, 현재 예정된 할당 event가 취소된다.
❸ 새로운 우변의 값이 좌변의 현재 값과 동일하면 할당을 위한 event가 예정되지 않는다.
❹ 새로운 우변의 값이 좌변의 현재 값과 다르면, 좌변의 현재 값, 새로 계산된 우변의 값 그리고 문장에 포함된 지연 값을 이용하여 지연이 계산되고, 주어진 지연 후에 새로운 할당 event가 일어나도록 예정된다.

[코드 4-4]는 연속 할당문에서 관성지연이 적용되는 예이다. `assign` 문에 #30의 지연 값이 지정되었다. [그림 4-2]의 시뮬레이션 결과에서 보는 바와 같이, 입력 a, b의 변화가 출력 and_out에 나타나기까지 30ns의 지연을 갖는다. 그러나 신호 b가 1을 유지하는 기간이 AND 게이트에 주어진 지연 값 30ns보다 작은 20ns인 경우(150~170ns)에는 출력에 영향을 미치지 못하여 출력은 0이 됨을 확인할 수 있다.

코드 4-4 연속 할당문에서 관성지연의 영향

```
module inertial_delay();
  reg a, b;

  assign  #30 and_out = a & b;

  initial begin
        a = 1'b0; b = 1'b0;
    #50 a = 1'b1; b = 1'b1;
    #50 a = 1'b0; b = 1'b0;
    #50 a = 1'b1; b = 1'b1;
    #20 b = 1'b0;
    #50 $finish;
  end
endmodule
```

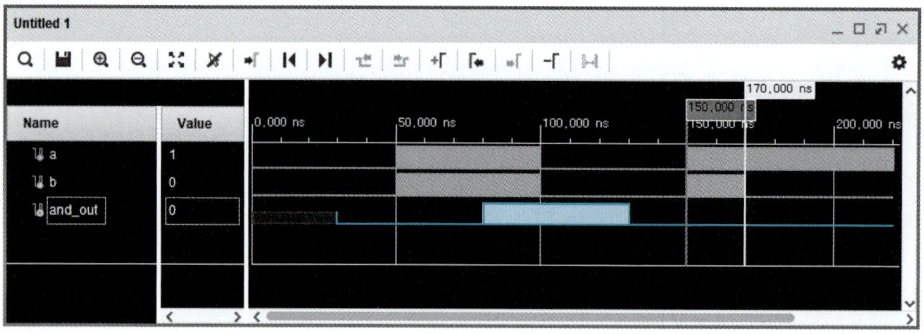

[그림 4-2] [코드 4-4]의 시뮬레이션 결과

SECTION 4.2

절차형 할당문

이 절에서는 절차형 할당문의 기본 개념 및 연속 할당문과의 차이를 이해한다. 절차형 할당문에 대해서는 행위수준 모델링(5장)에서 상세히 설명한다.

4.1절에서 설명된 연속 할당문은 게이트가 `net`를 구동하는 것과 유사한 방식으로 `net`를 구동하며, 우변의 수식은 `net`를 연속적으로 구동하는 조합회로라고 생각할 수 있다. 반면에, 절차형 할당문은 `reg`, `integer`, `real`, `time`, `realtime` 등의 variable에 값을 갱신하며, 다음 절차형 할당문에 의해 값이 갱신될 때까지 할당된 값을 유지한다. 절차형 할당문은 `always`, `initial`, `task`, `function`과 같은 프로시저procedure 내부에 사용되며, 시뮬레이션의 실행 흐름이 프로시저 내의 할당문에 도달했을 때 할당을 위한 트리거가 발생된다. 연속 할당문은 문장의 실행에 의해서가 아니라 할당문 우변 수식의 값 변화(event 발생)에 의해 좌변의 `net`에 값이 할당되는 하드웨어적인 특성을 갖는다. 반면에, 절차형 할당문은 우변 수식의 event 발생과는 무관하게 해당 문장의 실행에 의해 좌변 variable에 값이 할당되는 소프트웨어적인 특성을 갖는다. 따라서 Verilog HDL 소스코드 내에서 연속 할당문의 순서는 시뮬레이션 결과에 영향을 미치지 않으나, `always`, `initial` 블록 내에서 절차형 할당문의 순서는 시뮬레이션과 합성 결과에 영향을 미칠 수 있다. 절차형 할당문 좌변은 `net`가 될 수 없으며, 반드시 `reg`, `integer`, `real`, `time`, `realtime` 중의 하나로 선언되어야 한다. [표 4-1]은 연속 할당문과 절차형 할당문의 비교를 보인 것이며, 올바른 하드웨어 모델링을 위해서는 연속 할당문과 절차형 할당문의 개념적인 차이를 명확하게 이해해야 한다.

[표 4-1] 연속 할당문과 절차형 할당문의 비교

	연속 할당문	절차형 할당문
할당 기호	'='	blocking 할당문 : '=' nonblocking 할당문 : '<='
특성	• net를 구동 • 우변의 값 변화(event 발생)에 의해 좌변에 값이 할당됨 (하드웨어적인 특성)	• variable에 값을 갱신 (갱신될 때까지 값을 유지) • 문장의 실행에 의해 좌변에 값이 할당됨 (소프트웨어적인 특성)
할당문의 순서	할당문의 순서가 시뮬레이션 및 합성 결과에 영향을 미치지 않음	할당문의 순서가 시뮬레이션 및 합성 결과에 영향을 미칠 수 있음
사용	모듈 내부 `assign` 문에서 사용	`always`, `initial`, `task`, `function` 내부에서 사용

절차형 할당문의 실행은 event 제어, 지연 제어, `if` 문, `case` 문, 반복문 등에 의해 제어될 수 있다. 절차형 할당문은 blocking 할당문(할당 기호 '=' 사용)과 nonblocking 할당문(할당 기호 '<=' 사용)의 두 가지 형태가 있으며, 이에 관해서는 5장에서 설명한다.

[코드 4-5]에서 `always` 블록 내부의 2개의 할당문은 절차형 할당문이다. 첫 번째 할당문은 할당 기호 '='가 사용된 blocking 할당문이고, 두 번째 문장은 할당 기호 '<='가 사용된 nonblocking 할당문이다. `always` 구문 내부에서 절차형 할당문에 의해 할당받는 좌변의 변수는 모두 `reg` 자료형으로 선언되어야 한다.

코드 4-5 절차형 할당문 예 (1)

```
module proc_assignment (input clk, input a, input b,
                        output out);
  reg    out, c;

  always @(posedge clk) begin
      c = a & b;     // blocking assignment
      out <= c;      // nonblocking assignment
  end
endmodule
```

`always` 또는 `initial` 블록 내부에서 절차형 할당문의 순서는 결과에 영향을 미치므로, 시뮬레이션 입력을 생성하기 위해 사용될 수 있다. [코드 4-6]은 blocking 할당문을 사용해서 inA, inB의 값을 생성하는 예이며, [그림 4-3]과 같은 신호가 만들어진다. inA와 inB는 `initial` 블록 내부에서 절차형 할당문에 의해 값을 할당받으므로, `reg` 자료형으로 선언되었다.

코드 4-6 절차형 할당문 예 (2)

```
module proc_assignment2

  reg inA, inB;

  initial begin
    #0  inA = 1'b0;  inB = 1'b0;
    #10 inA = 1'b1;
    #20 inA = 1'b0;  inB = 1'b1;
    #20              inB = 1'b0;
    #10 inA = 1'b1;  inB = 1'b1;
    #20 inA = 1'b0;
    #30              inB = 1'b0;
  end
endmodule
```

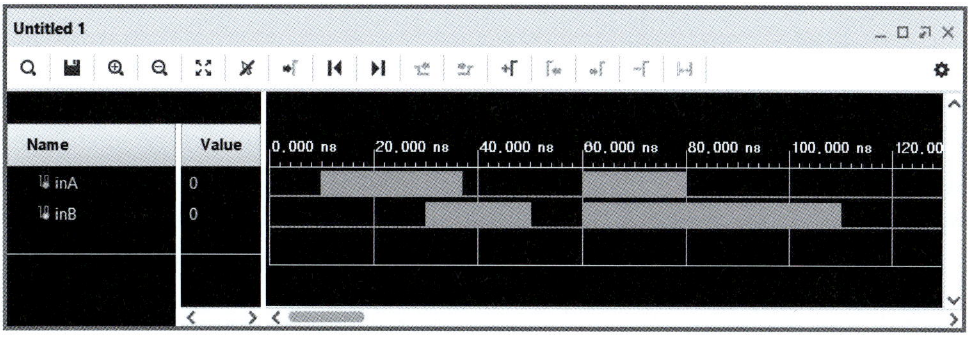

[그림 4-3] [코드 4-6]에 의해 생성된 신호

variable 선언 할당문(함축적 변수 할당문)은 variable에 값을 할당하는 할당문의 특수한 경우이며, 이는 variable 선언문에서 초기 값을 설정한다. 배열에 대한 함축적 변수 할당은 허용되지 않는다.

[예시 4-6]은 4비트 **reg** A_reg에 값 4를 할당하는 함축적 변수 할당문이며, 이는 [예시 4-7]과 같이 variable 선언문과 절차형 할당문으로 분리하여 표현될 수 있다.

[예시 4-6] reg A_reg에 값 4를 할당하는 함축적 변수 할당문

```
reg [3:0] A_reg = 4'h4;
```

[예시 4-7] variable 선언문과 절차형 할당문으로 분리한 예

```
reg [3:0] A_reg;

initial
  A_reg = 4'h4;
```

다음과 같이 배열에 대해 함축적 변수 할당문을 사용하는 것은 허용되지 않는다.

[예시 4-8] 함축적 변수 할당문의 문법적인 오류 예

```
reg [3:0] B_array [3:0] = 0;    // illegal
```

SECTION 4.3

절차형 연속 할당문

절차형 연속 할당문[Procedural Continuous Assignment, PCA]은 절차형 할당문의 예외적인 구문으로서, variable 또는 net에 대해 연속적 구동을 허용하는 절차형 할당문이다. PCA는 assign – deassign 문과 force – release 문이 있으며, 문법은 다음과 같다.

문법 4-2 절차형 연속 할당문

```
  assign variable_lvalue = expression
| deassign variable_lvalue
| force variable_lvalue = expression
| force net_lvalue = expression
| release variable_lvalue
| release net_lvalue
```

- assign PCA 문의 좌변에 variable이 올 수 있으며, deassign 문에 의해 해제될 때까지 절차형 할당문을 덮어쓰기 한다.
- force PCA 문의 좌변에 variable이 올 수 있으며, release 문에 의해 해제될 때까지 절차형 할당문을 덮어쓰기 한다.
- force PCA 문의 좌변에 net가 올 수 있으며, release 문에 의해 해제될 때까지 net, 게이트 및 모듈 출력 등의 구동자를 덮어쓰기 한다.

4.3.1 assign–deassign 문

4.1절에서 설명된 assign 문은 연속 할당문이므로 net에만 사용할 수 있으며, reg 자료형의 variable에는 assign 문을 사용할 수 없다. 그러나 assign PCA 문은 reg 자료형의 variable에 연속 할당문인 assign을 사용하여 절차형 할당을 덮어쓰기[override]하는 예외적인 문장이다. deassign 문은 variable에 대한 assign PCA 문의 영향을 제거시킬 때 사용한다. variable의 값은 절차형 할당문 또는 assign PCA 문에 의해 새로운 값이 할당될 때까지 유지된다.

[코드 4-7]은 edge-triggered D 플립플롭의 비동기 set/reset 동작을 모델링하기 위해 assign과 deassign 문이 사용된 예이다. reset=0이면 출력 q=0을 유지하고, set=0이면 출력 q=1을 유지하며, clock 신호의 상승에지는 출력 q에 영향을 미치지 않는다. reset, set 신호가 1이면 출력 q는 deassign에 의해 assign 문의 할당이 해제되고, clock 신호의 상승에지에서 입력 d를 받는다. [그림 4-4]는 [코드 4-7]의 시뮬레이션 결과이며, 비동기식 reset과 set 동작이 이루어짐을 확인할 수 있다.

코드 4-7 assign-deassign PCA를 이용한 D 플립플롭 모델링

```
module dff_pca (input clock, input d, input reset, input set,
                output q);
  reg   q;

  always @(reset or set)
    if(!reset)
      assign q = 0;
    else if(!set)
      assign q = 1;
    else
      deassign q;

  always @(posedge clock)
    q = d;

endmodule
```

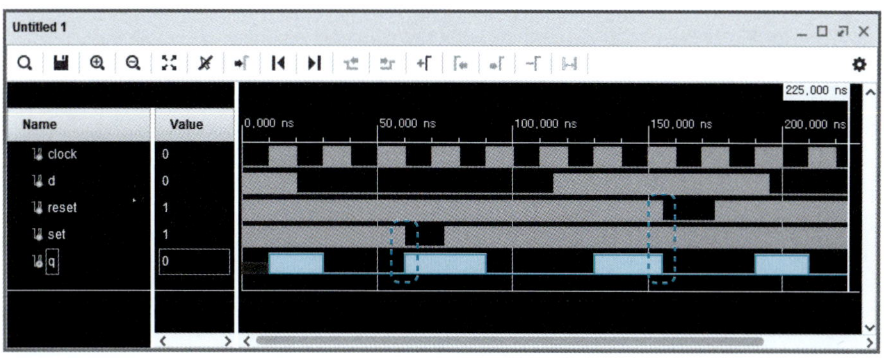

[그림 4-4] [코드 4-7]의 시뮬레이션 결과

4.3.2 force-release 문

PCA 문의 또 다른 형태는 force와 release 문이다. force-release 문은 assign-deassign 문과 기능이 동일하나, force는 variable뿐만 아니라 net에도 사용될 수 있다. 할당문의 좌변은 variable, net, 벡터 net의 비트 선택, 벡터 net의 비트 그룹 또는 결합 등이 될 수 있다. 그러나 메모리 워드 또는 벡터 variable에 대한 비트 선택이나 비트 그룹은 허용되지 않는다.

variable에 대한 force 문은 release 문이 실행되기 전까지 절차형 할당 또는 PCA 문을 덮어쓰기 한다. release 문이 실행된 후에는 variable의 값이 즉시 바뀔 수 없다. force 문에서 지정된 값은 PCA 문이 실행되는 경우를 제외하고는 다음 절차형 할당문이 실행될 때까지 variable에 값이 유지된다. net에 대한 force 문은 release 문이 실행되기 전까지 net, 게이트 및 모듈 출력, 연속 할당문 등의 모든 구동자를 덮어쓰기 한다.

[코드 4-8]에서 3입력 and 게이트 인스턴스 AND_gate의 출력 out_and_g가 force 문에 의해 덮어쓰기 되었으며, assign PCA 문의 출력인 out_and_reg도 force 문에 의해 덮어쓰기 되었다. force 문에 의한 덮어쓰기 결과는 release 문의 실행에 의해 해제된다. 시뮬레이션을 실행하면, 시스템 태스크 $monitor에 의해 결과창에 실행 결과와 같이 표시되며, 시뮬레이션 결과 파형은 [그림 4-5]와 같다.

코드 4-8 force-release PCA 문의 예

```
module force_release;
  reg  a, b, c, out_and_reg;
  wire out_and_g;

  and AND_gate (out_and_g, a, b, c);

  initial begin
    $monitor("%d out_and_reg=%b, out_and_g=%b", $stime, out_and_reg, out_and_g);
      assign out_and_reg = (a & b & c);
      a = 1;
      b = 0;
      c = 1;
      #10;
      force out_and_g =(a | b | c);
      force out_and_reg =(a | b | c);
      #10 ;
      release out_and_g;
      release out_and_reg;
      #10 $finish;
  end
endmodule
```

↳ [코드 4-8]의 실행 결과

```
 0 out_and_reg=0, out_and_g=0
10 out_and_reg=1, out_and_g=1
20 out_and_reg=0, out_and_g=0
```

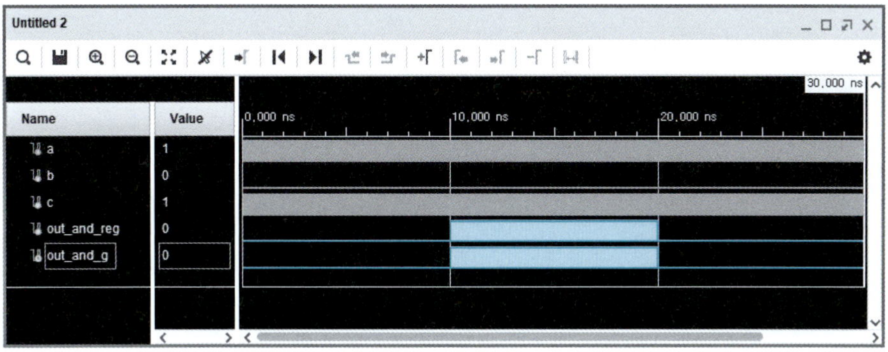

[그림 4-5] [코드 4-8]의 시뮬레이션 결과

연습문제

4.1 연속 할당문(assign 문)과 절차형 할당문의 차이점 5가지를 설명하라.

4.2 다음의 Verilog HDL 소스코드에서 문법적인 오류를 찾아 올바로 수정하라.

(a)
```
reg [1:0] y1, y2, a, b;

assign y1 = a ~^ b;
assign y2 = a & b;
```

(b)
```
wire [1:0] y1, a, b;

assign y1 = a ~^ b;
assign y2 = a & b;
```

(c)
```
reg [1:0] y1, y2, a, b;

always begin
   assign y1 = a ~^ b;
   assign y2 = a & b;
end
```

(d)
```
wire [1:0] y1, y2, a, b;

always begin
   y1 = a ~^ b;
   y2 = a & b;
end
```

4.3 [코드 4-1]로 모델링된 회로의 회로도를 그려라.

4.4 [그림 4-6(a), (b)]의 회로를 연속 할당문을 사용해서 모델링하라.

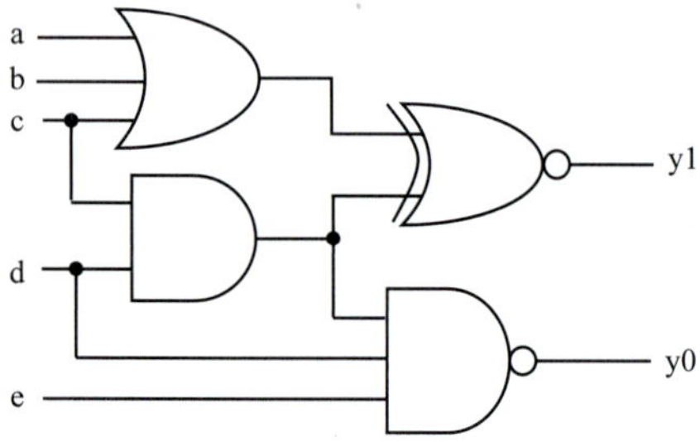

(a)

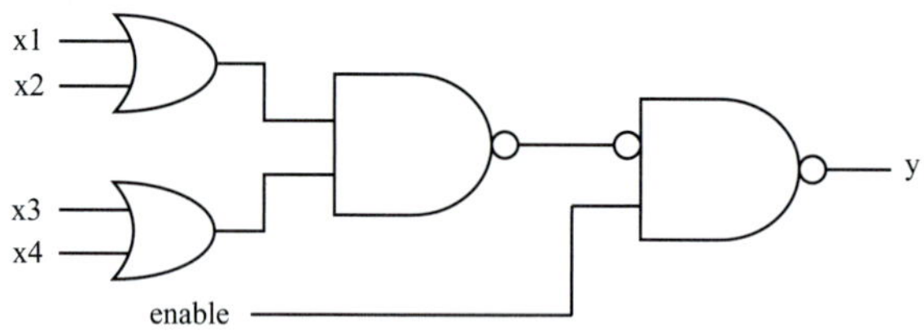

(b)

[그림 4-6]

4.5 [코드 4-9]가 나타내는 회로를 연속 할당문으로 바꾸어 모델링하라.

코드 4-9

```
module NAND_gates (input [3:0] a,
                   output [2:0] y);

   nand #2 G1 (y[2], a[3], a[2], a[1]), (y[1], a[2], a[1]), (y[0], a[1], a[0]);

endmodule
```

4.6 [코드 4-10(a), (b)]의 차이점을 설명하고, 합성을 통해 얻어지는 회로의 회로도를 그려라.

코드 4-10

```
module prob_4A (input a, input b, input c,
                output y);

    assign w1 = a | b;
    assign y = w1 & c;

endmodule
```

(a)

```
module prob_4B (input a, input b, input c,
                output y);

    assign y = w1 & c;
    assign w1 = a | b;

endmodule
```

(b)

4.7 [코드 4-11(a), (b)]의 차이점을 설명하고, 합성을 통해 얻어지는 회로의 회로도를 그려라.

코드 4-11

```
module prob_5A (input clk, input a, input b,
                output y);
  reg  c, y;

  always @(posedge clk) begin
     c = a & b;  // blocking
     y <= c;     // nonblocking
  end
endmodule
```

(a)

```
module prob_5B (input clk, input a, input b,
                output y);
  reg  c, y;

  always @(posedge clk) begin
     y <= c;     // nonblocking
     c = a & b;  // blocking
  end
endmodule
```

(b)

4.8 다음의 Verilog HDL 소스코드에 의한 신호의 파형을 그려라.

```
reg   sig_a, sig_b;

initial begin
   #0  sig_a  = 1'b0;  sig_b = 1'b0;
   #10 sig_a  = 1'b1;
   #10 sig_a  = 1'b0;  sig_b = 1'b1;
   #20                 sig_b = 1'b0;
   #10 sig_a  = 1'b1;  sig_b = 1'b1;
 end
```

4.9 다음의 Verilog HDL 소스코드에 의한 신호의 파형을 그려라.

```
reg       sel;
reg [7:0] data_a;

initial begin
   #0  sel = 1'b0;
   #15 sel = 1'b1;
   #10 sel = 1'b0;
   #20 sel = 1'b1;
   #10 sel = 1'b0;
end

initial begin
   #0  data_a = 8'h03;
   #15 data_a = 8'hDF;
   #20 data_a = 8'h17;
   #10 data_a = 8'h50;
end
```

CHAPTER 05
행위수준 모델링

학습 목표

- Verilog HDL의 행위수준 모델링을 위한 always 구문과 initial 구문에 대해 이해한다.
- Verilog HDL의 절차형 할당문인 blocking 할당문과 nonblocking 할당문에 대해 이해한다.
- 행위수준 모델링에 사용되는 if 조건문, case 문, 반복문에 대해 이해한다.
- 절차형 할당의 타이밍 제어와 블록문에 대해 이해한다.
- 행위수준 모델링을 이용한 조합회로 및 순차회로 모델링 방법을 이해한다.

들어가기 전에

논리 게이트 프리미티브를 이용한 모델링(3장)과 연속 할당문(4장) 그리고 구조적 모델링(6장)은 설계되는 회로의 구조나 구성을 기반으로 하는 모델링 방법이며, 기본적으로 문장의 순서가 회로 동작에 영향을 미치지 않는 하드웨어적인 특성을 갖는다. 그러나 복잡한 회로나 시스템의 기능과 동작을 상위수준에서 추상화해서 표현하기 위해서는 행위수준[behavioral level] 모델링 방법이 필요하며, 이를 위해 Verilog HDL에서는 행위수준 모델링에 사용되는 다양한 구문들과 함께 문장의 순서가 회로 동작에 영향을 미치는 절차형 할당문도 제공한다. 행위수준 모델링에 사용되는 구문들은 C 프로그래밍 언어와 유사한 구조를 갖는다. 이 장에서는 순차회로, 제어블록, 타이밍 신호 생성, 테스트벤치 작성 등 회로의 동작이나 기능 측면의 표현에 적합한 행위수준 모델링 방법과 Verilog HDL 구문에 대해 알아본다.

SECTION 5.1

always 구문과 initial 구문

Verilog HDL의 행위수준 모델링은 조합회로와 순차회로의 설계뿐만 아니라 설계된 회로의 시뮬레이션을 위한 테스트벤치의 작성에도 사용된다. 행위수준 모델링에는 always 구문, initial 구문, 그리고 함수[function]와 태스크(7장) 등이 사용되며, 이들 구성체 내부는 절차형 문장[procedural statement]들로 구성된다. 절차형 할당문은 연속 할당문(assign 문)과 대비되는 것으로서 begin - end 블록 내부에 문장들의 나열 순서가 실행 결과에 영향을 미치는 소프트웨어적인 특성을 갖는다. 모듈 내부의 각 구성체들은 자신에 연관된 활성화 흐름[activity flow]을 가지며, 다수 개의 initial과 always 구성체가 있는 경우 구성체들의 순서에 무관하게 독립적이고 병렬적인 활성화 흐름을 가져 하드웨어 고유의 병렬성을 반영한다. initial과 always 구성체 내부의 절차형 문장은 blocking 문과 nonblocking 문으로 구분되며, 5.2절에서 설명한다.

5.1.1 always 구문

always 구문은 행위수준 모델링에 사용되는 대표적인 구문이며, 논리합성이 지원된다. 따라서 조합회로와 순차회로의 모델링에 폭넓게 사용되며, 또한 시뮬레이션 테스트벤치[testbench] 작성에도 사용된다. 시뮬레이션 관점에서 보면, always 구문은 시뮬레이션이 실행되는 동안 반복적으로 실행되며, 따라서 타이밍 제어와 연관된 표현에 유용하게 사용될 수 있다. always 구문의 표현 형식은 [문법 5-1]과 같다.

문법 5-1 always 구문

```
always [@(sensitivity_list)] begin
   blocking_or_nonblocking statements;
end
```

- @(sensitivity_list) : sensitivity_list(감지신호목록)에 나열된 신호들 중 하나 이상에 변화(event)가 발생했을 때 always 내부에 있는 begin - end 블록의 실행이 트리거 되어 always 문의 실행을 제어한다.
- begin - end 블록 : 절차형 문장들로 구성되며, blocking 할당문이냐 nonblocking 할당문이냐에 따라 회로 동작과 합성 결과가 달라진다(5.2절 참조).

[코드 5-1]은 always 구문을 이용한 조합회로 모델링 예이며, always 내부에 if-else 조건문을 사용하여 2입력 OR 게이트를 설계한 것이다. always 내부에서 절차형 할당문 좌변의 변수는 reg 자료형으로 선언되어야 한다. 감지신호목록의 or 대신에 콤마(,)를 사용해도 된다.

코드 5-1 always 구문을 이용한 조합회로(2입력 OR 게이트) 모델링

```
module or2 (input a, input b,
            output out);
  reg    out;

  always @(a or b) begin  // always @(a, b)
    if(a == 1'b1 || b == 1'b1) out = 1'b1;
    else                       out = 1'b0;
  end

endmodule
```

[코드 5-2]는 always 구문을 이용한 순차회로 모델링 예이며, clk의 상승에지에서 동작하는 D 플립플롭을 설계한 것이다.

코드 5-2 always 구문을 이용한 순차회로(D 플립플롭) 모델링

```
module dff (input clk, input din,
            output qout);
  reg    qout;

  always @(posedge clk)
    qout <= din;

endmodule
```

always 구문을 이용해서 조합회로를 모델링하는 경우, 해당 always 구문으로 모델링되는 회로의 입력신호가 모두 감지신호목록에 나열되어야 한다. 설계자의 실수로 일부 신호가 감지신호목록에서 빠지면, 합성 전의 RTL 시뮬레이션 결과와 합성 후의 시뮬레이션 결과가 다를 수 있다. 그러나 감지신호목록에 일부 신호가 빠진 경우에도 회로 합성은 올바로 이루어진다.

[코드 5-3]은 2 : 1 멀티플렉서 모델링에서 감지신호목록에 신호 sel이 빠진 경우이다. [그림 5-1]의 시뮬레이션 결과에서 볼 수 있듯이, sel 신호의 변화가 발생하는 시점에서 출력 out이 변하지 않으며, 감지신호목록에 포함되어 있는 신호 a와 b의 변화만 출력 out에 영향을 미치고 있다. 따라서 이 소스 코드에 대한 RTL 시뮬레이션 결과는 2 : 1 멀티플렉서의 완전한 동작이라고 볼 수 없다. 조합회로를 모델링하는 always 구문에서는 모델링되는 회로의 입력신호들을 감지신호목록에 빠짐없이 나열해야 한다.

코드 5-3 always 블록의 감지신호목록에 신호 sel이 빠진 경우

```
module mux21_omit_sel (input [1:0] a, input [1:0] b, input sel,
                       output [1:0] out);
  reg     [1:0] out;

  always @(a or b) // sel이 없음
    if(sel == 1'b0)
       out = a;
    else
       out = b;

endmodule
```

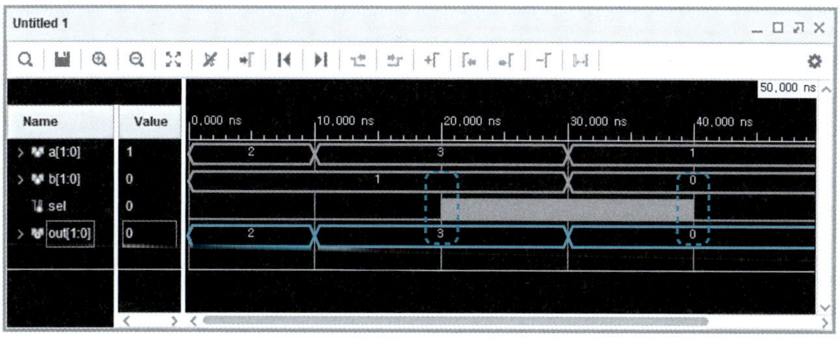

[그림 5-1] [코드 5-3]의 시뮬레이션 결과

이와 같은 문제를 피하기 위해 조합회로를 기술하는 always 블록에서는 감지신호목록에 신호를 나열하는 대신 메타 문자 *를 사용해서 @(*) 또는 @*의 표현을 사용할 수 있다. @(*) 표현은 always 블록으로 모델링되는 회로의 모든 입력신호를 메타 문자 *를 이용하여 표현하는 것이며, wait 문에 포함된 식별자를 제외한 모든 net와 variable들이 감지신호목록에 포함되도록 한다. 함수와 태스크 호출 또는 case 문과 if 조건문에서 할당문의 우변에 나타나는 net와 variable들은 이 규칙에 모두 포함된다.

[예시 5-1]은 always 블록의 이벤트 제어를 위해 함축적 감지신호 표현 @(*)가 사용된 조합회로의 모델링 예이다.

[예시 5-1] 함축적 감지신호 표현 @(*)가 사용된 조합회로의 모델링 예

```
always @(*)   // always @(a, b, c, d)와 등가임
    y =(a & b) | (c & d);
```

always 구문이 시뮬레이션 테스트벤치에 사용되는 경우, 시뮬레이션 시간의 진행에 관련된 제어가 포함되어야 하며, 그렇지 않으면 zero-delay 무한 루프[infinite loop]가 발생되어 시뮬레이션이 진행되지 않는 교착상태[deadlock]에 빠지게 된다. 예를 들어 [예시 5-2]는 zero-delay 무한 루프가 발생되며, 시뮬레이션 테스트벤치에 사용하기 위해서는 지연을 추가해서 zero-delay 무한 루프가 생기지 않도록 해야 한다.

[예시 5-2] zero-delay 무한 루프가 발생되는 always 구문의 예

```
always clk = ~clk;   // zero-delay infinite loop
```

[코드 5-4]와 같이 always 내부의 할당문에 #10으로 지연 값을 지정하면 zero-delay 무한루프 문제가 발생하지 않으며, [그림 5-2]의 시뮬레이션 결과와 같이 주기가 20ns인 clk가 생성된다. initial 구문은 reg 자료형을 갖는 clk의 초기 값을 0으로 설정하기 위해 사용된다. reg 변수의 default 초기 값은 x(unknown)이므로, clk의 초기 값을 설정하지 않으면 #10 clk = ~clk;에 의해 unknown 값을 반전시켜도 unknown 값이 되어 계속 unknown 값을 유지한다.

NOTE 이 책에서는 컴파일러 지시어 `timescale 1ns/1ns를 적용하여 지연시간의 단위를 1ns로 적용한다.

코드 5-4 주기가 20ns인 clk 신호 생성

```
module clk_gen ( );
 reg clk;

 initial
    clk = 1'b0;

 always
    #10 clk = ~clk;

endmodule
```

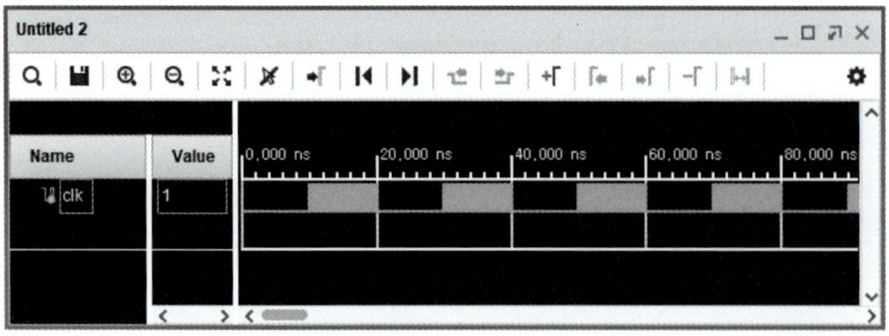

[그림 5-2] [코드 5-4]의 시뮬레이션 결과

5.1.2 initial 구문

시뮬레이션이 진행되는 동안 무한히 반복되는 always 구문과는 다르게, initial 구문은 시뮬레이션이 실행되는 동안 한 번만 실행된다. initial 구문의 begin - end 블록은 절차형 문장들로 구성되며, 절차형 문장들은 나열된 순서가 실행 결과에 영향을 미치게 된다. initial 구문은 논리합성이 지원되지 않으므로 시뮬레이션을 위한 테스트벤치에 사용된다. initial 구문의 표현 형식은 [문법 5-2]와 같다.

문법 5-2 initial 구문

```
initial begin
    blocking_or_nonblocking statements;
 end
```

- 시뮬레이션이 진행되는 동안 한 번만 실행된다.
- 논리합성이 지원되지 않으므로 시뮬레이션을 위한 테스트벤치에 사용된다.
- begin - end 블록은 절차형 문장들로 구성되며, 나열된 순서가 결과에 영향을 미친다.

[예시 5-3]은 initial 구문을 이용하여 시뮬레이션을 위한 변수 값을 초기화하는 예이다.

[예시 5-3] initial 구문으로 시뮬레이션을 위한 변수 값을 초기화하는 예

```
initial begin
  areg = 0;                   // initialize areg
  for(index = 0; index < size; index = index + 1)
      memory[index] = 0;     // initialize memory word
end
```

[예시 5-4]는 initial 구문이 사용되는 일반적인 예로서 시뮬레이션을 위한 입력신호 din을 생성한다.

[예시 5-4] initial 구문을 이용한 시뮬레이션 입력 벡터 생성 예

```
initial begin
        din = 6'b000000;
   #10 din = 6'b011001;
   #10 din = 6'b011011;
   #10 din = 6'b011000;
   #10 din = 6'b001000;
end
```

[코드 5-5]는 행위수준 모델링을 이용해서 서로 다른 주기를 갖는 두 신호 a와 b를 생성하는 예이다. 하나의 initial 블록과 2개의 always 블록이 사용되고 있으며, 이들은 시뮬레이션 시간 0에서 동시에 실행된다. initial 블록은 reg 변수 a와 b를 초기화시키기 위해 사용되었으며, 시뮬레이션 시간 0에서 a=1로, b=0으로 초기화시킨다. initial 블록은 한 번만 실행되므로, 시뮬레이션 시간 0이 지난 후에는 더 이상 영향을 미치지 않는다.

always 블록도 시뮬레이션 시간 0에서 시작되나, 변수 a와 b의 값은 지연 연산자 #에 의해 지정된 시간이 경과한 후에 값이 바뀐다. 따라서 reg a는 50ns 이후에 반전되고, reg b는 100ns 이후에 반전된다. always 구문은 시뮬레이션이 진행되는 동안 계속 반복되므로, 2개의 구형파 주기신호가 생성된다.

initial 블록에 의해 변수 a와 b의 초기 값이 지정된 것을 고려하면, 신호 a는 초기 값이 1이고 주기가 100ns인 구형파 주기신호가 되며, 신호 b는 초기 값이 0이고 주기가 200ns인 구형파 주기신호가 된다. 두 always 블록은 시뮬레이션이 진행되는 동안 동시에 수행된다. [그림 5-3]은 시뮬레이션 결과이다.

코드 5-5 initial 구문과 always 구문을 이용한 주기신호 생성

```
module periodic_sig_gen;
  reg a, b;

  initial begin
    a = 1'b1;
    b = 1'b0;
  end

  always
    #50 a = ~a;

  always
    #100 b = ~b;

endmodule
```

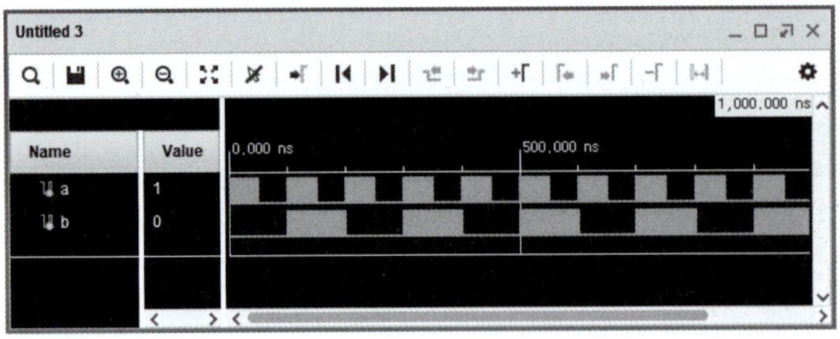

[그림 5-3] [코드 5-5]의 시뮬레이션 결과

SECTION 5.2

절차형 할당문

이 절에서는 initial 구문과 always 구문 내부의 절차형 할당문procedural assignment에 대해 알아본다. 절차형 할당문은 reg, integer, time, real, realtime 자료형의 변수에 값을 갱신한다. 절차형 할당과 연속 할당concurrent assignment의 차이를 명확히 이해해야 한다.

- 연속 할당 : 입력 피연산자의 값에 변화event가 발생할 때마다 우변의 식이 평가되고, 그 결과 값이 할당문 좌변의 net를 구동drive하는 하드웨어적 특성을 가짐.
- 절차형 할당 : 문장이 나열된 순서대로 실행execute되어 할당문 좌변의 변수 값을 갱신하는 소프트웨어적 특성을 가짐.

절차형 할당의 우변은 값이 평가되는 어떠한 수식도 가능하며, 우변의 값이 좌변의 변수에 할당되는 형태는 다음 중 하나가 될 수 있다.

- reg, integer, real, time, realtime 자료형 중 하나를 갖는 변수에 대한 할당
- reg, integer, time 자료형의 단일 비트에 대한 할당(값이 할당되는 비트를 제외한 나머지 비트들은 변하지 않는다)
- reg, integer, time 자료형의 연속된 일부 비트에 대한 할당(나머지 비트들은 변하지 않는다), 메모리의 단일 워드에 대한 할당
- 결합에 의한 할당(이 경우, 우변 수식의 결과를 적절히 분할하고, 분할된 부분들을 순서에 맞게 결합하는 과정이 필요하다)

NOTE 할당문 우변의 비트 수가 좌변 변수의 비트 수보다 작은 경우에, 우변이 signed이면 우변의 값이 좌변의 비트 크기만큼 부호 확장(sign extension)된다(1.4절 참조).

Verilog HDL은 다음과 같은 두 가지 형태의 절차형 할당문을 갖는다.

- blocking 할당문
- nonblocking 할당문

이들 두 가지 절차형 할당문은 begin - end 블록에서 서로 다른 순차적 흐름을 가지며, 시뮬레이션 및 회로 합성 결과에 큰 차이를 유발할 수 있다. 따라서 올바른 회로 모델링을 위해서는 두 절차형 할당문의 차이를 명확하게 이해해야 한다.

5.2.1 blocking 할당문

blocking 할당문은 begin-end 블록 내부의 할당문 실행에 있어서, 현재 할당문의 실행이 완료된 이후에 그 다음의 할당문이 실행되는 순차적 흐름을 갖는다. 즉, '현재 할당문의 실행이 완료될 때까지 그 다음의 할당문이 실행되지 않는다(blocking 된다)'는 의미를 갖는다. blocking 할당문의 표현 형식은 [문법 5-3]과 같으며, 할당 기호 =가 사용된다.

문법 5-3 blocking 할당문

```
reg_lvalue = [delay_or_event_control] expression;
```

- 현재 할당문의 실행이 완료된 이후에 그 다음 할당문이 실행되는 순차적 흐름을 갖는다.
- reg_lvalue : 절차형 할당문에 유효한 자료형(reg, integer, time, real, realtime)을 갖는 변수이다.
- delay_or_event_control : 할당 내부(intra-assignment)의 타이밍 제어를 위해 지연(#) 또는 이벤트 연산자(@)가 사용될 수 있다.
- expression : 좌변의 reg_lvalue에 할당될 값 또는 수식이다.

[예시 5-5]는 blocking 할당문의 예이며, 문장이 나열된 순서대로 실행된다.

[예시 5-5] blocking 할당문의 예

```
initial begin
    rega = 0;                      // reg형 변수에 대한 할당
    regb[3] = 1;                   // 단일 비트에 대한 할당
    regc[3:5] = 7;                 // 부분 비트에 대한 할당
    mema[address] = 8'hff;         // 메모리 요소에 대한 할당
    {carry, acc} = rega + regb;    // 결합에 대한 할당
end
```

5.2.2 nonblocking 할당문

nonblocking 할당문은 begin-end 블록에 나열된 할당문들이 순차적 흐름에 대한 블로킹[blocking] 없이 정해진 할당 스케줄[assignment scheduling]에 의해 값이 할당된다. begin-end 블록 내의 할당문들은 우변이 동시에 평가된 후, 문장의 나열 순서 또는 지정된 지연 값에 따른 할당 스케줄에 의해 좌변의 변수에 값이 갱신된다. 따라서 동일 시점에서 변수들의 순서나 상호 의존성에 의해 할당이 이루어져야 하는 경우에 사용된다. 예를 들어 시프트 레지스터의 경우, 시프트 레지스터를 구성하는 각 비트들은 이전 비트에 대해 상호 의존성을 가지므로 nonblocking 할당문으로 모델링되어야 한다.

nonblocking 할당문의 표현 형식은 [문법 5-4]와 같으며, 할당 기호 <=가 사용된다. 할당 기호 <=는 관계 연산자 중의 하나인 <=와 동일하지만, 연산자가 사용되는 위치와 환경에 따라서 그 의미가 결정된다. 기호 <=가 수식 내부에 사용되면 관계 연산자로 해석되고, nonblocking 할당문에 사용되면 할당 기호로 해석된다.

문법 5-4 nonblocking 할당문

```
reg_lvalue <= [delay_or_event_control] expression;
```

- 할당문들이 순차적 흐름에 대한 블록킹 없이 정해진 할당 스케줄에 의해 값이 할당된다.
- reg_lvalue : 절차형 할당문에 유효한 자료형(`reg`, `integer`, `time`, `real`, `realtime`)을 갖는 변수이다.
- delay_or_event_control : 할당 내부(intra-assignment)의 타이밍 제어를 위해 지연(#) 또는 이벤트 연산자(@)가 사용될 수 있다.
- expression : 좌변의 reg_lvalue에 할당될 값 또는 수식이다.

[코드 5-6]은 blocking 할당문과 nonblocking 할당문의 차이를 보이고 있다.

❶ 모듈 blk([코드 5-6(a)]) : blocking 할당문이 사용되었으며, `always` 블록에 있는 2개의 blocking 할당문은 나열된 순서대로 실행된다. 첫 번째 blocking 할당문이 실행되면 a=1이 되고, 두 번째 blocking 할당문이 실행되면 변수 a의 값(1)이 변수 b에 할당되어 b=1이 된다. 따라서 두 blocking 할당문의 순차적 실행이 완료되면 a=b=1이 된다.

❷ 모듈 non_blk([코드 5-6(b)]) : nonblocking 할당문이 사용되었으며, 다음과 같은 두 단계의 과정으로 처리된다.

- 1단계 : 신호 clk의 상승에지에서 nonblocking 할당문의 우변이 평가되고, 새로운 값의 할당을 위한 할당 스케줄을 정한다. 우변을 평가한 결과는 a=0, b=1이다.
- 2단계 : nonblocking 할당의 이벤트가 활성화되면, 각 할당문의 좌변이 1단계의 결과 값으로 갱신되어 a=1, b=0이 된다.

[그림 5-4]는 [코드 5-6]의 시뮬레이션 결과이며, blocking 할당문과 nonblocking 할당문의 차이를 확인할 수 있다.

코드 5-6 blocking 할당문과 nonblocking 할당문

```verilog
module blk;
  reg clk, a, b;

  initial begin
     a = 0;
     b = 1;
     clk = 0;
  end

  always
     clk = #5 ~clk;

  always @(posedge clk) begin
     a = b;      // a=1
     b = a;      // b=a=1
  end

endmodule
```

(a) blocking 할당문

```verilog
module non_blk;
  reg clk, a, b;

  initial begin
     a = 0;
     b = 1;
     clk = 0;
  end

  always
     clk = #5 ~clk;

  always @(posedge clk) begin
     a <= b;
     b <= a;
  end

endmodule
```

(b) nonblocking 할당문

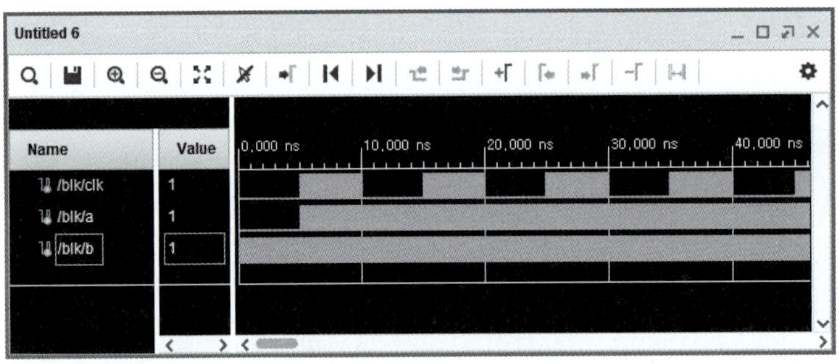

(a) blocking 할당문의 시뮬레이션 결과

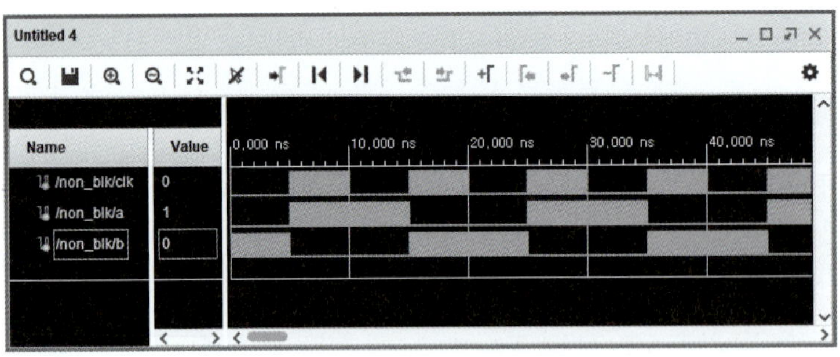

(b) nonblocking 할당문의 시뮬레이션 결과

[그림 5-4] [코드 5-6]의 시뮬레이션 결과

[코드 5-7]은 blocking 할당문과 nonblocking 할당문이 지연을 갖는 경우의 예이다.

- blocking 할당문 : begin-end 블록 내부의 문장들이 나열된 순서에 따라 실행된다. [코드 5-7]에서 15ns가 지난 시점에서 blk_a=1이 되며, 그로부터 5ns가 지난 후(즉, 20ns)에 blk_b=0이 된다. 그리고 그로부터 10ns가 지난 후(즉, 30ns)에 blk_c=1이 된다.
- nonblocking 할당문 : 우변이 동시에 평가된 후, 좌변에 값이 할당되는 시점이 지정된 지연 시간에 따라 스케줄 된다. 따라서 5ns가 지난 시점에서 nblk_b=0이 되며, 10ns가 지난 시점에서 nblk_c=1이 되고, 15ns가 지난 시점에 nblk_a=1이 된다. [코드 5-7]을 시뮬레이션하면 [그림 5-5]의 결과가 얻어진다.

코드 5-7 blocking 할당문과 nonblocking 할당문의 지연

```
module blk_nonblk_delay;
  reg blk_a, blk_b, blk_c, nblk_a, nblk_b, nblk_c;

  initial begin    // blocking assignments
     blk_a = #15  1'b1;  // blk_a will be assigned 1 at time 15
     blk_b = #5   1'b0;  // blk_b will be assigned 0 at time 20
     blk_c = #10  1'b1;  // blk_c will be assigned 1 at time 30
    #50 $finish;
  end

  initial begin    // non-blocking assignments
     nblk_a <= #15  1'b1;  // nblk_a will be assigned 1 at time 15
     nblk_b <= #5   1'b0;  // nblk_b will be assigned 0 at time 5
     nblk_c <= #10  1'b1;  // nblk_c will be assigned 1 at time 10
     #50 $finish;
  end

endmodule
```

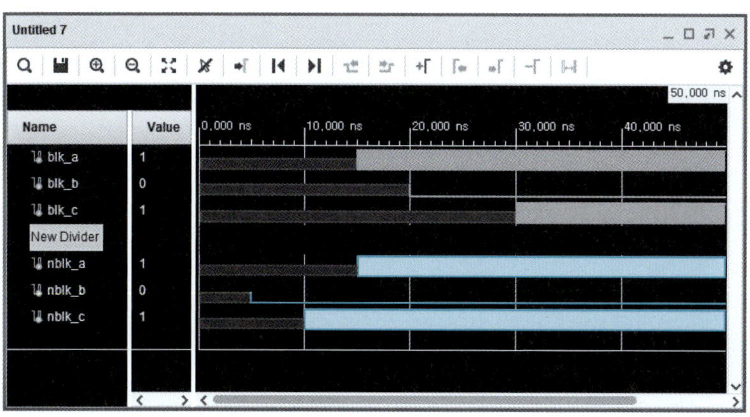

[그림 5-5] [코드 5-7]의 시뮬레이션 결과

[코드 5-8]은 절차적 할당문 블록[begin-end] 내에서 여러 개의 nonblocking 할당문이 동일한 변수에 값을 할당하는 예이다. reg a에 대한 2개의 nonblocking 할당문은 동일한 내부 지연 #5가 지정되어 있으므로 시뮬레이션 시간 5에서 reg a에 서로 다른 값의 할당이 스케줄 된다. 두 할당문의 내부 지연이 동일하므로 할당을 위한 스케줄은 두 문장의 나열 순서에 의해 정해지며, 따라서 최종적으로 a=0이 된다. 만약, 2개의 nonblocking 할당문이 서로 다른 내부 지연을 갖는 경우에는 지정된 지연 값에 따라 할당 스케줄이 결정된다. [그림 5-6]은 시뮬레이션 결과이다.

코드 5-8 nonblocking 할당문이 내부 지연을 가지며 동일한 변수에 값을 할당하는 예

```
module multiple_nblk;
  reg a;

  initial a = 1'b1;

  initial begin
     a <= #5 1'b1;    // schedules a = 1 at time 5
     a <= #5 1'b0;    // schedules a = 0 at time 5
     #20 $stop;       // At time 5, a = 0
  end

endmodule
```

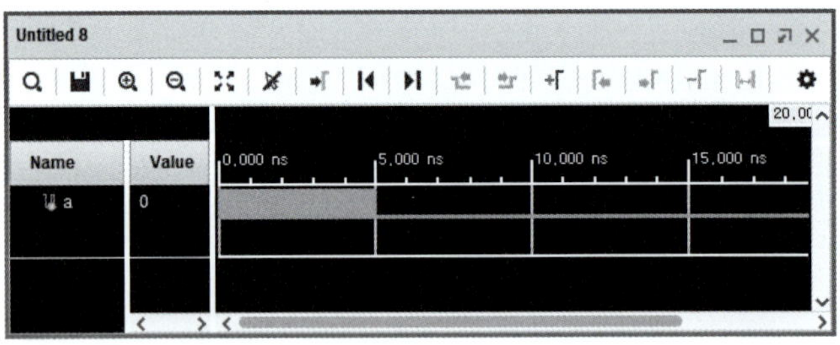

[그림 5-6] [코드 5-8]의 시뮬레이션 결과

SECTION

5.3 if 조건문

조건문(if - else 문)은 문장의 선택적인 실행을 위해 사용되며, 일반적인 프로그래밍 언어와 유사한 구문을 갖는다.

문법 5-5 if 조건문

```
 if(expression)
     statement_true;
[else
     statement_false;]
```

- 조건이 참(0이 아닌 알려진 값)으로 평가되면 statement_true 부분이 실행되고, 조건이 거짓(0이나 x 또는 z)으로 평가되고 else 문장이 있으면 statement_false 부분이 실행된다.
- else는 생략될 수 있는 옵션이며, else 문장이 없는 경우에, 조건이 거짓으로 평가되면 변수는 이전에 할당받은 값을 유지하며, 래치(latch)가 포함된 회로로 합성된다.

if 문의 사용에 있어서 유의해야 할 사항은, if 문이 내포[nested] (if 문이 내부에 또 다른 if 문을 갖는 경우)되어 있고, if 문 내부에 하나 이상의 else 문장이 생략되는 경우이다. 이 경우에, 내포된 if 문 내부의 else가 어느 if 문에 결합되느냐에 따라 전체적인 논리 구조가 달라진다. if 문 내부의 else 문은 이전의 가장 가까운 if와 결합된다는 원칙이 일반적으로 적용된다. 예를 들어, [예시 5-6]과 [예시 5-7]에는 2개의 if 문이 내포되어 있으며, if 문 내부에 하나의 else 문만 존재한다. 이 경우에 else 문은 가장 가까운 두 번째 if 문에 연결된다. 이를 명확하게 나타내기 위해 들여쓰기를 사용하거나 begin - end 블록을 사용하는 것이 권장된다.

[예시 5-6] 2개의 if 문이 내포된 예 (else가 가장 가까운 if에 연결되는 경우)

```
if(index > 0)          // IF-1
    if(rega > regb)    // IF-2
        result = rega;
    else               // else of the IF-2
        result = regb;
```

만약 else 문이 첫 번째 if 문과 결합되어야 하는 경우에는 [예시 5-7]과 같이 begin - end 블록을 이용하여 직접적으로 결합을 지정해야 한다.

[예시 5-7] 2개의 if 문이 내포된 예 (begin-end에 의해 if-else가 결합된 경우)

```
if(index > 0) begin         // IF-1
    if(rega > regb)
        result = rega;      // IF-2
end
else result = regb;         // else of the IF-1
```

[예시 5-8]과 같은 if - else - if 구문은 다중 결정multi-way decision을 위해 가장 일반적으로 사용되는 방법이다. 이 구문에서 if 문의 조건은 순서대로 평가되며, 조건이 참이면 조건에 결합된 문장이 실행되고 전체 if 구문이 종료된다. if - else - if 구문에서 마지막 else 문은 이전의 조건들에 해당되지 않는 경우 또는 default(기본값)를 처리한다. default에 대한 처리가 필요 없는 경우에는 마지막 else 문을 생략할 수 있다.

[예시 5-8] if-else-if 구문의 예

```
if(expression)
    statement_true;
{ else if(expression)
    statement_true; }
[else
    statement_false;]
```

[코드 5-9]는 if - else 구문을 이용한 2 : 1 멀티플렉서의 모델링 예이다. 선택신호 sel이 0이면 a가 선택되어 출력 out으로 나가며, 그렇지 않은 경우(sel이 0이 아닌 경우)에는 b가 선택되어 출력 out으로 나간다. 이 예에서 if(sel == 1'b0)을 if(!sel)로 표현할 수 있다. [그림 5-7]의 시뮬레이션 결과에서 보듯이, sel이 x(unknown) 또는 z(high-impedance)인 경우에 b가 선택되어 출력된다.

코드 5-9 if 조건문을 이용한 2 : 1 멀티플렉서 모델링

```
module mux21_if (input [1:0] a, input [1:0] b, input sel,
                 output [1:0] out);
   reg [1:0] out;

   always @(a or b or sel) begin
      if(sel == 1'b0)      // 또는 if(!sel)
         out = a;
      else
         out = b;
   end

endmodule
```

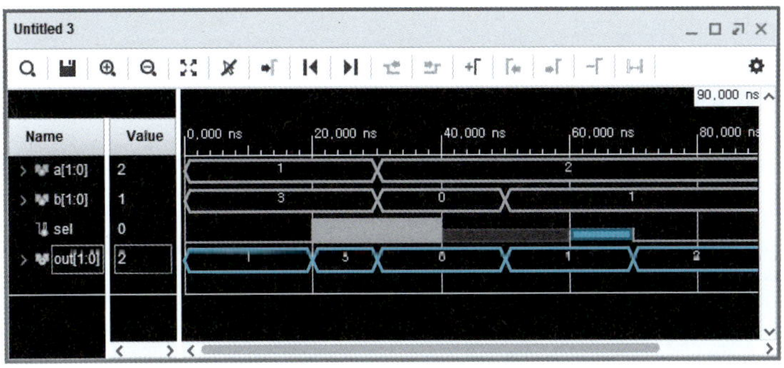

[그림 5-7] [코드 5-9]의 시뮬레이션 결과

[코드 5-10]은 `if - else - if` 구문을 이용하여 비동기식 set/reset을 갖는 D 플립플롭을 모델링한 예이다. `always` 구문의 감지신호목록에 포함된 `posedge` clk는 클록신호 clk의 상승에지에서 동작하는 플립플롭을 모델링하며, `negedge` rb와 `negedge` sb는 비동기식 active-low set/reset 동작의 모델링에 필요하다. `always` 블록 내부의 `if - else - if` 구문에서 첫 번째 `if`(rb == 0)는 신호 rb가 0인 경우를 판단하여, rb=0이면 출력 q=0이 되므로 active-low reset 동작을 모델링한다. `else if`(sb == 0)는 신호 sb=0인 경우를 판단하며, sb=0이면 출력 q=1이 되므로 active-low set 동작을 모델링한다. 마지막 `else` 문은 앞의 두 가지 `if` 조건을 만족하지 않는 경우(rb=0이 아니고, sb=0이 아닌 경우)에 q <= d의 nonblocking 할당문을 실행시킨다. `always` 블록 밖의 `assign` 문은 신호 q의 반전인 신호 qb를 만든다. 시뮬레이션 결과는 [그림 5-8]과 같다.

NOTE `qb <= ~q`를 `always` 블록 내부의 마지막 `else` 문 블록에 포함시키면 어떻게 되는지 생각해 본다. 시뮬레이션 결과는 동일하나, 합성 결과가 달라진다.

코드 5-10 비동기식 set/reset을 갖는 D 플립플롭 모델링

```
module dff_async_sr(input clk, input d, input rb, input sb,
                    output q, output qb);
  reg q;
  always @(posedge clk or negedge rb or negedge sb) begin
    if(rb == 0)
      q <= 0;
    else if(sb == 0)
      q <= 1;
    else
      q <= d;
  end

  assign qb = ~q;

endmodule
```

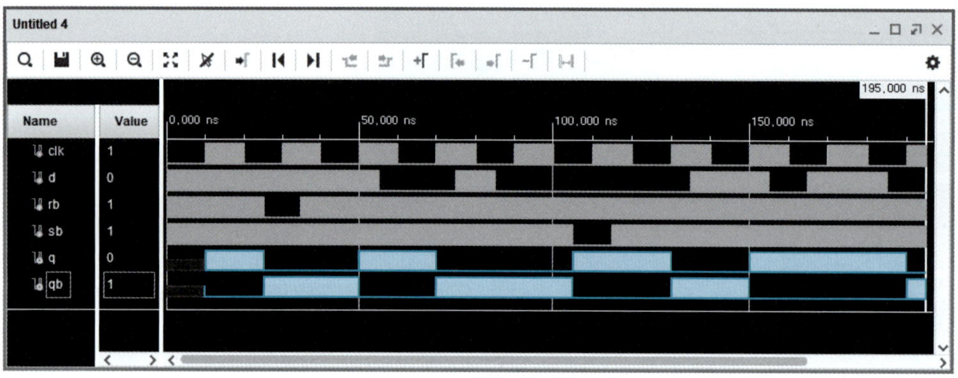

[그림 5-8] [코드 5-10]의 시뮬레이션 결과

SECTION
5.4 case 문

case 문은 다중 결정 multi-way decision 에 의한 문장의 선택적인 실행을 위해 사용되며, C 언어와 유사한 문법을 갖는다. case 문의 문법은 [문법 5-6]과 같으며, case 조건식의 값과 일치하는 case_item이 선택되고, 이와 연관된 문장이 실행된다. case_item들은 나열된 순서대로 평가되고 비교된다.

문법 5-6 case 문

```
case(expression)
   case_item {, case_item} : statement_or_null;
   | default [:] statement_or_null;
endcase
```

- case 조건식의 값과 일치하는 case_item이 선택되고, 이와 연관된 문장이 실행된다.
- case_item들에 대한 비교에서 일치되는 항이 없고 default 항이 있으면 default 항이 실행되고, default 항이 없으면 변수는 이전에 할당받은 값을 유지한다.
- default 문은 선택사항이며, 하나의 case 문에서 여러 개의 default를 사용하는 것은 허용되지 않는다.

[코드 5-11]은 case 문을 이용한 2 : 1 멀티플렉서의 모델링 예이다. 선택신호 sel=0이면 a가 선택되어 출력 out으로 나가며, sel=1이면 b가 선택되어 출력 out으로 나간다.

코드 5-11 case 문을 이용한 2 : 1 멀티플렉서 모델링

```
module mux21_case (input [1:0] a, input [1:0] b, input sel,
                   output [1:0] out);
   reg [1:0] out;

   always @(a or b or sel) begin
      case(sel)
         0 : out = a;
         1 : out = b;
      endcase
   end

endmodule
```

[예시 5-9]는 8비트 din의 값에 따라 10비트의 result를 결정하는 회로를 `case` 문으로 모델링한 예이다. 8비트의 din이 가질 수 있는 값들 중에서 case_item에 나열된 10개의 값에 대해서만 result 값이 결정되고, 그 이외의 값들에 대해서는 `default` 문이 선택되어 result는 10'bx를 갖는다.

[예시 5-9] case 문을 이용한 모델링 예

```
wire [7:0] din;
reg [9:0]  result;

always @(din) begin
   case(din)
      8'd0: result = 10'b0111111111;
      8'd1: result = 10'b1011111111;
      8'd2: result = 10'b1101111111;
      8'd3: result = 10'b1110111111;
      8'd4: result = 10'b1111011111;
      8'd5: result = 10'b1111101111;
      8'd6: result = 10'b1111110111;
      8'd7: result = 10'b1111111011;
      8'd8: result = 10'b1111111101;
      8'd9: result = 10'b1111111110;
      default: result = 10'bx;
   endcase
end
```

`case` 문은 다중 분기 `if - else - if` 구문과 비교하여 다음의 두 가지 차이점을 갖는다.

❶ 하나의 조건식을 다수의 case_item과 비교하는 `case` 문에 비해 `if - else - if` 구조가 조건식을 더 일반적으로 표현할 수 있다.

❷ `case` 문은 조건식에 x와 z 값이 포함된 경우에 명확한 결과를 제공한다.

`case` 문에서 조건식과 case_item이 비교될 때, 각 비트가 0, 1, x, z를 포함하여 정확히 같은 경우에만 일치되는 것으로 판단되며, 따라서 `case` 문의 조건식을 표현할 때 주의해야 한다. 모든 조건식의 비트 크기가 일치해야 비트 단위의 정확한 일치가 판단될 수 있으며, 따라서 `case` 문의 조건식과 모든 case_item의 비트 크기는 큰 쪽에 맞추어져야 한다. `case` 조건식 비교에서 x와 z 값을 포함해서 비교하는 이유는 x와 z를 감지하고 x와 z에 의해 발생될 수 있는 문제점들을 시뮬레이션으로 확인하기 위함이다.

[예시 5-10]은 `case` 문을 이용해서 x와 z를 처리하는 예이다. select[2]=0이고 flaga=0이면, select[1]이 x 또는 z의 값을 갖더라도 result는 세 번째 case_item에 의해 결정되어 result에 0이 할당된다.

[예시 5-10] case 문을 이용한 x와 z의 처리 예

```
case(select[2:1])
    2'b00       : result = 0;
    2'b01       : result = flaga;
    2'b0x, 2'b0z : result = flaga ? 'bx : 0;
    2'b10       : result = flagb;
    2'bx0, 2'bz0 : result = flagb ? 'bx : 0;
    default     : result = 'bx;
endcase
```

[예시 5-11]은 case 구문을 사용하여 x와 z를 검출하는 예이다.

[예시 5-11] case 문을 이용한 x와 z의 검출 예

```
case(sig)
    1'bz    : $display("signal is floating");
    1'bx    : $display("signal is unknown");
    default: $display("signal is %b", sig);
endcase
```

5.4.1 don't-care를 갖는 case 문

Verilog HDL에는 앞에서 설명된 기본적인 case 문 이외에, don't-care 조건을 허용하는 casex 문과 casez 문이 제공된다. casez 문은 z(high-impedance)를 don't-care로 취급하며, casex 문은 x (unknown)와 z를 don't-care로 취급한다. casex와 casez 문은 don't-care에 대한 처리만 다르며 나머지 문법적인 기능은 case 문과 동일하다.

case 조건식이나 case_item의 임의의 비트가 don't-care 값(casez 문에서 z, casex 문에서 z와 x)을 가지면, 이는 don't-care 조건으로 취급되어 해당 비트는 비교에서 제외된다. casez 문에서 기호 ?(물음표)를 사용할 수 있으며, 이는 case 문에서 don't-care 비트의 지정을 편리하게 해준다.

[표 5-1] casez 문과 casex 문의 차이

	기능
casez 문	z를 don't – care로 취급하여 해당 비트를 비교에서 제외
casex 문	x와 z를 don't – care로 취급하여 해당 비트를 비교에서 제외

[예시 5-12]는 명령어 디코더의 일부분에 casez 문이 사용된 예이다. 8비트 ir에 1이 처음 나오는 비트 위치에 따라 호출되는 태스크(task)가 결정된다. ir의 MSB가 1이면 ir의 나머지 하위 비트들의 값에 무관하게[don't-care] 태스크 instruction1이 호출된다.

[예시 5-12] casez 문이 사용된 예

```
reg [7:0] ir;
casez(ir)
      8'b1???_????: instruction1(ir);
      8'b01??_????: instruction2(ir);
      8'b0001_0???: instruction3(ir);
      8'b0000_01??: instruction4(ir);
endcase
```

[코드 5-12]는 casex 문을 이용해서 4비트 우선순위 인코더[priority encoder]를 모델링한 예이며, [그림 5-9]는 시뮬레이션 결과이다.

코드 5-12 casex 문을 이용한 4비트 우선순위 인코더

```
module pri_enc_casex (input [3:0] encode,
                      output [1:0] enc);
  reg [1:0] enc;

  always @(encode) begin
     casex(encode)
        4'b1xxx : enc = 2'b11;
        4'b01xx : enc = 2'b10;
        4'b001x : enc = 2'b01;
        4'b0001 : enc = 2'b00;
     endcase
  end

endmodule
```

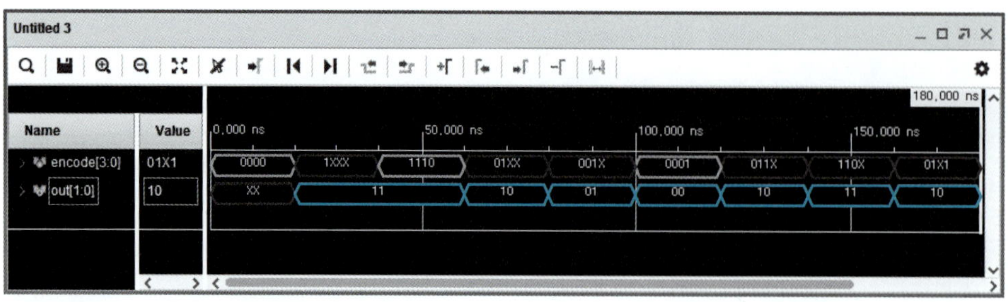

[그림 5-9] [코드 5-12]의 시뮬레이션 결과

case 조건식에 상수[constant]가 사용될 수 있으며, 상수 값은 case_item과 비교된다.

[코드 5-13]은 case 조건식에 상수 값을 사용하여 4비트 우선순위 인코더를 모델링한 예이다. case 조건식의 상수 값 1은 case_item의 encode 비트 값과 비교되며, encode의 해당 비트가 1이 될 때 해당 문장이 실행되는 우선순위 인코더이다. [그림 5-10]은 시뮬레이션 결과이다.

코드 5-13 case 조건식에 상수 값을 사용한 4비트 우선순위 인코더

```
module pri_enc_case (input [3:0] encode,
                     output [1:0] enc);
  reg [1:0] enc ;

  always @(encode) begin
    case(1)
      encode[3] : enc = 2'b11;
      encode[2] : enc = 2'b10;
      encode[1] : enc = 2'b01;
      encode[0] : enc = 2'b00;
      default   : $display("Error: One of the bits expected ON");
    endcase
  end

endmodule
```

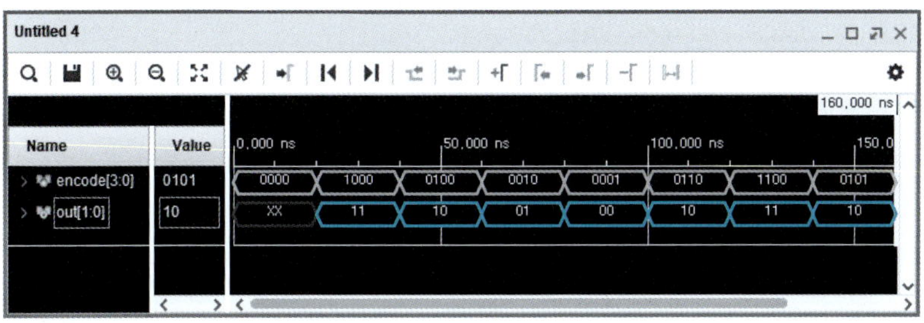

[그림 5-10] [코드 5-13]의 시뮬레이션 결과

SECTION 5.5

반복문

Verilog HDL은 forever, repeat, while, for의 4가지 반복문을 제공하며, forever 문은 합성이 지원되지 않으므로 테스트벤치에서만 사용된다. 반복문의 구문은 [문법 5-7]과 같다.

문법 5-7 반복문

```
forever statement;
| repeat(expression) statement;
| while(expression) statement;
| for(variable_assign; expression; variable_assign) statement;
```

- forever 문 : 조건 없이 무한히 반복 실행된다.
- repeat 문 : 지정된 횟수만큼 반복 실행된다. 반복 횟수를 나타내는 수식이 x(unknown) 또는 z(high-impedance)로 평가되면 반복 횟수는 0이 되어 실행되지 않는다.
- while 문 : 조건이 참(true)인 동안 반복 실행된다. 조건식의 초기 값이 거짓이면 실행되지 않는다.
- for 문 : 반복을 제어하는 변수의 초기 값에서부터 조건이 참(true)인 동안 반복 실행되며, 매 반복마다 반복 제어 변수를 갱신한다. 반복 제어 변수는 integer로 선언되어야 한다.

while 문은 회로 합성을 위한 모델링에는 사용하지 않고, 시뮬레이션 테스트벤치에 사용하는 것이 좋다. 합성 툴(예를 들면, Vivado 등)이 Verilog HDL 소스코드를 회로로 합성하는 과정에서 루프의 반복 횟수가 확정된 값이어야 정해진 횟수만큼 반복해서 회로를 생성할 수 있다. while 문은 조건이 참이 아닐 때까지 반복되므로, 루프의 반복 횟수를 명확하게 확정할 수 없는 경우에는 합성에 실패할 수 있다.

NOTE 예를 들어, Vivado에서 while 루프를 합성할 때, "ERROR: [Synth 8-3380] loop condition does not converge after 2000 iterations"와 같은 오류가 발생하여 합성이 실패하는 경우가 있다.

for 문은 다음과 같은 3단계 과정에 의해 반복 실행된다.

❶ 반복 횟수를 제어하는 변수에 초기 값이 할당된다.

❷ 수식을 평가하여 결과가 참[true]인 동안 반복을 실행하고 단계-❸으로 넘어간다. 만약 수식의 결과가 0이면, 반복을 멈추고 for 루프를 빠져나온다. 수식이 x나 z이면, 0으로 취급된다.

❸ 반복을 제어하는 변수의 값을 갱신한 후, 단계-❷를 반복한다.

[코드 5-14]는 shift-add 방식의 곱셈기를 `repeat` 문을 이용하여 모델링한 예이다. shift-add 방식의 곱셈기는 승수[multiplier]의 비트 수만큼 부분곱[partial product]을 생성하여 순차적으로 가산하는 방식이다. [코드 5-14]에서 `parameter`로 지정된 SIZE는 곱셈기의 비트 수(이 예에서는 승수와 피승수의 비트 수가 동일한 경우임)를 나타내며, 따라서 `repeat` 문은 승수의 비트 수만큼 반복된다. `repeat` 문 내부의 문장들은 승수의 LSB인 shift_opb[0]이 1인 경우에 부분곱 shift_opa를 가산하는 `if` 문, 다음 부분곱을 만들기 위해 피승수 shift_opa를 좌로 1비트 시프트하고, 승수 shift_opb를 오른쪽으로 1비트 시프트하는 문장들로 구성된다. 시뮬레이션 결과는 [그림 5-11]과 같다.

코드 5-14 `repeat` 문을 이용한 shift-add 방식의 곱셈기 모델링

```
module multiplier_8b (input [SIZE-1:0] opa, input [SIZE-1:0] opb,
                      output [LongSize-1:0] result);
  parameter SIZE = 8, LongSize = 2*SIZE;
  reg [LongSize-1:0] result, shift_opa, shift_opb;

  always @(opa or opb) begin
      shift_opa = opa;        // multiplicand
      shift_opb = opb;        // multiplier
      result = 0;
      repeat(SIZE) begin
          if(shift_opb[0]) result = result + shift_opa;
          shift_opa = shift_opa << 1;
          shift_opb = shift_opb >> 1;
      end
  end

endmodule
```

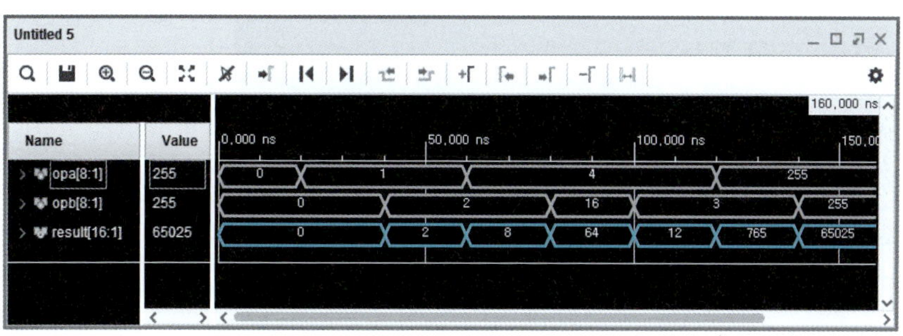

[그림 5-11] [코드 5-14]의 시뮬레이션 결과

[코드 5-15]는 8비트 입력 d에 포함된 1의 개수를 계수[counting]하는 회로를 `while` 문을 이용하여 모델링한 예이다. temp를 오른쪽으로 1비트씩 시프트시키면서 temp의 LSB(temp[0])가 1인지 판단하여 count를 1씩 증가시키는 과정을 반복한다. 논리시프트 연산자 >>는 시프트 후에 비어 있는 MSB 위치에 0을 채워 넣으므로, temp의 비트 수만큼 반복하면 1의 개수를 확인할 수 있다. 따라서 `while` 루프

는 temp에 1이 포함되어 있는 동안 반복되며, `while` 루프의 내부에서는 temp[0]=1이면 count 변수를 1만큼 증가시키고, temp를 오른쪽으로 1비트 시프트시킨다. 시뮬레이션 결과는 [그림 5-12]와 같다.

참고로, [코드 5-15]는 Vivado 툴로 합성하면, "ERROR: [Synth 8-3380] loop condition does not converge after 2000 iterations"의 오류 메시지가 출력되며 합성에 실패하며, 그 이유는 루프 `while` (temp)에 의해 반복 횟수가 명확하게 확정되지 못하기 때문이다. [코드 5-16]은 합성 가능하도록 수정된 코드이며, `while`(k < 8)에 의해 반복 횟수가 명확하게 지정되었다.

코드 5-15 `while` 문을 이용한 1의 개수 계수 회로 모델링

```
module count_ones (input [7:0] din,
                   output [3:0] count);
   reg [3:0] count;
   reg [7:0] temp;

   always @(din) begin
     count = 0;
     temp = din;
     while(temp) begin
         if(temp[0]) count = count + 1;
         temp = temp >> 1;
     end
   end

endmodule
```

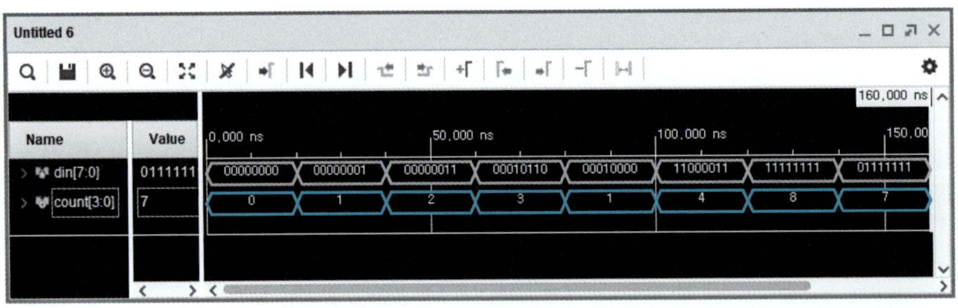

[그림 5-12] [코드 5-15]의 시뮬레이션 결과

코드 5-16 while 문을 이용한 1의 개수 계수 회로 모델링(합성 가능한 코드)

```
module count_ones_syn (input [7:0] din,
                       output [3:0] count);
  reg [3:0] count, k;
  reg [7:0] temp;

  always @(din) begin
    count = 0;
    temp = din;
    k = 0;
    while(k < 8) begin
        if(temp[0]) count = count + 1;
        temp = temp >> 1;
        k = k+1;
    end
  end

endmodule
```

[코드 5-17]은 for 문을 이용해서 8비트 우선순위 인코더를 모델링한 예이다. for 문은 integer i를 반복 변수로 사용하여 인코더의 입력 비트 수만큼 반복된다. 우선순위 인코더이므로 입력 din의 MSB부터 검사하기 위해 반복 변수 i가 7에서부터 시작되고, 반복이 진행됨에 따라 1씩 감소된다. for 문 내부의 if 조건문이 참이 되면, 출력 out에 반복 변수 i의 값을 할당하고, disable LOOP 문에 의해 for 문의 실행이 종료되고 레이블 LOOP가 붙여진 always 문의 초기로 되돌아간다. disable에 의해 반복이 종료될 때 always 문의 초기로 돌아가서 din의 이벤트를 기다리는 상태가 됨에 유의한다. 시뮬레이션 결과는 [그림 5-13]과 같다.

코드 5-17 for 문을 이용한 우선순위 인코더 모델링

```
module pri_enc_for (input [7:0] din,
                    output [2:0] enc_out);
  reg [2:0] enc_out;
  integer  i;

  always @(din) begin : LOOP
    enc_out = 0;
    for(i = 7; i >= 0; i = i-1) begin
      if(din[i]) begin
        enc_out = i;
        disable LOOP;
      end
    end
  end

endmodule
```

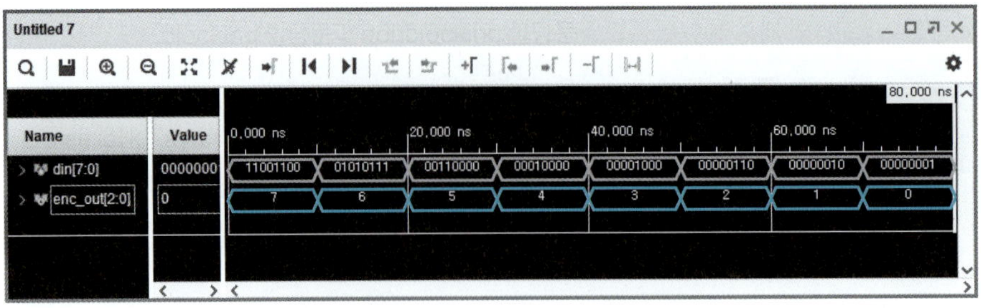

[그림 5-13] [코드 5-17]의 시뮬레이션 결과

[코드 5-18]은 모듈 dff를 시뮬레이션하기 위한 테스트벤치로서 `forever` 문을 이용해서 주기적으로 반복되는 신호 clk와 din을 생성하는 예이다. 첫 번째 `initial` 블록은 초기 값이 0이고 주기가 20ns인 클록신호 clk를 생성하며, 두 번째 `initial` 블록은 1 → 0 → 1 → 0이 85ns 주기로 반복되는 신호 din을 생성한다.

코드 5-18 forever 문을 이용한 주기신호의 생성 예

```
module tb_dff ( );
   reg clk, din;

   dff U1 (clk, din, q);

   initial begin
      clk = 1'b0;
      forever #10 clk = ~clk;
   end

   initial begin
      din = 1'b0;
      forever begin
         #15 din = 1'b1;
         #20 din = 1'b0;
         #30 din = 1'b1;
         #20 din = 1'b0;
      end
   end

endmodule
```

SECTION 5.6

절차형 할당의 타이밍 제어

Verilog HDL은 절차형 할당의 실행을 제어하기 위해 두 가지 형태의 타이밍 제어 방법을 제공한다. 그 중 하나는 지연[delay]이며, 또 다른 하나는 이벤트[event] 제어이다. 지연은 특정 절차형 할당문의 실행 순서가 된 시점과 그 문장이 실제 실행되는 시점 사이의 시간 간격을 지정한다. 지연은 실제 회로의 상태에 따라 동적으로 변할 수 있지만, 문장의 실행 시점을 구분하는 단순한 값으로 표현될 수도 있다. 지연은 시뮬레이션을 위한 신호 파형을 표현할 때에도 매우 유용하게 사용된다. 이벤트 제어는 시뮬레이션 이벤트가 발생될 때까지 문장의 실행을 지연시키는 역할을 한다. 시뮬레이션 이벤트는 net나 variable 값의 변화 또는 다른 프로시저에서 발생되는 named event에 의해 발생되며, 클록신호의 상승에지[rising edge]나 하강에지[falling edge]가 이벤트로 사용되기도 한다. 시뮬레이션 타이밍의 제어를 위해 다음의 세 가지 방법 중 하나를 사용할 수 있다. 3장과 4장에서 설명되었듯이 게이트와 net 지연에 의해서도 시뮬레이션 시간이 지연된다.

❶ 기호 #으로 지정되는 지연

❷ 기호 @으로 지정되는 이벤트 제어

❸ while 루프와 이벤트 제어의 조합에 함께 사용되는 wait 문

Verilog HDL 절차형 할당의 타이밍 제어를 위한 구문의 표현 형식은 [문법 5-8]과 같다.

문법 5-8 절차형 할당의 타이밍 제어

① 지연 제어

```
  # delay_value
| #( mintypmax_expression )
```

- 기호 #은 지연 값 지정을 나타낸다.
- 특정 절차형 할당문의 실행 순서가 된 시점과 그 문장이 실제 실행되는 시점 사이의 시간 간격을 지정한다.
- 기호 #은 모듈 인스턴스에서 모듈 파라미터 값의 덮어쓰기를 위해 사용되기도 한다.

② 이벤트 제어

```
@ event_identifier
| @( event_expression )
| @*
| @(*)
```

- 기호 @ : 이벤트 제어, 즉 이벤트 발생을 감지하기 위해 사용된다.
- 시뮬레이션 이벤트가 발생될 때까지 문장의 실행을 지연시키는 역할을 한다.
- event_expression : 이벤트 감지의 대상이 되는 신호들이 or 또는 ,(콤마)로 분리해서 나열된다.
- event_expression에 posedge signal_name 또는 negedge signal_name이 사용되면 신호 signal_name의 상승에지 또는 하강에지의 이벤트 발생을 감지한다.
- 메타 문자(meta character) * : 이벤트 감지의 대상이 되는 신호들을 모두 포함하는 의미를 갖는다.

③ 이벤트 제어의 반복

```
repeat( expression ) event_control
```

- 정해진 횟수만큼의 이벤트 제어 반복을 위해 repeat 문이 사용될 수 있다.

5.6.1 지연 제어

지연을 갖는 절차형 할당문은 지정된 지연 값만큼 그 문장의 실행이 지연된다. 지연 값이 x 또는 z 값을 갖는 경우에는 지연이 0으로 처리된다. 지연 값이 음수로 지정된 경우에는 2의 보수 표현의 2진수가 무부호(unsigned) 정수로 해석된다. 지연 수식에 parameter 지정을 사용할 수 있다. [예시 5-13]에서 첫 번째 문장은 10ns 동안 할당문 rega = regb의 실행을 지연시킨다. 두 번째와 세 번째 문장과 같이 지연 연산자 # 뒤에 수식을 사용하여 지연을 지정할 수도 있으며, 수식에 의해 지정되는 시간만큼 문장의 실행이 지연된다.

[예시 5-13] 지연 값 지정에 수식과 파라미터가 사용된 예

```
#10 rega = regb;
#d  rega = regb;           // d is defined as a parameter
#((d+e)/2) rega = regb;    // delay is average of d and e
```

5.6.2 이벤트 제어

Verilog HDL에서 절차적 할당문은 net나 variable의 값 변화 또는 선언된 이벤트의 발생에 동기화되어 실행될 수 있다. net나 variable의 값 변화는 순차문의 실행을 트리거하기 위한 이벤트로 사용될 수 있으며, 이를 함축적[implicit] 이벤트 감지라 한다. 이벤트는 값의 변화 방향을 기반으로 검출될 수도 있으며, 값이 1로 변하는 posedge(상승에지) 이벤트, 값이 0으로 변하는 negedge(하강에지) 이벤트가 이에 속한다. posedge와 negedge 이벤트의 발생은 [표 5-2]와 같으며, 다음과 같이 표현될 수 있다.

- negedge : 1에서 x, z, 0으로의 변화, 또는 x, z에서 0으로의 변화에서 이벤트가 발생
- posedge : 0에서 x, z, 1로의 변화, 또는 x, z에서 1로의 변화에서 이벤트가 발생

[표 5-2] posedge와 negedge 이벤트의 발생

From \ To	0	1	x	z
0	No edge	posedge	posedge	posedge
1	negedge	No edge	negedge	negedge
x	negedge	posedge	No edge	No edge
z	negedge	posedge	No edge	No edge

이벤트 발생 수식의 결과가 1비트 이상인 경우에는, 결과의 LSB에서 에지 천이가 검출된다. 만약, 수식 결과의 LSB에 변화가 없는 경우에는 에지 천이가 검출되지 않는다.

posedge와 negedge 이벤트 제어는 상승에지 또는 하강에지에서 동작하는 플립플롭 회로의 모델링에 필수적으로 사용된다. [코드 5-19]에서는 클록신호의 상승에지로 동작하는 D 플립플롭의 모델링을 위해 posedge 이벤트 제어가 사용되고 있다. [그림 5-14]는 시뮬레이션 결과를 보이고 있다.

NOTE 클록신호의 에지에서 동작하는 플립플롭의 모델링에는 always 구문의 감지신호목록에 클록신호만 포함시키며, 데이터 입력은 포함시키지 않는다. 한편, 비동기식 set/reset 신호를 갖는 플립플롭의 모델링을 위해서는 set/reset 신호를 감지신호목록에 포함시켜야 한다. 그 이유를 잘 생각해 보기 바란다.

코드 5-19 positive-edge triggered D 플립플롭 모델링

```
module dff (input clk, input din,
            output qout);
  reg qout;

  always @(posedge clk)
     qout <= din;

endmodule
```

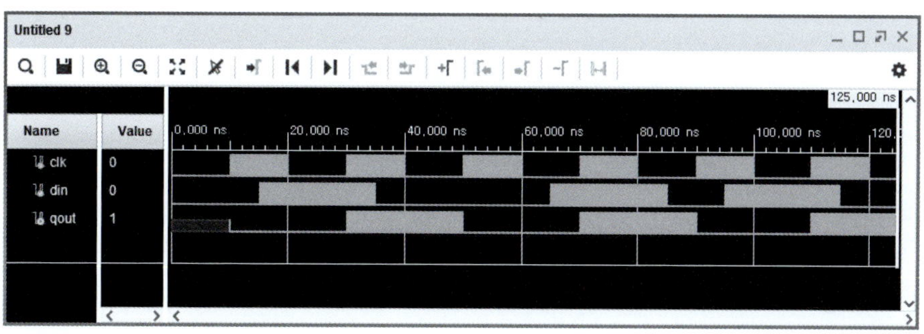

[그림 5-14] [코드 5-19]의 시뮬레이션 결과

5.6.3 named event

Verilog HDL은 2장에서 설명된 **net**와 variable 자료형 이외에 **event**라는 자료형을 제공한다. **event** 자료형으로 선언된 식별자를 named event라고 하며, 이는 명시적으로 트리거될 수 있다. named event는 5.6.2절에서 설명된 이벤트 제어와 동일하게 순차문의 실행을 제어하기 위한 이벤트 수식에 사용될 수 있다. named event는 프로시저에서 발생시킬 수도 있으며, 이는 다른 프로시저에서의 다중 실행을 제어하는 데 사용될 수 있다. 이벤트는 사용되기 전에 명시적으로 선언되어야 하며, named event 선언 형식은 [문법 5-9]와 같다. 선언된 named event는 [문법 5-10]의 이벤트 트리거 문에 의해 발생(트리거)된다. named event와 이벤트 제어는 2개 이상의 병렬 프로세스 사이의 신호 전송 또는 서로 다른 클록 도메인을 사용하는 두 모듈 사이의 동기화 표현에 매우 효과적인 수단으로 사용될 수 있다.

문법 5-9 event 자료형 선언

```
event list_of_event_names;
```

- **event**로 선언된 named event는 절차형 할당문의 실행을 제어하기 위해 사용된다.
- named event : 데이터 값을 유지하지 않으며, 다음과 같은 특성을 갖는다.
  - 임의의 특정한 시간에 발생될 수 있으며, 지속 시간을 갖지 않는다.
  - 이벤트 제어 구문을 이용해서 이벤트의 발생을 감지할 수 있다.

문법 5-10 이벤트 트리거

```
-> event_name;
```

- **event** 자료형으로 선언된 event_name을 트리거 시키며, 트리거 된 이벤트는 기호 @을 사용해서 감지할 수 있다.
- 이벤트 트리거는 Vivado에서 합성이 지원되지 않는다.

[코드 5-20]은 named event를 이용하여 D 플립플롭을 모델링한 예이다. upedge가 named event로 선언되었다. 첫 번째 **always** 블록에서 clock 신호의 상승에지에서 upedge의 이벤트가 발생되고, 발생된 upedge의 이벤트는 두 번째 **always** 블록에서 사용되고 있다. [그림 5-15]는 시뮬레이션 결과이다.

코드 5-20 named event를 이용한 D 플립플롭 모델링

```
module dff_event (input clock, input reset, input din,
                  output qout);
  reg qout;
  event upedge;              // 이벤트 선언

  always @(posedge clock) // 이벤트 트리거
     -> upedge;

  always @(upedge or negedge reset) begin
     if(reset == 0) qout = 0;
     else           qout = din;
  end

endmodule
```

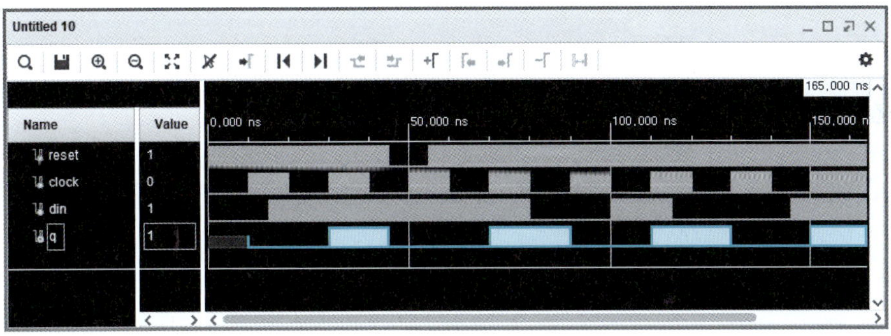

[그림 5-15] [코드 5-20]의 시뮬레이션 결과

[코드 5-21]은 named event가 이용되는 한 예이다. 계수기 count가 2ns마다 1씩 증가하며, 계수기 값이 5의 배수가 될 때마다 이벤트 ready가 트리거된다. 이벤트 ready가 트리거되면, 계수기 count의 값이 화면에 디스플레이된다. 시뮬레이션 결과로 [그림 5-16]의 정보가 화면에 표시된다.

코드 5-21 named event의 응용 예

```
module named_event ( );
  reg [7:0] count;
  event ready;               // 이벤트 선언

  initial begin
     count = 0;
     #400 $finish;
  end
```

```
  always begin
    #2 count <= count + 1;
    if(count % 5 == 0) -> ready; // 이벤트 트리거
  end

  always @(ready) begin
     $display($realtime, “The count is %d”, count);
  end

endmodule
```

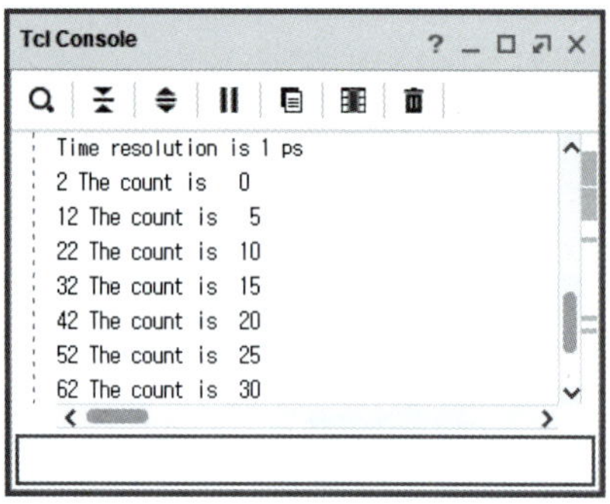

[그림 5-16] [코드 5-21]의 시뮬레이션 결과

5.6.4 event or 연산자

다수의 이벤트에 의해 절차형 할당문의 실행이 제어되는 경우에, 다수의 이벤트들은 키워드 or 또는 콤마(,)로 결합될 수 있으며, 이들은 논리 연산자 or와 동일하게 작용한다.

다음의 두 코드는 동일한 의미를 갖는다.

[예시 5-14] event or 대신 콤마가 사용된 예

```
always @(posedge clk_a or posedge clk_b or trig)
    rega = regb;

always @(posedge clk_a, posedge clk_b, trig)
    rega = regb;
```

5.6.5 wait 문

`wait` 문은 조건이 참true이 될 때까지 절차형 할당문의 실행을 지연시키는 기능을 가지며, 표현 형식은 [문법 5-11]과 같다. `wait` 문은 level-sensitive 이벤트 제어를 가지며, 이는 edge-sensitive 이벤트 제어와 대비되는 특성이다.

문법 5-11 wait 문

```
wait(expression) statement_or_null;
```

- 조건을 평가하여 거짓(false)이면 절차형 할당문의 실행이 중지되고, 참(true)이면 `wait` 문에 속하는 절차형 할당문이 실행된다.

[예시 5-15]는 level-sensitive 이벤트 제어를 위해 `wait` 문이 사용된 예이다. enable의 값이 0이 될 때까지 할당문 #10 a = b;의 실행을 지연시킨다. enable=0이 되면, 10ns의 지연 후에 할당문이 실행된다.

[예시 5-15] level-sensitive 이벤트 제어를 위한 `wait` 문의 예

```
begin
     wait(!enable) #10 a = b;
     #10 c = d;
end
```

5.6.6 intra-assignment 타이밍 제어

지금까지 설명된 지연과 이벤트 제어는 절차형 할당문 앞에 위치하며, 할당문 자체의 실행을 지연시킨다. 반면에, intra-assignment 지연과 intra-assignment 이벤트 제어는 순차 할당문 내부에 포함되어 다른 방법으로 실행의 흐름을 제어한다. intra-assignment 지연과 이벤트 제어는 우변의 수식에 대한 평가를 먼저 실행한 후, 좌변의 변수에 새로운 값이 할당되는 시점을 지정된 지연만큼 지연시킨다. intra-assignment 지연과 이벤트 제어 표현 형식은 [문법 5-12]와 같다.

문법 5-12 intra-assignment 지연과 이벤트 제어

```
variable_lvalue =  [delay_or_event_control] expression
variable_lvalue <= [delay_or_event_control] expression
```

- delay_or_event_control : [문법 5-8]의 절차형 할당의 타이밍 제어와 동일하다.
- 순차 할당문 내부에 포함되어 다른 방법으로 실행의 흐름을 제어한다.
- 우변에 대한 평가를 먼저 실행한 후, 좌변의 변수에 새로운 값이 할당되는 시점을 지정된 지연 값만큼 지연시킨다.

intra-assignment 지연과 이벤트 제어는 blocking 할당문과 nonblocking 할당문 모두에 적용될 수 있다. intra-assignment 이벤트의 발생 횟수를 지정하기 위해 `repeat` 문이 사용될 수 있다. 만약 `repeat` 문의 반복 횟수 또는 반복 횟수를 나타내는 `unsigned reg` 객체가 평가 시점에서 0보다 작거나 0이면, 할당문의 실행은 `repeat` 문이 없는 것과 동일하게 처리된다.

`fork-join` 구문(5.7절)에 intra-assignment 지연 제어를 사용하면 race condition(경쟁상태)의 발생을 방지할 수 있다. `fork-join` 구문은 `fork`와 `join` 사이의 모든 문장들을 병렬로 실행시키며, 시뮬레이션 테스트벤치에서 시뮬레이션 파형을 생성하기 위해 사용된다.

[예시 5-16]에서 `fork-join` 내부에 있는 2개의 할당문은 우변의 a와 b를 동일 시뮬레이션 시점에 평가하고 좌변에 할당한다. 따라서 `fork-join` 구문이 실행되면 race condition이 발생되어 a와 b의 값이 같아진다.

[예시 5-16] fork-join 구문의 예

```
fork
    #5 a = b;
    #5 b = a;
join  // result will be a = b
```

이와 같은 race condition이 발생되지 않도록 하기 위해서 [예제 5-17]과 같이 intra-assignment 타이밍 제어를 사용할 수 있다. 우변의 a와 b의 값이 먼저 평가되고, 평가된 값은 지정된 시간만큼 지연된 이후에 좌변의 변수에 할당된다. 따라서 `fork-join` 구문의 실행이 완료되면 a와 b의 값은 같아지지 않는다. 시뮬레이션 툴에서는 intra-assignment 타이밍 제어의 실행을 위해 할당문 우변의 결과 값을 지연시간 동안 유지하는 임시 저장 공간이 만들어진다.

[예시 5-17] intra-assignment 타이밍 제어의 예

```
fork
    a = #5 b;
    b = #5 a;
join    // data swap
```

[예시 5-18]은 intra-assignment 이벤트 제어의 예이다. 할당문 우변의 b와 c의 값이 동시에 평가되고, clk의 상승에지까지 지연된 이후에 평가된 값이 좌변에 할당된다.

[예시 5-18] intra-assignment 이벤트 제어의 예

```
fork    // data shift
  a = @(posedge clk) b;
  b = @(posedge clk) c;
join
```

[예시 5-19]는 repeat 문을 이용한 반복 이벤트 제어를 통해서 nonblocking 할당문에 intra-assignment 이벤트를 구현한 예이다. data 값은 할당문과 만날 때 평가되며, [그림 5-17]과 같이 clk의 5번째 상승에지에서 q에 할당된다.

[예시 5-19] repeat 문을 이용한 반복 이벤트 제어로 intra-assignment 지연을 구현한 예 (nonblocking 할당문의 경우)

```
q <= repeat(5) @(posedge clk) data;
```

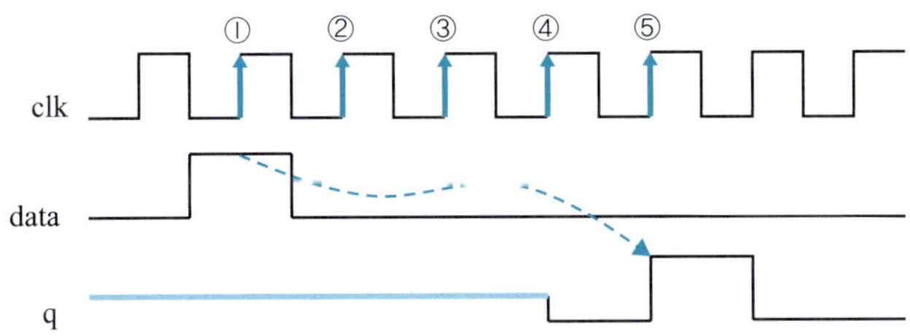

[그림 5-17] 클록신호 clk의 상승에지를 이용한 반복 이벤트 제어

[예시 5-20]은 repeat 이벤트 제어를 사용해서 blocking 할당문에 intra-assignment 지연을 구현한 예이다. data의 값은 할당문과 만날 때 평가되며, clk의 이벤트가 num번 발생된 이후에 data의 값이 q에 할당된다.

[예시 5-20] repeat 문을 이용한 반복 이벤트 제어로 intra-assignment 지연을 구현한 예 (blocking 할당문의 경우)

```
q = repeat(num) @(clk) data;
```

[예시 5-21]은 이벤트 발생과 이벤트 횟수를 모두 지정하는 repeat 이벤트 제어의 예이다. data의 값은 할당문과 만날 때 평가되며, 신호 phi1의 상승에지 또는 phi2의 하강에지가 (a+b)번 발생된 후에 data의 값이 q에 할당된다. phi1의 상승에지 또는 phi2의 하강에지가 동일 시뮬레이션 시간에 발생되더라도 각각은 별도로 고려된다.

[예시 5-21] 이벤트 발생과 이벤트 횟수를 모두 지정하는 repeat 이벤트 제어의 예

```
q <= repeat(a+b) @(posedge phi1 or negedge phi2) data;
```

[표 5-3]은 intra-assignment 타이밍 제어의 예와 등가 코드이다.

[표 5-3] intra-assignment 타이밍 제어와 등가 코드

intra-assignment 타이밍 제어	등가 코드

`q = #5 b;`	`begin`
	`temp = b;`
	`#5 q = temp;`
	`end`

`q = @(posedge clk) b;`	`begin`
	`temp = b;`
	`@(posedge clk) q = temp;`
	`end`

`q = repeat(3) @(posedge clk) b;`	`begin`
	`temp = b;`
	`@(posedge clk);`
	`@(posedge clk);`
	`@(posedge clk) q = temp;`
	`end`

[코드 5-22]에서 always 블록 내부의 repeat(3) @(posedge clk)에 의해 intra-assignment 이벤트 제어가 이루어지며, 그 과정은 다음과 같다.

- 단계-① : 할당문 우변의 d의 값을 평가한다.
- 단계-② : repeat(3) @(posedge clk)에 의해 clk의 상승에지가 3번 감지될 때까지 지연시킨다.
- 단계-③ : 단계-①에서 평가된 d의 값을 좌변의 변수 out에 할당한다.

주목해야 할 사항은 intra-assignment 이벤트 제어를 갖는 문장에서는 할당문 우변의 값이 먼저 평가되고, intra-assignment 이벤트에 의해 결정되는 지연이 경과된 후에 초기에 평가된 우변의 값이 좌변의 변수에 할당된다는 사실이다. [그림 5-18]의 시뮬레이션 결과에서 볼 수 있듯이, 초기에 d=0을 유지하고 있다가 clk의 세 번째 상승에지에서 d 값이 out으로 할당되어 t=50ns에서 out=0이 된다. t=55ns에서 d는 1로 바뀌므로 이 값을 유지하고 있다가 그 이후 clk의 세 번째 상승에지에서 d 값이 out으로 할당되어 t=110ns에서 out=1이 된다. [코드 5-23]은 intra-assignment 이벤트 제어를 사용하지 않고 동일한 기능이 수행되도록 모델링한 예이다.

코드 5-22 intra-assignment 이벤트 제어

```
module intra_assign_delay (input clk, input d,
                           output out);
  reg out;

  always @(*)
     out = repeat(3) @(posedge clk) d;

endmodule
```

코드 5-23 [코드 5-22]의 등가 코드

```
module intra_assign_delay_eq (input clk, input d,
                              output out);
  reg out, temp;

  always @(*)  begin
      temp = d;
      @(posedge clk);
      @(posedge clk);
      @(posedge clk) out = temp;
  end

endmodule
```

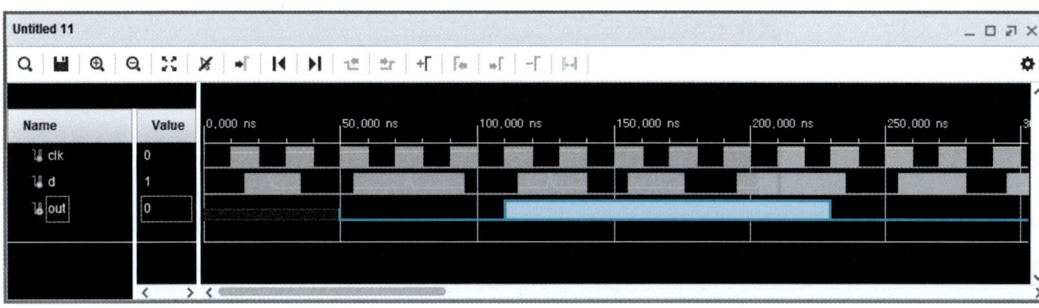

[그림 5-18] [코드 5-22], [코드 5-23]의 시뮬레이션 결과

SECTION 5.7

블록문

블록문은 2개 이상의 문장을 그룹으로 묶어 구문적으로 하나의 문장처럼 처리되도록 하며, Verilog HDL에는 다음과 같은 두 가지 형태의 블록문을 제공한다.

- `begin - end` 절차형 할당문 블록
- `fork - join` 병렬문 블록

`begin`과 `end`로 묶인 절차형 할당문 블록은 문장이 나열된 순서에 의해 순차적으로 실행된다. `fork`와 `join`으로 묶인 병렬문 블록은 문장이 나열된 순서에 무관하게 동시에 실행된다. 절차형 할당문 블록과 `fork - join` 병렬문 블록은 `begin`과 `fork` 뒤에 ': block_name'을 추가하여 블록이름을 붙일 수 있다. 블록이름을 붙이는 것은 다음과 같은 몇 가지 측면에서 유용하며, 모든 시뮬레이션 시간에 대해 모든 변수에 대한 고유한 식별 수단을 제공한다.

- 해당 블록에 대한 지역변수, `parameter` 그리고 named event를 선언할 수 있다.
- `disable` 문에서 특정 블록을 참조할 수 있다.

Verilog HDL에서 모든 변수들은 정적static이며, 특정한 위치에 존재한다. 따라서 변수들은 해당 블록에서만 값을 유지하며, 블록에 들어가거나 블록을 나갈 때 변수에 저장된 값은 영향을 받지 않는다.

절차형 할당문 블록과 `fork - join` 병렬문 블록은 시작 시간과 종료 시간의 개념을 가지고 있다. 절차형 할당문 블록에서는 첫 번째 문장이 실행될 때가 시작 시간이고, 마지막 문장이 실행될 때가 종료 시간이다. `fork - join` 병렬문 블록에서는 블록 내의 모든 문장은 시작 시간이 동일하며, 반면에 각 문장의 지연이 고려되어 시간적으로 마지막에 실행되는 문장의 실행이 완료된 시점이 종료 시간이 된다.

절차형 할당문 블록과 `fork - join` 병렬문 블록은 서로 상대 블록을 포함할 수 있으며, 이를 통해 복잡한 제어구조를 쉽게 표현하는 것이 가능하다. 블록들 사이에 상호 포함 관계가 존재할 때, 블록의 시작 시간과 종료 시간의 타이밍이 매우 중요하다. 블록의 실행이 완전히 끝났음을 의미하는 종료 시간에 도달하기 전까지는 블록의 다음 문장은 실행되지 않는다.

5.7.1 절차형 할당문 블록

절차형 할당문 블록은 다음과 같은 특징을 갖는다.

- 블록 내의 문장들은 나열된 순서대로 한 문장씩 차례로 수행된다.
- 각 절차형 할당문의 지연은 이전 문장의 시뮬레이션 시간에 대해 상대적으로 결정된다.
- 제어는 문장이 나열된 순서를 기준으로 마지막 문장의 실행이 완료된 이후에 블록 밖으로 전달된다.

절차형 할당문 블록의 표현 형식은 [문법 5-13]과 같다.

문법 5-13 절차형 할당문 블록

```
begin [ : block_name
   { block_item_declaration } ] { statement }
end
```

- 블록 내의 문장들은 나열된 순서대로 한 문장씩 차례로 수행된다.
- ': block_name' 형식의 블록이름을 붙일 수 있으며, 해당 블록에 대한 지역변수, parameter 그리고 named event를 선언할 수 있다.
- 블록 내부에서 사용되는 reg, real, integer, realtime, time, event, local parameter, parameter 등을 선언할 수 있다.

[예시 5-22]의 절차형 할당문 블록에서 두 할당문은 순차적으로 실행된다. 첫 번째 할당문의 실행이 완료된 후에 두 번째 할당문이 실행되며, 따라서 절차형 할당문 블록의 실행이 완료되면, creg와 breg의 값이 같아진다.

[예시 5-22] 절차형 할당문 블록의 예

```
begin
      areg = breg;
      creg = areg;
end
```

절차형 할당문 블록 내의 할당문에 지연 제어를 사용할 수 있다. [예시 5-23]에서 첫 번째 할당문의 실행이 완료된 후, 두 번째 할당문은 clock의 상승에지에서 값이 할당된다.

[예시 5-23] 절차형 할당문에 지연 제어를 사용한 예

```
begin
      areg = breg;
      @(posedge clock) creg = areg;  // assignment delayed until posedge on clock
end
```

[코드 5-24]는 절차형 할당문 블록에 지연을 사용하여 순차적인 파형을 생성하는 예이다.

코드 5-24 절차형 할당문 블록에 의한 파형 생성

```
module proc_block(   );
  parameter d = 50;
  reg [7:0] r;
  event end_wave;

  initial begin     // a waveform controlled by sequential delay
      #d r = 8'h35;
      #d r = 8'hE2;
      #d r = 8'h00;
      #d r = 8'hF7;
      #d -> end_wave;  // trigger an event called end_wave
  end

endmodule
```

5.7.2 fork-join 병렬문 블록

fork - join 병렬문 블록은 다음과 같은 특성을 가지며, 표현 형식은 [문법 5-14]와 같다.

- 블록 내의 문장들은 나열된 순서에 무관하게 동시에 수행된다.
- 각 문장의 지연은 블록에 들어가는 시뮬레이션 시간을 기준으로 고려된다. 각 문장 사이의 상대적인 지연이 아닌 블록에 들어가는 시뮬레이션 시간을 기준으로 결정된다.
- 제어는 각 문장의 지연이 고려된 상태에서 시간적으로 마지막에 실행되는 문장의 실행이 완료된 이후에 블록 밖으로 전달된다.

문법 5-14 fork - join 병렬문 블록

```
fork [ : block_name
    { block_item_declaration } ] { statement }
join
```

- 블록 내의 문장들은 나열된 순서에 무관하게 동시에 실행된다.
- ': block_name' 형식의 블록이름을 붙일 수 있으며, 해당 블록에 대한 지역변수, parameter 그리고 named event를 선언할 수 있다.
- 블록 내부에서 사용되는 reg, real, integer, realtime, time, event, local parameter, parameter 등을 선언할 수 있다.

[코드 5-25]는 fork - join 병렬문 블록을 사용하여 순차적인 파형을 생성하는 코드이며, [코드 5-24]에서 절차형 할당문 블록을 사용한 코드와 동일한 파형을 생성한다. [코드 5-25]에서 (a), (b)는 동일한 파형을 생성하며, 따라서 fork - join 병렬문 블록 내에서 문장들이 나열되는 순서는 문장의 실행 순서와 무관하다.

코드 5-25 fork-join 병렬문 블록을 이용한 파형 생성

(a)

```
fork
    #50  r = 8'h35;
    #100 r = 8'hE2;
    #150 r = 8'h00;
    #200 r = 8'hF7;
    #250 -> end_wave;
join
```

(b)

```
fork
    #250 -> end_wave;
    #200 r = 8'hF7;
    #150 r = 8'h00;
    #100 r = 8'hE2;
    #50  r = 8'h35;
join
```

[코드 5-26]은 fork - join 블록 내에 2개의 절차형 할당문 블록(begin - end)이 포함된 예이다. 각 절차형 할당문 블록은 이벤트 발생(@(enable_a)와 @(enable_b))에 의해 실행된다. 이벤트 제어가 fork - join 블록 안에 있으므로, @(enable_a)와 @(enable_b)의 이벤트 제어가 병렬로 처리되며 따라서 절차형 할당문 블록들도 병렬로 실행된다.

코드 5-26 fork-join 병렬문 블록 내부에 절차형 할당문 블록이 포함된 예

```
fork
  @(enable_a) begin
     #ta wa = 0;
     #ta wa = 1;
     #ta wa = 0;
  end

  @(enable_b) begin
     #tb wb = 1;
     #tb wb = 0;
     #tb wb = 1;
   end
join
```

연습문제

5.1 Verilog HDL의 always 구문과 initial 구문의 차이와 용도에 대해 설명하라.

5.2 [코드 5-27] 회로의 기능을 설명하고, 다음의 방법을 적용한 모델링으로 바꾸어라.

(a) if – else 구문을 사용한 모델링　　(b) case 구문을 사용한 모델링

코드 5-27

```
module MUX4_1 (input [3:0] a, input [3:0] b, input [3:0] c, input [3:0] d,
               input [1:0] sel, output [3:0] mux_out);

  assign mux_out = (sel == 2'b00) ? a :
                   (sel == 2'b01) ? b :
                   (sel == 2'b10) ? c :
                   (sel == 2'b11) ? d : 4'bx;

endmodule
```

5.3 8비트 입력 din에 포함된 0의 개수를 계수[counting]하는 회로를 다음의 방법으로 모델링하라.

(a) while 문을 이용하여 모델링

(b) repeat 문을 이용하여 모델링

(c) for 문을 이용하여 모델링

5.4 [코드 5-28(a), (b)]의 차이점을 설명하고, 신호 din의 파형을 그려라.

코드 5-28

(a)

```
reg din;

  initial begin
      #50  din = 1'b1;
      #100 din = 1'b0;
      #150 din = 1'b1;
      #300 din = 1'b0;
  end
```

(b)

```
reg din;

  initial begin
    fork
      #50  din = 1'b1;
      #100 din = 1'b0;
      #150 din = 1'b1;
      #300 din = 1'b0;
    join
  end
```

5.5 [코드 5-29]에 의해 만들어지는 신호 clk의 파형을 그려라.

코드 5-29

```
module P5_3 ( );
  parameter half_cycle = 10;
  reg clk;

  initial begin : Loop
    clk = 1'b0;
    forever begin
      #(half_cycle) clk = 1'b1;
      #(half_cycle) clk = 1'b0;
    end
  end

  initial
    #150 disable Loop;

endmodule
```

5.6 [코드 5-30]을 시뮬레이션하면 변수 a1, b1, a2, b2의 값은 얼마인가? `initial` 블록 내부의 blocking 할당문과 nonblocking 할당문 위치에 유의한다.

코드 5-30

```
module order_test_1 ( );
 reg [2:0] a1, b1;

 initial begin
     a1 <= 3;
     a1 = 6;
     a1 = 0;
  end

 initial begin
     b1 = 0;
     b1 = 2;
     b1 <= 3;
  end
endmodule
```

(a)

```
module order_test_2 ( );
 reg [2:0] a2, b2;

 initial begin
     a2 <= 3;
     a2 = 6;
     a2 <= 0;
  end

 initial begin
     b2 <= 0;
     b2 = 2;
     b2 <= 3;
  end
endmodule
```

(b)

5.7 [코드 5-31]이 비동기식 active-low 리셋을 갖는 상승에지 트리거 D 플립플롭의 모델링으로 올바르지 않은 이유를 설명하고, 올바로 수정하라.

코드 5-31

```
module dff_bad (input clk, input din, input reset,
                output qout);
 reg qout;

 always @(posedge clk, reset) begin
   if(!reset)   qout = 1'b0;
   else if(clk) qout = din;
 end

endmodule
```

5.8 [그림 5-19]의 회로를 행위수준 모델링으로 설계하라.

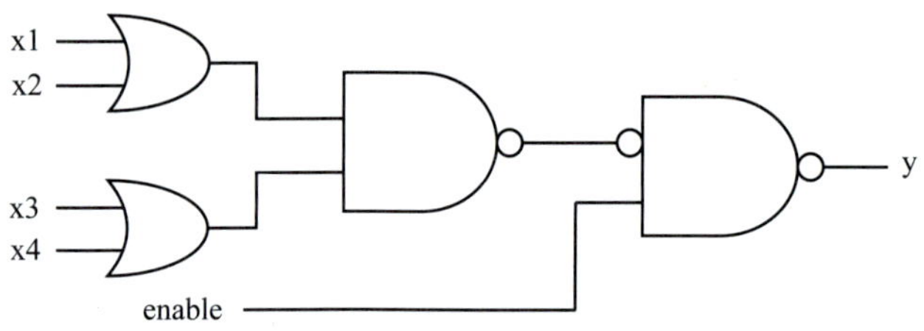

[그림 5-19]

5.9 `initial` 블록 내부에 `forever` 문을 사용해서 주기가 20ns인 clk 신호를 생성하는 코드를 작성하라.

5.10 [코드 5-32]에서 #(i*10)으로 주어진 지연 이후에 R1에 대한 할당이 어떻게 스케줄 되는지와 i[0]의 값이 R1에 어떻게 할당되는지 시뮬레이션을 통해 확인하라.

코드 5-32

```
module prob5_10;
  reg       R1;
  reg [3:0] i;

  initial begin
    R1 = 0;
    for(i = 0; i < 15; i = i+1)
      R1 <= #(i*10) i[0];
  end

endmodule
```

CHAPTER 06

구조적 모델링

학습 목표

- Verilog HDL의 모듈 정의와 인스턴스 방법에 대해 이해한다.
- 모듈 인스턴스에 의한 계층적 설계 방법을 이해한다.
- 모듈 parameter를 선언하고 사용하는 방법을 이해한다.
- 생성문과 이를 이용한 하드웨어 모델링에 대해 이해한다.
- 계층적 이름과 참조 방법에 대해 이해한다.

들어가기 전에

Verilog HDL에서 하드웨어를 설계하는 기본 단위는 모듈이며, 모듈은 다른 모듈들을 이용한 계층적 하드웨어 설계를 지원한다. 상위수준의 모듈은 하위수준 모듈들을 인스턴스instance하고, 입력, 출력 및 양방향 포트들을 통하여 모듈 사이의 연결과 신호를 전달한다. 이와 같이 모듈을 이용한 계층적 설계를 구조적 모델링structural modeling이라고 하며, 이는 회로도 편집기를 이용하여 심볼들을 배치하고 배선하는 설계와 유사한 개념이라 볼 수 있다. Verilog HDL의 구조적 모델링은 게이트 프리미티브를 이용한 모델링(3장), 연속 할당문을 이용한 모델링(4장), 행위수준 모델링(5장) 등과 함께 하드웨어 설계에 기본적으로 이용되는 방법이며, 특히 복잡한 하드웨어를 하위 블록으로 나누어 설계하는 경우에 많이 사용된다.

모듈을 이용한 계층적 설계의 예로서 인쇄회로기판PCB들로 구성된 시스템을 생각해 보자. 시스템을 최상위 수준top-level의 모듈로 생각하면, 시스템을 구성하는 보드들은 하위수준 모듈이 되며, 보드는 IC 칩들로 구성되므로 IC 칩은 보드 모듈을 구성하는 인스턴스가 된다. 더 나아가 IC 칩은 플립플롭, 멀티플렉서, ALU 등과 같은 하위모듈들의 인스턴스로 구성된다.

모듈의 계층구조를 기술하기 위해서는 필요한 모듈들이 정의되어 있어야 한다. 각각의 모듈들은 독립적으로 정의되며 내포nested가 허용되지 않으므로, 특정 모듈을 정의하는 `module-endmodule` 내부에 다른 모듈의 정의가 포함될 수 없다.

이 장에서는 Verilog HDL의 구조적 모델링을 위한 모듈의 정의, 모듈의 인스턴스 방법, 모듈들 간의 포트 연결 등에 대해 알아본다.

SECTION 6.1 모듈

Verilog HDL의 모듈은 [그림 6-1]과 같은 구성을 가지며, 크게 나누어 타이틀(표제) 부분, 선언 부분, 몸체 부분으로 구성된다. 모듈의 타이틀 부분은 키워드 `module`로 시작하여 모듈의 이름인 식별자, 선택 항목인 `parameter` 목록, 포트 목록 또는 포트선언목록 등으로 구성된다. 모듈 이름은 그 모듈로 설계되는 회로의 기능과 특징을 함축적으로 나타내는 식별자로 정하는 것이 바람직하다. 예를 들어, 8비트 가산기를 설계하는 모듈의 이름을 adder_8b로 정하면 모듈 이름으로부터 8비트 가산기 회로라는 것을 쉽게 알 수 있을 것이다. 포트 목록에 나열된 포트들은 모듈의 선언 부분에서 `input`, `output`, `inout` 문으로 선언되고, 선언 부분에서는 포트 목록에 나열된 포트와 `parameter`, 자료형이 선언되며, 모듈의 몸체 부분은 회로의 동작, 기능 또는 구조를 모델링하는 다양한 구문들로 구성된다. 모듈의 몸체 부분을 구성하는 구문들은 소스코드에서 순서에 상관없으나, 포트, 자료형, 파라미터 선언은 선언된 이름이 사용되기 이전에 위치해야 한다.

Verilog HDL의 모듈을 정의하는 방법은 [문법 6-1]과 같다.

```
module module_name (port_list);
  // declarations
  port 선언
  reg 선언
  wire 선언
  parameter 선언

  // module items
  모듈 인스턴스
  gate primitive 인스턴스
  generate 블록
  assign 문
  always 문, initial 문
  function, task 정의, 호출
endmodule
```

[그림 6-1] Verilog HDL 모듈의 구성

문법 6-1 모듈 정의

```
// 방법-①
  module module_name [(port_declaration port_name {, port_declaration port_name})];
    { module_items }
  endmodule
```

```
// 방법-②
  module module_name [(port_name { , port_name})];
    port_declaration port_name {, port_declaration port_name}
    { module_items }
  endmodule
```

- Verilog HDL의 모듈은 키워드 module-endmodule로 정의되며, 두 가지의 포트 목록 형식을 지원한다.
  - 방법-① : Verilog-2001에서 추가된 ANSI-C 형식의 포트 목록 형식이며, 포트 목록에 포트 선언이 함께 포함된다. 포트선언목록이 사용된 경우에는 선언 부분에서 중복하여 선언하지 않는다.
  - 방법-② : 포트 목록과 포트 선언을 분리해서 표현하는 형식이다.
- 포트 목록에서 포트의 나열 순서는 모듈이 인스턴스될 때 순서에 의한 포트 연결에 영향을 미친다.
- 시뮬레이션 테스트벤치 모듈에서는 포트 목록이 생략될 수 있다.

6.1.1 모듈 포트의 선언

포트 목록에 나열된 포트들은 선언 부분에서 포트 선언을 통해 input, output, inout으로 선언된다. signed 속성이 포트 선언이나 자료형 선언에 추가될 수 있으며, 포트나 net, reg가 signed로 선언되면, 그 이후로는 signed로 취급된다. 명시적인 선언이 없는 net는 unsigned로 취급되며, 명시적인 net 선언 없이 포트에 연결된 net는 signed로 선언되지 않는 한 unsigned로 취급된다. 모듈에서 선언될 수 있는 최대 포트 크기는 시뮬레이션과 합성에 사용되는 소프트웨어 툴에 따라 다를 수 있다.

문법 6-2 포트 선언

```
input  [net_type] [signed] [range] port_name { , port_name }
output [net_type] [reg] [signed] [range] port_name { , port_name }
inout  [net_type] [signed] [range] port_name { , port_name }
```

- inout 포트는 양방향(bidirectional) 포트를 나타낸다.
- signed와 범위에 대한 정의를 포함하여 포트에 관한 모든 속성들이 포트 선언에 포함될 수 있다.
- signed 속성은 포트를 통해 통과하는 값이 2의 보수(two's complement) 부호를 갖는 값(signed value)으로 해석됨을 나타낸다.
- 포트 선언에 사용된 이름은 다른 포트 선언이나 자료형 선언에서 다시 선언될 수 없다.
- 포트 선언에 자료형이 포함되면 포트가 완전하게 선언된 것으로 간주되며, 포트의 자료형을 다시 선언하면 오류가 된다. 포트 선언에 자료형이 포함되지 않으면, 포트의 자료형은 별도로 선언될 수 있다.

모듈 포트는 입출력 방향과 모듈 내부/외부에 따라 가질 수 있는 자료형이 다르며, [표 6-1]의 규칙을 따른다. real 자료형의 변수는 모듈 포트에 직접 연결될 수 없으며, 시스템 태스크 $realtobits, $bitstoreal을 사용해서 실수와 64비트 벡터 사이에 변환할 수 있다.

[표 6-1] 모듈 포트의 자료형 규칙

	입력 포트	출력 포트	입출력(inout) 포트
모듈 인스턴스 (모듈 외부)	수식, net 또는 variable 자료형 (real 자료형은 예외)	net 자료형만 가능	net 자료형만 가능
모듈 정의 (모듈 내부)	net 자료형만 가능	net 또는 variable 자료형 (real 자료형은 예외)	net 자료형만 가능

[예시 6-1]은 모듈의 포트 목록에 나열된 포트들이 선언 부분에서 선언된 예이다. reg 자료형 선언, signed 속성 선언을 포트 선언에 포함시켜 선언할 수 있으며, 파라미터로 선언된 상수가 포트 선언에 사용될 수 있다.

[예시 6-1] 모듈 포트가 선언 부분에서 선언된 예

```
module port_example (a, b, sel, c, result, sum, data_bus, addr);
   input              [15:0] a, b;     // 2개의 16비트 입력 포트 선언
   input                       sel;     // 스칼라(1비트) 입력 포트 선언
   input signed  [7:0]  c;             // 8비트 입력 포트 선언. 포트로 입력되는 값은 2의 보수로 해석됨
   output signed [15:0] result;        // 16비트 출력 포트 선언. 모듈 내부에서 포트에 연결되는
                                       // 신호의 값은 2의 보수로 해석됨
   output signed reg [7:0] sum;        // 8비트 출력 포트 선언. 모듈 내부에서 포트에 연결되는
                                       // 신호는 signed reg 자료형을 가짐
   inout              [32:1] data_bus; // 32비트 양방향 포트 선언
   parameter WORD = 32;                // 파라미터 선언
   input              [WORD-1:0] addr; // 파라미터 WORD를 이용한 32비트 입력 포트 선언
```

[예시 6-2]와 같이 동일한 포트 이름을 갖는 다수의 포트가 중복으로 선언된 경우에는 첫 번째 선언을 제외하고 나머지는 오류가 된다.

[예시 6-2] 다수의 포트가 중복으로 선언된 예

```
input  aport;     // 첫 번째 선언
input  aport;     // 오류-포트 중복 선언
output aport;     // 오류-포트 중복 선언
```

6.1.2 포트선언목록

모듈의 포트는 6.1.1절에서 설명된 포트 선언으로 선언될 수 있으나, 모듈 타이틀 부분의 포트 목록에 포함되어 선언될 수도 있다. 선언되는 각 포트는 포트의 방향, 비트 폭, 자료형, signed 또는 unsigned 속성 등 포트에 대한 완전한 정보를 포함한다. 포트선언목록이 모듈 타이틀 부분에 포함되는 것을 제외하고는 선언 부분의 input, inout, output 선언과 동일한 문법이 적용된다. 포트선언목록으로 선언된 포트들은 선언 부분에서 중복해서 선언되지 않는다.

[예시 6-1]의 모듈 port_example의 포트는 포트선언목록에서 [예시 6-3]과 같이 선언될 수 있다.

[예시 6-3] 포트 선언이 포트 목록에 포함된 예

```
module port_example (input [15:0] a, input [15:0] b, input sel, input signed [7:0] c,
                     output signed [15:0] result, output signed reg [7:0] sum,
                     inout [32:1] data_bus, input [WORD-1:0] addr);

  parameter WORD = 32;      // 파라미터 선언
```

[예시 6-4]는 모듈의 타이틀 부분에서 모듈 포트를 정의하는 다양한 방법들을 보인 예이다.

[예시 6-4] 모듈 포트를 정의하는 다양한 예

```
module complex_ports({c,d}, .e(f));
// Nets {c,d}는 포트의 첫 번째 비트들을 받음
// 이름 'f'는 모듈 내부에서 선언됨
// 이름 'e'는 모듈 외부에서 정의됨
```

```
module split_ports(a[7:4], a[3:0]);
// 첫 번째 포트는 'a'의 상위 4 비트임
// 두 번째 포트는 'a'의 하위 4 비트임
// 'a'의 부분 선택 포트이므로 이름에 의한 포트 연결을 사용할 수 없음
```

```
module same_port(.a(i), .b(i));
// 이름 'i'는 모듈 내부에서 inout 포트로 선언됨
// 이름 'a'와 'b'는 포트 연결을 위해 정의됨
```

```
module renamed_concat(.a({b,c}), f, .g(h[1]));
// 이름 'b', 'c', 'f', 'h'는 모듈 내부에서 선언됨
// 이름 'a', 'f', 'g'는 포트 연결을 위해 정의됨
// 모두 포트 연결을 위해 사용될 수 있음
```

SECTION 6.2

모듈 인스턴스

Verilog HDL의 구조적 설계는 다른 모듈의 인스턴스와 포트 연결을 통해 모델링하는 방법이다. 예를 들어, 플립플롭으로 구성되는 시프트 레지스터는 다수 개의 D 플립플롭 모듈을 인스턴스하여 설계될 수 있다. Verilog HDL의 모듈 인스턴스의 표현 형식은 [문법 6-3]과 같다. 모듈 인스턴스에는 인스턴스 이름[name of instance]을 생략할 수 없으며, 반드시 지정되어야 한다. 참고로 게이트 프리미티브를 이용한 설계에서는 인스턴스 이름을 생략할 수 있다(3장 참조).

인스턴스되는 모듈이 파라미터를 갖는 경우에는 모듈 이름과 인스턴스 이름 사이에 #(parameter_value)를 통해 파라미터 값을 변경할 수 있으며, 표현 형식은 [문법 6-4]와 같다. 또한, 인스턴스 이름 뒤에 범위지정 [n:m]을 통해 인스턴스 배열을 생성할 수 있다.

인스턴스되는 하위모듈은 포트 연결[port connection]에 의해 신호가 연결된다. 포트 연결은 순서에 의한 포트 연결[ordered port connection]과 이름에 의한 포트 연결[named port connection] 중 하나를 사용할 수 있으며, 표현 형식은 [문법 6-5]와 같다. 특정 모듈 인스턴스에서 두 가지를 혼용해서 사용할 수는 없다. 포트에 연결되는 신호는 variable나 net 식별자 또는 수식이 될 수 있다.

문법 6-3 모듈 인스턴스

```
module_name [parameter_value] instance_name [range] (port_connections);
```

- [parameter_value] : 인스턴스되는 모듈이 parameter로 선언된 상수를 갖는 경우에 인스턴스 각각에 대해 개별적으로 파라미터 값을 변경시킬 수 있으며, 생략 가능한 옵션 항목이다.
- instance_name : 인스턴스되는 모듈의 구별을 위해 사용된다. 인스턴스 이름은 생략할 수 없으며, 동일한 이름을 중복해서 사용할 수 없다.
- [range] : 동일한 모듈의 다중(multiple) 인스턴스를 위해 [m:n]의 범위를 지정해서 인스턴스 배열을 생성할 수 있으며, 생략 가능한 옵션 항목이다.
- port_connections : 인스턴스되는 모듈의 포트에 신호를 연결하며, 순서에 의한 포트 연결과 이름에 의한 포트 연결을 사용할 수 있다.

문법 6-4 모듈 파라미터 값 변경

```
// 모듈 파라미터 값 변경
  #(value1 { , value2 })                                    // 순서에 의한 변경
  #(.parameter_name(value1) { , .parameter_name(value2) })  // 이름에 의한 변경
```

- 인스턴스되는 모듈 내부에서 parameter로 선언된 상수만 변경시킬 수 있으며, localparam, specparam으로 선언된 상수는 변경시킬 수 없다.
- 모듈 파라미터 값 변경은 순서에 의한 변경과 이름에 의한 변경을 사용할 수 있다.
- 순서에 의한 변경 : 인스턴스되는 모듈 내부의 파라미터 선언 순서에 따라 값이 변경됨
- 이름에 의한 변경 : 파라미터가 선언된 순서에 무관하게 파라미터 이름에 따라 값이 변경됨

문법 6-5 모듈 포트 연결

```
// 모듈 포트 연결
  (signal1 { , signal2 })                          // 순서에 의한 포트 연결
  (.port_name(signal1) { , .port_name(signal2) })  // 이름에 의한 포트 연결
```

- 인스턴스되는 모듈의 포트에 신호를 연결하는 방법은 순서 또는 이름에 의한 포트 연결을 사용할 수 있다.
- 순서에 의한 포트 연결 : 인스턴스되는 모듈 내부에서 포트가 선언된 순서에 따라 신호가 연결됨
- 이름에 의한 포트 연결 : 포트가 선언된 순서에 무관하게 포트 이름에 따라 신호가 연결됨

6.2.1 포트 연결 형식

■ 순서에 의한 포트 연결 형식

모듈 인스턴스에서 순서에 의한 포트 연결의 형식은 다음과 같다. 인스턴스되는 모듈의 각 포트에 연결되는 신호를 괄호 안에 나열하면, 인스턴스되는 모듈 내부에서 포트가 선언된 순서에 따라 1 : 1로 대응되어 신호가 연결된다. 만약 포트에 연결되는 신호가 없다면 해당 포트 위치를 빈칸[blank]으로 남겨 둔다.

```
module_name instance_name (signal1, signal2,  ... );
```

■ 이름에 의한 포트 연결 형식

이름에 의한 포트 연결은 다음의 형식을 갖는다. 인스턴스되는 모듈의 포트 이름에 명시적으로 신호를 지정하는 것이며, 포트 이름의 순서는 상관없다.

```
module_name instance_name (.port_name1(signal1), .port_name2(signal2),  ... );
```

포트 이름은 인스턴스되는 모듈의 포트 목록에서 선언된 이름이며, 포트의 비트 선택이나 포트의 부분 선택 또는 포트의 결합 등이 될 수 없다. 사용되지 않는 포트는 포트 이름을 생략하거나 빈 괄호[예를 들면, .port_name( )]로 표현한다. 순서에 의한 포트 연결과 이름에 의한 포트 연결을 혼합해서 사용할 수 없으며, 특정 모듈 인스턴스의 포트 연결은 순서에 의한 매핑 또는 이름에 의한 매핑 중 하나만 사용되어야 한다.

[코드 6-1]은 순서에 의한 포트 연결과 이름에 의한 포트 연결의 예이다. [코드 6-1(b)]의 경우에는 모듈 top_mod가 하위모듈 modB를 순서에 의한 포트 연결로 인스턴스한다. 하위모듈 modB의 포트 wa에는 모듈 top_mod의 신호 w가 연결되고, 포트 b에는 신호 v[2]가 연결되고, 포트 c에는 신호 v[1]이 연결되며, 포트 d에는 신호 v[0]이 연결된다. [코드 6-1(c)]의 경우는 이름에 의한 포트 연결을 사용하여 하위모듈 modB를 인스턴스하며, 포트 이름에 의해 신호가 연결되므로 포트 연결의 순서는 영향을 미치지 않는다.

코드 6-1 모듈 인스턴스의 포트 연결 예

```
module modB (output wa,
             input  b, input  c, input  d);

     bufif1      g1 (wa, b, cinvert);
     not #(2, 6) n1 (cinvert, int);
     and #(6, 5) g2 (int, c, d);
endmodule
```

(a) 모듈 modB

```
module top_mod;
     wire [2:0] v;
     wire       w;

     modB b1 (w, v[2], v[1], v[0]);
endmodule
```

(b) 순서에 의한 포트 연결

```
module top_mod;
     wire [2:0] v;
     wire       w;

     modB b1 (.wa(w), .d(v[0]), .c(v[1]), .b(v[2]) );
endmodule
```

(c) 이름에 의한 포트 연결

[예시 6-5]는 이름에 의한 포트 연결의 예이며, 인스턴스되는 하위모듈의 포트 out과 in1에 각각 신호 topB와 topA가 연결된다. 포트 in2는 신호연결을 갖지 않는다. 사용(연결)되지 않는 포트는 모듈 인스턴스 문에서 생략될 수 있다.

[예시 6-5] 이름에 의한 포트 연결 예

```
ALPHA U0( .out(topB), .in1(topA), .in2() );
```

[코드 6-2]와 같이 동일한 포트에 대한 중복 연결은 문법적인 오류이다.

코드 6-2 동일 포트에 대한 중복 연결 오류

```
module test;
  modX  U0(.i(a),
           .i(b),        // 포트 i에 대한 중복 연결은 오류임
           .o(c),
           .o(d),        // 포트 o에 대한 중복 연결은 오류임
           .e(f));
endmodule
```

[코드 6-3]은 파라미터 delay를 갖는 모듈 dff를 인스턴스해서 5비트 레지스터 모듈 reg_5b를 설계하는 예이다. 모듈 dff를 5번 인스턴스하고 있으며, 인스턴스 u2는 이름에 의한 포트 연결이 적용되었고, 나머지는 순서에 의한 포트 연결이 적용되었다. 인스턴스 u3는 `defparam` 문으로 파라미터 delay를 2.5로 변경했으며, 인스턴스 u4는 순서에 의한 파라미터 값 변경이 적용되었고, u5는 이름에 의한 파라미터 값 변경이 적용되었다.

코드 6-3 모듈 인스턴스의 포트 연결과 파라미터 값 변경

```
module dff (output q,
            input clk, input d);

   parameter delay = 1;
   reg q;

   always @ (posedge clk) begin
      #delay q <= d;
   end

endmodule
```

(a) 모듈 dff

```
module reg_5b (output [4:0] qout,
               input clk, input [4:0]  din);

    dff u1 (qout[0], clk, din[0]);                        // 순서에 의한 포트 연결
    dff u2 (.clk(clk), .q(qout[1]), .d(din[1]) );         // 이름에 의한 포트 연결
    dff u3 (qout[2], clk, din[2]);
    defparam u3.delay = 2.5;                         // defparam에 의한 파라미터 delay 값 변경
    dff #(3) u4 (qout[3], clk, din[3]);              // #( )에 의한 파라미터 delay 값 변경
    dff #(.delay(4)) u5 (qout[4], clk, din[4]); // 이름에 의한 파라미터 delay 값 변경

endmodule
```

(b) 하위모듈 dff의 인스턴스와 파라미터 값 변경

1비트 전가산기를 구조적 모델링으로 설계하는 예를 살펴본다. [그림 6-2]는 2개의 반가산기와 1개의 OR 게이트로 구성되는 1비트 전가산기 회로이다. 반가산기 회로는 게이트 프리미티브를 이용하여 [코드 6-4(a)]와 같이 모델링되었다. 설계된 반가산기 모듈 half_adder 2개와 게이트 프리미티브 or를 사용해서 [코드 6-4(b)]와 같이 전가산기 회로가 설계되었다. 반가산기 모듈의 인스턴스 U0는 순서에 의한 포트 연결이 사용되었으며, 인스턴스 U1은 이름에 의한 포트 연결이 사용되었다. [코드 6-5]는 설계된 전가산기 모듈 full_adder를 시뮬레이션하기 위한 테스트벤치이다. 1.5.3절에서 설명되었듯이, 테스트벤치 모듈은 모듈 머리부에 포트 목록을 갖지 않는다. 테스트벤치에는 시뮬레이션 될 전가산기 모듈이 이름 U0로 인스턴스되었으며, 시뮬레이션 파형을 생성하기 위한 `initial` 문이 포함되어 있다. [그림 6-3]은 시뮬레이션 결과이다.

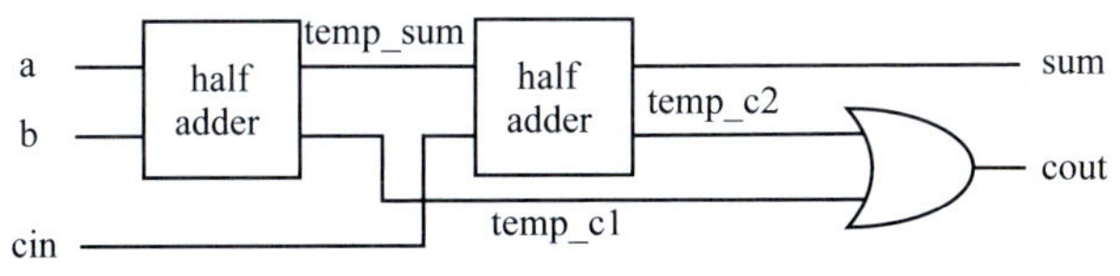

[그림 6-2] 1비트 전가산기 회로

코드 6-4 1비트 전가산기의 구조적 모델링

```
module half_adder (input  a, input  b,
                   output sum, output cout);

   xor U0 (sum, a, b);
   nand   (cout_bar, a, b); // 인스턴스 이름 생략 가능
   not U1 (cout, cout_bar);

endmodule
```

(a) half_adder 모듈

```
module full_adder (input  a, input  b, input  cin,
                   output sum, output cout);

   half_adder u0( a, b, temp_sum, temp_c1); // 순서에 의한 포트 연결

   half_adder u1( .a(temp_sum),
                  .b(cin),
                  .sum(sum),
                  .cout(temp_c2) );     // 이름에 의한 포트 연결
   or u2(cout, temp_c1, temp_c2);       // 게이트 프리미티브 인스턴스

endmodule
```

(b) full_adder 모듈

코드 6-5 [코드 6-4(b)]의 시뮬레이션 테스트벤치

```
module tb_full_adder ( );
   reg      a, b, cin;  // initial 블록에서 값을 받으므로 reg로 선언
   integer k;

   full_adder U0 (a, b, cin, sum, cout);  // full_adder 모듈의 instantiation

   initial begin
        for(k = 0; k < 8; k = k+1) begin
             cin = k/4;
             b =(k%4)/2;
             a = k%2;
             #10;
         end
         #10 $finish;
   end

endmodule
```

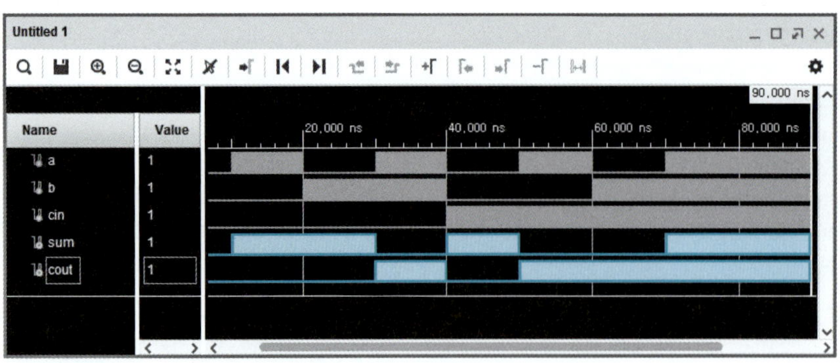

[그림 6-3] [코드 6-5]의 시뮬레이션 결과

[코드 6-6(a)]에서 모듈 bus_driver는 하위모듈 driver 4개의 인스턴스로 모델링되었으며, 각각의 인스턴스는 인스턴스 이름 busar3, busar2, busar1, busar0를 갖는다. [코드 6-6(a)]의 회로를 인스턴스 배열을 이용해서 모델링하면 [코드 6-6(b)]와 같다. 인스턴스 배열을 이용한 모델링에서, 모듈 driver의 포트 out과 포트 en으로 매핑되는 신호에 결합 연산자가 사용되었다.

코드 6-6 인스턴스 배열을 이용한 구조적 모델링

```
module bus_driver (input [15:0] busin, input enh,  input enl,
                   output [7:0] bushigh, output [7:0] buslow );

   driver busar3 (busin[15:12], bushigh[7:4], enh);
   driver busar2 (busin[11:8], bushigh[3:0], enh);
   driver busar1 (busin[7:4], buslow[7:4], enl);
   driver busar0 (busin[3:0], buslow[3:0], enl);

endmodule
```

(a) 인스턴스 배열을 사용하지 않은 경우

```
module bus_driver (input [15:0] busin, input enh,  input enl,
                   output [7:0] bushigh, output [7:0] buslow );

  driver busar [3:0] (.in(busin),
                      .out({bushigh, buslow}),
                      .en({enh, enh, enl, enl}) );
endmodule
```

(b) 인스턴스 배열을 사용한 경우

6.2.2 실수형 값의 포트 연결

real 자료형의 값은 모듈 포트에 직접 연결될 수 없으며, [코드 6-7]의 예와 같이 시스템 함수 $realtobits를 이용해 real 자료형을 64비트의 비트 자료형으로 변환한 후, 모듈 포트에 적용해야 한다(시스템 함수는 9장을 참고하라). [코드 6-8]은 비트 자료형 값을 실수형 값으로 변환하는 시스템 함수 $bitstoreal의 사용 예이다.

코드 6-7 실수형 값에 대한 포트 연결

```
module driver (output net_r);
     real       r;
     wire [64:1] net_r = $realtobits(r);
endmodule
```

코드 6-8 시스템 함수 $bitstoreal의 사용 예

```
module receiver (input net_r);
    wire [64:1] net_r;
    real        r;

    initial
      r = $bitstoreal(net_r);
endmodule
```

SECTION 6.3

모듈 parameter

Verilog HDL은 모듈 내부에서 parameter 선언을 통해 상수 값을 정의할 수 있으며, 컴파일 과정에서 값을 대체하거나 또는 모듈 인스턴스에서 파라미터 값을 변경시킬 수 있다. parameter 선언은 모듈 타이틀 부분에서 선언하는 방법과 모듈 선언 부분에서 키워드 parameter로 선언하는 방법의 두 가지가 있다. 두 가지 선언 방법 중 하나 또는 두 가지 모두를 포함할 수 있다. 모듈 내부에서 로컬 상수로 사용되는 파라미터는 localparam으로 선언하며, 모듈 인스턴스(즉, 모듈 외부)에서 그 값을 변경할 수 없다. 모듈에서 선언된 파라미터는 모듈이 인스턴스될 때 값을 변경시킬 수 있으며, 이는 Verilog HDL의 구조적 설계에서 모듈 인스턴스의 맞춤화[customize]를 위한 유용한 수단을 제공한다.

모듈 파라미터는 자료형과 범위지정을 갖는 경우와 자료형과 범위지정을 갖지 않는 경우의 두 가지 중 하나로 선언될 수 있다. 파라미터 값의 변경은 다음의 규칙에 따라 결정된다.

- parameter 선언이 자료형 또는 범위지정을 갖지 않는 경우에는 파라미터에 할당되는 최종 값은 기본 자료형과 범위를 갖는다.
- 범위는 지정되었으나 자료형이 지정되지 않은 파라미터는 parameter 선언에 의한 범위와 unsigned 자료형을 갖는다. 변경되는 값은 파라미터의 자료형과 범위로 변환된다.
- 자료형은 지정되었으나 범위가 지정되지 않은 파라미터는 지정된 자료형을 갖는다. 변경되는 값은 파라미터의 자료형으로 변환된다.
- signed 자료형과 범위지정을 갖는 파라미터는 signed 자료형이 되고, 선언에 의해 지정된 범위를 갖는다. 변경되는 값은 파라미터의 자료형과 범위로 변환된다.

[코드 6-9]는 모듈 파라미터 값을 변경하는 예이다. parameter A는 자료형과 범위지정을 갖도록 선언되었으므로, 파라미터 값이 변경될 때 선언된 자료형과 범위를 유지한다. 따라서 U0.A에 대한 defparam 문은 실수 값 3.1415를 정수 값 3으로 바꾼 후, 3의 하위 3비트가 parameter A에 할당된다. parameter B는 자료형과 범위지정을 갖지 않도록 선언되었으므로, parameter 값이 변경될 때 할당되는 값의 자료형과 범위를 갖는다. 따라서 U0.B에 대한 defparam 문은 parameter B에 실수 값 3.1415를 할당한다.

코드 6-9 모듈 parameter 값의 변경 예

```
module mod_param (a, b);
  real r1, r2;
  parameter [2:0] A = 3'h2;  // 자료형과 범위가 지정된 parameter 선언
  parameter       B = 2;     // 자료형과 범위가 지정되지 않은 parameter 선언

  initial begin
    r1 = A;
    r2 = B;
    $display("r1 is %f, r2 is %f",r1,r2);
  end
endmodule
```

(a) 파라미터 선언을 갖는 모듈

```
module mod_defparam;
   wire a, b;
   defparam U0.A = 3.1415;
   defparam U0.B = 3.1415;

  mod_param U0 (a, b);               // 모듈 인스턴스
endmodule
```

(b) defparam을 이용한 파라미터 값 변경

파라미터 값 변경은 두 가지 방법으로 이루어진다. 즉, defparam 문과 계층적 이름 참조로 파라미터 값을 변경하는 방법과 모듈 인스턴스에서 파라미터 값을 변경하는 방법을 사용할 수 있다. defparam 문에 의한 파라미터 값 할당과 모듈 인스턴스에 의한 파라미터 값 변경이 충돌하면 defparam 문에 의해 설정된 값이 적용된다. 모듈 인스턴스를 통한 파라미터 값의 변경은 파라미터 순서에 의한 할당과 파라미터 이름에 의한 할당 두 가지가 사용된다.

6.3.1 defparam 문

defparam 문은 파라미터의 계층적 이름 참조를 통해 인스턴스되는 모듈의 파라미터 값을 변경시킨다. 그러나 인스턴스 배열의 하위계층에 속한 defparam 문은 계층구조 밖의 파라미터 값을 변경시킬 수 없다. defparam 문은 모든 파라미터 변경 구문들을 함께 묶어 독립된 모듈로 정의할 때 특히 유용하다. 특정 파라미터에 대해 복수의 defparam이 정의되는 경우, 파라미터는 마지막 defparam 문에 정의된 값을 갖는다.

[코드 6-10(b)]에서 모듈 top은 하위모듈 vdff를 인스턴스 이름 m1과 m2로 인스턴스한다. 하위모듈 vdff([코드 6-10(a)])에는 파라미터 size와 delay가 선언되어 있으며, 모듈 top에서 인스턴스되는 하위모듈 vdff의 파라미터 size와 delay의 값을 변경하기 위해 defparam 문과 인스턴스 이름 m1과 m2를

이용한 계층적 이름 참조가 사용되었다.

[그림 6-4]는 [코드 6-10]의 합성 결과로 얻어진 회로이며, defparam 문에 의한 파라미터 값 변경으로 인스턴스 이름 m1의 vdff 인스턴스는 5비트 회로가 생성되었고, 인스턴스 이름 m2의 vdff 인스턴스는 10비트 회로가 생성되었다.

코드 6-10 defparam 문에 의한 parameter 값 변경

```
module vdff (input                  clk,
             input      [size-1:0] in,
             output reg [size-1:0] out);

   parameter size = 1, delay = 1;

   always @(posedge clk)
      # delay out <= in;

endmodule
```

(a)

```
module top (input        clk,
            input  [4:0] in1,
            input  [9:0] in2,
            output [4:0] out1,
            output [9:0] out2);

   defparam
      m1.size = 5,
      m1.delay = 10,
      m2.size = 10,
      m2.delay = 20;

   vdff m1 (clk, in1, out1);
   vdff m2 (clk, in2, out2);

endmodule
```

(b)

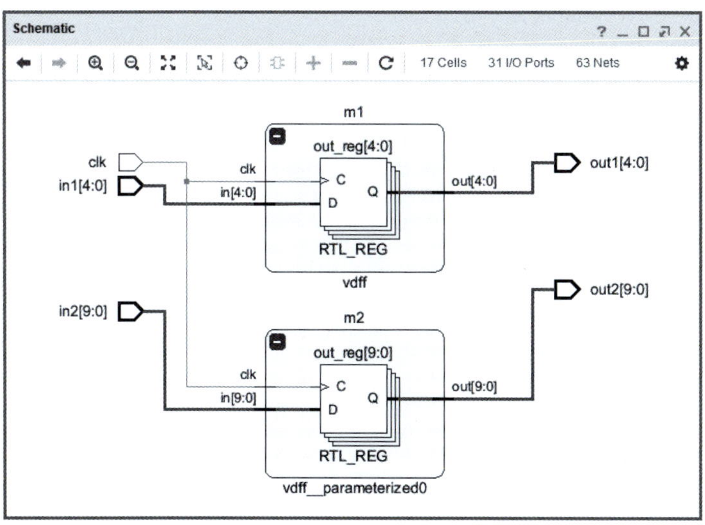

[그림 6-4] [코드 6-10]의 합성 결과

6.3.2 모듈 인스턴스의 파라미터 값 변경

모듈의 파라미터 값 변경은 6.3.1절에서 설명된 `defparam` 문을 이용하는 방법과 모듈 인스턴스에서 기호 #을 사용하는 방법이 있다. 모듈 인스턴스에서 파라미터 값의 변경은 순서화된 파라미터 목록에 의한 방법과 파라미터 이름에 의한 방법의 두 가지 중 하나가 사용된다. 모듈 인스턴스 문에서 이들 두 가지 방법을 혼용해서 사용할 수는 없다. 기호 #에 의한 파라미터 값 변경은 외관상으로 볼 때 게이트 프리미티브 인스턴스에 지연 값을 할당하는 표현과 유사하며(3.1절 참조), 이름에 의한 파라미터 값 변경은 이름에 의한 모듈 포트 연결과 유사하다.

■ 순서에 의한 파라미터 값 변경

순서에 의한 파라미터 값 변경을 위한 표현 형식은 [문법 6-6]과 같으며, 인스턴스되는 모듈 이름과 인스턴스 이름 사이에 #(value1, value2, ...)의 형식으로 변경될 파라미터 값을 나열한다. 인스턴스되는 모듈 내부에서 파라미터가 선언된 순서에 따라 1 : 1로 대응되도록 파라미터 값이 할당된다. 모든 파라미터에 값을 할당하는 것이 바람직하며, 새로운 값이 할당되지 않은 파라미터는 모듈에서 선언된 값이 사용된다.

문법 6-6 순서에 의한 파라미터 값 변경

```
module_name #(value1, value2, . . .) instance_name (port_connection);
```

- 순서에 의한 변경 : 인스턴스되는 모듈 내부의 파라미터 선언 순서에 따라 값이 변경된다.
- 값 변경이 필요치 않은 파라미터는 해당 위치를 빈칸으로 남겨두며, 순서에 의한 파라미터 값 변경에서 특정 파라미터를 생략하는 것은 허용되지 않는다.

■ 이름에 의한 파라미터 값 변경

이름에 의한 파라미터 값 변경을 위한 표현 형식은 [문법 6-7]과 같으며, 인스턴스되는 모듈 이름과 인스턴스 이름 사이에 #(.param_name1([value1]), .param_name2([value2]), ...)의 형식으로 변경될 파라미터 이름과 파라미터 값을 명시적으로 지정한다. 파라미터 이름은 인스턴스되는 모듈에서 선언된 파라미터 이름이다. 파라미터 값이 변경된 후에 다른 값을 할당하는 것은 허용되지 않는다.

문법 6-7 이름에 의한 파라미터 값 변경

```
module_name #(.param_name1([value1]), .param_name2([value2]),
            . . .) instance_name (port_connection);
```

- 이름에 의한 변경 : 파라미터가 선언된 순서에 무관하게 파라미터 이름에 따라 값이 변경된다.
- 모든 파라미터에 대해 값을 할당할 필요가 없으며, 단지 변경될 파라미터만 지정하면 된다.

[코드 6-11]은 인스턴스 배열에서 파라미터 값을 변경하는 예이다. 모듈 dffn은 파라미터 BITS를 사용하여 하위모듈 DFF의 인스턴스 배열을 구현하고 있다. 모듈 MxN_register는 파라미터 M을 사용하여 하위모듈 dffn의 파라미터 값을 변경하며, 또한 모듈 dffn의 인스턴스 배열에 파라미터 N이 사용되었다. [그림 6-5]는 [코드 6-11]을 합성해서 얻어진 회로이며, 모듈 MxN_register는 DFF의 2차원 배열로 구현됨을 확인할 수 있다.

코드 6-11 파라미터 값 변경과 인스턴스 배열에 의한 register 모델링

```
module DFF (input clk, input in,
           output reg out);

   always @(posedge clk)
      out <= in;

endmodule
```

(a) 모듈 DFF

```
module dffn (input clk, input  [BITS-1:0] d,
            output [BITS-1:0] q);
  parameter BITS = 1;

  DFF dff_array [BITS-1:0] (.clk(clk),
                           .in(d),
                           .out(q));

endmodule
```

(b) 모듈 dffn

```
module MxN_register (input clk, input  [M-1:0] in,
                     output [M-1:0] out);
  parameter M = 3, N = 4; // M: width, N: depth
  wire      [M*(N-1):1] t;

// #(M)은 모듈 dffn의 Parameter BITS 값을 변경(재설정)함
    dffn #(M) p [1:N] ( .clk(clk),
                        .d({t, in}),
                        .q({out, t}));

endmodule
```

(c) 모듈 MxN_register

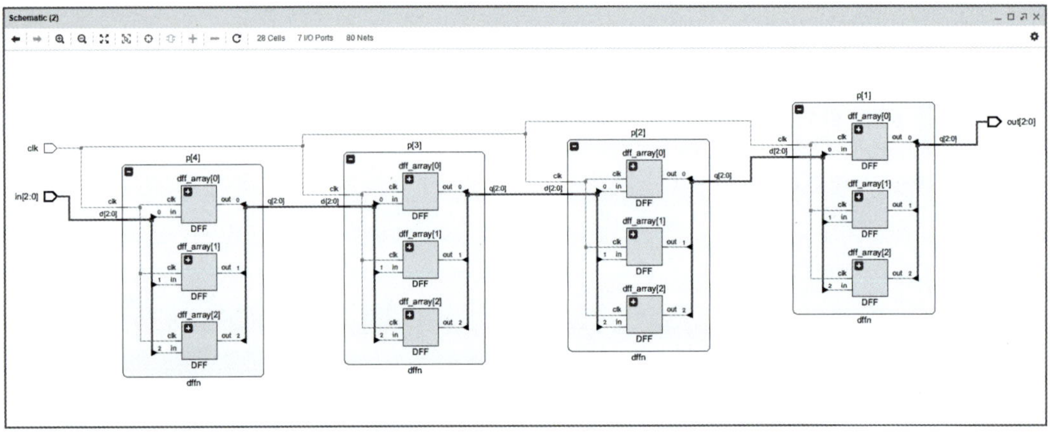

[그림 6-5] [코드 6-11]의 합성 결과

[코드 6-12]에서 모듈 mod_param_assign은 하위모듈 dff를 4개 인스턴스하고 있다.

- 인스턴스 mod_a : #(10,15)는 순서에 의한 파라미터 값 변경이 적용되었다. 모듈 dff에서 파라미터가 정의된 순서와 모듈 인스터스에서 나열된 파라미터 값의 순서가 1 : 1로 대응되어 해당 파라미터 값이 변경된다. 모듈 dff에서 파라미터가 size, delay의 순서로 선언되어 있으므로 size에 10이 할당되고, delay에 값 15가 할당된다.
- 인스턴스 mod_b : 파라미터 변경이 없으므로 모듈 dff에서 선언된 파라미터 값이 유지된다.
- 인스턴스 mod_c : 이름에 의한 파라미터 변경이 사용되었으며, #(.delay(12))에 의해 파라미터 delay는 12로 변경된다.
- 인스턴스 mod_d : 이름에 의한 파라미터 변경이 사용되었으며, #(.delay(), .size(10))에 의해 파라미터 delay는 1이 유지되고, 파라미터 size는 10으로 변경된다.

[그림 6-6]은 [코드 6-12]의 합성 결과로 얻어진 회로이다.

코드 6-12 모듈 parameter 값 변경 예

```
module dff (input clk, input [size-1:0] in,
           output reg [size-1:0] out);
     parameter size = 5, delay = 1;

     always @(posedge clk)
        #delay out <= in;

endmodule
```

(a) 모듈 dff

```
module mod_param_assign (input clk, input [9:0] in_a, input [4:0] in_b,
                         input [4:0] in_c, input [9:0] in_d,
                         output [9:0] out_a, output [4:0] out_b,
                         output [4:0] out_c, output [9:0] out_d );

   dff #(10,15)                mod_a (clk, in_a, out_a);  // 순서에 의한 파라미터 값 변경
   dff                         mod_b (clk, in_b, out_b);  // 파라미터 값을 변경하지 않음
   dff #(.delay(12))           mod_c (clk, in_c, out_c);  // 이름에 의한 파라미터 값 변경
   dff #(.delay(), .size(10)) mod_d (clk, in_d, out_d);   // 파라미터 delay 값은 변경하지 않음

endmodule
```

(b) 모듈 mod_param_assign

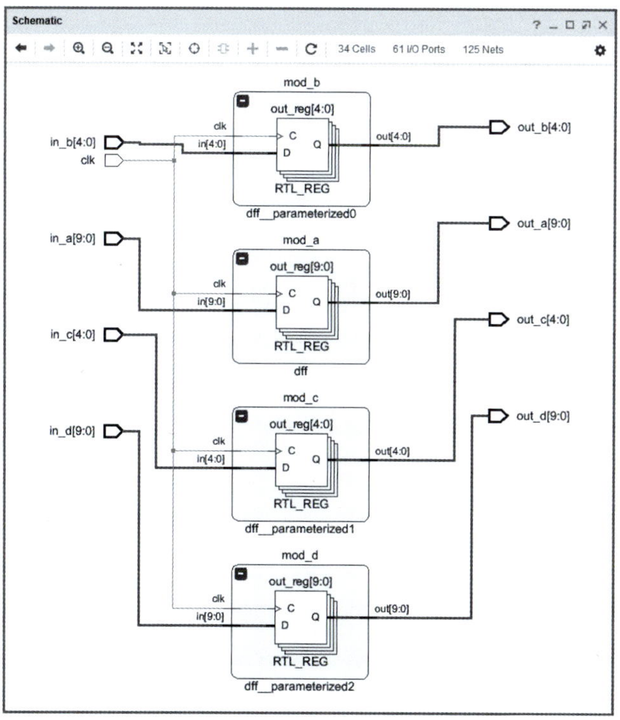

[그림 6-6] [코드 6-12]의 합성 결과

6.3.3 모듈 파라미터의 상호 의존성

모듈의 특정 파라미터(예를 들어, memory_size)는 다른 파라미터(예를 들어, word_size)를 포함하는 표현으로 정의될 수 있다. memory_size가 word_size의 값에 의존하므로, word_size가 변경되면 memory_size의 값도 변경되며, 이를 모듈 파라미터의 상호 의존성이라 한다. 예를 들어, [예시 6-6]의 `parameter` 선언에서 `defparam` 문이나 인스턴스 생성문에 의해 word_size의 값이 변경되면 memory_size의 값도 자동으로 변경된다.

[예시 6-6] 모듈 파라미터의 상호 의존성 예

```
parameter
  word_size = 32,
  memory_size = word_size * 4096;
```

SECTION 6.4 생성문

생성문generate statement은 모듈 인스턴스 생성을 위한 구문으로서 파라미터화된 회로의 모델링에 유용하게 사용될 수 있다. 생성문은 모듈 내에서 키워드 generate – endgenerate 블록으로 모델링된다. 생성문은 인스턴스뿐만 아니라 variable, function, task의 선언도 가능하다. 생성문은 모듈, 사용자 정의 프리미티브User Defined Primitive, UDP, 게이트 프리미티브, 연속 할당문, initial 및 always 블록 등을 하나 또는 다수 개 생성할 수 있다. 생성된 선언과 인스턴스는 조건적으로 인스턴스되거나 다중으로 인스턴스될 수 있다. 생성된 인스턴스는 고유의 식별자를 가지며 계층적으로 참조될 수 있다. 순서 또는 이름에 의한 파라미터 값의 변경, defparam 문에 의한 파라미터 재정의는 생성문 내에서도 허용될 수 있다. 그러나 생성문 내의 defparam 문은 생성문 내에서 선언된 파라미터 값에만 영향을 미치며, 또한 하위모듈이 인스턴스된 계층구조 내의 defparam 문은 인스턴스된 계층구조 안의 파라미터 값에만 영향을 미친다.

구조적 설계의 구성 요소(모듈 인스턴스)와 절차형 문장 블록 사이의 연결을 지원하기 위해, net, reg, integer, real, time, realtime, event 등의 Verilog HDL 자료형이 생성문 내에서 선언될 수 있다. 생성된 자료형은 고유의 식별자 이름을 가지며, 계층적으로 참조될 수 있다. 생성문 안에서 task와 function의 선언은 허용되지만, 반복 생성문의 내에서는 허용되지 않는다. 생성된 task와 function은 고유한 식별자를 가지며 계층적으로 참조될 수 있다.

생성문에서 parameter, local param, input, output, inout 등의 선언은 허용되지 않는다. 생성된 모듈 인스턴스의 포트 연결은 6.2절에 설명된 일반적인 모듈 인스턴스의 포트 연결과 동일하다. Verilog HDL의 생성문 관련 표현 형식은 [문법 6-8]과 같다. 이 절에서는 생성문과 관련하여 genvar 선언, 반복 생성문, 조건 생성문, case 생성문 등에 대해 알아본다.

문법 6-8 생성문

```
genvar genvar_name { , genvar_name } ;
generate
    genvar genvar_name { , genvar_name } ;
    begin [ : generate_block_name ]
        { generate_item }
    end
    if (constant_expression) generate_item_or_null
   [ else generate_item_or_null ]
    case (constant_expression)
        constant_expression {, constant_expression} :  generate_item_or_null
          . . .
        default : generate_item_or_null
    endcase
    for (genvar_name = constant_expression; genvar_expression;
          genvar_name = genvar_expression)
          begin [ : generate_block_name ]
              { generate_item }
          end
endgenerate
```

- genvar : generate 블록 내에서만 사용되는 integer 변수를 선언하며, generate 블록 내부 또는 외부에서 선언될 수 있다.
- 생성문은 생성문 블록(begin - end), 조건 생성문(generate - if), case 생성문(generate - case), 반복 생성문(generate - for) 등으로 구성된다.
- generate_item: net 선언, variable 선언, assign 문, 모듈 인스턴스, 게이트 프리미티브 인스턴스, 절차형 블록(always, initial 블록), 함수 및 태스크 정의 등이 될 수 있다.

6.4.1 genvar 선언

genvar 선언은 반복 생성문(generate-for) 내에서만 사용될 수 있는 루프 인덱스 변수를 선언하며, 표현 형식은 [문법 6-9]와 같다.

문법 6-9 genvar 선언

```
genvar  genvar_name { , genvar_name } ;
```

- genvar 변수는 정수형이며, 선언된 변수를 루프 인덱스로 갖는 반복 생성문(generate-for) 내에서만 사용되는 지역변수(local variable)이다.
- 해당 변수가 사용되는 모듈의 생성문 내부 또는 외부에서 선언될 수 있다.
- genvar 변수는 elaboration 동안에만 값을 유지하며, 시뮬레이션 동안에는 존재하지 않는다.

genvar로 선언된 변수는 x, z 또는 음의 값을 가질 수 없으며, 이를 위반하면 오류가 된다. genvar로 선언된 변수의 값은 반복 생성문에 의해서만 결정된다. 동일한 genvar를 인덱스 변수로 사용하는 2개의 반복 생성문의 내포는 허용되지 않는다. genvar의 값은 parameter 값이 참조될 수 있는 어떤 문장에서도 참조될 수 있다.

genvar가 절차형 반복문의 루프 인덱스와 다른 점은, genvar는 시뮬레이터 또는 논리합성툴의 elaboration 과정(시뮬레이션이나 합성을 위해 모듈을 분석하는 과정이며, 구문의 오류 검출, 인스턴스된 모듈의 연결[link], parameter 값의 전달, 계층적인 참조에 대한 분해 등을 수행하는 과정) 동안에만 정의되며, 시뮬레이션 또는 합성이 진행되는 동안에는 존재하지 않는다.

6.4.2 반복 생성문(generate-for 문)

반복 생성문은 generate-endgenerate 구문 내부에 for 문으로 모델링된다. 하나 또는 다수의 variable 선언, 모듈, 사용자 정의 프리미티브, 게이트 프리미티브, 연속 할당문, initial 블록, always 블록 등의 반복적인 인스턴스를 위해 사용된다. 생성문 내부의 for-loop에서 사용되는 인덱스 변수는 genvar로 선언해야 한다.

[코드 6-13]은 순환이진 코드[gray code]를 입력받아 이진 코드로 변환하는 gray-to-binary 변환기를 반복 생성문으로 모델링 한 예이며, 비트 수를 parameter SIZE=4로 선언하여 파라미터화된[parameterized] gray-to-binary 변환기를 구현한다. 참고로, 4비트 순환이진 코드와 이진 코드 사이의 진리표는 [표 6-2]와 같으며, generate-for 내부의 assign 문에 의해 이진 코드의 각 비트가 계산된다. for 문의 반복 인덱스 변수 i는 모듈의 선언부에서 genvar로 선언되었다. for 문의 begin 뒤에 생성문 블록 식별자(:bit)를 붙였다.

[표 6-2] 순환이진 코드(gray code)와 이진 코드(4비트)

10진수	순환이진 코드	이진 코드
0	0000	0000
1	0001	0001
2	0011	0010
3	0010	0011
4	0110	0100
5	0111	0101
6	0101	0110
7	0100	0111
8	1100	1000
9	1101	1001

코드 6-13 반복 생성문을 이용한 파라미터화된 gray-to-binary 변환기 모델링 (assign문 사용)

```
module gray2bin1 (output [SIZE-1:0] bin,
                  input [SIZE-1:0] gray);
    parameter SIZE = 4;
    genvar i;

    generate
      for(i=0; i<SIZE; i=i+1) begin :bit
        assign bin[i] = ^gray[SIZE-1:i];
      end
    endgenerate

endmodule
```

[코드 6-14]는 generate-for 문 내부에 always 블록을 사용하여 [코드 6-13]의 회로를 모델링한 예이다.

코드 6-14 반복 생성문을 이용한 파라미터화된 gray-to-binary 변환기 (always 사용)

```
module gray2bin2 (output [SIZE-1:0] bin,
                  input [SIZE-1:0] gray);
    parameter SIZE = 4;
    reg [SIZE-1:0] bin;
    genvar i;

    generate
      for(i=0; i<SIZE; i=i+1) begin :bit
        always @(gray[SIZE-1:i])
          bin[i] = ^gray[SIZE-1:i];
      end
    endgenerate

endmodule
```

[코드 6-15]와 [코드 6-16]은 비트 수가 파라미터화된 리플 캐리[ripple-carry] 가산기를 generate-for 문을 사용해서 모델링한 예이다. for-loop 내부의 게이트 프리미티브들이 반복 횟수만큼 생성되어 멀티비트 리플 캐리 가산기가 구현된다. [코드 6-15]는 게이트 프리미티브 사이의 연결을 위해 생성루프 외부에서 2차원 net가 선언되었으며, [코드 6-16]은 각 반복루프에서 게이트 프리미티브 사이의 연결에 필요한 wire를 생성하기 위해 생성루프 내부에서 net 선언을 했다.

[코드 6-15]에서 generate-for 블록 내부의 for-loop는 SIZE=4에 의해 4회 반복되므로, 인스턴스 이름 g1, g2, g3, g4, g5를 갖는 게이트 프리미티브들이 4개씩 생성되며, 생성된 게이트 프리미티브들은 생성블록 식별자 bit에 의해 다음과 같은 생성 인스턴스 이름을 갖는다.

• XOR 게이트 : bit[0].g1, bit[1].g1, bit[2].g1, bit[3].g1
bit[0].g2, bit[1].g2, bit[2].g2, bit[3].g2

• AND 게이트 : bit[0].g3, bit[1].g3, bit[2].g3, bit[3].g3
bit[0].g4, bit[1].g4, bit[2].g4, bit[3].g4

• OR 게이트 : bit[0].g5, bit[1].g5, bit[2].g5, bit[3].g5

반복 생성문에 의해 생성된 인스턴스들은 생성문 밖에서 선언된 2차원 net t[1][3:0], t[2][3:0], t[3][3:0]에 의해 서로 연결된다.

코드 6-15 generate-for 구문에 의한 파라미터화된 리플 캐리 가산기 (생성루프 외부에 2차원 net 선언을 갖는 경우)

```
module adder_gen1 (output co, output [SIZE-1:0] sum,
                   input [SIZE-1:0] a, input [SIZE-1:0] b, input ci);

  parameter SIZE = 4;
  wire   [SIZE  :0] c;
  wire   [SIZE-1:0] t [1:3]; // 2차원 net 선언
  genvar            i;

  assign c[0] = ci;

  generate
    for(i=0; i<SIZE; i=i+1) begin :bit
      xor g1 (t[1][i], a[i],    b[i]);
      xor g2 (sum[i],  t[1][i], c[i]);
      and g3 (t[2][i], a[i],    b[i]);
      and g4 (t[3][i], t[1][i], c[i]);
      or  g5 (c[i+1],  t[2][i], t[3][i]);
    end
  endgenerate

  assign co = c[SIZE];

endmodule
```

[코드 6-16]에서 generate - for에 의해 [코드 6-15]와 동일한 게이트 프리미티브 인스턴스가 생성된다. generate - for 블록 내부의 net 선언에 의해 다음의 net가 생성된다.

• bit[0].t1, bit[1].t1, bit[2].t1, bit[3].t1
• bit[0].t2, bit[1].t2, bit[2].t2, bit[3].t2
• bit[0].t3, bit[1].t3, bit[2].t3, bit[3].t3

생성된 프리미티브 인스턴스들은 위의 생성된 net에 의해 서로 연결된다. [코드 6-15], [코드 6-16]은 [그림 6-7]과 같이 동일한 4비트 가산기 회로로 합성된다.

코드 6-16 generate-for 구문에 의한 파라미터화된 리플 캐리 가산기 (생성루프 내부에 net 선언을 갖는 경우)

```
module adder_gen2 (output co, output [SIZE-1:0] sum,
                   input [SIZE-1:0] a, input [SIZE-1:0] b, input ci);

  parameter SIZE = 4;
  wire   [SIZE  :0] c;
  genvar           i;

  assign c[0] = ci;

  generate
    for(i=0; i<SIZE; i=i+1) begin :bit
      wire   t1, t2, t3;     // generated net declaration
      xor g1 (     t1, a[i], b[i]);
      xor g2 (sum[i],    t1, c[i]);
      and g3 (     t2, a[i], b[i]);
      and g4 (     t3,   t1, c[i]);
      or  g5 (c[i+1],    t2,  t3);
    end
  endgenerate

  assign co = c[SIZE];

endmodule
```

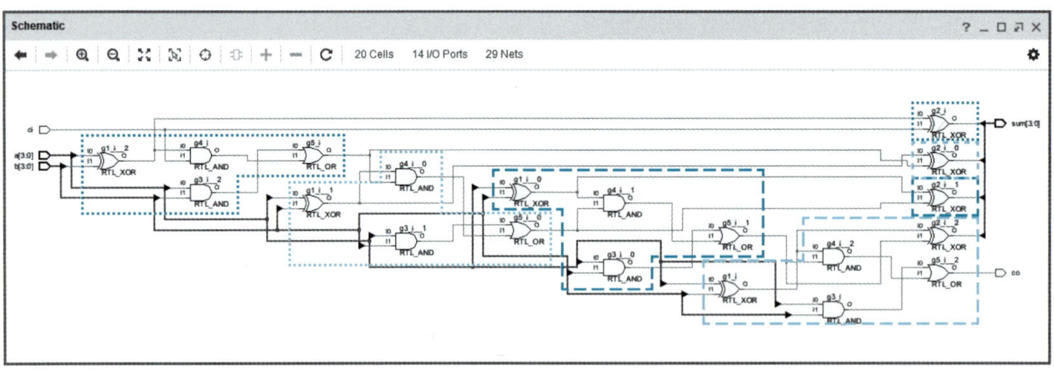

[그림 6-7] [코드 6-15]와 [코드 6-16]의 합성 결과(4비트 리플 캐리 가산기)

[코드 6-17]은 다중 생성루프에서 생성 인스턴스 이름에 대한 예를 보이고 있다. 각 생성루프가 갖는 생성 인스턴스 이름은 generated_block_identifier[genvar_value]의 형식으로 만들어진다. 생성 인스턴스 이름은 계층적 경로이름으로 참조될 수 있는 생성 식별자이다.

[코드 6-17]에서 생성 인스턴스 이름 중 일부는 다음과 같다.

- 생성 블록 식별자 B1을 갖는 for-loop의 인스턴스 N1의 생성 인스턴스 이름
  : B1[0].N1, B1[1].N1
- 생성 블록 식별자 B2를 갖는 for-loop의 인스턴스 N2의 생성 인스턴스 이름
  : B1[0].B2[0].N2, B1[0].B2[1].N2
- 생성 블록 식별자 B3를 갖는 for-loop의 인스턴스 N3의 생성 인스턴스 이름
  : B1[0].B2[0].B3[0].N3, B1[0].B2[0].B3[1].N3, B1[0].B2[1].B3[0].N3
- 생성 블록 식별자 B4를 갖는 for-loop의 인스턴스 N4의 생성 인스턴스 이름
  : B1[1].B4[0].N4, B1[1].B4[1].N4

코드 6-17 다중 생성루프의 생성 인스턴스 이름

```
parameter SIZE = 2;
genvar    i, j, k, m;

generate
  for(i=0; i<SIZE; i=i+1) begin :B1        // scope B1[i]
    M1 N1( );                              // instantiates B1[i].N1
    for(j=0; j<SIZE; j=j+1) begin :B2      // scope B1[i].B2[j]
      M2 N2( );                            // instantiates B1[i].B2[j].N2
      for(k=0; k<SIZE; k=k+1) begin :B3    // scope B1[i].B2[j].B3[k]
        M3 N3( );                          // instantiates B1[i].B2[j].B3[k].N3
      end
    end
    if(i>0) begin :B4                      // scope B1[i].B4
      for(m=0; m<SIZE; m=m+1) begin :B5    // scope B1[i].B4.B5[m]
        M4 N4( );                          // instantiates B1[i].B4.B5[m].N4
      end
    end
  end
endgenerate
```

6.4.3 조건 생성문(generate-if 문)

조건 생성문은 generate-endgenerate 블록 내에 if-else-if의 조건문을 사용해서 조건에 따라 특정 모듈 또는 블록을 선택적으로 인스턴스한다. 모듈, 사용자 정의 프리미티브, 게이트 프리미티브, 연속 할당문, initial 블록, always 블록 등을 인스턴스할 수 있다. 특정 모듈 또는 블록의 인스턴스가 선택되는 조건은 elaboration되는 시점에서의 값에 의해 결정된다.

[코드 6-18]은 조건 생성문을 이용한 모델링의 예이며, 곱셈기의 입력 비트 수 a_width, b_width 중 하나 이상이 8비트 보다 작으면 모듈 CLA_mul을 인스턴스하고, 그렇지 않으면(a_width, b_width 모두가 8비트보다 크면) 모듈 WALLACE_mul이 인스턴스되도록 모델링되었다.

코드 6-18 조건 생성문을 이용한 파라미터화된 곱셈기

```
module multiplier (input  [a_width-1:0] a, input  [b_width-1:0] b,
                   output [product_width-1:0] product);

   parameter a_width = 8, b_width = 8;
   localparam product_width = a_width + b_width; // can not be modified directly
               // with defparam statement or using # in module instance statement

  generate
     if((a_width < 8) ||(b_width < 8))  begin :MULT
        CLA_mul #(a_width, b_width) U1 (a, b, product);
       // instantiate a CLA multiplier
     end
     else  begin :MULT
        WALLACE_mul #(a_width, b_width) U1 (a, b, product);
       // instantiate a Wallace-tree multiplier
    end
  endgenerate   // The hierarchical instance name is MULT.U1

endmodule
```

6.4.4 case 생성문(generate-case 문)

case 생성문은 generate-endgenerate 블록 내에 case 문을 사용하여 case 조건에 따라 특정 모듈 또는 블록을 선택적으로 인스턴스한다. 모듈, 사용자 정의 프리미티브, 게이트 프리미티브, 연속 할당문, initial 블록, always 블록 등을 인스턴스할 수 있다. 특정 모듈 또는 블록의 인스턴스를 선택하는 조건은 elaboration되는 시점에서의 값에 의해 결정된다.

[코드 6-19]는 case 생성문의 예이며, case 문의 조건인 WIDTH가 1인 경우에는 모듈 adder_1bit가 인스턴스되고, WIDTH가 2인 경우에는 모듈 adder_2bit가 인스턴스된다. 그 이외의 경우에는 adder_cla가 파라미터 값 변경과 함께 인스턴스된다. case 조건에 따라 인스턴스되는 모듈의 인스턴스 이름은 모두 동일하게 U1이 된다.

코드 6-19 case 생성문의 예

```
generate
   case (WIDTH)
     1:  begin :ADDER           // 1-bit adder implementation
            adder_1bit U1 (co, sum, a, b, ci);
         end
     2:  begin :ADDER           // 2-bit adder implementation
            adder_2bit U1 (co, sum, a, b, ci);
         end
     default:
         begin :ADDER           // others - carry look-ahead adder
            adder_cla #(WIDTH) U1 (co, sum, a, b, ci);
         end
   endcase     // The hierarchical instance name is ADDER.U1
endgenerate
```

SECTION 6.5

계층적 이름

Verilog HDL 모델링의 모든 식별자는 고유의 계층적 이름[hierarchical name]을 가질 수 있다. 계층적 이름은 모듈이 다른 하위모듈을 인스턴스하는 계층구조와 모듈 내의 task 및 named 블록에 의해 정의된다. 이름의 계층구조는 트리구조와 유사하며, 모듈 인스턴스, 생성 인스턴스, task, function, named begin-end 블록 및 fork-join 블록 등에 의해 트리의 특정 분기[branch]에 속하는 새로운 계층 레벨이나 범위가 정의된다.

이름의 계층구조에서 최상위 레벨은 어떠한 인스턴스도 만들어지지 않는 루트[root] 모듈의 이름이다. 루트나 병렬 루트 모듈들은 설계에서 하나 이상의 계층구조를 구성한다. 특정 모듈의 내부에서 각 모듈의 인스턴스(인스턴스의 배열 또는 생성된 인스턴스를 포함해서), task와 function의 정의, named begin-end 블록 및 fork-join 블록들은 계층구조의 새로운 분기를 형성한다. 또한 named 블록, task와 function 내의 named 블록들에 의해 새로운 분기가 만들어진다. 계층적 이름에서 각 노드는 식별자에 대해 분리된 범위를 갖는다. 특정 식별자는 주어진 범위 내에서 단지 한 번만 선언될 수 있다.

이름을 갖는 Verilog HDL 객체 또는 계층적 이름은 모듈 이름, 인스턴스 이름, task, function, 또는 named 블록의 연결 형식에서 참조될 수 있다. 계층구조에서 각 계층의 이름을 구분하기 위해 '.(점)' 문자가 사용된다. 특정 객체에 대한 경로 이름은 최상위(루트) 모듈에서 시작되며, 이 경로 이름은 병렬 계층구조 또는 어떠한 계층 레벨에서도 사용될 수 있다.

계층적 이름 참조는 계층구조의 어느 레벨에서든지 객체에 대한 자유로운 접근을 허용한다. 만약 어떤 객체에 대한 계층적 경로 이름을 알고 있다면, 어디에서든지 그 객체의 값을 가져오거나 변경할 수 있다.

[코드 6-20]에서 모듈 wave는 모듈 cct를 인스턴스 이름 a로 인스턴스하고 있으며, 블록이름 wave1의 initial 블록과 initial 블록 내부에 블록이름 innerwave의 fork-join 블록을 갖는다. 한편, 모듈 cct는 모듈 mod를 인스턴스 이름 Amod와 Bmod로 인스턴스한다. 또한, 모듈 mod는 블록이름 keep의 begin-end 블록을 갖는다. 이와 같은 계층구조를 그림으로 나타내면 [그림 6-8]과 같으며, 이 예제에서 정의된 모든 객체의 계층적 이름은 [그림 6-9]와 같다. [그림 6-8], [그림 6-9]에서 볼 수 있듯이, 각 객체의 계층적 이름은 최상위 모듈에서부터 하위계층의 순서로 '.(점)'으로 연결되어 표현된다.

코드 6-20 계층적 이름의 예

```
module wave;
  reg stim1, stim2;

  cct a (stim1, stim2);   // instantiate cct

  initial begin :wave1
    #100 fork :innerwave
      reg hold;
    join
    #150 begin
      stim1 = 0;
    end
  end
endmodule

module cct (input stim1, input stim2);

  mod Amod (stim1), Bmod (stim2);   // instantiate mod
endmodule

module mod (input in);

  always @(posedge in) begin :keep
    reg hold;
    hold = in;
  end
endmodule
```

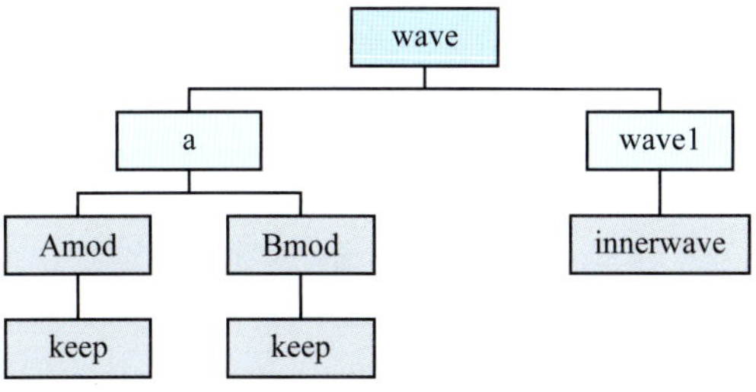

[그림 6-8] [코드 6-20]의 계층구조

```
wave              wave.a.Amod              wave.a.Bmod.keep
wave.stim1        wave.a.Amod.in           wave.a.Bmod.keep.hold
wave.stim2        wave.a.Amod.keep         wave.wave1
wave.a            wave.a.Amod.keep.hold    wave.wave1.innerwave
wave.a.stim1      wave.a.Bmod              wave.wave1.innerwave.hold
wave.a.stim2      wave.a.Bmod.in
```

[그림 6-9] [코드 6-20]의 계층적 경로 이름

[코드 6-21]은 블록이름을 갖는 `fork - join` 블록 쌍이 각각의 블록에서 선언된 객체들을 상호 참조하는 예이다.

코드 6-21 객체 이름의 상호 참조 예

```
begin
  fork :mod_1
    reg x;
    mod_2.x = 1;
  join

  fork :mod_2
    reg x;
    mod_1.x = 0;
  join
end
```

6.5.1 상향 이름 참조

모듈 이름 또는 인스턴스 이름은 모듈과 계층구조에서 모듈의 위치를 식별하는 데 사용된다. 하위계층의 모듈은 계층구조상의 상위모듈에 있는 객체들을 참조할 수 있다. 예를 들어, 상위계층의 모듈 또는 인스턴스 이름을 알고 있다면 상위계층의 variable을 참조할 수 있다. 상향 이름 참조를 위한 표현 형식은 [문법 6-10]의 두 가지 중 하나가 사용된다.

문법 6-10 상향 이름 참조

```
module_name.item_name
```

• item_name : 함수이름, 블록이름, net, 파라미터 이름, 포트 이름, 태스크 이름, 변수 이름 중 하나가 될 수 있다.

```
module_instance_name.item_name
generate_module_name.item_name
```

① 현재의 모듈에서 module_instance_name을 갖는 모듈 인스턴스를 찾는다. 만약 발견되면, 이는 하향 이름 참조로 취급되며, 그 이름은 해당되는 모듈 내에서 처리된다.

② module_instance_name을 갖는 모듈 인스턴스를 상위모듈에서 찾는다. 만약 발견되면, 이는 상향 이름 참조로 취급되며, 그 이름은 그 인스턴스로부터 처리될 것이며, 이는 그 참조를 포함하는 모듈의 형제가 된다.

③ 단계-②를 반복해서 상위계층으로 올라간다.

[코드 6-22]는 계층적 이름 참조를 보인 예이다. [코드 6-22]에는 a, b, c, d 4개의 모듈이 있으며, 각 모듈은 integer i를 포함한다. 모듈 계층구조에서 최상위 계층 모듈은 a와 d이다. 모듈 a와 d가 모듈 b를 인스턴스하고 있으므로, 모듈 b에 대한 2개의 복사본이 존재한다. 2개의 모듈 b 복사본이 각각 모듈 c를 두 번씩 인스턴스하므로, 4개의 c.i 복사본이 존재한다.

코드 6-22 계층적 이름 참조의 예

```
module a;
   integer i;
   b a_b1( );
endmodule

module b;
  integer i;

  c  b_c1( ), b_c2( );

  initial                   // downward path references two copies of i:
     #10 b_c1.i = 2;        // a.a_b1.b_c1.i, d.d_b1.b_c1.i
endmodule

module c;
  integer i;
  initial begin                // local name references four copies of i:
       i = 1;                  // a.a_b1.b_c1.i, a.a_b1.b_c2.i,
                               // d.d_b1.b_c1.i, d.d_b1.b_c2.i
       b.i = 1;                // upward path references two copies of i:
                               // a.a_b1.i, d.d_b1.i
  end
endmodule

module d;
  integer i;
  b d_b1( );
  initial begin   // full path name references each copy of i
       a.i = 1;              d.i = 5;
       a.a_b1.i = 2;         d.d_b1.i = 6;
       a.a_b1.b_c1.i = 3;    d.d_b1.b_c1.i = 7;
       a.a_b1.b_c2.i = 4;    d.d_b1.b_c2.i = 8;
  end

endmodule
```

연습문제

6.1 [코드 6-23]은 8비트 리플 캐리 가산기의 Verilog HDL 모델링이다. full_adder 모듈([코드 6-4(b)]) 8개의 인스턴스로 완성하고, RTL 시뮬레이션으로 검증하라.

코드 6-23

```
module Adder_8b (input [7:0] a, input [7:0] b, input cin,
                 output [7:0] sum, output cout);

   // full_adder 모듈 8개를 인스턴스해서 코드를 완성한다.
   assign cout = co_7;

endmodule
```

6.2 full_adder 모듈([코드 6-4(b)])의 인스턴스 배열을 이용해서 [코드 6-24]의 8비트 리플 캐리 가산기 모델링을 완성하고, RTL 시뮬레이션으로 검증하라.

코드 6-24

```
module Adder_8b_array (input [7:0] a, input [7:0] b, input cin,
                       output [7:0] sum, output cout);

   // 필요한 자료형을 선언하고, full_adder 모듈의 인스턴스 배열을 이용해서 코드를 완성한다.

endmodule
```

6.3 full_adder 모듈([코드 6-4(b)]) 인스턴스와 반복 생성문(generate-for)을 이용해서 [코드 6-25]의 8비트 리플 캐리 가산기 모델링을 완성하고, RTL 시뮬레이션으로 검증하라.

코드 6-25

```
module Adder_8b_generate_for (input [7:0] a, input [7:0] b, input cin,
                              output [7:0] sum, output cout);

   // 필요한 자료형을 선언하고, full_adder 모듈의 인스턴스와 generate-for 구문을 이용해서
   // 코드를 완성한다.

endmodule
```

6.4 비트 수가 파라미터 BITS로 선언된 D-type 플립플롭의 Verilog HDL 모델링([코드 6-26])을 완성하고, 합성을 통해 회로를 확인하라. 플립플롭은 클록신호 clk의 상승에지로 동작하며, 비동기식 active-low 리셋을 갖는다.

코드 6-26

```
module DFF_BITS (input clk, input rstn, input [BITS-1:0] d,
                 output [BITS-1:0] q);

   parameter BITS = 1;

   // 필요한 자료형을 선언하고, 코드를 완성한다.

endmodule
```

6.5 [코드 6-26]의 모듈 DFF_BITS를 인스턴스하고 파라미터 BITS를 8로 지정해서 8비트 D 플립플롭의 Verilog HDL 모델링([코드 6-27])을 완성하고, 합성을 통해 회로를 확인하라. 단, 이름에 의한 포트 연결과 파라미터 값 변경을 적용한다.

코드 6-27

```
module DFF_8b (input clk, input reset, input [7:0] din,
               output [7:0] qout);

   // 코드를 완성한다.

endmodule
```

6.6 모듈 DFF_8b([코드 6-27])의 인스턴스 배열을 이용해서 [그림 6-10]의 4단 파이프라인 레지스터의 Verilog HDL 모델링([코드 6-28])을 완성하고, 합성을 통해 회로를 확인하라. 단, 순서에 의한 포트 연결을 적용한다.

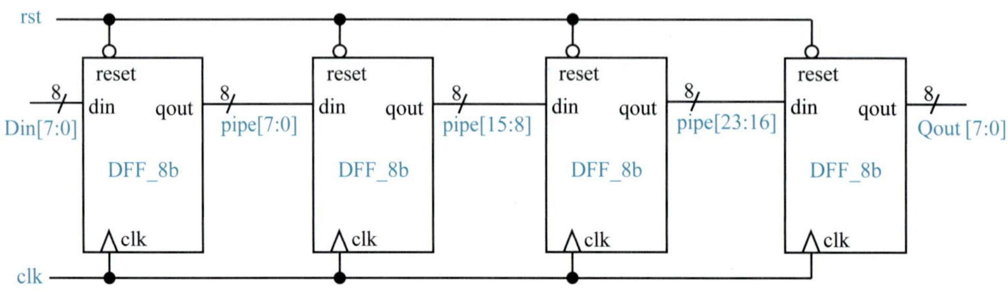

[그림 6-10]

코드 6-28

```
module DFF_8b_pipe4 (input clk, input rst, input [7:0] Din,
                     output [7:0] Qout);

    // 필요한 자료형을 선언하고, 코딩을 완성한다.

endmodule
```

CHAPTER 07

함수와 태스크

학습 목표

- Verilog HDL의 함수와 태스크의 차이에 대해 이해한다.
- 함수를 정의하고 호출하는 방법을 이해한다.
- 태스크를 정의하고 호출하는 방법을 이해한다.

들어가기 전에

회로 설계 모듈이나 시뮬레이션 테스트벤치 소스코드에서 특정 기능의 행위수준 모델링이 반복적으로 사용되는 경우가 있다. 이 경우에 반복되는 행위수준 모델링 부분을 독립된 코드의 함수function나 태스크task로 정의한 후, 이를 호출해서 사용하면 전체적인 설계의 효율성과 함께 간결한 소스코드를 얻을 수 있다. 또한, 규모가 큰 행위수준 모델링을 작은 부분들로 분할하여 함수 또는 태스크로 표현함으로써 소스코드의 가독성과 디버깅을 용이하게 할 수 있다.

함수와 태스크는 사용자가 필요에 따라 정의해서 사용하는 것과 Verilog HDL에서 기본적으로 제공되는 시스템 함수, 시스템 태스크로 구분된다. 이 장에서는 사용자가 정의해서 사용하는 함수와 태스크의 정의와 호출 방법에 대해 설명한다. 시스템 함수와 시스템 태스크에 대해서는 9장에서 설명한다.

SECTION 7.1

함수와 태스크의 차이점

함수와 태스크는 [표 7-1]의 규칙에 의해 구별된다.

[표 7-1] 함수와 태스크의 차이점 및 공통점

함수	태스크
• zero 지연을 갖는 조합회로 소스코드 구현에 사용됨	• 지연, 타이밍, 이벤트를 가질 수 있으며, 다중의 결과 값을 반환하는 소스코드에 적용 가능함 • `task`의 I/O에 정의되지 않고 `module` 내부에 `reg`로 선언된 변수의 액세스가 가능함
• 함수 내부에서 다른 함수의 호출이 가능함 • 함수 내부에서 태스크를 호출할 수 없음	• 태스크 내부에서 다른 함수나 태스크의 호출이 가능함
• zero 시뮬레이션 지연을 가짐	• non-zero 시뮬레이션 지연을 가질 수 있음
• 지연(#), 이벤트(@), 타이밍 제어(예, `wait` 문)를 포함할 수 없음	• 지연(#), 이벤트(@), 타이밍 제어(예, `wait` 문)를 포함할 수 있음
• 1개의 결과 값을 함수이름을 통해 반환함 • 적어도 1개 이상의 input 인수가 필요함 • output, inout 인수를 가질 수 없음	• output, inout을 통해 다수 개의 값을 반환하거나 결과 값을 반환하지 않을 수도 있음 • 0개 이상의 input, output, inout 인수를 가짐
• variable 자료형만 가질 수 있으며, net 자료형은 가질 수 없음 • `assign` 문, 게이트 프리미티브와 모듈 인스턴스는 사용할 수 없음 • `initial`과 `always` 블록을 포함할 수 없으며, 행위수준 모델링만 포함 가능함	

함수는 단지 하나의 결과 값을 만들어 호출한 부분으로 전달하므로, 조합회로나 하나의 출력을 생성하는 일반적인 Verilog HDL 소스코드에 사용된다. 함수는 Verilog HDL 모델링에서 피연산자처럼 사용되며, 이때 함수에 의해 반환된 값이 피연산자 값이 된다. 반면에, 태스크는 여러 개의 결과 값을 만들어 호출한 부분으로 반환할 수 있으므로, 함수보다 다양한 목적을 위해 사용된다.

태스크와 함수는 `reg`, `integer`, `real`, `time`, `event` 등의 variable 자료형을 가질 수 있으나, `wire`, `tri` 등의 `net` 자료형은 가질 수 없다. 태스크와 함수는 `always` 블록 또는 `initial` 블록에 포함될 수 있는 절차형 문장(`if-else`, `case`, `for`, `wait` 등)들만 포함할 수 있다. 태스크와 함수에 `always` 블록 또는 `initial` 블록 자체가 포함될 수 없으며, 또한 게이트 프리미티브나 모듈을 인스턴스할 수 없음에 유의해야 한다. 태스크와 함수는 `always` 블록, `initial` 블록 또는 다른 태스크와 함수로부터 호출된다.

예를 들어, 16비트 워드에 포함된 2개의 바이트를 서로 교환하는 기능을 함수 또는 태스크로 정의할 수 있다. 태스크 switch_bytes는 입력 인수 old_word의 상위 바이트와 하위 바이트를 서로 교환하고, 그 결과를 출력 인수 new_word에 담아 호출한 부분으로 넘겨주도록 정의되어 있다면, 태스크 switch_bytes를 호출하는 Verilog HDL 코드는 [예시 7-1]과 같다.

[예시 7-1] 태스크 switch_bytes의 호출 예

```
switch_bytes(old_word, new_word);
```

[예시 7-1]의 태스크와 동일한 기능을 수행하도록 함수 switch_bytes가 정의되어 있다면, 함수 switch_bytes를 호출하는 Verilog HDL 코드는 [예시 7-2]와 같다. 함수는 입력 인수 old_word의 값을 받아 바이트 교환을 수행하고, 그 결과를 함수이름 switch_bytes에 담아 가져오며, 함수 값은 할당문을 통해 new_word에 할당된다.

[예시 7-2] 함수 switch_bytes를 호출하고 그 결과를 new_word에 할당한 예

```
new_word = switch_bytes(old_word);
```

SECTION 7.2

함수

함수는 하나의 결과 값을 호출한 부분으로 넘겨주기 위한 용도로 사용된다. 이 절에서는 함수의 정의와 사용에 대해 설명한다.

7.2.1 함수의 정의

Verilog HDL에서 함수는 키워드 **function**으로 시작해서 **endfunction**으로 끝나며, [문법 7-1]과 같이 두 가지 방법 중 하나로 정의될 수 있다.

문법 7-1 함수 정의

```
// 방법-①
function [automatic][range_or_type] function_name ;
   {input [range_or_type] port_name {, port_name}};
   {block_item_declaration}
    procedural_statements;
endfunction
```

```
// 방법-②
function [automatic][range_or_type] function_name (input [range_or_type] port_name {, input
         [range_or_type] port_name});
   {block_item_declaration}
    procedural_statements;
endfunction
```

- 방법-① : 함수이름 뒤에 입력 인수 목록을 생략하고, 선언부에 입력 인수와 절차형 블록에서 선언될 수 있는 자료형들이 선언된다.
- 방법-② : 함수이름 뒤의 괄호 안에 입력 인수 목록을 나열한다.
- [automatic] : Verilog-2001에서 추가된 선택사항(옵션)이며, 각 함수 호출에 대한 저장 공간을 할당하여 재귀적(recursive) 함수 호출을 허용한다.
- [range_or_type] : 함수 결과 값 또는 입력 인수의 부호 속성, 비트 범위, 자료형을 지정하며, **signed** [msb : lsb], **reg** [msb : lsb], **integer**, **real**, **time**, **realtime** 중 하나가 될 수 있다. 생략되면 1비트 reg로 처리된다.
- **signed**는 Verilog-2001에서 추가된 속성으로 2의 보수 부호 있는 값(signed value)으로 처리한다.

함수 정의에서 인수들은 함수를 호출하는 부분에서 함수 내부로 값을 전달하는 역할을 하며, 모든 인수는 input으로만 선언되고, 반드시 하나 이상의 입력 인수를 가져야 한다.

함수에서는 함수이름과 동일한 이름의 reg 변수가 함수 내부에 임시적으로 생성되며, 임시변수에 함수의 결과 값을 할당하여 호출한 부분으로 전달한다. 따라서 함수가 정의되는 영역에서 함수이름과 동일한 이름의 변수를 선언하는 것은 허용되지 않는다. 함수의 결과 값은 default로 1비트의 reg이거나 또는 함수 정의에서 지정된 자료형을 갖는다.

[예시 7-3]은 함수 getbyte를 두 가지 방법으로 정의한 예이다. 함수 getbyte는 16비트의 addr을 입력 인수로 가지며, 함수이름 앞에 선언된 [7 : 0]에 의해 8비트의 결과 값을 호출한 부분으로 넘긴다.

[예시 7-3] 함수 getbyte를 두 가지 방법으로 정의한 예

```
// 방법-①
function [7:0] getbyte;
   input [15:0] addr;
   reg    [15:0] temp;
   begin  // code to extract low-order byte from addressed word
      . . .
      getbyte = result_expression;
   end
endfunction

// 방법-②
function [7:0] getbyte (input [15:0] addr);
   reg [15:0] temp;
   begin   // code to extract low-order byte from addressed word
      . . .
      getbyte = result_expression;
   end
endfunction
```

7.2.2 함수의 호출

함수를 호출하는 형식은 [문법 7-2]와 같으며, 함수 호출에서 인수가 평가되는 순서는 정의되지 않는다.

문법 7-2 함수 호출

```
function_name (expression { ,expression })
```

• 할당문의 우변에서 단독으로 호출되거나, 할당문 우변의 수식에서 피연산자로 사용되어 호출될 수 있다.

[예시 7-4]는 함수 getbyte를 두 번 호출하고, 그 결과를 결합 연산자로 묶어서 좌변의 word에 할당하는 예이다.

[예시 7-4] 함수 getbyte의 호출 예

```
word = control ? {getbyte(msb_byte), getbyte(lsb_byte)} : 0;
```

7.2.3 함수의 규칙

함수는 태스크보다 더 많은 제한을 가지며, 다음과 같은 여섯 가지 규칙에 의해 함수의 사용이 제한된다.

- 함수는 시간제어 문장을 가질 수 없으므로, 함수 내부에 `#`, `@` 또는 `wait` 등의 타이밍 제어를 포함할 수 없다.
- 함수는 하나 이상의 입력 인수를 가져야 하며, `output`과 `inout`으로 선언된 인수를 가질 수 없다.
- 함수는 함수이름과 동일한 이름의 내부 변수에 결과 값을 할당하는 문장을 포함한다.
- 함수는 nonblocking 할당을 가질 수 없다.
- 함수는 태스크를 호출할 수 없다.

[코드 7-1]에서 함수 word_align은 8비트의 word를 입력 인수로 받아서 MSB(Most Significant Bit)가 1이 되도록 왼쪽으로 시프트시킨 결과를 함수이름 word_align에 담아 호출하는 부분으로 넘기는 기능을 갖는다. assign 문의 우변에서 함수 word_align이 호출되고 있으며, 함수의 결과 값은 word_out으로 출력된다. [그림 7-1]은 [코드 7-1]의 시뮬레이션 결과이다.

코드 7-1 함수 word_align의 정의와 호출 예

```
module word_aligner (input [7:0] word_in,
                     output [7:0] word_out);

  function [7:0] word_align;
     input [7:0] word;
     reg   [7:0] temp;
     integer     i;

    begin
       temp = word;
       if (temp == 8'h00 || temp[7] == 1'b1)
          word_align = temp;
       else
          for (i=7; i>=0; i=i-1) begin
             if (temp[7] == 0) temp = temp << 1;
             else              word_align = temp;
          end
    end
  endfunction

  assign word_out = word_align (word_in); // 함수 호출

endmodule
```

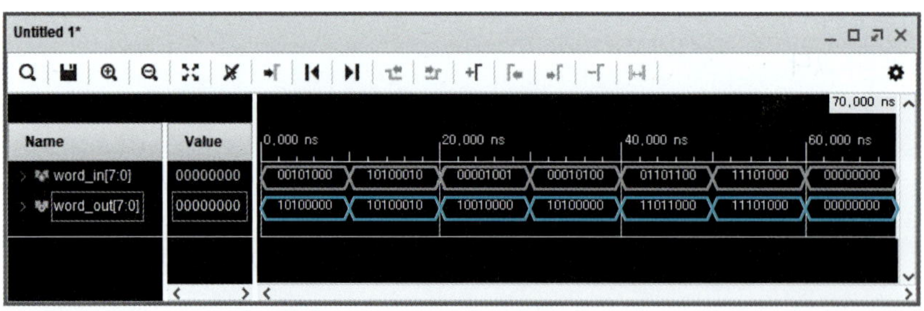

[그림 7-1] [코드 7-1]의 시뮬레이션 결과

[코드 7-2]에서 함수 factorial은 8비트 operand를 입력 인수로 받아 그 값의 factorial을 계산해서 결과 값으로 넘긴다. 함수 factorial은 for 반복문에서 호출되어 함수 결과 값이 result에 할당되고 출력된다.

코드 7-2 함수 factorial의 정의와 호출 예

```
module compute_factorial;

   function automatic integer factorial;
      input [7:0] operand;
      if(operand >= 2) factorial = factorial(operand - 1) * operand;
      else             factorial = 1;
   endfunction

   integer result, n;
   initial begin
      for(n=0; n<=7; n=n+1) begin
         result = factorial(n);
         $display("%0d factorial = %0d", n, result);
      end
   end

endmodule
```

↳[코드 7-2]의 시뮬레이션 결과

```
0 factorial = 1
1 factorial = 1
2 factorial = 2
3 factorial = 6
4 factorial = 24
5 factorial = 120
6 factorial = 720
7 factorial = 5040
```

SECTION 7.3

태스크

7.3.1 태스크의 정의

Verilog HDL에서 태스크는 키워드 **task**로 시작해서 **endtask**로 끝나며, [문법 7-3]과 같이 두 가지 방법 중 하나로 정의될 수 있다. 선언부에서는 절차형 블록에서 선언될 수 있는 모든 자료형들이 선언된다.

문법 7-3 태스크 정의

```
// 방법-①
task [automatic] task_name ;
   port_declaration port_name {, port_name};
   {block_item_declaration}
    procedural_statements;
endtask
```

```
// 방법-②
task [automatic] task_name (port_declaration port_name {, port_name}, ... );
   {block_item_declaration}
    procedural_statements;
endtask
```

- 방법-① : 태스크 이름 뒤에 입력, 출력 인수 목록을 생략하고, 선언부에 입력, 출력 인수와 절차형 블록에서 선언될 수 있는 자료형들이 선언된다.
- 방법-② : 태스크 이름 뒤의 괄호 안에 입력, 출력 인수 목록을 나열한다. 태스크 포트 목록은 생략될 수 있으며, 생략되지 않는 경우에는 콤마로 분리된 포트들로 구성된다.
- [automatic] : Verilog-2001에서 추가된 선택사항(옵션)이며, 태스크가 호출될 때마다 저장 공간을 할당하여 태스크가 재진입할 수 있도록 한다. 참고로, 태스크에 대한 이전 호출의 실행 중인 동안에도 태스크를 호출할 수 있다.
- port_declaration : port_direction [signed] [reg] [range]가 될 수 있으며, port_direction은 input, output, inout 중 하나가 될 수 있다. 태스크 결과 값 또는 입력 인수의 부호 속성, 비트 범위, 자료형을 지정하며, **signed** [msb : lsb], **reg** [msb : lsb], **integer**, **real**, **time**, **realtime** 중 하나가 될 수 있다. 생략되면 1비트로 처리된다.
- 태스크는 내부에 #, @, wait 등의 시간 제어를 포함할 수 있다.

태스크 정의에서 인수들은 태스크와 태스크 호출문 사이에 값을 전달하는 역할을 하며, 정의되는 태스크를 기준으로 태스크 내부로 값을 가져오는 인수는 `input`으로, 태스크에서 외부로 값을 가져가는 인수는 `output`으로, 그리고 두 가지를 모두 수행하는 인수는 `inout`으로 선언된다. 태스크 인수는 생략될 수도 있다.

7.3.2 태스크 호출과 인수 전달

태스크는 태스크에 전달되는 인수 값들을 정의하는 문장과 결과 값을 받는 변수들에 의해 실행되며, 태스크가 끝난 후에는 실행 프로세스로 제어가 넘겨진다. 태스크 내부에 타이밍 제어가 포함되어 있으면, 태스크의 실행 시점은 실행 프로세스의 제어가 되돌아오는 시점과 다를 수 있다. 태스크는 수에 제한 없이 다른 태스크들을 실행시킬 수 있다. 실행되고 있는 태스크의 수에 상관없이 실행되고 있는 모든 태스크들이 완료된 후에 실행 프로세스의 제어가 되돌아온다.

태스크 호출문의 형식은 [문법 7-4]와 같이 태스크 이름 뒤의 괄호 안에 인수 목록을 나열하여 호출된다. 태스크 호출문의 인수 목록은 생략할 수 있다. 인수 목록에 나열된 인수들의 순서는 태스크 정의에서 선언된 인수 목록의 순서와 일치해야 한다.

문법 7-4 태스크 호출

```
task_name [(expression {, expression} )];
```

- 태스크는 `always` 또는 `initial` 블록 내부, 그리고 다른 태스크에서 독립된 문장으로 호출될 수 있다.
- 태스크 호출문의 인수는 태스크 정의에서 선언된 인수와 순서대로 대응된다.

태스크에서 인수가 `input`으로 선언되면, expression은 어떠한 표현도 가능하다. 인수가 `output`이나 `inout`으로 선언되면, 태스크 내부에 절차형 할당문의 좌변에는 다음과 같은 표현이 사용될 수 있다.

- `reg`, `integer`, `real`, `realtime`, `time` 변수
- 메모리 참조
- `reg`, `integer`, `real`, `realtime`, `time` 변수의 결합[concatenation]
- 메모리 참조의 결합[concatenation]
- `reg`, `integer`, `time` 변수의 비트 선택과 부분 선택

태스크 호출문이 실행되면 태스크 호출문에 나열된 인수로부터 입력 값들이 태스크 내의 지정된 변수들에 전달된다. 태스크가 실행되면 `output`과 `inout` 인수로부터 태스크 호출문의 대응되는 변수에 값들이 전달된다. 태스크의 모든 인수들은 참조(값에 대한 pointer)가 아니라 값에 의해 전달된다.

[코드 7-3]은 태스크 my_task를 정의하고, 호출하는 예이다. 태스크 my_task는 4개의 인수를 가지며, 인수 목록을 사용하는 방법을 보인 것이다. 태스크 my_task가 **always** 블록 내부에서 호출되었으며, 태스크 호출문의 인수(a, b, aORb, aXORb)는 태스크 정의에서 선언된 인수(xa, xb, OR, XOR)와 순서대로 대응된다. [코드 7-3]의 시뮬레이션 결과는 [그림 7-2]와 같다.

코드 7-3 태스크 my_task의 정의와 호출 예

```
module my_task_ex ( );
  reg a, b, aORb, aXORb;

task my_task(input xa, xb,
             output OR, XOR);
   begin
      OR = xa | xb;
      XOR = xa ^ xb;
   end
endtask

initial begin
         a = 1'b0; b = 1'b0;
    #10  a = 1'b1; b = 1'b1;
    #10  a = 1'b0; b = 1'b1;
    #10  a = 1'b1; b = 1'b0;
    #10 $finish;
end

always @(a, b)
    my_task (a, b, aORb, aXORb);      // 태스크 호출

endmodule
```

태스크가 호출될 때, **input** 인수(xa, xb)는 a, b로부터 값을 받는다. 따라서 태스크 호출문이 실행되면 xa = a;와 xb = b;의 할당이 이루어진다.

태스크가 실행되면서 태스크 my_task에서 계산된 결과 값들은 인수 OR, XOR에 할당된다. 태스크 실행이 완료되는 시점에서 계산된 값을 태스크 호출부로 넘기기 위해 aORb = OR;와 aXORb = XOR;의 할당이 이루어진다.

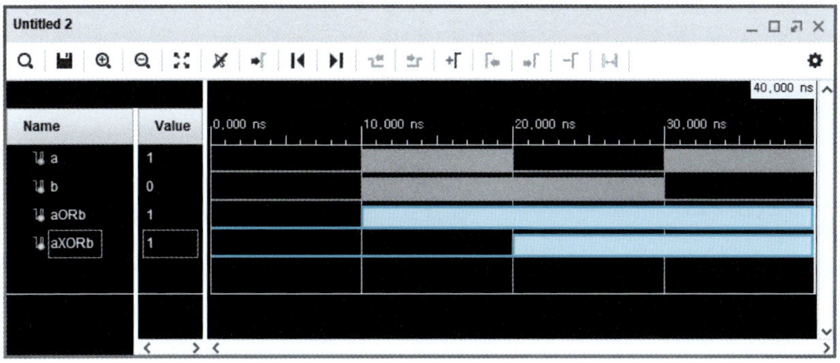

[그림 7-2] [코드 7-3]의 시뮬레이션 결과

[코드 7-4]는 8비트 입력 data_word에 포함된 1의 개수를 계수counting하는 회로를 태스크를 사용하여 모델링한 예이다. 태스크 count_ones은 8비트 인수 reg_a로 받아 이를 변수 temp_reg로 바꾼 후, temp_reg를 우측으로 1비트씩 시프트시키면서 LSB(temp_reg[0])가 1인지 판단하여 계수하는 과정을 `while` 루프로 반복한다. 논리시프트 연산자 >>는 시프트 연산 후에 비어 있는 MSB 위치에 0을 채워 넣으며 temp_reg의 비트 수만큼 반복하면 1의 개수를 계수할 수 있다. 따라서 `while` 루프는 temp_reg에 1이 포함되어 있는 동안 반복되며, `while` 루프의 내부에서는 temp_reg[0]=1이면 count 변수 값을 1만큼 증가시키고, temp_reg를 오른쪽으로 1비트 시프트시킨다. 시뮬레이션 결과는 [그림 7-3]과 같다.

코드 7-4 태스크 count_ones를 이용한 1의 개수 계수회로 모델링

```
module bit_counter (input [7:0] data_word,
                    output [3:0] bit_count);
  reg     [3:0] bit_count;

  always @(data_word)
    count_ones(data_word, bit_count);  // 태스크 호출

  task count_ones;
     input  [7:0] reg_a;  // 인수가 여러 개인 경우, 순서가 중요함.
     output [3:0] count;
     reg     [3:0] count;
     reg     [7:0] temp_reg;
     begin
       count=0;
       temp_reg = reg_a;
       while (temp_reg) begin
           if (temp_reg[0]) count = count+ 1;
           temp_reg = temp_reg >> 1;
       end
     end
  endtask
endmodule
```

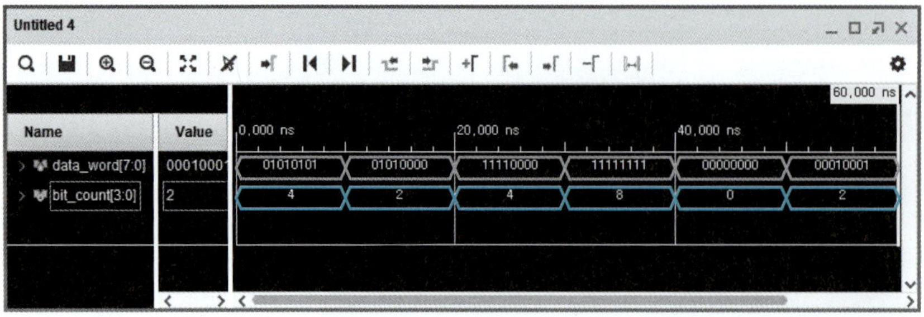

[그림 7-3] [코드 7-4]의 시뮬레이션 결과

[코드 7-5]는 태스크를 사용하여 메모리를 읽어오는 기능을 모델링한 예이다.

코드 7-5 태스크 read_mem을 이용한 메모리 읽기 모델링

```
task read_mem (input [15:0] address,
               output [31:0] data);
   begin
      read_request = 1'b1;
      wait (read_grant) addr_bus = address;
      data = data_bus;
      #5 addr_bus = 16'bz;
      read_request = 1'b0;
   end
 endtask

 always @(posedge clk) begin
    read_mem (PC, IR);      // 태스크 호출
 end
```

7.1 32비트 입력을 받아 MSB 쪽에 1이 처음 나오는 비트 위치를 찾는 함수 ftn_Fpos_1을 모델링하고, 테스트벤치를 작성해서 시뮬레이션으로 검증하라.

7.2 32비트 입력을 받아 MSB 쪽에 1이 처음 나오는 비트 위치를 찾는 태스크 task_Fpos_1을 모델링하고, 테스트벤치를 작성해서 시뮬레이션으로 검증하라.

7.3 32비트 입력을 받아 LSB 쪽에 1이 마지막 나오는 비트 위치를 찾는 함수 ftn_Lpos_1을 모델링하고, 테스트벤치를 작성해서 시뮬레이션으로 검증하라.

7.4 32비트 입력을 받아 LSB 쪽에 1이 마지막 나오는 비트 위치를 찾는 태스크 task_Lpos_1을 모델링하고, 테스트벤치를 작성해서 시뮬레이션으로 검증하라.

7.5 [코드 7-6]에서 태스크 prob_7_5가 수행하는 기능을 설명하고, 동일한 기능을 함수로 모델링해서 호출하고, 테스트벤치를 작성해서 시뮬레이션으로 검증하라.

코드 7-6

```
module count_task (input [15:0] data,
                   output [4:0] cnt_out);
  reg [4:0] cnt_out;
  always @(data)
    prob_7_5(data, cnt_out);

task prob_7_5 (input [15:0] data,
               output [4:0] count);
  integer i;
  begin
     count = 0;
     for (i=0; i<=15; i=i+1)
        count = count + ~(data[i]);
  end
endtask

endmodule
```

CHAPTER 08
컴파일러 지시어

학습 목표

- `define을 이용한 문자 매크로 정의와 사용 방법을 이해한다.
- `timescale을 이용하여 시간과 지연의 단위와 정밀도를 지정하는 방법을 이해한다.
- `include를 이용한 파일 삽입 방법을 이해한다.
- `ifdef, `else 등을 이용한 선택적 컴파일 방법을 이해한다.

들어가기 전에

컴파일러 지시어compiler directive는 Verilog HDL 소스코드의 컴파일 과정에 영향을 미치는 컴파일러 명령어이다. Verilog HDL 컴파일러 지시어는 grave accent 문자(')로 시작되며, 단일 인용부호(')와 혼동하지 않도록 주의해야 한다. Verilog HDL의 구문이 아니므로 문장 끝에 세미콜론(;)을 붙이지 않는다. 컴파일러 지시어는 문자 '가 시작된 위치에서부터 다른 컴파일러 지시어에 의해 대체되거나 또는 컴파일이 완료되기까지 전체 소스 파일에 영향을 미친다. 컴파일러 지시어는 Verilog HDL 소스 파일 내 어디에나 올 수 있으나, 일반적으로 모듈 정의 앞에 위치시키는 것을 권장한다.

IEEE−1364 표준에 정의된 컴파일러 지시어는 [그림 8−1]과 같으며, Verilog HDL 컴파일을 지원하는 소프트웨어에 따라 다른 컴파일러 지시어들이 사용될 수 있다. 이 장에서는 회로 모델링에 많이 사용되는 일부만 설명한다.

```
'begin_keywords      'endcelldefine          'pragma
'celldefine          'endif                  'resetall
'default_nettype     'ifdef                  'timescale
'define              'ifndef                 'unconnected_drive
'else                'include                'undef
'elsif               'line
'end_keywords        'nounconnected_drive
```

[그림 8−1] Verilog HDL의 컴파일러 지시어

SECTION 8.1

문자 매크로 정의 및 해제 지시어

컴파일러 지시어 'define은 Verilog HDL 소스코드의 문자 치환을 위한 문자 매크로text macro 정의에 사용되며, C 프로그래밍 언어의 #define과 유사한 기능을 갖는다.

문자 매크로 치환은 자주 사용되는 문자 또는 상수를 의미 있는 이름의 문자 매크로로 정의하고, 문자 매크로 치환을 통해 정의된 값을 사용할 수 있도록 한다. 특정 상수(예를 들면, 비트 폭, 지연 등)가 회로 모델링 전체에 걸쳐 반복적으로 사용되는 경우에, 문자 매크로 정의를 사용하면 값의 변경을 위해 문자 매크로 정의만 변경하면 되므로 소스코드의 수정 및 관리가 매우 편리하다. 'define에 의해 문자 매크로가 정의된 이후에는 소스코드 내의 어느 곳에서든 사용될 수 있으며, 사용 범위에 제한이 없다.

'define을 이용하여 문자 매크로를 정의하는 방법과 정의된 문자 매크로를 사용하는 방법은 [문법 8-1]과 같다. 문자 매크로 정의는 컴파일러 지시어 'resetall에 의해 영향을 받지 않는다.

문법 8-1 'define, 'undef 컴파일러 지시어

```
'define macro_name [(arguments)] text_string [(arguments)]
'undef macro_name
'text_macro_name [(arguments)]
```

- 'define : 컴파일 과정에서 치환될 문자 매크로를 정의하며, Verilog HDL 소스코드에 포함된 'macro_name이 text_string으로 치환된다.
- macro_name과 text_string은 인수(arguments)를 포함할 수 있다.
- 'undef : 'define에 의해 정의된 문자 매크로를 해제한다. 'define으로 정의되지 않은 문자 매크로를 'undef로 해제하면 컴파일 과정에서 경고 메시지가 출력된다.
- 'define으로 정의된 문자 매크로는 'macro_name의 형식으로 사용한다.

[예시 8-1]에서 문자 매크로 wordsize가 32로 정의되었으며, 32비트의 reg data를 선언하기 위해 문자 매크로 wordsize가 사용되었다. 'wordsize는 'define에서 정의된 값 32로 치환된다.

[예시 8-1] 문자 매크로 정의 및 사용 예

```
'define wordsize 32
reg [1:'wordsize] data;
```

모든 컴파일러 지시어(예를 들면, define, timescale 등)는 미리 정의된 매크로 이름으로 간주되며, 따라서 컴파일러 지시어를 문자 매크로 이름으로 다시 정의하는 것은 허용되지 않는다. text_string은 매크로 이름과 동일 라인에 지정되는 문자열이며, 여러 라인의 문자열을 포함할 수 없다. 단, text_string이 여러 라인을 포함해야 하는 경우에는 backslash(\)를 사용하여 줄바꿈이 가능하다. 주석문[comments], 숫자[number], 문자열, 식별자, 키워드[keywords], 연산자가 여러 라인으로 분할되어 text_string에 포함될 수 없다. [예시 8-2]에서 문자 매크로 first_half가 문자열의 일부분으로 구성되어 있어 문법적인 오류이다.

[예시 8-2] 문자 매크로 정의의 문법적 오류

```
'define first_half "start of string
$display('first_half end of string");
```

인수를 갖는 문자 매크로를 정의할 수 있으며, 이를 통해 문자 매크로가 사용되는 경우마다 서로 다른 값으로 개별화할 수 있다. 문자 매크로 정의에 인수가 사용되는 경우에 인수의 범위는 text_string의 끝까지 확장된다. 단일 라인의 주석(문자 //로 지정된 주석)이 text_string에 포함되어 있는 경우에는 주석은 치환되는 문자에서 제외된다. text_string은 공백[blank]이 될 수 있으며, 이 경우는 text_string이 비어 있는 것으로 해석되어 문자 치환이 일어나지 않는다.

[예시 8-3]에서 문자 매크로 period가 20으로 정의되었으며, always 구문에서 문자 매크로 period가 사용되어 주기가 20ns인 신호 clk가 생성된다.

[예시 8-3] 문자 매크로 응용 예 (주기 20ns인 클록신호 clk 생성)

```
'define period  20      // No semicolon
reg  clk;
initial
   clk = 1'b0;
always
  #('period/2) clk = ~clk;
```

[예시 8-4]에서 가변 지연을 갖는 NAND 게이트가 인수를 갖는 문자 매크로 NAND_var_dly(d_val)로 정의되며, 서로 다른 지연을 갖는 NAND 게이트를 위해 인수가 각각 #(2)와 #(5)로 지정된 문자 매크로가 사용되었다.

[예시 8-4] 인수를 갖는 문자 매크로 응용 예

```
//define nand gate with variable delay
'define NAND_var_dly(d_val) nand #(d_val)

'NAND_var_dly(2) u1 (y1, a, b);     // nand #(2) u1 (y1, a, b);
'NAND_var_dly(5) u2 (y2, a, b);     // nand #(5) u2 (y2, a, b);
```

SECTION 8.2

시간 단위와 정밀도 지정 지시어

Verilog HDL에는 기본[default] 시간 척도[scale]가 없으며 지연(시간)은 단지 상대적인 크기만을 나타낸다. 따라서 지연에 적용될 시간의 단위와 정밀도를 지정할 필요가 있다. 컴파일러 지시어 'timescale은 시간과 지연의 단위와 정밀도를 지정하기 위해 사용되며, 다른 'timescale 지시어가 나타나기 전까지 효력을 유지한다. 만약, 'timescale 지시어가 없거나 'resetall 지시어에 의해 초기화된 경우에는 시간의 단위와 정밀도는 시뮬레이터에 따라 달라진다. 일부 모듈은 'timescale 지시어를 포함하고 나머지 모듈들은 포함하지 않으면 오류가 발생할 수 있다. 'timescale 지시어의 표현 형식은 [문법 8-2]와 같다.

문법 8-2 'timescale 컴파일러 지시어

```
'timescale time_unit base / time_precision base
```

- time_unit : 시뮬레이션 시간, 지연 등에 적용될 지연 1의 시간 크기를 나타내며, 1, 10, 100 등이 되어야 한다.
- base : 시간에 대한 단위이며, s, ms, us, ns, ps, fs 중 하나가 되어야 한다.
- time_precision : 시간 단위에 대한 정밀도를 지정한다. time_unit 이상의 정밀도를 가져야 하며, time_unit보다 큰 단위를 time_precision의 단위로 지정할 수 없다.

설계에 포함된 모듈들에 다수의 'timescale 지시어가 포함되어 있는 경우에는 이들 중에서 가장 작은 time_precision 값에 의해 시뮬레이션 시간 단위의 정밀도가 결정된다. base에 의해 지정되는 단위는 [표 8-1]과 같다.

[표 8-1] 시간 단위와 기호

시간 단위 기호	시간 단위
s	초(seconds)
ms	밀리 초(milli-seconds)
us	마이크로 초(micro-seconds)
ns	나노 초(nano-seconds)
ps	피코 초(pico-seconds)
fs	펨토 초(femto-seconds)

[예시 8-5]의 예-①에서 time_unit이 1ns로 지정되었으므로, 이후의 모든 시간 값들은 1ns의 배수가 된다. time_precision이 1ps이므로, 지연 값은 0.001ns의 정밀도를 갖는다. 즉, 소수점 이하 세 자리의 정밀도로 반올림된다. 예-②의 경우는 time_unit이 10us로 지정되었으므로, 이후의 시간 값들은 10us의 배수가 된다. time_precision이 100ns이므로, 지연 값은 0.1us의 정밀도를 갖는다. 즉, 소수점 이하 한 자리의 정밀도로 반올림된다.

[예시 8-5] 'timescale에 의한 시간 단위 및 정밀도 지정 예

```
'timescale 1 ns / 1 ps        // 예-①
'timescale 10 us / 100 ns     // 예-②
```

[코드 8-1]은 'timescale 지시어가 사용된 모듈의 예이다. 컴파일러 지시어 'timescale에 의해 모듈 test의 시간 단위는 10ns로 지정된다. 시간 값들은 10ns의 배수가 되고, 1ns의 정밀도로 반올림되며, parameter에 저장되는 값 d는 16ns의 지연으로 변환된다. 따라서 시뮬레이션 시간 16ns(1.6×10ns)에서 set에 0이 할당되고, 시뮬레이션 시간 32ns에서 1이 할당된다.

코드 8-1 'timescale 컴파일러 지시어의 사용 예

```
'timescale 10 ns / 1 ns
module test;
   reg set;
   parameter d = 1.55;
   initial begin
      #d set = 0;
      #d set = 1;
   end
endmodule
```

[그림 8-2]는 [코드 8-1]의 시뮬레이션 결과이며, 시뮬레이션 시간은 다음과 같이 결정된다.

- parameter d의 값이 지정된 시간 정밀도에 맞게 1.55에서 1.6으로 반올림된다.
- 모듈의 시간 단위가 10ns이므로, parameter d의 지연은 1.6에서 16으로 변환된다.
- set=0의 할당이 시뮬레이션 시간 16ns에서 일어나도록 스케줄되며, set=1의 할당은 32ns에서 일어나도록 스케줄된다.

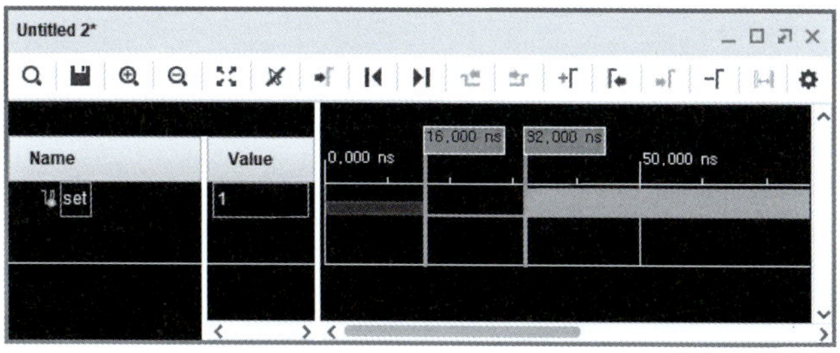

[그림 8-2] [코드 8-1]의 시뮬레이션 결과

SECTION 8.3

파일 삽입 지시어

컴파일러 지시어 'include는 이미 만들어진 소스 파일의 내용 전체를 다른 소스 파일에 삽입시킬 때 사용된다. 이 컴파일러 지시어를 사용하면 삽입되는 파일의 내용이 컴파일되는 파일에 포함되어 있는 것과 동일한 효과를 갖는다. 따라서 자주 사용되는 함수나 태스크 등을 모듈 내에 직접 코딩하지 않고 별도의 파일에 정의한 후, 컴파일 과정에서 포함시킬 수 있다. 컴파일러 지시어 'include를 사용하는 이점을 요약하면 다음과 같다.

❶ 설계 전체에 대한 구성 관리를 통합적으로 처리할 수 있다.
❷ Verilog HDL 소스코드를 효율적으로 구성할 수 있다.
❸ Verilog HDL 소스코드의 효율적인 관리가 가능하다.

컴파일러 지시어 'include의 표현 형식은 [문법 8-3]과 같다.

문법 8-3 'include 컴파일러 지시어

```
'include "filename"
```

- 소스코드에 삽입될 파일의 이름을 "filename"으로 지정하며, 파일이 저장되어 있는 경로를 포함한다.
- 'include 지시어에 의해 삽입되는 파일의 내용(소스코드)이 'include 지시어가 사용된 위치에 삽입되며, 'include 지시어는 Verilog HDL 소스코드 내의 어느 곳이든 위치할 수 있다.
- 'include 지시어에 의해 삽입되는 파일은 내부에 'include 지시어를 포함할 수 있다.

[코드 8-2]는 모듈 bcd_cnt_fnd에 컴파일러 지시어 'include가 사용된 예이다. 모듈 내부의 'include 지시어가 사용된 위치에 bcd_to_fnd.v 파일의 내용이 삽입되어 컴파일에 반영된다.

코드 8-2 'include 컴파일러 지시어의 사용 예

```
module bcd_cnt_fnd (input clk, input rst,
                    output [7:0] fnd_data, output fnd_scan);

    wire  [3:0] cnt;
   'include "bcd_to_fnd.v"   // 파일  bcd_to_fnd.v의 내용이 이 위치에 삽입됨

    bcd_counter u0 (clk, rst, cnt);
    assign fnd_data = bcd_to_fnd(cnt);
    assign fnd_scan = 1'b0;

  endmodule
```

SECTION 8.4

선택적 컴파일 지시어

Verilog HDL 소스코드의 특정 부분을 조건에 따라 선택적으로 컴파일하기 위해 'ifdef, 'ifndef, 'else, 'elsif 등의 컴파일러 지시어를 사용할 수 있다. 선택적 컴파일 지시어는 소스코드의 어느 곳에서든 사용될 수 있다. 'ifdef, 'else, 'elsif, 'ifndef 지시어는 다음과 같은 상황에서 유용하게 사용될 수 있다.

- 모듈에 대한 여러 가지 모델링(행위수준 모델링, 구조적 모델링, 게이트 수준 모델링 등) 중 하나를 선택하여 컴파일하는 경우
- 여러 가지의 타이밍 정보나 회로구조 정보(비트 폭 등) 중 하나를 선택하여 컴파일하는 경우
- 시뮬레이션을 위해 여러 가지 입력 벡터들 중 하나를 선택하는 경우

'ifdef, 'else, 'elsif, 'ifndef 지시어의 표현 형식은 [문법 8-4]와 같다.

문법 8-4 선택적 컴파일을 위한 컴파일러 지시어

```
'ifdef macro_name_1    ifdef_source_code_lines
{ 'elsif macro_name_2  elsif_source_code_lines }
[ 'else                else_source_code_lines ]
'endif

'ifndef macro_name_1   ifndef_source_code_lines
{ 'elsif macro_name_2  elsif_source_code_lines }
[ 'else                else_source_code_lines ]
'endif
```

- macro_name_1, macro_name_2 : 'define 컴파일러 지시어에 의해 정의된 문자 매크로이다.
- 'ifdef macro_name_1 : macro_name_1이 정의되어 있으면 'ifdef에 속하는 소스코드가 컴파일에 포함되며, macro_name_1이 정의되어 있지 않고 'else 지시어가 있다면 'else에 속하는 소스코드가 컴파일에 포함된다.
- 'ifndef macro_name_1 : macro_name_1이 정의되어 있지 않으면 'ifndef에 속하는 소스코드가 컴파일에 포함되며, macro_name_1이 정의되어 있고 'else 지시어가 있으면 'else에 속하는 소스코드가 컴파일에 포함된다.
- 'elsif macro_name_2 : macro_name_2가 정의되어 있으면 'elsif에 속하는 소스코드가 컴파일에 포함된다.
- 'else와 'elsif 지시어는 생략될 수 있는 선택 사항이며, 'endif 지시어는 'ifndef 또는 'ifndef 지시어가 앞부분에 정의되어 있어야 한다.
- 'ifdef, 'ifndef, 'else, 'elsif, 'endif 지시어는 내포(nest)가 허용된다.

[표 8-2] 선택적 컴파일 지시어의 동작

	'ifdef	'ifndef
	Verilog HDL 소스코드 내에 'ifdef의 문자 매크로 macro_name_1이 'define에 의해 매크로 이름으로 정의되어 있는지를 검사한다.	Verilog HDL 소스코드 내에 'ifndef의 문자 매크로 macro_name_1이 'define에 의해 매크로 이름으로 정의되어 있는지를 검사한다.
문자 매크로 macro_name_1이 정의된 경우	• 'ifdef 지시어에 속한 소스코드가 컴파일에 포함된다. • 'else 또는 'elsif 지시어에 속한 소스코드는 컴파일에 포함되지 않는다.	'ifndef 지시어에 속한 소스코드는 컴파일에 포함되지 않는다.
문자 매크로 macro_name_1이 정의되지 않은 경우	'ifdef 지시어에 속한 소스코드는 컴파일에 포함되지 않는다.	• 'ifndef 지시어에 속한 소스코드가 컴파일에 포함된다. • 'else 또는 'elsif 지시어에 속한 소스코드는 컴파일에 포함되지 않는다.
'elsif 지시어가 있는 경우	Verilog HDL 소스코드 내에 'elsif의 문자 매크로 macro_name_2가 'define에 의해 매크로 이름으로 정의되어 있는지를 검사한다.	
'elsif의 문자 매크로 macro_name_2가 정의된 경우	'elsif 지시어에 속한 소스코드가 컴파일에 포함되고, 다른 'else와 'elsif 지시어에 속한 소스코드는 컴파일에 포함되지 않는다.	
'elsif의 문자 매크로 macro_name_2가 정의되지 않은 경우	처음 'elsif 지시어에 속한 소스코드는 컴파일에 포함되지 않는다.	
다중 'elsif 지시어가 있는 경우	Verilog HDL 소스코드에 나열된 순서에 따라 처음부터 'elsif 지시어를 검사한다.	
'else 지시어가 있는 경우	'else 지시어에 속한 소스코드가 컴파일에 포함된다.	

[코드 8-3]은 선택적 컴파일을 위해 컴파일러 지시어 'ifdef가 사용된 예이다. 식별자 behavioral이 문자 매크로로 정의되어 있으면, 연속적 net 할당문이 컴파일에 포함되고, 그렇지 않으면 and 게이트 인스턴스가 컴파일에 포함된다.

코드 8-3 선택적 컴파일의 예

```
module and_op (input a, input b,
              output c);

  'ifdef behavioral
      wire c = a & b;
  'else
      and u0 (c, a, b);
  'endif

endmodule
```

[코드 8-4]는 내포된 선택적 컴파일 지시어가 사용된 경우이며, 시뮬레이션을 실행하면 아래와 같은 결과가 화면에 표시된다. 컴파일러 지시어 'define에 의해 문자 매크로 wow와 nest_one이 정의되어 있으므로, 'ifdef wow에 의해 "wow is defined" 문자열이 디스플레이되며, 'ifdef nest_one에 의

해 "nest_one is defined" 문자열이 디스플레이된다. 문자 매크로 nest_two는 정의되어 있지 않으므로, 'else 지시어에 의해 "nest_two is not defined" 문자열이 표시된다.

코드 8-4 선택적 컴파일 지시어가 내포된 예

```
module test ( );

   'define wow
   'define nest_one
   'define second_nest

   'ifdef wow
      initial $display("wow is defined");
      'ifdef nest_one
         initial $display("nest_one is defined");
         'ifdef nest_two
            initial $display("nest_two is defined");
         'else
            initial $display("nest_two is not defined");
         'endif
      'else
         initial $display("nest_one is not defined");
      'endif
   'else
      initial $display("wow is not defined");
      'ifdef second_nest
         initial $display("nest_two is defined");
      'else
         initial $display("nest_two is not defined");
      'endif
   'endif

endmodule
```

↳ [코드 8-4]의 실행 결과

```
wow is defined
nest_one is defined
nest_two is not defined
```

참고

컴파일러 지시어 'resetall은 모든 컴파일러 지시어를 기본 값으로 초기화시킬 때 사용된다. 이는 특정 소스 파일의 컴파일에 필요한 컴파일러 지시어들만 활성화되도록 하는 데 유용하게 사용될 수 있다. 'resetall 지시어는 각 소스 파일의 처음 부분에 위치시키고 그 뒤에 원하는 컴파일러 지시어들을 나열하는 것이 바람직하다.

연습문제

8.1 다음의 경우에 WORD_SIZE는 얼마로 설정되는가?

```
'define SWORD

'ifdef DWORD
   parameter WORD_SIZE = 32;
'elsif SWORD
   parameter WORD_SIZE = 16;
'else
   parameter WORD_SIZE = 8;
'endif
```

8.2 [코드 8-5]에서 문자 매크로 ADD, SUB, DBLA를 이용해서 `assign` 문을 다시 표현하라.

코드 8-5

```
module alu (input [1:0] mode, input [3:0] a, input [3:0] b,
           output co, output [3:0] out);
'define ADD   2'b00
'define SUB   2'b01
'define DBLA  2'b10

  assign {co, out} = (mode == 2'b00) ? (a+b) :
                     (mode == 2'b01) ? (a-b) :
                     (mode == 2'b10) ? (2*a) : {1'b0, a};

endmodule
```

8.3 ../source/chap8 폴더에 있는 파일 counter.v를 Verilog HDL 소스코드에 삽입하는 문장을 써라.

8.4 컴파일러 지시어 `timescale`이 다음과 같이 설정된 경우, a, b에 할당이 일어나는 시간을 구하라.

(a)

```
'timescale 10 ns / 1 ns
#3.56 a = c;
#3.51 b = d;
```

(b)

```
'timescale 1 ns / 10 ps
#3.56 a = c;
#3.51 b = d;
```

CHAPTER 09
시스템 태스크와 시스템 함수

학습 목표

- 디스플레이 시스템 태스크의 사용 방법을 이해한다.
- 파일처리용 시스템 태스크의 사용 방법을 이해한다.
- 시뮬레이션 제어 시스템 태스크의 사용 방법을 이해한다.
- 자료형 변환용 시스템 함수의 사용 방법을 이해한다.

들어가기 전에

이 책의 7장에서는 사용자가 정의해서 사용하는 함수와 태스크에 대해 다루었다. Verilog HDL은 C 언어 등의 프로그래밍 언어와 유사하게 여러 가지 유용한 용도로 사용되도록 미리 정의된 시스템 태스크와 시스템 함수를 제공한다. 시스템 태스크와 시스템 함수는 기호 $로 시작된다. Verilog HDL에서 제공되는 시스템 태스크와 시스템 함수는 [표 9-1]과 같으며, 크게 나누어 디스플레이 처리용, 파일 입출력 처리용, 시뮬레이션 제어용, 타임스케일 처리용 시스템 태스크와 값의 자료형 변환, 수학 관련 시스템 함수로 구분된다. 이 장에서는 회로 설계와 검증에 자주 사용되는 일부 시스템 태스크와 시스템 함수만 다루며, 자세한 내용은 Verilog HDL 표준문서(IEEE Std, 1364-2005)를 참고하기 바란다.

[표 9-1] Verilog HDL의 시스템 태스크 및 시스템 함수

구분	종류		
디스플레이 시스템 태스크	$display $displayb $displayh $displayo $monitor $monitorb	$monitorh $monitoro $monitoroff $strobe $strobeb $strobeh	$strobeo $write $writeb $writeh $writeo $monitoron
파일 입출력 처리용 시스템 태스크	$fclose $fdisplay $fdisplayb $fdisplayh $fdisplayo $fgetc $fflush $fgets $fmonitor $fmonitorb $fmonitorh $fmonitoro	$readmemb $swrite $swriteo $sformat $fscanf $fread $fseek $fopen $strobe $fstrobeb $fstrobeh $fstrobeo	$ungetc $ferror $rewind $fwrite $vfwriteb $fwriteh $fwriteo $readmemh $swriteb $swriteh $sdf_annotate $sscanf
타임스케일 처리용 시스템 태스크	$printtimescale	$timeformat	
시뮬레이션 제어용 시스템 태스크	$finish	$stop	
시뮬레이션 시간 관련 시스템 함수	$realtime	$time	$stime
자료형 변환용 시스템 함수	$bitstoreal $itor	$signed $realtobits	$rtoi $unsigned
확률 분포 시스템 함수	$random $dist_chi_square	$dist_erlang $dist_exponential	$dist_normal $dist_poisson
수학 관련 시스템 함수	$clog2 $exp $sin $asin $sinh	$ln $pow $cos $acos $cosh	$log10 $sqrt $tan $atan $tanh

SECTION 9.1

디스플레이 시스템 태스크

Verilog HDL은 정보를 디스플레이하는 시스템 태스크로 `$display`, `$write`, `$monitor`, `$strobe` 등을 제공하며, 시뮬레이션을 통한 디버깅에 유용하게 사용된다. 디스플레이 시스템 태스크의 호출 형식은 [문법 9-1]과 같으며, 출력형식을 지정하기 위한 이스케이프^escape 문자는 [표 9-2]와 같다. 이스케이프 문자가 문자열 인수에 포함되면 이스케이프 문자에 의해 지정된 형식으로 디스플레이된다. 문자열 인수는 특수문자를 출력하기 위해 이스케이프 문자^escape character가 삽입되거나 디스플레이 형식이 지정되는 경우를 제외하고는 문자열의 내용이 그대로 출력된다.

시스템 태스크 `$monitor`는 시뮬레이션이 실행되는 동안 신호의 값이 바뀔 때마다 값을 모니터링하기 위해 사용된다. `$strobe` 시스템 태스크는 현재 시간 단계의 끝에서 변수의 최종 값을 디스플레이한다. `$display`와 유사한 형식을 가지며 줄바꿈이 자동으로 추가된다.

2진수, 8진수, 16진수 형식의 디스플레이를 위해 각 다음과 같은 디스플레이 시스템 태스크가 사용된다.

- 2진수 형식 : `$displayb`, `$writeb`, `$strobeb`, `$monitorb`
- 8진수 형식 : `$displayo`, `$writeo`, `$strobeo`, `$monitoro`
- 16진수 형식 : `$displayh`, `$writeh`, `$strobeh`, `$monitorh`

문법 9-1 디스플레이 관련 시스템 태스크의 호출 형식

```
$display(list_of_arguments);
$write(list_of_arguments);
$monitor(list_of_arguments);
$strobe(list_of_arguments);
```

- 인수 목록에 나열된 순서대로 인수 값을 디스플레이한다.
- `$display`는 줄바꿈 문자가 자동 삽입되며, `$write`는 줄바꿈 문자가 삽입되지 않는 점만 다르고 기능은 동일하다.
  - 인수가 형식 지정을 갖지 않으면, default 10진수 형식으로 디스플레이한다.
  - 각 인수는 인용된 문자열, 수식 또는 null 인수(단일 공백 문자로 표시됨)가 될 수 있다.
  - `$display`가 인수 없이 호출되면 줄바꿈 문자가 출력된다.
  - `$write`가 인수 없이 호출되면 아무것도 출력되지 않는다.

[표 9-2] 출력형식 지정을 위한 이스케이프 문자

인 수	설 명
%h 또는 %H	16진수 형식으로 디스플레이
%d 또는 %D	10진수 형식으로 디스플레이
%o 또는 %O	8진수 형식으로 디스플레이
%b 또는 %B	2진수 형식으로 디스플레이
%c 또는 %C	ASCII 문자 형식으로 디스플레이
%l 또는 %L	library binding 정보를 디스플레이
%v 또는 %V	net signal strength를 디스플레이
%m 또는 %M	계층적 이름을 디스플레이
%s 또는 %S	문자열로 디스플레이
%t 또는 %T	current time 형식으로 디스플레이
%u 또는 %U	unformatted 2 value 데이터 디스플레이
%z 또는 %Z	unformatted 4 value 데이터 디스플레이

실수 값의 디스플레이 형식을 지정하기 위한 이스케이프 문자는 [표 9-3]과 같으며, C 언어에서 사용되는 형식 지정을 모두 지원한다.

[표 9-3] 실수 값의 형식 지정을 위한 이스케이프 문자

인 수	설 명
%e 또는 %E	실수 값을 지수 형식으로 디스플레이
%f 또는 %F	실수 값을 10진수 형식으로 디스플레이
%g 또는 %G	실수 값을 지수 또는 10진수 형식 중, 더 짧은 인쇄 출력을 생성하는 형식으로 디스플레이

[코드 9-1]은 시스템 태스크 `$display`에 출력형식 지정이 사용된 예이며, 아래의 시뮬레이션 실행 결과와 같이 디스플레이된다.

코드 9-1 시스템 태스크 $display의 사용 예

```
module display_tasks ( );
  reg [31:0] rval;

  initial begin
    rval = 101;
    $display("rval = %h hex %d decimal", rval, rval);
    $display("rval = %o octal\nrval = %b bin", rval, rval);
    $display("rval has %c ascii character value", rval);
    $display("%s is ascii value for 101", 101);
  end

endmodule
```

↳ [코드 9-1]의 시뮬레이션 실행 결과

```
rval = 00000065 hex 101 decimal
rval = 00000000145 octal
rval = 00000000000000000000000001100101 bin
rval has e ascii character value
e is ascii value for 101
```

문자열 인수에 이스케이프 문자를 삽입하면 특수문자를 디스플레이할 수 있으며, Verilog HDL에서는 [표 9-4]의 이스케이프 문자를 사용할 수 있다. 이스케이프 문자가 문자열에 포함되는 경우는 다음의 세 가지로 구분된다.

- 특수문자 \ 뒤에 인쇄할 수 없는 문자를 삽입하는 경우
- 특수문자 % 뒤에 출력형식 지정 문자를 삽입하여 디스플레이 형식을 지정하는 경우
- 특수문자열 %%에 의해 퍼센트 기호 %를 디스플레이하는 경우

[표 9-4] 특수문자 디스플레이를 위한 이스케이프 문자

인 수	설 명
\n	줄바꿈
\t	탭(tab)
\\	\ 문자(back slash)
\"	" 문자
\ddd	1~3 octal digits로 지정되는 문자
%%	% 문자

[코드 9-2]는 시스템 태스크 $display와 $write의 차이를 보인 예이다. 시스템 태스크 $display는 줄바꿈이 자동으로 삽입되지만, $write는 줄바꿈이 삽입되지 않음을 확인할 수 있다. $write가 줄바꿈을 가지도록 하려면 이스케이프 문자 '\n'을 사용해야 한다.

코드 9-2 시스템 태스크 $display와 $write의 사용 예

```
module disp_write ( );

  initial begin
     $display("$display ends with a new line.");
     $write("$write does not end with a new line ");
     $write("like this. To start new line, use newline character \n");
     $display("$display always starts on a new line.");
  end

endmodule
```

↳ [코드 9-2]의 시뮬레이션 실행 결과

```
$display ends with a new line.
$write does not end with a new line like this. To start new line, use newline character
$display always starts on a new line.
```

[코드 9-3]은 특수문자 디스플레이를 위해 이스케이프 문자가 사용된 예이며, 아래와 같은 시뮬레이션 실행 결과가 표시된다. '\\'에 의해 특수문자 '\', '\t'에 의해 탭[tap], '\\'에 의해 특수문자 '\', '\n'에 의해 줄바꿈, '\"'에 의해 특수문자 '"', '\123'에 의해 문자 'S'가 순서대로 출력된다.

코드 9-3 이스케이프 문자의 디스플레이 예

```
module disp ( );

  initial begin
    $display("\\\t\\\n\"\123");
  end
endmodule
```

↳ [코드 9-3]의 시뮬레이션 실행 결과

```
\ \
"S
```

시스템 태스크 $monitor는 시뮬레이션이 실행되는 동안 신호의 값이 바뀔 때마다 값을 모니터링하기 위해 사용되며, 테스트벤치에서 한 번만 사용되어야 한다. 시스템 태스크 $monitoron은 시뮬레이션이 실행되는 동안 모니터링을 활성화하고, $monitoroff는 모니터링을 비활성화시킨다. 시스템 태스크 $monitor의 기본 상태는 on 상태이다.

[예시 9-1]은 클록신호 clk와 리셋신호 rst 값을 모니터링하기 위해 시스템 태스크 $monitor가 사용된 예이다.

[예시 9-1] 시스템 태스크 $monitor를 이용하여 clk와 rst 값을 모니터링 한 예

```
initial begin
    $monitor ($time, "clock = %b reset = %b", clk, rst);
end
```

시스템 태스크 $strobe는 현재 시간 단계의 끝에서 변수의 최종 값을 디스플레이하며, $display와 유사한 형식을 갖는다. [코드 9-4]는 시스템 태스크 $strobe와 $display의 차이를 보여주는 예이다. time=10000ps에서 시스템 태스크 $display와 $strobe에 의해 디스플레이되는 변수 b의 값이 다름을 확인할 수 있다.

코드 9-4 시스템 태스크 $strobe와 $display의 사용 예

```
module disp_strobe ( );
   reg [7:0] a, b;

   initial begin
          a - 8'h34;
          b = 8'h34;
      #10 b <= a + 1;
      $display("$display-1 : time=%0t  a=%h   b=%h", $time, a, b);
      $strobe("$strobe-1  : time=%0t  a=%h   b=%h", $time, a, b);
      #5;
      $display("$display-2 : time=%0t  a=%h   b=%h", $time, a, b);
      $strobe("$strobe-2  : time=%0t  a=%h   b=%h", $time, a, b);
   end

endmodule
```

↳ [코드 9-4]의 시뮬레이션 실행 결과

```
Time resolution is 1 ps
$display-1 : time=10000  a=34   b=34
$strobe-1  : time=10000  a=34   b=35
$display-2 : time=15000  a=34   b=35
$strobe-2  : time=15000  a=34   b=35
```

SECTION 9.2

파일 처리용 시스템 태스크

Verilog HDL의 파일 처리를 위한 시스템 태스크는 아래와 같이 구분된다.

- 파일 열기와 닫기를 위한 태스크 : `$fopen`, `$fclose`
- 파일로 값을 보내기 위한 태스크 : `$fdisplay`, `$fdisplayb`, `$fdisplayh`, `$fdisplayo`,
  `$fwrite`, `$fwriteb`, `$fwriteh`, `$fwriteo`,
  `$fstrobe`, `$fstrobeb`, `$fstrobeh`, `$fstrobeo`,
  `$fmonitor`, `$fmonitorb`, `$fmonitorh`, `$fmonitoro`
- 파일에서 값을 읽어 변수, 메모리에 값을 로드하는 태스크 : `$readmemb`, `$readmemh`

[문법 9-2]는 시스템 태스크 `$fopen`과 `$fclose`의 사용 형식이다. 파일 지시자 fd의 type 인수는 [표 9-5]와 같다. type 인수가 생략되면, 파일은 쓰기를 위해 오픈되며, mcd 값이 리턴된다. type 인수가 지정되면 파일은 type에 의해 [표 9-5]와 같이 지정된 형태로 오픈되며 파일 지시자 fd가 리턴된다. mcd는 32비트의 `reg`이며, 어느 파일이 오픈되는지를 나타내도록 단일 비트가 설정된다. mcd의 LSB는 표준 출력을 나타내며, MSB는 예비용으로 항상 0이다. 따라서 mcd를 통해 출력으로 오픈되는 파일은 최대 31개이다.

파일 지시자 fd는 32비트 값이다. fd의 MSB는 예비용으로 항상 1이며, 나머지 비트들은 어떤 파일이 오픈되는지를 나타내는 데 사용된다. 세 개의 파일 지시자가 예비로 오픈된다. STDIN, STDOUT, STDERR의 파일 지시자 값은 각각 32'h8000_0000, 32'h8000_0001, 32'h8000_0002이다. mcd와 다르게, 파일 지시자는 비트 단위로 결합되거나 출력을 다수 개의 파일로 보낼 수 없다. 대신에, 파일 지시자는 인수 type의 값에 따라 입력, 출력, 입출력, 추가[append] 각각에 대한 파일 지시자를 통해 오픈된다.

문법 9-2 시스템 태스크 $fopen과 $fclose의 호출 형식

```
integer mcd = $fopen("file_name");
integer fd = $fopen("file_name", type);
$fclose(mcd);
$fclose(fd);
```

- `$fopen` : file_name으로 지정된 파일을 열고 32비트 MCD(Multi-Channel Descriptor) 또는 32비트 파일 지시자 fd를 리턴한다.
  - file_name : 오픈되는 파일의 이름을 나타내는 문자열 또는 문자열을 갖는 `reg` 변수
  - type : 파일오픈 방식을 나타내는 지시자 문자열 또는 지시자 문자열을 갖는 `reg` 변수
- `$fclose` : 파일 지시자 fd 또는 mcd에 의해 지정된 파일을 닫는다.

[표 9-5] 파일 지시자 fd의 type 인수

type 인수	설 명
"r" 또는 "rb"	읽기를 위한 열기
"w" 또는 "wb"	쓰기를 위한 생성
"a" 또는 "ab"	추가(append), 업데이트를 위한 열기 또는 쓰기를 위한 생성
"r+", "r+b", 또는 "rb+"	업데이트를 위한 열기(읽기와 쓰기)
"w+", "w+b", 또는 "wb+"	업데이트를 위한 생성
"a+", "a+b", 또는 "ab+"	추가(append), 업데이트를 위한 열기 또는 생성

파일 출력을 위한 시스템 태스크의 사용 형식은 [문법 9-3]과 같다. 표준 출력을 위한 시스템 태스크와 동일한 형식의 인수가 사용되며, mcd 또는 파일 지시자 fd로 출력되는 파일을 지정하는 점만 다르다.

문법 9-3 파일 출력용 시스템 태스크의 호출 형식

```
file_output_task_name(mcd, arguments);
file_output_task_name(fd, arguments) ;
```

- file_output_task_name은 다음 중 하나가 사용되며, 시스템 태스크 이름의 마지막에 추가된 문자 b, o, h는 각각 2진수, 8진수, 16진수 형식으로 파일에 출력한다.
  - `$fdisplay`, `$fdisplayb`, `$fdisplayh`, `$fdisplayo`, `$fwrite`, `$fwriteb`, `$fwriteh`, `$fwriteo`, `$fstrobe`, `$fstrobeb`, `$fstrobeh`, `$fstrobeo`, `$fmonitor`, `$fmonitorb`, `$fmonitorh`, `$fmonitoro`

[코드 9-5]는 시스템 태스크 `$fopen`, `$fdisplay`, `$fclose`가 사용된 예이다. `$fopen`으로 파일 sum.dat를 쓰기 모드로 열고, n=1에서 10까지 누적 합을 계산한 결과를 `$fdisplay`와 파일 지시자 fd를 이용해서 파일 sum.dat에 쓰고, 마지막으로 `$fclose`에 의해 파일을 닫았다. 시뮬레이션 결과로 시뮬레이션 폴더에 sum.dat 파일이 생성되며, 파일에는 아래의 시뮬레이션 실행 결과와 같이 저장된다.

코드 9-5 시스템 태스크 $fopen과 $fclose의 사용 예

```
module file_fdisplay ( );
  integer fd, n, result;

  initial begin
      fd = $fopen("sum.dat", "w");
      if(fd == 0)
        $display("File open ERROR !!");
      result = 0;
      for (n = 0; n <= 10; n = n+1) begin
        result = result + n;
        $fdisplay(fd, "n=%0d : Cumulative Sum = %0d", n, result);
      end
      $fclose(fd);
  end

endmodule
```

↳ **[코드 9-5]의 시뮬레이션 실행 결과**

```
n=1 : Cumulative Sum = 1
n=2 : Cumulative Sum = 3
n=3 : Cumulative Sum = 6
n=4 : Cumulative Sum = 10
n=5 : Cumulative Sum = 15
n=6 : Cumulative Sum = 21
n=7 : Cumulative Sum = 28
n=8 : Cumulative Sum = 36
n=9 : Cumulative Sum = 45
n=10 : Cumulative Sum = 55
```

시스템 태스크 $readmemb와 $readmemh는 지정된 파일로부터 데이터를 읽어서 지정된 메모리에 로드하기 위해 사용된다. 이들은 시뮬레이션 중 임의의 시간에 실행될 수 있다. 읽기 파일에는 2진수 또는 16진수, 공백(spaces, new lines, tabs, form−feeds), 주석문만 포함될 수 있다. 메모리 로드를 위한 시스템 태스크의 사용 형식은 [문법 9-4]와 같다.

문법 9-4 메모리 로드용 시스템 태스크의 호출 형식

```
$readmemb ("file_name", memory_name [, start_addr [, finish_addr]]);
$readmemh ("file_name", memory_name [, start_addr [, finish_addr]]);
```

- $readmemb : 2진수 값을 읽는다.
- $readmemh : 16진수 값을 읽는다.
- 밑수(base) 형식을 갖지 않으며, x(unknown), z(high-impedance), 밑줄(_)이 포함될 수 있다.

[예시 9-2] 시스템 태스크 $readmemh의 사용 예

```
reg [7:0] mem[1:256];

initial
   $readmemh("mem.data", mem);              // 예-①
initial
   $readmemh("mem.data", mem, 16);          // 예-②
initial
   $readmemh("mem.data", mem, 128, 1); // 예-③
```

- 예-① : 파일 "mem.data"의 데이터를 읽어서 mem의 주소 1부터 순차적으로 로드한다.
- 예-② : 파일 "mem.data"의 데이터를 읽어서 mem의 주소 16부터 시작하여 주소 256까지 순차적으로 로드한다.
- 예-③ : "mem.data"의 데이터를 읽어서 mem의 주소 128부터 시작하여 주소 1까지 역순으로 로드한다. 이 경우, 로드가 완료되면 파일에 담겨 있는 데이터가 정확하게 128개인지를 확인하는 과정을 거치며, 만약 128개가 되지 않는 경우에는 경고 메시지가 출력된다.

SECTION 9.3

시뮬레이션 제어 시스템 태스크

Verilog HDL은 두 가지의 시뮬레이션 제어용 시스템 태스크 `$finish`와 `$stop`을 제공하며, [문법 9-5]의 형식으로 사용한다.

문법 9-5 시스템 태스크 `$finish`, `$stop`의 호출 형식

```
$finish [(n)];
$stop [(n)];
```

- `$finish` : 시뮬레이션을 종료하고, 제어를 호스트 운영체제로 넘긴다.
- `$stop` : 시뮬레이션을 일시 중단시킨다.
- 인수 n이 사용되지 않으면 default 값은 1이 되며, 인수 n에 따른 진단 메시지 출력은 아래와 같이 결정된다.
  - 0 : 진단 메시지를 출력하지 않음
  - 1 : 시뮬레이션 시간과 위치를 출력함
  - 2 : 시뮬레이션 시간, 위치와 함께 시뮬레이션에 사용된 메모리와 CPU 시간을 출력함

[코드 9-6]은 시스템 태스크 `$finish`가 시뮬레이션 테스트벤치에 사용된 예이다. 시뮬레이션 진행 중에 `$finish`를 만나면 시뮬레이션이 종료된다.

코드 9-6 시스템 태스크 `$finish`의 사용 예

```
module tb_ring_counter;
   reg  enable, reset, clk;
   wire [7:0] count;

   ring_counter U0_ring(enable, reset, clk, count);

   initial begin
      clock = 1'b0;
      forever #20 clk = ~clk;
   end

   initial begin
         #5   reset = 0;        enable = 0;
         #10  reset = 1;  #20   reset = 0;
         #10  enable = 1; #100 enable = 0;
         #140 enable = 1;
         #600 $finish;
   end
endmodule
```

SECTION
9.4 변환 시스템 함수

Verilog HDL은 실수 값과 정수 값 및 이진수 값 사이의 변환을 위해 사용되는 시스템 함수를 제공하며, 사용 형식은 [문법 9-6]과 같다. 변환 시스템 함수에 의해 취급되는 실수 값은 IEEE Std. 754-1985에 규정된 실수 표현을 따른다. 실수 값의 변환은 가장 가까운 값으로 반올림된다.

문법 9-6 변환 시스템 함수의 호출 형식

```
$rtoi(real_val)
$itor(int_val)
$realtobits(real_val)
$bitstoreal(bit_val)
```

- `$rtoi` : 실수 값을 반올림하여 정수형 값으로 변환한다.
- `$itor` : 정수를 실수 값으로 변환한다.
- `$realtobits` : 실수 값을 64비트 2진수 표현으로 변환한다.
- `$bitstoreal` : `$realtobit`의 역변환을 수행한다.

[코드 9-7]은 시스템 함수 `$realtobits`와 `$bitstoreal`이 모듈의 포트 연결에 사용된 예이다. 모듈 driver에서 시스템 함수 `$realtobits`(r_val)에 의해 실수형 값 r_val이 64비트의 2진수 net_r로 변환되어 출력된다. 모듈 receiver는 64비트의 2진수 net_r을 입력받아 시스템 함수 `$bitstoreal`(net_r)에 의해 실수형 값 r_val2로 변환한다.

코드 9-7 시스템 함수 `$realtobits`와 `$bitstoreal`의 사용 예

```
module driver (output net_r);
  real r_val;
  wire [64:1] net_r = $realtobits(r_val);
endmodule

module receiver (input net_r);
  wire [64:1] net_r;
  real r_val2;

  initial
    assign r_val2 = $bitstoreal(net_r);
endmodule
```

PART 02

Verilog HDL을 이용한 하드웨어 모델링

CHAPTER 10
조합회로 모델링

학습 목표

- 기본 논리 게이트와 단순 조합회로의 Verilog HDL 모델링 예를 살펴본다.
- 기본 논리 게이트, 부울식, 진리표, 멀티플렉서 회로 등을 Verilog HDL의 다양한 방법으로 모델링하고, 시뮬레이션 테스트벤치를 작성해서 RTL 검증하는 실습을 한다.
- 인코더와 디코더, 비교기, 3상태 버스 회로를 Verilog HDL의 다양한 방법으로 모델링하고, 시뮬레이션 테스트벤치를 작성하여 RTL 시뮬레이션 결과를 확인한다.
- if 문과 case 문의 형태가 회로 합성에 미치는 영향에 대해 이해하고, 원하지 않는 래치가 합성되지 않도록 하는 Verilog HDL 코딩 스타일을 이해한다.

들어가기 전에

조합회로combinational logic는 논리 게이트들의 조합으로 구성되어 현재 인가되는 입력에 의해 출력이 결정되는 회로이며, 과거의 입력이나 출력, 이전의 회로 상태 등을 저장하는 소자(래치 또는 플립플롭)는 포함되지 않는다. 디지털 시스템 설계에는 기본 논리 게이트에서부터 멀티플렉서, 인코더 및 디코더, 가산기/감산기 등의 기능블록, lookup table및 랜덤 로직 등 매우 다양한 조합회로가 사용된다. 조합회로의 Verilog HDL 모델링에는 게이트 프리미티브와 모듈 인스턴스에 의한 구조적 설계, `assign` 문과 연산자를 사용한 설계, `always` 블록 내부에 `if` 문, `case` 문, `for` 반복문과 연산자를 사용하는 행위수준 설계 등 다양한 Verilog HDL 구문들이 사용된다.

Verilog HDL로 설계된 회로는 논리합성 과정을 거쳐서 하드웨어로 구현되므로, 하드웨어 구현을 위한 HDL 모델링에는 논리합성이 지원되는 Verilog HDL 구문을 사용해야 한다. EDA 툴마다 논리합성을 지원하는 구문에 일부 차이가 있으므로, 구체적인 사항은 EDA 툴의 사용자 설명서를 참고하기 바란다. [표 10-1]은 일반적인 조합회로의 형태와 HDL 모델링에 사용되는 Verilog HDL 구문의 일부를 나타낸다.

[표 10-1] 조합회로의 형태와 모델링에 사용되는 Verilog HDL 구문

조합회로의 형태	조합회로 설계에 사용되는 Verilog HDL 구문
• 기본 논리 게이트 • 멀티플렉서 • 인코더, 디코더 • 랜덤 로직 • 가산기/감산기 • 비교기 • ALU • lookup table	• 게이트 프리미티브 • 연속 할당문(`assign` 문) • 행위수준 모델링 (`if` 문, `case` 문, `for` 문, `repeat` 문, `while` 문) • 함수 및 태스크 (시간 또는 이벤트 제어를 갖지 못함) • 모듈 인스턴스

논리합성이 지원되지 않는 Verilog HDL 구문은 다음과 같다.

- `initial` 문
- 스위치 프리미티브(cmos, nmos, tran 등)
- `forever` 문, `while` 문(반복 횟수가 확정적이지 않은 경우)
- `wait`, 지연 등 타이밍 제어 구문
- `force-release`, `fork-join`
- 태스크(`$finish`, `$time` 등)

조합회로를 올바르게 Verilog HDL 모델링하기 위해서는 다음의 사항에 유의해야 한다.

첫째, `always` 구문을 이용한 행위수준 모델링에서 `always` 블록의 감지신호목록sensitivity list에 회로(`always` 블록으로 모델링되는 회로)의 입력신호들이 빠짐없이 모두 포함되어야 한다. 그렇지 않은 경우에 논리합성은 올바로 이루어지나, 합성 전과 합성 후의 시뮬레이션 결과가 다를 수 있어 설계 검증에 혼란이 초래될 수 있다.

둘째, `if` 조건문과 `case` 문에서 모든 입력 조건들에 대한 출력이 명시적으로 지정되어야 한다. 만약 그렇지 않은 경우에는 논리합성 과정에서 래치latch 회로가 생성되어 조합회로가 아닌 순차회로로 동작할 수 있다.

셋째, 논리 최적화가 용이한 구조와 표현을 사용하여 최소의 게이트 수와 최소 지연경로를 갖는 회로가 합성되도록 모델링해야 한다. 이를 위해서는 Verilog HDL 모델링에 관한 많은 경험과 논리합성 툴의 특성에 대한 이해가 필요하다.

넷째, 동일한 기능을 수행하는 회로를 여러 가지 구문으로 표현할 수 있으므로, 가능하면 간결한 코드로 모델링해야 한다. 이는 소스코드의 가독성을 높여 오류 발생 가능성을 줄이고, 디버깅을 용이하게 하여 설계 생산성을 높여 준다.

SECTION
10.1
기본 논리 게이트 및 단순 조합회로

10.1.1 기본 논리 게이트의 모델링

기본 논리 게이트의 Verilog HDL 모델링에는 비트 연산자, 게이트 프리미티브, `if` 조건문 등이 사용될 수 있다. [그림 10-1]의 3입력 NOR 게이트는 [코드 10-1] ~ [코드 10-4]와 같이 다양한 방법으로 모델링될 수 있다.

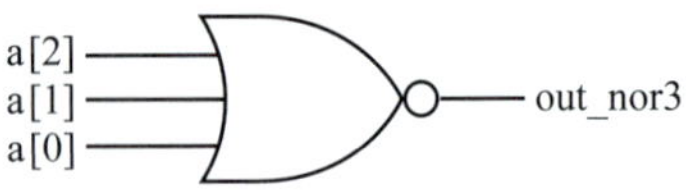

[그림 10-1] 3입력 NOR 게이트

[코드 10-1]은 비트 OR 연산자(|)와 비트 부정 연산자(~)를 사용하여 모델링한 예이다.

코드 10-1 3입력 NOR 게이트 모델링(비트 연산자 사용)

```
module  nor3_bitop (input [2:0] a,
                    output out_nor3);

  assign out_nor3 = ~(a[2] | a[1] | a[0]);

endmodule
```

[코드 10-2]는 단항 연산자인 축약 NOR 연산자(~|)를 이용하여 모델링한 예이다.

코드 10-2 3입력 NOR 게이트 모델링(축약 연산자 사용)

```
module  nor3_redop (input [2:0] a,
                    output out_nor3);

   assign out_nor3 = ~|a;

endmodule
```

[코드 10-3]은 게이트 프리미티브를 이용하여 모델링한 예이다. 게이트 프리미티브 인스턴스의 포트 연결은 순서에 의한 매핑만 사용할 수 있다. 이때 출력 포트 out_nor3가 가장 처음에 와야 한다는 점에 유의해야 한다.

코드 10-3 3입력 NOR 게이트 모델링(게이트 프리미티브 사용)

```
module  nor3_gp (input [2:0] a,
                 output out_nor3);

   nor (out_nor3, a[2], a[1], a[0]);

endmodule
```

[코드 10-4]는 `if` 조건문을 사용한 모델링이며, 3입력 NOR 게이트의 진리표로부터 출력이 1이 되는 조건을 찾아 적용한다. 출력 out_nor3는 `always` 블록 내부에서 값을 받으므로 `reg` 자료형으로 선언되어야 한다.

코드 10-4 3입력 NOR 게이트 모델링(if 조건문 사용)

```
module  nor3_if (input [2:0] a,
                 output out_nor3);
  reg   out_nor3;

  always @(a) begin
     if(a == 3'b000) out_nor3 = 1'b1;
     else            out_nor3 = 1'b0;
  end
endmodule
```

[코드 10-5]는 [코드 10-1] ~ [코드 10-4]를 시뮬레이션하기 위한 테스트벤치이다.

코드 10-5 3입력 NOR 게이트 모듈의 시뮬레이션 테스트벤치

```
module  tb_nor3 ( );
    reg [2:0] a;
    integer   i;

    nor3_bitop  U0 (a, out_nor3_gp);
//  nor3_redop U1 (a, out_nor3_redop);
//  nor3_gp U2     (a, out_nor3_bitop);
//  nor3_if     U3 (a, out_nor3_if);
```

```
  initial begin
     for(i=0; i<=7; i=i+1) begin
        a = i;
        #10;
     end
     #20 $finish;
  end

endmodule
```

[코드 10-1] ~ [코드 10-4]의 RTL 시뮬레이션 결과는 [그림 10-2]와 같다.

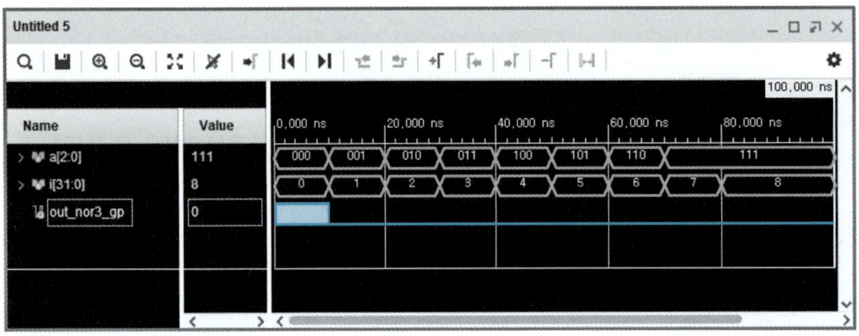

[그림 10-2] [코드 10-1] ~ [코드 10-4]의 시뮬레이션 결과

설계과제 10-1

3입력 NAND 게이트를 다음의 네 가지 방식으로 모델링하고, 테스트벤치를 작성하여 기능을 검증하라.

① 비트 연산자를 사용하는 방법
② 축약 연산자를 사용하는 방법
③ 게이트 프리미티브를 사용하는 방법
④ `if` 조건문을 사용하는 방법

10.1.2 멀티비트 논리연산 모델링

4비트 데이터 a[3:0]와 b[3:0]를 비트 단위로 XOR 연산해서 4비트의 출력 xor4b[3:0]를 만드는 논리연산 xor4b = a ⊕ b는 [그림 10-3]과 같이 4개의 2입력 XOR 게이트로 구현되며, 게이트 프리미티브 배열, 비트 연산자, `for` 반복문 등의 구문으로 모델링할 수 있다.

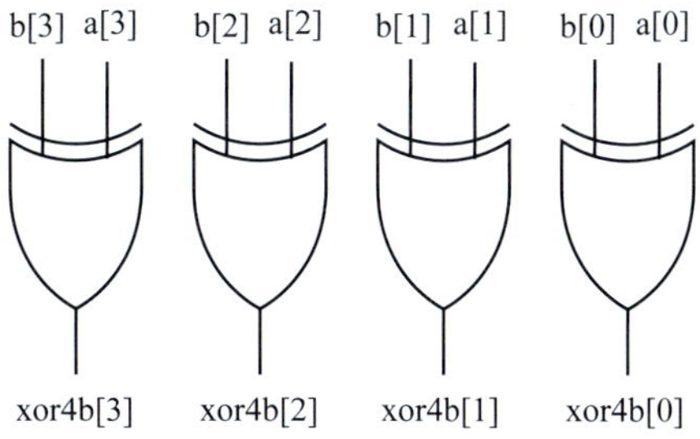

[그림 10-3] 4비트 2입력 XOR 게이트

Verilog HDL은 게이트 프리미티브의 배열을 지원하므로, [코드 10-6]과 같이 게이트 프리미티브 배열을 이용해서 모델링할 수 있다.

코드 10-6 4비트 2입력 XOR 게이트 모델링(게이트 프리미티브 배열 사용)

```
module  xor4b_gp (input [3:0] a, input [3:0] b,
                  output [3:0] xor4b);

   xor U0 [3:0] (xor4b, a, b);

endmodule
```

[코드 10-7]은 비트 XOR 연산자(^)를 사용해서 모델링한 예이다. Verilog HDL의 비트 연산자는 벡터형 피연산자를 가질 수 있으므로, [코드 10-7]과 같이 하나의 assign 문으로 표현할 수 있으며, 이는 비트 단위로 분리해서 표현하는 것과 동일하다.

코드 10-7 4비트 2입력 XOR 게이트 모델링(비트 연산자 사용)

```
module  xor4b_bitop (input [3:0] a, input [3:0] b,
                     output [3:0] xor4b);

    assign xor4b = a ^ b;

//  assign xor4b[0] = a[0] ^ b[0];
//  assign xor4b[1] = a[1] ^ b[1];
//  assign xor4b[2] = a[2] ^ b[2];
//  assign xor4b[3] = a[3] ^ b[3];

endmodule
```

[코드 10-8]은 for 반복문을 사용한 모델링이며, 반복횟수를 데이터 비트 수와 동일하게 지정한다.

코드 10-8 4비트 2입력 XOR 게이트 모델링(for 반복문 사용)

```
module xor4b_for (input [3:0] a, input [3:0] b,
                  output [3:0] xor4b);
   reg     [3:0] xor4b;
   integer      i;

  always @(a or b) begin
     for(i=0; i<4; i=i+1)
        xor4b[i] = a[i] ^ b[i];
  end
endmodule
```

[코드 10-9]는 [코드 10-6] ~ [코드 10-8]을 시뮬레이션하기 위한 테스트벤치이다.

코드 10-9 4비트 2입력 XOR 게이트의 시뮬레이션 테스트벤치

```
module tb_xor4b ( );
  reg  [3:0] a, b;
  wire [3:0] out_xor4b;

    xor4b_gp     U0 (a, b, out_xor4b);
//  xor4b_bitop U1 (a, b, out_xor4b);
//  xor4b_for    U2 (a, b, out_xor4b);

  initial begin
        a = 4'b0000; b = 4'b0000;
    #10 a = 4'b1010; b = 4'b0101;
    #10 a = 4'b1100; b = 4'b1100;
    #10 a = 4'b1011; b = 4'b0000;
    #10 a = 4'b1001; b = 4'b1000;
    #10 a = 4'b1111; b = 4'b0000;
    #10 a = 4'b0010; b = 4'b0111;
    #10 a = 4'b1101; b = 4'b0101;
    #10 a = 4'b0000; b = 4'b1101;
    #10 a = 4'b1111; b = 4'b1111;
    #10 a = 4'b0111; b = 4'b0100;
    #20 $finish;
  end
endmodule
```

[코드 10-6] ~ [코드 10-8]의 RTL 시뮬레이션 결과는 [그림 10-4]와 같다.

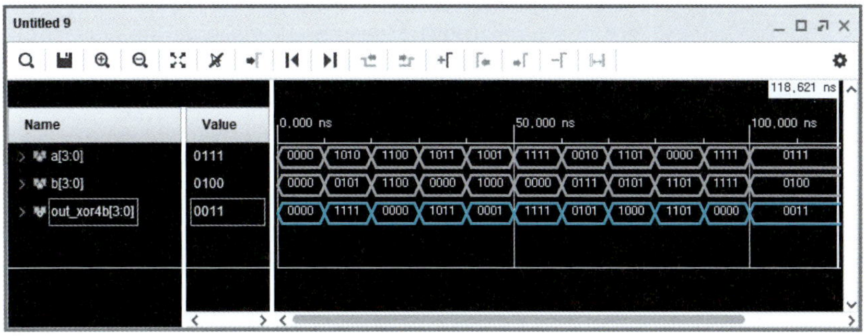

[그림 10-4] [코드 10-6] ~ [코드 10-8]의 시뮬레이션 결과

설계과제 10-2

4비트 데이터 a[3:0]와 b[3:0]를 비트 단위로 NAND 연산해서 4비트 출력 nand4b[3:0]를 만드는 회로를 다음의 세 가지 방식으로 모델링하고, 테스트벤치를 작성하여 기능을 검증하라.

① 비트 연산자를 사용하는 방법
② 게이트 프리미티브 배열을 사용하는 방법
③ for 반복문을 사용하는 방법

10.1.3 부울 함수와 진리표 및 lookup table의 모델링

▪ 부울 함수의 모델링

부울 함수Boolean function로 표현된 임의의 논리식은 비트 연산자를 사용하여 모델링할 수 있다. 식 (10.1)의 부울 함수는 [코드 10-10]과 같이 모델링될 수 있다.

$$y = \overline{(a \cdot b + c \cdot d) \cdot e} \tag{10.1}$$

코드 10-10 식 (10.1) 부울 함수의 모델링

```
module comb_gate (input a, input b, input c, input d, input e,
                  output y);

   assign y = ~((a & b | c & d) & e);

endmodule
```

설계과제 10-3

다음의 부울 식으로 표현되는 회로를 Verilog HDL로 모델링하고, 테스트벤치를 작성하여 기능을 검증하라.

$$F = \overline{a \cdot (b + c + d) \cdot e}$$

▪ 진리표의 모델링

조합회로의 기능이 진리표[truth table]로 정의된 경우에는 case 문을 이용하여 진리표를 직접 Verilog HDL로 표현하는 방법이 사용된다. [표 10-2]는 이진수[binary number]를 그레이[gray] 코드로 변환하는 진리표이며, 4비트의 이진수 입력 bin[3:0]을 받아 4비트의 그레이 코드값 gray[3:0]를 출력한다.

[표 10-2] binary-to-gray 코드 변환의 진리표

bin[3:0]	gray[3:0]	bin[3:0]	gray[3:0]
0000	0000	1000	1100
0001	0001	1001	1101
0010	0011	1010	1111
0011	0010	1011	1110
0100	0110	1100	1010
0101	0111	1101	1011
0110	0101	1110	1001
0111	0100	1111	1000

[코드 10-11]은 case 구문을 사용하여 [표 10-2]의 진리표를 구현한 예이다. case(bin)에 의해 입력 bin 값에 따른 그레이 코드값 gray[3:0]가 결정된다. [코드 10-12]는 [코드 10-11]을 시뮬레이션하기 위한 테스트벤치이다.

코드 10-11 [표 10-2] 진리표의 Verilog HDL 모델링

```
module bin2gray (input [3:0] bin,
                 output [3:0] gray);
  reg [3:0] gray;

  always @(bin) begin
     case(bin)
        4'h0 : gray = 4'b0000;
        4'h1 : gray = 4'b0001;
        4'h2 : gray = 4'b0011;
        4'h3 : gray = 4'b0010;
        4'h4 : gray = 4'b0110;
        4'h5 : gray = 4'b0111;
        4'h6 : gray = 4'b0101;
        4'h7 : gray = 4'b0100;
        4'h8 : gray = 4'b1100;
        4'h9 : gray = 4'b1101;
        4'ha : gray = 4'b1111;
        4'hb : gray = 4'b1110;
        4'hc : gray = 4'b1010;
        4'hd : gray = 4'b1011;
        4'he : gray = 4'b1001;
        4'hf : gray = 4'b1000;
    endcase
   end
endmodule
```

코드 10-12 [코드 10-11]의 시뮬레이션 테스트벤치

```
module tb_bin2gray (  );
  reg  [3:0] bin;
  wire [3:0] gray;
  integer    i;

  bin2gray u0 (bin, gray);

  initial begin
      for(i=0; i<16; i=i+1) begin
          bin = i;
          #10;
      end
      #10 $finish;
  end

endmodule
```

[코드 10-11]의 시뮬레이션 결과는 [그림 10-5]와 같다.

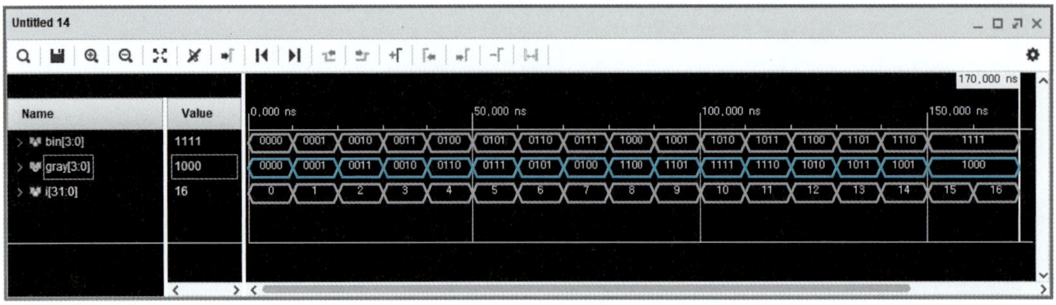

[그림 10-5] [코드 10-11]의 시뮬레이션 결과

[코드 10-11]을 Vivado에서 RTL Analysis하면 [그림 10-6]의 회로로 합성된다.

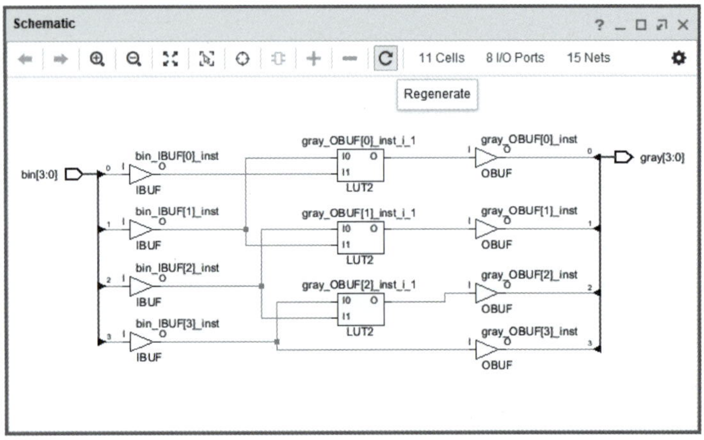

[그림 10-6] [코드 10-11]의 합성 결과

▪ lookup 테이블의 함수 모델링

LUT^{lookup table}는 회로 동작에 필요한 고정된 데이터 값을 저장하는 용도로 사용되는 조합회로이다. 예를 들어, 문자 LCD 모듈에 문자를 표시하는 회로에서 표시될 문자 데이터를 LUT로 저장할 수 있다. 일반적으로, LUT는 함수를 이용하여 독립된 파일로 모델링되고, 소스코드에서 LUT 함수를 호출하여 저장된 데이터를 읽어내는 방법이 사용된다.

[코드 10-13]은 8비트 데이터 16개를 저장하는 LUT를 함수로 모델링한 예이다.

코드 10-13 LUT를 구현하는 함수 예

```
function [7:0] data_line1;
   input [3:0] address;

begin
      case(address)
            0  : data_line1 = 8'b0010_0000;
            1  : data_line1 = 8'b0100_0100;
            2  : data_line1 = 8'b0110_1001;
                     . . . . . .
            15 : data_line1 = 8'b0010_0000;
       default : data_line1 = 8'b0000_0000;
      endcase
end
endfunction
```

통상, 저장될 데이터를 case 문으로 모델링하며, LUT의 주소가 case 문의 조건으로 사용된다. n비트의 주소를 갖는 LUT는 최대 2^n개의 데이터를 저장한다.

설계과제 10-4

[표 10-3]은 4비트의 BCD(Binary Coded Decimal) 입력 bcd_in[3:0]을 FND(Flexible Numeric Display)에 표시하기 위해 8비트의 fnd_data[7:0]로 변환하는 bcd_fnd 디코더의 진리표이다. [표 10-3]의 진리표를 Verilog HDL로 모델링하고, 테스트벤치를 작성하여 기능을 검증하라.

[표 10-3] bcd_fnd 디코더 진리표

bcd_in[3:0]	fnd_data[7:0]	bcd_in[3:0]	fnd_data[7:0]
0000	0011_1111	0101	0110_1101
0001	0000_0110	0110	0111_1101
0010	0101_1011	0111	0000_0111
0011	0100_1111	1000	0111_1111
0100	0110_0110	1001	0110_1111

SECTION 10.2

멀티플렉서

멀티플렉서multiplexer는 여러 개의 입력 중에서 하나를 선택해서 출력하는 회로이며, if 조건문, case 문, 조건 연산자 등을 이용해서 모델링할 수 있다.

[코드 10-14]는 4 : 1 멀티플렉서를 if 조건문을 사용해서 모델링한 예이며, 2비트의 선택신호 sel[1:0]을 if 문의 조건으로 사용해서 4개의 입력 중 하나를 출력으로 결정한다.

코드 10-14 4비트 4 : 1 멀티플렉서 모델링(if 조건문 사용)

```
module mux4to1_if (input [3:0] a, input [3:0] b, input [3:0] c,
                   input [3:0] d, input [1:0] sel,
                   output [3:0] mux_out);

  reg     [3:0] mux_out;

  always @(sel or a or b or c or d) begin   // always @(sel, a, b, c, d) begin
      if      (sel == 2'b00) mux_out = a;
      else if (sel == 2'b01) mux_out = b;
      else if (sel == 2'b10) mux_out = c;
      else if (sel == 2'b11) mux_out = d;
      else                   mux_out = 4'bx;
  end

endmodule
```

[코드 10-15]는 조건 연산자를 사용하여 모델링한 예이다.

코드 10-15 4비트 4 : 1 멀티플렉서 모델링(조건 연산자 사용)

```
module mux4to1_conop (input [3:0] a, input [3:0] b, input [3:0] c,
                      input [3:0] d, input [1:0] sel,
                      output [3:0] mux_out);

  assign mux_out = (sel == 0) ? a :
                   (sel == 1) ? b :
                   (sel == 2) ? c :
                   (sel == 3) ? d : 4'bx;

endmodule
```

[코드 10-16]은 case 문을 사용한 모델링 예이며, 멀티플렉서의 선택신호를 case 조건으로 사용한다.

코드 10-16 4비트 4 : 1 멀티플렉서 모델링(case 문 사용)

```
module  mux4to1_case (input [3:0] a, input [3:0] b, input [3:0] c,
                      input [3:0] d, input [1:0] sel,
                      output [3:0] mux_out);

 reg     [3:0] mux_out;

 always @(sel or a or b or c or d) begin
    case(sel)
            0 : mux_out = a;
            1 : mux_out = b;
            2 : mux_out = c;
            3 : mux_out = d;
       default : mux_out  = 4'bx;
    endcase
  end

endmodule
```

[코드 10-17]은 [코드 10-14] ~ [코드 10-16]을 시뮬레이션하기 위한 테스트벤치이다.

코드 10-17 4비트 4 : 1 멀티플렉서의 시뮬레이션 테스트벤치

```
module tb_mux41;
  reg  [3:0] a, b, c, d;
  reg  [1:0] sel;
  wire [3:0] mux_out;

    mux4to1_if    u0 (a, b, c, d, sel, mux_out);
//  mux4to1_case  u1 (a, b, c, d, sel, mux_out);
//  mux4to1_conop u2 (a, b, c, d, sel, mux_out);

   initial begin
          sel = 2'b00;
          a = 4'b0001; b = 4'b0010;
          c = 4'b0100; d = 4'b1000;
      #80 a = 4'b1100; b = 4'b0011;
          c = 4'b0110; d = 4'b1001;
      #80 $finish;
   end

   always
      #20 sel = sel + 1;

endmodule
```

[코드 10-14] ~ [코드 10-16]을 시뮬레이션한 결과는 [그림 10-7]과 같다.

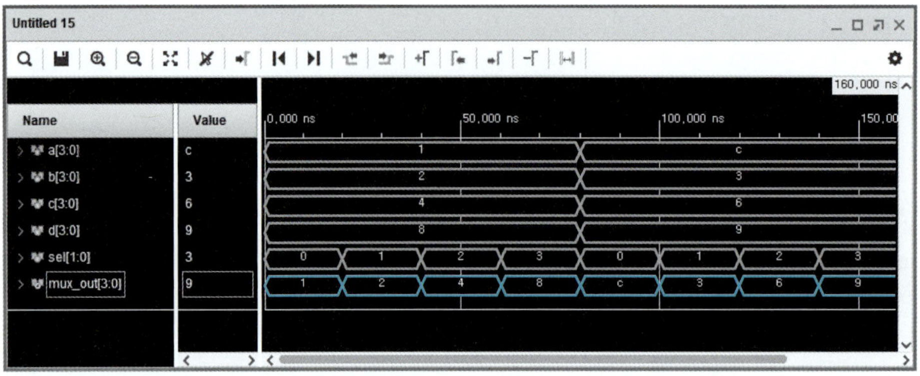

[그림 10-7] [코드 10-14] ~ [코드 10-16]의 시뮬레이션 결과

[코드 10-14] ~ [코드 10-16]의 세 가지 모델링은 모두 [그림 10-8]의 회로로 합성된다.

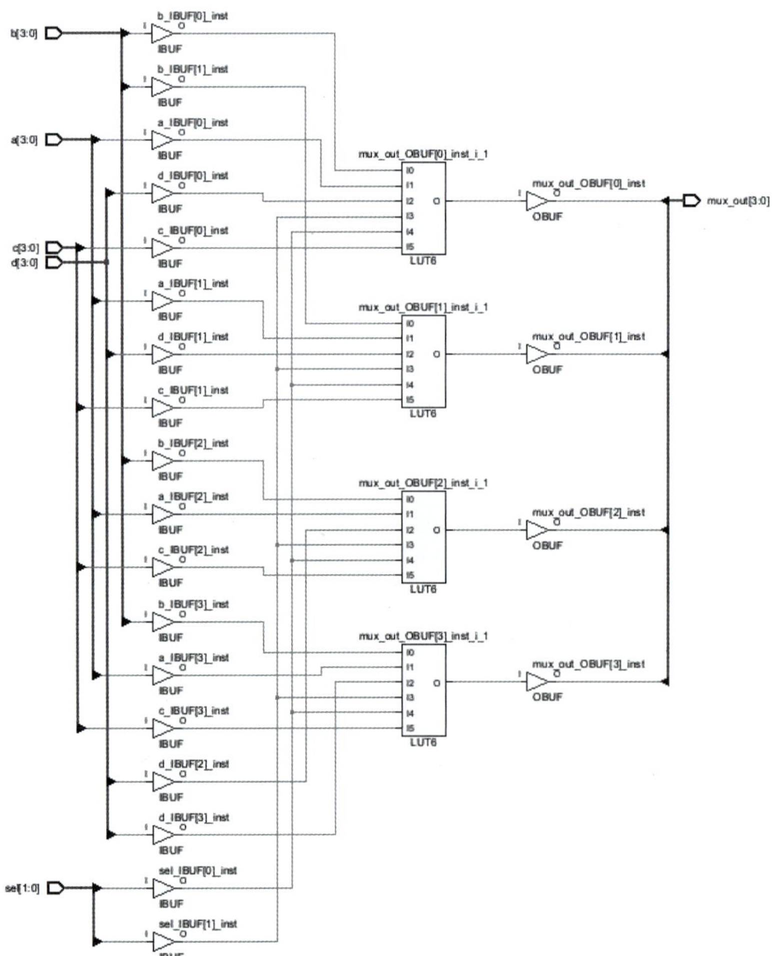

[그림 10-8] [코드 10-14] ~ [코드 10-16]의 합성 결과

설계과제 10-5 case 문을 이용한 8 : 1 멀티플렉서 모델링

8비트의 입력 in_word[7 : 0] 중 1비트를 선택해서 출력 out_bit로 보내는 8 : 1 멀티플렉서를 [코드 10-18]의 case 문으로 모델링하고, 테스트벤치를 작성해서 시뮬레이션으로 검증하라.

코드 10-18 8 : 1 멀티플렉서 모델링(case 문 사용)

```
module mux8to1_case (input [7:0] in_word, input [2:0] sel,
                     output out_bit);

  reg   out_bit;

  always @(sel, in_word) begin

 case문을 사용해서 모델링을 완성한다.

  end

endmodule
```

SECTION 10.3

인코더와 디코더

10.3.1 인코더

n : m 이진 인코더는 n비트(단, $n = 2^m$)의 입력을 m비트의 출력으로 변환하는 회로이다. 4 : 2 이진 인코더의 진리표는 [표 10-4]와 같으며, 4비트 입력에는 단지 하나의 1만 포함되어 있어야 한다.

[표 10-4] 4 : 2 이진 인코더의 진리표

enc_in[3:0]	enc_out[1:0]
0001	00
0010	01
0100	10
1000	11

인코더 회로는 if 조건문, case 문, for 반복문 등 여러 가지 방법으로 모델링될 수 있다. [표 10-4]의 4 : 2 인코더를 case 문, if 조건문, for 반복문으로 모델링한 예는 [코드 10-19] ~ [코드 10-21]과 같다. case 문을 사용한 모델링은 if 조건문보다 논리적인 이해가 명확하다. for 반복문은 입력의 비트 수가 큰 경우 또는 입출력 비트 수를 파라미터화하여 모델링하는 경우에 유용하다. [표 10-4]에 나열된 네 가지 입력 값 이외의 경우에는 출력에 don't-care 값을 할당하여 합성과정에서 논리간소화를 통해 최소화된 회로가 합성되도록 한다.

코드 10-19 4 : 2 이진 인코더 모델링(case 문 사용)

```
module enc_4to2_case (input [3:0] enc_in,
                      output [1:0] enc_out);
  reg  [1:0] enc_out;

  always @(enc_in) begin
    case(enc_in)
      4'b0001 : enc_out = 2'b00;
      4'b0010 : enc_out = 2'b01;
      4'b0100 : enc_out = 2'b10;
      4'b1000 : enc_out = 2'b11;
      default : enc_out = 2'bxx;
```

```
    endcase
  end

endmodule
```

코드 10-20 4 : 2 이진 인코더 모델링(if 조건문 사용)

```
module enc_4to2_if (input [3:0] enc_in,
                    output [1:0] enc_out);
   reg   [1:0] enc_out;

  always @(enc_in) begin
    if      (enc_in == 4'b0001) enc_out = 2'b00;
    else if(enc_in == 4'b0010) enc_out = 2'b01;
    else if(enc_in == 4'b0100) enc_out = 2'b10;
    else if(enc_in == 4'b1000) enc_out = 2'b11;
    else                       enc_out = 2'bxx;
  end

endmodule
```

코드 10-21 4 : 2 이진 인코더 모델링(for 반복문 사용)

```
module enc_4to2_for (input [3:0] enc_in,
                     output [1:0] enc_out);
   reg   [1:0] enc_out;
   reg   [3:0] temp;
   integer     n;

  always @(enc_in) begin
     temp = 4'b0001;
     enc_out = 2'bxx;
     for(n=0; n<4; n=n+1) begin
        if(enc_in == temp) enc_out = n;
        temp = temp << 1;
     end
   end

endmodule
```

[코드 10-22]는 [코드 10-19] ~ [코드 10-21]을 시뮬레이션하기 위한 테스트벤치이다.

코드 10-22 4 : 2 이진 인코더의 시뮬레이션 테스트벤치

```
module tb_enc_4to2( );
  reg   [3:0] in;
  wire  [1:0] out;

  enc_4to2_case U0 (.enc_in(in), .enc_out(out));
// enc_4to2_if U1 (.enc_in(in), .enc_out(out));
// enc_4to2_for U2 (.enc_in(in), .enc_out(out));

   always begin
           in = 4'b0001;
       #20 in = 4'b0010;
       #20 in = 4'b0100;
       #20 in = 4'b1000;
       #20 in = 4'b0000;
       #20 in = 4'b1111;
       #20 $finish;
   end

endmodule
```

[코드 10-22]의 테스트벤치를 이용한 시뮬레이션 결과는 [그림 10-9]와 같다.

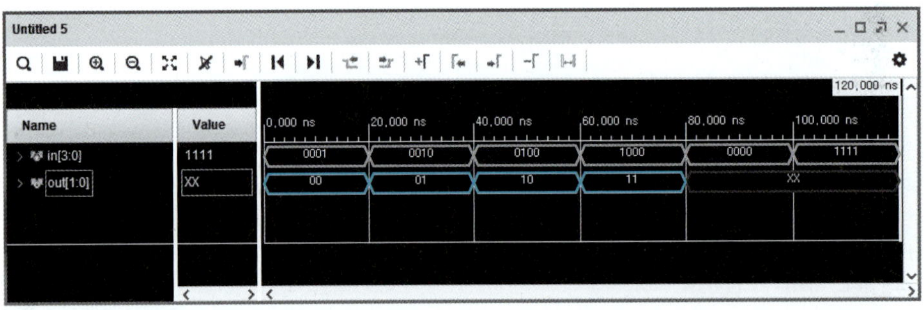

[그림 10-9] [코드 10-19] ~ [코드 10-21]의 시뮬레이션 결과

설계과제 10-6

active-low enable 신호 en을 갖는 4 : 2 이진 인코더를 아래의 세 가지 방식으로 모델링하고, 시뮬레이션을 통해 검증하라. enable 신호가 en=1이면 인코더의 출력은 0이 되도록 한다.

① case 문을 사용하는 방법
② if 조건문을 사용하는 방법
③ for 반복문을 사용하는 방법

10.3.2 우선순위 인코더

case 문은 나열된 case 항목들을 순서대로 조건과 비교하므로, 첫 번째 case 항목이 나머지 case 항목들에 비해 높은 우선순위priority를 갖는다. case 항목들이 상호 배타적이면 우선순위를 갖지 않는 것으로 취급되어 멀티플렉서 구조로 합성된다. 반면에 case 항목들이 상호 배타적이지 않으면 우선순위를 갖는 회로로 합성되며, 합성 속성attribute을 지정할 경우 우선순위 없이 합성되도록 할 수 있다. 예를 들면 Synopsys DesignCompiler의 parallel_case 속성 지정이 이에 해당한다. Xilinx Vivado 툴에서도 속성 지정을 통해 우선순위를 갖지 않는 회로로 합성할 수 있으며, 다음은 parallel_case 속성 지정이 포함된 case 문의 예이다. 합성 관련 속성 지정에 대해서는 자신이 사용하는 EDA 툴의 사용자 설명서를 참고한다.

```
(* parallel_case *) case (sel)
     3'b100 : sig = val1;
     3'b010 : sig = val2;
     3'b001 : sig = val3;
endcase
```

if 조건문도 첫 번째 조건이 나머지 다른 조건들에 비해 높은 우선순위를 갖는다. if 조건문에서 조건들이 상호 배타적이면 멀티플렉서로 합성되고, 그렇지 않은 경우에는 우선순위 구조의 회로로 합성된다.

[표 10-5]는 4 : 2 우선순위 인코더priority encoder의 진리표이다. 출력 enc_out[1:0]의 값을 결정함에 있어서 입력 enc_in[3:0]의 MSB인 enc_in[3]이 가장 높은 우선순위를 갖는다. 신호 valid는 입력 enc_in[3:0]에 최소한 1비트 이상의 1이 포함되어 있는 경우에만 1이 되어 출력 enc_out[1:0]의 유효성을 나타낸다. [표 10-5]의 우선순위 인코더는 if 조건문, case 문, for 반복문 등을 사용하여 모델링될 수 있으며, enc_in[3:0]=4'b0000인 경우에는 출력 enc_out[1:0]에 don't-care 값을 할당하여 합성 툴에서 논리간소화에 사용되도록 한다.

[표 10-5] 4 : 2 우선순위 인코더의 진리표

enc_in[3:0]	출력	
	enc_out[1:0]	valid
1xxx	11	1
01xx	10	1
001x	01	1
0001	00	1
0000	xx	0

[코드 10-23]은 if 조건문을 사용한 우선순위 인코더의 모델링이다. 우선순위가 가장 높은 enc_in[3]이 if 조건문의 첫 번째 조건에 사용되고, 순차적으로 입력 enc_in의 하위 비트들에 대해 조건이 판단되어 우선순위 인코더가 구현된다.

코드 10-23 4 : 2 우선순위 인코더 모델링(if 조건문 사용)

```
module pri_enc_4to2_if (input [3:0] enc_in,
                        output valid, output [1:0] enc_out);
  reg        valid;
  reg  [1:0] enc_out;

  always @(enc_in) begin
    valid = 1'b1;
    if      (enc_in[3])  enc_out = 2'b11;
    else if (enc_in[2])  enc_out = 2'b10;
    else if (enc_in[1])  enc_out = 2'b01;
    else if (enc_in[0])  enc_out = 2'b00;
    else begin
            valid = 1'b0;
            enc_out = 2'bxx;
    end
  end

endmodule
```

[코드 10-24]는 casex 문을 사용하여 모델링한 예이다. casex 문은 don't-care 조건이 입력에 포함되어 있는 경우에 사용될 수 있다. 입력의 MSB enc_in[3]이 4개의 case 항목들 중 가장 높은 우선순위로 사용되고 있다.

코드 10-24 4 : 2 우선순위 인코더 모델링(casex 조건문 사용)

```
module pri_enc_4to2_case (input [3:0] enc_in,
                          output valid, output [1:0] enc_out);
  reg        valid;
  reg  [1:0] enc_out;

  always @(enc_in) begin
    valid = 1'b1;
    casex(enc_in)
      4'b1xxx : enc_out = 2'b11;
      4'b01xx : enc_out = 2'b10;
      4'b001x : enc_out = 2'b01;
      4'b0001 : enc_out = 2'b00;
      default : begin
                  valid = 1'b0;
                  y = 2'bxx;
```

```
            end
        endcase
    end

endmodule
```

[코드 10-25]는 for 반복문을 사용한 모델링이며, for 반복문 내부에서 입력 enc_in[3]의 각 비트가 순차적으로 판단되어 출력 enc_out[1:0]의 값이 결정된다. 출력 enc_out[1:0]의 default 값은 for 반복문 밖에서 정의되어야 한다는 점에 유의하자. for 반복문은 입력 또는 출력의 비트 수가 증가해도 소스코드의 길이가 늘어나지 않아 간결한 코딩이 가능하다는 장점이 있다.

코드 10-25 4 : 2 우선순위 인코더 모델링(for 반복문 사용)

```
module pri_enc_4to2_for (input [3:0] enc_in,
                         output valid, output [1:0] enc_out);
  reg         valid;
  reg   [1:0] enc_out;
  integer     n;

  always @(enc_in) begin :Loop
    valid = 0;
    enc_out = 2'bxx;
    for(n=3; n>=0; n=n-1)
      if(enc_in[n]) begin
        valid = 1;
        enc_out = n;
        disable Loop;
      end
  end

endmodule
```

[코드 10-26]은 [코드 10-23] ~ [코드 10-25]를 시뮬레이션하기 위한 테스트벤치이다.

코드 10-26 4 : 2 우선순위 인코더의 시뮬레이션 테스트벤치

```
module tb_pri_enc_4to2 ( );
  reg   [3:0] in;
  wire  [1:0] out;
  integer     i;

  pri_enc_4to2_case U0 (.enc_in(in), .valid(valid), .enc_out(out));
//  pri_enc_4to2_if U1 (.enc_in(in), .valid(valid), .enc_out(out));
//  pri_enc_4to2_for U2 (.enc_in(in), .valid(valid), .enc_out(out));

   always begin
       for (i=0; i<=15; i=i+1) begin
           in = i;
           #10;
       end
       #10 $finish;
   end

endmodule
```

[코드 10-26]의 테스트벤치를 이용한 시뮬레이션 결과는 [그림 10-10]과 같다.

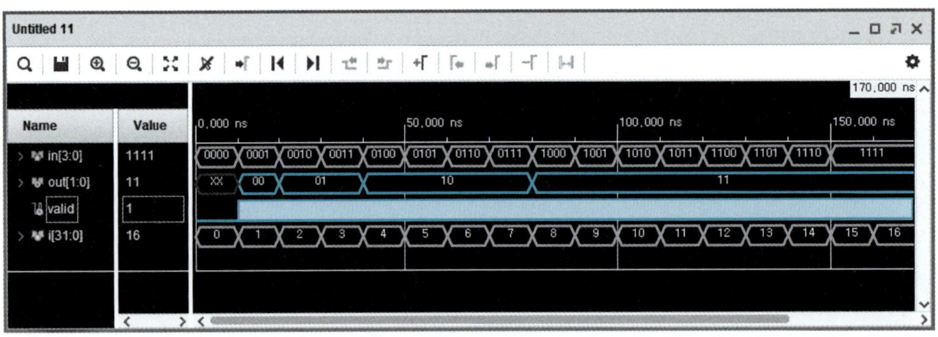

[그림 10-10] [코드 10-23] ~ [코드 10-25]의 시뮬레이션 결과

설계과제 10-7

[표 10-6]과 같이 active-high enable 신호 en을 갖는 4 : 2 우선순위 인코더를 다음의 세 가지 방법으로 모델링하고, 시뮬레이션을 통해 검증하라. enable 신호가 en=0이면 인코더의 출력과 valid 출력이 0이 되도록 한다.

[표 10-6] 4 : 2 우선순위 인코더의 진리표

en	enc_in[3:0]	출력	
		enc_out[1:0]	valid
1	1xxx	11	1
	01xx	10	1
	001x	01	1
	0001	00	1
	0000	xx	0
0	–	00	0

① case 문을 사용하는 방법
② if 조건문을 사용하는 방법
③ for 반복문을 사용하는 방법

10.3.3 디코더

이진 디코더는 10.3.2절에서 다룬 이진 인코더와 반대의 기능을 수행하는 회로이며, m : n 이진 디코더는 m비트의 입력을 받아 $n = 2^m$ 비트의 출력을 만든다. [표 10-7]은 2 : 4 이진 디코더의 진리표이며, [코드 10-27] ~ [코드 10-29]와 같이 case 문, if 조건문, for 반복문 등을 사용하여 모델링될 수 있다. 구문의 명확성이 우수한 case 문이 일반적으로 사용되며, 비트 수가 큰 경우에는 간결한 표현이 가능한 for 반복문을 사용하는 것이 좋다.

[표 10-7] 2 : 4 이진 디코더의 진리표

dec_in[1:0]	dec_out[3:0]
00	0001
01	0010
10	0100
11	1000

코드 10-27 2 : 4 디코더 모델링(case 문 사용)

```
module dec_2to4_case (input [1:0] dec_in,
                      output [3:0] dec_out);
  reg     [3:0] dec_out;

  always @(dec_in) begin
     case(dec_in)
             0 : dec_out = 4'b0001;
             1 : dec_out = 4'b0010;
             2 : dec_out = 4'b0100;
             3 : dec_out = 4'b1000;
        default: dec_out = 4'bxxxx;
     endcase
   end

endmodule
```

코드 10-28 2 : 4 디코더 모델링(if 조건문 사용)

```
module dec_2to4_if (input [1:0] dec_in,
                    output [3:0] dec_out);
   reg     [3:0] dec_out;

  always @(dec_in) begin
     if      (dec_in == 0) dec_out = 4'b0001;
     else if (dec_in == 1) dec_out = 4'b0010;
     else if (dec_in == 2) dec_out = 4'b0100;
     else if (dec_in == 3) dec_out = 4'b1000;
     else                  dec_out = 4'bxxxx;
  end

endmodule
```

코드 10-29 2 : 4 디코더 모델링(for 반복문 사용)

```
module dec_2to4_for (input [1:0] dec_in,
                     output [3:0] dec_out);
   reg     [3:0] dec_out;
   integer       n;

  always @(dec_in) begin
     for(n=0; n<=3; n=n+1) begin
        if(dec_in == n)
           dec_out[n] = 1'b1;
        else
           dec_out[n] = 1'b0;
```

```
    end
  end

endmodule
```

[코드 10-30]은 [코드 10-27] ~ [코드 10-29]를 시뮬레이션하기 위한 테스트벤치이다.

코드 10-30 2 : 4 디코더의 시뮬레이션 테스트벤치

```
module tb_dec_2to4 ( );
  reg  [1:0] dec_in;
  wire [3:0] dec_out;

   dec_2to4_case U0 (dec_in, dec_out);
// dec_2to4_if U0 (dec_in, dec_out);
// dec_2to4_for U0 (dec_in, dec_out);

  always begin
         dec_in = 2'b00;
     #20 dec_in = 2'b01;
     #20 dec_in = 2'b10;
     #20 dec_in = 2'b11;
     #20 $finish;
  end

endmodule
```

[코드 10-30]의 테스트벤치를 이용한 시뮬레이션 결과는 [그림 10-11]과 같다.

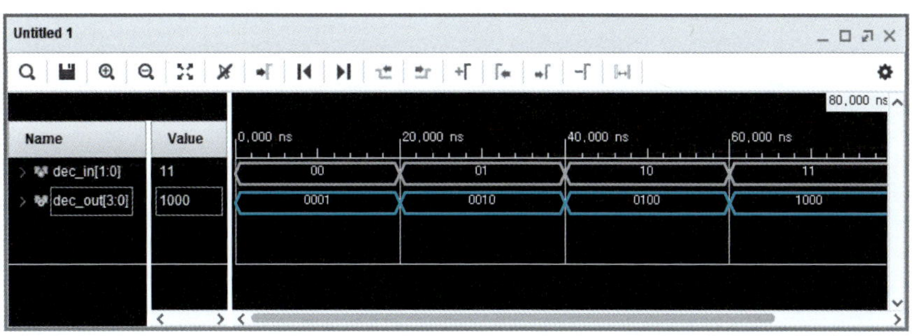

[그림 10-11] [코드 10-27] ~ [코드 10-29]의 시뮬레이션 결과

설계과제 10-8

[표 10-8]은 active-high enable 신호 en을 갖는 3 : 6 디코더의 진리표이며, enable 신호가 en=0이면 입력에 무관하게 디코더 출력은 0이 된다. 다음의 두 가지 방법으로 모델링하고, 시뮬레이션을 통해 검증하라.

[표 10-8] enable 신호를 갖는 3 : 6 디코더의 진리표

en	dec_in[2:0]	dec_out[5:0]
0	–	000000
1	000	000001
	001	000010
	010	000100
	011	001000
	100	010000
	101	100000
	110	xxxxxx
	111	xxxxxx

① `if` 조건문을 사용하는 방법

② enable 신호 en과 입력 dec-in를 결합 연산자 `{ }`로 묶어 `case` 문의 조건으로 사용하는 방법

디코더의 입력과 출력 비트 수를 각각 m비트와 n비트로 파라미터화하여 모델링한 후, 모듈 인스턴스에서 파라미터 값을 변경하여 원하는 비트 수의 디코더를 구현할 수 있다.

[코드 10-31]은 디코더의 입력과 출력 비트 수를 각각 `parameter` IN_WIDTH와 OUT_WIDTH로 선언하여 파라미터화된 디코더 모듈을 모델링한 예이다. [코드 10-29]와 유사하게 `for` 반복문을 사용하였으며, OUT_WIDTH < 2^{IN_WIDTH}인 경우(예를 들면, 입력이 3비트이고 출력이 6비트인 경우)를 고려하기 위해 `if`(dec_in > OUT_WIDTH-1) 조건문을 이용하여 출력에 don't-care를 할당하는 부분이 추가되었다.

코드 10-31 파라미터화된 디코더 모델링

```
module dec_param (input en, input [IN_WIDTH-1:0] dec_in,
                  output [OUT_WIDTH-1:0] dec_out);

  parameter IN_WIDTH = 3, OUT_WIDTH = 8;
  reg     [OUT_WIDTH-1:0] dec_out;
  integer n;

 always @(en, dec_in) begin
     if(!en)
        dec_out = 0;
     else
        if(dec_in > OUT_WIDTH-1)
            for(n=0; n<=OUT_WIDTH-1; n=n+1)
               dec_out[n] = 1'bx;
        else begin
            for(n=0; n <= OUT_WIDTH-1; n=n+1)
               if(dec_in == n)
                  dec_out[n] = 1'b1;
               else
                  dec_out[n] = 1'b0;
        end
 end

endmodule
```

[코드 10-32]는 [코드 10-31]에서 설계된 dec_param 모듈의 인스턴스와 parameter 값 변경을 통해 3 : 6 디코더를 모델링한 예이다.

코드 10-32 모듈 dec_param을 이용한 3 : 6 디코더 모델링

```
module dec_3to6_param (input en, input [2:0] addr,
                       output [5:0] dec_addr);

  // 3:6 디코더 구현
   dec_param #(3, 6) decoder_3to6 (en, addr, dec_addr);

endmodule
```

SECTION 10.4

비교기

비교기comparator는 두 값의 상대적인 크기를 비교하는 회로이며, 관계 연산자, if 조건문, for 반복문 등을 이용하여 모델링할 수 있다.

4비트의 두 데이터 a와 b의 크기를 비교하는 회로는 [코드 10-33]과 같이 관계 연산자를 사용하여 모델링할 수 있다. 이는 if 조건문 또는 for 반복문에 비해 논리적으로 이해하기 가장 쉬운 표현 방식이다.

코드 10-33 4비트 비교기 모델링(관계 연산자 사용)

```
module comp_assign (input [3:0] a, input [3:0] b,
                    output aeqb, output agtb, output altb);

  assign aeqb = (a == b);
  assign agtb = (a > b);
  assign altb = (a < b);

endmodule
```

[코드 10-34]는 if 조건문을 사용하여 모델링한 예이다. 비교기 출력의 초기 값을 모두 0으로 설정한 후, if 조건문에서는 조건을 만족하는 경우에만 출력을 1로 할당한다. 조건이 만족되지 않는 경우에는 출력을 0으로 할당하는 문장이 if 조건문 앞에 있어야 한다.

코드 10-34 4비트 비교기 모델링(if 조건문 사용)

```
module comp_if (input [3:0] a, input [3:0] b,
                output aeqb, output agtb, output altb);
  reg  aeqb, agtb, altb;

  always @(a or b) begin
    aeqb = 1'b0;
    agtb = 1'b0;
    altb = 1'b0;
    if(a == b)      aeqb = 1'b1;
    else if(a > b) agtb = 1'b1;
    else            altb = 1'b1;
  end
endmodule
```

[코드 10-35]는 for 반복문을 사용하여 모델링한 예로, 데이터의 MSB부터 비교해서 상대적인 크기를 판단한다. 비교기 입력 데이터 a, b의 비트 수를 파라미터 SIZE로 선언해서 모델링한 예이다.

코드 10-35 4비트 비교기 모델링(for 반복문 사용)

```
module comp_for  (input [SIZE-1:0] a, input [SIZE-1:0] b,
                  output aeqb, output agtb, output altb);
  parameter  SIZE = 4;
  reg        aeqb, agtb, altb;
  integer    i;

  always @(a or b) begin : Loop_Comp
    aeqb = 1'b1;
    agtb = 1'b0;
    altb = 1'b0;
    for(i=SIZE-1; i>=0; i=i-1) begin
      if(a[i] != b[i]) begin
        agtb = a[i];
        altb = ~a[i];
        aeqb = 1'b0;
        disable  Loop_Comp;
      end
    end
  end
endmodule
```

[코드 10-36]은 [코드 10-33] ~ [코드 10-35]를 시뮬레이션하기 위한 테스트벤치이다.

코드 10-36 4비트 비교기의 테스트벤치

```
module tb_comp ;
  reg  [3:0] a, b;
  wire       aeqb, agtb, altb;

   comp_assign U0 (a, b, aeqb, agtb, altb);
// comp_if U0 (a, b, aeqb, agtb, altb);
// comp_for U1 (a, b, aeqb, agtb, altb);

  always begin
       a = 4'b0001; b = 4'b1001;
   #10 a = 4'b0010; b = 4'b0000;
   #10 a = 4'b1100; b = 4'b1101;
   #10 a = 4'b1001; b = 4'b1001;
   #10 a = 4'b0111; b = 4'b0100;
   #10 a = 4'b1111; b = 4'b1111;
   #10 a = 4'b1101; b = 4'b1001;
```

```
    #10 a = 4'b0000; b = 4'b0000;
    #10 a = 4'b1010; b = 4'b1010;
    #10 a = 4'b0001; b = 4'b1011;
    #20 $finish;
  end
endmodule
```

[코드 10-36]의 테스트벤치를 이용한 시뮬레이션 결과는 [그림 10-12]와 같다.

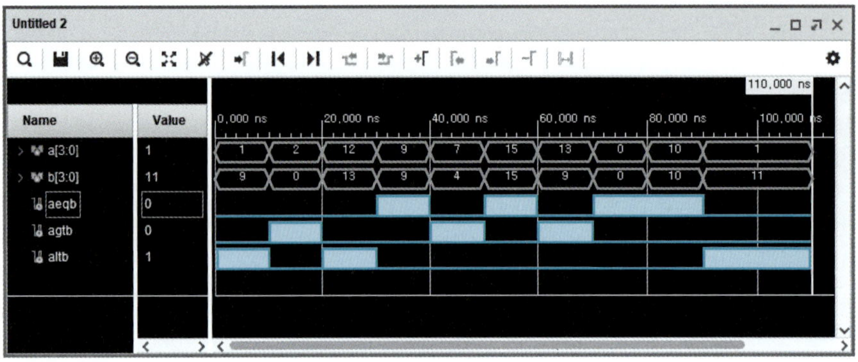

[그림 10-12] [코드 10-33] ~ [코드 10-35]의 시뮬레이션 결과

[그림 10-13]은 [코드 10-33]~[코드 10-35]의 합성 결과이다.

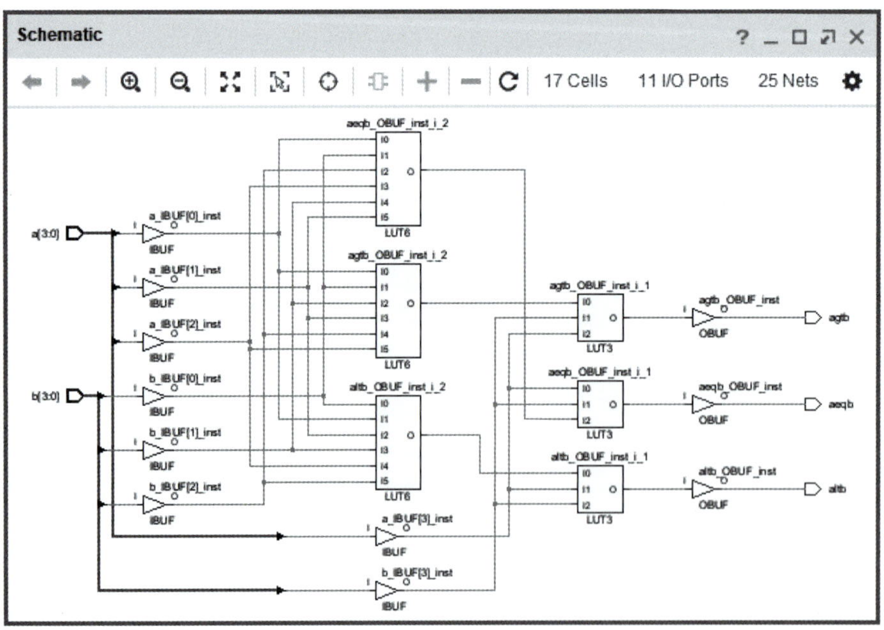

[그림 10-13] 4비트 비교기의 합성 결과

SECTION 10.5

3상태 버스

회로의 여러 부분에서 생성된 데이터를 다른 곳으로 전송하기 위한 공통 신호선로를 데이터 버스[data bus] 라고 한다. 데이터 버스는 다수의 신호원들이 공동으로 사용하므로, 여러 신호가 동시에 버스에 접속되지 않도록 제어되어야 하며, 이를 위해 [그림 10-14]와 같은 3상태 버스 드라이버[tri-state bus driver]가 사용된다. 3상태 버스 드라이버의 제어신호는 데이터를 버스에 보내거나 또는 데이터 소스를 버스로부터 격리시켜 high-impedance 상태로 만든다.

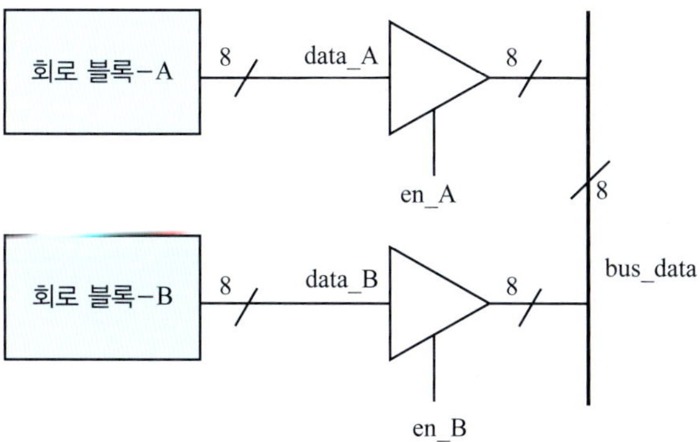

[그림 10-14] 데이터 버스 드라이버

[그림 10-14]의 3상태 버스 드라이버를 Verilog HDL의 조건 연산자 또는 게이트 프리미티브를 사용하여 모델링한 예는 [코드 10-37], [코드 10-38]과 같다.

코드 10-37 3상태 버스 드라이버 모델링(조건 연산자 사용)

```
module bus_driver_conop (input [7:0] data_A, input enA,
                         input [7:0] data_B, input enB,
                         output [7:0] bus_data);

   assign bus_data = enA ? data_A :
                     enB ? data_B : 8'hzz;

endmodule
```

게이트 프리미티브를 사용하는 모델링에는 3상태 버퍼 프리미티브 `bufif1` 또는 `bufif0`가 사용된다. [코드 10-38]에서는 제어신호 enA에 따라 enA=1일 때 data_A가 출력쪽 버스로 연결되고 enA=0이면 buffer 게이트가 high-impedance 상태가 된다. 또한 enB=1일 때 data_B가 출력쪽 버스로 연결되고 enB=0이면 buffer 게이트가 high-impedance 상태가 되도록 프리미티브 `bufif1`이 사용된다.

코드 10-38 3상태 버스 드라이버 모델링(게이트 프리미티브 사용)

```
module bus_driver_gp (input [7:0] data_A, input enA,
                      input [7:0] data_B, input enB,
                      output [7:0] bus_data);

    bufif1  bf1 [7:0] (bus_data, data_A, enA);
    bufif1  bf2 [7:0] (bus_data, data_B, enB);

endmodule
```

[코드 10-39]는 [코드 10-37], [코드 10-38]을 시뮬레이션하기 위한 테스트벤치이다.

코드 10-39 3상태 버스 드라이버의 테스트벤치

```
module tb_bus_driver (  );
  reg         enA, enB;
  reg  [7:0] data_A, data_B;
  wire [7:0] bus_data;

  bus_driver_conop U0 (data_A, enA, data_B, enB, bus_data);

  initial begin
         enA = 1'b0;  enB = 1'b0;
    #5  data_A = 8'h33;  data_B = 8'h88;
    #5  enA = 1'b1;
    #20 enA = 1'b0;
    #20 enB = 1'b1;
    #20 enB = 1'b0;
    #10 data_A = 8'h2a;  data_B = 8'hff;
    #5  enA = 1'b1;
    #20 enA = 1'b0;
    #20 enB = 1'b1;
    #20 enB = 1'b0;
    #10 $finish;
  end

endmodule
```

[코드 10-39]의 시뮬레이션 테스트벤치를 이용한 시뮬레이션 결과는 [그림 10-15]와 같다.

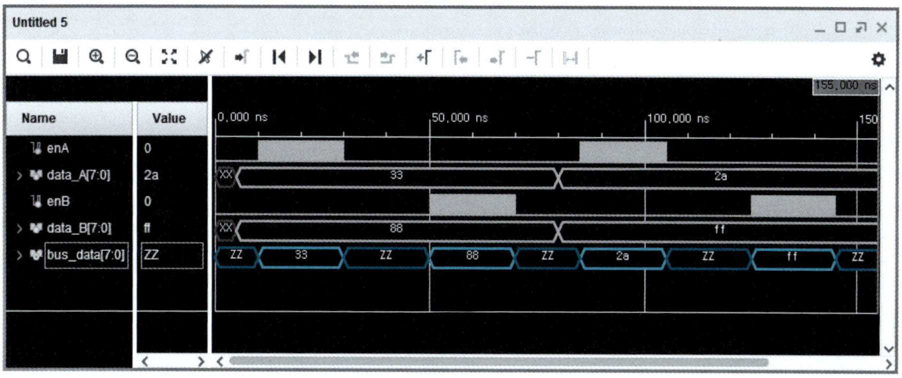

[그림 10-15] [코드 10-37], [코드 10-38]의 시뮬레이션 결과

[그림 10-16]의 양방향bidirectional 버스 드라이버는 보내기와 받기를 동시에 처리할 수 있는 회로이며, [코드 10-40]과 같이 모델링될 수 있다. bus_data 포트는 `inout`으로 선언되어야 하는 점에 유의한다.

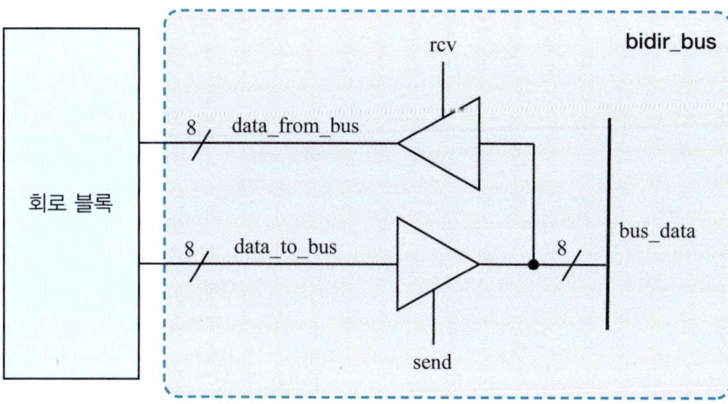

[그림 10-16] 8비트 양방향 버스 드라이버

코드 10-40 8비트 양방향 버스 드라이버 모델링

```
module bidir_bus (input send, input [7:0] data_to_bus, input rcv,
                  output [7:0] data_from_bus, inout [7:0] bus_data);

   assign data_from_bus = rcv ? bus_data : 8'hzz;
   assign bus_data      = send ? data_to_bus : bus_data;

endmodule
```

[코드 10-41]은 [코드 10-40]을 시뮬레이션하기 위한 테스트벤치이다.

코드 10-41 8비트 양방향 버스 드라이버의 테스트벤치

```
module tb_bidir_bus (  );

   reg  send, rcv;
   reg  [7:0] data_to_bus;
   wire [7:0] data_from_bus, bus_data;

   bidir_bus U0 (send, data_to_bus, rcv, data_from_bus, bus_data);

   initial begin
          send = 1'b0;  rcv = 1'b0;
     #5  data_to_bus = 8'h55;
     #5  send = 1'b1;
     #20 send = 1'b0;
     #20 rcv = 1'b1;
     #20 rcv = 1'b0;
     #10 data_to_bus = 8'h87;
     #5  send = 1'b1;
     #20 send = 1'b0;
     #20 rcv = 1'b1;
     #20 rcv = 1'b0;
     #20 $finish;
   end

endmodule
```

[코드 10-41]의 테스트벤치를 이용한 시뮬레이션 결과는 [그림 10-17]과 같다.

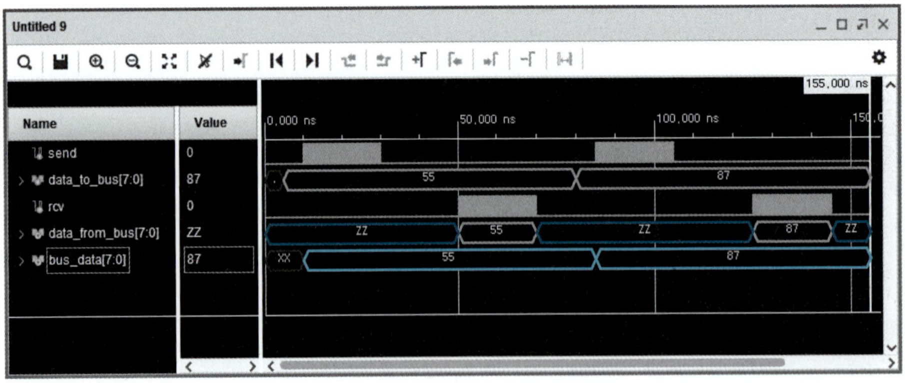

[그림 10-17] [코드 10-40]의 시뮬레이션 결과

설계과제 10-9

데이터 버스에는 다수의 신호원들이 연결되므로 버스의 부하 용량이 매우 커지게 되고, 따라서 시스템의 동작속도를 저하시키는 요인 중 하나가 된다. 버스에 대한 부하용량을 감소시키기 위해 [그림 10-18]과 같이 멀티플렉서를 이용하여 신호원을 선택한 후 버스에 연결하는 방식이 사용된다. [그림 10-18]의 버스 드라이버를 조건 연산자를 사용하여 모델링하고, 시뮬레이션을 통해 검증하라. en_a='1'이면 data_a가 버스로 출력되고, en_b='1'이면 data_b가 버스로 출력되며, 그 이외의 경우에는 bus_data는 high-impedance 상태가 된다.

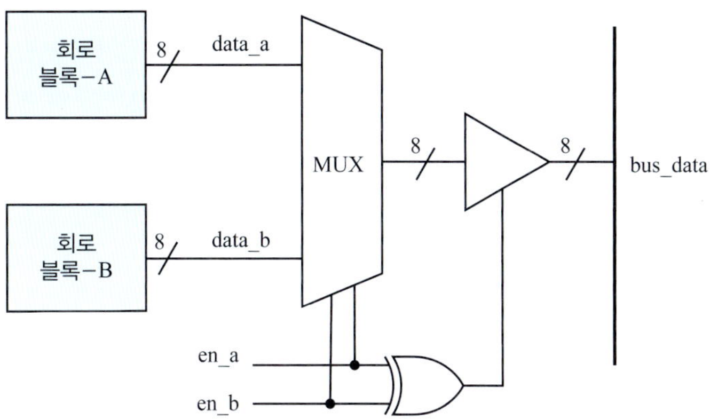

[그림 10-18] Multiplexed 버스 드라이버

SECTION 10.6

case 문과 if 문의 합성

조합회로와 순차회로 모델링에 일반적으로 많이 사용되는 `case` 문과 `if` 문은 사용 형태가 회로 합성 결과에 영향을 미친다. 예를 들어, 조합회로 모델링에 `case` 문 또는 `if` 문이 사용되는 경우에 구문의 형태에 따라 래치[latch]가 포함된 회로로 합성될 수 있다. 또한, `case` 문과 `if` 문에서 조건을 판단하는 순서에 따라 우선순위를 갖는 회로 또는 멀티플렉서[multiplexer]로 합성될 수 있으며, 이는 합성된 회로의 면적과 동작속도에 영향을 미치게 된다. 이와 같이 `case` 문과 `if` 문을 사용하는 경우에 자신이 의도하는 회로가 합성되도록 구문의 특성을 잘 반영하여 모델링하는 것이 중요하며, 이 절에서는 조합회로 모델링에서 `case` 문과 `if` 문이 합성 결과에 미치는 영향에 대해 알아본다.

10.6.1 원치 않는 래치의 합성

조합회로의 Verilog HDL 모델링에서 `if` 조건문에 `else` 블록이 생략되거나 `case` 문에 `case` 항목들 중 일부가 생략되는 경우를 '불완전한 조건 지정'이라고 하며, 이 경우에 논리합성 툴은 래치가 포함된 회로를 생성한다. 래치가 포함된 회로는 이전에 할당된 값을 유지하는 순차회로로 동작하며, 따라서 합성된 회로는 원래 의도했던 조합회로와 다르게 동작한다. `case` 문 또는 `if` 조건문으로 조합회로를 모델링하려면 가능한 모든 입력 조건들에 대해 출력값을 명시적으로 지정해야 하며, `case` 문에서는 default 값을 지정해야 한다.

[코드 10-42]는 `case` 문의 `case` 항목이 가질 수 있는 네 가지 경우 중 두 가지(2'b00과 2'b11)가 포함되지 않은 경우이다.

코드 10-42 래치가 포함된 회로로 합성되는 case 문의 예

```
module  case_latch (input [1:0] sel, input [7:0] in1, input [7:0] in2,
                    output [7:0] out);

  reg    [7:0] out;

  always @(sel, in1, in2) begin
      case(sel)
          2'b01 : out = in1;
          2'b10 : out = in2;
      endcase
  end

endmodule
```

[코드 10-42]의 시뮬레이션 결과는 [그림 10-19]와 같다. sel[1 : 0]이 00 또는 11인 경우에는 출력 out이 이전에 결정된 값을 유지하여 래치가 포함된 회로로 동작하는 것을 확인할 수 있다.

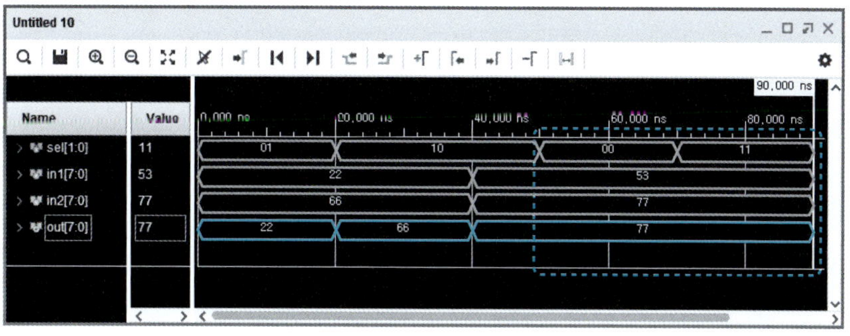

[그림 10-19] [코드 10-42], [코드 10-43]의 시뮬레이션 결과

[코드 10-42]를 합성하면 [그림 10-20]과 같이 래치가 포함된 회로가 생성된다.

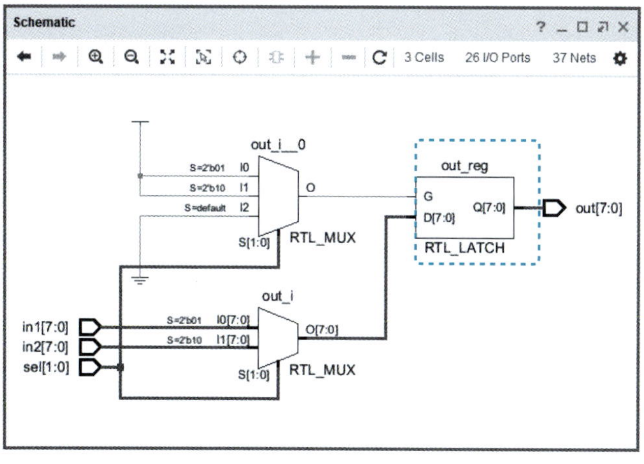

[그림 10-20] [코드 10-42]의 합성 결과

if 조건문에서 else 부분이 생략되면 래치가 합성되며, 그 이유는 case 문의 경우와 유사하다. [코드 10-43]은 [코드 10-42]의 회로를 if 조건문으로 모델링한 예이며, if 조건문에서 마지막 else 부분이 생략되었으므로, [그림 10-21]과 같이 래치가 포함된 회로로 합성된다. [코드 10-43]의 시뮬레이션 결과는 [그림 10-19]와 동일하다.

코드 10-43 래치로 합성되는 if 조건문의 예

```
module if_latch (input [1:0] sel, input [7:0] in1, input [7:0] in2,
                 output [7:0] out);

  reg  [7:0] out;

  always @(sel, in1, in2) begin
     if (sel == 2'b01)       out = in1;
     else if (sel == 2'b10) out = in2;
  end

endmodule
```

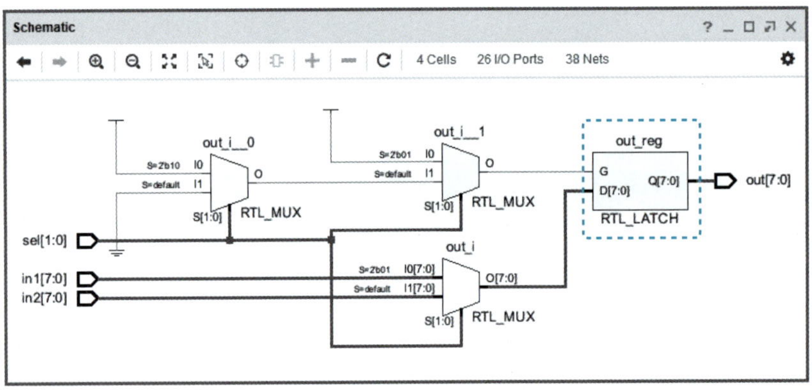

[그림 10-21] [코드 10-43]의 합성 결과

case 문이 '불완전한 조건 지정'(즉, case 항목들이 완전하게 나열되지 않고 default 항도 포함되지 않은 경우)을 갖는 경우에 default 항을 포함시키거나 초기 값 할당 또는 합성 속성[attribute] 지정 등의 방법을 통해 래치가 합성되지 않도록 할 수 있다.

[코드 10-44]는 [코드 10-42]에서 case 문에 포함되지 않은 2개의 case 항목들에 대해 default 항으로 값을 할당해서 래치가 합성되지 않도록 수정한 예이며, 이는 [그림 10-22]와 같이 래치가 포함되지 않은 조합회로로 합성된다.

코드 10-44 default 항이 사용된 case 문의 예

```
module  case_no_latch (input [1:0] sel, input [7:0] in1, input [7:0] in2,
                       output [7:0] out);
  reg     [7:0] out;

  always @(sel, in1, in2)
      case(sel)
          2'b01 : out = in1;
          2'b10 : out = in2;
        default : out = 8'hxx;
      endcase

endmodule
```

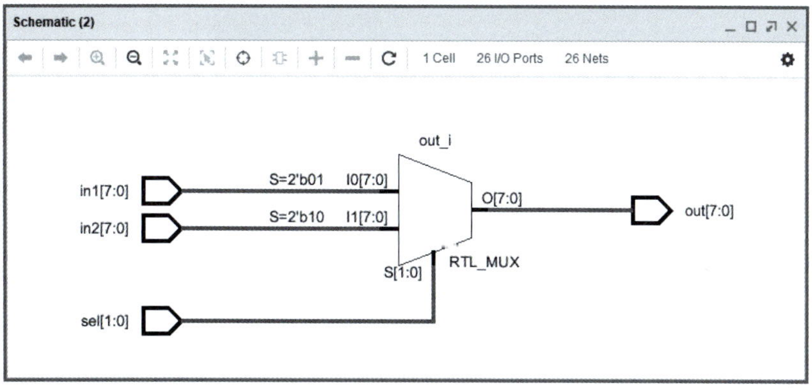

[그림 10-22] [코드 10-44]의 합성 결과

[코드 10-45]는 [코드 10-42]에 합성 관련 속성(* full_case *)을 사용해서 래치가 합성되지 않도록 수정한 예이다. 이를 합성하면 [그림 10-22]와 동일한 회로로 합성된다.

코드 10-45 full_case 합성 속성이 포함된 case 문의 예

```
module  case_latch_attr (input [1:0] sel, input [7:0] in1, input [7:0] in2,
                         output [7:0] out);
  reg     [7:0] out;

  always @(sel, in1, in2)
   (* full_case *) case (sel)
          2'b01 : out = in1;
          2'b10 : out = in2;
      endcase

endmodule
```

[코드 10-44]와 [코드 10-45]를 논리합성 후 기능 시뮬레이션post-synthesis functional simulation(타이밍이 고려되지 않은 합성 후 기능 시뮬레이션)을 실행한 결과는 [그림 10-23]과 같다. 래치가 합성되는 [코드 10-42]의 기능 시뮬레이션 결과인 [그림 10-19]와 비교해서, case 항목으로 포함되지 않은 두 가지 경우(sel[1 : 0]이 00 또는 11인 경우)에 sel[1]에 의해 출력 out의 값이 결정되도록 합성되었음을 확인할 수 있다.

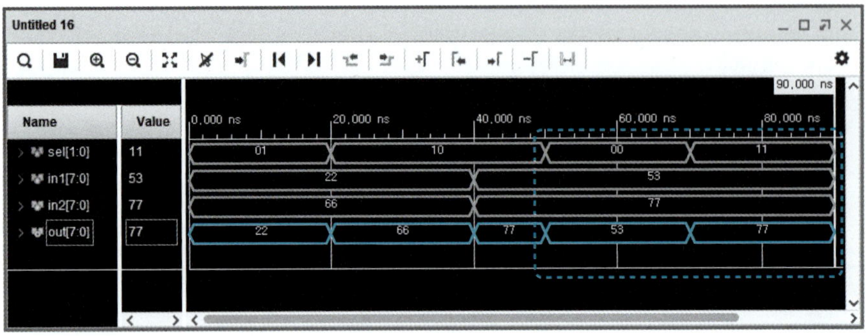

[그림 10-23] [코드 10-44]와 [코드 10-45]의 합성 후 기능 시뮬레이션 결과

[코드 10-46]은 case 문 앞에 초기 값을 할당해서 래치가 합성되지 않도록 수정한 예이다.

코드 10-46 초기 값을 갖는 case 문의 예

```
module  case_latch (input [1:0] sel, input [7:0] in1, input [7:0] in2,
                    output [7:0] out);
  reg    [7:0] out;

  always @(sel, in1, in2) begin
     out = 8'h00;  // 초기 값을 8'h00으로 할당
     case (sel)
          2'b01 : out = in1;
          2'b10 : out = in2;
      endcase
  end

endmodule
```

[그림 10-24]는 [코드 10-46]의 합성 결과이며, 합성 후 기능 시뮬레이션 결과는 [그림 10-25]와 같다.

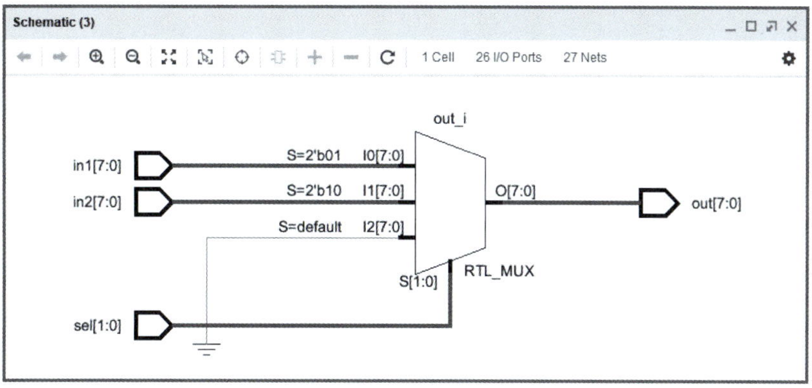

[그림 10-24] [코드 10-46]의 합성 결과

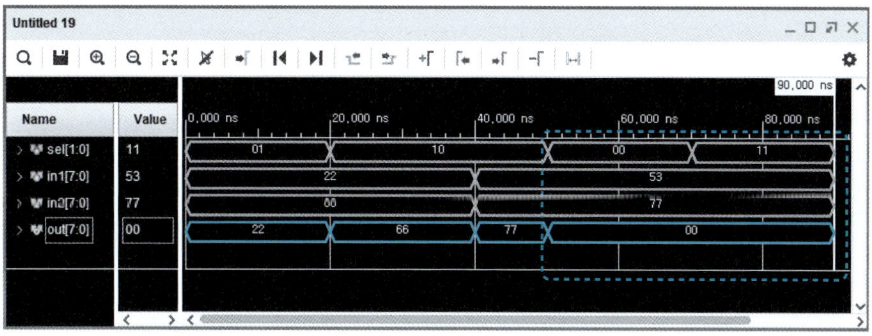

[그림 10-25] [코드 10-46]의 합성 후 기능 시뮬레이션 결과

`if` 조건문에서도 래치가 합성되지 않도록 하기 위해서는 `else`를 포함시키거나 또는 `if` 조건문 앞에서 초기 값 또는 특정 값을 할당하는 방법을 사용할 수 있다. [코드 10-47]은 `if` 조건문에 `else`가 없으나, `if` 조건문 앞에서 out에 값을 할당하는 문장이 있으므로 래치가 합성되지 않는다.

코드 10-47 초기 값이 지정된 `if` 조건문의 예

```
module if_init (input mode, input [7:0] in1, input [7:0] in2,
                output [7:0] out);

  reg  [7:0] out;

  always @(mode, in1, in2) begin
     out = in1;
     if (mode) out = in2;
  end

endmodule
```

[그림 10-26]은 [코드 10-47]의 합성 결과로, 래치가 포함되지 않은 멀티플렉서로 합성된다.

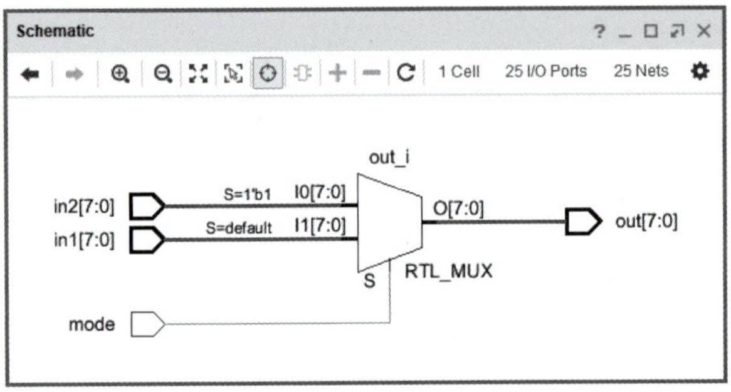

[그림 10-26] [코드 10-47]의 합성 결과

if 조건문에 else 부분이 포함되어 있더라도 [코드 10-48]의 모델링은 [그림 10-27]과 같이 래치가 포함된 회로로 합성된다. 그 이유는 if 조건이 참인 경우의 할당문과 else의 할당문이 서로 다른 변수에 값을 할당하기 때문이다.

코드 10-48 if-else 문이 래치가 포함된 회로로 합성되는 경우

```
module if_latch2 (input mode, input [7:0] in1, input [7:0] in2,
                  output [7:0] out1, output [7:0] out2);

  reg     [7:0] out1, out2;

  always @(mode, in1, in2) begin
     if (mode) out1 = in1;
     else      out2 = in2;
  end

endmodule
```

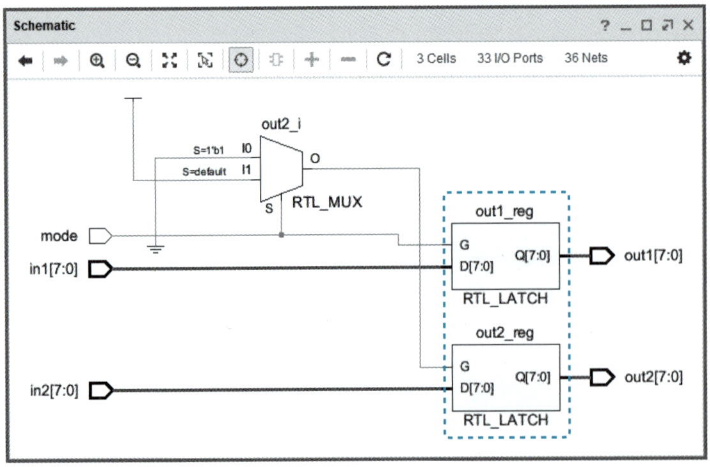

[그림 10-27] [코드 10-48]의 합성 결과

10.6.2 다중 if 문의 합성

조합회로의 Verilog HDL 모델링에서 `if` 조건문이 연속적으로 사용되거나 `if else if`가 다중으로 사용되는 경우, `if` 조건을 판단하는 순서가 출력이 결정되는 우선순위에 영향을 미치며, 이는 합성된 회로의 동작에도 영향을 미친다.

▪ 연속 if 문의 합성

[코드 10-49]는 `if` 조건문이 연속적으로 사용된 예이며, 이 경우에는 마지막 `if` 문의 조건 if(selD)가 가장 먼저 판단되고, 그 다음으로 if(selC), if(selB), if(selA)의 순서로 `if` 조건이 판단되어 dout에 값이 할당된다. 즉, 나열된 `if` 문의 가장 마지막에서부터 처음 `if` 문의 순서로 우선순위를 갖는다.

코드 10-49 if 조건문이 연속으로 사용된 예

```
module  if_if (input selA, input selB, input selC, input selD,
               input [3:0] dinA, input [3:0] dinB, input [3:0] dinC,
               input [3:0] dinD, input [3:0] dinE, output[3:0] dout);

   reg [3:0] dout;

   always @ (*) begin
      dout = dinE;
      if (selA)  dout = dinA;
      if (selB)  dout = dinB;
      if (selC)  dout = dinC;
      if (selD)  dout = dinD;
   end

endmodule
```

[그림 10-28]은 [코드 10-49]를 합성해서 얻어진 회로도이며, 4개의 `if` 조건문이 4개의 2:1 MUX(멀티플렉서)로 합성되었다. 첫 번째 `if` 문의 조건 selA가 출력에 가장 가까운 MUX의 선택신호로 사용되었으며, 마지막 `if` 문의 조건 selD가 입력에 가장 가까운(출력에서 가장 먼) MUX의 선택신호로 사용되었음을 확인할 수 있다.

이와 같은 특성을 고려하면, `if` 조건문이 연속으로 사용되는 경우에 가장 늦게 도착하는(가장 큰 지연을 갖는) 신호를 첫 번째 `if` 문의 조건으로 사용하면 출력에 가장 가까운 MUX의 선택신호로 사용되어 회로의 동작속도 측면에서 유리하다.

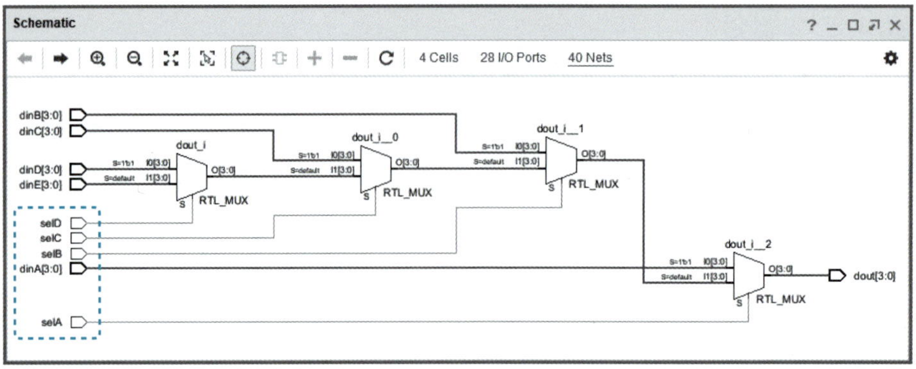

[그림 10-28] [코드 10-49]의 합성 결과

▪ 다중 if 문의 합성

[코드 10-50]은 `if-else-if` 조건문이 다중으로 사용된 예이다. 이 경우는 [코드 10-49]와 반대로 첫 번째 `if` 문의 조건 if(selA)가 가장 먼저 판단되며, 그 다음으로 if(selB), if(selC), if(selD)의 순서로 `if` 조건이 판단되어 dout에 값이 할당된다. 즉, 나열된 `if` 문의 처음에서부터 마지막 `if` 문의 순서로 우선 순위를 갖는다.

코드 10-50 `if-else-if` 조건문이 다중으로 사용된 예

```
module  if_else_if (input selA, input selB, input selC, input selD,
                   input [3:0] dinA, input [3:0] dinB, input [3:0] dinC,
                   input [3:0] dinD, input [3:0] dinE,
                   output [3:0] dout);

   reg [3:0] dout;

   always @ (*) begin
      if      (selA) dout = dinA;
      else if (selB) dout = dinB;
      else if (selC) dout = dinC;
      else if (selD) dout = dinD;
      else           dout = dinE;
   end

endmodule
```

[그림 10-29]는 [코드 10-50]을 합성해서 얻어진 회로도이며, 4개의 `if` 조건문이 4개의 2:1 MUX(멀티플렉서)로 합성되었고, 첫 번째 `if` 문의 조건 selA가 출력에 가장 먼 MUX의 선택신호로 사용되었으며, 마지막 `if` 문의 조건 selD가 입력에 가장 먼(출력에서 가장 가까운) MUX의 선택신호로 사용되었음을 확인할 수 있다.

따라서 if-else-if 조건문이 다중으로 사용되는 경우에는, 가장 늦게 도착하는(가장 큰 지연을 갖는) 신호를 마지막 if 문의 조건으로 사용하면 출력에 가장 가까운 MUX의 선택신호로 사용되어 회로의 동작속도 측면에서 유리하다.

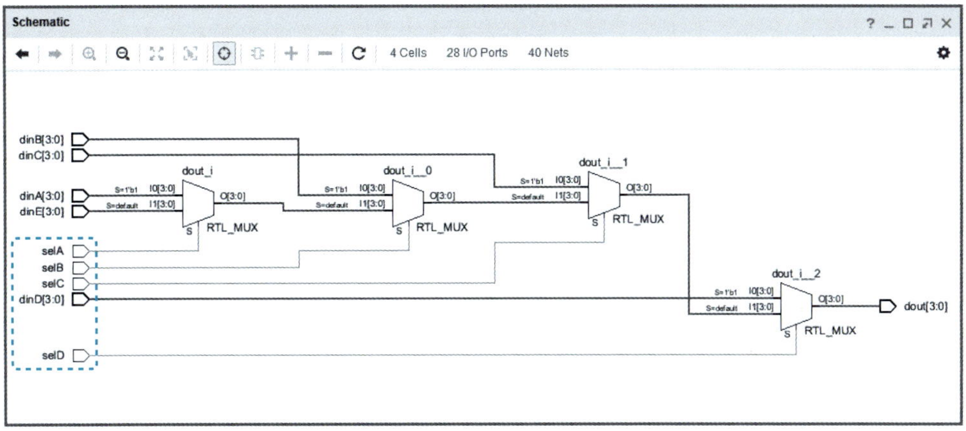

[그림 10-29] [코드 10-50]의 합성 결과

CHAPTER 11
순차회로 모델링

학습 목표

- 여러 가지 순차회로의 Verilog HDL 모델링 예를 이해하고, 설계 실습 예제를 통해 설계능력을 배양한다.
- 순차회로를 구성하는 기본 저장소자인 래치와 플립플롭, 그리고 nonblocking 할당문, blocking 할당문이 포함된 순차회로의 Verilog HDL 모델링을 이해하고, 시뮬레이션 테스트벤치를 작성해서 RTL 기능 검증을 하는 실습을 한다.
- 여러 가지 계수기와 주파수 분주기, 시프트 레지스터와 선형 귀환 시프트 레지스터 등의 회로를 Verilog HDL로 모델링하고, 시뮬레이션 테스트벤치를 작성해서 RTL 기능 검증을 하는 실습을 한다.
- 유한상태머신 회로를 Verilog HDL로 모델링하고, 시뮬레이션 테스트벤치를 작성해서 RTL 기능 검증을 하는 실습을 한다.

들어가기 전에

순차회로는 현재 인가되고 있는 입력뿐만 아니라 과거의 입력과 회로에 기억된 상태값에 의해 출력이 결정되는 회로를 총칭한다. 순차회로는 과거 입력이나 현재 상태값을 저장하는 소자인 래치latch 또는 플립플롭flip-flop과 조합회로로 구성되며, 동작방식에 따라 동기식synchronous과 비동기식asynchronous으로 구분된다. 동기식 순차회로는 회로를 구성하는 모든 플립플롭이나 래치들이 공통 클록신호에 의해 동작하는 회로를 말하며, 따라서 모든 플립플롭이나 래치들이 동일한 시점에 자신의 상태를 변화시킨다. 반면에, 비동기식 순차회로는 플립플롭이나 래치들이 서로 다른 클록신호에 의해 동작하도록 구성된 회로이며, 각 플립플롭들은 서로 다른 시점에 상태변화를 일으킨다. 일반적으로, 대부분의 디지털 시스템은 동기식을 기본으로 하고 있으며, 이 장에서도 동기식 순차회로의 Verilog HDL 모델링을 설명한다.

디지털 시스템 설계에는 데이터 레지스터, 시프트 레지스터, 계수기counter, 직렬 · 병렬 변환기, 유한상태머신Finite State Machine, FSM, 주파수 분주기, 펄스 발생기 등 다양한 종류의 순차회로가 사용된다. 순차회로에는 조합회로도 함께 포함되므로, `always` 블록을 이용한 행위수준 모델링과 함께 게이트 프리미티브 및 하위모듈 인스턴스에 의한 구조적 설계, 연속 할당문 등 다양한 Verilog HDL 구문들이 함께 사용된다. 순차회로의 Verilog HDL 모델링에서는 `always` 블록 내부에 nonblocking 할당문 또는 blocking 할당문에 따라 회로의 동작과 구조가 달라지므로 주의해야 한다.

SECTION 11.1

래치와 플립플롭

순차회로를 구성하는 저장소자는 동작방식에 따라 래치와 플립플롭으로 구분된다. 래치는 클록신호의 레벨('0' 또는 '1')에 따라 동작하는 저장소자이며, 플립플롭은 클록신호의 상승에지 또는 하강에지에 동기되어 동작하는 저장소자이다. 래치와 플립플롭은 `always` 구문 내부에 `if` 조건문을 사용해서 모델링될 수 있다. 래치는 `if` 조건문에서 `else` 블록이 생략되거나 `case` 문에서 모든 가능한 `case` 항목들이 포함되지 않은 경우에 생성되며, 이에 관해서는 10.6.1절을 참고한다. edge-triggered 플립플롭은 이벤트 제어 연산자 `@`와 천이[transition] 검출자 `posedge` 또는 `negedge`를 사용해서 `if` 조건문으로 모델링될 수 있다.

11.1.1 D 래치

D 래치는 클록신호의 레벨('0' 또는 '1')에 따라 입력 D가 출력으로 통과[transparent]되거나 또는 출력 Q의 값이 유지[hold]되는 동작을 수행한다. 클록신호의 레벨 '0' 또는 '1'에 따라 동작하므로 level-sensitive D 래치라고도 한다. D 래치는 동작방식에 따라 positive level-sensitive 래치(또는 간단히 positive D 래치)와 negative level-sensitive 래치(또는 간단히 negative D 래치)로 구분된다. [그림 11-1]은 positive D 래치의 동작을 보이고 있다. 클록신호가 '1'인 기간에는 입력 din이 출력 qout으로 전달되며, '0'인 기간에는 입력 din이 출력에 영향을 미치지 않고 출력 qout이 유지되는 동작을 한다.

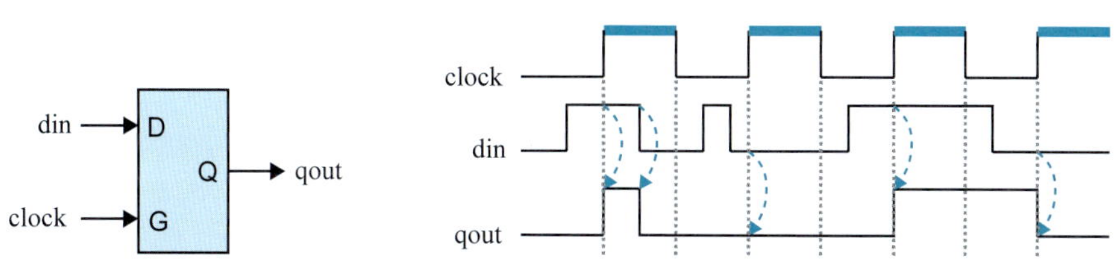

(a) positive D 래치의 기호 (b) positive D 래치의 동작

[그림 11-1] positive D 래치

[그림 11-1(b)]와 같이 동작하는 positive D 래치는 [코드 11-1]과 같이 모델링될 수 있다. `always` 문의 감지신호목록에 clock과 din 입력이 모두 포함되어야 하며, 클록신호가 '1'인 동안에 입력 din이 출력 qout으로 전달되는 동작이 `if(clock)` 조건문으로 모델링된다. 클록신호가 '0'인 동안에는 입력 din이 출력 qout에 영향을 미치지 않으므로, `if` 조건문에 `else` 블록이 사용되지 않는다. 만약, `else` 블록

이 사용되면 래치가 아닌 조합회로로 동작하게 된다. [코드 11-2]의 시뮬레이션 테스트벤치를 이용한 시뮬레이션 결과는 [그림 11-2]와 같다.

코드 11-1 positive D 래치의 모델링

```
module dlatch_pos (input clock, input din,
                  output qout);
  reg   qout;

  always @(clock or din) begin
     if(clock)  qout = din;
  end

endmodule
```

코드 11-2 [코드 11-1]의 시뮬레이션 테스트벤치

```
module tb_dlatch (  );
  reg clock, din;

  dlatch_pos U0 (clock, din, qout);

  initial begin
     clock = 1'b0;
     forever #10 clock = ~clock;
  end

  initial begin
        din = 1'b0;
     #15 din = 1'b1;  #10 din = 1'b0;
     #10 din = 1'b1;  #10 din = 1'b0;
     #20 din = 1'b1;  #10 din = 1'b0;
     #20 $finish;
  end

endmodule
```

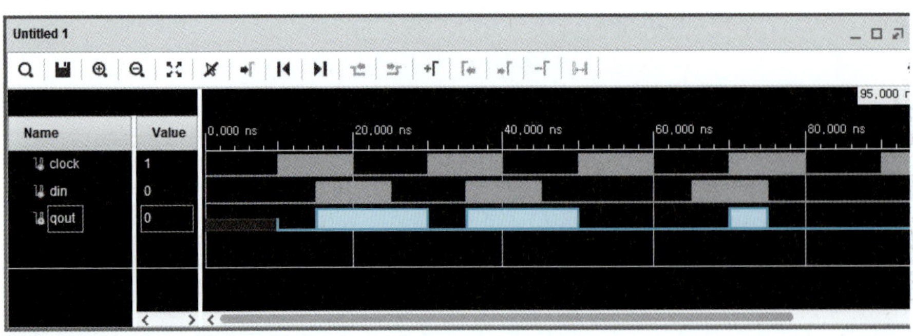

[그림 11-2] [코드 11-1]의 시뮬레이션 결과

설계과제 11-1

8비트 negative D 래치 회로를 설계하고, 테스트벤치를 작성하여 기능 검증을 하라.

▪ 셋과 리셋을 갖는 래치의 모델링

셋[set]과 리셋[reset] 기능을 갖는 래치 회로도 유사한 방법으로 모델링될 수 있다. [코드 11-3]은 비동기식[asynchronous] active-high 리셋을 갖는 positive D 래치의 Verilog HDL 모델링이다. **always** 문의 감지 신호목록에 clock과 din 입력, 그리고 리셋신호 rst가 모두 포함되어야 한다. 리셋신호가 '1'인 동안에 래치의 출력을 '0'으로 만드는 active-high 리셋 동작을 위해 **if**(rst) 조건문이 사용되며, 리셋신호가 '0'인 경우의 정상적인 래치 동작은 **else if**(clock) 조건문으로 표현된다. [코드 11-4]의 테스트벤치를 이용한 시뮬레이션 결과는 [그림 11-3]과 같으며, 리셋신호 rst='1'인 동안에 비동기식 active-high 리셋이 이루어지며, rst='0'인 동안에 정상적인 래치로 동작함을 확인할 수 있다.

코드 11-3 비동기식 active-high 리셋을 갖는 positive D 래치의 모델링

```
module dlatch_pos_AHrst (input clock, input rst, input din,
                         output qout);
   reg     qout;

  always @(clock or rst or din) begin
     if(rst)
        qout = 1'b0;
     else if(clock)
        qout = din;
  end

endmodule
```

코드 11-4 [코드 11-3]의 시뮬레이션 테스트벤치

```
module tb_dlatch_rst ( );
   reg clock, din, rst;

   dlatch_pos_AHrst U0 (clock, rst, din, qout);

   initial begin
      clock = 1'b0;
      forever #10 clock = ~clock;
   end
```

```
  initial begin
        din = 1'b0;       rst = 1'b0;
    #15 din = 1'b1;  #10 din = 1'b0;
    #10 din = 1'b1;
    #30 rst = 1'b1;  #10 rst = 1'b0;
    #10 din = 1'b0;
    #20 din = 1'b1;  #10 din = 1'b0;
    #20 $finish;
  end

endmodule
```

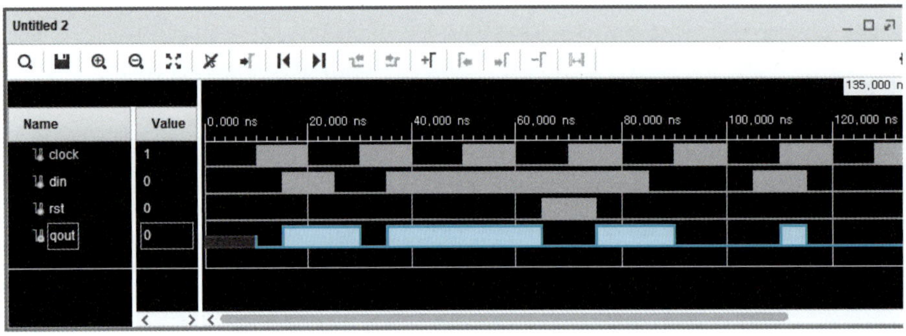

[그림 11-3] [코드 11-3]의 시뮬레이션 결과

설계과제 11-2

비동기식 active-low 셋과 리셋을 갖는 4비트 negative D 래치를 설계하고, 테스트벤치를 작성하여 기능 검증을 하라.

■ 래치가 포함된 순차회로에서 blocking 할당문과 nonblocking 할당문의 차이

래치가 포함된 순차회로의 Verilog HDL 모델링에서 blocking 할당문을 사용하는 경우와 non-blocking 할당문을 사용하는 경우의 차이점을 알아본다. [코드 11-5]는 `if(en)` 조건문에 `else` 블록이 없으므로, 래치가 포함된 순차회로로 동작한다. `if(en)` 조건문 내부에 2개의 blocking 할당문이 포함되어 있다. blocking 할당문은 문장이 나열된 순서에 따라 실행되는 순차적 흐름을 가지므로(5.2.1절 참조), blocking 할당문 ①의 실행에 의해 m의 값이 변경된 후, 변경된 m이 blocking 할당문 ②의 결과에 영향을 미친다. Blocking 할당문 ②의 우변 m은 변경된 현재의 값이 되므로, m은 래치가 아닌 단순 NOR 게이트의 출력이며, blocking 할당문 ②의 y_out만 래치의 출력이 된다. [그림 11-4]는 [코드 11-5]의 합성 결과이며, 1개의 래치가 생성되었음을 볼 수 있다.

코드 11-5 래치가 포함된 회로에 blocking 할당문이 사용된 경우

```
module dlatch_blocking (input en, input a, input b, input c,
                        output y_out);
  reg  m, y_out;

  always @(en, a, b, c) begin
     if(en) begin
         m = ~(a | b);       // ①
         y_out = ~(m & c);   // ②
     end
  end

endmodule
```

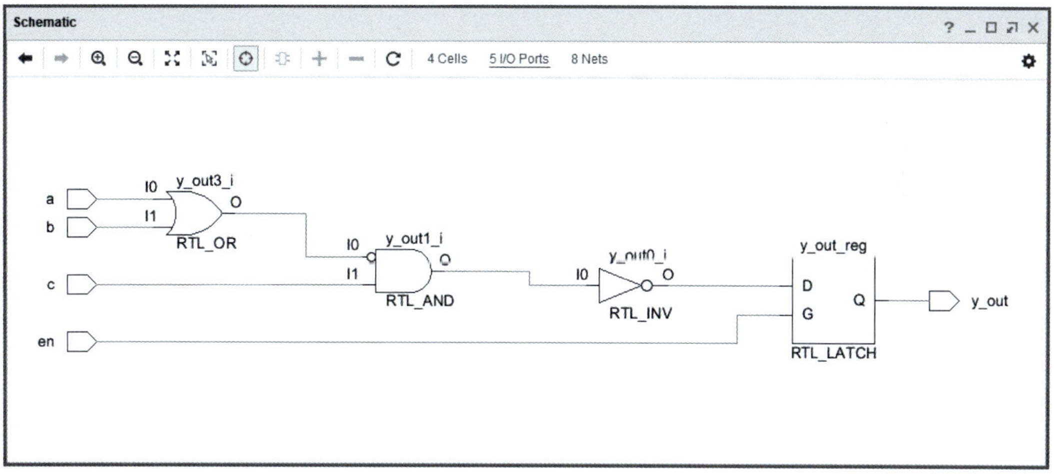

[그림 11-4] [코드 11-5]의 합성 결과

[코드 11-6]도 [코드 11-5]와 동일하게 `if(en)` 조건문에 `else` 블록이 없으므로, 래치가 포함된 순차회로로 동작한다. `if(en)` 조건문 내부에 2개의 nonblocking 할당문이 포함되어 있으며, nonblocking 할당문은 순차적 흐름에 대한 blocking 없이 정해진 할당 스케줄에 의해 값이 할당된다. `begin-end` 블록 내의 할당문들은 우변이 동시에 평가된 후, 할당 스케줄(이 예에서는 문장의 나열 순서)에 따라 좌변의 변수에 값이 할당된다(5.2.2절 참조). 따라서 nonblocking 할당문 ①에서 좌변의 m에 대한 할당이 일어나기 이전의 m 값이 nonblocking 할당문 ②의 우변에 사용된다. 결국, 두 nonblocking 할당문 좌변의 m과 y_out은 할당이 이루어지기 이전의 값을 유지하고 있어야 하므로, m과 y_out은 래치의 출력이 된다. [코드 11-6]의 합성 결과는 [그림 11-5]와 같으며, 2개의 래치가 생성되었음을 볼 수 있다.

[코드 11-5]와 [코드 11-6]에서 보듯이, 래치가 포함된 순차회로의 모델링에서 blocking과 non-blocking 할당문은 큰 차이를 갖는다. 래치가 1개 포함된 회로와 2개 포함된 회로는 전혀 다른 회로이므로, 설계자가 의도하는 회로가 구현될 수 있도록 올바른 구문을 사용해야 한다.

코드 11-6 래치가 포함된 회로에 nonblocking 할당문이 사용된 경우

```
module dlatch_Nonblocking (input en, input a, input b, input c,
                           output y_out);
  reg  m, y_out;

  always @(en, a, b, c) begin
     if(en) begin
        m <= ~(a | b);          // ①
        y_out <= ~(m & c);      // ②
     end
  end

endmodule
```

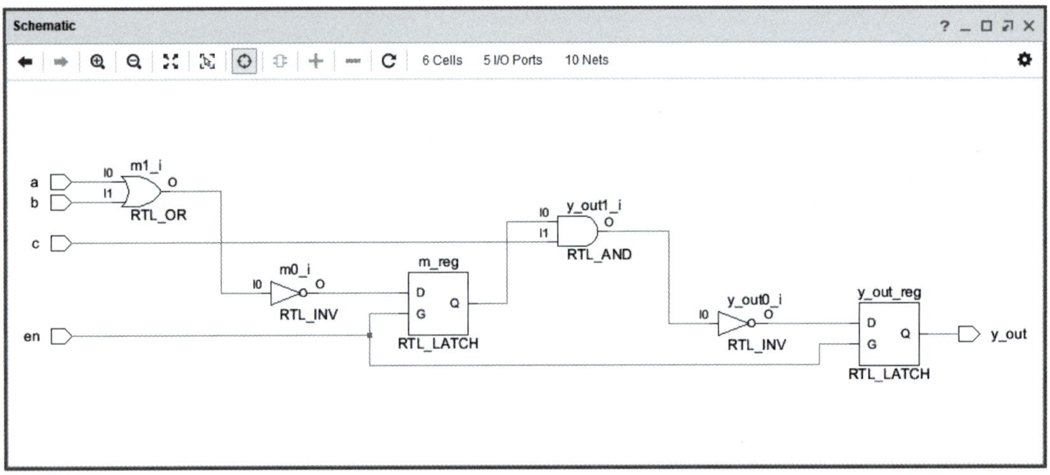

[그림 11-5] [코드 11-6]의 합성 결과

설계과제 11-3

[코드 11-7]은 [코드 11-5]의 blocking 할당문 순서를 바꾼 경우이다. [코드 11-5]와 동일한 회로인지, 만약 다른 회로라면 어떤 회로가 되는지 시뮬레이션과 합성을 통해 확인하고, 그 이유를 설명하라.

코드 11-7 [코드 11-5]의 blocking 할당문 순서를 바꾼 경우

```
module dlatch_blocking_2 (input en, input a, input b, input c,
                          output y_out);
  reg  m, y_out;

  always @(en, a, b, c) begin
     if(en) begin
        y_out = ~(m & c);
        m = ~(a | b);
     end
  end

endmodule
```

설계과제 11-4

[코드 11-8]은 [코드 11-6]의 nonblocking 할당문 순서를 바꾼 경우이다. [코드 11-6]과 동일한 회로인지, 만약 다른 회로라면 어떤 회로가 되는지 시뮬레이션과 합성을 통해 확인하고, 그 이유를 설명하라.

코드 11-8 [코드 11-6]의 nonblocking 할당문 순서를 바꾼 경우

```
module dlatch_Nonblocking_2 (input en, input a, input b, input c,
                             output y_out);
  reg  m, y_out;

  always @(en, a, b, c) begin
     if(en) begin
        y_out <= ~(m & c);
        m <= ~(a | b);
     end
  end

endmodule
```

11.1.2 D 플립플롭

순차회로를 구성하는 기본 소자인 D 플립플롭은 클록신호의 천이에지transition edge에서 동작하여 한 클록주기 동안 1비트의 정보를 저장한다. D 플립플롭은 동작방식에 따라 클록의 상승에지에서 동작하는 positive edge-triggered 방식과 클록의 하강에지에서 동작하는 negative edge-triggered 방식으로 구분된다. [그림 11-6]은 상승에지 트리거 D 플립플롭의 동작을 보이고 있다. 클록신호의 상승에지

에서 입력 din이 출력 qout으로 전달되며, 그 이외의 기간에는 입력이 출력에 영향을 미치지 않고 출력 qout이 유지되는 동작을 한다.

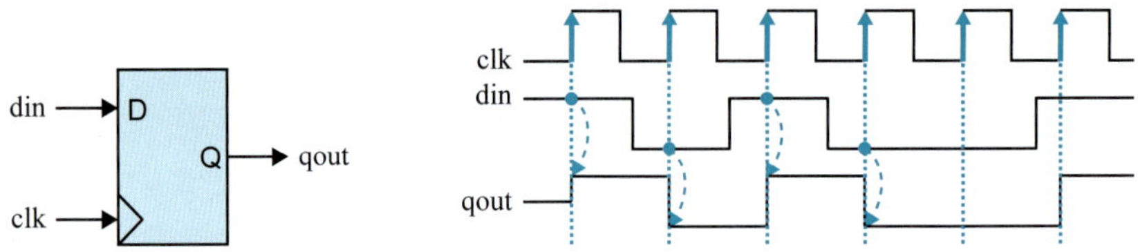

(a) D 플립플롭　　　(b) 상승에지 트리거 D 플립플롭의 동작

[그림 11-6] 상승에지 트리거 D 플립플롭

에지 트리거 D 플립플롭의 모델링을 위해서는 다음과 같이 `always` 구문에 이벤트 제어 연산자 `@`와 천이 검출자 `posedge` 또는 `negedge`를 사용해서 클록신호의 천이에지를 검출해야 한다. [그림 11-6(b)]의 동작 파형에서 보듯이, 클록신호의 천이에지에서만 동작하므로 `always` 블록의 `event` 목록에는 클록신호만 포함시키고, 데이터 입력신호는 포함시키지 않는다. 단 비동기식 셋, 리셋을 갖는 플립플롭의 경우에는 셋, 리셋신호도 함께 포함시켜야 하며, 이에 대해서는 뒤에서 설명된다.

```
// 클록의 상승에지 검출
always @(posedge clock)
// 클록의 하강에지 검출
always @(negedge clock)
```

[그림 11-6(b)]의 상승에지 트리거 D 플립플롭은 [코드 11-9]와 같이 모델링할 수 있다. `always @(posedge clk)`에 의해 클록신호의 상승에지가 검출되고, nonblocking 할당문을 통해 입력 din이 출력 qout으로 전달된다. [코드 11-10]의 테스트벤치로 시뮬레이션한 결과는 [그림 11-7]과 같으며, 클록신호의 상승에지에서 입력 din이 출력 qout으로 전달되어 다음 클록 상승에지까지 출력 qout이 유지됨을 확인할 수 있다.

코드 11-9 상승에지 트리거 D 플립플롭 모델링

```
module dff_pos (input clk, input din,
                output qout);
  reg qout;

  always @(posedge clk)
    qout <= din;
endmodule
```

코드 11-10 [코드 11-9]의 시뮬레이션 테스트벤치

```
module tb_dff (   );
  reg clk, din;

  dff_pos U0 (clk, din, qout);

  initial begin
     clk = 1'b0;
     forever #10 clk = ~clk;
  end

  initial begin
         din = 1'b0;  #10 din = 1'b0;
     #15 din = 1'b1;  #10 din = 1'b0;
     #5  din = 1'b1;  #5  din = 1'b0;
     #10 din = 1'b1;  #20 din = 1'b0;
     #20 $finish;
  end
endmodule
```

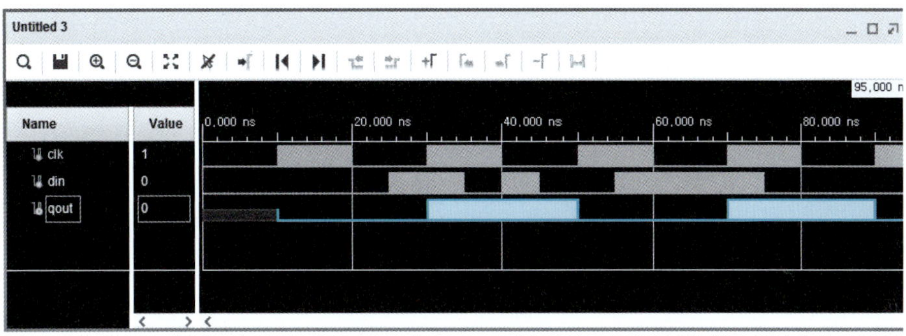

[그림 11-7] [코드 11-9]의 시뮬레이션 결과

에지 트리거 D 플립플롭이 qout과 그 반전출력 qout_bar를 함께 갖는 경우의 Verilog HDL 모델링에 대해 알아본다. [코드 11-11]에 세 가지 모델링 예가 제시되어 있다. [코드 11-11(a)]는 **always** 블록 내부에 두 개의 nonblocking 할당문을 통해 qout과 qout_bar를 만드는 경우이다. qout과 qout_bar가 모두 플립플롭의 출력이 되므로, [그림 11-8(a)]와 같이 2개의 플립플롭이 합성된다. [코드 11-11(b)]는 **always** 블록 내부에 두 개의 blocking 할당문을 통해 qout과 qout_bar를 생성하는 경우이다. [코드 11-11(a)]와 동일하게 qout과 qout_bar가 모두 플립플롭의 출력이 되며, [그림 11-8(a)]와 같이 2개의 플립플롭이 합성된다. 두 경우 모두 클록의 상승에지에서 동작하고 qout_bar는 qout의 반전 값을 출력하므로, 기능적으로는 올바른 동작을 한다. 그러나 1비트의 정보를 저장하기 위하여 2개의 플립플롭이 사용되므로, 회로적인 측면에서 비효율적이다.

[코드 11-11(a), (b)]가 2개의 플립플롭으로 합성되는 이유는 `always` 블록 내에서 신호 qout과 qout_bar를 만들기 때문이다. 따라서 플립플롭이 한 개만 생성되도록 하기 위해서는 [코드 11-11(c)]와 같이 `always` 블록에서 출력 qout만 생성하고, qout_bar는 `always` 블록 밖에서 `assign` 문으로 생성해야 한다. [그림 11-8(b)]는 [코드 11-11(c)]의 합성 결과이며, 1개의 플립플롭으로 합성되었음을 확인할 수 있다.

코드 11-11 qout과 qout_bar 출력을 갖는 D 플립플롭 모델링

```
module dff_Bad1 (input clk, input din,
                 output qout, output qout_bar);
  reg qout, qout_bar;

  always @(posedge clk) begin  // nonblocking assignments
     qout     <=  din;
     qout_bar <= ~din;
  end

endmodule
```

(a) nonblocking 할당문을 사용한 경우 (좋지 않은 모델링)

```
module dff_Bad2 (input clk, input din,
                 output qout, output qout_bar);
  reg  qout, qout_bar;

  always @(posedge clk) begin  // blocking assignments
     qout     =  din;
     qout_bar = ~din;
  end

endmodule
```

(b) blocking 할당문을 사용한 경우 (좋지 않은 모델링)

```
module dff_Good (input clk, input din,
                 output qout, output qout_bar);
  reg  qout;

  assign  qout_bar = ~qout;      // using assign statement for qout_bar

  always @(posedge clk) begin  // nonblocking assignment
     qout <= din;
  end

endmodule
```

(c) qout_bar를 위해 assign 구문을 사용한 경우 (올바른 모델링)

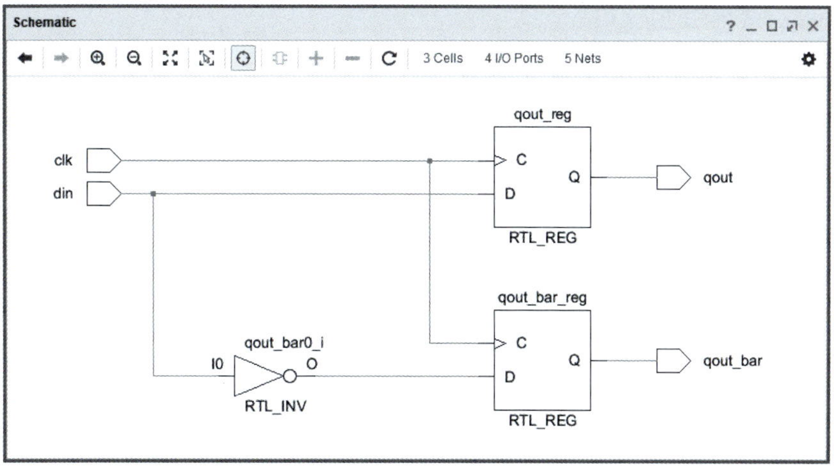

(a) [코드 11-11(a), (b)]의 합성 결과

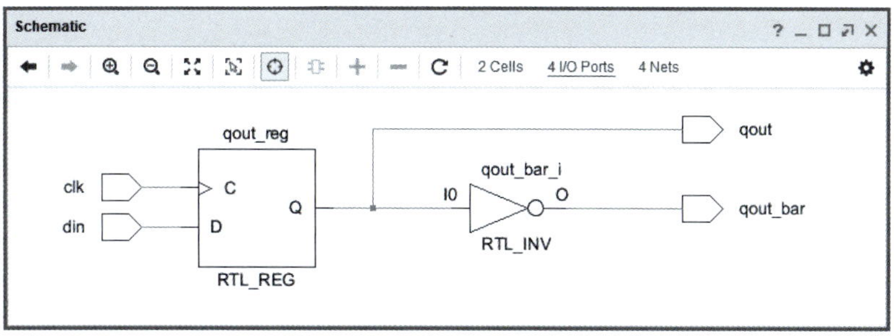

(b) [코드 11-11(c)]의 합성 결과

[그림 11-8] [코드 11-11]의 합성 결과

설계과제 11-5

qout과 qout_bar 출력을 갖는 D 플립플롭을 [코드 11-12]와 같이 모델링하면, 단순 D 플립플롭이 아닌 다른 회로가 합성된다. 시뮬레이션과 합성을 통해 [코드 11-12]가 어떤 회로로 동작하는지 확인하고, 그 이유를 설명하라.

코드 11-12 [설계과제 11-5]의 Verilog HDL 코드

```
module dff_Bad3 (input clk, input din,
                 output qout, output qout_bar);
  reg  qout, qout_bar;

  always @(posedge clk) begin
     qout     <= din;
     qout_bar <= ~qout;
  end

endmodule
```

■ 셋과 리셋을 갖는 플립플롭의 모델링

셋과 리셋을 갖는 D 플립플롭은 동작방식에 따라 동기식과 비동기식으로 구분되며, 셋/리셋신호가 '0'일 때 동작하는 active-low 방식과 '1'일 때 동작하는 active-high 방식으로 구분된다. [코드 11-13]은 동기식 active-low 리셋을 갖는 D 플립플롭의 모델링이다. 동기식 리셋을 위해 `always` 문의 `event` 목록에 `(posedge clk)`만 포함되고, 리셋신호인 rstn은 포함되지 않는다. `always` 블록 내부에서는 `if(!rstn)` 조건문에 의해 active-low 리셋 동작이 구현된다. [코드 11-14]의 테스트벤치를 이용한 시뮬레이션 결과는 [그림 11-9]와 같으며, 클록신호의 상승에지에 동기되어 출력 qout이 '0'으로 리셋됨을 확인할 수 있다.

코드 11-13 동기식 active-low 리셋을 갖는 D 플립플롭 모델링

```
module dff_sync_ALrst (input clk, input din, input rstn,
                        output qout);
  reg  qout;

  always @(posedge clk) begin
    if(!rstn)  qout <= 1'b0;     // active-low reset
    else       qout <= din;
  end

endmodule
```

코드 11-14 [코드 11-13]의 시뮬레이션 테스트벤치

```
module tb_dff_rst ( );
   reg  clk, rstn, din;

   dff_sync_ALrst U0 (clk, din, rstn, qout);

   initial begin
      clk = 1'b0;
      forever #10 clk = ~clk;
   end

   initial begin
          din = 1'b0;      rstn = 1'b1;
      #15 din = 1'b1;  #10 din = 1'b0;
      #10 din = 1'b1;  #30 rstn = 1'b0;
      #10 rstn = 1'b1; #20 din = 1'b0;
      #20 din = 1'b1;  #20 din = 1'b0;
      #20 $finish;
   end

endmodule
```

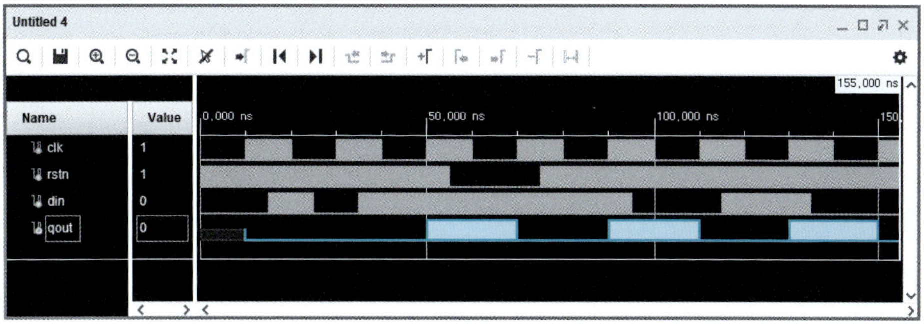

[그림 11-9] [코드 11-13]의 시뮬레이션 결과

[코드 11-15]는 비동기식 active-low 리셋을 갖는 D 플립플롭의 모델링이다. 비동기식 active- low 리셋을 위해 always 블록의 event 목록은 (posedge clk or negedge rstn)이 되어야 하며, 이에 의해 클록신호의 상승에지와 무관하게 리셋신호 rstn의 하강에지가 검출되면 리셋 동작이 일어난다. [그림 11-10]은 시뮬레이션 결과이며, 클록신호의 상승에지와 무관하게 rstn 신호의 하강에지에서 출력 qout이 '0'으로 리셋됨을 확인할 수 있다. [그림 11-9]의 동기식 리셋 방식과 비교하여 동작의 차이를 확인할 수 있다.

코드 11-15 비동기식 active-low 리셋을 갖는 D 플립플롭 모델링

```
module dff_async_ALrst (input clk, input din, input rst_n,
                        output qout);
  reg     qout;

  always @(posedge clk or negedge rst_n) begin    // include both clk and rst_n
    if(!rst_n)      // active-low reset
      qout <= 1'b0;
    else
      qout <= din;
  end
endmodule
```

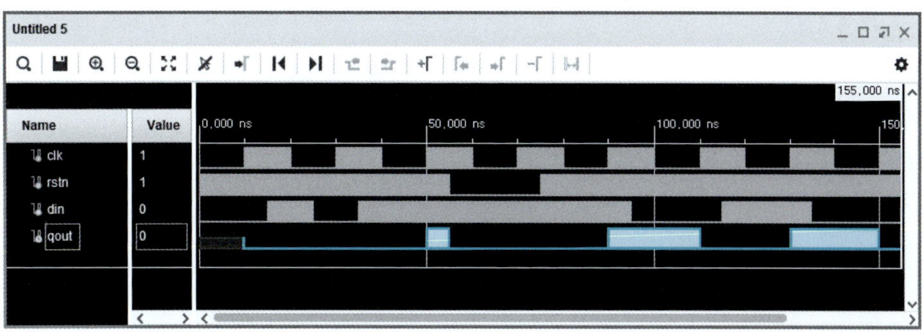

[그림 11-10] [코드 11-15]의 시뮬레이션 결과

설계과제 11-6

다음의 D 플립플롭을 Verilog HDL로 모델링하고, 시뮬레이션을 통해 동작을 확인하라.

① 동기식 active-high 리셋을 갖는 D 플립플롭
② 동기식 active-high 셋을 갖는 D 플립플롭
③ 동기식 active-low 셋과 리셋을 갖는 D 플립플롭
④ 비동기식 active-high 리셋을 갖는 D 플립플롭
⑤ 비동기식 active-high 셋을 갖는 D 플립플롭
⑥ 비동기식 active-low 셋과 리셋을 갖는 D 플립플롭

▪ 플립플롭이 포함된 순차회로에서 blocking 할당문과 nonblocking 할당문의 차이

플립플롭이 포함된 순차회로의 Verilog HDL 모델링에서 blocking 할당문과 nonblocking 할당문의 차이점을 알아본다. [코드 11-16]은 `always` 구문의 `@(posedge clk)`에 의해 플립플롭이 포함된 순차회로로 동작한다. `always` 블록 내부에 3개의 blocking 할당문이 포함되어 있다. 11.1.1절에서 설명했듯이, blocking 할당문은 문장이 나열된 순서에 따라 실행되는 순차적 흐름을 가지므로, blocking 할당문 ①과 ②의 실행에 의해 변수 m과 n의 값이 변경되고, 변경된 m과 n이 blocking 할당문 ③의 결과에 영향을 미친다. 따라서 blocking 할당문 ③의 우변 m과 n은 변경된 현재의 값이 되므로, m과 n은 단순 NAND 게이트와 OR 게이트의 출력이 되며, blocking 할당문 ③의 yout만 플립플롭의 출력이 된다. [코드 11-16]의 합성 결과는 [그림 11-11]과 같으며, 1개의 플립플롭이 생성되었음을 볼 수 있다.

코드 11-16 플립플롭이 포함된 회로에 blocking 할당문이 사용된 경우

```
module seq_blocking (input clk, input a, input b, input c, input d, input e,
                     output yout);
   reg    m, n, yout;

  always @(posedge clk) begin
        m = ~(a & b);            // ①
        n = c | d;               // ②
        yout = ~(m | n | e);     // ③
  end

endmodule
```

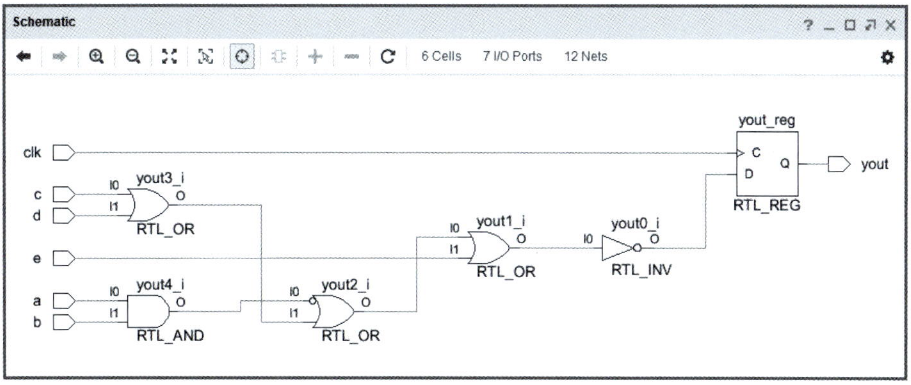

[그림 11-11] [코드 11-16]의 합성 결과

[코드 11-17]은 [코드 11-16]과 다르게 `always` 블록 내부에 3개의 nonblocking 할당문이 포함되어 있으며, `always @(posedge clk)`에 의해 플립플롭이 포함된 순차회로로 동작한다. `always` 블록 내부의 nonblocking 할당문은 순차적 흐름에 대한 blocking 없이 정해진 할당 스케줄에 의해 값이 할당된다. `begin-end` 블록 내의 nonblocking 할당문들은 우변이 동시에 평가된 후, 할당 스케줄(이 예에서는 문장의 나열 순서)에 따라 좌변에 값이 할당된다. 따라서 nonblocking 할당문 ①과 ②에 의해 좌변의 변수 m과 n에 대한 할당이 일어나기 이전의 m과 n 값이 nonblocking 할당문 ③의 우변 수식 평가에 사용된다. 결국, nonblocking 할당문 좌변의 m, n, y는 할당이 이루어지기 이전의 값을 유지하고 있어야 하므로, 이들은 플립플롭의 출력이 된다. [코드 11-17]의 합성 결과는 [그림 11-12]와 같으며, 3개의 플립플롭이 생성되었음을 볼 수 있다.

[코드 11-16]과 [코드 11-17]에서 보듯이, 플립플롭이 포함된 순차회로의 모델링에서 blocking 할당문과 nonblocking 할당문은 큰 차이를 갖는다. 플립플롭이 1개 포함된 회로와 3개 포함된 회로는 전혀 다른 회로이므로, 설계자가 의도하는 회로가 구현될 수 있도록 올바른 구문을 사용해야 한다.

코드 11-17 플립플롭이 포함된 회로에 nonblocking 할당문이 사용된 경우

```
module seq_Nonblocking (input clk, input a, input b, input c, input d, input e,
                        output yout);
   reg    m, n, yout;

   always @(posedge clk) begin
         m <= ~(a & b);          // ①
         n <= c | d;             // ②
         yout <= ~(m | n | e);   // ③
   end

endmodule
```

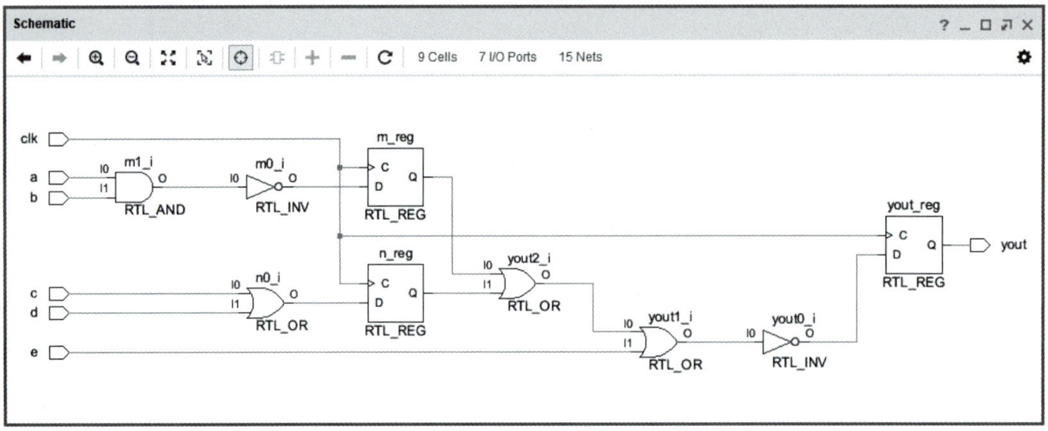

[그림 11-12] [코드 11-17]의 합성 결과

설계과제 11-7

[코드 11-18]은 [코드 11-16]의 blocking 할당문 순서를 바꾼 경우이다. [코드 11-16]과 동일한 회로인지, 만약 다른 회로라면 어떤 회로가 되는지 시뮬레이션과 합성을 통해 확인하고, 그 이유를 설명하라.

코드 11-18 [코드 11-16]에서 blocking 할당문의 순서를 바꾼 경우

```
module seq_blk2 (input clk, input a, input b, input c, input d, input e,
                 output y);
   reg   m, n, y;

  always @(posedge clk) begin
         y = ~(m | n | e);
         m = ~(a & b);
         n = c | d;
  end
endmodule
```

SECTION 11.2 순차회로에서 blocking 할당문과 nonblocking 할당문

플립플롭이 포함된 순차회로에서 blocking 할당문과 nonblocking 할당문의 차이를 명확하게 이해하는 것이 매우 중요하며, Verilog HDL의 모델링 예를 통해 살펴보도록 하자.

[코드 11-19]는 4개의 blocking 할당문으로 구성되어 있으며, [코드 11-19(a), (b)]는 blocking 할당문의 순서가 서로 바뀌어 있다. 두 코드는 각각 [그림 11-13(a), (b)]와 같이 서로 다른 회로로 합성된다. 순차회로 모델링에 blocking 할당문이 사용되면 `always` 블록 내부에서 할당문의 순서에 따라 회로 동작이 달라지므로, 자신이 원하는 회로가 합성되도록 주의해서 사용해야 한다.

코드 11-19 blocking 할당문이 사용된 순차회로 예

```
module blocking_1 (input clk, input din,
                   output q3);
   reg   q3, q2, q1, q0;

   always @(posedge clk) begin
      q0 = din;
      q1 = q0;
      q2 = q1;
      q3 = q2;
   end
endmodule
```

(a)

```
module blocking_2 (input clk, input din,
                   output q3);
   reg   q0, q1, q2, q3;

   always @(posedge clk) begin
      q3 = q2;
      q2 = q1;
      q1 = q0;
      q0 = din;
   end
endmodule
```

(b)

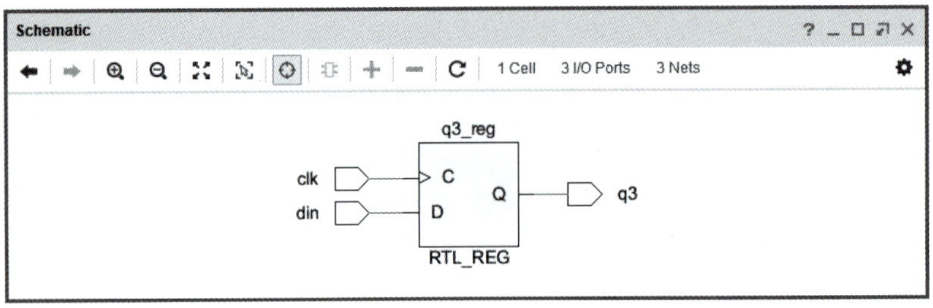

(a) [코드 11-19(a)]의 합성 결과

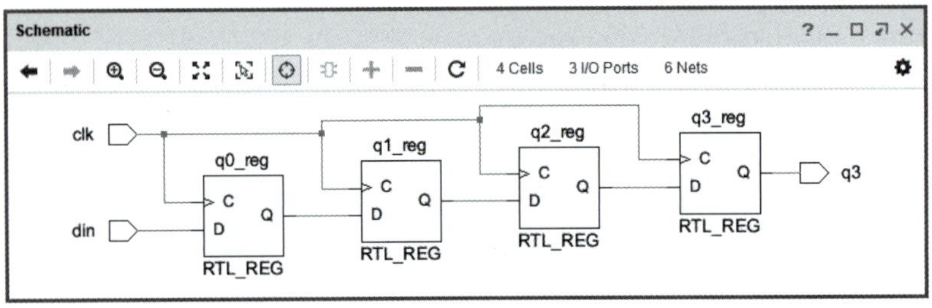

(b) [코드 11-19(b)]의 합성 결과

[그림 11-13] [코드 11-19]의 합성 결과

[코드 11-20]은 4개의 nonblocking 할당문이 사용되고 있으며, [코드 11-20(a), (b)]는 nonblocking 할당문의 순서가 서로 바뀌어 있다. 두 코드는 모두 [그림 11-14]의 동일한 회로로 합성된다. 순차회로 모델링에 nonblocking 할당문이 사용되면 `always` 블록 내부에서 할당문의 나열 순서에 무관하게 동일한 회로로 동작함을 알 수 있다.

코드 11-20 nonblocking 할당문이 사용된 순차회로 예

```
module Nonblocking_1 (input clk, input din,
                      output q3);
  reg  q0, q1, q2, q3;

  always @(posedge clk) begin
     q0 <= din;
     q1 <= q0;
     q2 <= q1;
     q3 <= q2;
  end
endmodule
```

(a)

```
module Nonblocking_2 (input clk, input din,
                      output q3);
  reg  q0, q1, q2, q3;

  always @(posedge clk) begin
     q3 <= q2;
     q2 <= q1;
     q1 <= q0;
     q0 <= din;
  end
endmodule
```

(b)

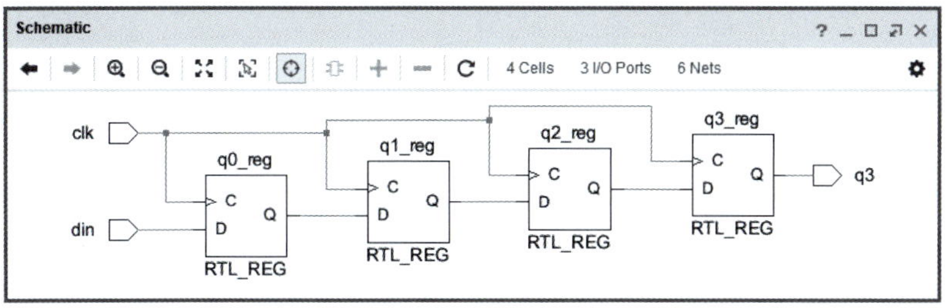

[그림 11-14] [코드 11-20]의 합성 결과

[코드 11-19(b)]와 [코드 11-20]의 Verilog HDL 모델링은 4비트 시프트 레지스터로 동작하는 반면에, [코드 11-19(a)]의 회로는 1비트 플립플롭으로 동작한다. 만약, 4비트 시프트 레지스터 설계를 위해 [코드 11-19(a)]와 같이 모델링했다면 전혀 다른 회로로 동작하게 될 것이다. 이 예에서 알 수 있듯이, `always` 블록 내부에 포함되어 있는 blocking 할당문은 나열된 순서에 따라 회로의 동작이 달라질 수 있으므로 사용에 주의해야 한다. Verilog HDL 모델링에 있어서 이와 같은 혼동과 실수를 방지하기 위해서는 다음의 코딩 가이드라인을 따르는 것이 바람직하다.

❶ **가이드라인-1** : 플립플롭 또는 래치를 모델링하는 always 블록에서는 nonblocking 할당문을 사용한다([그림 11-15] 참조).

❷ **가이드라인-2** : 조합회로를 모델링하는 always 블록에서는 blocking 할당문을 사용한다([그림 11-15] 참조).

```
module guide1 (input clk, input rstn, input a, input b,
               output qout);
 reg qout, y;

 always @(a or b)
   y = a ^ b;

 always @(posedge clk or negedge rstn)
   if (!rstn) qout <= 1'b0;
   else       qout <= y;
```

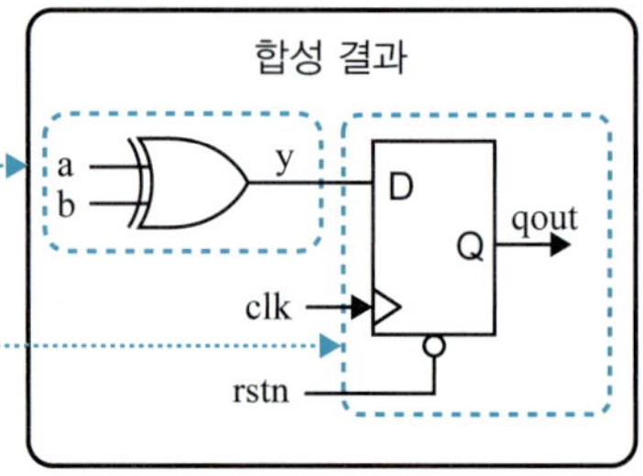

[그림 11-15] 가이드라인-1과 가이드라인-2

❸ **가이드라인-3** : 동일한 always 블록에서 순차회로와 조합회로를 함께 모델링하는 경우에는 nonblocking 할당문을 사용한다([그림 11-16] 참조).

```
module guide1 (input clk, input rstn, input a, input b,
               output qout);
 reg qout;

  always @(posedge clk or negedge rstn)
    if (!rstn) qout <= 1'b0;
    else       qout <= a ^ b;
```

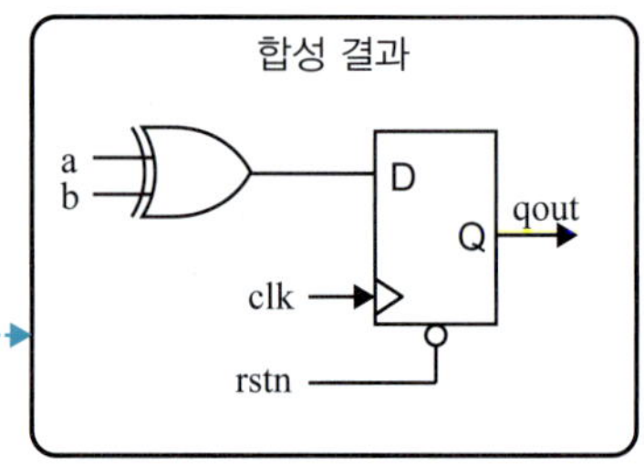

[그림 11-16] 가이드라인-3

❹ **가이드라인-4** : 동일한 always 블록 내에서 blocking 할당문과 nonblocking 할당문을 혼합해서 사용하지 않는 것이 바람직하다.

[코드 11-21(a)]와 같이 always 블록 내에 blocking 할당문과 nonblocking 할당문이 함께 사용되어도 회로는 올바로 동작할 수 있다. 그러나 설계자가 시뮬레이션 event 스케줄 방식을 잘못 이해하고 있는 경우에는 잘못된 코딩에 의해 혼동과 실수를 초래할 수 있으므로 이와 같은 코딩 방식은 바람직하지 않다. 한편, [코드 11-21(b)]와 같이 동일한 reg 변수에 blocking 할당문과 nonblocking 할당문을 혼합해서 사용하는 경우에 시뮬레이션은 정상적으로 이루어지나, 일부 툴에서 합성 오류가 발생되는 경우가 있다. [코드 11-21(c)]와 같이 nonblocking 할당문의 우변에 조합회로를 포함시켜 모델링하거나, 또는 [코드 11-21(d)]와 같이 조합회로를 별도의 assign 문으로 분리해서 표현하는 것이 좋다.

코드 11-21 순차회로 코딩 방식

```
module Not_recommend_1 (input clk, input rstn, input a, input b,
                         output qout);
  reg   qout, tmp;

  always @(posedge clk or negedge rstn)
    if(!rstn) qout <= 1'b0;
    else begin
        tmp = a & b;
        qout <= tmp;
    end
endmodule
```

(a) 바람직하지 않은 코딩 (1)

```
module Not_recommend_2 (input clk, input rstn, input a, input b,
                         output qout);
  reg  qout, tmp;

  always @(posedge clk or negedge rstn)
    if(!rstn) qout = 1'b0;      // blocking
    else begin
       tmp = a & b;
       qout <= tmp;             // nonblocking
    end
endmodule
```

(b) 바람직하지 않은 코딩 (2)

```
module Recommend_1 (input clk, input rstn, input a, input b,
                     output qout);
  reg  qout;

  always @(posedge clk or negedge rstn)
    if(!rstn)  qout <= 1'b0;
    else       qout <= a & b;
endmodule
```

(c) 바람직한 코딩 (1)

```
module Recommend_2 (input clk, input rstn, input a, input b,
                     output qout);
  reg  qout;

  assign tmp = a & b;

  always @(posedge clk or negedge rstn)
    if(!rstn)  qout <= 1'b0;
    else       qout <= tmp;
endmodule
```

(d) 바람직한 코딩 (2)

❺ **가이드라인-5** : 다수의 `always` 블록에서 동일한 `reg` 변수에 값을 할당하지 않는다.

[코드 11-22]와 같이 두 개의 `always` 블록에서 동일한 `reg` 변수 qout에 값을 할당하면 다중 구동multiple driving이 되어 합성 이전의 시뮬레이션 결과와 합성 이후의 시뮬레이션 결과가 달라질 수 있으며, 일부 툴에서 합성 오류가 발생되는 경우가 있으므로 이와 같은 코딩 방식은 사용하지 않는 것이 좋다.

코드 11-22 다중 구동이 발생하는 코딩

```
module Not_recommend_3 (input clk, input rstn, input d1, input d2,
                        output qout);
  reg   qout;

  always @(posedge clk or negedge rstn)
    if(!rstn) qout <= 1'b0;
    else      qout <= d1;

  always @(posedge clk or negedge rstn)
    if(!rstn) qout <= 1'b0;
    else      qout <= d2;
endmodule
```

SECTION 11.3

계수기와 시프트 레지스터

계수기counter는 클록펄스가 인가될 때마다 값이 증가 또는 감소되는 회로이며, 주파수 분주기, 제어신호 생성 등 디지털 회로 설계에 폭넓게 사용되는 순차회로이다. 계수기는 플립플롭과 조합회로가 결합된 형태로 구현되며, 동작방식에 따라 동기식synchronous 계수기와 비동기식asynchronous 계수기로 구분된다. 동기식 계수기는 모든 플립플롭이 하나의 클록신호에 의해 동기화되어 동작하며, 따라서 모든 플립플롭의 상태 변경이 동시에 일어난다. 동기식 계수기는 설계와 검증이 용이하고 계수 속도가 빠른 장점이 있으나 비동기식 계수기에 비하여 회로가 다소 복잡하다는 단점이 있다. 반면에, 비동기식 계수기는 첫째 단의 플립플롭에 클록신호가 인가되면, 플립플롭의 출력이 다음 단의 플립플롭을 트리거trigger시키는 방식으로 동작하며, 클록의 영향이 물결처럼 후단으로 파급된다는 의미에서 리플 계수기ripple counter라고도 한다. 동기식 계수기에 비해 회로가 단순하다는 장점이 있으나, 각 플립플롭의 전파 지연시간이 누적되어 최종 단의 출력에 나타나므로 계수 속도가 느린 단점이 있다.

시프트 레지스터shift register는 여러 개의 플립플롭이 직렬로 연결된 구조를 가지며, 클록신호가 인가될 때마다 플립플롭에 저장된 데이터가 왼쪽 또는 오른쪽으로 이동되는 기능을 수행한다. 시프트 레지스터의 데이터는 직렬 또는 병렬로 입출력될 수 있으며, 형태에 따라 직렬입력-직렬출력serial-in, serial-out, 직렬입력-병렬출력serial-in, parallel-out, 병렬입력-직렬출력parallel-in, serial-out, 병렬입력-병렬출력parallel-in, parallel-out 등의 형태로 구현될 수 있다. 네 가지의 입출력 동작을 선택적으로 수행하도록 범용 시프트 레지스터로 구현될 수도 있다. 또한, 시프팅 방향에 따라 왼쪽 시프트, 오른쪽 시프트, 양방향 시프트 등으로 구분된다.

시프트 레지스터는 플립플롭이 직렬로 연결된 형태를 가지므로, 앞단의 플립플롭 출력이 다음 단 플립플롭의 입력으로 연결되도록 모델링되어야 한다. 이를 위해서는 클록의 에지 천이를 검출하는 `always` 블록 내부에 nonblocking 할당문이 사용되어야 한다. 시프팅 동작의 모델링을 위해 nonblocking 할당문, 시프트 연산자, 결합 연산자 등 다양한 방법들이 사용될 수 있다.

11.3.1 증가 계수기

계수기는 +(덧셈) 또는 -(뺄셈) 연산자를 이용하여 쉽게 모델링될 수 있다. [코드 11-23]은 비동기식 active-low 리셋을 갖는 8비트 증가 계수기의 Verilog HDL 모델링 예이다. 비동기식 리셋을 위해

negedge rstn이 event 목록에 포함되었으며, if(!rstn) 조건문에 의해 계수기 값이 '0'으로 초기화되고, rstn='1'인 동안에 계수기 값이 +1씩 증가되도록 모델링되었다. [코드 11-24]의 테스트벤치를 이용한 시뮬레이션 결과는 [그림 11-17]과 같으며, 클록신호의 상승에지에서 계수기 값이 1씩 증가하는 동작을 확인할 수 있다.

코드 11-23 8비트 증가 계수기 모델링

```
module counter_up (input clk, input rstn,
                   output [7:0] cnt_out);
   reg  [7:0] cnt_out;

   always @(posedge clk or negedge rstn) begin
       if(!rstn) cnt_out <= 0;
       else      cnt_out <= cnt_out + 1;
   end

endmodule
```

코드 11-24 [코드 11-23]의 시뮬레이션 테스트벤치

```
module tb_counter (  );
   reg clk, rstn;
   wire [7:0] cnt_out;

   counter_up u0 (clk, rstn, cnt_out);

   initial begin
          clk = 1'b0;       rstn = 1'b0;
      #5  rstn = 1'b1;  #100 rstn = 1'b0;
      #20 rstn = 1'b1;
      #300 $finish;
   end

   always
     #10 clk = ~clk;

endmodule
```

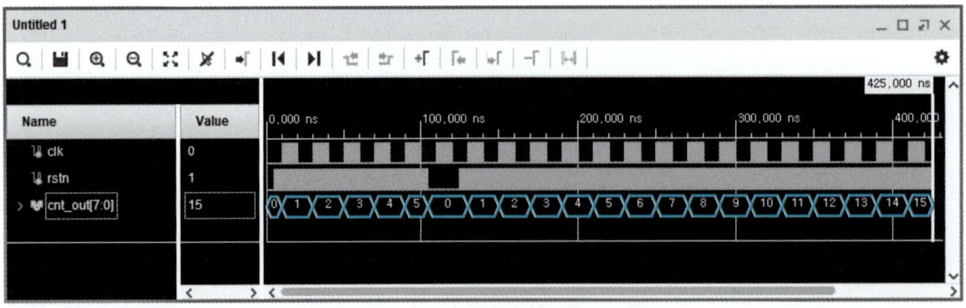

[그림 11-17] [코드 11-23]의 시뮬레이션 결과

설계과제 11-8

active-high enable 신호를 갖는 8비트 감소 계수기를 설계하고, 시뮬레이션을 통해 동작을 확인하라. enable 신호 en='1'이면 계수기가 동작하고, en='0'이면 계수 동작을 멈추며, 비동기식 active-low 리셋을 갖는다.

설계과제 11-9

모드 신호에 따라 계수기 값이 증가(mode='1') 또는 감소(mode='0')되는 8비트 증가/감소 계수기를 설계하고, 시뮬레이션을 통해 동작을 확인하라. 회로는 동기식 active-high 리셋을 갖는다.

설계과제 11-10

[설계과제 11-9]의 계수기에 8비트 데이터의 병렬로드(load='1') 기능이 추가된 8비트 증가/감소 계수기를 설계하고, 시뮬레이션을 통해 동작을 확인하라.

11.3.2 주파수 분주기

계수기를 이용하면 클록 분주기를 쉽게 구현할 수 있다. 예를 들어, 1MHz의 마스터 클록으로부터 100KHz의 분주 클록을 생성하는 1/10 주파수 분주기[frequency divider]는 마스터 클록의 상승에지를 10번 계수하는 계수기를 이용해 구현할 수 있다. [코드 11-25]는 1/10 주파수 분주기의 모델링이다. `if (rst)` 조건문에 의해 계수기 값이 0으로 초기화되며, rst='0'인 동안에 증가 계수기로 동작한다. 1/10 분주를 위해 계수기를 0에서부터 9까지 계수한 후, cnt=9가 되면 계수기 값을 0으로 초기화하고 분주 클록을 clk_div='1'로 만든다. cnt < 9인 동안에는 계수기 값 cnt를 +1씩 증가시키고 분주 클록은 clk_div='0'으로 유지한다. 계수기 값 cnt는 0에서 9까지 계수해야 하므로, cnt를 4비트로 선언한다.

[그림 11-18]은 [코드 11-25]의 시뮬레이션 결과이며, 마스터 클록신호의 10 주기마다 분주 클록 clk_div가 1주기씩 생성되는 것을 확인할 수 있다. 생성되는 분주 클록은 duty cycle이 10%인 비대칭 분주 클록이다.

코드 11-25 1/10 주파수 분주기(duty cycle 10%) 모델링

```
module freq_div10 (input mclk, input rst,
                   output clk_div);
  reg   [3:0] cnt;
  reg         clk_div;

 always @(posedge mclk or posedge rst) begin
   if(rst) begin
       cnt <= 0;
       clk_div <= 0;
   end
   else begin
       if(cnt == 9) begin
          cnt <= 0;
          clk_div <= 1'b1;
      end
      else begin
          clk_div <= 1'b0;
          cnt <= cnt + 1;
      end
   end
 end

endmodule
```

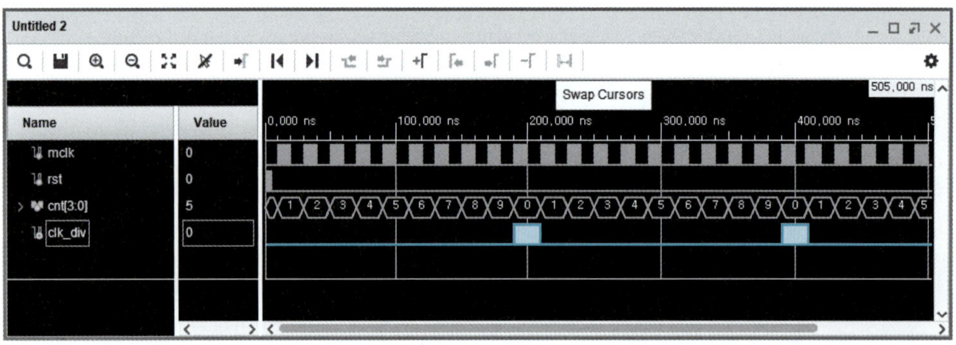

[그림 11-18] [코드 11-25]의 시뮬레이션 결과

설계과제 11-11

duty cycle이 50%인 대칭 분주 클록을 생성하는 1/10 주파수 분주기를 설계하고, 시뮬레이션을 통해 동작을 확인하라. 회로는 비동기식 active-high 리셋을 갖는다.

11.3.3 직렬입력-직렬출력 시프트 레지스터

[그림 11-19]는 직렬입력-직렬출력 8비트 시프트 레지스터 회로이며, 동기식 active-high 리셋을 갖는다. 클록의 상승에지에서 레지스터의 데이터가 왼쪽으로 1비트씩 시프팅되며, 직렬입력 s_in은 레지스터의 LSB에 입력되고, 직렬출력 s_out은 MSB에서 직렬로 출력된다.

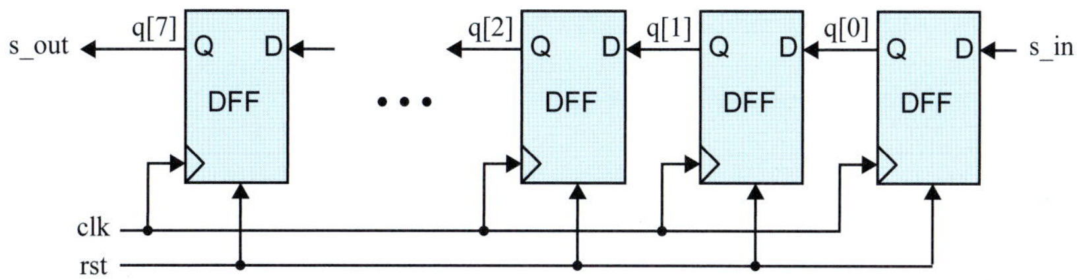

[그림 11-19] 직렬입력-직렬출력 시프트 레지스터

시프트 레지스터의 동작을 직접적으로 표현하면 [코드 11-26]과 같이 nonblocking 할당문을 사용하여 레지스터의 각 비트가 시프팅되도록 모델링할 수 있다. 그러나 이 방법은 소스코드의 길이가 레지스터의 비트 수에 비례하므로 바람직하지 않다. [코드 11-26]에서 직렬입력을 받는 q[0]를 제외한 나머지를 벡터로 묶어 하나의 nonblocking 할당문으로 처리할 수 있으며, 따라서 [코드 11-27]과 같이 간결한 표현으로 모델링할 수 있다. [코드 11-26]과 [코드 11-27]에서 nonblocking 할당문이 사용되어야 함에 유의한다. 만약 [코드 11-26]과 [코드 11-27]에서 blocking 할당문이 사용되면, 각각 1비트 레지스터와 7비트 시프트 레지스터로 동작하게 된다. [코드 11-26]과 [코드 11-27]의 시뮬레이션 결과는 [그림 11-20]과 같으며, s_in으로 입력된 데이터가 8클록 후에 s_out으로 출력됨을 확인할 수 있다.

코드 11-26 직렬입력-직렬출력 8비트 시프트 레지스터 모델링

```
module shift_reg_nblk1 (input clk, input rst, input s_in,
                        output s_out);
  reg    [7:0] q;

  assign s_out = q[7];

  always @(posedge clk) begin
    if(rst)  q <= 8'h00;
    else begin
      q[0] <= s_in;
      q[1] <= q[0];
      q[2] <= q[1];
      q[3] <= q[2];
      q[4] <= q[3];
      q[5] <= q[4];
      q[6] <= q[5];
```

```
      q[7] <= q[6];
    end
  end
endmodule
```

코드 11-27 직렬입력-직렬출력 8비트 시프트 레지스터 모델링 (벡터 할당문 사용)

```
module shift_reg_nblk2 (input clk, input rst, input s_in,
                         output s_out);
  reg    [7:0] q;

  assign s_out = q[7];

   always @(posedge clk) begin
     if(rst)  q <= 8'h00;
     else begin
        q[0]   <= s_in;
        q[7:1] <= q[6:0];
     end
   end

endmodule
```

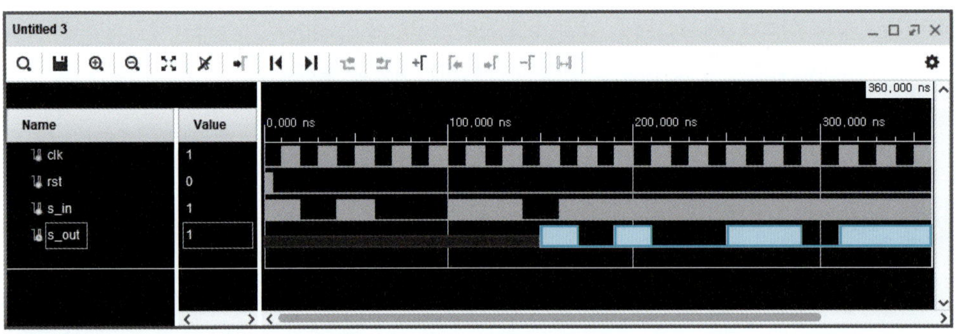

[그림 11-20] [코드 11-26], [코드 11-27]의 시뮬레이션 결과

설계과제 11-12

[그림 11-19]의 직렬입력-직렬출력 시프트 레지스터를 다음의 세 가지 방법으로 모델링하고, 시뮬레이션을 통해 동작을 확인하라. 단, 동기식 active-high 리셋을 갖는다.

① 결합 연산자를 사용하는 방법

② 시프트 연산자를 사용하는 방법

③ for 반복문을 사용하는 방법

11.3.4 병렬입력-병렬출력 시프트 레지스터

[그림 11-21]은 동기식 active-low 리셋을 갖는 병렬입력-병렬출력 시프트 레지스터이다. load='1'이면 8비트 데이터 din이 병렬로 레지스터에 입력되고, load='0'이면 시프트 레지스터로 동작한다. 레지스터를 구성하는 각 플립플롭의 출력이 병렬로 pout에 출력된다.

[그림 11-21]의 회로는 [코드 11-28]과 같이 모델링될 수 있다. din의 병렬입력을 위해 `if(load)` 조건문이 사용되었으며, load='0'인 경우에는 왼쪽 시프트 동작을 구현하기 위해 논리시프트 연산자 <<가 사용되었다. [코드 11-28]의 시뮬레이션 결과는 [그림 11-22]와 같으며, 데이터의 병렬 입출력과 시프팅 동작이 정상적으로 이루어짐을 확인할 수 있다.

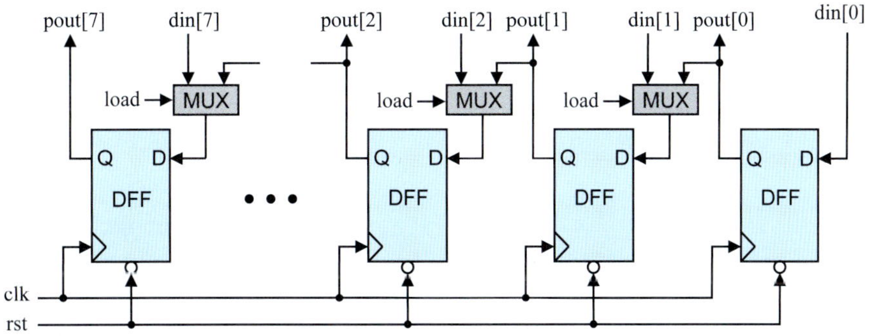

[그림 11-21] 병렬입력-병렬출력 시프트 레지스터

코드 11-28 병렬입력-병렬출력 8비트 시프트 레지스터 모델링

```
module pload_shift_reg (input clk, input rstn, input load, input [7:0] din,
                        output [7:0] pout);
   reg  [7:0] shift_reg;

   assign pout = shift_reg;

   always @(posedge clk) begin
      if(!rstn)     shift_reg <= 0;
      else
          if(load) shift_reg <= din;
          else     shift_reg <= shift_reg << 1;
   end

endmodule
```

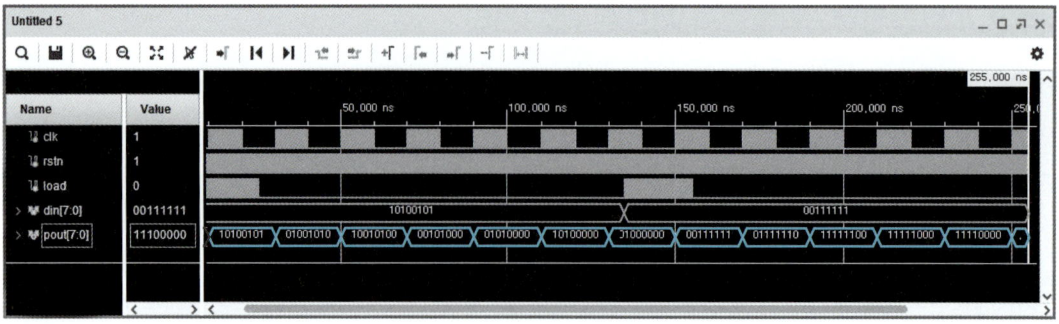

[그림 11-22] [코드 11-28]의 시뮬레이션 결과

설계과제 11-13

비동기식 active-high 리셋을 갖는 직렬입력-병렬출력 8비트 시프트 레지스터를 모델링하고, 시뮬레이션을 통해 동작을 확인하라.

직렬/병렬 입출력을 가지며, 크기를 가변시킬 수 있는 시프트 레지스터의 설계 예를 살펴본다. 클록의 상승에지에서 왼쪽으로 1비트씩 시프팅되며, 직렬입력 sin이 LSB 위치의 플립플롭에 입력되고, 직렬출력 sout는 MSB 위치의 플립플롭에서 출력된다. 데이터의 병렬 입출력은 `inout` data_io 포트를 통해 이루어진다. 시프트 레지스터의 입출력 신호에 대한 정의는 [표 11-1]과 같다. 데이터의 병렬로드(pload_en='0')와 시프팅 동작(shift_en='0')이 동시에 일어나지 않으며, 또한 data_io 포트가 `inout`이므로 pout_en 신호와 pload_en 신호가 동시에 0이 되지 않는다.

[표 11-1] 직렬/병렬 입출력을 갖는 시프트 레지스터의 신호 정의

신호이름	정 의
clk	클록신호
rstn	리셋신호(active-low)
shift_en	시프팅 동작을 위한 enable 신호(active-low)
pload_en	병렬 로드를 위한 enable 신호(active-low)
pout_en	병렬출력을 위한 enable 신호(active-low)
sin	직렬입력
sout	직렬출력
data_io	병렬 입출력 데이터(inout)

[코드 11-29]는 [표 11-1]의 기능을 수행하는 시프트 레지스터의 Verilog HDL 모델링 예이다. 시프트 레지스터의 비트 수는 `parameter` 문에서 Len으로 선언되었다. 양방향 포트 data_io는 조건 연산자를 사용하여 모델링되었으며, pout_en='0'일 때 시프트 레지스터의 값이 병렬로 출력된다. high impedance 상태는 parameter Len을 이용하여 {Len{1'bz}}로 표현되었다. 참고로, Verilog HDL에서는 벡터의 폭을 나타내기 위해 parameter 상수를 사용할 수 없으므로 Len'bz로 표현할 수 없다. 직렬출력 sout는 레지스터의 MSB를 assign 문으로 할당받는다. 시프팅 동작은 always 블록 내에 시프트 연산자 <<로 모델링되었다. if(!shift_en) 조건문에 의해 왼쪽 시프팅 동작과 직렬입력 sin이 레지스터의 LSB에 입력되며, else if(!pload_en)에 의해 data_io의 병렬입력이 레지스터에 로드된다. always 블록 내부에서는 nonblocking 할당문이 사용되어야 함을 유의한다.

코드 11-29 직렬/병렬 입출력을 갖는 시프트 레지스터 모델링

```
module shifter_sp_io (input clk, input rstn, input shift_en, input pload_en,
                      input pout_en, input sin,
                      output sout, inout [Len-1:0] data_io);
  parameter       Len = 8;
  reg   [Len-1:0] shift_reg;

  assign data_io = (!pout_en) ? shift_reg : {Len{1'bz}};
  assign sout = shift_reg[7];

  always @(posedge clk) begin
    if(!rstn)
      shift_reg <= {Len{1'b0}};
    else begin
      if(!shift_en) begin
        shift_reg <= shift_reg << 1;
        shift_reg[0] <= sin;
      end
      else if(!pload_en)
        shift_reg <= data_io;
    end
  end
endmodule
```

[코드 11-30]은 [코드 11-29]의 시뮬레이션 테스트벤치 예이다. 컴파일러 지시어 compiler directive define을 이용해서 PERIOD를 20으로 정의하고, initial 블록에서 클록신호와 입력신호 생성을 위한 지연으로 사용했다. data_io가 inout 포트이므로 data_io를 wire 형으로 선언하고, initial 블록에서 생성된 병렬입력 값이 assign 문을 통해 data_io에 할당된다. 레지스터 값을 병렬로 읽어내는 동안(pout_en='0'인 동안)에는 data_io를 high-impedance 상태로 유지해야 한다. 또한 병렬로드(pload_en='0')와 시프팅 동작(shift_en='0')이 동시에 일어나지 않도록 해야 하며, pout_en 신호와 pload_en 신호가 동시에 0이 되지 않도록 테스트벤치를 작성해야 한다.

코드 11-30 [코드 11-29]의 시뮬레이션 테스트벤치

```
'define PERIOD 20
module tb_shifter_sp_io (    );
   parameter     Len = 8;
   reg           clk, rstn, shift_en, pload_en, pout_en, sin;
   reg [Len-1:0] data_in;
   wire [Len-1:0] data_io;
   wire          sout;

   shifter_sp_io U0 (clk, rstn, shift_en, pload_en, pout_en, sin, sout, data_io);
   assign data_io = data_in;

   initial begin
      clk = 1'b0;
      forever #('PERIOD/2) clk = ~clk;
   end

   initial begin
                 rstn = 1'b0;              shift_en = 1'b1;
                 pload_en = 1'b1;          pout_en = 1'b1;
                 sin = 1'b1;               data_in = 8'bz;
     #('PERIOD+5) rstn = 1'b1;             shift_en = 1'b0;
     #('PERIOD) sin = 1'b0;   #('PERIOD) sin = 1'b1;
     #('PERIOD) sin = 1'b0;   #('PERIOD) sin = 1'b1;
     #('PERIOD) sin = 1'b0;   #('PERIOD) sin = 1'b1;
     #('PERIOD) sin = 1'b1;               pout_en = 1'b0;
     #('PERIOD) sin = 1'b0;   #('PERIOD) sin = 1'b1;
     #('PERIOD) sin = 1'b0;   #('PERIOD) sin = 1'b1;
     #('PERIOD) sin = 1'b0;   #('PERIOD) sin = 1'b0;
     #('PERIOD) sin = 1'b1;   #('PERIOD) sin = 1'b0;
     #('PERIOD) pout_en = 1'b1;
     #('PERIOD) sin = 1'b1;   #('PERIOD) sin = 1'b0;
     #('PERIOD) shift_en =1'b1;           pload_en = 1'b0;
                 data_in = 8'b1010_1001;
     #('PERIOD) pload_en = 1'b1;          pout_en = 1'b1;
                 shift_en =1'b0;           data_in = 8'bz;
     #('PERIOD) sin = 1'b0;   #('PERIOD) sin = 1'b0;
     #('PERIOD) sin = 1'b0;   #('PERIOD) sin = 1'b1;
     #('PERIOD) sin = 1'b0;   #('PERIOD*10) $finish;
   end

endmodule
```

[코드 11-30]의 테스트벤치로 시뮬레이션을 실행한 결과는 [그림 11-23]과 같다. [그림 11-23(a)]는 직렬입력 데이터가 레지스터에 입력되어 시프팅되는 동작을 보이고 있다. 30ns에 직렬입력 데이터 sin이 레지스터의 LSB에 입력되어 7클록 주기 동안 왼쪽으로 시프트된 후 sout 포트로 출력됨을 확인할 수 있다. [그림 11-23(b)]는 data_io 포트에 인가된 8비트 데이터가 레지스터에 병렬로 로드되고, 순차적으로 왼쪽으로 시프트되어 sout 포트로 출력됨을 확인할 수 있다.

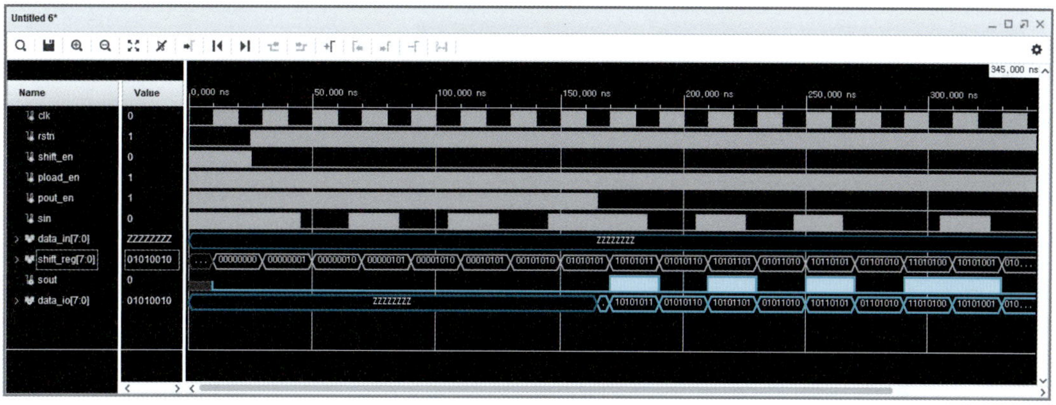

(a) 직렬입력 데이터의 시프팅 동작

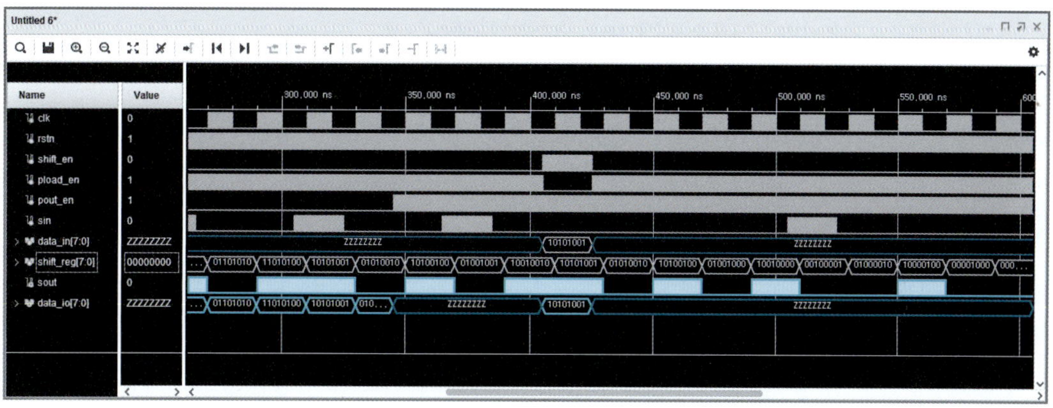

(b) 병렬입력 데이터의 시프팅 동작

[그림 11-23] [코드 11-29]의 시뮬레이션 결과

설계과제 11-14

[코드 11-29]의 시프트 레지스터에 좌우 시프팅 기능을 추가하여 설계하고, 시뮬레이션을 통해 동작을 확인하라. 신호의 정의는 [표 11-2]와 같으며, mode='0'이면 오른쪽으로 시프팅되고, mode='1'이면 왼쪽으로 시프팅되도록 설계한다.

[표 11-2] [설계과제 11-14]의 시프트 레지스터 신호 정의

신호이름	기 능
clk	클록신호
rstn	리셋신호(active-low)
shift_en	시프팅 동작을 위한 enable 신호(active-low)
pload_en	병렬 로드를 위한 enable 신호(active-low)
pout_en	병렬출력을 위한 enable 신호(active-low)
sin	직렬입력
sout	직렬출력
data_io	병렬 입출력 데이터(inout)
mode	좌우 시프팅 지정 신호 (mode='0': 오른쪽 시프트, mode='1': 왼쪽 시프트)

11.3.5 선형 귀환 시프트 레지스터

선형 귀환 시프트 레지스터[Linear Feedback Shift Register, LFSR]는 시프트 레지스터의 한 형태로서 선형 귀환을 통해 2진 비트열을 생성하는 회로이다. LFSR은 의사 난수[pseudo-random sequence] 발생, 데이터 암호·복호, 데이터 압축, 데이터 무결성 검사합[data integrity checksum] 등 디지털 시스템에서 다양한 용도로 사용된다. 또한, 시스템 IC의 내장형 자기 진단[Built-In Self-Test, BIST] 회로에 사용되어 테스트 벡터 생성 및 테스트 응답 분석에도 사용된다.

LFSR은 [그림 11-24]와 같이 시프트 레지스터와 XOR(또는 XNOR) 게이트로 구성된다. 클록에 의해 시프트 레지스터의 내용이 1비트씩 시프트되며, 동시에 출력과 레지스터의 XOR 값이 귀환된다. 플립플롭과 XOR 게이트의 수 및 XOR 게이트의 위치에 따라 LFSR에서 생성되는 의사 난수 시퀀스의 수가 결정된다. N-비트 시프트 레지스터가 사용되는 경우, 최대 2^N개의 의사 난수 시퀀스를 발생할 수 있다. 시프트 레지스터의 비트 수가 고정된 경우에, 탭의 조합(XOR 게이트의 위치)에 따라 의산 난수 시퀀스의 수가 달라질 수 있다. 귀환 경로에 사용되는 XOR 또는 XNOR 게이트는 의사 난수 시퀀스의 수에는 영향을 미치지 않으며, 단지 시퀀스의 순서에만 영향을 미친다.

LFSR의 설계에서 시프트 레지스터의 초기화에 주의해야 한다. XOR 게이트를 사용하는 LFSR에서 레지스터가 모두 0으로 초기화되면 0이 계속 시프팅되므로, LFSR로 동작할 수 없게 된다. 마찬가지로, XNOR 게이트가 사용되는 LFSR은 레지스터의 모든 비트가 1로 초기화되지 않도록 해야 한다.

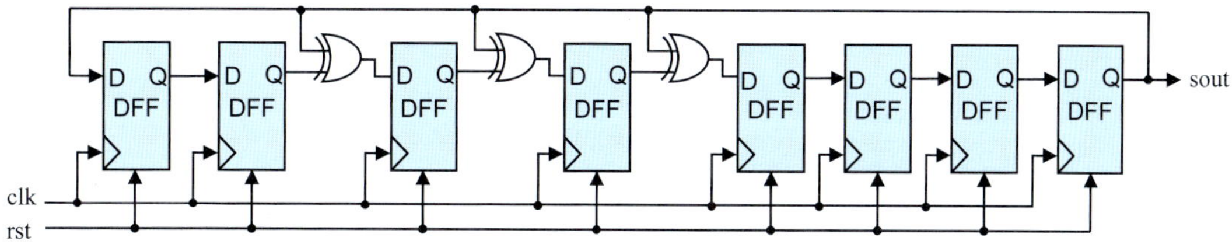

[그림 11-24] LFSR 회로

[그림 11-25]의 3비트 LFSR 회로를 예로 들어서 LFSR의 올바른 Verilog HDL 모델링 방법에 대해 알아본다. LFSR 회로는 시프트 레지스터의 일종이므로, blocking 할당문이 사용된 [코드 11-31(a)]와 nonblocking 할당문이 사용된 [코드 11-31(b), (c)]는 서로 다르게 동작한다.

[그림 11-26]은 [코드 11-31]의 시뮬레이션 결과이다. [그림 11-26(a)]는 [코드 11-31(a)]의 시뮬레이션 결과이다. `always` 구문과 XOR 게이트를 구현하는 `assign` 문이 병행 처리되며, 또한 `always` 블록 내의 blocking 할당문은 나열된 순서대로 실행되므로, 리셋 후 두 번째 클록에서 플립플롭 출력 q1과 q3이 항상 동일한 값을 갖게 되어 LFSR의 출력은 모두 0이 되어 LFSR로 동작하지 못한다. [그림 11-26(b)]는 [코드 11-31(b), (c)]의 시뮬레이션 결과이다. 두 코드 모두 정상적인 LFSR로 동작함을 확인할 수 있으며, 따라서 LFSR 회로는 nonblocking 할당문을 사용해서 모델링되어야 한다.

한편, [코드 11-31(d)]는 nonblocking 할당문이 사용되었으나, LFSR을 구성하는 플립플롭을 모두 0으로 초기화시킨 경우이다. 각 플립플롭의 초기 값이 0이면 XOR 게이트를 통해 귀환되는 값도 0이 되므로, 0이 계속 시프트되는 결과가 된다. 따라서 [그림 11-26(c)]의 시뮬레이션 결과에서 볼 수 있듯이, LFSR로 동작하지 못한다.

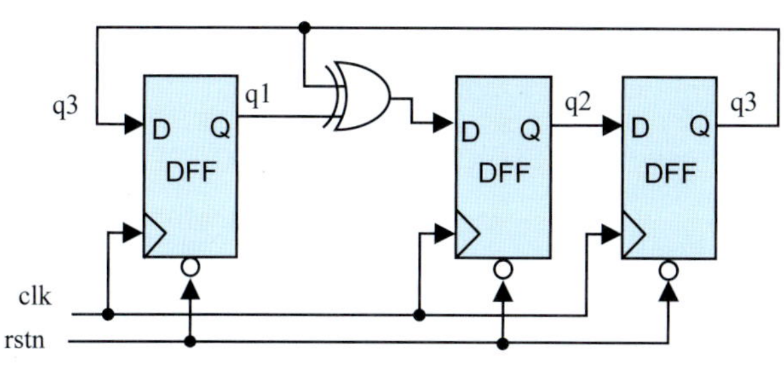

[그림 11-25] 3비트 LFSR 회로

코드 11-31 LFSR의 모델링

```
module LFSR_Bad1 (input clk, input rstn,
                  output [2:0] qout);
  reg    q3, q2, q1;

  assign qout = {q3, q2, q1};
  assign n1 = q1 ^ q3;

// blocking 할당문을 사용한 경우
 always @(posedge clk or negedge rstn)
    if(!rstn) begin
       {q3, q2, q1} = 3'b111;
    end
    else begin
       q3 = q2;
       q2 = n1;
       q1 = q3;
    end

endmodule
```

(a) 잘못된 모델링

```
module LFSR_Good1 (input clk, input rstn,
                   output [2:0] qout);
  reg    q3, q2, q1;

  assign qout = {q3, q2, q1};

// nonblocking 할당문을 사용한 경우
 always @(posedge clk or negedge rstn)
    if(!rstn) begin
       {q3, q2, q1} <= 3'b111;
    end
    else begin
       q3 <= q2;
       q2 <= q1 ^ q3;
       q1 <= q3;
    end

endmodule
```

(b) 올바른 모델링

```
module LFSR_Good2 (input clk, input rstn,
                   output [2:0] qout);
  reg     q3, q2, q1;

  assign qout = {q3, q2, q1};

// nonblocking 할당문과 결합 연산자를 사용한 경우
 always @(posedge clk or negedge rstn)
   if(!rstn)
     {q3, q2, q1} <= 3'b111;
   else
     {q3, q2, q1} <= {q2, (q1^q3), q3};

endmodule
```

(c) 올바른 모델링

```
module LFSR_Bad2 (input clk, input rstn,
                  output [2:0] qout);
  reg     q3, q2, q1;

  assign qout = {q3, q2, q1};

 always @(posedge clk or negedge rstn)
   if(!rstn)
     {q3, q2, q1} <= 3'b000;  // 레지스터를 0으로 초기화한 경우
   else
     {q3, q2, q1} <= {q2, (q1^q3), q3};

endmodule
```

(d) 잘못된 모델링

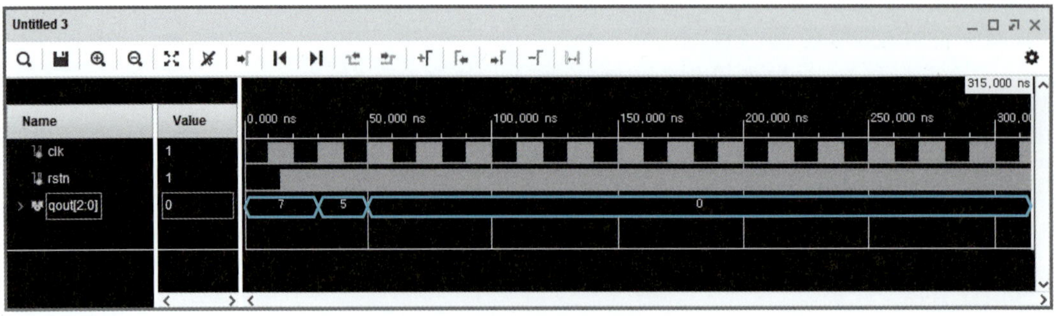

(a) [코드 11-31(a)]의 시뮬레이션 결과

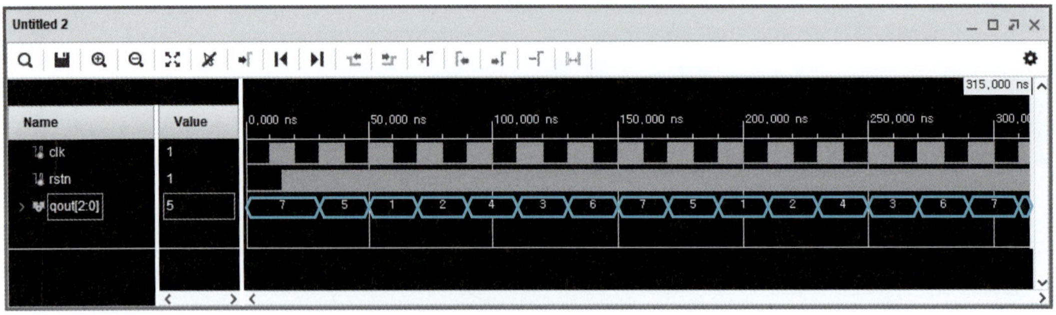

(b) [코드 11-31(b), (c)]의 시뮬레이션 결과

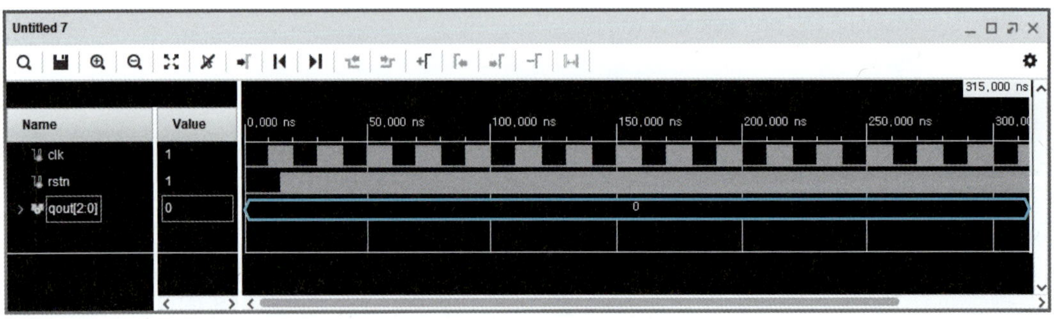

(c) [코드 11-31(d)]의 시뮬레이션 결과

[그림 11-26] [코드 11-31]의 시뮬레이션 결과

설계과제 11-15

[그림 11-24]의 8비트 LFSR 회로를 Verilog HDL로 모델링하고, 시뮬레이션을 통해 동작을 확인하라. 단, 플립플롭의 셋 또는 리셋은 비동기식 active-low 방식으로 이루어진다.

SECTION 11.4

유한상태머신 회로

유한상태 머신Finite State Machine, FSM은 정해진 수의 상태를 가지고 상태들 간의 천이에 의해 출력을 생성하는 회로를 총칭하며, 디지털 시스템의 제어회로 구성에 폭넓게 사용된다. FSM의 일반적인 구조는 [그림 11-27]과 같으며, 입력과 현재상태에 따라 다음 상태를 결정하는 블록인 다음 상태로직next state logic, 현재상태를 저장하는 순차회로 블록인 상태 레지스터state register, 그리고 입력과 현재상태에 따라 출력값을 결정하는 블록인 출력로직output logic으로 구성된다.

FSM은 동작방식에 따라 무어Moore 머신과 밀리Mealy 머신으로 구분된다. Moore 머신은 출력이 단지 현재상태에 의해서 결정되는 회로이며, Mealy 머신은 현재상태와 입력에 의해 출력이 결정되는 회로이다.

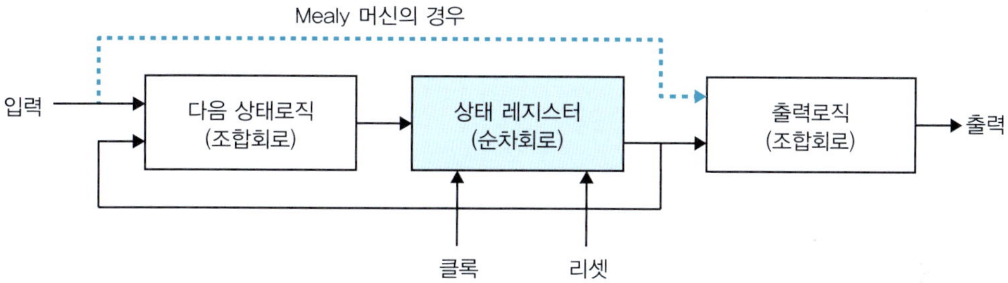

[그림 11-27] 유한상태머신의 구조

FSM의 상태 레지스터는 상태값을 이진binary 데이터로 저장한다. 이진 데이터의 인코딩 방식에 따라 상태 레지스터의 비트 수가 달라지며, 상태 인코딩 방식으로는 이진 코드, 그레이Gray 코드, 존슨Johnson 코드, one-hot 코드 등이 있다. [표 11-3]은 8개 상태를 갖는 경우의 상태 인코딩 형식을 보이고 있다. 상태 인코딩 방식에 따라 상태 레지스터의 비트 수와 FSM의 회로 합성 결과가 달라진다. N개의 상태를 갖는 FSM의 경우, 이진 FSM은 $\lceil \log_2 N \rceil$개의 플립플롭으로 구현되며, one-hot FSM은 N개의 플립플롭으로 구현된다. 일반적으로, one-hot 상태 인코딩 형식은 많은 수의 상태 레지스터를 필요로 하므로 잘 사용되지 않는다.

[표 11-3] 상태 인코딩 형식

상태번호	이진 인코딩	Gray 인코딩	Johnson 인코딩	one-hot 인코딩
0	000	000	0000	00000001
1	001	001	0001	00000010
2	010	011	0011	00000100
3	011	010	0111	00001000
4	100	110	1111	00010000
5	101	111	1110	00100000
6	110	101	1100	01000000
7	111	100	1000	10000000

FSM의 HDL 모델링을 위해 다음의 사항들을 고려해야 한다.

❶ 각각의 상태머신을 독립된 Verilog HDL 모듈로 설계한다. 이는 FSM 모델의 유지가 용이하고, FSM 합성 툴의 최적화 작업에 도움이 된다.

❷ FSM의 상태 이름을 `parameter`로 정의하여 사용한다. 컴파일러 지시어 `'define`을 이용하여 상태 이름을 정의할 수도 있으나 `'define`은 컴파일 과정에서 광역적으로 영향을 미치므로, 다수의 FSM에서 동일한 상태이름이 사용되는 경우에 오류가 발생될 수 있다. `parameter`는 국부적인 영향을 미치므로 다른 FSM 모델링에 영향을 미치지 않는다.

❸ FSM이 비동기식 리셋을 갖도록 설계한다. 리셋을 갖지 않는 FSM은 초기 전원 인가 후 상태 레지스터의 초기 값이 불확정적이므로, 정의되지 않은 상태에 갇혀서 빠져나오지 못하는 상황이 발생할 수 있다.

❹ [그림 11-27]의 FSM을 구성하는 3개의 블록(다음 상태로직, 상태 레지스터, 출력로직)을 분리된 `always` 블록 또는 `assign` 문으로 구현한다. 이는 FSM 코딩의 일관성을 좋게 하고, 수정 및 변경을 용이하게 한다.

❺ 상태 레지스터는 래치보다는 플립플롭을 사용하는 것이 좋다. 래치를 사용하는 경우, 래치가 통과transparent 상태일 때 상태 발진state oscillation을 일으킬 수 있다.

❻ 다음 상태로직 `case` 문을 이용하여 모델링하는 것이 가장 바람직하며, FSM에서 정의되지 않은 상태들은 `default` 문으로 표현한다.

11.4.1 Moore FSM 회로

[그림 11-28]의 상태 천이도를 갖는 FSM의 Verilog HDL 모델링 예를 알아본다. [그림 11-28]에서 출력신호 rd와 ds에 값이 지정되지 않는 경우는 '0'을 의미한다. [그림 11-28]의 FSM에 대한 Verilog HDL 모델링 예는 [코드 11-32]와 같다. 4개의 상태(IDLE, READ, DLY, DONE)에 대한 상태값은

이진 상태 인코딩을 적용하여 parameter로 정의되었으며, 따라서 상태 레지스터 state는 2비트로 선언된다. 상태 레지스터 state는 always 블록에서 nonblocking 할당문을 이용한 순차회로로 모델링되며, 다음 상태를 결정하는 조합회로는 always 블록에 blocking 할당문으로 모델링된다. FSM의 출력은 [코드 11-32(a)]와 같이 assign 문으로 생성되거나, 또는 [코드 11-32(b)]와 같이 다음 상태를 결정하는 always 블록에서 생성될 수 있다.

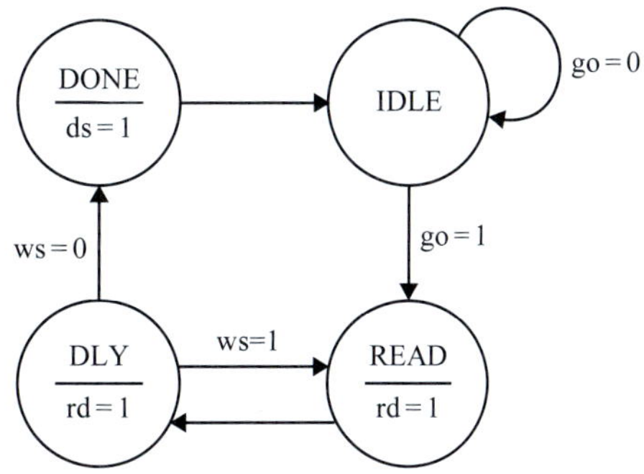

[그림 11-28] 4개의 상태를 갖는 FSM 예

한편, FSM의 출력이 레지스터를 통해 생성되는 경우에는 [코드 11-32(c)]와 같이 별도의 순차회로 always 블록을 사용하여 모델링한다. 일반적으로, 레지스터를 통한 출력은 glitch를 갖지 않으므로 권장되는 방식이다.

코드 11-32 [그림 11-28]의 상태 천이도를 갖는 Moore FSM의 모델링

```
module FSM_ex1 (input clk, input rstn, input go, input ws,
                  output rd, output ds);
  parameter IDLE = 2'b00,
            READ = 2'b01,
            DLY  = 2'b10,
            DONE = 2'b11;
  reg [1:0] state, next;
//상태 레지스터를 위한 always 순차회로 블록
  always @(posedge clk or negedge rstn)
     if(!rstn) state <= IDLE;
     else      state <= next;
//다음 상태 결정을 위한 always 조합회로 블록
  always @(state or go or ws) begin
     next = 2'bx;
     case(state)
        IDLE : if(go)  next = READ;
               else    next = IDLE;
        READ :         next = DLY;
         DLY : if(!ws) next = DONE;
              else     next = READ;
        DONE :         next = IDLE;
   endcase
  end
```

```
// 출력값 결정
  assign rd =((state == READ) || (state == DLY));
  assign ds =(state == DONE);

endmodule
```

(a) assign 문으로 출력을 생성하는 경우

```
module FSM_ex2 (input clk, input rstn, input go, input ws,
                output rd, output ds);
  parameter IDLE = 2'b00,
            READ = 2'b01,
            DLY  = 2'b10,
            DONE = 2'b11;
  reg [1:0] state, next;
  reg rd, ds;

// 상태 레지스터를 위한 always 순차회로 블록
  always @(posedge clk or negedge rstn)
     if(!rstn) state <= IDLE;
     else      state <= next;

// 다음 상태와 출력값을 위한 always 조합회로 블록
  always @(state or go or ws) begin
    next = 2'bx; rd = 1'b0; ds = 1'b0;
    case(state)
      IDLE : if(go)  next = READ;
             else    next = IDLE;
      READ : begin
               rd = 1'b1;
               next = DLY;
             end
      DLY : begin
              rd = 1'b1;
              if(!ws)  next = DONE;
              else     next = READ;
            end
      DONE : begin
               ds = 1'b1;
               next = IDLE;
             end
    endcase
  end

endmodule
```

(b) always 블록에서 출력을 생성하는 경우

```
module FSM_ex3 (input clk, input rstn, input go, input ws,
                output rd, output ds);
// 상태 선언
  parameter IDLE = 2'b00,
            READ = 2'b01,
            DLY  = 2'b10,
            DONE = 2'b11;
  reg [1:0] state, next;
  reg rd, ds;

// 상태 레지스터를 위한 always 순차회로 블록
  always @(posedge clk or negedge rstn)
      if(!rstn) state <= IDLE;
      else      state <= next;

// 다음 상태 결정을 위한 always 조합회로 블록
  always @(state or go or ws) begin
     next = 2'bx;
     case(state)
        IDLE : if(go) next = READ;
               else   next = IDLE;
        READ :        next = DLY;
        DLY  : if(!ws) next = DONE;
               else   next = READ;
        DONE :        next = IDLE;
    endcase
  end

// 출력값 결정 및 출력 레지스터
  always @(posedge clk or negedge rstn)
    if(!rstn) begin
       ds <= 1'b0;
       rd <= 1'b0;
    end
    else begin
       ds <= 1'b0;
       rd <= 1'b0;
       case(next)
          READ: rd <= 1'b1;
          DLY : rd <= 1'b1;
          DONE: ds <= 1'b1;
       endcase
    end

endmodule
```

(c) 레지스터를 통해 출력을 생성하는 경우

설계과제 11-16

[그림 11-29]의 상태 천이도를 갖는 Moore FSM 회로를 Verilog HDL로 설계하고, 시뮬레이션을 통해 동작을 확인하라. active-low 리셋에 의해 상태 ST0으로 초기화되며, 출력은 0이 된다. 상태 ST1에서 bypass 입력이 들어오면 ST3으로 천이되고, 그 이외의 경우에는 ST0 → ST1 → ST2 → ST3 → ST0의 순서로 천이된다. 상태 ST0, ST1, ST2, ST3에서 각각 0, 1, 2, 3의 값을 출력한다. 레지스터는 비동기식 active-low 리셋을 갖는다.

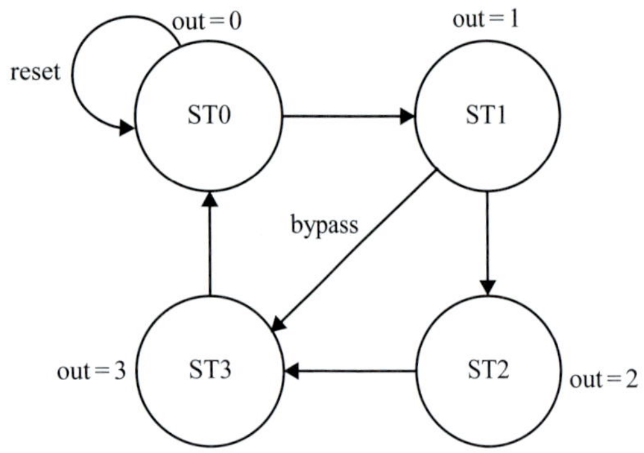

[그림 11-29] [설계과제 11-16]의 상태 천이도

설계과제 11-17

[설계과제 11-16]에서 설계된 Moore FSM의 출력이 레지스터를 통해 생성되도록 수정하고 시뮬레이션을 통해 동작을 확인하라. 레지스터는 비동기식 active-low 리셋을 갖는다.

설계과제 11-18

비트 단위로 입력되는 din_bit에서 비트패턴 '0110'이 검출되면 출력 detect_out은 '1'이 되고, 그렇지 않은 경우에는 '0'이 출력되는 회로를 설계하라. [그림 11-30]은 검출기의 동작 예를 보인 것이며, [그림 11-31]의 상태 천이도를 갖는다. 초기상태 start를 포함하여 5개의 상태를 가지며, 상태 st1은 비트패턴 '0110'에서 처음 비트 0이 입력된 상태를 나타내며, 상태 st2는 비트패턴 중 처음 2비트 '01'이 입력된 상태를 나타낸다. 상태 st3은 비트패턴 중 처음 3비트 '011'이 입력된 상태를 나타내며, 상태 st4는 비트패턴 '0110'과 일치되는 입력이 들어온 상태를 나타낸다. 출력 detect_out은 상태 st4에서만 1이 되고, 나머지 상태에서는 0이 된다. 출력이 현재 상태에 의해서 결정되는 Moore 머신으로 구현한다.

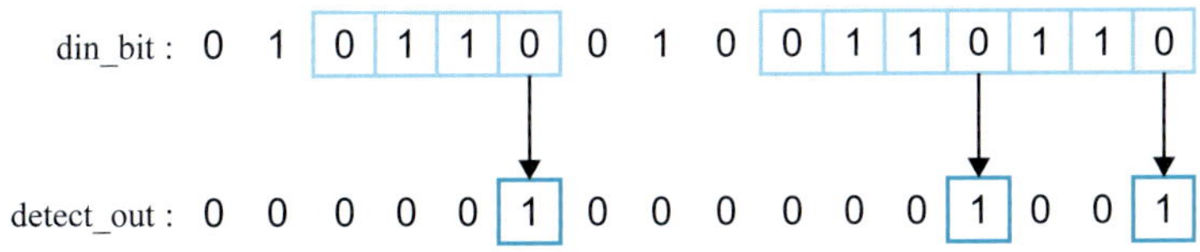

[그림 11-30] 비트패턴 '0110' 검출기의 동작

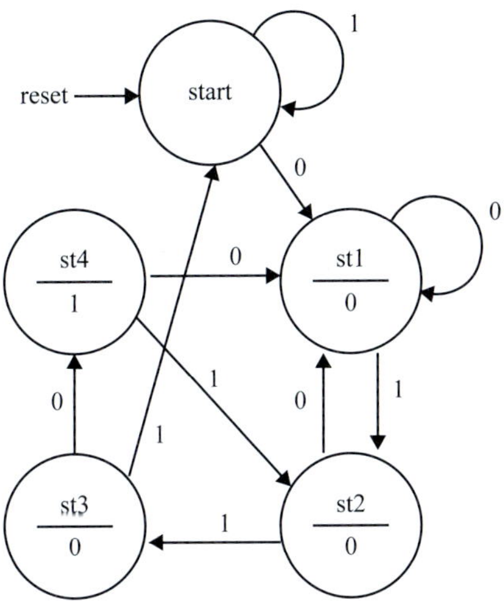

[그림 11-31] 비트패턴 '0110' 검출기의 Moore 유한상태머신

11.4.2 Mealy FSM 회로

[그림 11-32]와 같이 '0' 또는 '1'이 연속해서 입력되면 '1'을 출력하는 시퀀스 검출기 회로는 FSM을 이용하여 설계될 수 있다. 비트 단위로 입력되는 din_bit에 '00' 또는 '11'의 패턴이 발견되면 '1'을 출력하고, 그 이외의 경우에는 '0'을 출력한다.

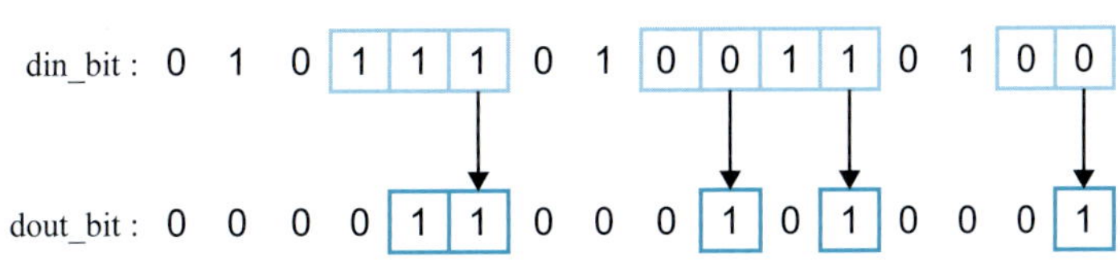

[그림 11-32] 연속된 0 또는 1 입력을 검출기의 동작

회로의 동작은 [그림 11-33]의 상태 천이도를 갖는 Mealy FSM으로 구현할 수 있으며, 외부입력 din_bit의 값과 FSM의 현재상태에 따라 상태 천이가 일어나는 추상적 FSM을 나타낸다. 현재 상태와 입력에 따라 다음과 같은 상태 천이가 일어난다.

• start 상태 : 입력 din_bit가 '0'이면 rd0_once 상태로 천이되고 출력은 '0'이 되며, '1'이 입력되면 rd1_once 상태로 천이되고 출력은 '0'이 된다.

• rd0_once 상태 : '0'이 입력되면 '0'이 연속해서 입력된 것이므로, rd0_twice 상태로 천이되고 출력은 '1'이 된다. rd0_once 상태에서 '1'이 입력되면 rd1_once 상태로 천이되고 출력은 '0'이 된다.

• rd1_once 상태 : '0'이 입력되면 rd0_once 상태로 천이되고 출력은 '0'이 되며, '1'이 입력되면 '1'이 연속해서 입력된 것이므로 rd1_twice 상태로 천이되고 출력은 '1'이 된다.

• rd0_twice 상태 : '0'이 입력되면 '0'이 또다시 연속해서 입력된 것이므로, rd0_twice 상태를 유지하면서 출력은 '1'이 된다. rd0_twice 상태에서 '1'이 입력되면 rd1_once 상태로 천이되고 출력은 '0'이 된다.

• rd1_twice 상태 : '0'이 입력되면 rd0_once 상태로 천이되고 출력은 '0'이 되며, '1'이 입력되면 '1'이 연속해서 입력된 것이므로 rd1_twice 상태를 유지하면서 출력은 '1'이 된다.

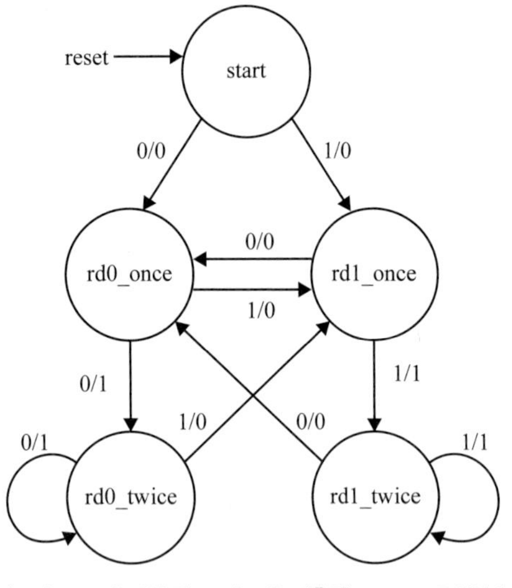

[그림 11-33] 연속된 0 또는 1을 검출하는 Mealy 유한상태머신

[코드 11-33]은 [그림 11-33]의 시퀀스 검출기를 Mealy FSM으로 모델링한 예이다. [그림 11-33]의 상태 천이도가 갖는 다섯 가지 상태(start, rd0_once, rd0_twice, rd1_once, rd1_twice)의 상태값은 이진 상태 인코딩을 적용하여 `parameter`로 정의되었으며, 따라서 상태 레지스터 state_reg는 3비트로 선언된다. 다음 상태를 결정하는 조합회로는 `always` 블록에 blocking 할당문으로 모델링된다. 상태 레지스터 state_reg는 `always` 블록에서 nonblocking 할당문을 이용한 순차회로로 모델링된다. 마지막 `assign` 문은 조건 연산자를 사용하여 현재상태가 rd0_twice이고 입력 din_bit='0'인 경우, 또는 rd1_twice이고 입력 din_bit='1'인 경우에 dout_bit 값을 '1'로 출력시키며, 이에 의해 Mealy 머신이 구현된다. [그림 11-34]는 시뮬레이션 결과이며, '0' 또는 '1'이 연속 입력될 때 출력 dout_bit가 '1'이 되며, Mealy 머신으로 동작함을 확인할 수 있다.

코드 11-33 [그림 11-33]의 Mealy FSM 모델링

```
module seq_det_mealy (input clk, input rst, input din_bit,
                      output dout_bit);
  reg [2:0] state_reg, next_state;
// 상태 선언
  parameter  start     = 3'b000;
  parameter  rd0_once  = 3'b001;
  parameter  rd1_once  = 3'b010;
  parameter  rd0_twice = 3'b011;
  parameter  rd1_twice = 3'b100;
// 다음 상태 결정을 위한 always 조합회로 블록
always @(state_reg or din_bit) begin
  case(state_reg)
     start    : if      (din_bit == 0)  next_state = rd0_once;
                else if(din_bit == 1)   next_state = rd1_once;
                else                    next_state = start;
   rd0_once  : if(din_bit == 0)         next_state = rd0_twice;
                else  if(din_bit == 1)  next_state = rd1_once;
                else                    next_state = start;
   rd0_twice : if(din_bit == 0)         next_state = rd0_twice;
                else  if(din_bit == 1)  next_state = rd1_once;
                else                    next_state = start;
   rd1_once  : if(din_bit == 0)         next_state = rd0_once;
                else  if(din_bit == 1)  next_state = rd1_twice;
                else                    next_state = start;
   rd1_twice : if(din_bit == 0)         next_state = rd0_once;
                else  if(din_bit == 1)  next_state = rd1_twice;
                else                    next_state = start;
    default :                           next_state = start;
  endcase
end
// 상태 레지스터를 위한 always 순차회로블록
always @(posedge clk or posedge rst) begin
    if(rst == 1) state_reg <= start;
    else         state_reg <= next_state;
end
// 출력값 결정
assign dout_bit =(((state_reg == rd0_twice) && (din_bit == 0) ||
                   (state_reg == rd1_twice) && (din_bit == 1))) ? 1 : 0;

endmodule
```

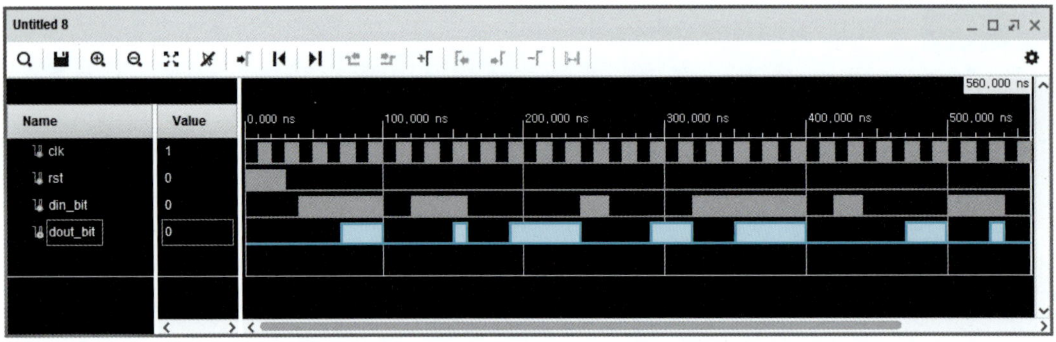

[그림 11-34] [코드 11-33]의 시뮬레이션 결과

설계과제 11-19

[그림 11-35]의 상태 천이도를 갖는 Mealy FSM 회로를 설계하고 시뮬레이션을 통해 동작을 확인하라. [그림 11-36]은 검출기의 동작에 대한 예이다. 비트 단위로 입력되는 din_bit에서 비트 패턴 '0110'이 검출되면 출력 detect_out은 1이 되고, 그렇지 않은 경우에는 0을 출력한다. 레지스터는 비동기식 active-high 리셋을 갖는다.

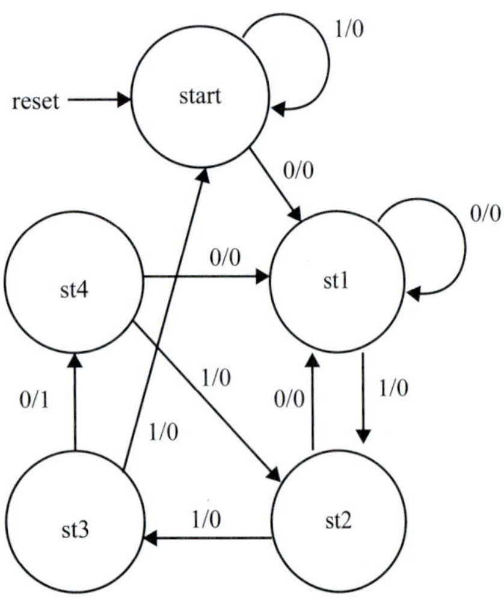

[그림 11-35] 비트패턴 '0110' 검출기의 Mealy FSM 상태 천이도

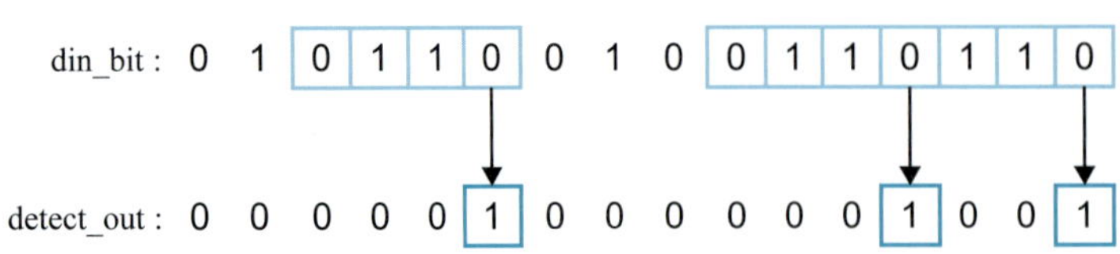

[그림 11-36] 비트패턴 '0110' 검출기의 동작

PART 03

FPGA 구현 실습

CHAPTER 12
FPGA 실습장비

학습 목표

- 이 책의 14장과 15장에서 FPGA 구현 실습을 위해 사용되는 실습장비의 구성과 주요 특징을 이해한다.
- FPGA 실습장비에 장착되어 있는 장치들 중, 14장과 15장의 실습 예제에 사용되는 주요 장치들의 기능, 동작원리, 핀 할당 정보 등을 이해하여, 실습에 활용할 수 있도록 한다.

들어가기 전에

일반적으로, Verilog HDL로 설계된 회로나 디지털 시스템은 시뮬레이션을 통한 RTL 기능 검증과 FPGA^{Field Programmable Gate Array} 디바이스 구현에 의한 하드웨어 동작 검증의 과정을 통해 설계의 완전성을 확인한다. 이와 같은 일반적인 검증 절차를 고려하여, 이 책의 14장과 15장에서는 다양한 조합회로와 순차회로의 FPGA 구현 실습을 다루고 있다. 이 장에서는 14장과 15장의 FPGA 구현 실습에 사용되는 실습장비(FPGA Digital Logic Design, 한백전자(주))를 간략히 소개한다. FPGA 실습장비는 Verilog HDL 기반으로 설계된 디지털 회로를 FPGA 디바이스에 구현하여 하드웨어 동작을 확인할 수 있도록 제작된 장비이다. Xilinx Spartan-7 계열의 FPGA 디바이스 모듈이 장착되어 있다. FPGA 실습장비는 크게 나누어 FPGA 모듈, 클록 제어부, 각종 입출력 장치부, 확장 포트 등으로 구성된다. FPGA 모듈은 사용자가 설계한 회로가 구현되는 부분으로 FPGA 실습장비의 base board 커넥터에 장착 · 탈착할 수 있으며, Spartan-7 FPGA 디바이스, 플래시 메모리, JTAG 포트, 전원 및 리셋 버튼 등으로 구성된다.

실습장비의 base board에 포함되어 있는 클록 제어부는 마스터 클록을 분주하고, 분주된 클록을 선택하여 FPGA 디바이스로 공급해 주는 역할을 한다. 50MHz의 마스터 클록은 0Hz ~ 50MHz 범위의 16개의 클록 주파수로 분주되고, 분주된 클록은 clock select switch에 의해 선택되어 FPGA 디바이스로 공급된다. 분주된 클록의 주파수는 클록제어부의 FND (Flexible Numeric Display)에 표시되며, 클록신호의 주파수 대역(MHz, KHz, Hz)이 LED에 표시된다. 또한, FPGA 모듈에 별도의 오실레이터가 장착되어 있어 사용자 클록으로 FPGA 디바이스에서 사용할 수도 있다.

SECTION 12.1

FPGA 실습장비 개요

FPGA 실습장비에는 Text LCD, TFT LCD, Full Color LED, FND 및 LED 어레이 등 여러 가지 디스플레이 장치들이 탑재되어 있으며, 키패드, 버튼 스위치, DIP 스위치 등의 다양한 입력 장치들을 통해 설계된 회로를 직접 제어하며 실습할 수 있다. 또한, USB–to–Serial 포트, UART 시리얼 포트, 스텝 모터, Piezo, SRAM, flash 메모리, DAC[Digital–to–Analog Converter] 및 ADC[Analog–to–Digital Converter], PS/2 키보드 포트 등이 제공되어 다양한 회로를 설계 실습할 수 있다. 또한 확장 입출력 포트가 제공되어 여러 가지 확장모듈을 장착하여 실험할 수 있도록 구성되어 있다.

12.1.1 실습장비의 주요 장치

이 절에서는 FPGA 실습장비에 탑재되어 있는 주요 장치들을 개략적으로 소개한다. [그림 12–1]의 사진에서 각 장치별로 부여된 번호와 설명을 참조하기 바란다.

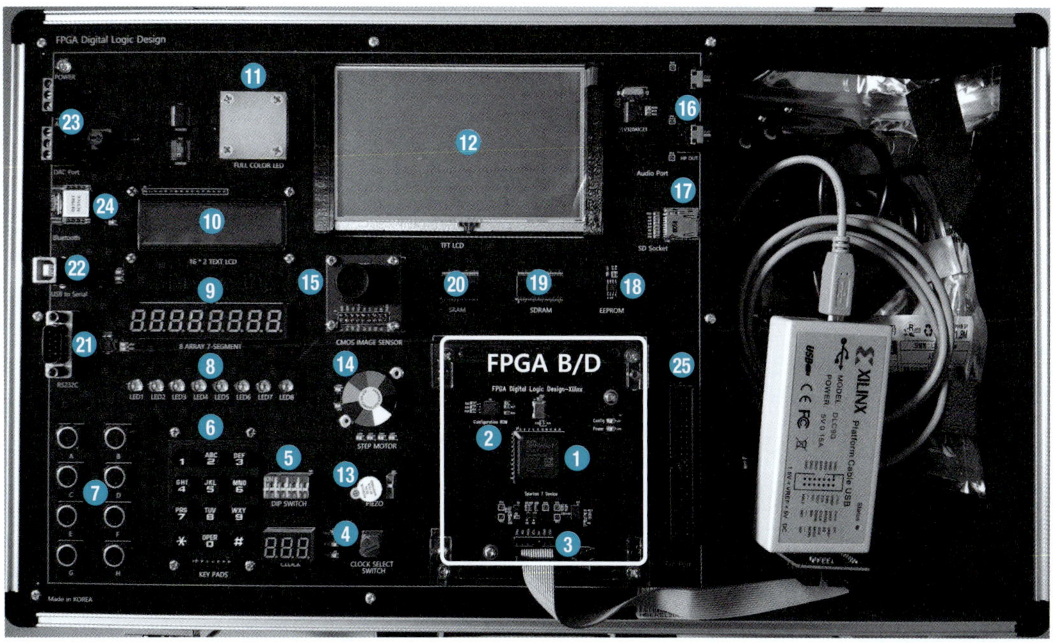

[그림 12–1] FPGA 실습장비 (한백전자(주))

❶ FPGA 모듈

Intel 및 Xilinx FPGA 모듈을 선택적으로 장착하여 사용할 수 있도록 구성되어 있다. 선택된 FPGA 모듈에 따라서 전용 설계 소프트웨어(Xilinx의 경우에는 Vivado, Intel의 경우에는 Quartus Prime)를 사용해야 한다. 베이스 보드로부터 클록을 입력받아 사용하며, FPGA 모듈의 오실레이터를 통해 User Clock을 입력받아 사용할 수도 있다. 전용 다운로드 케이블을 FPGA 모듈의 JTAG 커넥터에 연결하여 FPGA 디바이스와 configuration ROM에 프로그래밍 데이터를 다운로드할 수 있다. 설계된 회로 정보를 FPGA 디바이스에 프로그래밍 하는 경우에는 전원이 꺼지면 FPGA 내부에 프로그래밍된 데이터가 사라지며, 따라서 전원을 다시 인가하더라도 이전의 회로가 유지(또는 복구)되지 않는다. FPGA 모듈에는 별도의 configuration ROM 역할을 하는 플래시[flash] 메모리가 장착되어 있으며, 플래시 메모리에 회로 정보를 저장한 후 RECONFIG 버튼으로 플래시 메모리에 저장된 회로 정보를 FPGA 디바이스로 로드하여 회로를 동작시킬 수 있다. 이 경우에는 실습장비의 전원을 껐다 켜도 플래시 메모리에 저장된 회로 정보가 다시 FPGA 디바이스로 로드되어 이전의 회로가 복구된다.

❷ configuration ROM

설계된 회로 정보를 저장하는 비휘발성 메모리이며, Xilinx FPGA 모듈에는 Spansion사의 128Mbit flash memory인 S25FL128s가 탑재되어 있다.

❸ JTAG 포트

설계된 회로 정보(프로그래밍 데이터)를 FPGA 디바이스 또는 Configuration ROM으로 다운로드하기 위해 사용되는 포트이다. 이 포트와 PC 사이에 프로그래밍 케이블을 연결하여 프로그래밍 데이터를 다운로드하며, Xilinx FPGA의 경우에는 Platform USB II라는 프로그래밍 케이블을 사용한다.

❹ 클록 생성 블록

베이스 보드에서 제공되는 50MHz 클록을 분주하여 0Hz ~ 50MHz 범위의 16개 분주 클록신호를 로터리 스위치로 선택해서 사용할 수 있도록 구성되어 있다. 참고로, FPGA 모듈에도 별도의 50MHz의 오실레이터가 장착되어 있어 User Clock으로 사용할 수 있다.

❺ DIP 스위치

8비트의 버스 입력을 위한 DIP[Dual Inline Package] 타입의 스위치이다. 이 스위치에는 채터링[chattering] 방지회로가 내장되어 있지 않아 입력이 불안정할 수 있으므로, 회로의 입력으로 사용할 경우 주의해야 한다.

❻ 키패드

4행×3열의 키패드[keypad] 모듈이며, 숫자 0 ~ 9와 #, *를 입력할 수 있는 입력장치로 사용된다. 스캔방식을 이용해서 키패드의 어느 키가 눌러졌는지 판단하는 회로를 설계해서 사용해야 한다.

❼ 버튼 스위치

8개(A, B, C, D, E, F, G, H)의 버튼 스위치로 구성되어 있으며, 스위치에는 채터링 방지 회로가 추가되어 있어 안정된 입력이 가능하다.

❽ LED 배열

8개의 고휘도 LED[Light Emitting Diode]로 구성되어 있으며, 회로의 출력 값 '0' 또는 '1'을 확인하기 위한 간단한 출력장치로 사용된다.

❾ FND 배열

여덟 자리의 숫자를 표시할 수 있도록 구성된 FND[Flexible Numeric Display] 모듈이다. FND 배열에 사용되는 핀 수를 줄이기 위해 FND의 Common 핀으로 FND를 선택하고, 선택된 FND에 표시될 데이터를 인가하는 방식으로 동작한다.

❿ Text LCD

문자를 표시하기 위한 디스플레이 장치이며, 16문자를 2라인으로 표시할 수 있다.

⓫ Full Color LED

R(Red), G(Green), B(Blue) LED의 밝기를 제어해서 원하는 색의 빛을 만들 수 있는 디스플레이 장치이며, 모듈 내부에 4개의 RGB LED가 탑재되어 있다. 전면의 흰색 아크릴 덮개는 LED에서 발생되는 빛이 혼합되어 보이도록 만든다. 이 덮개가 없으면 R, G, B의 색이 분리되어 보이는 경우가 있으므로 이를 방지하고자 사용된다.

⓬ TFT LCD

동영상이나 그림, 사진, 도형 등을 표시하기 위한 5인치 그래픽 LCD 표시장치이다. 800×480픽셀의 해상도를 가지며, RGB 신호는 각각 8비트이므로 총 24비트로 색을 표현할 수 있다.

⓭ Piezo

특정 주파수의 신호를 인가하면, 해당 주파수의 소리(음)를 출력하는 장치이며, 10KHz ~ 1Hz의 신호를 사용하여 다양한 음의 소리를 출력할 수 있다.

⓮ 스텝 모터

스텝 모터[step motor]는 4개의 데이터 라인을 통해 1상 여자[excitation], 2상 여자, 1-2상 여자 방식으로 구동되는 모터이며, 구동 데이터에 의해 모터가 정해진 각도만큼 회전한다. 모터의 회전을 감지하기 위한 자기센서[magnetic sensor]가 부착되어 있어 다양한 모터 제어회로의 실습이 가능하다.

⑮ 이미지 센서

영상을 촬영하는 카메라 기능의 이미지 센서[image sensor]이며, CMOS 이미지 센서라고도 한다. 장비에 장착된 CMOS 이미지 센서는 640×480의 VGA급 해상도를 갖는다.

⑯ 오디오 코덱

코덱[CODEC]은 Compression/Decompression의 약자로 비디오 또는 오디오를 압축/복원하는 기술을 말한다. 실습장비에 장착된 오디오 코덱 칩은 오른쪽 부분의 오디오 커넥터[audio connector]를 통해서 마이크 소리를 입력받아 데이터 처리하고, 다시 스피커로 출력할 수 있다.

⑰ SD 카드 소켓

SD 메모리 카드를 삽입할 수 있는 소켓이다.

⑱ EEPROM

I^2C 통신 프로토콜을 이용하여 데이터를 쓰거나 읽을 수 있는 EEPROM[Electrically Erasable Programmable Read-Only Memory]이다.

⑲ SDRAM

데이터 저장을 위해 사용될 수 있는 256Mbit 용량의 SDRAM[Synchronous Dynamic Random Access Memory]이다. SDRAM과 SRAM의 제어신호들이 FPGA에 공유되고 있으므로 사용에 주의해야 한다.

⑳ SRAM

4Mbit 용량의 SRAM[Static Random Access Memory]이며, 별도의 데이터 라인을 통해 독립적으로 제어가 가능하다. SDRAM과 SRAM의 제어신호들이 FPGA에 공유되고 있으므로 사용에 주의해야 한다.

㉑ RS-232 통신 포트

PC 등의 개발 호스트와 통신을 위한 시리얼 포트이며, 9핀 Male 1개가 장착되어 있다.

㉒ USB-to-Serial 포트

시리얼 통신을 위한 포트로서 RS-232 포트를 지원하지 않는 호스트에서 USB 포트를 이용하여 실험할 수 있는 장치이며, CP2102 IC가 제어에 사용된다.

㉓ ADC/DAC

아날로그 신호를 디지털 신호로 변환해 주는 ADC와 디지털 신호를 아날로그 신호로 변환해 주는 DAC IC이다. FPGA는 디지털 신호만 처리하므로 ADC를 통해서 센서의 아날로그 신호를 받아 처리하고, 그 결과를 DAC를 통해서 아날로그 신호로 출력해서 스피커 등에서 결과를 확인할 수 있다.

㉔ 블루투스

블루투스[bluetooth]는 무선통신 방식 중 하나이며, 장비에는 Bluetooth-to-Serial 장치가 구성되어 있어 RS-232 포트와 같이 시리얼로 데이터를 전송하면 블루투스를 통해서 무선으로 전송할 수 있다.

㉕ 확장 포트

외부 응용보드나 사용자가 제작한 장치를 연결하기 위한 포트로서 50핀 Male 커넥터 1개가 확장포트로 제공되며, 46개의 GPIO[General Purpose Input Output]가 연결되어 있다.

12.1.2 실습장비의 규격

FPGA 실습장비에 장착된 각종 장치들의 간략한 사양은 다음과 같다.

[표 12-1] FPGA 실습장비의 장치 사양

장치	사 양
FPGA 디바이스	• Device Family: Xilinx Spartan-7 • Device: XC7S75-FGGA484-1, User I/O: 400, Logic Cells: 76,800 DSP Slices: 140, Embedded Memory: 3,240Kbit
configuration ROM	128Mbit Flash Memory(S25FL128s)
SRAM	4Mbit SRAM 1EA
SDRAM	256Mbit High Speed SDRAM 1EA
플래시	128Mbit Embedded Flash Memory(Option)
클록	50MHz Base Board Oscillator 1 EA
USB	USB to Serial Interface 1 EA
UART	RS232 UART Port 1 EA
키패드	3×4 Key-Pad
버튼 스위치	User Push-Button 8 EA
DIP 스위치	User 8-bit DIP Switch 1 EA
LED	User High Brightness LED 8 EA
FND	4-digit 2 EA(Total 8-digit), Cathode Common
Text LCD	16×2 Text Display
TFT LCD	5inch, 800×480 TFT LCD
piezo	5V Input Piezo 1 EA
모터	Step Motor with Phase LED and Magnetic Sensor 1 EA
ADC	1 Channel 8bit Parallel 32MHz Sampling Speed ADC
DAC	1 Channel 8bit Parallel 100MHz Sampling DAC
확장 포트	25×2 Box Header(Support 44 pin I/O), 5V Supply
전원	Input 220V/60Hz AC/Output : +5V, +3.3V, +2.5V, +1.8V, +1.2V

12.1.3 핀 할당 정보

FPGA 실습장비에 장착된 각종 장치들이 FPGA 디바이스에 연결된 핀 번호는 [표 12-2]와 같다.

[표 12-2] 장치에 연결된 FPGA 디바이스 핀 번호 (계속)

장치	신호이름	핀 번호	장치	신호이름	핀 번호
Main Clock	Main_Clock1	B6	LED 배열	LED1	U5
	Main_Clock2	M8		LED2	V1
	Main_Clock3	M15		LED3	V4
	Main_Clock4	P15		LED4	V5
User Clock	User_Clock1	D16		LED5	W1
	User_Clock2	U18		LED6	W2
DIP 스위치	DIP_SW1	AB3		LED7	W3
	DIP_SW2	AB4		LED8	Y1
	DIP_SW3	Y4	FND 배열	SEG_A	P1
	DIP_SW4	Y5		SEG_B	N5
	DIP_SW5	W5		SEG_C	N4
	DIP_SW6	V6		SEG_D	N3
	DIP_SW7	AB5		SEG_E	N1
	DIP_SW8	AA6		SEG_F	M5
키패드	key_C0	V8		SEG_G	M4
	key_C1	AA8		SEG_H	M3
	key_C2	Y8		fnd_scan0	P2
	key_R0	AA9		fnd_scan1	P3
	key_R1	AB9		fnd_scan2	R2
	key_R2	AA10		fnd_scan3	R3
	key_R3	AB10		fnd_scan4	R4
버튼 스위치	SW_A	Y6		fnd_scan5	R5
	SW_B	V7		fnd_scan6	T1
	SW_C	AB6		fnd_scan7	T2
	SW_D	Y7	Text LCD	TextLCD_D0	L4
	SW_E	W7		TextLCD_D1	L1
	SW_F	AB7		TextLCD_D2	K5
	SW_G	AA7		TextLCD_D3	K4
	SW_H	W8		TextLCD_D4	K3
스텝 모터	StepM_A	AB2		TextLCD_D5	K2
	StepM_Abar	AA2		TextLCD_D6	K1
	StepM_B	AA3		TextLCD_D7	J3
	StepM_Bbar	AA1		TextLCD_RS	M2
	StepM_Sensor	Y3		TextLCD_RW	M1
Piezo	PIEZO	W4		TextLCD_E	L5

[표 12-2] 장치에 연결된 FPGA 디바이스 핀 번호 (계속)

장치	신호이름	핀 번호	장치	신호이름	핀 번호
Full Color LED	CLED_R1	D1	TFT LCD	TFTLCD_R0	B20
	CLED_G1	C1		TFTLCD_R1	B21
	CLED_B1	C2		TFTLCD_R2	B22
	CLED_R2	A3		TFTLCD_R3	C20
	CLED_G2	C4		TFTLCD_R4	C22
	CLED_B2	D4		TFTLCD_R5	D20
	CLED_R3	B2		TFTLCD_R6	D21
	CLED_G3	B3		TFTLCD_R7	D22
	CLED_B3	C3		TFTLCD_G0	E22
	CLED_R4	A4		TFTLCD_G1	F18
	CLED_G4	D5		TFTLCD_G2	F19
	CLED_B4	E5		TFTLCD_G3	F20
DAC	DA_D0	G1		TFTLCD_G4	F21
	DA_D1	G4		TFTLCD_G5	F22
	DA_D2	G3		TFTLCD_G6	G20
	DA_D3	H3		TFTLCD_G7	G21
	DA_D4	H2		TFTLCD_B0	G22
	DA_D5	H5		TFTLCD_B1	H18
	DA_D6	H4		TFTLCD_B2	H19
	DA_D7	J2		TFTLCD_B3	H20
	DA_CLK	J1		TFTLCD_B4	H21
ADC	AD_D0	D2		TFTLCD_B5	J19
	AD_D1	E1		TFTLCD_B6	J20
	AD_D2	E2		TFTLCD_B7	J21
	AD_D3	E3		TFTLCD_DCLK	J22
	AD_D4	E4		TFTLCD_DEN	L18
	AD_D5	F1		TFTLCD_DISP	K18
	AD_D6	F4		TFTLCD_VSync	K22
	AD_D7	F5		TFTLCD_HSync	K19
	AD_CLK	G2		Touch_Busy	L22
UART	UART_RXD	U2		Touch_CS	L20
	UART_TXD	U1		Touch_DCLK	L19
USB-to-Serial	USB_RXD	U3		Touch_DIN	L21
	USB_TXD	U4		Touch_DOUT	M18
				Touch_IRQ	N18

[표 12-2] 장치에 연결된 FPGA 디바이스 핀 번호 (계속)

장치	신호이름	핀 번호	장치	신호이름	핀 번호
CMOS 이미지 센서	CAM_D0	C9	SRAM/SDRAM	RAM_A10	A17
	CAM_D1	B8		RAM_A11	C17
	CAM_D2	C8		RAM_A12	A16
	CAM_D3	D8		RAM_BA0	B16
	CAM_D4	E8		RAM_BA1	E17
	CAM_D5	A7		RAM_DQM0	A14
	CAM_D6	B7		RAM_DQM1	B14
	CAM_D7	D7		RAM_CAS	E15
	CAM_HREF	D6		RAM_D0	A2
	CAM_PCLK	C6		RAM_D1	B10
	CAM_PWDN	A9		RAM_D2	D11
	CAM_RESET	B9		RAM_D3	A11
	CAM_SIDO	A5		RAM_D4	C12
	CAM_SIOC	C5		RAM_D5	D13
	CAM_VSYNC	F6		RAM_D6	B13
	CAM_XCLK	A6		RAM_D7	D14
오디오 코덱	AIC_BCLK	U20		RAM_D8	A13
	AIC_DIN	T20		RAM_D9	C13
	AIC_DOUT	T21		RAM_D10	A12
	AIC_LRCIN	T22		RAM_D11	E12
	AIC_LRCOUT	U19		RAM_D12	C11
	AIC_MODE	U22		RAM_D13	E11
	AIC_SCLK	R20		RAM_D14	A10
	AIC_SDIN	R19		RAM_D15	C10
	AIC_CS	T19		RAM_CS1	A20
SRAM/SDRAM	RAM_A0	D18		RAM_WE	D15
	RAM_A1	A18		RAM_RAS	B15
	RAM_A2	D19		RAM_CS0	D16
	RAM_A3	B19			
	RAM_A4	A21			
	RAM_A5	A19			
	RAM_A6	C19			
	RAM_A7	E19			
	RAM_A8	C18			
	RAM_A9	E18			

[표 12-2] 장치에 연결된 FPGA 디바이스 핀 번호

장치	신호이름	핀 번호	장치	신호이름	핀 번호
확장 포트	EXT0	Y21	확장 포트	EXT23	U15
	EXT1	AA22		EXT24	AA15
	EXT2	AB21		EXT25	W15
	EXT3	AA21		EXT26	V14
	EXT4	AA20		EXT27	T14
	EXT5	Y20		EXT28	Y14
	EXT6	Y19		EXT29	W14
	EXT7	AB20		EXT30	AB14
	EXT8	Y18		EXT31	AA14
	EXT9	AB19		EXT32	V13
	EXT10	AB18		EXT33	T13
	EXT11	AA18		EXT34	AA13
	EXT12	Y17		EXT35	Y13
	EXT13	W17		EXT36	U12
	EXT14	AB17		EXT37	AB13
	EXT15	AA17		EXT38	W12
	EXT16	V16		EXT39	V12
	EXT17	U16		EXT40	AB12
	EXT18	AA16		EXT41	Y12
	EXT19	W16		EXT42	Y11
	EXT20	T15		EXT43	W11
	EXT21	AB16		EXT44	AB11
	EXT22	V15		EXT45	AA11

SECTION 12.2

FPGA 실습장비의 구성

12.2.1 클록 생성 블록

▪ 구성 및 동작

FPGA 실습장비에는 사용자가 원하는 주파수의 클록신호를 간단한 스위치 조작으로 선택해서 FPGA 디바이스에 구현된 회로에 인가할 수 있도록 [그림 12-2]와 같은 클록 생성 블록이 제공된다.

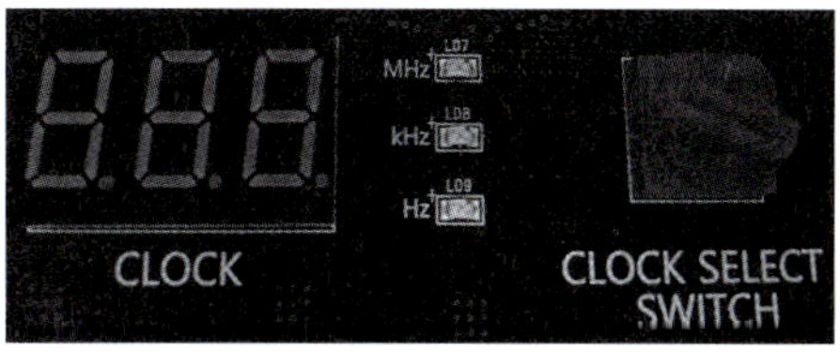

[그림 12-2] 클록 생성 블록

오실레이터에서 생성되는 50MHz의 클록이 [표 12-3]에 나열된 16개의 클록신호로 분주되며, 사용자는 clock select switch를 이용해서 16개의 분주 클록 중 하나를 선택해서 사용할 수 있다. clock select switch 조정에 따라 클록신호의 주파수 값이 FND에 표시되며, 또한 클록신호의 주파수 대역(MHz, KHz, Hz)이 FND 우측의 LED에 표시된다. clock select switch에 의해 선택된 주파수의 분주 클록신호가 FPGA 디바이스의 Main_Clock으로 입력된다. 또한 FPGA 디바이스 모듈에는 별도로 오실레이터가 장착되어 있어 50MHz의 클록신호를 FPGA 디바이스에서 User_Clock으로 사용할 수 있다. 클록신호는 FPGA 디바이스의 클록 입력 전용 핀에 연결되므로 Main_Clock과 User_Clock을 단독 또는 동시에 사용하여 회로를 구현할 수 있다. 각각을 사용하기 위해서 Main_Clock에 연결된 핀 또는 User_Clock에 연결된 핀 번호를 설정하여 사용하면 된다.

[표 12-3] 클록 선택 스위치 값에 따른 클록신호의 주파수

클록 선택 스위치	클록 주파수	클록 선택 스위치	클록 주파수
0	0Hz	8	10KHz
1	1Hz	9	50KHz
2	10Hz	A	100KHz
3	50Hz	B	500KHz
4	100Hz	C	1MHz
5	500Hz	D	5MHz
6	1KHz	E	25MHz
7	5KHz	F	50MHz

▪ 핀 할당표

신호이름	핀 번호	신호이름	핀 번호
Main_Clock1	B6	Main_Clock4	P15
Main_Clock2	M8	User_Clock1	D16
Main_Clock3	M15	User_Clock2	U18

12.2.2 DIP 스위치

▪ 구성 및 동작

FPGA 디바이스에 구현된 회로의 데이터 입력이나 모드 설정 스위치로 사용할 수 있도록 [그림 12-3]과 같이 8개의 DIP 스위치 모듈 1개가 제공된다. 스위치를 위로 올리면 FPGA 디바이스 쪽에 논리값 '1'이 입력되고, 스위치를 내리면 논리값 '0'이 입력된다. 이 스위치는 버튼 스위치나 키패드처럼 리셋되지 않고 그 상태를 유지하므로, FPGA 디바이스에 불필요한 입력이 가해지지 않도록 사용하지 않을 때에는 스위치를 OFF시켜 놓는 것이 바람직하다.

[그림 12-3] DIP 스위치 입력 장치

DIP 스위치의 회로는 [그림 12-4]와 같이 구성된다. 스위치를 OFF시키면 4.7K의 풀다운pull-down 저항에 의해 논리 '0'의 값이 FPGA 디바이스에 전달된다. 스위치가 ON되면 +3.3V가 연결되어 FPGA 디바이스로 논리 '1'의 값이 전달된다. 스위치와 FPGA 디바이스는 직접 연결되는 것이 아니라 버퍼를 통해 FPGA I/O로 연결되어 있다. DIP 스위치가 FPGA 디바이스로 신호를 보낼 때 전압이 불안정하면 FPGA 디바이스가 손상을 입을 수 있으므로, 버퍼를 통해 FPGA에 연결함으로써 디바이스의 손상을 방지할 수 있다.

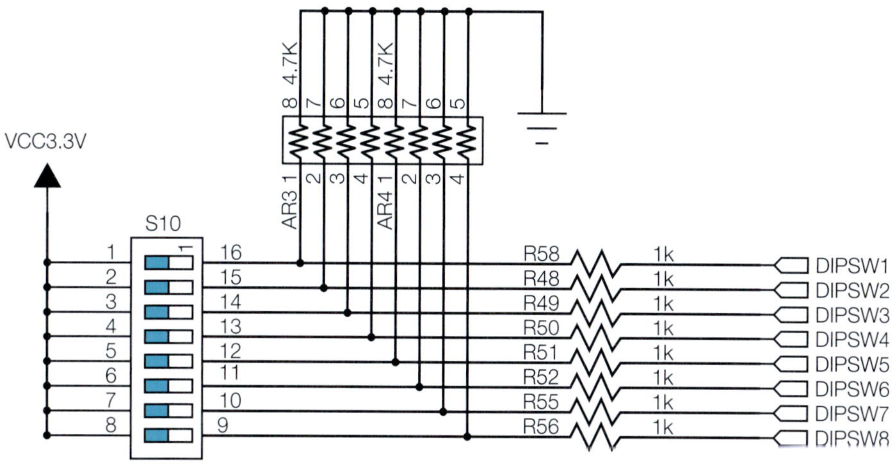

[그림 12-4] DIP 스위치의 회로도

■ **핀 할당표**

신호이름	핀 번호	신호이름	핀 번호
DIP_SW1	AB3	DIP_SW5	W5
DIP_SW2	AB4	DIP_SW6	V6
DIP_SW3	Y4	DIP_SW7	AB5
DIP_SW4	Y5	DIP_SW8	AA6

12.2.3 키패드

■ **구성 및 동작**

FPGA 실습장비에는 [그림 12-5]와 같은 4행×3열의 키패드 장치가 장착되어 있으며, 회로에 입력을 인가하기 위한 입력장치로 사용된다. 스캔방식을 이용해서 키패드의 어느 키가 눌러졌는지 판단하는 회로를 설계해서 사용해야 하며, 기본적으로 column 핀을 스캔하여 구동된다. FPGA 디바이스에서 3개의 column 핀에 스캔 형식으로 1의 값을 인가하면서 키패드에서 출력되는 4개의 Key_row 신호의 값을 판단하면 어느 키가 눌러졌는지 알 수 있다.

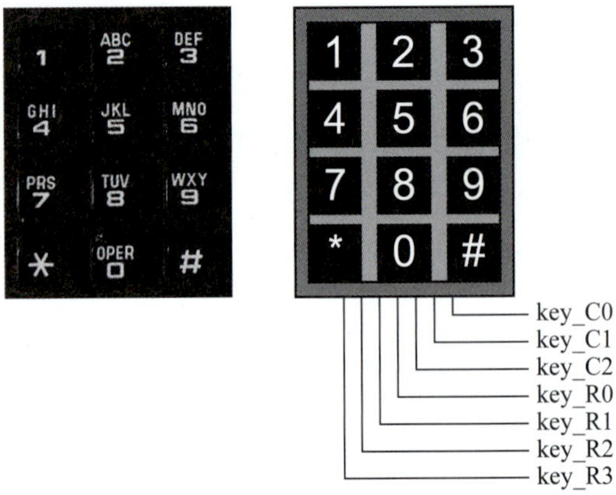

[그림 12-5] 키패드 입력 장치

■ 핀 할당표

신호이름	핀 번호	신호이름	핀 번호
key_C0	V8	key_R0	AA9
key_C1	AA8	key_R1	AB9
key_C2	Y8	key_R2	AA10
		key_R3	AB10

12.2.4 버튼 스위치

■ 구성 및 동작

버튼 스위치button switch는 [그림 12-6]과 같이 8개의 스위치로 구성되어 있으며, FPGA 디바이스에 구현된 회로에 입력을 인가하기 위한 입력장치로 사용된다. 각 버튼 스위치가 개별적으로 FPGA 디바이스의 I/O에 직접 연결되어 있으므로 키패드보다 제어가 간단하다.

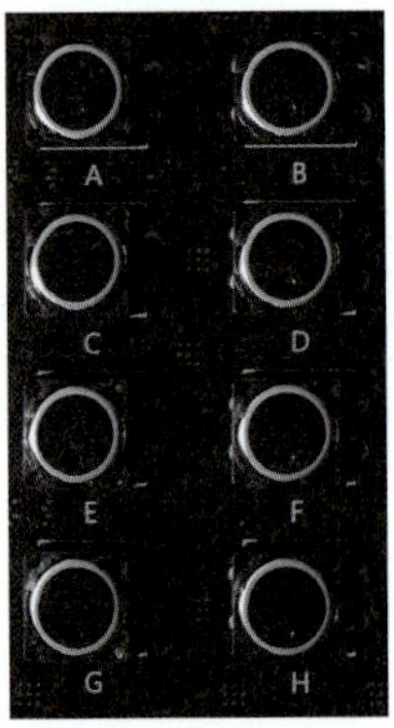

[그림 12-6] 버튼 스위치 입력 장치

버튼 스위치에는 [그림 12-7]의 회로도와 같이 채터링 방지 회로가 내장되어 있다. 스위치가 눌러지지 않으면 풀업 저항에 의해 +3.3V, 즉 논리 '1'의 값을 가지며, 이 신호는 74LCX14에 의해 반전되어 논리 '0'의 값이 FPGA 디바이스로 입력된다. 반대로 스위치가 눌러지면 신호선이 GND와 연결되어 논리 '0'의 값을 가지게 되고, 이 신호는 74LCX14에 의해 반전되어 논리 '1'의 값이 FPGA 디바이스에 입력된다. 74LCX14 슈미트 트리거Schmitt trigger IC는 NOT 게이트의 역할을 하면서 버튼 스위치를 눌렀다 뗄 때 발생하는 채터링을 방지하여 안정된 펄스가 생성되도록 한다.

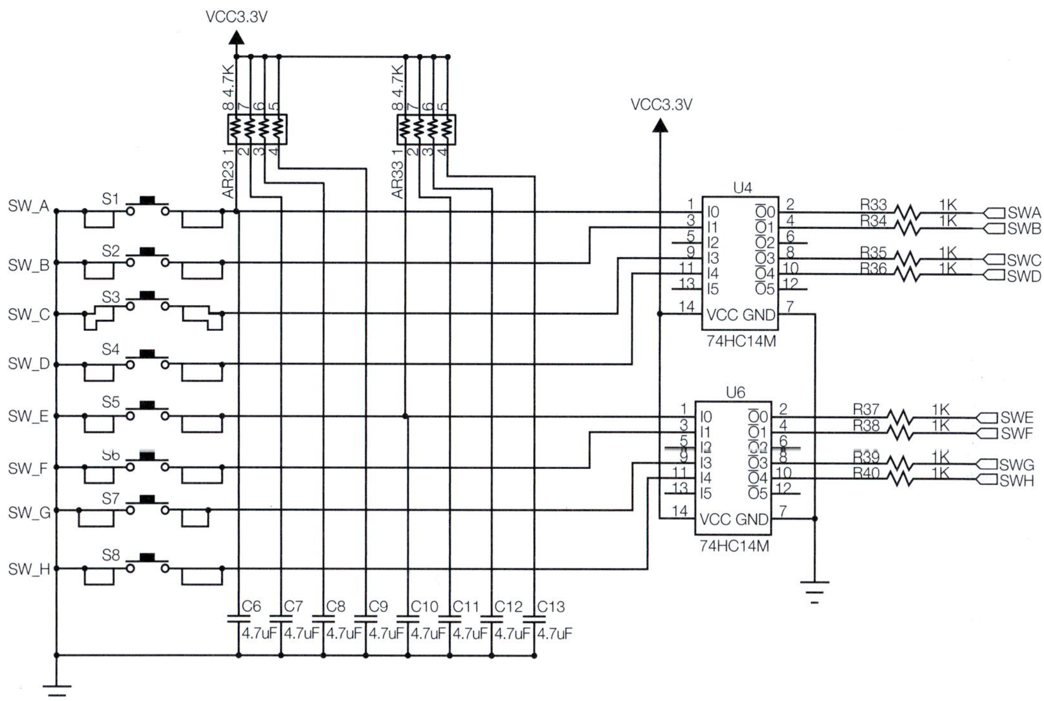

[그림 12-7] 버튼 스위치 회로도

■ 핀 할당표

신호이름	핀 번호	신호이름	핀 번호
SW_A	Y6	SW_E	W7
SW_B	V7	SW_F	AB7
SW_C	AB6	SW_G	AA7
SW_D	Y7	SW_H	W8

12.2.5 LED 배열

■ 구성 및 동작

실습장비에는 [그림 12-8]과 같은 8개의 LED 소자가 장착되어 있으며, FPGA 디바이스에 구현된 회로의 동작 상태나 출력 값을 표시하는 출력장치로 사용된다. LED는 애노드anode 단자와 캐소드cathode 단자를 가지며, 애노드 단자에 논리값 '1'을 인가하고, 캐소드 단자에 논리값 '0'을 인가하면 LED에 전류가 흐르면서 발광한다.

전원인가 초기에 LED 특성상 미세한 전류의 흐름에 의해서도 희미하게 발광되는 경우가 있으나 이는 오동작이 아니며, 프로그래밍되지 않는 FPGA 디바이스의 잔류 전류에 의한 현상이다. FPGA 디바이스 프로그래밍을 끝내고 디바이스가 동작을 시작하면 LED가 정상적으로 동작한다.

[그림 12-8] LED 배열

■ 핀 할당표

신호이름	핀 번호	신호이름	핀 번호
LED1	U5	LED5	W1
LED2	V1	LED6	W2
LED3	V4	LED7	W3
LED4	V5	LED8	Y1

12.2.6 FND 배열

■ 구성 및 동작

실습장비에는 FPGA 디바이스에 구현된 회로의 동작 상태나 출력 값을 표시하기 위한 출력장치로 [그림 12-9]와 같은 8개의 FND(7-Segment) 모듈이 제공된다. 하나의 FND는 [그림 12-10(a)]와 같이 8개의 LED 세그먼트들로 구성되며, 각각의 LED 세그먼트는 애노드와 캐소드 단자를 갖는다. 기본적으로, 특정 FND에 숫자를 표시하기 위해서는 FND를 구성하는 8개 LED의 애노드 단자('A', 'B', 'C', 'D', 'E', 'F', 'G', 'H(.)')를 위한 8개 핀과 캐소드 단자를 위한 8개 핀 등 16개의 핀이 필요하며, 따라서 8개의 FND 배열을 구동하기 위해서는 총 128핀(애노드를 위한 64개 핀과 캐소드를 위한 64개 핀)이 필요하다. FPGA 디바이스의 사용자 I/O 핀이 한정되므로, 이와 같은 직접적인 방법으로 FND

를 구동하는 것은 매우 비효율적이며 현실적이지 않다. FND 구동에 사용되는 핀 수를 줄이기 위해 [그림 12-10(b)]와 같이 하나의 FND를 구성하는 8개 LED의 캐소드를 하나로 연결하여 fnd_scan 신호로 구동하는 방법이 사용된다. fnd_scan='0'이 인가되면, 해당 FND를 구성하는 8개 LED의 캐소드가 접지로 연결되며, LED segment의 애노드에 '1'이 인가되면 해당 LED segment가 빛을 내게 된다. fnd_scan7 ~ fnd_scan0의 신호에 의해 숫자가 표시될 FND의 위치가 지정된다. 이와 같은 스캔 디스플레이 방법을 적용하면, FND를 구성하는 8개 LED의 애노드에 인가되는 8비트 신호(SEG_A ~ SEG_H)와 FND의 위치를 지정하는 8비트 신호(fnd_scan7 ~ fnd_scan0)의 총 16개 핀을 사용해서 8개의 FND 배열에 숫자를 표시할 수 있다.

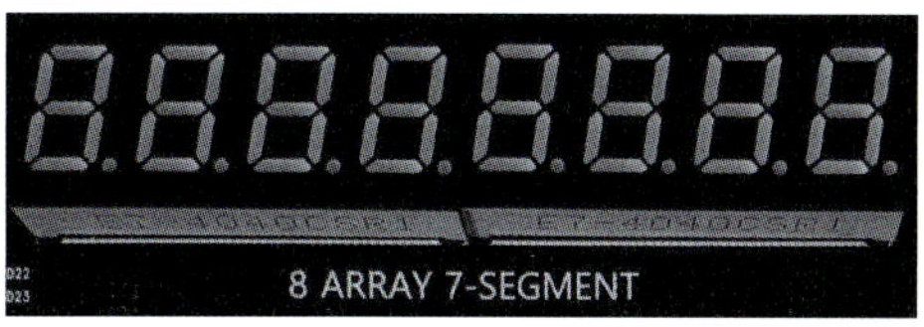

[그림 12-9] FND 배열

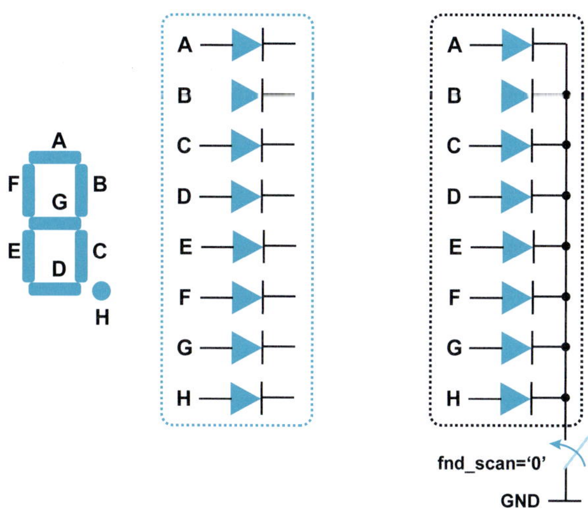

(a) FND의 LED 세그먼트 구성

(b) FND 구동 방법

[그림 12-10] FND 구동 방법

[그림 12-11]은 4개의 FND에 '1234'를 표시하는 방법을 보이고 있다. 첫 번째 FND를 선택하기 위해 fnd_scan3에 '0'을 인가하고 나머지 fnd_scan2 ~ fnd_scan0에 '1'의 값을 인가한 상태에서, SEG_A ~ SEG_H에 디스플레이 데이터 값을 '00000110'으로 주면 첫 번째 FND에 '1'이 표시된다. 다음으로, 두 번째 FND를 선택하기 위해 fnd_scan1에 '0'을 인가하고 fnd_scan0과 fnd_scan3 ~ fnd_scan2에 '1'을 인가한 상태에서, 디스플레이 데이터 값을 '01011011'로 주면 두 번째 FND에 2가 표시된다. 이와 같은 방법으로 숫자 4까지 표시하고, 다시 처음으로 돌아가 위의 과정을 반복한다. 이를 약 1ms 이상의 주기로 반복하면 잔상효과에 의해 '1234'의 숫자가 모두 표시되는 것처럼

보이게 된다. 이와 같은 방법으로 fnd_scan 핀을 이용하여 4개의 FND 중 디스플레이될 FND를 선택하고, 해당되는 데이터 값을 인가함으로써 각각의 FND에 문자를 디스플레이할 수 있다.

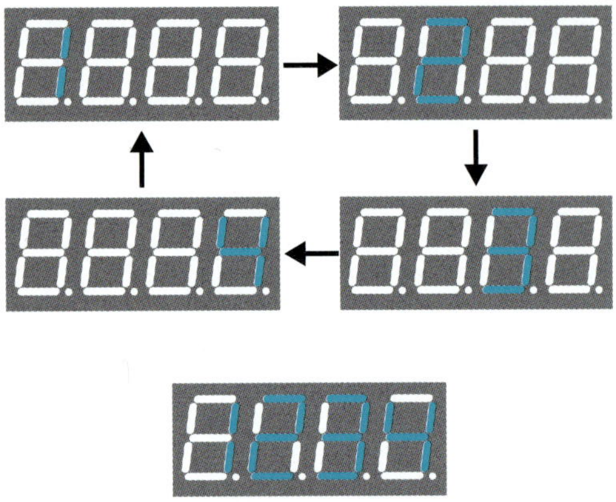

[그림 12-11] FND 스캔에 의한 순차적인 디스플레이 방법

▪ 핀 할당표

신호이름	핀 번호	신호이름	핀 번호
SEG_H	M3	fnd_scan7	T2
SEG_G	M4	fnd_scan6	T1
SEG_F	M5	fnd_scan5	R5
SEG_E	N1	fnd_scan4	R4
SEG_D	N3	fnd_scan3	R3
SEG_C	N4	fnd_scan2	R2
SEG_B	N5	fnd_scan1	P3
SEG_A	P1	fnd_scan0	P2

12.2.7 Text LCD 모듈

▪ 구성 및 동작

FPGA 실습장비에는 16문자×2라인의 문자를 디스플레이할 수 있는 [그림 12-12]와 같은 Text LCD 모듈이 장착되어 있다. Text LCD 모듈에는 컨트롤러가 내장되어 있어 명령어를 통해 디스플레이를 설정해야 하며, 명령어와 데이터는 동작 타이밍에 맞게 입력되어야 한다. Text LCD 모듈은 표시될 각 문자의 ASCII 코드 데이터가 저장되는 메모리 DD-RAM[Display Data RAM]을 가지며, LCD 화면의 각 행과 열의 위치에 따라 DD-RAM의 고유한 주소값이 부여된다. Text LCD에 표시되는 문자의 위치에 따른 DD-RAM 주소는 [그림 12-12]에 표시된 것과 같으며, 행과 행 사이의 주소가 연속되지 않음에 유의한다.

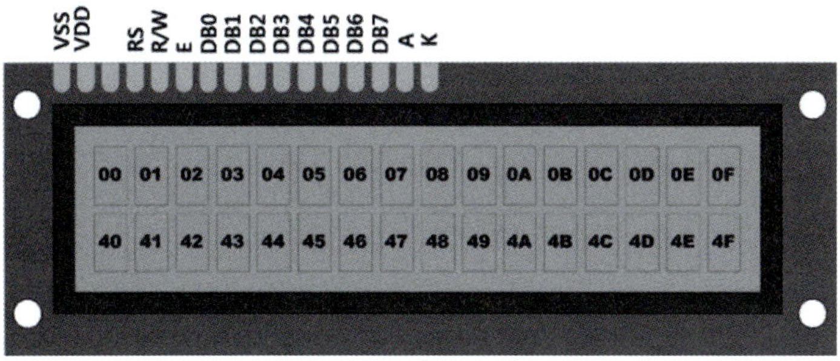

[그림 12-12] 16×2 Text LCD 모듈[1]

Text LCD 모듈은 전원, 데이터 버스, 제어 및 리셋 등 총 16개의 핀으로 구성되며, 각 핀의 기능은 [표 12-4]와 같다.

[표 12-4] Text LCD 모듈의 인터페이스 핀

핀	신호이름	기 능
1	GND	GND
2	VCC	전원 +5V
3	/RST	Reset input
4	RS	Register Select (0: instruction, 1: data)
5	R/W	Read/Write(0: write [FPGA → LCD], 1: read [LCD → FPGA])
6	E	Enable signal (falling edge) for read/write LCD
7	DB0(LSB)	데이터 버스
8	DB1	
9	DB2	
10	DB3	
11	DB4	
12	DB5	
13	DB6	
14	DB7(MSB)	
15	A	Backlight 전원 VCC
16	K	Backlight 전원 GND

Text LCD 모듈의 내부 구조는 [그림 12-13]과 같다. 8비트 데이터 버스를 통해 입력되는 정보는 RS 신호에 따라 명령어 레지스터(Instruction Reg.) 또는 데이터 레지스터(Data Reg.)에 저장된다. 명령어 레지스터에 저장된 명령어는 디코더에 의해 해독되어 LCD 디스플레이를 설정하거나 주소 카운터

1 출처 : https://m.blog.naver.com/PostView.naver?isHttpsRedirect=true&blogId=gwangryr&logNo=220595500442

Address counter에 주소 값으로 설정된다. 주소 카운터에 설정된 값은 DD-RAM 주소로 사용된다. 데이터 레지스터에 저장된 값은 디스플레이될 문자의 ASCII 코드값이 저장된 CG-ROM 또는 CG-RAM의 주소 값으로 사용된다. Text LCD 모듈로 입력 또는 출력되는 제어신호들은 [그림 12-14]의 동작 타이밍을 만족하도록 인가되어야 한다.

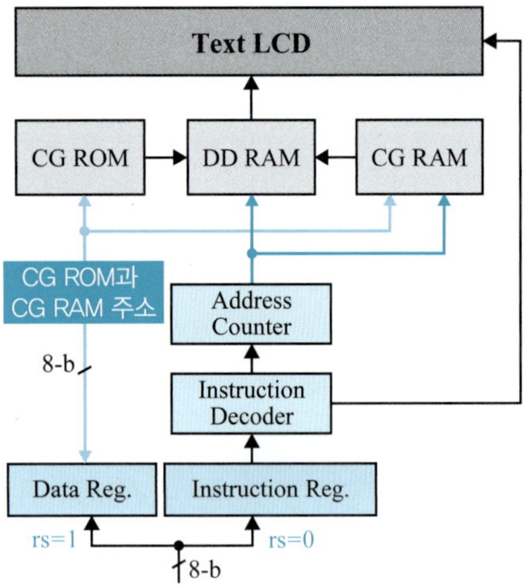

[그림 12-13] Text LCD 모듈의 내부 구성

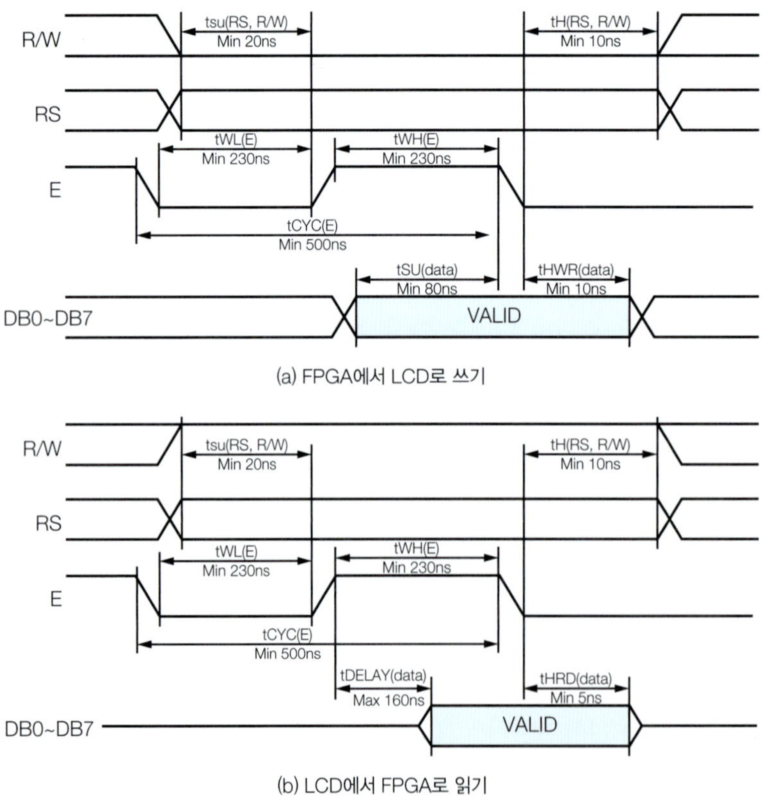

[그림 12-14] Text LCD 모듈의 동작 타이밍

Text LCD 모듈의 제어를 위해 사용되는 명령은 [표 12-5]와 같으며, 데이터 버스 DB7 ~ DB0을 통하여 전송된다. Text LCD 모듈이 제어명령을 받아 실행하기 위해서는 정해진 소요시간이 필요하며, 따라서 FPGA는 다음 제어명령을 보내기 전에 충분한 시간 동안 대기하거나 Busy Flag를 조사하여 이전에 전송한 제어명령의 실행이 완료되었는지를 확인해야 한다.

[표 12-5] Text LCD 모듈의 제어명령

명령어	코드값									
	RS	R/W	DB7	DB6	DB5	DB4	DB3	DB2	DB1	DB0
Display Clear	0	0	0	0	0	0	0	0	0	1
Cursor Home	0	0	0	0	0	0	0	0	1	–
Entry Mode Set	0	0	0	0	0	0	0	1	I/D	S
Display ON/OFF Control	0	0	0	0	0	0	1	D	C	B
Cursor/Display Shift	0	0	0	0	0	1	S/C	R/L	–	–
Function Set	0	0	0	0	1	IF	N	F	–	–
CG-RAM Address Setting	0	0	0	1	ACG					
DD-RAM Address Setting	0	0	1	ADD						
Busy Flag & Address Reading	0	1	BF	ACC						
Busy Writing to CG-RAM or DD-RAM	1	0	데이터 쓰기							
Data Reading from CG-RAM or DD-RAM	1	1	데이터 읽기							

NOTE

	[약어]
I/D = 1 : Increment, I/D = 0 : Decrement	DD-RAM : Display Data RAM CG-RAM : Character Generator RAM ACG : Address for CG-RAM ADD : Address for DD-RAM ACC : Address Counter Content
S = 1 : Display shift enabled S = 0 : Cursor shift enabled	
S/C = 1 : Display shift, S/C = 0 : Cursor move	
R/L = 1 : Shift to right, R/L = 0 : Shift to left	
IF = 1 : 8-bit, IF = 0 : 4-bit	
N = 1 : 2 Lines display, N = 0 : 1 Line display	
F = 1 : 5x10 dots, F = 0 : 5x7 dots	
BF = 1 : Busy(Internally operation) BF = 0 : Not busy(Instruction acceptable)	

Text LCD 모듈의 제어명령어는 다음의 기능을 수행한다.

- Display Clear : 화면 전체를 지우고 어드레스 카운터를 DD-RAM 어드레스 0으로 초기화하며, 커서를 home 위치로 만든다.

- Cursor Home : DD-RAM의 내용은 변경하지 않고 커서만 home 위치로 만든다.
- Entry Mode Set : 데이터를 read하거나 write할 때 커서의 위치를 증가시킬 것인지(I/D=1) 또는 감소시킬 것인지(I/D=0)를 지정하며, 또한 화면을 시프트할 것인지(S=1) 또는 아닌지(S=0)를 지정한다.
- Display ON/OFF Control : 화면 표시를 ON/OFF하거나(D), 커서를 ON/OFF하거나(C), 커서를 깜박이게 할 것인지(B)의 여부를 지정한다.
- Cursor/Display Shift : 화면(S/C=1) 또는 커서(S/C=0)의 오른쪽(R/L=1) 또는 왼쪽(R/L=0) 시프트 방향을 지정한다.
- Function Set : 인터페이스 데이터의 길이를 8비트(IF=1) 또는 4비트(IF=0)로 지정하고, 화면표시 행수를 2행(N=1) 또는 1행(N=0)으로 지정한다.

NOTE 전원 인가 후 초기에 주로 이 명령을 보낸다. 4비트 인터페이스의 경우에는 DB4 ~ DB7을 사용하며, 상위 4비트를 먼저 전송하고 다음에 하위 4비트를 전송해야 한다.

- CG-RAM 주소 지정 : Character Generator RAM(CG-RAM)의 어드레스를 지정한다. 이후에 송수신하는 데이터는 CG-RAM의 데이터가 된다.
- DD-RAM 주소 지정 : Display Data RAM(DD-RAM)의 어드레스를 지정한다. 이후에 송수신하는 데이터는 DD-RAM의 데이터가 된다.
- Busy Flag & Address Read : Text LCD 모듈이 내부 동작 중임을 나타내는 Busy Flag[BF] 및 어드레스 카운터의 내용을 읽어낸다. Text LCD 모듈이 각 제어명령을 실행하는 데 지정된 시간이 필요하므로 BF를 읽어 그 값이 1인 경우에는 기다리고, 0인 경우 다음 제어명령을 보내는 방법을 사용할 수 있다.
- Data Write to CG-RAM or DD-RAM : CG-RAM 또는 DD-RAM에 데이터 쓰기 동작을 한다.
- Data Read from CG-RAM or DD-RAM : CG-RAM 또는 DD-RAM에서 데이터 읽기 동작을 한다.

전원을 인가한 후, 다음의 과정으로 Text LCD 모듈을 초기화한다.

❶ 전원을 인가한다.
❷ Text LCD 모듈의 리셋에 약 50ms가 소요되므로 이 시간 이상을 기다린다.
❸ Function Set 명령(001xxx00)을 보낸다.
❹ Display ON/OFF Control 명령(00001xxx)을 보낸다.
❺ Entry Mode Set 명령(000001xx)을 보낸다.
❻ DD-RAM 주소를 보낸다.
❼ 표시할 문자 데이터를 연속으로 보낸다.
❽ 필요에 따라서 위의 과정을 반복한다.

Text LCD 모듈은 대부분의 ASCII 문자들을 표시할 수 있으며, 일본어의 가타카나 문자와 몇 가지 특수 문자들도 표시할 수 있다. CG-ROM에 저장된 ASCII 문자의 코드값과 CG-ROM 주소값은 [표 12-6]과 같다.

[표 12-6] ASCII 문자의 코드값

Upper bits / Lower bits				DB7	0	0	0	0	0	0	0	0	1	1	1	1	1	1	1	1
				DB6	0	0	0	0	1	1	1	1	0	0	0	0	1	1	1	1
				DB5	0	0	1	1	0	0	1	1	0	0	1	1	0	0	1	1
				DB4	0	1	0	1	0	1	0	1	0	1	0	1	0	1	0	1
DB3	DB2	DB1	DB0		0	1	2	3	4	5	6	7	8	9	A	B	C	D	E	F
0	0	0	0	0	CG-RAM(1)															
0	0	0	1	1	CG-RAM(2)															
0	0	1	0	2	CG-RAM(3)															
0	0	1	1	3	CG-RAM(4)															
0	1	0	0	4	CG-RAM(5)															
0	1	0	1	5	CG-RAM(6)															
0	1	1	0	6	CG-RAM(7)															
0	1	1	1	7	CG-RAM(8)															
1	0	0	0	8	CG-RAM(1)															
1	0	0	1	9	CG-RAM(2)															
1	0	1	0	A	CG-RAM(3)															
1	0	1	1	B	CG-RAM(4)															
1	1	0	0	C	CG-RAM(5)															
1	1	0	1	D	CG-RAM(6)															
1	1	1	0	E	CG-RAM(7)															
1	1	1	1	F	CG-RAM(8)															

▪ 핀 할당표

신호이름	핀 번호	신호이름	핀 번호
TextLCD_D7	J3	TextLCD_E	L5
TextLCD_D6	K1	TextLCD_RS	M2
TextLCD_D5	K2	TextLCD_RW	M1
TextLCD_D4	K3		
TextLCD_D3	K4		
TextLCD_D2	K5		
TextLCD_D1	L1		
TextLCD_D0	L4		

12.2.8 Full Color LED

▪ 구성 및 동작

FPGA 실습장비에는 [그림 12-15(a)]와 같은 Full Color LED[FC-LED] 모듈이 장착되어 있다. FC-LED는 R, G, B 세 가지 색의 LED가 하나의 패키지([그림 12-15(b)])로 제작된 표시장치이며, R, G, B LED를 독립적으로 제어해서 원하는 색의 빛을 만들 수 있다. 실습장비에는 FC-LED 4개가 하나의 모듈로 구성되어 장착되어 있으며, LED에서 발광되는 R, G, B 색이 섞여 보이도록 불투명 아크릴판으로 덮여 있다.

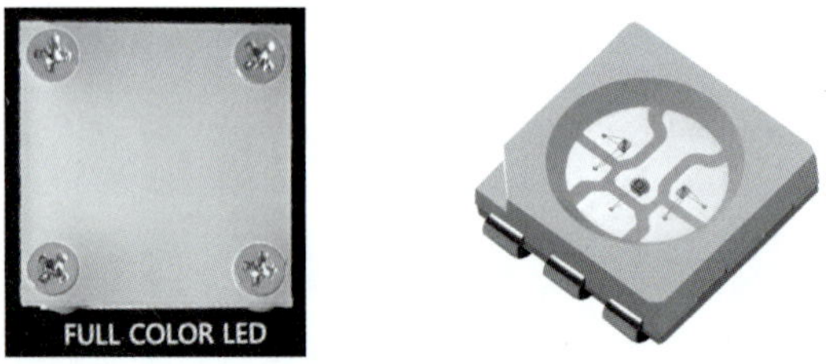

(a) Full Color LED 모듈 (b) RGB LED 패키지

[그림 12-15] Full Color LED 모듈

일반적인 LED의 애노드에 논리값 '1', 캐소드에 논리값 '0'이 인가되면 LED에 전류가 흘러 발광되는 원리와 동일하게 FC-LED의 발광 동작을 제어할 수 있다. 4개의 RGB LED 칩으로 구성된 FC-LED 모듈의 등가 회로도는 [그림 12-16]과 같다. R, G, B LED의 애노드에 신호를 인가하여 발광시키며, 캐소드 단자는 공통으로 접지로 연결된다. Red LED 4개의 애노드에 논리값 '1'이 인가되면, 4개의 Red LED에서 빨간색 빛이 발광되고, Green LED 4개의 애노드에 논리값 '1'이 인가되면, 4개의 Green LED에서 초록색 빛이 발광되며, Blue LED 4개의 애노드에 논리값 '1'이 인가되면, 4개의 Blue LED에서 파

란색 빛이 발광된다. 이와 같이 RGB LED를 독립적으로 제어하면 R, G, B 색의 조합에 따라 원하는 색을 만들 수 있다. 또한, RGB LED에 인가되는 신호의 펄스폭을 조정하여 밝기를 변경시킬 수 있다.

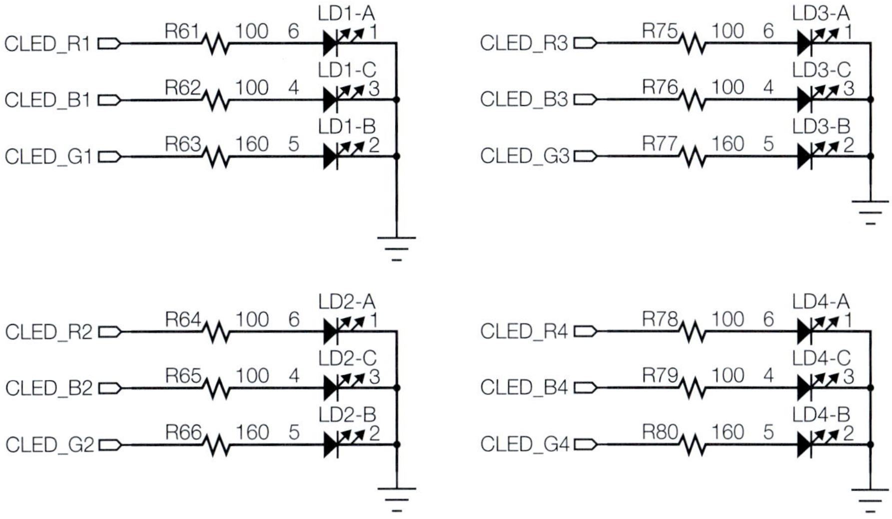

[그림 12-16] Full Color LED 모듈의 회로도

▪ 핀 할당표

신호이름	핀 번호	신호이름	핀 번호
CLED_R1	D1	CLED_R3	B2
CLED_G1	C1	CLED_G3	B3
CLED_B1	C2	CLED_B3	C3
CLED_R2	A3	CLED_R4	A4
CLED_G2	C4	CLED_G4	D5
CLED_B2	D4	CLED_B4	E5

12.2.9 Piezo

▪ 구성 및 동작

Piezo는 가청 주파수대의 펄스 신호를 인가하면 해당 주파수의 소리를 출력하는 장치이며, 외형은 [그림 12-17]과 같다. Piezo는 소자 특성에 의해 약 10KHz 이상의 주파수에서는 소리가 발생되지 않으며, 같은 전압 레벨에서도 주파수에 따라 소리의 강약이 달라지는 특성을 갖는다. [표 12-7]은 옥타브 및 음계별 주파수이며, 예를 들어 Piezo에 261Hz의 신호를 인가하면 피아노의 중앙 C음에 해당하는 소리가 발생된다. Piezo는 경고음 발생 회로의 출력장치로 사용될 수 있으며, Piezo와 키패드를 이용해서 한 옥타브의 소리를 내는 간이 피아노를 구현할 수도 있다.

Piezo에는 기본적으로 +3.3V의 High 신호가 74LCX14에 의해 반전되어 입력되며, 따라서 FPGA에서 인가되는 신호가 없으면 Piezo에는 '0'의 신호가 들어가므로 소리가 발생되지 않는다. Piezo 소자 옆에 있는 DIP 스위치로 FPGA와 Piezo 간의 연결을 설정한다. DIP 스위치는 Piezo를 구동하지 않을 때 잡음에 의해 Piezo가 동작되는 것을 방지하는 역할을 하며, Piezo를 구동하지 않을 때는 DIP 스위치를 OFF시키는 것이 좋다.

[그림 12-17] Piezo 장치

[표 12-7] Piezo의 옥타브 및 음계별 주파수 (단위 : Hz)

음계 \ Oct	0	1	2	3	4	5	6	7
A	27.5000	55.0000	110.0000	220.0000	440.0000	880.0000	1760.000	3520.000
Bb	29.1352	58.2705	116.5409	233.0819	466.1638	932.3275	1864.655	3729.310
B	30.8677	61.7354	123.4708	246.9417	493.8833	987.7666	1975.533	3951.066
C	32.7032	65.4064	130.8128	261.6256	523.2511	1046.502	2093.005	4186.009
Db	34.6478	69.2957	138.5913	277.1826	554.3653	1108.731	2217.461	4434.922
D	36.7081	73.4162	146.8324	293.6648	587.3295	1174.659	2349.318	4698.636
Eb	38.8909	77.7817	155.5635	311.1270	622.2540	1244.508	2489.016	4978.032
E	41.2034	82.4069	164.8138	329.6276	659.2551	1318.510	2637.020	5274.041
F	43.6535	87.3071	174.6141	349.2282	698.4565	1396.913	2793.826	5587.652
Gb	46.2493	92.4986	184.9972	369.9944	739.9888	1479.978	2959.955	5919.911
G	48.9994	97.9989	195.9977	391.9954	783.9909	1567.982	3135.963	6271.927
Ab	51.913	103.8262	207.6523	415.3047	830.6094	1661.219	3322.438	6644.875

NOTE C=도, D=레, E=미, F=파, G=솔, A=라, B=시
(C음행/3옥타브 열의 261.6256Hz가 피아노의 중앙 C음에 해당한다.)

▪ 핀 할당표

신호이름	핀 번호	신호이름	핀 번호
PIEZO	W4		

12.2.10 스텝 모터

▪ 구성 및 동작

FPGA 실습장비에는 모터 구동을 실습할 수 있는 스텝 모터step motor가 제공되며, 장치의 외형은 [그림 12-18]과 같다. A, B, /A, /B(신호 /A는 신호 A의 반전을 나타냄)의 4비트 데이터에 의해 모터가 구동되며, 모터에 인가되는 데이터의 주파수에 따라서 모터의 회전속도를 제어할 수 있다. 또한, 모터 왼쪽에 있는 자기센서magnetic sensor는 모터의 회전수를 감지하는 신호를 발생한다. FPGA에서 출력되는 모터 제어신호는 전류가 작아 모터를 직접 구동할 수 없다. 따라서 별도의 드라이버 칩을 통해 전류가 증폭된 후 모터를 구동한다. 스텝 모터는 여자excitation 방식에 따라 1상 여자, 2상 여자, 1-2상 여자 방식으로 제어된다. 이 중 1-2상 여자 방식은 고분해능의 장점을 갖는다. 여자 방식에 따른 모터 구동 데이터 순서는 [그림 12-19]와 같다. 모터에 인가되는 구동 데이터의 순서를 반대로 인가하면 모터의 회전 방향이 반대가 된다.

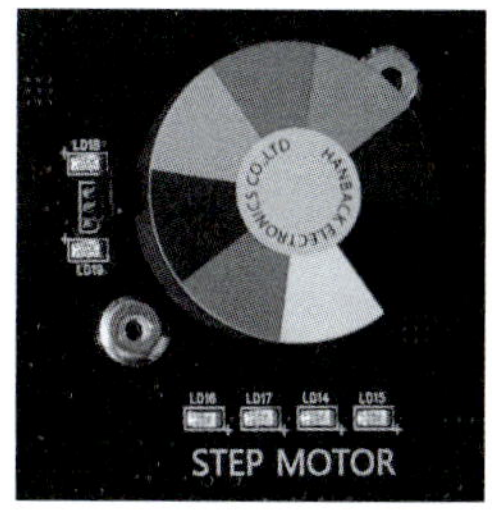

[그림 12-18] 스텝 모터

구 분	1주기				1주기				
	1	2	3	4	5	6	7	8	9
A	1	0	0	0	1	0	0	0	1
B	0	1	0	0	0	1	0	0	0
/A	0	0	1	0	0	0	1	0	0
/B	0	0	0	1	0	0	0	1	0

(a) 1상 여자 방식

구 분	1주기				1주기				
	1	2	3	4	5	6	7	8	9
A	1	0	0	1	1	0	0	1	1
B	1	1	0	0	1	1	0	0	1
/A	0	1	1	0	0	1	1	0	0
/B	0	0	1	1	0	0	1	1	0

(b) 2상 여자 방식

구 분	1주기								
	1	2	3	4	5	6	7	8	9
A	1	1	0	0	0	0	0	1	1
B	0	1	1	1	0	0	0	0	0
/A	0	0	0	1	1	1	0	0	0
/B	0	0	0	0	0	1	1	1	0

(c) 1-2상 여자 방식

[그림 12-19] 스텝 모터의 구동방식

▪ 핀 할당표

신호이름	핀 번호	신호이름	핀 번호
StepMot_A	AB2	StepMot_B	AA3
StepMot_Abar	AA2	StepMot_Bbar	AA1
		StepMot_Sensor	Y3

12.2.11 TFT LCD

▪ 구성 및 동작

FPGA 실습장비에는 [그림 12-20]과 같은 800×480 해상도의 5인치 컬러 TFT LCD 장치가 탑재되어 있으며, TFT LCD의 주요 사양은 다음과 같다.

- Resolution : 800×3(RGB)×480(WVGA급)
- Display mode : Normally White, Transmissive
- Dot pitch : 0.135(W)×0.135(H) mm

컬러 LCD 장치는 화소를 R, G, B 3개의 데이터로 표현한다. R, G, B를 각각 몇 비트의 데이터로 표현하느냐에 따라 디스플레이 장치의 화질이 결정되며, RGB565, RGB888 등의 명칭을 붙인다. RGB888은 R, G, B 데이터가 각각 8비트로 표현되며, 따라서 하나의 화소가 24비트로 표현된다. RGB565는 R, G, B 데이터를 각각 5비트, 6비트, 5비트로 표현하며, 따라서 하나의 화소가 16비트로 표현된다. 실습장비에 탑재된 TFT-LCD는 RGB888, 즉 24비트 인터페이스를 가지고 있다.

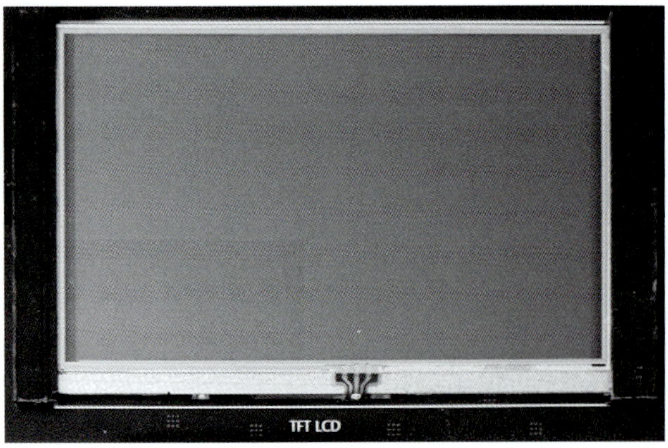

[그림 12-20] WVGA급 5인치 TFT LCD

디스플레이 장치에 표시되는 그래픽과 동영상 데이터들의 기본 단위는 화소pixel라고 부르는 점이며, 픽셀pixel은 picture element를 의미한다. LCD 화면은 픽셀들의 2차원 배열로 구성되며, 가로(X)축과 세로(Y)축으로 나누어 표현된다. 즉 세로축은 Y개의 라인으로 구성되고, 가로축은 X개의 화소(픽셀)로 구성된다. 또한, 시간에 따라 변화하는 화면 하나를 프레임frame이라고 한다. TFT LCD 장치에 영상을 표시하기 위해서는 [그림 12-21]과 같이 수평 동기와 수직 동기 타이밍에 맞춰 데이터를 전달해야 한다. 그림에서 HSD는 H-Sync를 나타내고, VSD는 V-Sync 신호를 나타낸다. TFT LCD 모듈의 상세한 동작 타이밍 파라미터는 한백전자(주)에서 제공하는 자료를 참고하기 바란다.

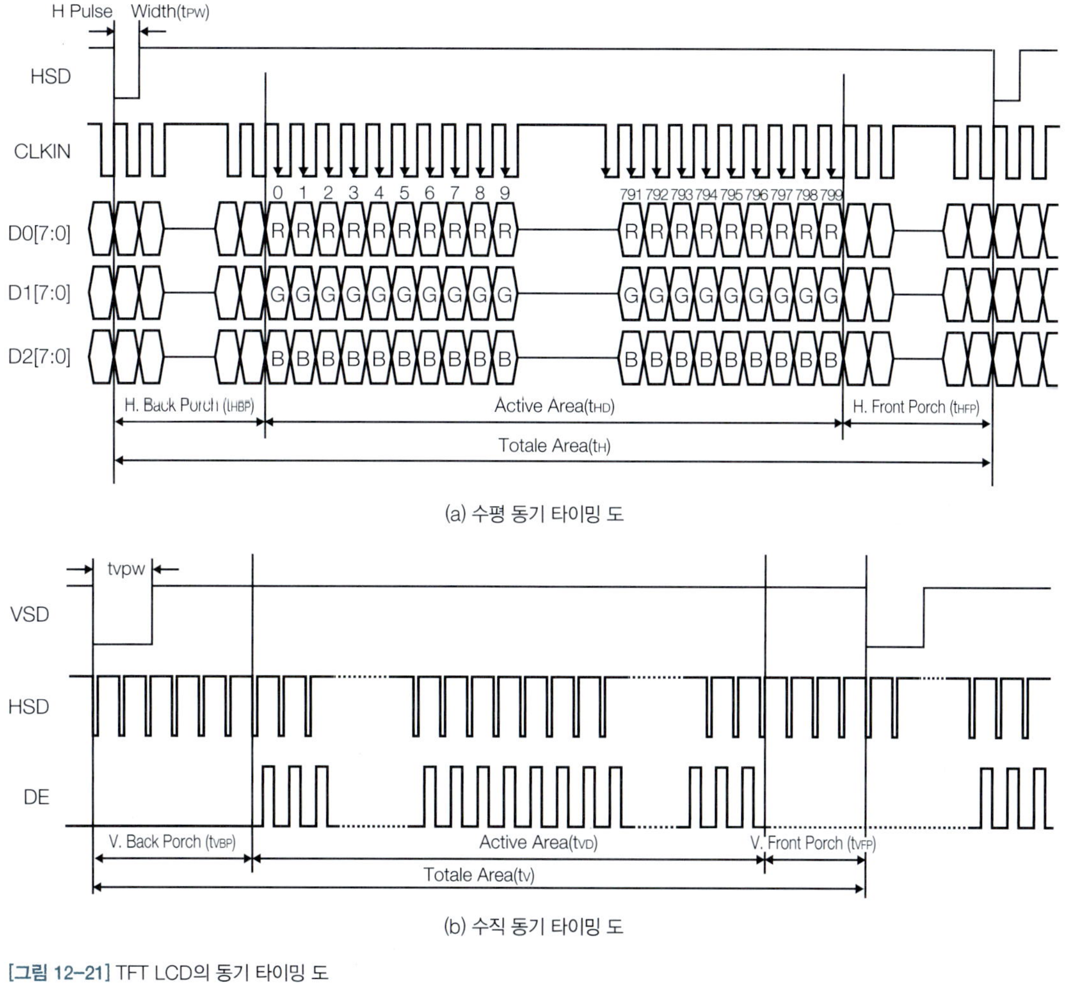

[그림 12-21] TFT LCD의 동기 타이밍 도

핀 할당표

신호이름	핀 번호	신호이름	핀 번호
TFTLCD_R0	B20	TFTLCD_B0	G22
TFTLCD_R1	B21	TFTLCD_B1	H18
TFTLCD_R2	B22	TFTLCD_B2	H19
TFTLCD_R3	C20	TFTLCD_B3	H20
TFTLCD_R4	C22	TFTLCD_B4	H21
TFTLCD_R5	D20	TFTLCD_B5	J19
TFTLCD_R6	D21	TFTLCD_B6	J20
TFTLCD_R7	D22	TFTLCD_B7	J21
TFTLCD_G0	E22	Touch_Busy	L22
TFTLCD_G1	F18	Touch_CS	L20
TFTLCD_G2	F19	Touch_DCLK	L19
TFTLCD_G3	F20	Touch_DIN	L21
TFTLCD_G4	F21	Touch_DOUT	M18
TFTLCD_G5	F22	Touch_IRQ	N18
TFTLCD_G6	G20	TFTLCD_DCLK	J22
TFTLCD_G7	G21	TFTLCD_DEN	L18
TFTLCD_VSync	K22	TFTLCD_DISP	K18
TFTLCD_HSync	K19		

12.2.12 이미지 센서

구성 및 동작

FPGA 실습장비에는 영상 입력을 위한 CMOS 이미지 센서가 장착되어 있으며, 장치의 외관은 [그림 12-22]와 같다. CMOS 이미지 센서는 영상을 촬영하여 이를 디지털 영상 신호로 변환해주는 장치이다. CMOS 이미지 센서의 상세한 동작 타이밍 파라미터는 한백전자(주)에서 제공하는 자료를 참고한다. 실습장비에 탑재된 CMOS 이미지 센서(모델명: OV7670)의 주요 사양은 다음과 같다.

- Optical size : 1/6 inch
- Resolution : 640×480 VGA
- Onboard regulator, only single 3.3V supply needed
- Mounted with high quality F1.8/ 6mm lens
- Output support for Raw RGB, RGB(GRB 4:2:2, RGB565/555/444), YUV(4:2:2) and YCbCr (4:2:2) formats

- High sensitivity for low–light operation
- Standard SCCB interface compatible with I^2C interface
- Supporting image sizes : VGA, CIF
- Automatic image control functions : Automatic Exposure Control(AEC), Automatic Gain Control(AGC), Automatic White Balance(AWB), Automatic Band Filter(ABF), and Automatic Black–Level Calibration(ABLC)
- Image quality controls including color saturation, hue, gamma, sharpness(edge enhancement), and anti–blooming
- ISP includes noise reduction and defect correction

[그림 12–22] CMOS 이미지 센서

■ 핀 할당표

신호이름	핀 번호	신호이름	핀 번호
CAM_D0	C9	CAM_HREF	D6
CAM_D1	B8	CAM_PCLK	C6
CAM_D2	C8	CAM_PWDN	A9
CAM_D3	D8	CAM_RESET	B9
CAM_D4	E8	CAM_SIDO	A5
CAM_D5	A7	CAM_SIOC	C5
CAM_D6	B7	CAM_VSYNC	F6
CAM_D7	D7	CAM_XCLK	A6

12.2.13 오디오 코덱

■ 구성 및 동작

FPGA 실습장비에는 8kHz ~ 96kHz 샘플링 주파수의 스테레오 오디오 코덱[CODEC]이 장착되어 있으며, 마이크와 스피커를 연결할 수 있도록 2개의 스테레오 커넥터가 구성되어 있다. Headphone IN을 통해 입력되는 음성 데이터를 오디오 코덱을 통해 디지털 데이터로 변환한 후 FPGA 디바이스로 입력하여 별도의 메모리에 저장하거나 가공하는 회로를 설계 실습할 수 있으며, 또한 저장된 디지털 데이터를 오디오 코덱을 통해 아날로그 신호로 변환한 후 Headphone OUT 포트를 통해 출력하는 회로를 설계 실습할 수 있다. 오디오 코덱의 내부 레지스터 정보와 제어 방법은 한백전자(주)에서 제공하는 자료를 참고하기 바란다. 장비에 사용된 오디오 코덱(모델명: TLV320- AIC23B)의 주요 사양은 아래와 같다.

- High-performance stereo CODEC
- 90dB SNR multibit sigma-delta ADC(A-weighted at 48KHz)
- 100-dB SNR multibit sigma-delta DAC(A-weighted at 48KHz)
- 8 kHz ~ 96 kHz sampling frequency support
- Stereo line inputs
- Volume control with mute on input and output
- Audio-data input/output via TI McBSP compatible programmable audio interface
- I^2S compatible interface requiring only one McBSP for both ADC and DAC
- Standard I^2S, MSB, or LSB justified data transfers
- 16/20/24/32-bit word lengths
- ADC multiplexed input for stereo line inputs and microphone
- Ideally suitable for portable solid-state audio players and recorders

▪ 핀 할당표

신호이름	핀 번호	신호이름	핀 번호
AIC_BCLK	U20	AIC_MODE	U22
AIC_DIN	T20	AIC_SCLK	R20
AIC_DOUT	T21	AIC_SDIN	R19
AIC_LRCIN	T22	AIC_CS	T19
AIC_LRCOUT	U19		

12.2.14 UART

▪ 구성 및 동작

실습장비에는 PC의 RS232 시리얼 포트와 연결하여 시리얼 데이터 통신을 할 수 있도록 Male 타입의 9핀 커넥터가 제공된다. 통신 포트를 통해 상호 간에 통신을 할 수 있으며, 장비 내부에 있는 장치를 제어할 수 있다. PC와의 시리얼 통신은 RS232 신호레벨로 이뤄지며, 이때 RS232 신호레벨은 장비의 동작 I/O 전압 레벨과 다르므로 반드시 Data Transceiver를 이용해야 PC와 통신이 가능하다.

UART[Universal Asynchronous Receiver and Transmitter]는 비동기 방식의 통신 규격을 정의한 것이며, 흔히 말하는 RS-232C는 데이터 전송 방법을 뜻한다. RS-232C로 PC와 PC, PC와 장비 또는 장비와 장비의 연결을 위해서는 TxD와 RxD, GND의 세 라인의 연결만 필요하다.

시리얼 포트는 컴퓨터나 임베디드 시스템들이 외부와 데이터를 주고받기 위한 인터페이스이다. 통신을 위한 최소 단위는 1바이트(즉, 8비트)이다. 컴퓨터 내에선 데이터가 병렬로 처리되는 데 반해서 통신선은 직렬이다. 그러므로 병렬을 직렬로, 직렬을 병렬로 바꾸어 주는 작업이 필요하며, 이 작업을 해 주는 것이 UART 방식이다. 이 방식은 일반적으로 1바이트 단위로 전송하는데 다른 데이터와의 혼란을 방지하기 위하여 앞뒤로 한 비트씩 첨가한다. 이를 스타트 비트[start bit]와 스톱 비트[stop bit]라고 한다. 그러므로 10비트를 1바이트로 보내게 되는데 2400bps의 전송속도는 초당 240바이트를 전송할 수 있는 것이다. UART 기본 인터페이스는 RXD, TXD 라인을 통해 신호를 송수신하며, 일반적으로 RS232 Transceiver를 통해 전송 전압을 끌어 올려 보다 먼 거리까지 전송할 수 있도록 하는 기능을 구현하여 사용한다.

[그림 12-23]은 실습장비에 탑재된 UART 모듈의 회로도이다. FPGA 디바이스의 I/O인 RxD와 TxD 신호는 RS232 포트에 직접 연결되지 않고, ADM3202라는 시리얼 인터페이스 IC를 통해 연결된다. 이는 PC의 RS232 통신이 −12V의 전압레벨로 동작하기 때문에 FPGA 디바이스의 +3.3V 레벨과 차이가 크기 때문이며, RS232의 신호를 FPGA 디바이스에 직접 연결하면 FPGA 디바이스가 손상될 수 있다. 또한, RxD와 TxD 신호에 연결된 LED를 통해 데이터 입출력을 확인할 수 있도록 구성되어 있다.

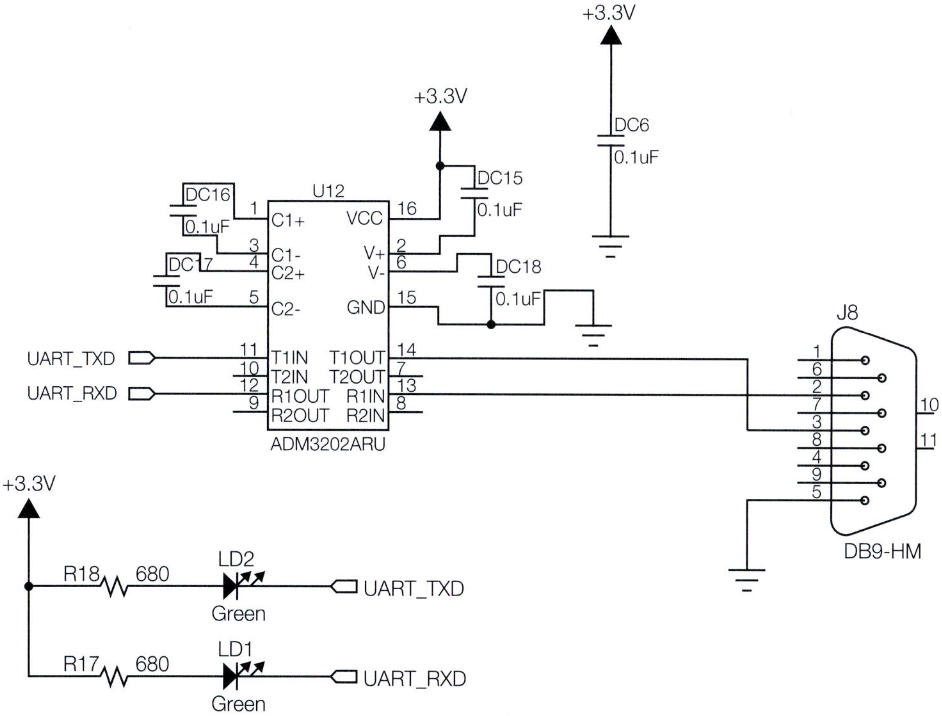

[그림 12-23] UART 모듈의 회로도

■ 핀 할당표

신호이름	핀 번호	신호이름	핀 번호
UART_RXD	U2	UART_TXD	U1

12.2.15 DAC(Digital-to-Analog Converter)

■ 구성 및 동작

실습장비에는 디지털 신호를 아날로그 신호로 변환해주는 DAC가 장착되어 있으며, 100MSPS[Mega Sample Per Second]의 성능을 갖는 8비트 병렬 DAC 칩(모델명: AD9708)이다. 8비트 DAC의 경우, 8비트의 디지털 입력 데이터를 0000_0000~1111_1111까지 256레벨의 아날로그 신호로 변환한다. 예를 들어 DAC에 +5V의 전원전압이 사용되는 경우, 0000_0000의 8비트 값은 0V의 아날로그 전압에 해당하고, 1111_1111의 8비트 값은 +5V의 아날로그 전압에 해당하는 출력을 나타낸다. DAC의 분해능은 사용 목적에 따라 선택되며, 제어 방식도 I^2C, SPI와 같은 시리얼 방식이 사용된다. 실습장비에 장착된 DAC 디바이스의 주요 사양은 다음과 같다.

- 100 MSPS update rate
- 8-bit resolution
- Linearity : 0.25 LSB DNL, 0.25 LSB INL
- Differential current outputs
- SINAD @5MHz output : 50dB
- On-chip 1.20V reference
- Single +5V or +3V supply operation

■ 핀 할당표

신호이름	핀 번호	신호이름	핀 번호
DA_D0 (LSB)	G1	DA_D4	H2
DA_D1	G4	DA_D5	H5
DA_D2	G3	DA_D6	H4
DA_D3	H3	DA_D7 (MSB)	J2
		DA_CLK	J1

12.2.16 ADC(Analog-to-Digital Converter)

■ 구성 및 동작

실습장비에는 아날로그 신호를 디지털 신호로 변환해주는 ADC가 장착되어 있으며, 32MSPS의 성능을 갖는 8비트 병렬 ADC 칩(모델명: AD9280)이다. 8비트 ADC의 경우, 아날로그 전압이 0V이면 0000_0000의 8비트 값이 출력되고, 아날로그 전압이 +5V이면 1111_1111의 8비트 값이 출력된다. 실습장비에 장착된 ADC 디바이스의 주요 사양은 다음과 같다.

- CMOS 8-bit 32MSPS ADC
- Operation between +2.7V and +5.5V supply
- Differential nonlinearity : 0.2LSB
- Power-down(sleep) mode
- Three-state outputs
- Out-of-range indicator
- Built-in clamp function(DC restore)
- Adjustable on-chip voltage reference
- IF undersampling to 135MHz

■ 핀 할당표

신호이름	핀 번호	신호이름	핀 번호
AD_D0 (LSB)	D2	AD_D4	E4
AD_D1	E1	AD_D5	F1
AD_D2	E2	AD_D6	F4
AD_D3	E3	AD_D7 (MSB)	F5
		AD_CLK	G2

12.2.17 SRAM 메모리

■ 구성 및 동작

FPGA 디바이스 내부의 메모리 영역 이외에 별도로 256K×16bit(총 4Mbit)의 고속 **SRAM**이 실습장비에 제공된다. 제공되는 SRAM은 FPGA I/O와 직접 연결되어 있으므로 SRAM을 제어하기 위해서는 FPGA 핀 설정과 제어회로를 설계해야 한다. 실습장비의 SRAM은 [그림 12-24]와 같이 18비트의 어드레스 버스, 16비트의 데이터 버스를 가지며, 3개의 제어신호(/OW, /WE, /CS)에 의해 제어된다. SRAM의 읽기와 쓰기 사이클 동작 타이밍은 [그림 12-25]와 같다.

실습장비에서 SRAM은 데이터 및 어드레스 핀을 SDRAM과 공유하여 사용한다. 따라서 SDRAM과 SRAM을 동시에 사용할 수 없으며, SRAM을 사용할 경우에는 SDRAM의 CS 핀을 'High'로 설정하여 사용해야 한다.

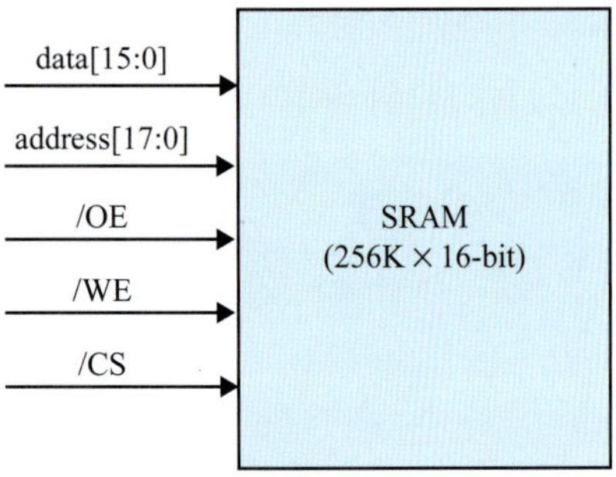

[그림 12-24] SRAM 메모리 구성

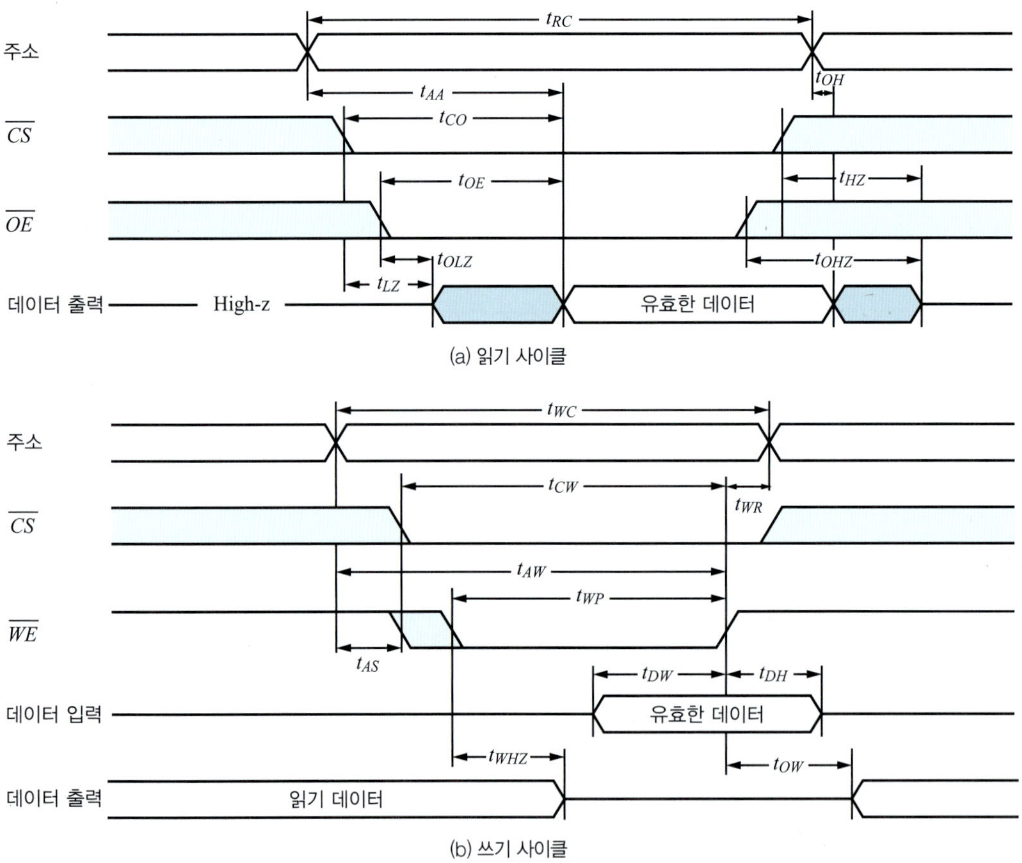

[그림 12-25] SRAM의 읽기와 쓰기 사이클 타이밍 도

■ 핀 할당표

신호이름	핀 번호	신호이름	핀 번호
RAM_A0	D18	RAM_D0	A2
RAM_A1	A18	RAM_D1	B10
RAM_A2	D19	RAM_D2	D11
RAM_A3	B19	RAM_D3	A11
RAM_A4	A21	RAM_D4	C12
RAM_A5	A19	RAM_D5	D13
RAM_A6	C19	RAM_D6	B13
RAM_A7	E19	RAM_D7	D14
RAM_A8	C18	RAM_D8	A13
RAM_A9	E18	RAM_D9	C13
RAM_A10	A17	RAM_D10	A12
RAM_A11	C17	RAM_D11	E12
RAM_A12	A16	RAM_D12	C11
RAM_BA0	B16	RAM_D13	E11
RAM_BA1	E17	RAM_D14	A10
RAM_DQM0	A14	RAM_D15	C10
RAM_DQM1	B14	RAM_CS0	D16
RAM_CAS	E15	RAM_CS1	A20
RAM_RAS	B15	RAM_WE	D15

12.2.18 확장 포트

■ 구성 및 동작

실습장비에는 장비 외부에 다른 장치들이나 별도로 구현한 회로를 연결하여 FPGA에서 제어할 수 있도록 확장 포트를 제공한다. FPGA 실습장비에 제공된 장치들 이외에 다른 센서 또는 확장 모듈을 제어하고자 할 때 연결해서 사용하는 확장 I/O 포트이다. 확장 포트의 모든 핀들은 FPGA에 연결되어 있다.

■ 핀 할당표

신호이름	핀 번호	신호이름	핀 번호
EXT0	Y21	EXT23	U15
EXT1	AA22	EXT24	AA15
EXT2	AB21	EXT25	W15
EXT3	AA21	EXT26	V14
EXT4	AA20	EXT27	T14
EXT5	Y20	EXT28	Y14
EXT6	Y19	EXT29	W14
EXT7	AB20	EXT30	AB14
EXT8	Y18	EXT31	AA14
EXT9	AB19	EXT32	V13
EXT10	AB18	EXT33	T13
EXT11	AA18	EXT34	AA13
EXT12	Y17	EXT35	Y13
EXT13	W17	EXT36	U12
EXT14	AB17	EXT37	AB13
EXT15	AA17	EXT38	W12
EXT16	V16	EXT39	V12
EXT17	U16	EXT40	AB12
EXT18	AA16	EXT41	Y12
EXT19	W16	EXT42	Y11
EXT20	T15	EXT43	W11
EXT21	AB16	EXT44	AB11
EXT22	V15	EXT45	AA11

CHAPTER 13

Vivado Design Suite 사용법

학습 목표

- Xilinx사의 Vivado® Design Suite를 이용한 설계 방법과 과정을 이해한다.
- Xilinx Vivado의 프로젝트 생성에서부터 설계 입력, 시뮬레이션, 설계 합성 및 구현, 디바이스 프로그래밍에 이르기까지 전체 설계흐름을 이해하고, 실습에 활용한다.

들어가기 전에

Xilinx사의 Vivado® Design Suite는 다양한 규모의 디지털 시스템을 설계하고, Xilinx FPGA[Field Programmable Gate Array] 및 SoC[System-on-Chip] 디바이스에 구현하는 제반 설계과정을 지원하는 통합 설계환경이다. Vivado는 7 시리즈(Artix, Spartan, Kintex, Virtex) FPGA, UltraScale, Zynq UltraScale+ MPSoCs, Zynq-7000 SoC 등의 디바이스를 지원한다. 참고로, 구형 Xilinx FPGA 디바이스들은 ISE 툴을 사용해야 한다.

Vivado는 Flow Navigator 인터페이스를 통해 프로젝트 관리에서부터 시뮬레이션, 설계 합성, 설계 구현, 그리고 디바이스 프로그래밍 등 전체 설계흐름을 엑세스할 수 있다. Vivado는 프로젝트에 속한 설계 파일, 컴파일 관련 파일, 시뮬레이션 파일, 핀 정보, 프로그래밍 파일 등 설계 관련 제반 정보를 하나의 프로젝트로 관리한다. 프로젝트 파일을 오픈하면 프로젝트에 관련된 모든 파일을 불러와서 정보를 확인하고 사용할 수 있도록 구성된다. Vivado에는 내장형 로직 시뮬레이터가 포함되어 있으며, C , C++ 및 SystemC 소스코드를 직접 Xilinx 디바이스에 구현할 수 있도록 Vivado High-Level Synthesis[HLS] 컴파일러도 지원된다. 또한, Vivado IP[Intellectual Property] Integrator를 사용하면 Xilinx IP 라이브러리에서 제공되는 IP를 통합하여 구성할 수 있다.

이 장에서는 Xilinx Vivado를 이용한 설계 방법과 과정을 개략적으로 소개한다. 프로젝트 생성에서부터 설계 입력, 시뮬레이션, 설계 합성 및 구현, 디바이스 프로그래밍에 이르기까지 설계 흐름을 설명하되, Vivado를 처음 접하는 초급자들에게 필요한 핵심적인 기능과 사용법을 중심으로 설명한다. Vivado는 매우 다양한 툴과 기능이 통합된 소프트웨어이므로 기능과 사용법을 구체적으로 다루는 것은 이 책의 범위를 벗어난다. Vivado의 상세한 사용법에 관해서는 Xilinx사에서 제공하는 관련 문서 또는 동영상 자료를 참고하기 바란다.

NOTE Vivado ML Standard Edition은 Xilinx사에 회원으로 가입하면 무료로 다운로드하여 사용할 수 있으나, 지원되는 디바이스 및 IP가 제한적이다. 반면에, 유료 버전인 Vivado ML Enterprise Edition은 모든 Xilinx 디바이스들을 지원한다. Vivado 툴 설치 과정은 [부록-1]을 참고하라.

SECTION 13.1 Xilinx Vivado 소프트웨어 개요

13.1.1 Vivado Design Suite의 초기 화면

Vivado 툴을 실행시키면 [그림 13-1]과 같은 초기 화면이 나타나며, 크게 4개의 영역으로 구성된다. Quick Start 영역에서는 새로운 프로젝트 생성 또는 기존 프로젝트 열기, Xilinx사에서 제공하는 예제 프로젝트 열기 등을 빠르게 실행할 수 있다. Tasks 영역은 IP 관리 창 열기, Hardware Manager 열기, Vivado Store 등을 실행할 수 있으며, Vivado Store로 들어가면 Tcl[Tool command Language] 앱, 평가 보드, 설계 예제 등을 검색하고 설치할 수 있다. Learning Center 영역에서는 Xilinx사에서 제공하는 Vivado 툴 관련 문서나 동영상 자료를 찾아볼 수 있다. 초기 화면의 오른쪽 영역에는 최근에 작업했던 프로젝트 목록이 나열되어 프로젝트 열기 작업을 빠르게 할 수 있다.

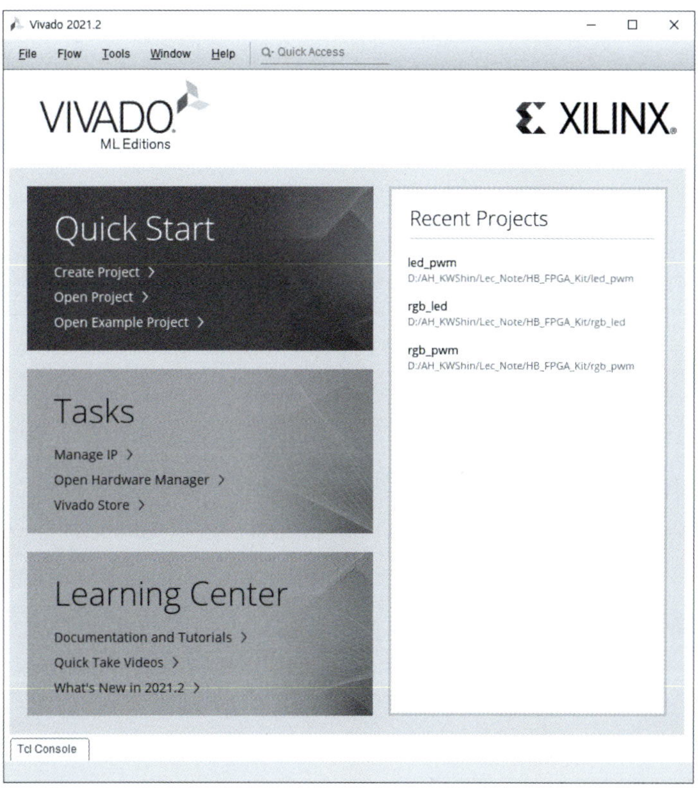

[그림 13-1] Vivado 초기 화면

[그림 13-2(a)]와 같이 Vivado 툴 초기 화면에서 Tools > Settings을 클릭하면 [그림 13-2(b)]와 같이 Project, IP, Source File, Text Editor 등의 설정을 변경할 수 있다.

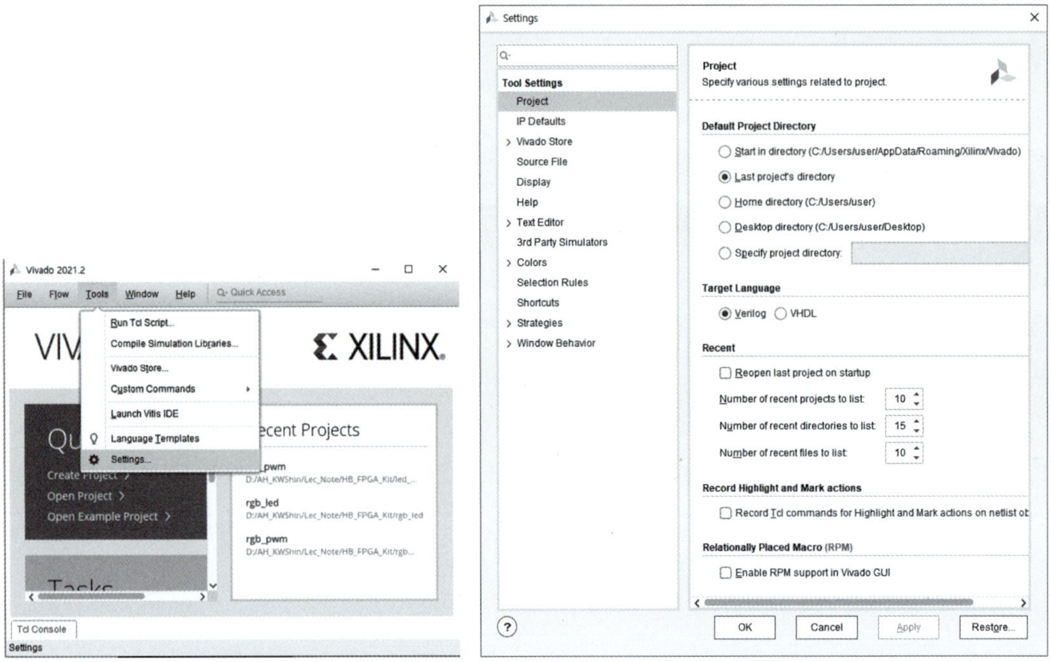

(a) Vivado 툴 설정 (b) Vivado 툴 설정 화면

[그림 13-2] Vivado 툴 설정 변경

13.1.2 Vivado Design Suite의 설계 흐름

Vivado의 설계 흐름은 [그림 13-3]과 같이 설계 입력[Design Entry], 설계 구현[Implementation], 디바이스 프로그래밍 등의 과정으로 진행되며, 각각의 단계마다 설계 검증이 함께 진행된다.

Vivado의 설계 입력은 기본적으로 문서편집기를 이용한 RTL[Register Transfer Level] HDL 소스코드 입력과 함께 Xilinx 또는 제3자[third party] 제공 IP[Intellectual Property], HLS[High- Level Synthesis]를 위한 C언어 기반 설계, MATLAB, Simulink 툴과 연계된 Model-based 설계, IP Integrator를 이용한 Block Design 등 다양한 수준의 설계 입력을 제공한다. RTL 소스코드 입력을 위해서는 Verilog HDL, VHDL, SystemVerilog 등의 Language Template을 이용할 수 있다.

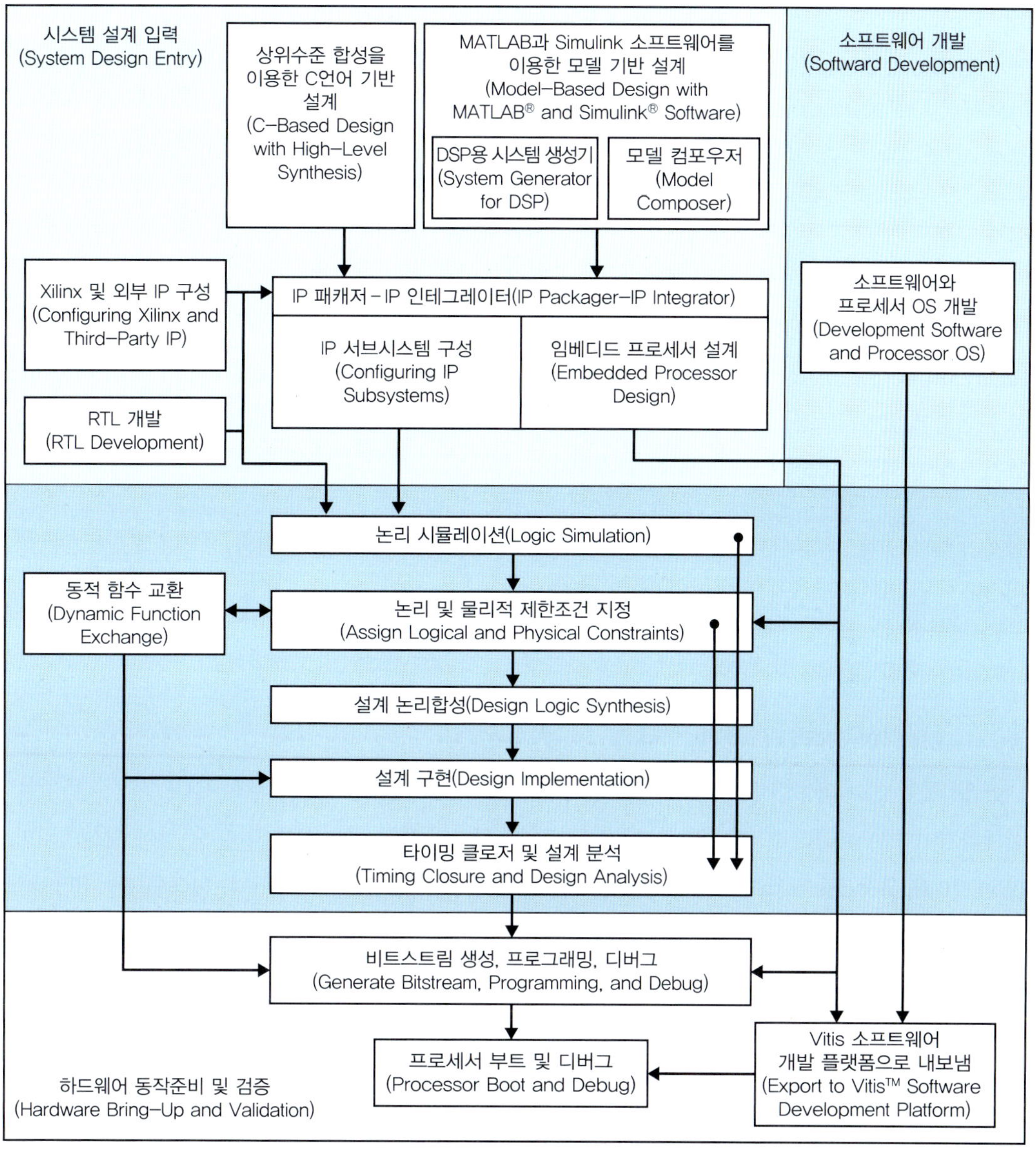

[그림 13-3] Vivado의 설계 흐름

논리 시뮬레이션logic simulation은 RTL 수준에서 설계된 Verilog HDL 모델이 기능적으로 올바로 설계되었는지를 확인하는 과정이며, 기본적으로 Vivado에 내장된 로직 시뮬레이터가 사용되며 제3자third party 로직 시뮬레이션 툴을 사용할 수도 있다. 회로 내부의 지연이 고려되지 않은 기능수준에서 시뮬레이션이 이루어지며, 회로의 기능을 정확하게 검증할 수 있는 시뮬레이션 입력 벡터의 생성이 중요하다.

설계 합성design synthesis은 RTL 수준에서 모델링된 HDL 소스코드를 게이트 수준의 논리회로로 변환하는 과정이며, 이때 합성에 적용될 설계조건design constraint 정보가 사용된다. Design constraint는 합성되는 회로의 목표 동작 주파수, 클록신호 사양, 입출력 핀 정보, 합성 전략(면적 최적화, 성능 최적화 등) 등 설계 합성에 적용될 조건들이 명시된다. Vivado는 RTL 설계에 대한 전체적인 합성global synthesis 또는

top-down 합성을 수행한다. 한편, Xilinx IP Catalog에서 지원되는 IP 코어나 Vivado IP Integrator에 의한 Block Design의 합성을 위해서는 bottom-up 또는 Out-Of-Context^OOC^ Design Flow가 기본적으로 적용된다. OOC Design Flow는 IP 코어, Block Design 또는 계층적 설계 모듈에 대한 분석, 합성, 구현 등을 최상위^top-level^ 설계와 무관하게 또는 독립적으로 처리할 수 있도록 한다.

설계 구현^design implementation^은 설계 합성을 통해 생성된 netlist 데이터와 constraint 정보를 통합하여 타깃 FPGA 디바이스 내부의 CLB^Configurable Logic Block^와 IOB^Input/Output Block^로 매핑하여 물리적 설계정보로 변환한다. 또한, 매핑된 정보를 이용하여 FPGA 내부 로직 셀들 간의 배치 · 배선 작업을 수행하여 Bitstream 데이터 생성을 위한 정보를 만든다. 배치 · 배선 작업은 매핑된 회로를 타깃 FPGA 디바이스로 구현함에 있어서 로직 셀 간의 배선 용이성, 주어진 타이밍 조건 및 핀 위치 등을 만족하도록 최적의 위치를 찾아 회로를 배치하고 배선하는 과정이다.

설계 구현을 통해 생성되는 Bitstream은 FPGA 디바이스에 프로그래밍될 회로 정보가 포함된 파일이며, bit 파일 또는 프로그래밍 파일이라고도 한다.

13.1.3 Vivado 통합 설계환경

Vivado 통합 설계환경^Integrated Design Environment, IDE^은 Vivado Design Suite를 위한 GUI^Graphical User Interface^ 설계환경이다. Vivado 소프트웨어를 실행시키면 [그림 13-4]와 같이 IDE의 GUI 창이 활성화되며, Flow Navigator 창, Sources 창, Properties 창, Workspace 창, 그리고 Tcl, Messages, Reports 등의 탭이 포함된 Results 창의 5개 영역으로 구성된다. 각 창은 크기 조정이 가능하며, 더블 클릭하면 독립된 창으로 Undocking시켜 새로운 위치로 이동될 수고, 독립된 창을 더블 클릭하면 원래의 위치로 Docking시킬 수 있다. [그림 13-4]의 Vivado IDE 화면에 대한 개략적인 설명은 다음과 같다.

❶ 프로젝트 정보 표시

Vivado 프로젝트 이름과 프로젝트 관련 정보가 저장되는 위치의 경로가 표시된다. 또한 현재 사용 중인 Vivado 버전 정보도 표시된다.

❷ 메뉴 바

Vivado IDE 명령어에 대한 액세스를 제공한다. 일반적으로 사용되는 명령어들은 항상 표시되지만(예: File > Open Project), 일부 명령어들은 설계가 활성화된 경우에만 표시된다(예: Tools > Report > Report DRC). 일부 메뉴 명령어는 키보드 단축키를 가지며, 메뉴 명령어 옆에 표시된다.

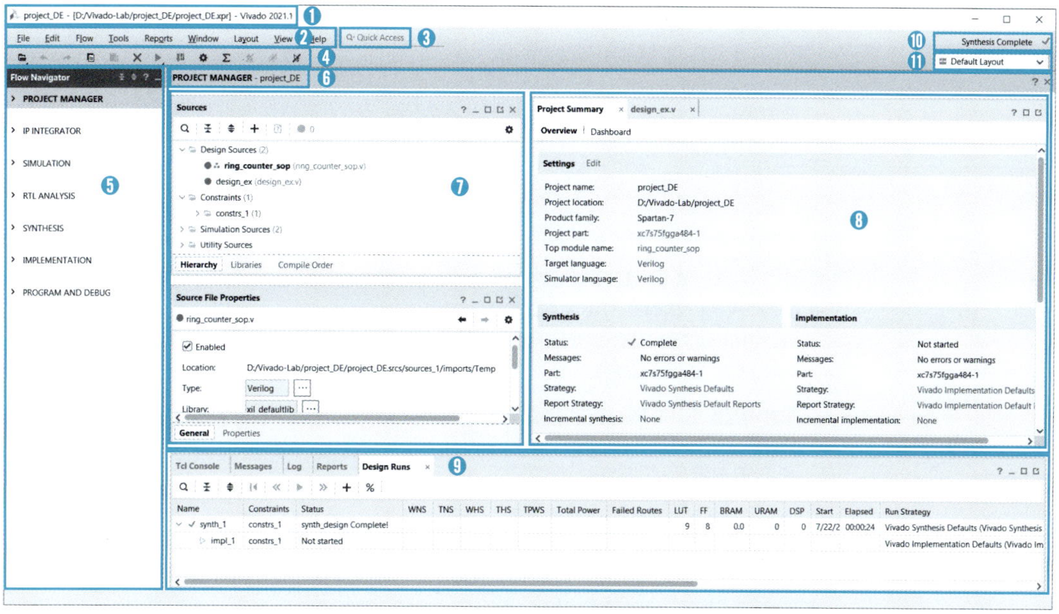

❶ 프로젝트 정보 표시	❷ 메뉴 바	❸ Quick Access 탐색 필드	❹ 메인 툴바
❺ Flow Navigator	❻ Open Designs 바	❼ Data Windows 영역	❽ Workspace 영역
❾ Results Window 영역	❿ 프로젝트 상태 바	⓫ Layout Selector	

[그림 13–4] Vivado IDE 화면 구성

❸ Quick Access 탐색 필드

Vivado IDE 명령어를 직접 입력해서 엑세스할 수 있다.

❹ 메인 툴바

Vivado IDE에서 일반적으로 사용되는 명령어를 한 번의 클릭으로 액세스할 수 있도록 명령어 아이콘들이 제공된다. 버튼 위에 마우스 커서를 올리면 명령어 이름이 표시된다.

❺ Flow Navigator

Flow Navigator는 설계 입력에서부터 Bitstream 생성까지 전체 설계과정에서 사용되는 툴들과 명령들의 직접적인 액세스를 제공한다. Flow Navigator에서 사용할 수 있는 명령과 옵션은 설계 상태에 따라 달라지며, 현재 적용할 수 없는 단계들은 필요한 설계 작업이 완료될 때까지 회색으로 표시되어 비활성화된다. 각 단계가 완료되면 Flow Navigator를 통해 모든 뷰어 및 보고서를 사용할 수 있다.

[표 13-1] Flow Navigator에서 제공하는 설계 프로세스 단계

프로세스 단계	내용
PROJECT MANAGER	프로젝트 관련 설정이 모두 모여 있다. 프로젝트에 관한 일반 설정 변경, 소스 파일의 추가 또는 생성 등 관리, 언어 템플릿 보기, Vivado IP 카탈로그 열기 등을 수행한다.
IP INTEGRATOR	IP Block Design을 생성하거나, 이미 만들어진 IP의 열기 또는 IP 블록의 연결을 통한 설계를 생성한다.
SIMULATION	시뮬레이션 설정을 변경하거나 활성화된 설계에 대해 시뮬레이션을 실행한다.
RTL ANALYSIS	RTL 소스코드를 분석해서 설계에 대한 elaboration 과정을 거쳐 DRC(설계규칙 검사, Design Rule Checking)를 실행하고, RTL 회로도를 생성한다. elaboration이란 시뮬레이션 또는 합성을 위한 준비과정으로서 모듈과 모듈 인스턴스의 결합, parameter 값 적용, 계층적 이름 처리 등을 수행하는 전처리 과정이다.
SYNTHESIS	합성 설정을 변경하거나 활성화된 설계를 합성하거나 합성된 설계를 오픈한다. 합성은 RTL 소스코드를 게이트 수준의 회로(즉, FPGA 디바이스 내부의 LUT(Look-Up Table), 플립플롭, DSP 블록 등)로 변환하는 과정이다.
IMPLEMENTATION	구현 설정을 변경하거나 활성화된 설계를 구현하거나 구현된 설계를 오픈한다. 구현이란 합성을 통해 생성된 회로를 FPGA 디바이스 내부의 물리적 소자로 매핑하고 연결하여 합성된 회로를 FPGA 디바이스에 구현하는 과정이다.
PROGRAM AND DEBUG	구현 과정을 통해 생성된 회로를 Bitstream 파일로 생성하며, Vivado IDE에서 Hardware Manager를 열고, FPGA 디바이스 또는 플래시 메모리에 프로그래밍하는 과정이다.

❻ Open Designs 바

활성화된 설계에 대한 RTL Analysis, Simulation, Synthesis, Implementation 등의 실행 결과, Project Manager, Hardware Manager 등이 Vivado IDE 화면에 오픈된 상태를 표시한다. Open Elaborated Design, Open Synthesized Design, Simulation 등 Open Designs 종류에 따라 데이터 창 영역과 Workspace 영역에 표시되는 정보가 달라진다.

❼ Data Windows 영역

프로젝트에 관련된 설계 소스와 각종 데이터가 표시되는 창들로 구성된다. Sources 창에는 프로젝트에 포함되어 있는 설계요소들의 계층구조[hierarchy], IP 소스, 라이브러리, 컴파일 순서 보기 등이 표시된다. Source File Properties 창에는 선택된 대상체 또는 디바이스 리소스에 대한 정보가 표시된다.

❽ Workspace 영역

텍스트 기반의 파일 및 리포트를 표시하고 편집할 수 있는 텍스트 편집기, 회로도 창, 디바이스 창, 패키지 창 등이 표시되는 영역이다.

❾ Results Window 영역

프로젝트에서 이루어진 작업들의 결과를 보여주는 탭[Tab]들이 표시되는 영역이며, Tcl[Tool command language], Messages, Log, Reports 등의 탭들로 구성되어 완료된 작업들에 대한 결과가 표시된다.

⑩ 프로젝트 상태 바

활성화된 설계에 대해 실행되고 있는 툴의 진행 상태와 결과가 표시되며, 실행 중인 툴의 실행을 취소시킬 수 있다.

⑪ Layout Selector 필드

Vivado IDE는 설계과정에 수반되는 다양한 작업을 효율적으로 처리할 수 있도록 미리 정의된 Window Layout을 제공한다. [그림 13-5]와 같이 레이아웃 선택[Layout Selector] 필드를 통해 Window Layout을 변경할 수 있으며, 또는 메뉴 바의 레이아웃 메뉴를 사용하여 레이아웃을 변경시킬 수도 있다.

- Default Layout : 최소한의 창으로 디자인을 분석한다.
- I/O Planning : I/O 배치 조건[constraints]을 정의하고 핀을 할당한다. I/O planning 프로젝트로 작업할 때는 I/O Planning view 레이아웃이 기본 레이아웃이 된다.
- Clock Planning : Clock Resources 창, Device 창 및 I/O Ports 창들에 대한 교차 조사(점검)를 통해 설계에 사용되는 클록 리소스를 계획하고 배치한다.
- Floorplanning : 특정 서브 블록들이 FPGA 디바이스 내부의 특정 위치에 배치되도록 Pblock[physical block]을 정의하거나, 설계 분할을 관리하고, 계층적 floorplanning을 수행한다.
- Debug : 디버그 네트를 정의하고 디버그 코어를 구성한다.
- Timing Analysis : 회로의 타이밍을 분석하고 타이밍 보고서를 생성한다.

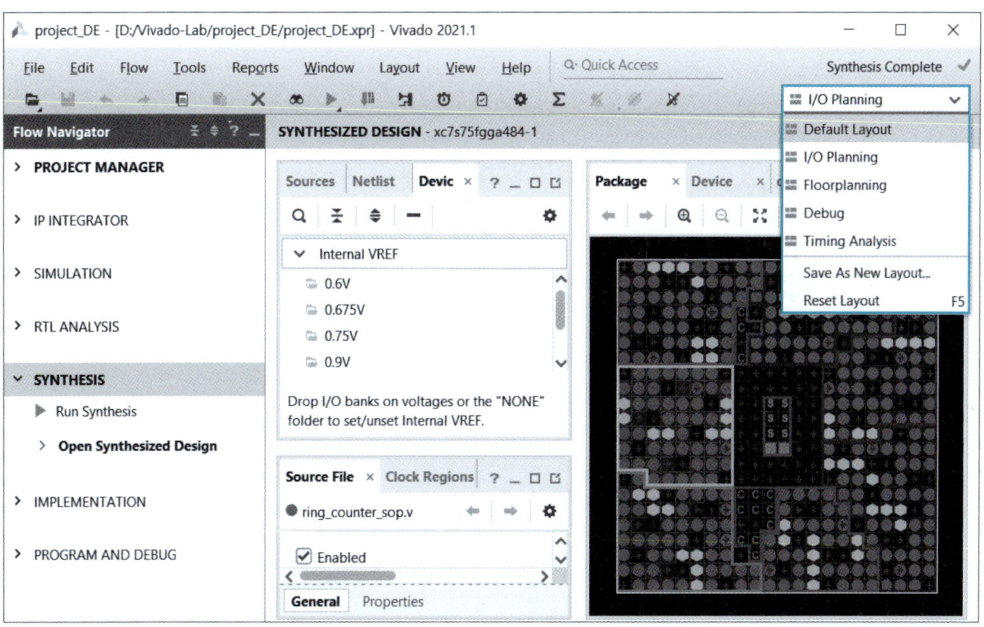

[그림 13-5] 레이아웃 선택 필드

SECTION 13.2

Vivado Project 생성

Vivado로 설계 작업을 시작하기 위해서는 먼저 프로젝트를 생성해야 한다. Vivado를 실행시킨 후, [그림 13-6]과 같이 Quick Start 메뉴에서 'Create Project'를 실행하여 새로운 프로젝트를 생성할 수 있다. 또는 Vivado IDE가 실행 중인 경우에는 메뉴 바의 File > New Project를 통해 새로운 프로젝트를 생성할 수 있다. 프로젝트 생성은 프로젝트 이름 지정, 디바이스 선택, 프로젝트 요약의 단계로 진행된다.

❶ **프로젝트 이름 및 경로 설정** : [그림 13-6]에서 'Create Project'를 실행하면 [그림 13-7]과 같은 New Project 창이 활성화된다. Next를 클릭하면 [그림 13-8]과 같은 Project Name 창이 활성화되며, 프로젝트 이름과 저장 위치를 설정한다. 'Create project subdirectory'의 박스를 체크하면 프로젝트 관련 하위 폴더가 자동으로 생성된다. Next를 클릭하면 Project Type을 지정하는 창이 활성화된다.

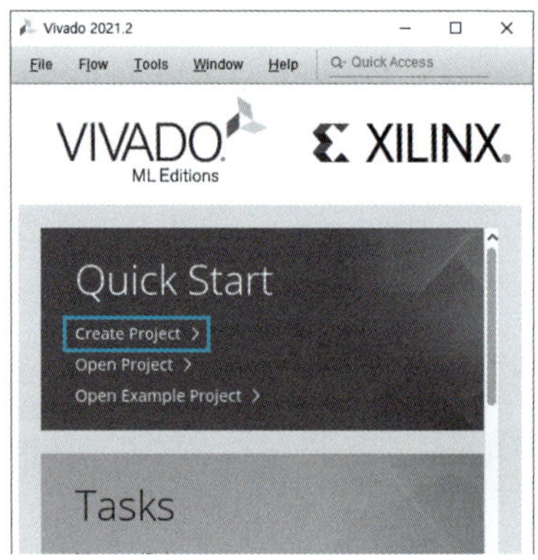

[그림 13-6] Create Project 창

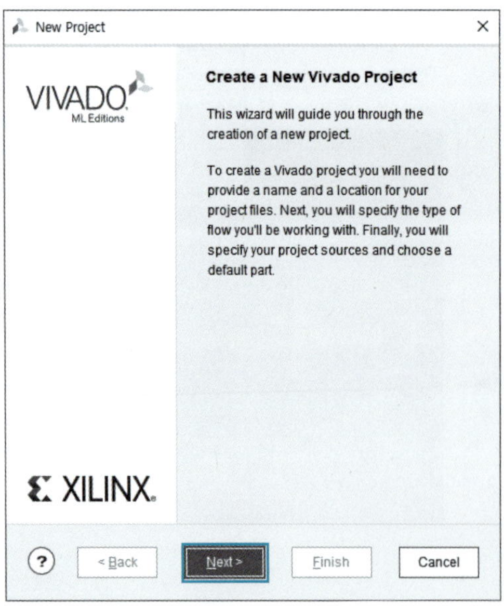

[그림 13-7] Create a New Vivado Project 창

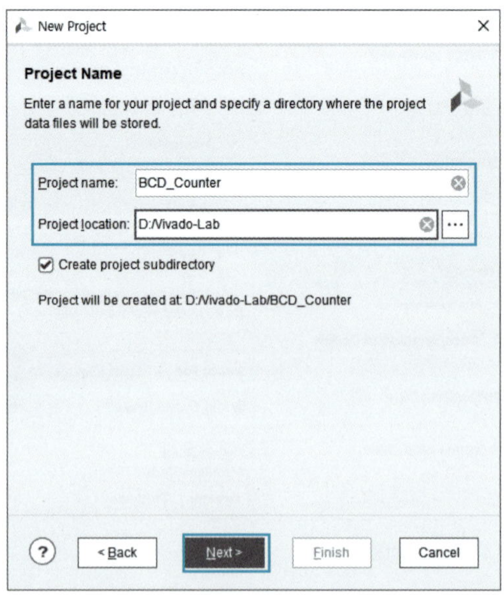

[그림 13-8] Project Name 창

❷ **프로젝트 타입 설정** : [그림 13-9]의 Project Type 창에서 'RTL Project'를 지정한다. RTL Project에서는 소스 파일의 추가나 생성, IP Integrator에서 Block Design 만들기 및 IP 생성, 시뮬레이션, 설계 합성, 설계 구현 및 분석 등의 작업을 실행할 수 있다. Next를 클릭하면 Add Sources 창이 활성화된다.

❸ **소스 파일 추가** : [그림 13-10]의 Add Sources 창에서 HDL 소스, netlist, Block Design 및 IP 파일을 프로젝트에 추가할 수 있다. 이 단계에서 추가 또는 생성하지 않고 프로젝트 생성이 완료된 후에 소스 파일을 프로젝트에 추가할 수도 있다. Target language는 'Verilog'로 설정하고, Simulator language는 'Verilog' 또는 'Mixed'로 설정한 후, 새로운 소스 파일을 생성하기 위해 Create File을 클릭하면 Create Source File 창이 활성화된다.

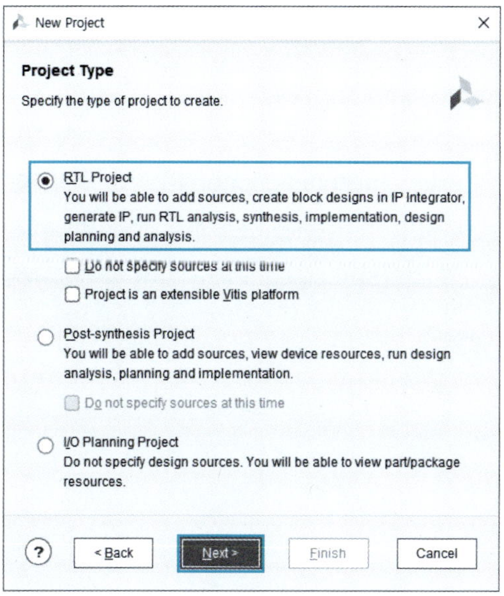

[그림 13-9] Project Type 창

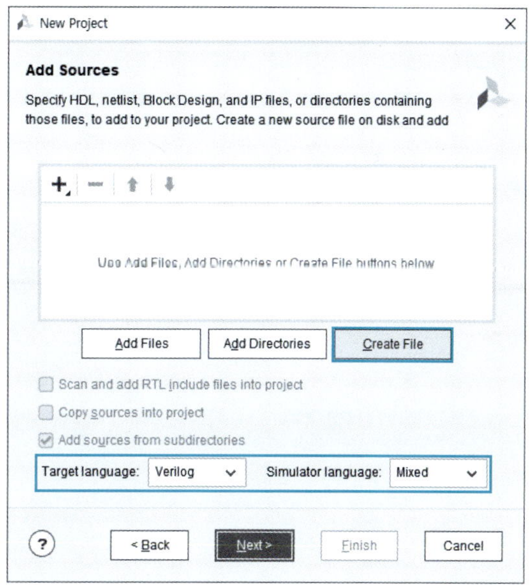

[그림 13-10] Add Source 창

❹ **소스 파일 이름 지정** : [그림 13-11]의 File name 창에서 생성될 소스 파일의 이름을 입력하고, File type은 'Verilog'로 지정한다. OK를 클릭하면 [그림 13-12]와 같이 Add Sources 창에 파일이 추가되며, HDL Source For 필드에 파일 속성이 'Synthesis & Simulation'으로 설정되어야 설계 합성과 시뮬레이션에 적용될 수 있다. Next를 클릭하면 Add Constraints(optional) 창이 활성화된다.

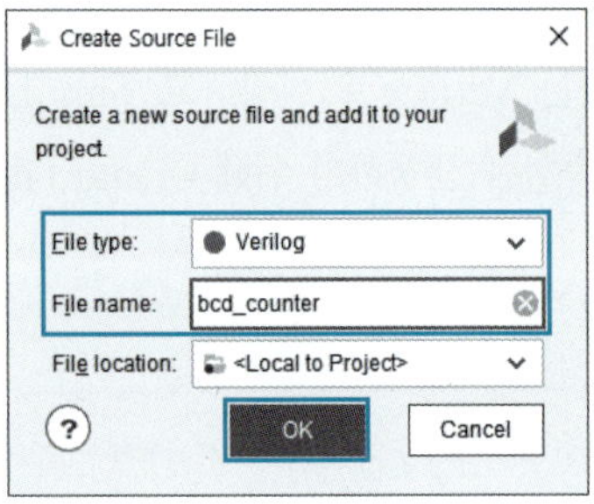

[그림 13-11] File name 창

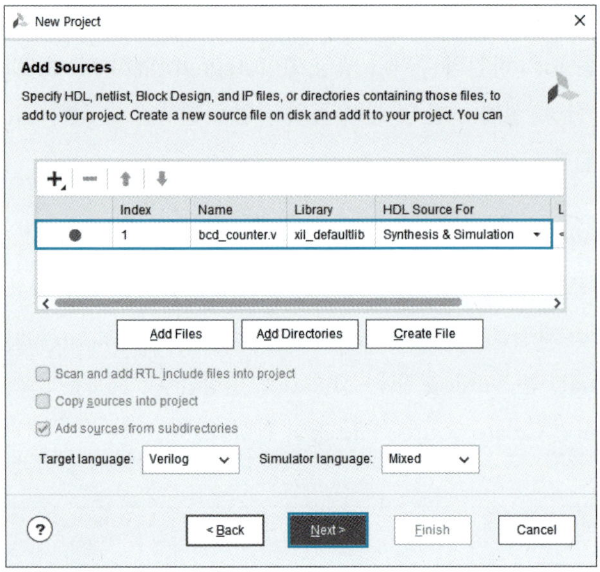

[그림 13-12] 소스 파일 생성(추가)이 완료된 상태

❺ **물리적 및 타이밍 제약조건 설정** : [그림 13-13]의 Add Constraints(optional) 창은 설계 합성과 설계 구현 과정에서 적용될 제약조건(핀 할당 정보, 타이밍 조건 등)을 설정하는 과정이며, 이는 프로젝트 생성이 완료된 후에 설정할 수 있으므로 Next를 클릭하면 Default Part 창이 활성화된다.

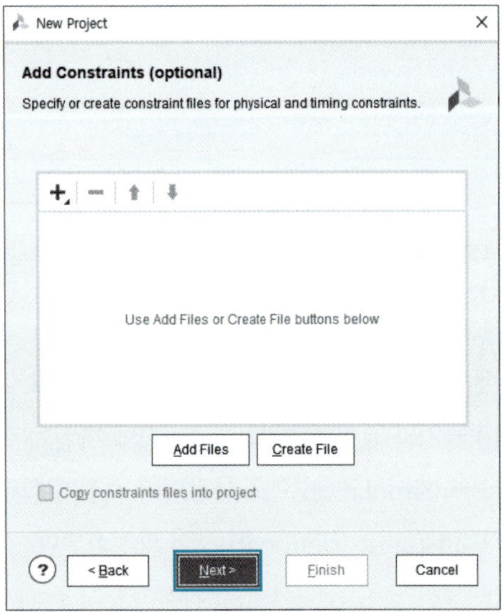

[그림 13-13] Add Constraints 창

❻ **FPGA 디바이스 설정** : [그림 13-14]의 Default Part 창은 프로젝트에 적용될 FPGA 디바이스를 설정한다. Category 필드에 'General Purpose'를 선택하고, Family 필드에서 'Spartan-7'을 선택한 후, Part 열에서 'xc7s75fgga484-1' 디바이스(FPGA 실습장비에 탑재된 디바이스)를 선택한다. Next를 클릭하면 New Project Summary 창이 활성화된다.

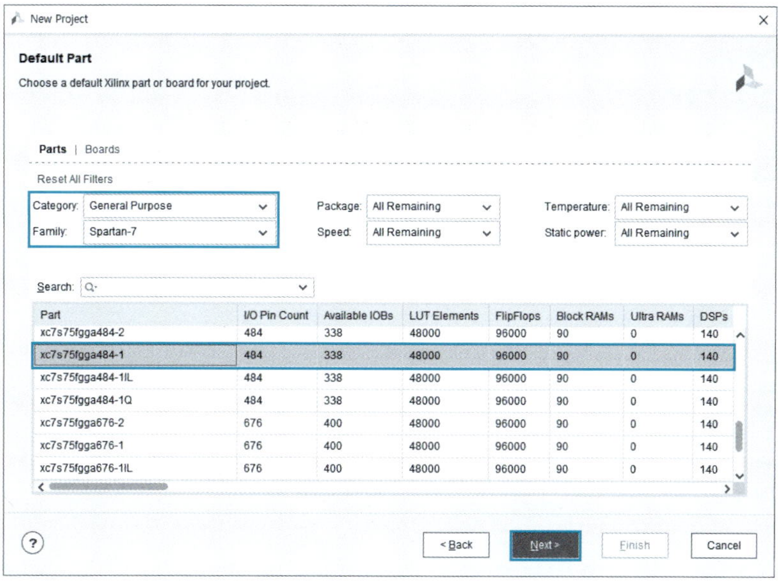

[그림 13-14] Default Part 창

❼ **프로젝트 생성 완료** : 이상의 과정이 완료되면 [그림 13-15]와 같이 생성된 프로젝트에 대한 요약을 보여주는 New Project Summary 창이 활성화된다. 생성된 프로젝트 정보를 검토하여 잘못된 부분이 있으면 Back 버튼을 클릭해서 이전 단계로 이동하고 수정할 수 있다. 프로젝트가 올바로 생성되었다면 Finish 버튼을 눌러 프로젝트 생성을 마쳤을 때 Define Module 창이 활성화된다.

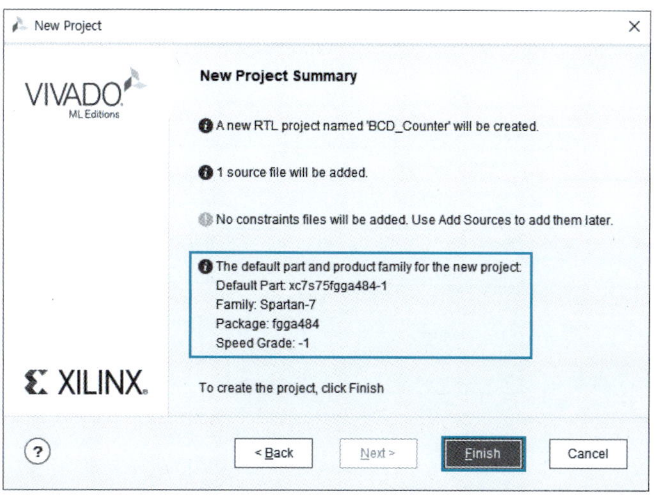

[그림 13-15] New Project Summary 창

❽ **모듈 정의** : [그림 13-16]의 Define Module 창은 프로젝트에 생성될 모듈의 이름과 I/O Port를 설정할 수 있다. 이 단계에서 모듈 이름, I/O port 이름, 방향, 비트 수를 설정하면, 프로젝트에 생성된 HDL 소스 파일에 설정된 내용이 반영된다. Cancel 버튼을 누르면 모듈 설정 과정이 생략된 상태로 프로젝트 생성이 완료된다. OK 버튼을 클릭하면 프로젝트 생성이 완료된다.

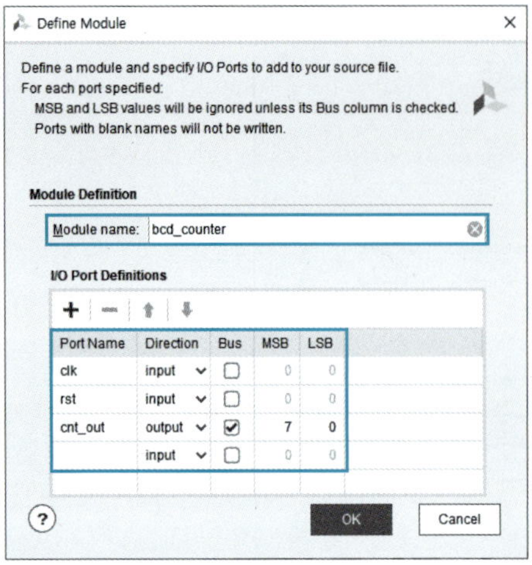

[그림 13-16] Define Module 창

9 프로젝트 생성 완료 : [그림 13-17]은 프로젝트 생성이 완료된 상태의 Vivado IDE 화면이다. Project Manager가 활성화된 상태이며, Sources 창에 bcd_counter.v 소스 파일이 포함되어 있다. Workspace 영역에 Project Summary 창이 활성화되며, 프로젝트 생성 과정에서 설정된 내용들을 확인할 수 있다. 참고로, Sources 창에 들어 있는 bcd_counter.v 소스 파일을 더블 클릭하면, [그림 13-18]과 같이 Workspace 영역에 해당 파일을 편집할 수 있는 문서편집기 창이 활성화된다. 단계-8의 모듈 정의 과정에서 설정한 모듈 이름과 I/O port 이름이 반영되어 있음을 확인할 수 있다.

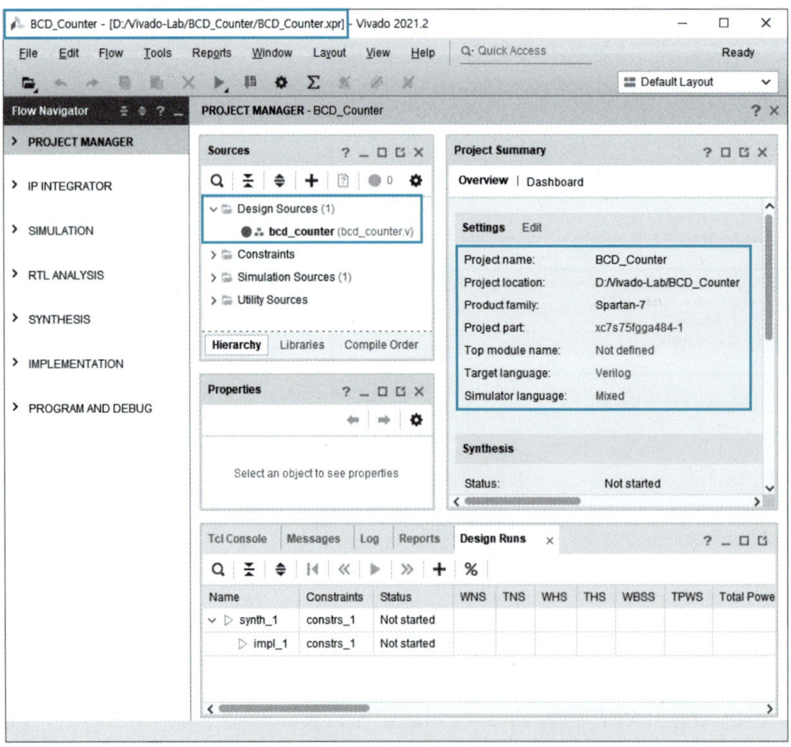

[그림 13-17] 프로젝트 생성이 완료된 상태

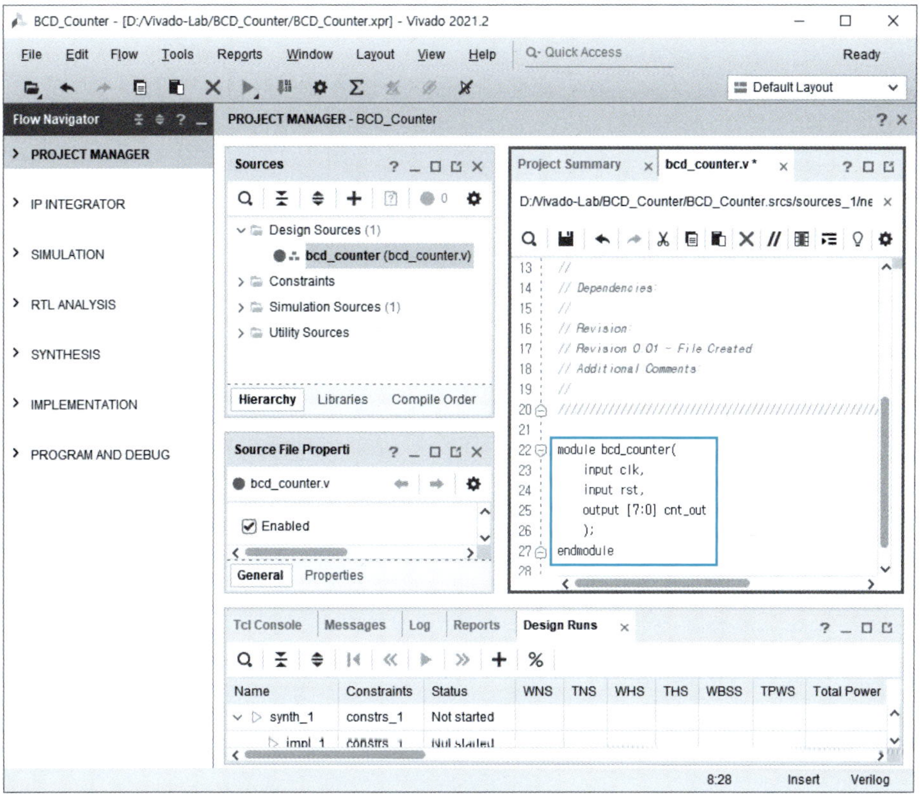

[그림 13-18] 프로젝트 생성 과정에서 만들어진 소스 파일을 오픈한 상태

▪ 프로젝트 설정 변경

Vivado 프로젝트가 IDE에 오픈된 상태에서 프로젝트에 관련된 설정을 변경할 수 있다. Top 모듈 정의, 언어 옵션 등을 포함한 일반 설정과 IP 관련 설정, 그리고 시뮬레이션, elaboration, 합성, 구현, Bitstream 생성 등 설계 흐름에 관련된 제반 설정을 변경할 수 있다.

프로젝트 설정 변경을 위해서는 [그림 13-19(a)]와 같이 세 가지 방법 중 하나를 사용할 수 있으며, [그림 13-19(b)]와 같이 Settings 창이 활성화된다.

❶ Flow Navigator 창에서 Project Manager 섹션의 'Settings' 실행
❷ 메인 툴바의 Settings 버튼 클릭
❸ 메뉴 바에서 Tools > Settings 실행

[그림 13-19(b)]는 Project Settings에서 General을 선택하여 설계 흐름 전체에 걸쳐 영향을 미치는 일반 설정을 변경하는 예이다. 프로젝트 설정 변경은 내용이 많고 또한 항목별로 전문적인 지식과 경험을 필요로 하는 사항이 많으므로, Xilinx사에서 제공하는 User Guide 문서나 동영상 안내 자료를 참고하기 바란다.

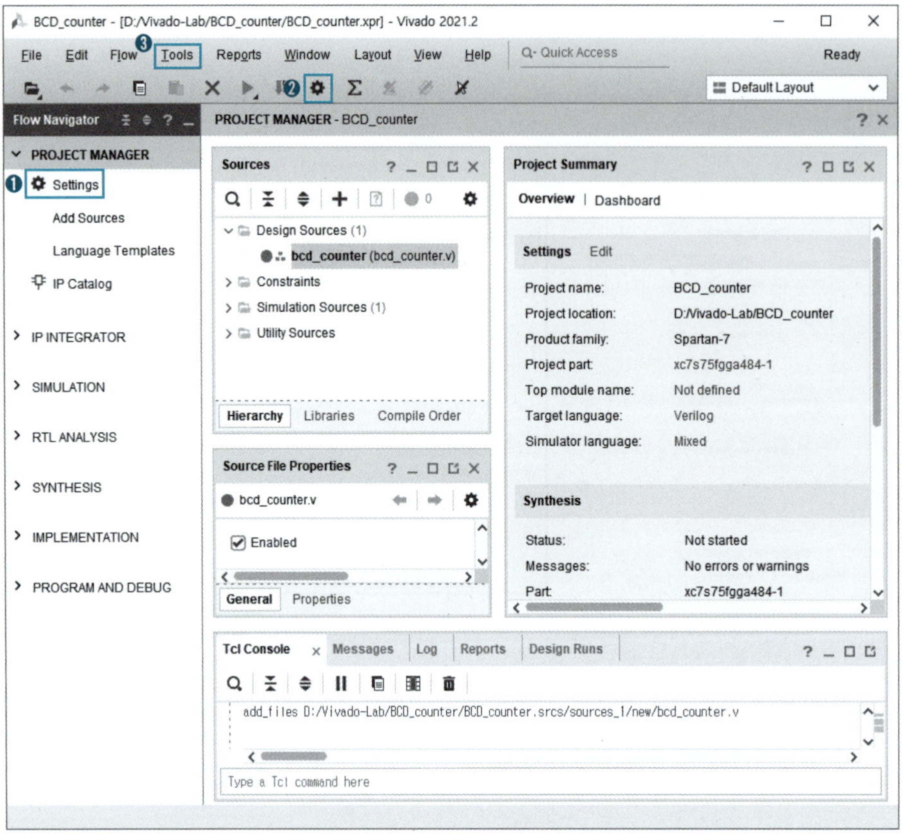

(a) 프로젝트 설정 변경 방법

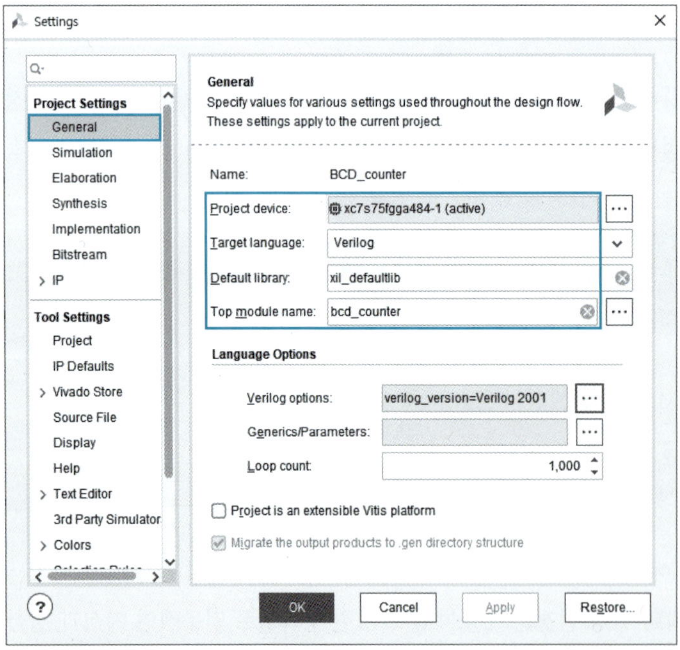

(b) General 설정 변경 예

[그림 13-19] Vivado 프로젝트 설정 변경

SECTION 13.3

설계 입력

Vivado IDE는 설계 입력을 위해 HDL 소스 파일, netlist 파일, Block Design 및 IP 등 다양한 방법을 제공한다. 프로젝트 생성 과정(13.2절 참고)에서 HDL 소스 파일을 생성하거나 추가할 수 있으며, 프로젝트 생성 후에도 HDL 소스 파일, IP 및 Block Design을 통해 설계 입력을 할 수 있다. 이 절에서는 HDL 소스 파일을 생성하고 추가하는 과정을 소개한다.

13.3.1 새로운 소스 파일 생성 또는 추가

프로젝트가 오픈된 상태에서 새로운 디자인 소스를 생성하거나 이미 만들어져 있는 디자인 소스를 프로젝트에 추가하는 과정은 다음과 같다.

❶ **Add Sources 실행** : 메뉴 바의 File > Add Sources에서 명령어를 실행하거나, 또는 [그림 13-20]과 같이 Sources 창에서 'Design Sources' 폴더를 선택한 후, + 아이콘(Add Sources)을 클릭하면 [그림 13-21]의 소스 파일 유형 선택 창이 활성화된다.

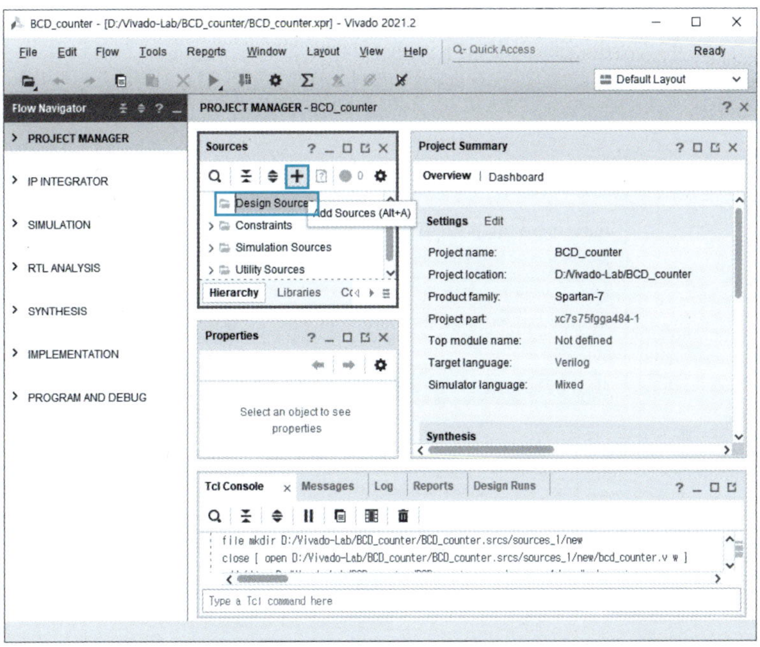

[그림 13-20] Add Sources 실행

❷ **소스 파일 유형 선택** : [그림 13-21]의 소스 파일 유형 선택 창에서 생성 또는 추가될 파일의 유형을 선택한다. 'Add or create design sources'를 선택하면, 설계 합성과 시뮬레이션에 모두 적용되며, 'Add or create simulation sources'를 선택하면 시뮬레이션에만 적용된다. Next를 클릭하면 Add or Create Design Sources 창이 활성화된다.

❸ **새로운 소스 파일 생성** : [그림 13-22]의 Add or Create Design Sources 창에서 Create File을 클릭하면 새로운 파일이 생성되고, Add Files을 클릭하면 이미 만들어져 있는 파일을 프로젝트에 추가할 수 있다. 새로운 소스 파일을 생성하기 위해 Create File을 클릭하면 Create Source File 창이 활성화된다.

[그림 13-21] 소스 파일 유형 선택 창

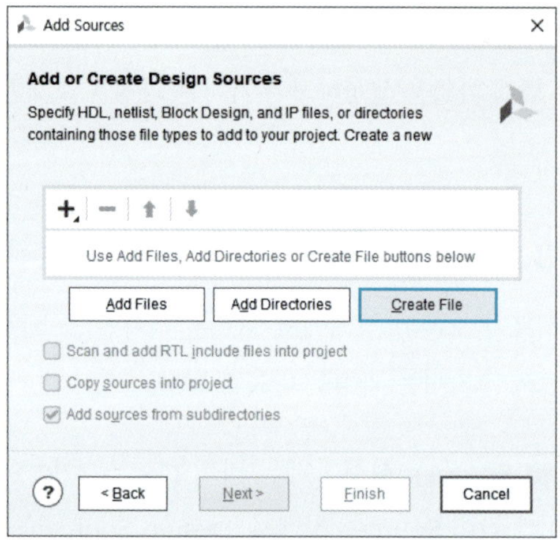

[그림 13-22] Add or Create Design Sources 창

❹ **소스 파일 이름 지정** : [그림 13-23]의 Creative Source File 창에서 'File name'에 생성될 파일 이름을 입력하고, 'File type'은 Verilog로 지정한다. OK를 클릭하면 [그림 13-24]와 같이 Add Sources 창에 파일이 추가된다. Finish를 클릭하면 Define Module 창이 활성화된다.

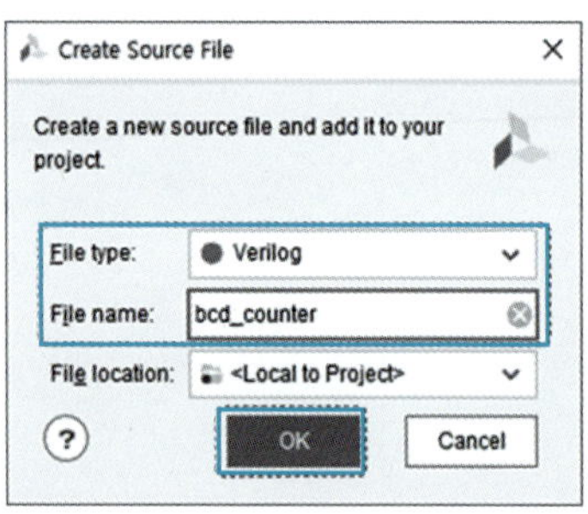

[그림 13-23] Creative Source File 창

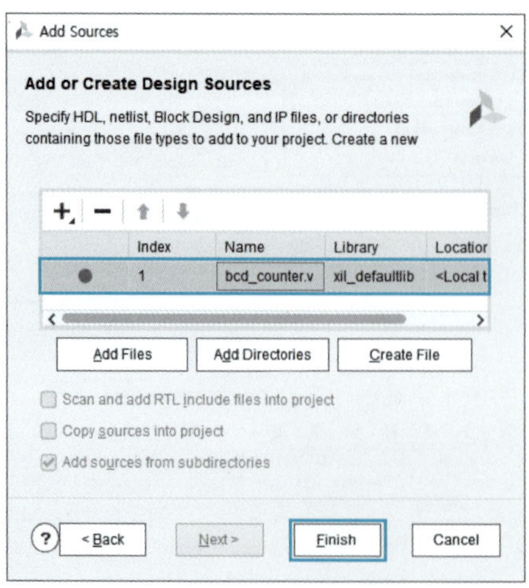

[그림 13-24] 소스 파일이 생성(추가)된 상태

❺ **모듈 정의** : [그림 13-25]의 Define Module 창에서 생성될 모듈의 이름과 I/O Port를 설정하면 생성되는 HDL 소스 파일에 설정된 내용이 반영된다. Port Name 필드에 포트 이름을 입력하고, Direction을 설정한다. 포트의 신호가 Bus 형태이면 Bus 필드에 체크하고, MSB 필드와 LSB 필드에 원하는 값을 입력한다. 이와 같은 방법으로 회로의 입출력 포트를 지정한다. OK 버튼을 클릭하면 소스 파일 생성이 완료된다. [그림 13-26]은 프로젝트에 소스 파일의 생성 또는 추가가 완료된 상태를 보이고 있다.

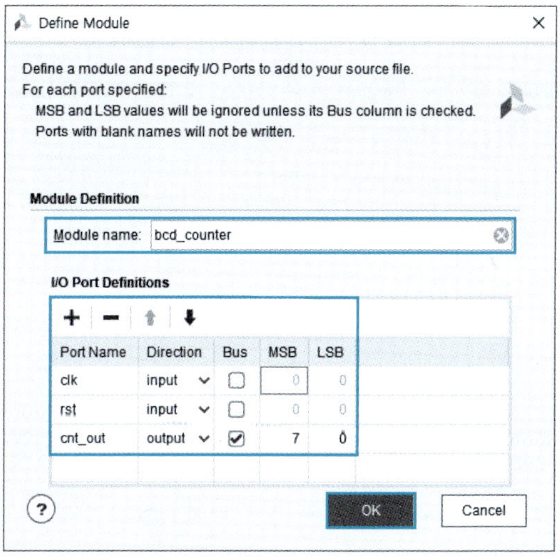

[그림 13-25] Define Module 창

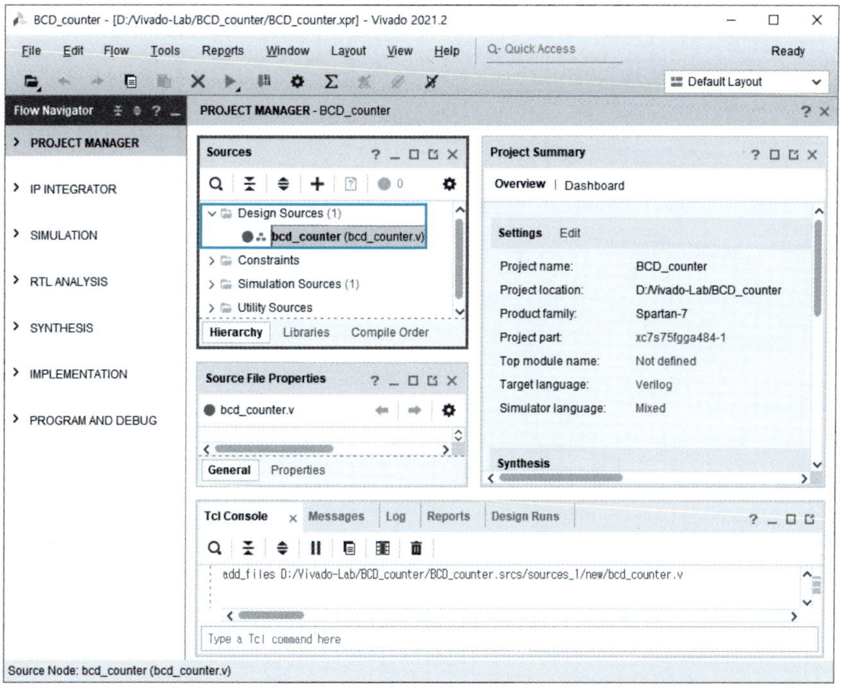

[그림 13-26] Design Sources 폴더에 소스 파일 생성(추가)이 완료된 상태

■ 문서 편집기를 이용한 HDL 소스 파일 편집

Sources 창에서 'Design Sources' 폴더를 확장하면, 프로젝트에 추가된 소스 파일을 확인할 수 있다. 소스 파일을 더블 클릭하면 Workspace 영역에 편집할 수 있는 상태로 오픈되며, [그림 13-25]의 소스 파일 생성 과정에서 설정된 모듈 이름과 입출력 포트 이름이 반영되어 있다. 문서편집기 탭에서 HDL 소스 파일을 편집, 수정할 수 있으며, 입력된 소스 파일 내용에 HDL 구문 오류[error]나 경고[warning]가 있으면 편집기 창 오른쪽 상태 바에 빨간색 라인이 표시된다. 이때, 오류가 발생한 라인 근처의 빨간색 라인에 마우스 포인터를 위치시키면 [그림 13-27(a)]와 같이 발생된 오류에 대한 간략한 설명이 팝업 메시지로 나타난다. [그림 13-27(a)]의 예시에서는 `endmodule` 근처에 Verilog HDL 구문의 오류가 있으며, `end`가 누락되었음을 알려주고 있다. 실제로 `always` 블록의 `begin`에 대응되는 `end`가 누락되었으며, `endmodule` 앞에 `end`를 추가하면, 해당 라인 근처의 빨간색 라인이 사라지며, [그림 13-27(b)]와 같이 상태 바 위쪽의 빨간색 사각형 표시가 초록색으로 바뀌는 것을 확인할 수 있다.

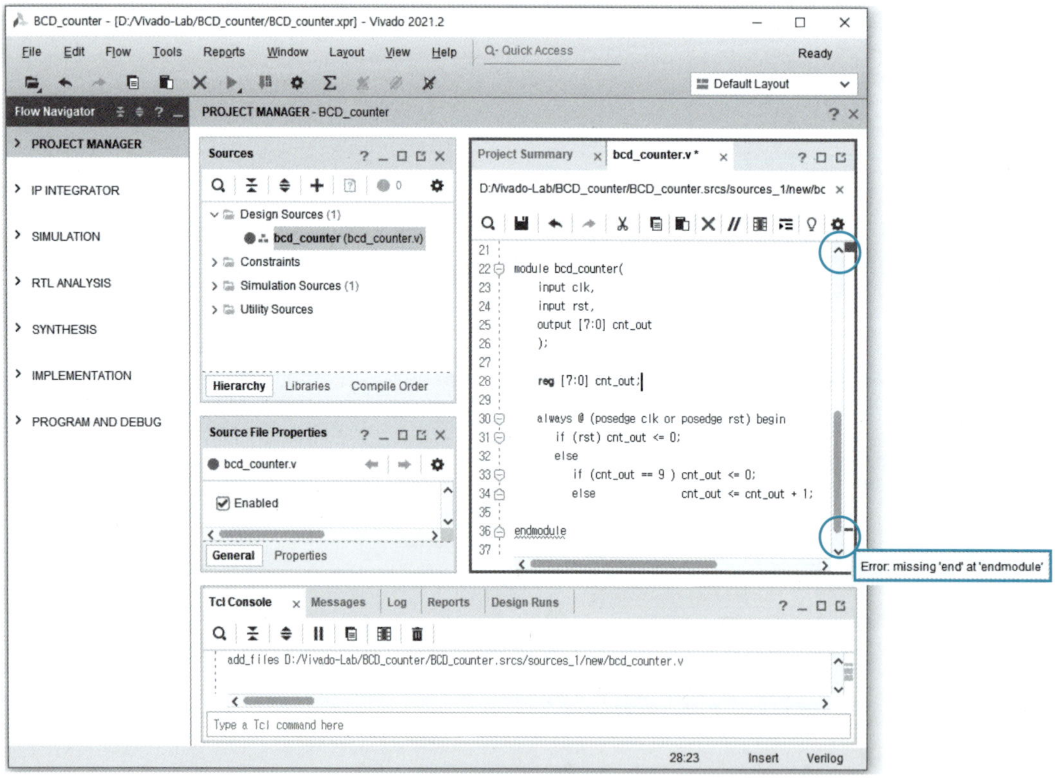

(a) 소스 파일의 오류 확인

[그림 13-27] HDL 소스 파일의 오류 확인 및 수정 (계속)

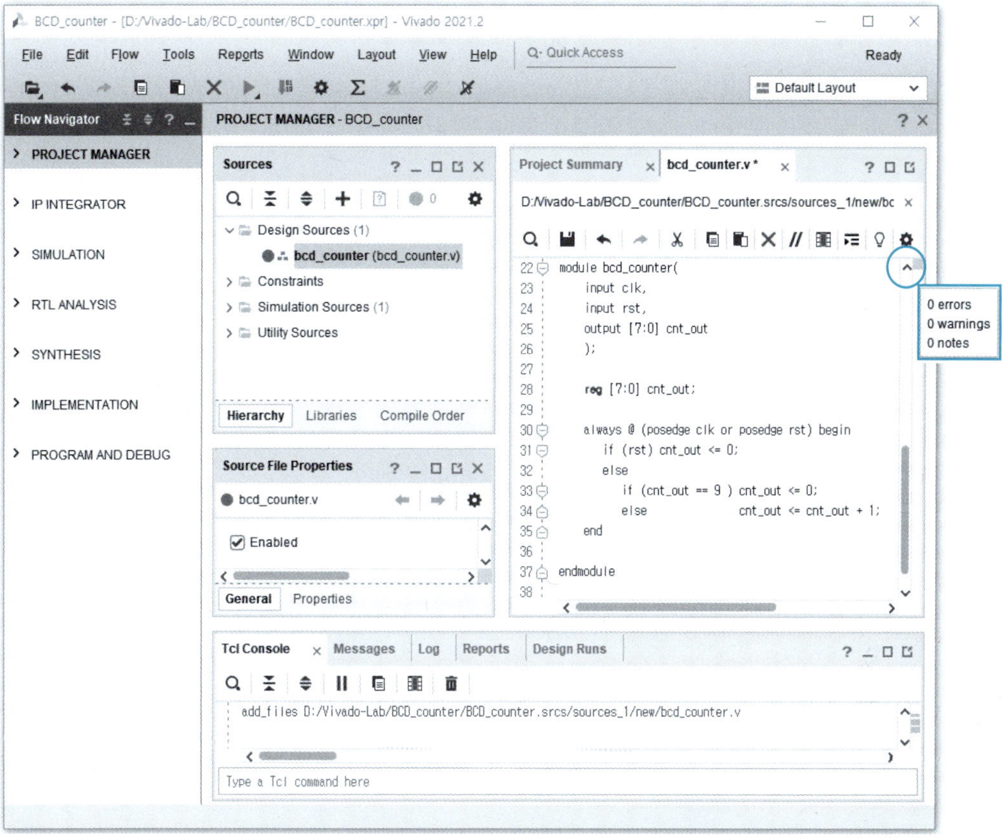

(b) 소스 파일의 오류 수정이 완료된 상태

[그림 13-27] HDL 소스 파일의 오류 확인 및 수정

▪ Language Templates 사용

문서편집기를 이용한 소스 파일 편집 시, Vivado에서 제공하는 Language Templates를 이용할 수 있다. 메뉴 바에서 Tools > Language Templates를 실행하거나 또는 문서편집기 탭의 툴바에서 Language Templates 아이콘(전구 모양)을 클릭하면, [그림 13-28(a)]와 같은 Language Templates 창이 활성화된다. Verilog, VHDL, SystemVerilog 등의 HDL 템플릿과 XDC[Xilinx Design Constraint]와 Debug용 템플릿을 사용할 수 있다. Language Templates 창 왼쪽의 Templates 영역에서 폴더를 확장하고 원하는 Construct를 선택하면, 오른쪽의 Preview 영역에 템플릿이 표시된다. [그림 13-28(b)]는 Verilog HDL의 `always` 구문 템플릿이 Preview 영역에 나타난 모습이다. Preview 영역의 템플릿을 선택하여 복사한 후, 편집 중인 파일에 붙여 넣어 사용하면 된다.

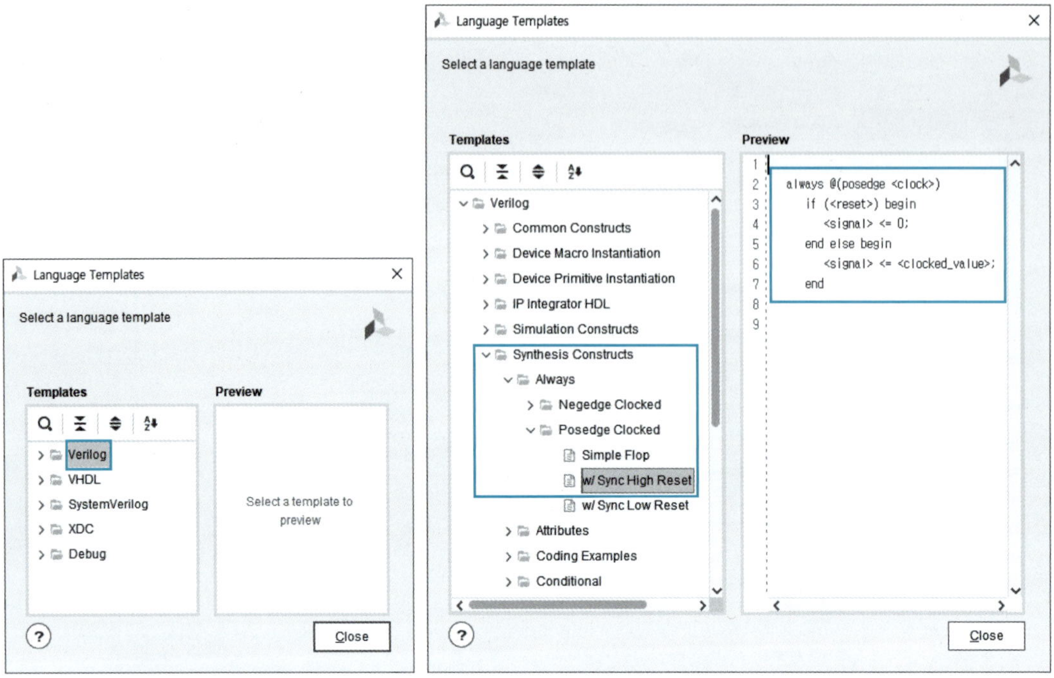

(a) Language Templates 창

(b) Verilog HDL의 `always` 템플릿 예

[그림 13-28] Language Templates를 이용한 HDL 소스 파일 편집

13.3.2 프로젝트에 IP 추가

Vivado 프로젝트에 Xilinx사에서 제공하는 다양한 IP(Intellectual Property)를 선택해서 Design Source로 추가할 수 있다. IP 추가를 위해 [그림 13-29(a)]와 같이 ❶ Flow Navigator > Project Manager 섹션의 IP Catalog를 실행하거나, ❷ 메뉴 바에서 Window > IP Catalog를 실행하면, ❸ Workspace 영역에 IP Catalog 탭이 활성화된다. [그림 13-29(a)]에서 ❹는 Xilinx사에서 제공하는 'Clocking Wizard IP'를 선택한 예를 보이고 있다. 선택된 IP를 더블 클릭하면 [그림 13-29(b)]와 같이 Customize IP 창이 활성화되며, 필요한 옵션을 설정하여 IP 속성을 용도에 맞게 조정할 수 있다. IP 설정을 마치면 [그림 13-29(c)]와 같이 Generate Output Products 창이 활성화되며, Synthesis Options을 Global 또는 'Out Of Context(OOC) per IP'로 설정한다. OOC 합성 옵션은 IP가 사용된 설계에서 IP 설정이 변경되면 전체를 다시 합성하지 않고 변경된 IP만 합성하여 합성 시간을 단축시키는 옵션이다. Generate 버튼을 클릭하면, [그림 13-29(d)]와 같이 프로젝트의 Design Source에 해당 IP가 추가된다.

Xilinx사에서는 무료와 유료의 다양한 IP들을 제공하며, 이에 관한 내용은 이 책의 범위를 벗어나므로, Xilinx사에서 제공하는 관련 문서나 안내 자료를 참고하기 바란다.

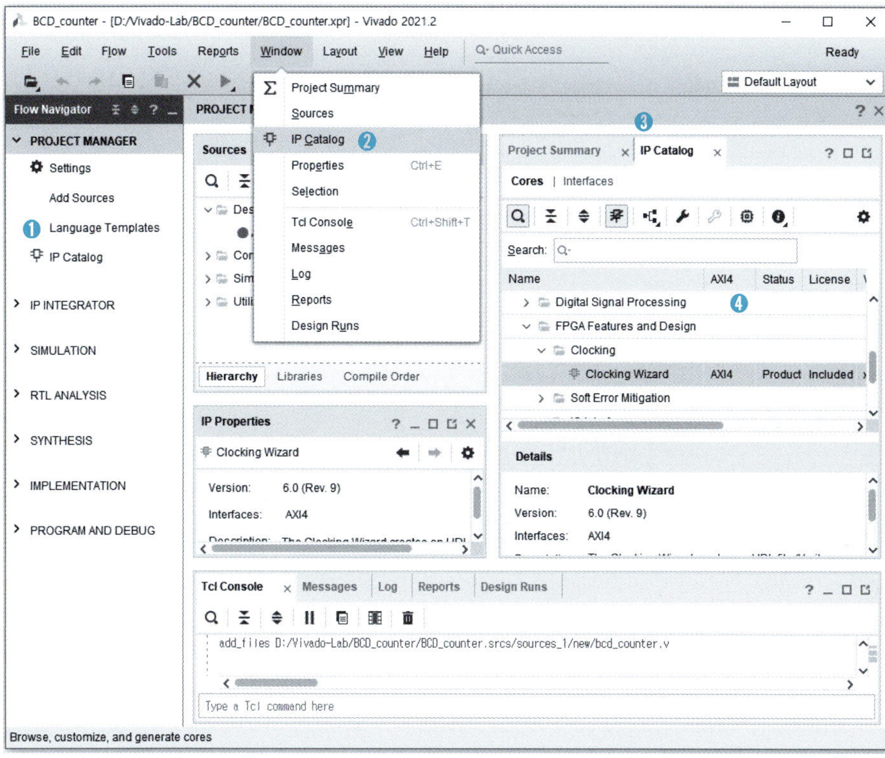

(a) IP Catalog 오픈

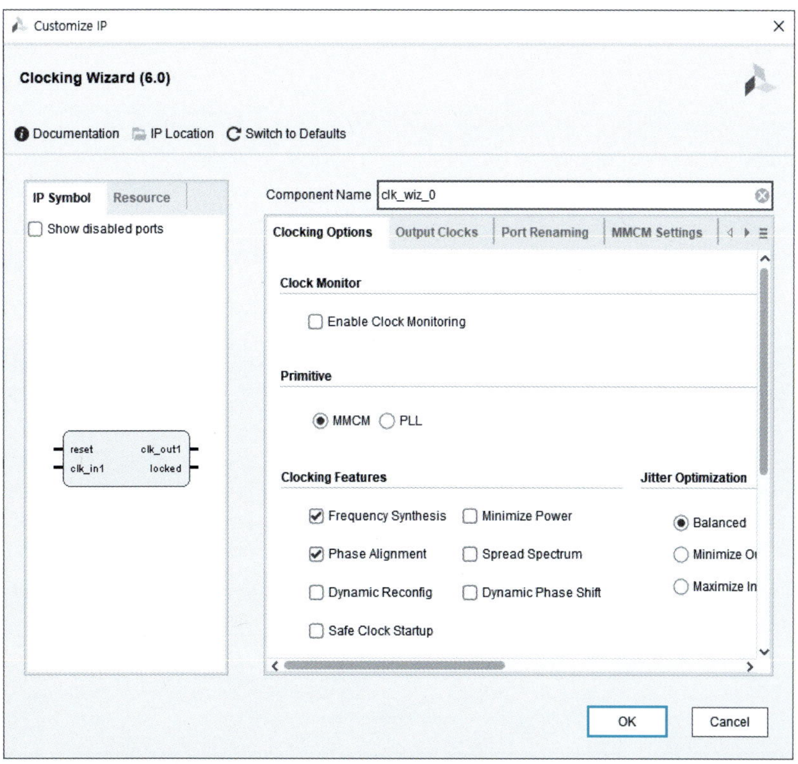

(b) Customize IP 창

[그림 13-29] Vivado 프로젝트에 IP 추가하기 (계속)

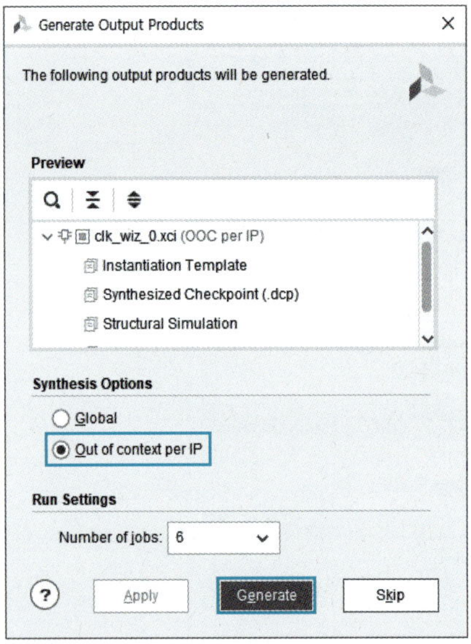

(c) Generate Output Products 창

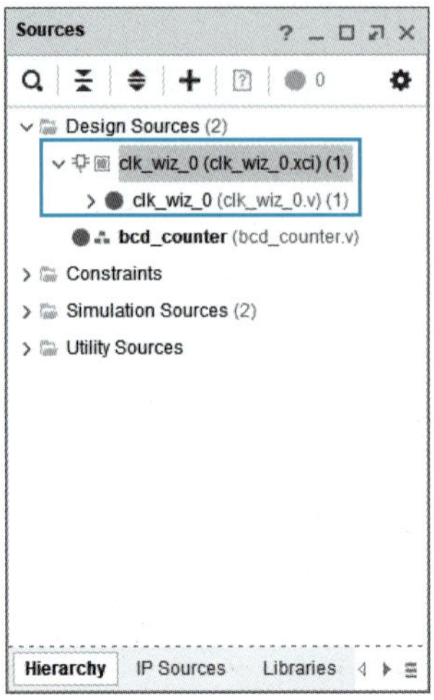

(d) 프로젝트에 IP 추가가 완료된 상태

[그림 13-29] Vivado 프로젝트에 IP 추가하기

SECTION 13.4

Behavioral 시뮬레이션

시뮬레이션은 Verilog HDL로 설계된 회로가 올바로 동작하는지를 검증하는 과정이며, 이를 통해 설계의 오류를 찾아 수정할 수 있다. 설계 흐름 단계에 따라 시뮬레이션 형태가 달라지며, 회로 합성 이전에는 Behavioral Simulation, 설계 합성 후에는 Post-Synthesis Functional 또는 Timing Simulation, 설계 구현 후에는 Post-Implementation Functional 또는 Timing Simulation을 수행한다. Xilinx Vivado는 자체 시뮬레이터로 Vivado Simulator를 제공하며, Project Settings의 시뮬레이션 설정 변경을 통해 타깃 시뮬레이터와 시뮬레이터 언어 등을 변경할 수 있다. 제3자 시뮬레이터로 ModelSim Simulator, Questa Advanced Simulatior, Active-HDL Simulator 등을 설치하여 사용할 수 있으며, 시뮬레이터 언어는 Verilog, VHDL, Mixed(Verilog HDL과 VHDL의 혼합)로 설정해서 시뮬레이션할 수 있다. 이절에서는 Behavioral 시뮬레이션 과정을 설명한다.

13.4.1 시뮬레이션 테스트벤치 파일 추가

시뮬레이션을 위해서는 설계 파일과 테스트벤치 파일이 프로젝트에 포함되어 있어야 한다. 다음의 과정으로 테스트벤치 파일을 생성 또는 추가한다.

❶ **소스 파일 유형 선택** : [그림 13-30]과 같이 Vivado IDE 화면 Sources 창의 Simulation Sources 폴더를 선택한 후, + 아이콘을 클릭하면 [그림 13-31]의 소스 파일 유형 선택 창이 활성화되고 생성 또는 추가될 파일의 유형을 선택한다. 시뮬레이션 테스트벤치 소스코드를 생성할 것이므로 'Add or Create Simulation Sources'를 선택하고 Next를 클릭하면, Add or Create Simulation Sources 창이 활성화된다.

[그림 13-30] Add Sources 실행

[그림 13-31] 소스 파일 유형 선택 창

❷ **새로운 테스트벤치 파일 생성** : [그림 13-32]의 Add or Create Simulation Sources 창에서 Create File을 클릭하면 새로운 테스트벤치 파일이 생성되고, Add Files를 클릭하면 이미 만들어져 있는 테스트벤치 파일을 프로젝트에 추가할 수 있다. 새로운 테스트벤치 파일을 생성하기 위해 Create File을 클릭하면 Create Source File 창이 활성화된다.

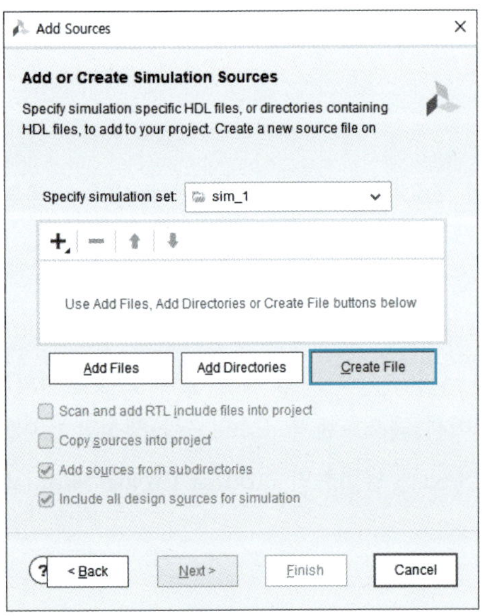

[그림 13-32] Add or Create Simulation Sources 창

❸ **테스트벤치 파일이름 지정** : [그림 13-33]의 File name 필드에 생성될 테스트벤치 파일이름을 입력하고, File type은 'Verilog'로 지정한다. OK를 클릭하면 [그림 13-34]와 같이 Add Sources 창에 파일이 추가된다. Finish를 클릭하면, [그림 13-35]와 같이 Define Module 창이 활성화된다. 테스트벤치 모듈은 I/O 포트를 갖지 않으므로, OK를 클릭하면 테스트벤치 파일 생성이 완료된다. [그림 13-36]은 프로젝트의 Simulation Sources 폴더에 테스트벤치 파일 추가가 완료된 상태를

보이고 있다. Simulation Sources 폴더에는 설계 모듈 bcd_counter도 함께 포함되어 있음을 확인할 수 있다.

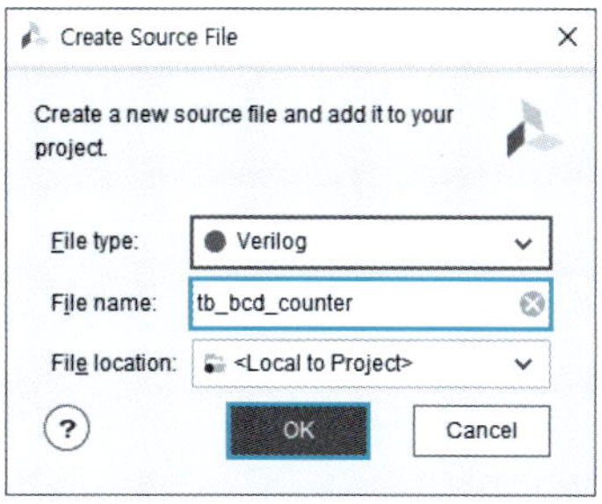

[그림 13-33] Create Source File 창

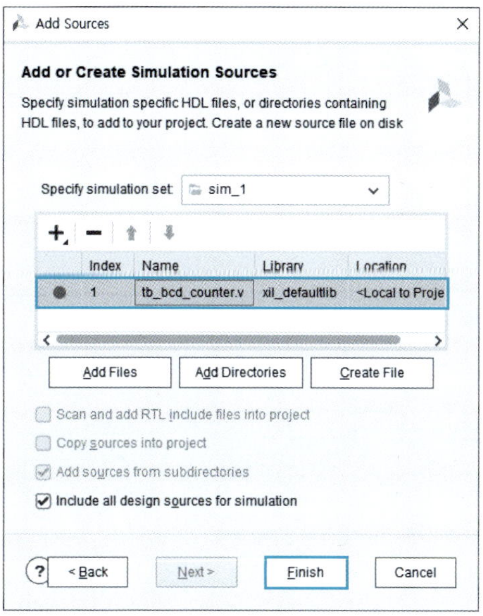

[그림 13-34] 테스트벤치 파일 생성(추가)

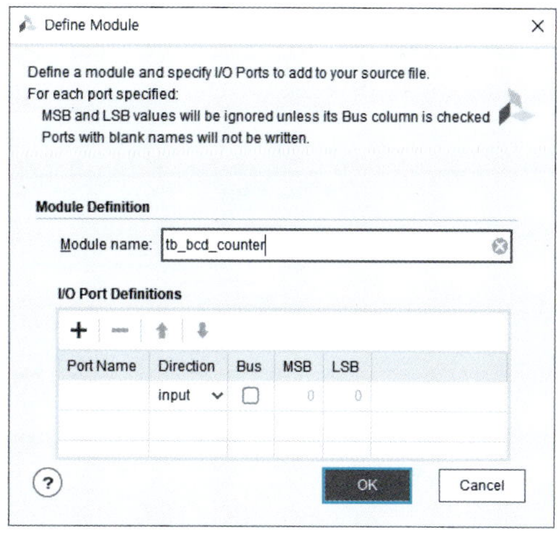

[그림 13-35] Define Module 창

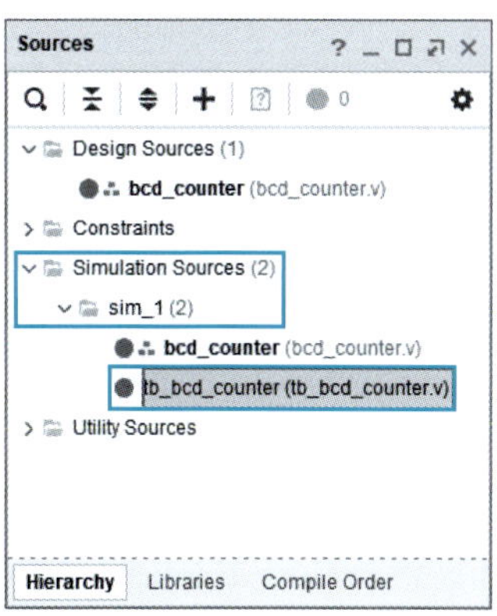

[그림 13-36] 테스트벤치 파일이 추가된 상태

❹ **테스트벤치 완성 후 저장** : Simulation Sources 폴더에서 테스트벤치 파일을 더블 클릭하면 Workspace 영역에 편집할 수 있는 상태로 오픈되며, 테스트벤치 파일을 완성한 후 저장한다. [그림 13-37]은 편집이 완료된 상태의 화면이며, 테스트벤치에서 인스턴스되는 모듈이 Simulation Sources 폴더에 존재하면 모듈의 계층구조와 함께 초록색 동그라미가 인스턴스 이름 왼쪽에 표시된다. 한편, 테스트벤치 파일에서 인스턴스되는 모듈이 프로젝트에 없으면(또는 모듈 이름에 오류가 있으면) [그림 13-38]과 같이 인스턴스 이름 왼쪽에 물음표(?) 기호가 표시된다.

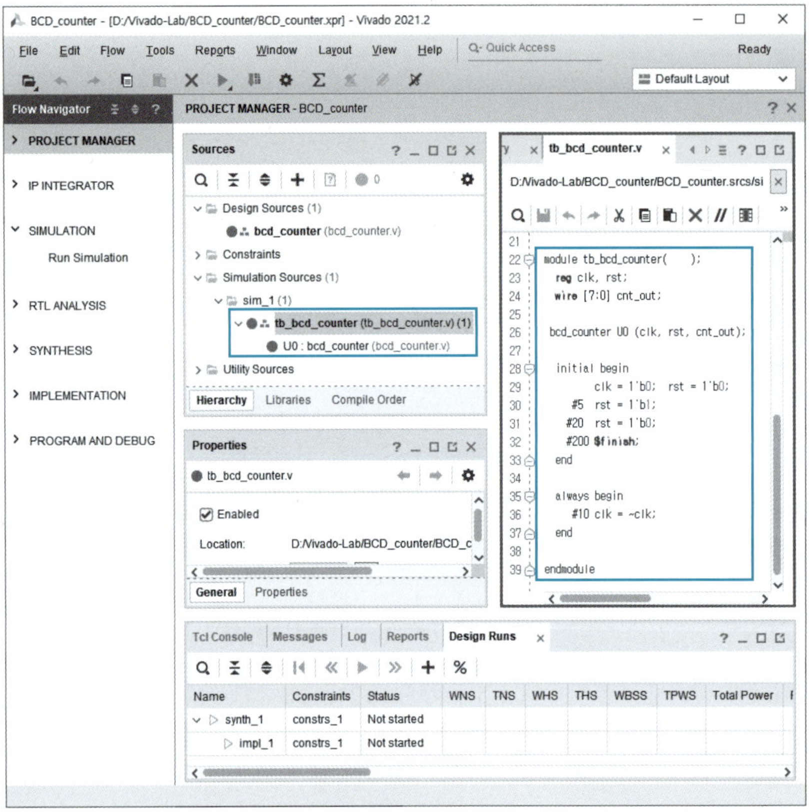

[그림 13-37] 테스트벤치 파일 편집이 완료된 상태

[그림 13-38] 테스트벤치 파일에서 인스턴스되는 모듈이 프로젝트에 없는 경우

13.4.2 Vivado Simulator를 이용한 Behavioral 시뮬레이션

13.4.1절의 방법으로 프로젝트에 테스트벤치가 추가되었으면 설계된 회로에 대한 Behavioral 시뮬레이션을 실행할 수 있다. Vivado 기본 시뮬레이터인 Vivado Simulator를 이용해서 시뮬레이션을 실행한다. 시뮬레이션 관련 설정을 변경하기 위해서는 아래의 세 가지 방법 중 하나를 사용할 수 있다. [그림 13-39]는 Project Settings에서 Simulation을 선택하여 시뮬레이션에 사용될 시뮬레이터를 설정하는 예이다.

❶ Flow Navigator Project Manager 섹션의 Settings 실행
❷ 메인 툴바의 Settings 버튼 클릭
❸ 메뉴 바에서 Tools > Settings 실행

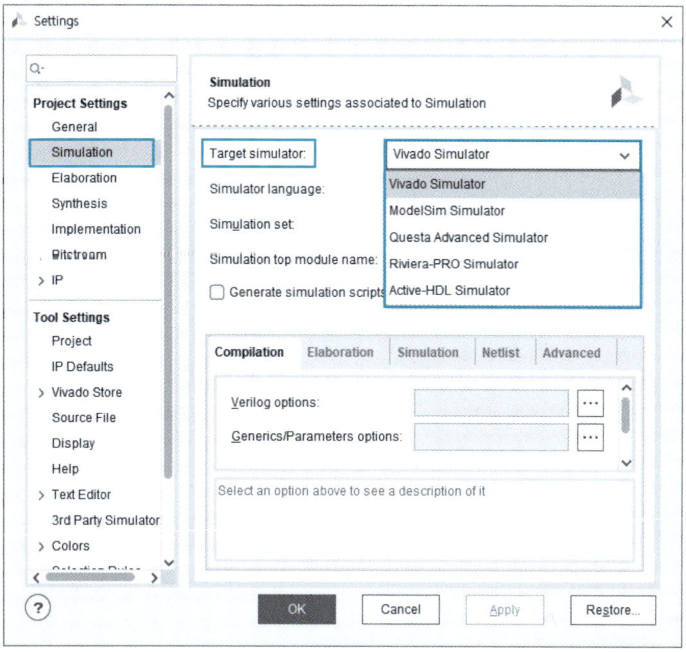

[그림 13-39] Vivado Simulation 설정 변경 예

시뮬레이션을 위해서는 [그림 13-40]에서 보는 바와 같이 시뮬레이션 테스트벤치 파일(tb_bcd_counter)이 Top 모듈로 설정되어 있어야 하며, 시뮬레이션 대상 모듈(bcd_counter)이 올바로 인스턴스되어 있어야 한다. 시뮬레이션은 다음의 두 가지 방법 중 하나로 실행할 수 있다. ❶ Sources 창에서 테스트벤치 파일을 선택한 후, Vivado IDE Flow Navigator의 Simulation을 확장하고 Run Simulation을 마우스로 클릭하면 [그림 13-40]과 같이 팝업 메뉴가 나타나며, Run Behavioral Simulation을 실행시키면 시뮬레이션이 실행된다. ❷ Vivado IDE 메뉴 바에서 Flow > Run Simulation > Run Behavioral Simulation을 실행시킨다.

[그림 13-40]의 시뮬레이션 팝업 창에는 Run Behavioral Simulation만 실행시킬 수 있는 상태로 표시되며, 이는 아직 Synthesis 또는 Implementation 단계를 거치지 않았기 때문이다. Synthesis 단계를 거치고 나면 Post-Synthesis Functional 또는 Timing Simulation을 실행시킬 수 있도록 활성화되며, Implementation 단계를 거치고 나면 Post-Implementation Functional 또는 Timing Simulation을 실행시킬 수 있도록 활성화된다.

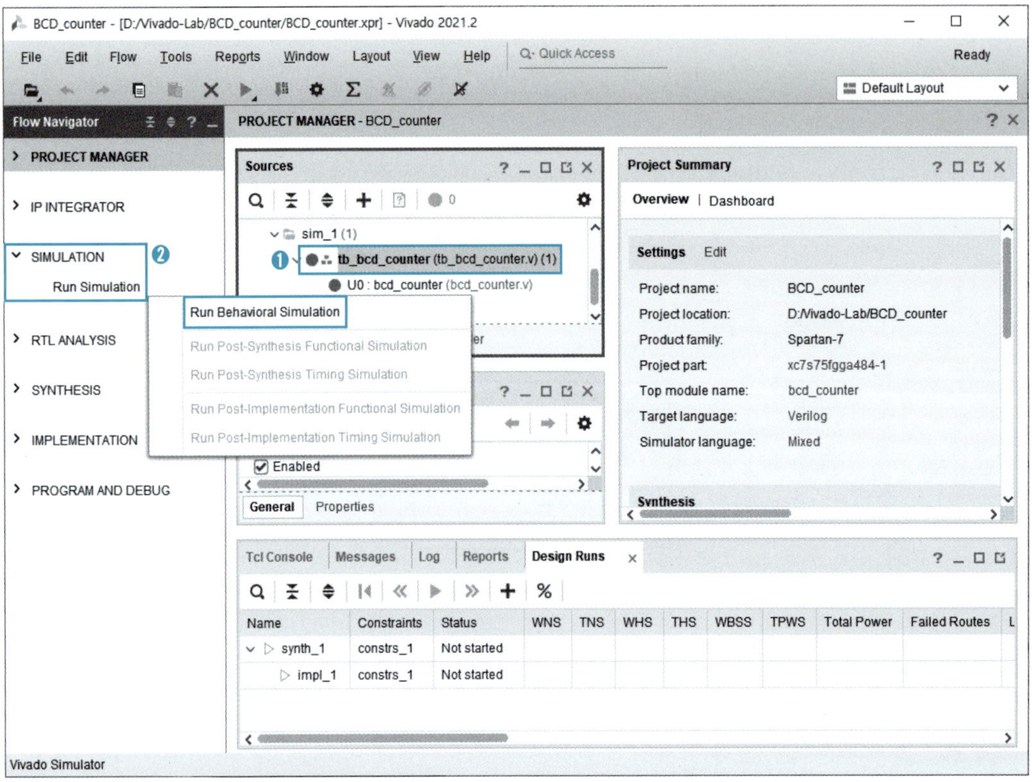

[그림 13-40] Behavioral 시뮬레이션 실행

시뮬레이션을 실행시키면, [그림 13-41]과 같이 Simulation이 오픈되어 Open Designs 바에 표시되고, Workspace 영역에 시뮬레이션 결과를 보여주는 waveform 창이 활성화된다. [그림 13-41]은 waveform 창에 시뮬레이션 결과가 표시된 상태를 보이고 있으며, 클록 clk의 상승에지에서 bcd_counter의 8비트 출력 cnt_out[7:0]이 1씩 증가하며, 9까지 증가한 후 다시 0으로 바뀌어 0~9를 계수하는 BCD 계수기로 동작함을 확인할 수 있다.

8비트 출력 cnt_out이 10진수로 표시되도록 radix(진법)를 변경하려면, 해당 신호를 선택 > 마우스 우클릭 > 팝업 메뉴에서 Radix > Unsigned Decimal을 지정하면 된다. 또한, waveform 창 Name 필드에서 cnt_out[7:0] 왼쪽의 기호 ' > '를 클릭하면 비트 단위로 확장해서 파형을 확인할 수 있다. Simulation과 waveform 창 관련 명령어와 아이콘들에 관해서는 Vivado 사용자 가이드를 참고하기 바란다.

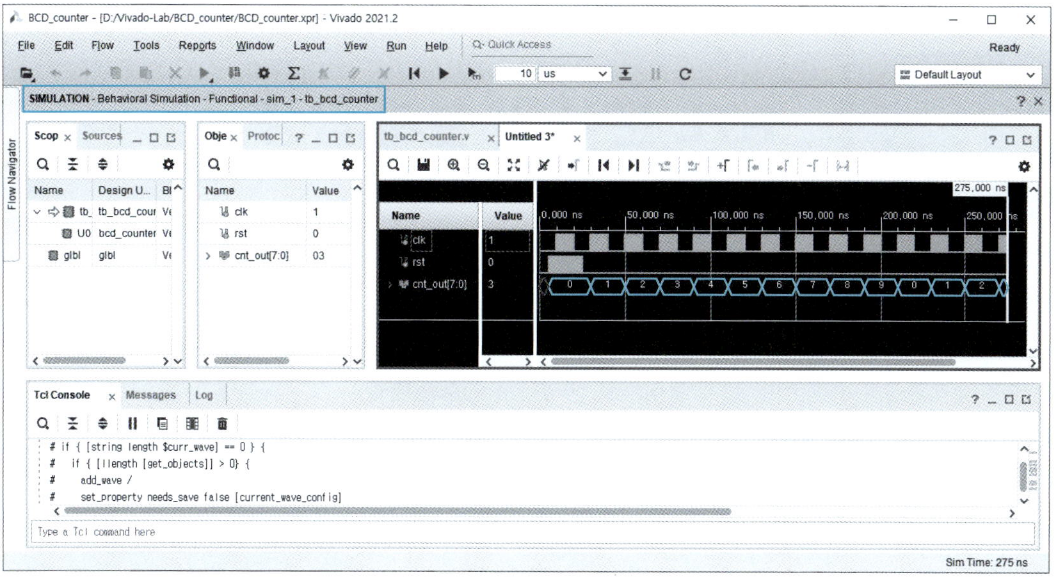

[그림 13-41] Behavioral 시뮬레이션 결과

SECTION 13.5

RTL 분석 및 설계 합성

Vivado는 HDL 소스코드에 대한 RTL 분석^RTL Analysis^과 설계 합성을 통해 합성된 netlist로 변환하는 전반부 설계과정을 수행하며, 설계 합성으로 생성된 netlist는 후반부 설계과정인 설계 구현 과정에서 사용된다. 이 절에서는 Vivado의 RTL 분석과 설계 합성 과정에 대해 설명한다.

13.5.1 RTL Elaboration

Vivado의 RTL Elaboration은 RTL 소스코드를 분석해서 Verilog HDL의 문법적인 오류나 합성이 불가능한 구문 등을 점검하고, 설계규칙 검사^Design Rule Check^를 실행해서 보고서를 생성한다. 또한, RTL 소스코드로부터 로직을 추론해서 설계 데이터 구조를 구축하고, 그 결과로 얻어진 회로도를 보여준다.

[그림 13-42]와 같이 ❶ Vivado IDE 화면의 Sources 폴더에서 RTL 소스 파일을 선택한 후, ❷ Flow Navigator의 RTL Analysis를 확장하고 Open Elaborated Design을 실행시키면, Elaborated Design이 오픈되어 Open Designs 바에 표시되고, ❸ Workspace 영역에 Schematic 창이 활성화되어 RTL 소스코드로부터 추론된 회로도를 확인할 수 있다. [그림 13-27]의 bcd_counter.v 소스코드로부터 추론된 회로는 [그림 13-42]의 Schematic 창에 표시된 회로도와 같으며, 8비트 가산기^RTL_ADD^, MUX^RTL_MUX^ 그리고 8비트 레지스터^RTL_REG_ASYNC^의 3개 블록으로 구성됨을 확인할 수 있다. 만약, 회로도에 계층구조가 포함된 경우에는 해당 블록을 더블 클릭하면 하위레벨의 회로도를 확인할 수 있다.

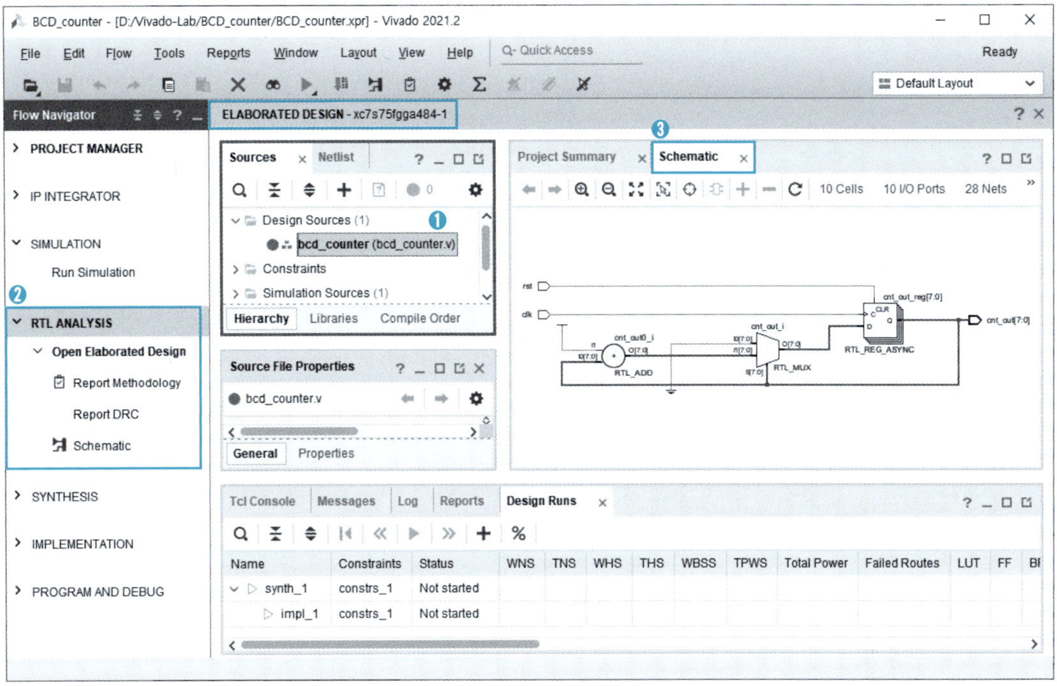

[그림 13-42] Vivado RTL Analysis 실행 결과

13.5.2 설계 합성

설계 합성은 HDL 소스코드를 게이트 수준gate-level netlist 정보로 변환하는 과정이며, 설계 합성을 통해 얻어진 결과는 설계 구현 단계에서 사용된다. Vivado의 설계 합성은 SystemVerilog(IEEE Std. 1800-2012), Verilog HDL(IEEE Std. 1364-2005), VHDL(IEEE Std. 1076-2002)뿐만 아니라 VHDL, Verilog, SystemVerilog의 혼합 설계도 지원한다. Vivado의 설계 합성은 산업체 표준인 Synopsys 설계제약조건Synopsys Design Constraints, SDC을 기반으로 하는 Xilinx사의 설계 제약조건Xilinx Design Constraints, XDC을 지원한다.

■ 합성 옵션 설정

합성 옵션을 사용해서 합성 툴의 동작을 제어할 수 있으며, 이를 통해 설계 최적화를 얻을 수 있다. 설계 합성 관련 설정을 변경하기 위해서는 아래의 세 가지 방법 중 하나를 사용할 수 있다. [그림 13-43]은 Project Settings에서 Synthesis을 선택하여 설계 합성 설정을 변경하는 예를 보이고 있다. 일반적으로, 면적 또는 속도를 기반으로 최적화하도록 합성 옵션을 지정한다.

❶ Flow Navigator Project Manager 섹션의 Settings 실행

❷ 메인 툴바의 Settings 버튼 클릭

❸ 메뉴 바에서 Tools > Settings 실행

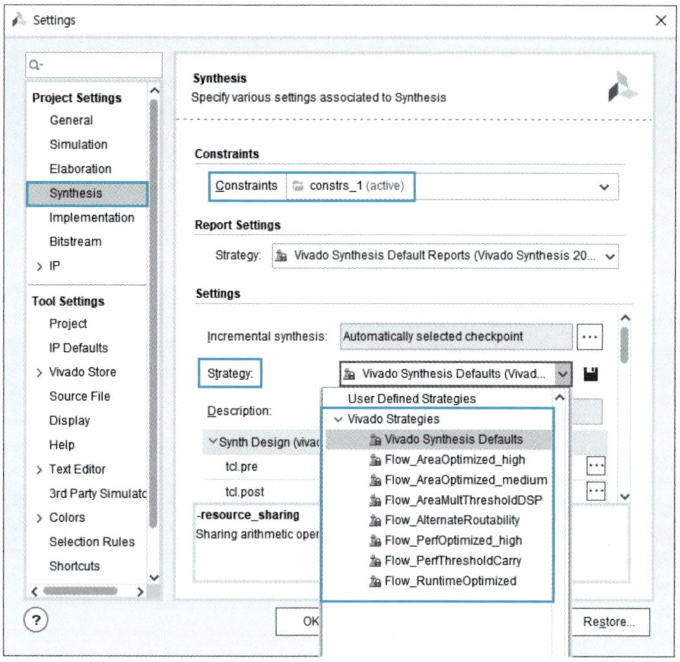

[그림 13-43] 설계 합성 옵션 설정

■ 설계 합성

HDL 소스코드로부터 게이트 수준 netlist를 생성하기 위한 설계 합성을 다음의 과정으로 진행한다. [그림 13-44(a)]와 같이 ❶ Sources 창에서 합성할 Top 모듈을 선택한다. 프로젝트에 다수 개의 모듈들이 포함되어 있는 경우에는 합성할 모듈을 Top 모듈로 설정한 후 합성을 실행해야 한다. 합성할 모듈을 Top 모듈로 설정하기 위해서는 ❷ 해당 모듈 선택 > 마우스 우클릭 > Set as Top을 실행한다. Flow Navigator의 Synthesis에서 Run Synthesis를 실행하면 합성이 실행되고, 합성이 성공적으로 완료되면 [그림 13-44(b)]와 같은 Synthesis Completed 창이 활성화된다. ❸ 'Open Synthesized Design'을 선택한 후 OK를 클릭하면, [그림 13-44(c)]와 같이 Vivado IDE 화면 우측 상단의 프로젝트 상태 바에 초록색 체크 마크가 표시되어 합성이 성공적으로 완료되었음을 나타낸다. 또한, Synthesized Design이 오픈되어 Open Designs 바에 표시되고, Workspace 영역에 Device view 창이 활성화되어 FPGA 디바이스 내부 리소스를 확인할 수 있는 상태가 된다.

[그림 13-44(c)]는 Synthesized Design이 오픈된 상태에서 Flow Navigator > Synthesis > Open Synthesized Design > Schematic을 실행해서 합성된 회로도가 Workspace 영역의 Schematic 창에 표시된 상태를 보이고 있다. 합성 후의 회로도는 FPGA 디바이스 내부의 리소스인 LUT, 플립플롭, IBUF, OBUF 등으로 구성된다. 반면에, [그림 13-42]의 RTL Analysis 결과로 얻어진 회로도는 RTL 소스코드로부터 추론된 기능블록으로 구성된다는 점이 다르다. Synthesized Design이 오픈되어 있는 상태에서 Flow Navigator > Synthesis 하위의 메뉴들을 이용해서 여러 가지 설계 합성 결과를 확인할 수 있다.

만약, 설계 합성 과정에 오류가 발생되면, 프로젝트 상태 바에 빨간색 원 안의 느낌표 마크와 함께 Synthesis Failed가 표시된다. 이 경우에는 Results Window 영역의 Messages 탭에 표시되는 내용을 참고하여 오류를 수정하고 다시 합성을 실행해야 한다.

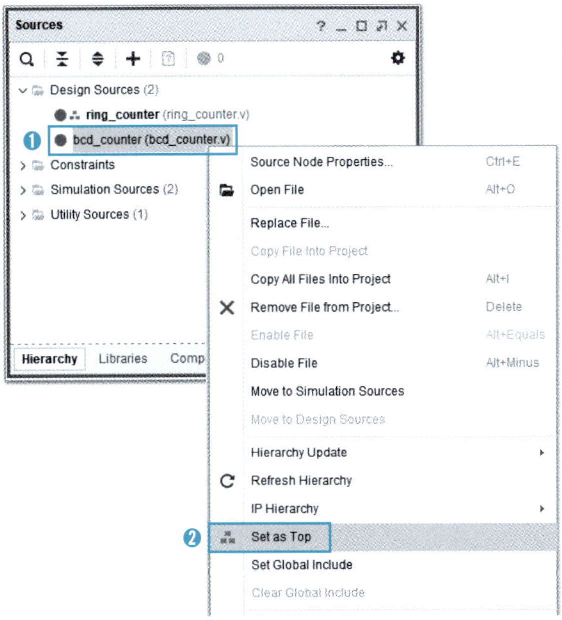

(a) Top 모듈 변경

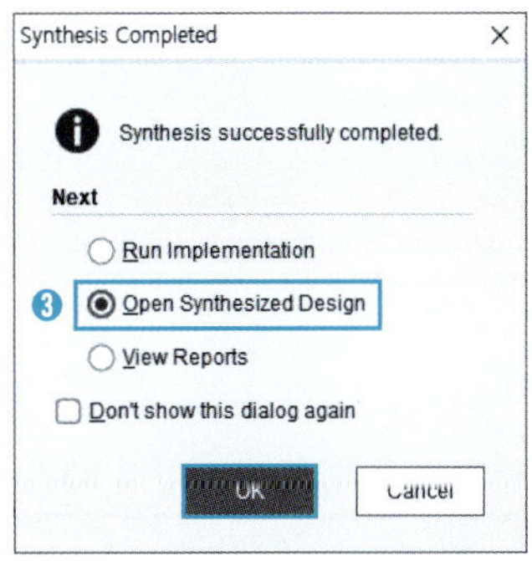

(b) Synthesis Completed 창

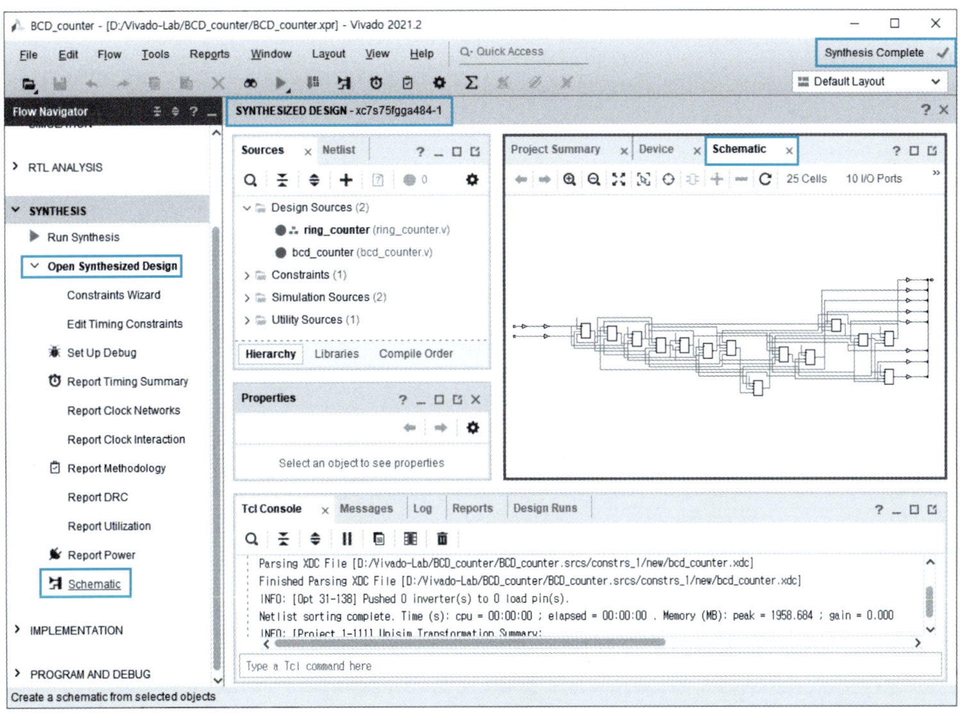

(c) 설계 합성 결과

[그림 13-44] 설계 합성 실행

■ Design Constraints 설정

설계 합성과 설계 구현 과정에 적용될 설계 제약조건을 설정할 수 있다. 설계 제약조건은 합성 또는 구현 과정에서 회로가 충족해야 하는 조건들을 의미하며, 회로의 동작 클록 주파수, 입출력 신호에 대한 I/O 핀 할당 등이 대표적인 설계 제약조건이다. 설계 제약조건은 XDC[Xilinx Design Constraints] 파일에 저장되며, 일부는 설계 합성 단계에 적용되고, 일부는 설계 구현(즉, 배치 및 배선) 단계에 적용된다.

Flow Navigator > Synthesis > Open Synthesized Design > Constraints Wizard를 실행해서 XDC 파일을 추가하거나 새로운 XDC 파일을 생성할 수 있다. 추가 또는 생성된 XDC 파일은 Sources 창의 Constraints 폴더에 포함되며, XDC 파일을 더블 클릭하면 Workspace 영역에 편집할 수 있는 상태로 오픈된다.

타이밍 제약조건[timing constraints]을 설정하기 위해서는 [그림 13-45(a)]와 같이 Flow Navigator > Synthesis > Open Synthesized Design > Edit Timing Constraints를 실행하거나, 메뉴 바의 Tools > Timing > Edit Timing Constraints를 실행하면, [그림 13-45(b)]와 같이 Primary Clocks 창이 활성화된다. 클록신호 clk의 주파수, 주기, jitter 등의 속성이 지정되지 않은 상태이며, 해당 필드에 값을 입력하면 [그림 13-45(c)]와 같이 Tcl Command Preview 필드에 Synopsys Design Constraints[SDC] 형식의 타이밍 제약조건이 표시된다. Next를 클릭하면, Generated Clocks, Forwarded Clocks, Input Delays, Output Delays 등을 설정할 수 있다. Skip to Finish 버튼을 클릭하면, 설정을 생략할 수 있으며, 설정을 완료하면 [그림 13-45(d)]와 같이 설정 내용에 대한 요약을 보여주는 Constrains Summary 창이 활성화된다. 타이밍 제약조건에 대한 설정을 완료하면, [그림 13-45(e)]와 같이 Workspace 영역에 Timing Constraints 창이 활성화되며, 여기에서 타이밍 제약조건을 수정, 편집할 수 있다. 한편, Sources 창의 Constraints 폴더에서 해당 XDC 파일(bcd_counter.xdc)을 더블 클릭하면, Workspace 영역에 XDC 파일이 오픈되어 수정 및 편집을 할 수 있다.

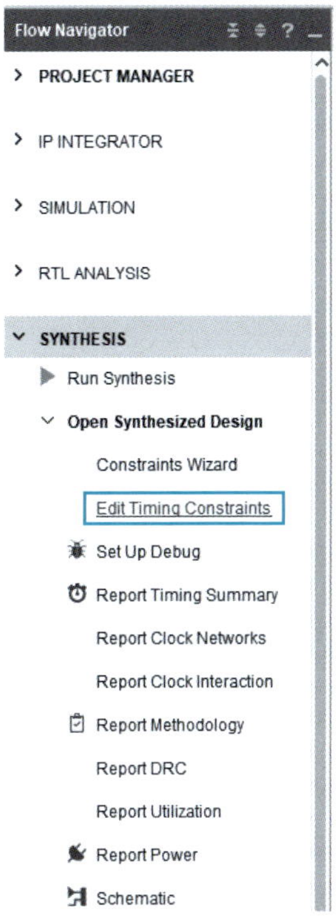

(a) Edit Timing Constraints 실행

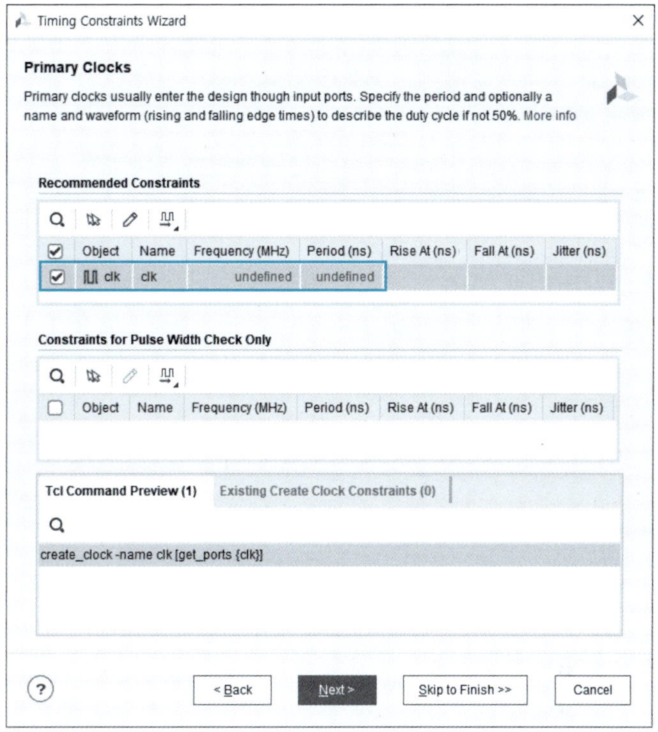

(b) Primary Clocks 설정

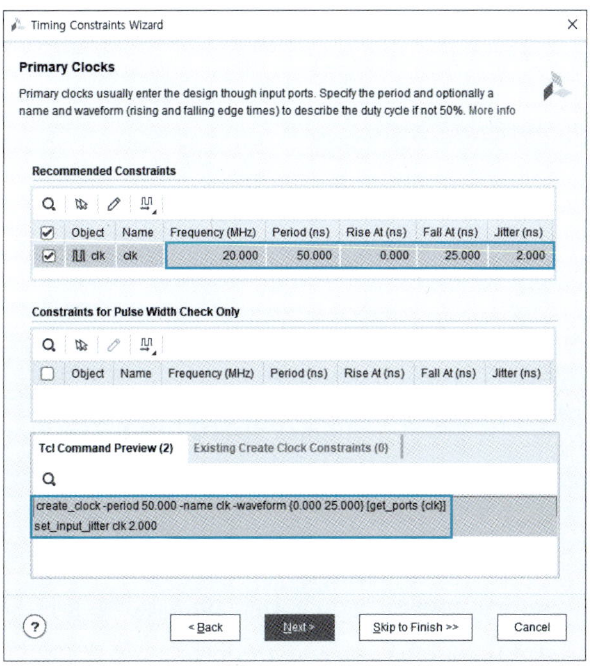

(c) 클록신호에 대한 Constraint 설정

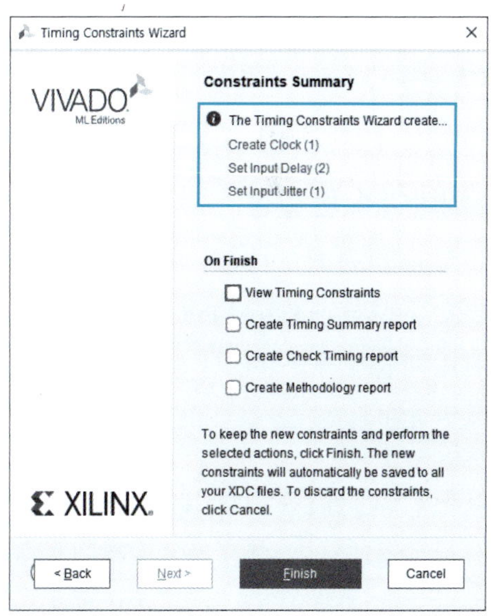

(d) Constraints Summary 창

[그림 13-45] Constraints 설정 (계속)

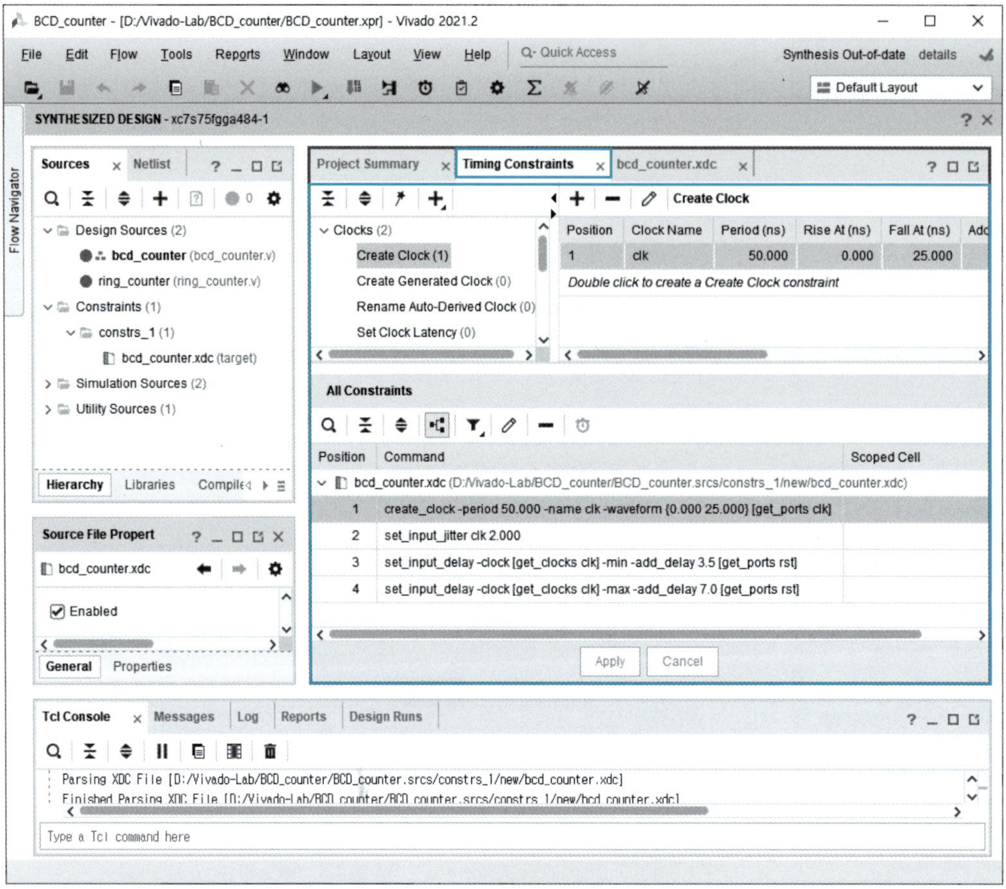

(e) Timing Constraints 설정 창이 오픈된 상태

[그림 13-45] Constraints 설정

■ 디바이스 핀 설정

설계된 회로를 타깃 FPGA 디바이스에 구현해서 동작을 확인하기 위해서는 합성된 Top 모듈의 I/O 포트를 실습장비에 탑재된 FPGA 디바이스 핀에 지정하는 과정을 거쳐야 한다. 디바이스 핀 설정 정보는 XDC 파일에 저장되며, 핀 설정이 완료되면 설계 합성과정을 다시 진행해야 핀 설정 정보가 설계 합성에 반영된다.

디바이스 핀 설정을 위해서는 Flow Navigator > Synthesis > Open Synthesized Design을 실행해서 합성 결과를 오픈해야 하며, [그림 13-46]과 같이 IDE 화면 하단부의 Results Window 영역에 I/O Ports 탭이 활성화된다. 또한, IDE 화면 우측 상단의 Layout Selector에서 I/O Planning으로 변경하면 Workspace 영역에 Package 창이 활성화된다. Package 창에는 FPGA 디바이스 핀이 바둑판 모양으로 배열되어 있는 모습이 표시된다. 패키지 핀의 위치는 가로방향은 숫자 1, 2, …, 22로, 세로방향은 알파벳 A, B, …, AB로 나타낸다. 예를 들어 1행 2열 위치의 핀은 A2로 나타내고, 5행 8열 위치의 핀은 E8로 나타낸다. 특정 핀 위치에 마우스 포인터를 위치시키면 해당 핀의 속성이 화면에 팝업 메시지로 표시된다. 예를 들어, 마우스 포인터를 5행 8열의 핀에 위치시키면 [그림 13-46]의 Package 창에서 보는 바와 같이 E8 핀이 사용자 I/O로 사용될 수 있고 디바이스의 Bank 36에 속해 있음이 팝업 메시지로 표시된다.

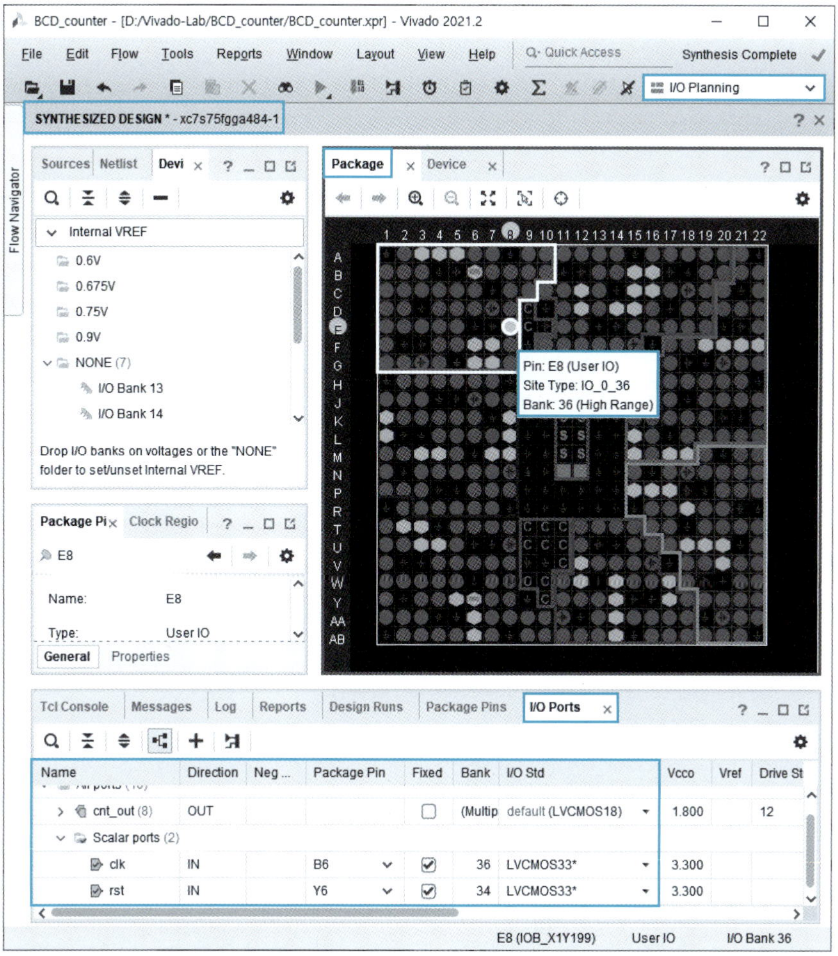

[그림 13-46] 디바이스 핀 설정을 위한 IDE 화면

IDE 화면 하단부 Results Window 영역의 I/O Ports 탭에서 디바이스 핀과 I/O 표준 관련 설정을 할 수 있다. 합성된 회로의 I/O 포트에 할당될 디바이스 핀 정보는 12.1.2절의 FPGA 디바이스 핀 할당 정보, 또는 15장과 16장의 실습 예제에 제시된 핀 할당표를 참고하기 바란다. [그림 13-47]은 디바이스 핀 할당과 I/O 표준 설정의 예를 보인 것이다. 각 I/O 포트의 Package Pin 열에 디바이스 핀 번호를 입력하고, I/O Std 열을 클릭해서 나타나는 팝업에서 LVCMOS33를 선택하여 디바이스 핀 관련 설정을 한다. 설정을 완료한 후 저장하면 설정 내용이 XDC 파일에 저장된다.

Sources 창의 Constraints 폴더 하위에 있는 bcd_counter.xdc 파일을 더블 클릭하면 Workspace 영역에 [그림 13-48]과 같이 XDC 파일이 오픈되며, 여기에는 타이밍 제약조건 설정과 디바이스 핀 할당 및 I/O 표준 설정 등이 포함되어 있다. 문서편집기를 이용해 설계 제약조건들을 수정하거나 추가할 수 있다.

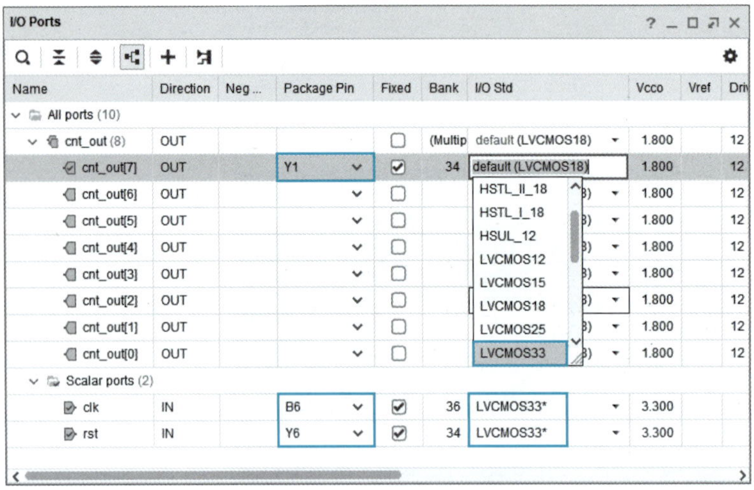

[그림 13-47] 디바이스 핀 설정 예

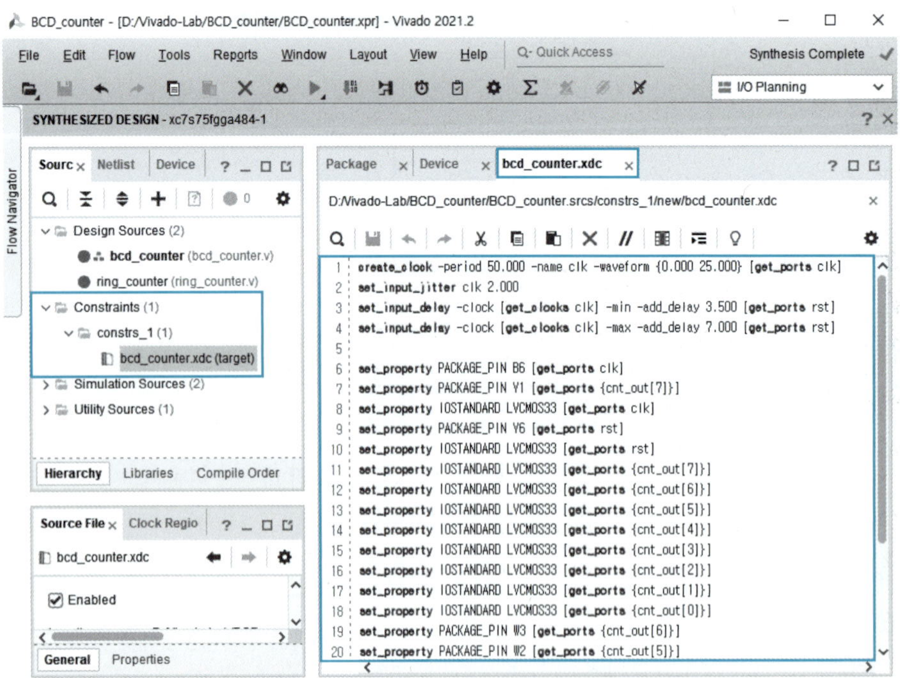

[그림 13-48] XDC 파일이 오픈된 상태

SECTION 13.6

설계 구현

설계 구현Design Implementation은 전반부 설계front-end design 과정인 설계 합성 단계에서 생성된 netlist를 타깃 FPGA 디바이스 내부의 하드웨어 리소스로 매핑mapping하고, 배치 · 배선 작업이 진행되는 후반부 설계back-end design 과정이며, 이 과정에서 타이밍 제약조건, 디바이스 핀 설정 등의 설계 제약조건들이 적용된다. 설계 구현이 완료되면, FPGA 디바이스에 프로그래밍될 Bitstream을 생성할 수 있다.

설계 구현은 내부적으로 다음의 과정으로 진행된다.

❶ Opt Design : 타깃 Xilinx FPGA 디바이스에 구현이 용이하도록 회로를 최적화한다.

❷ Power Opt Design(옵션) : 타깃 Xilinx FPGA 디바이스의 전력소모를 줄이도록 회로 구성 요소를 최적화한다.

❸ 배치 설계 : 회로를 타깃 Xilinx FPGA 디바이스 내부의 하드웨어 리소스에 배치하고, 큰 팬-아웃 게이트에 대한 복제를 수행해서 타이밍 성능을 개선한다.

❹ Post-Place Power Opt Design(옵션) : 배치 설계 후 전력소모를 줄이기 위해 추가적인 최적화를 수행한다.

❺ Post-Place Phys Opt Design(옵션) : 배치 설계 결과를 기반으로 추정된 타이밍을 적용하여 논리와 배치를 최적화한다. 또한, 큰 팬-아웃의 드라이버에 대한 복제를 수행해서 팬-아웃을 작게 만든다.

❻ 배선 설계 : 회로가 배치된 FPGA 디바이스 리소스 사이의 연결(배선) 작업을 한다.

❼ Post-Route Phys Opt Design(옵션) : 실제 배선에 의한 지연을 적용하여 로직, 배치 및 배선을 최적화한다.

❽ Bitstream 생성 : 타깃 Xilinx FPGA 디바이스에 프로그래밍 될 Bitstream 파일을 생성한다.

■ 설계 구현 옵션 설정

설계 구현 단계에서 수행되는 매핑, 배치 · 배선 및 최적화 등을 위한 옵션을 설정할 수 있다. 구현 관련 설정 변경을 위해서는 아래의 세 가지 방법 중 하나를 사용할 수 있다.

❶ Flow Navigator Project Manager 섹션의 Settings 실행
❷ 메인 툴바의 Settings 버튼 클릭
❸ 메뉴 바에서 Tools > Settings 실행 등

[그림 13-49]는 Project Settings에서 Implementation을 선택하여 설계 구현 설정을 변경하는 예를 보이고 있으며, 성능, 배선 복잡도[congestion], 면적, 전력소모 또는 소요시간 등의 합성 전략을 옵션으로 지정할 수 있다.

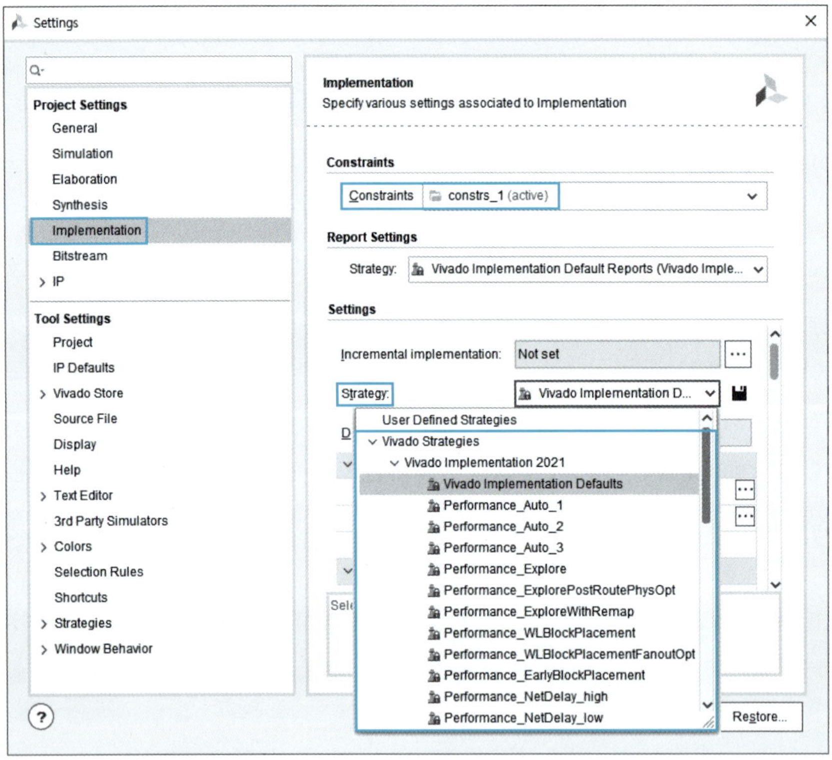

[그림 13-49] 설계 구현 옵션 설정

■ 설계 구현

설계 구현은 설계 합성이 오류 없이 성공적으로 완료된 상태에서만 실행할 수 있으며, 설계 합성을 통해 생성된 netlist와 XDC 파일의 설계 제약조건을 적용해서 다음의 과정으로 진행된다. ❶ Sources 창에서 구현할 Top 모듈을 선택한다. 프로젝트에 다수의 모듈들이 포함되어 있는 경우에는 구현할 모듈을 Top 모듈로 설정한 후 설계 구현을 실행해야 한다. ❷ Flow Navigator의 Implementation에서 Run Implementation을 실행하면 설계 구현이 실행되고, 설계 구현이 오류 없이 성공적으로 완료되면 Implementation Complete 창이 활성화된다. Open Implemented Design을 선택한 후 OK를 클릭하면, [그림 13-50(a)]와 같이 Vivado IDE 화면 우측 상단의 프로젝트 상태 바에 초록색 체크 마크가 표시되어 합성이 성공적으로 완료되었음을 나타낸다. 또한, Implemented Design이 오픈되어 Open Designs 바에 표시되고, Workspace 영역에 Device view 창이 활성화되어 FPGA 디바이스 내부 리소스에 배치 · 배선된 상태를 확인할 수 있다. [그림 13-50(a)]에는 설계 구현된 회로의 회로도가 Workspace 영역의 Schematic 창에 표시된 상태를 보이고 있으며, 또한 Result Window 영역에는 설계 합성 결과를 확인할 수 있는 DRC, Power, Timing 등 여러 개의 탭이 활성화된다.

[그림 13-50(a)]의 Timing 탭에는 Design Timing Summary가 표시되며, 플립플롭의 준비시간[setup time]과 유지시간[hold time] 만족 여부를 확인할 수 있다. 준비시간에 대한 Worst Negative Slack[WNS]은 41.492ns, Worst Hold Slack[WHS]은 0.192ns로 나타났으며, "All user specified timing constraints are met"의 메시지로부터 설계 구현된 회로가 20MHz(주기 50ns)의 클록 주파수로 안정하게 동작할 수 있음을 확인할 수 있다. 참고로, 구현된 회로는 [그림 13-45(c)]와 같이 클록신호 Constraint가 20MHz로 설정되었다.

[그림 13-50(b)]는 Power 탭에 표시된 내용을 보이고 있으며, 구현된 회로의 전력소모 특성에 대한 정보를 확인할 수 있다. On-chip 전력소모는 총 0.105W, 디바이스 정적[static] 전력소모는 0.103W (97%), 동적[dynamic] 전력소모는 0.003W(3%)로 나타났으며, 동적 전력소모의 94%는 I/O에서 발생된다는 정보를 보여준다.

Implemented Design이 오픈되어 있는 상태에서 Flow Navigator > Implementation 하위의 메뉴를 이용해서 여러 가지 설계 합성 결과를 확인할 수 있다.

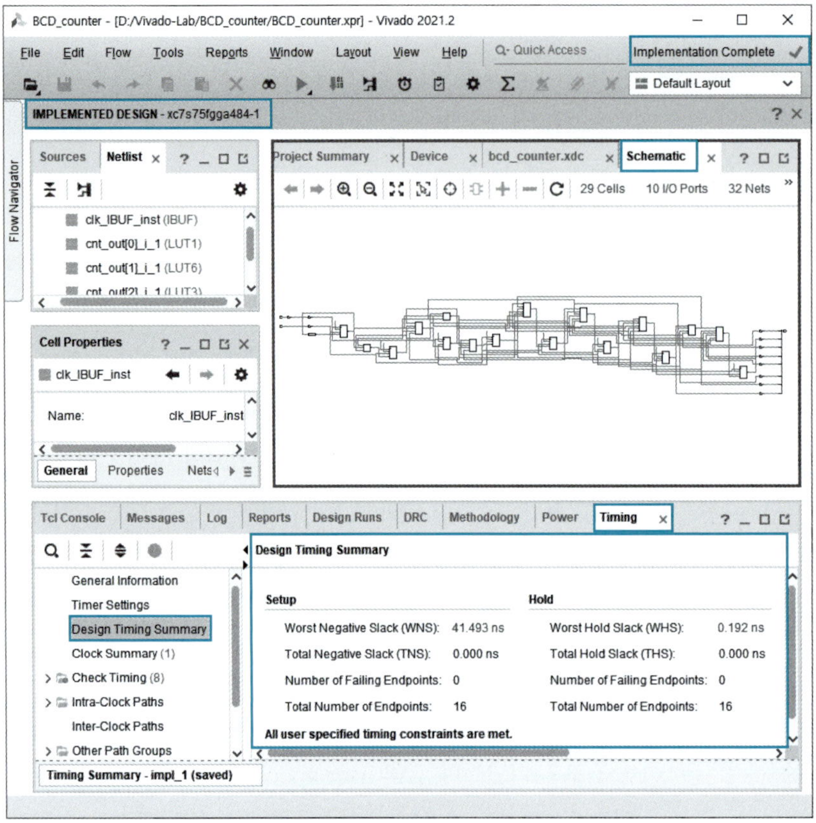

(a) Design Timing Summary

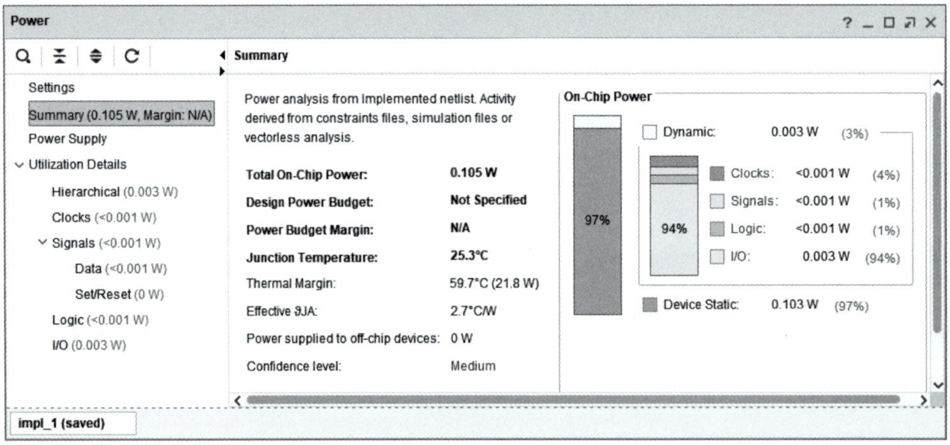

(b) Power Summary

[그림 13-50] 설계 합성 결과

SECTION 13.7

Bitstream 생성 및 디바이스 프로그래밍

설계 구현 과정까지 성공적으로 완료되었으면, 설계된 회로를 FPGA 디바이스에 프로그래밍하기 위한 Bitstream 생성과 프로그래밍 과정을 진행해야 한다. 디바이스 프로그래밍은 FPGA 디바이스에 직접 다운로드하는 방법과 플래시 메모리에 프로그래밍하는 방법이 있다. Xilinx FPGA 디바이스는 프로그래밍 데이터를 내부의 SRAM에 저장하므로, FPGA 디바이스에 직접 다운로드하는 경우 실습장비의 전원을 OFF시키면 프로그래밍된 정보가 지워진다. 반면에 플래시 메모리에 프로그래밍하면 실습장비의 전원을 껐다 켜도 이전에 프로그래밍된 정보가 유지되어 하드웨어를 다시 동작시킬 수 있다. 이 절에서는 두 가지의 디바이스 프로그래밍 과정에 대해 알아본다.

13.7.1 FPGA 디바이스에 직접 프로그래밍

1 Bitstream 파일 생성

설계 구현 과정이 성공적으로 완료된 상태에서, ❶ Flow Navigator > Program and Debug > Generate Bitstream을 실행시키거나, ❷ 메뉴 바 > Flow > Generate Bitstream을 실행하면 Bitstream 파일이 생성된다. Bitstream 파일 생성이 성공적으로 완료되면, Vivado IDE 화면 우측 상단의 프로젝트 상태 바에 초록색 체크 마크가 표시되어 Bitstream 생성이 성공적으로 완료되었음을 나타내며, Bitstream Generation Completed 팝업 창이 활성화된다. 생성된 Bitstream 프로그래밍 파일은 타깃 FPGA 디바이스로 다운로드되거나 또는 플래시 메모리에 프로그래밍될 파일로 변환된다. 참고로, Project_Folder > Project_Name.runs > impl_1 폴더에 bcd_counter.bit 파일이 생성되어 있다.

2 디바이스 프로그래밍

Bitstream 파일의 생성이 완료되면, Hardware Manager를 오픈하고 프로그래밍 데이터를 FPGA 디바이스에 다운로드하여 하드웨어를 동작시킬 수 있다. Vivado에서 Hardware Manager를 오픈하기 전에 실습장비에 제공된 USB 케이블을 이용해서 FPGA 실습장비와 PC를 연결하고, 실습장비의 전원을 ON시켜야 한다.

Bitstream 생성이 완료되면 활성화되는 팝업 창에서 [그림 13-51(a)]와 같이 Flow Navigator > PROGRAM and DEBUG > Open Hardware Manager를 실행하거나, 메뉴 바 > Flow > Open Hardware Manager를 실행하면 [그림 13-51(b)]와 같이 Hardware Manager가 오픈되어 타깃 디바이스를 연결할 수 있다.

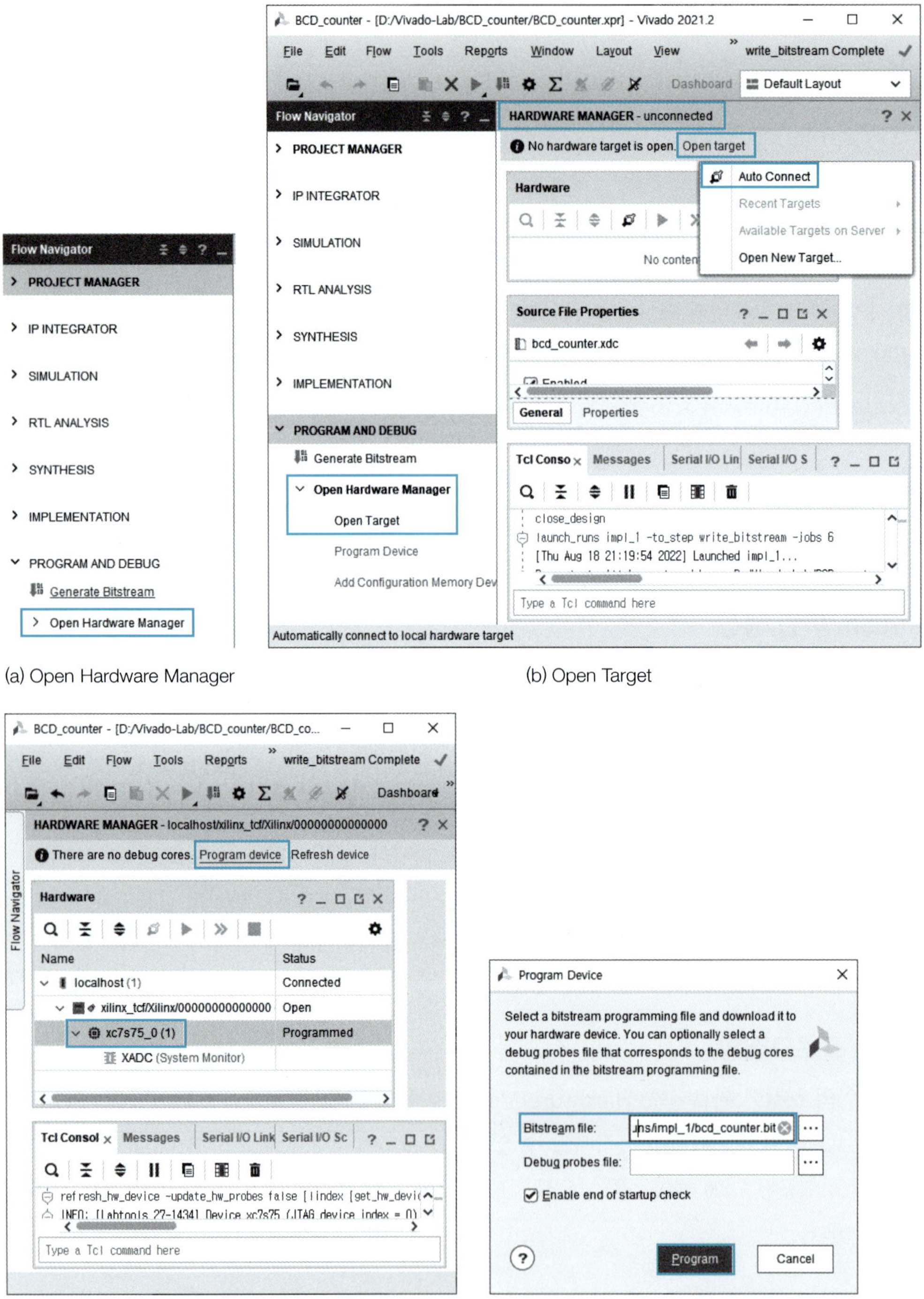

(a) Open Hardware Manager

(b) Open Target

(c) Program device

(d) Bitstream 파일 지정

[그림 13-51] Bitstream 파일을 이용한 디바이스 프로그래밍

Flow Navigator > Open Hardware Manager > Open Target을 실행하거나, Workspace 영역에서 Open target을 클릭하여 활성화되는 팝업에서 Auto Connect를 실행하면 FPGA 실습장비와 PC가 연결되고, [그림 13-51(c)]와 같이 Hardware 창에 타깃 FPGA 디바이스 xc7s75_0이 표시되며, Bitstream을 디바이스로 다운로드할 준비상태가 된다. 타깃 FPGA 디바이스 xc7s75_0을 선택한 상태에서 마우스 우클릭을 하면 나타나는 팝업에서 Program device를 실행시키거나, Hardware 창 위에 있는 Program device를 클릭하면, [그림 13-51(d)]와 같이 Bitstream 파일을 지정하는 창이 활성화된다. Bitstream file 필드에 다운로드할 Bitstream 파일을 지정한 후, Program을 클릭하면 지정된 Bitstream 프로그래밍 파일이 실습장비의 타깃 FPGA 디바이스로 다운로드되어 설계된 회로가 동작하는 것을 확인할 수 있다.

한편, Hardware 창에서 타깃 FPGA 디바이스 xc7s75_0을 선택하고 마우스 우클릭을 하면 나타나는 팝업에서 Verify Device, Refresh Device 등 여러 가지 작업을 수행할 수 있다.

13.7.2 PROM을 이용한 디바이스 프로그래밍

FPGA 디바이스에 Bitstream 파일을 직접 다운로드하는 방식 대신에, 별도의 플래시 메모리에 회로 구성 정보를 저장할 수도 있다. 실습장비에는 Spansion사의 128Mb SPI 플래시 메모리(s25FL128s) 칩이 탑재되어 있다. 플래시 메모리는 비휘발성^nonvolatile^ 저장 장치이므로, 저장된 정보를 강제로 지우지(소거하지) 않는 한 실습장비의 전원을 끄거나 초기화(리셋)해도 저장된 정보가 유지되며, 따라서 실습장비의 전원을 OFF한 후 다시 ON해도 플래시 메모리에 프로그래밍된 정보가 FPGA 디바이스로 로드되어 회로가 다시 동작한다.

1 MCS 파일 생성

플래시 메모리에 프로그래밍하기 위해서는 Bitstream 파일을 플래시 메모리 포맷인 MCS 파일로 변환해야 한다. Bitstream 파일로부터 MCS 포맷의 프로그래밍 파일을 생성하는 과정은 다음과 같다.

❶ Bitstream 파일이 생성된 상태에서 [그림 13-52(a)]와 같이 메뉴 바 > Tools > Generate Memory Configuration File을 실행한다. ❷ [그림 13-52(b)]와 같이 플래시 메모리 디바이스를 제조사 Spansion, 용량 128Mb, s25FL128s로 지정하고, 생성될 MCS 파일명과 저장될 경로를 지정한다. 또한, Options 영역에서 Load Bitstream files를 체크하고, Bitstream 파일이 저장된 경로와 Bitstream 파일명을 지정한다. OK 버튼을 클릭하면 Bitstream 파일을 MCS 파일로 변환하는 과정이 진행된다. ❸ MCS 파일이 성공적으로 생성되면 팝업이 나타나고, 해당 폴더에서 생성된 MCS 파일을 확인할 수 있다.

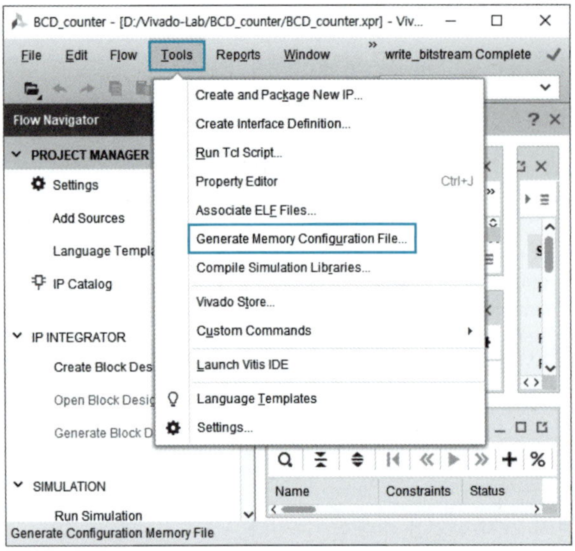

(a) Generate Memory Configuration File 실행

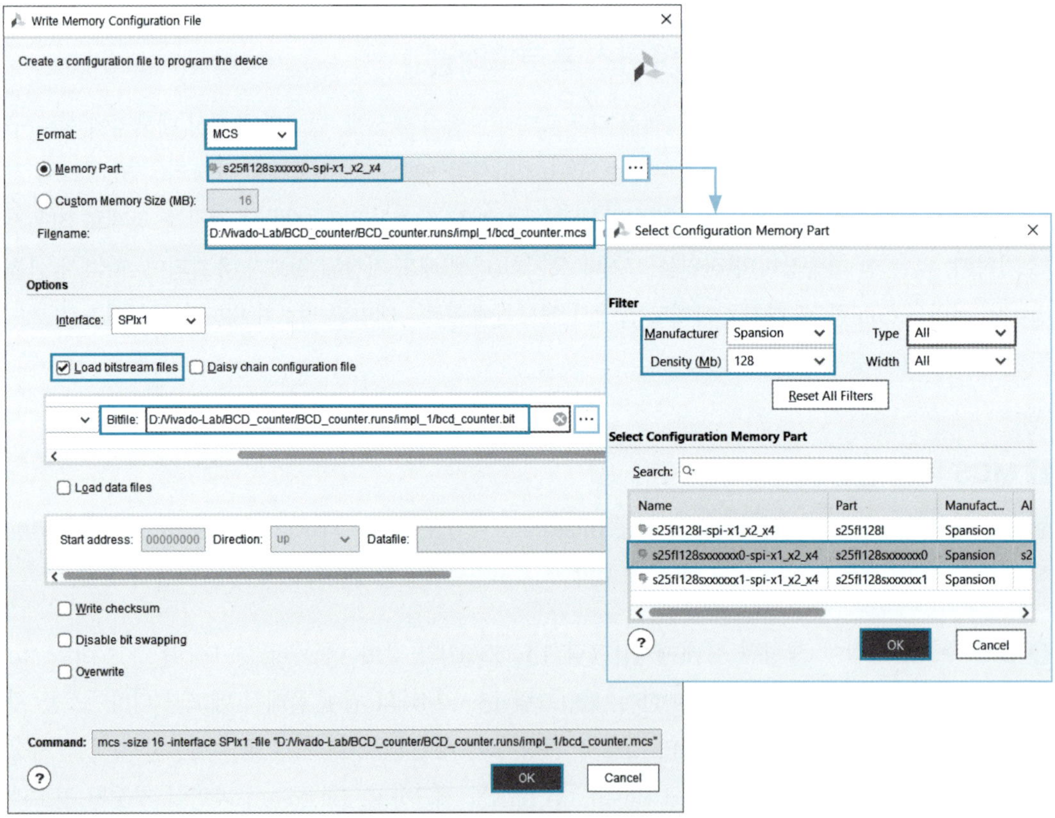

(b) 플래시 메모리 디바이스 및 Bitstream 파일 지정

[그림 13-52] MCS 파일 생성

2 플래시 메모리 프로그래밍

MCS 파일이 성공적으로 생성되면, Hardware Manager를 오픈해서 플래시 메모리에 프로그래밍한다.

❶ **PC 연결** : [그림 13-51(a)]와 같이 Flow Navigator > PROGRAM AND DEBUG > Open Hardware Manager를 실행하거나, 메뉴 바 > Flow > Open Hardware Manager를 실행하면 [그림 13-51(b)]와 같이 Hardware Manager가 오픈되어 타깃 디바이스를 연결할 수 있다. Flow Navigator > Open Hardware Manager > Open Target을 실행하거나, Workspace 영역에서 Open target을 클릭하여 활성화되는 팝업에서 Auto Connect를 실행하면 FPGA 실습장비와 PC가 연결된다.

❷ **플래시 메모리 디바이스 지정** : [그림 13-53]과 같이 Flow Navigator > PROGRAM AND DEBUG > Open Hardware Manager > Add Configuration Memory Device를 클릭하고, 팝업창에서 xc7s75_0 디바이스를 선택한다. 또는, [그림 13-54]와 같이 메뉴 바 > Tools > Add Configuration Memory Device > xc7s75_0 디바이스를 선택하면, [그림 13-55]와 같이 Configuration 메모리 디바이스를 지정하는 팝업 창이 활성화된다.

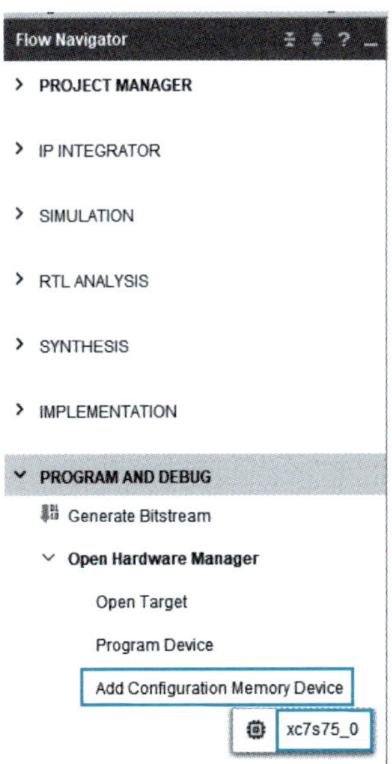

[그림 13-53] Flow Navigator에서 메모리 추가

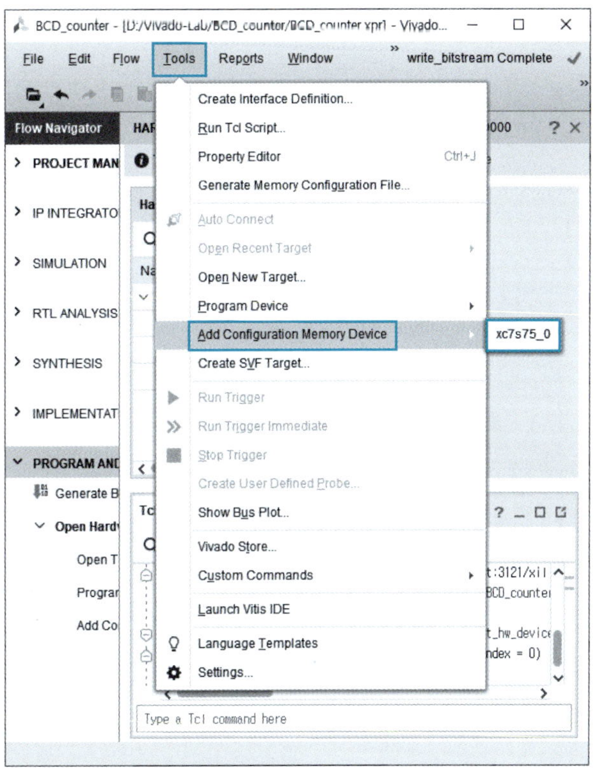

[그림 13-54] 메뉴 바에서 메모리 추가

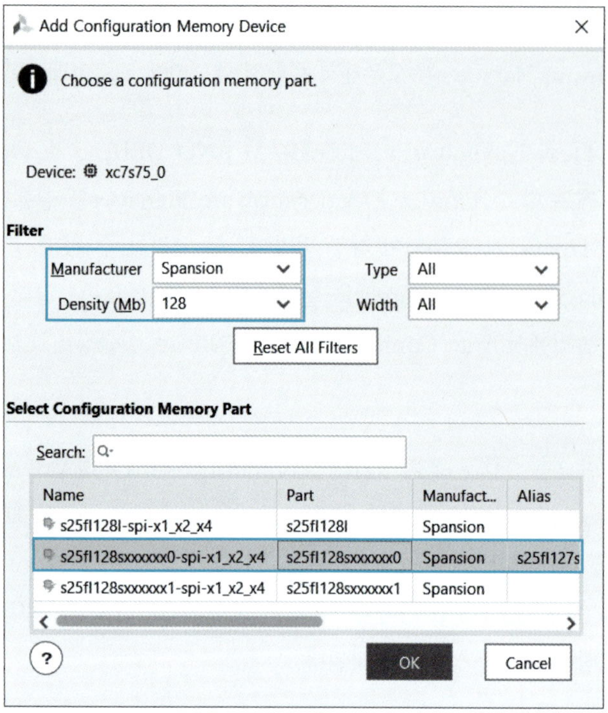

[그림 13-55] 플래시 메모리 디바이스 지정

❸ **추가된 플래시 메모리 디바이스 확인** : [그림 13-55]와 같이 실습장비에 탑재되어 있는 플래시 메모리 디바이스를 제조사 Spansion, 용량 128Mb, s25fl128s로 지정하면, [그림 13-56]과 같이 Workspace 영역의 Hardware 창에 추가된 플래시 메모리 디바이스가 표시된다.

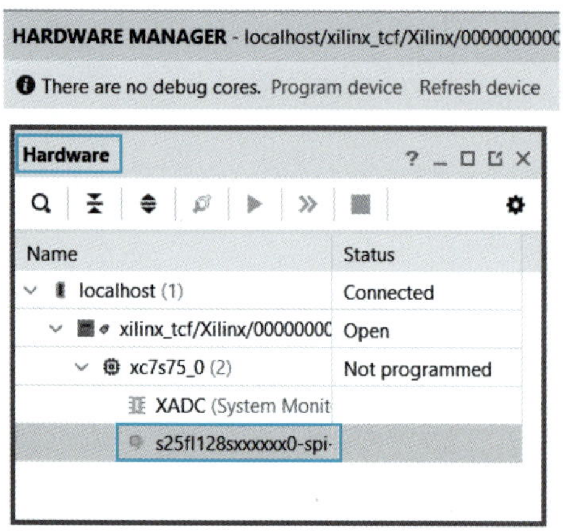

[그림 13-56] 플래시 메모리 디바이스가 추가된 상태

❹ **플래시 메모리 프로그래밍** : Hardware 창에서 [그림 13-57]과 같이 타깃 플래시 메모리 디바이스 s25fl128s를 선택하고 마우스 우클릭을 하면 팝업이 나타나고, 'Program Configuration Memory Device'를 실행시킨다.

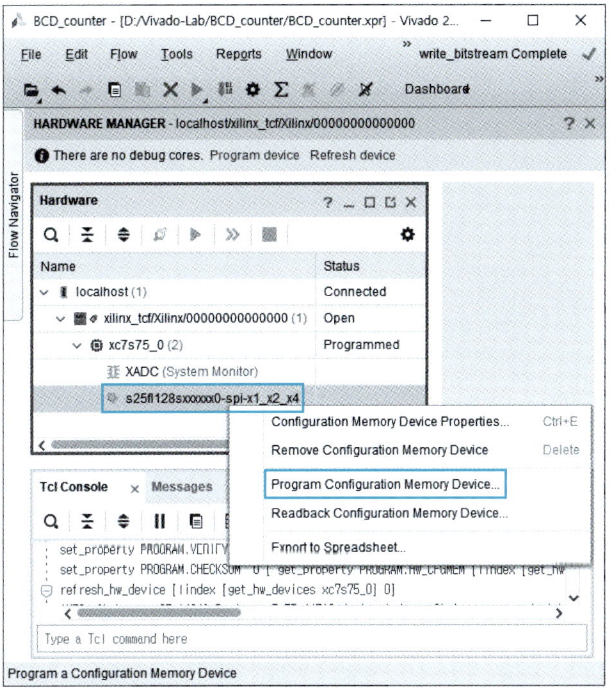

[그림 13-57] 플래시 메모리 프로그래밍

❺ [그림 13-58]과 같이 플래시 메모리에 프로그래밍될 MCS 파일을 지정하는 창이 활성화되며, Configuration file 필드에 MCS 파일을 지정한다. Program Operations에서 'Erase'를 체크하면 플래시 메모리를 프로그래밍하기 전에 메모리에 저장된 내용을 삭제하는 과정이 수행된다. 'Verify'를 체크하면 메모리 프로그래밍을 검증하는 과정이 수행된다. OK 버튼을 클릭하면 지정된 MCS 프로그래밍 파일이 실습장비의 타깃 플래시 메모리 디바이스로 프로그래밍된다.

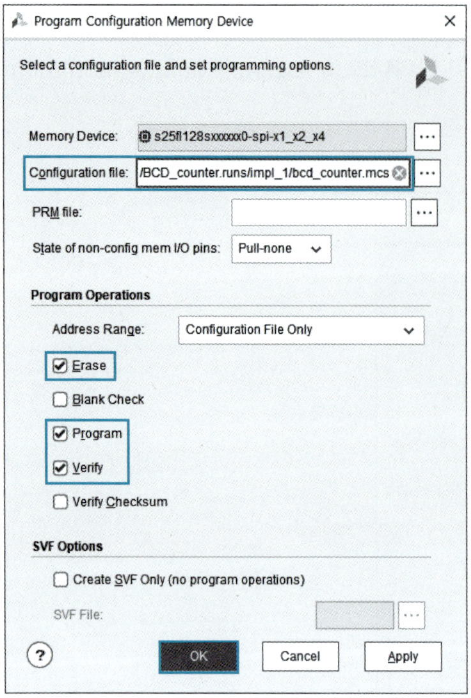

[그림 13-58] 메모리 Configuration file 및 Program Operations 설정

❻ **설계된 회로의 하드웨어 동작 확인** : 플래시 메모리 프로그래밍이 성공적으로 완료되면, Flash programming completed successfully 팝업 창이 활성화된다. 실습장비의 전원을 껐다 켜거나 FPGA 모듈의 리셋 버튼을 누르면 플래시 메모리에 저장된 회로 구성 정보가 FPGA 디바이스로 로딩되어 설계된 회로의 동작을 확인할 수 있다.

CHAPTER 14

조합회로의 FPGA 구현 실습

학습 목표

- Verilog HDL로 설계된 조합회로를 FPGA 디바이스에 구현해서 하드웨어 동작을 확인하는 과정을 실습을 통해 익힌다.
- 기본 논리 게이트, 가산기와 감산기 회로를 Verilog HDL의 다양한 방법으로 모델링하고 FPGA 실습장비에 구현해서 하드웨어 동작을 확인하는 실습을 한다.
- 멀티플렉서 회로를 Verilog HDL의 다양한 방법으로 모델링하고 FPGA 실습장비에 구현해서 하드웨어 동작을 확인하는 실습을 한다.
- 여러 가지 인코더와 디코더 회로를 Verilog HDL의 다양한 방법으로 모델링하고 FPGA 실습장비에 구현해서 하드웨어 동작을 확인하는 실습을 한다.

들어가기 전에

Verilog HDL을 이용한 회로 설계와 RTL 기능 검증이 완료되면, 회로 검증의 마지막 단계로 FPGA 디바이스에 설계된 회로를 구현해서 하드웨어 동작을 확인해야 한다. FPGA 디바이스에 회로를 구현하기 위해서는 RTL 소스코드를 합성^synthesis^하고 타깃 FPGA 디바이스로 구현^implementation^한 후, Bitstream 파일을 생성해서 FPGA 디바이스로 프로그래밍하는 과정을 거쳐야 한다. FPGA 디바이스에 연결된 장치들을 사용하기 위해서는 회로의 입출력 신호를 디바이스 핀에 할당한 후 합성, 구현 과정을 진행해야 한다. 이 장에서는 기본 논리 게이트에서부터 가산기와 감산기, 멀티플렉서, 인코더와 디코더 등 다양한 조합회로를 Verilog HDL로 모델링하여 기능을 검증하고, 실습장비의 FPGA 디바이스에 구현하여 하드웨어 동작을 확인하는 설계과정을 익힌다.

FPGA 실습장비의 구성과 주요 장치들은 12장을 참고하고, 실습에 사용되는 Xilinx Vivado 툴은 13장이나 Xilinx사에서 제공하는 사용자 가이드 문서나 동영상 자료를 참고하기 바란다.

SECTION 14.1

기본 논리 게이트 설계

실습목적 기본 논리 게이트를 여러 가지 Verilog HDL 구문으로 설계하고 FPGA 디바이스에 구현하여 하드웨어 동작을 확인하는 설계과정을 익힌다.

14.1.1 2입력 OR 게이트 설계

❶ 회로 기능

[그림 14-1(a)]는 2입력 OR 게이트의 회로도이며, 논리기능을 나타내는 진리표는 [그림 14-1(b)]와 같다.

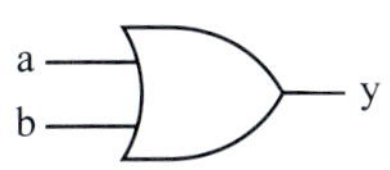

(a) 회로도

a	b	y
0	0	0
0	1	1
1	0	1
1	1	1

(b) 진리표

[그림 14-1] 2입력 OR 게이트

❷ Verilog HDL 모델링

2입력 OR 게이트를 다음과 같은 세 가지 방법으로 설계한다.

(a) 게이트 프리미티브를 사용하는 방법 : or2_primitive
(b) `assign` 문을 사용하는 방법(비트 연산자를 이용) : or2_assign
(c) `if` 문을 사용하는 방법([그림 14-1(b)]의 진리표를 이용) : or2_if

코드 14-1 게이트 프리미티브를 사용한 2입력 OR 게이트 모델링

```
module or2_primitive (input a, input b,
                      output y);

    or U0 (y, a, b);    // 게이트 프리미티브를 사용한 모델링

endmodule
```

코드 14-2 assign 문을 사용한 2입력 OR 게이트 모델링

```
module or2_assign (input a, input b,
                   output y);

 // assign 문과 비트 연산자를 사용하여 코드를 완성한다.

endmodule
```

코드 14-3 if 문을 사용한 2입력 OR 게이트 모델링

```
module or2_if (input a, input b,
               output y);

 // if 문을 사용하여 코드를 완성한다.

endmodule
```

❸ 기능 시뮬레이션

설계된 회로의 동작을 확인하기 위하여 [코드 14-4]의 테스트벤치를 이용해서 기능 시뮬레이션을 한다. [그림 14-2]는 시뮬레이션 결과 파형이며, [그림 14-1(b)]의 진리표와 동일하게 동작함을 확인할 수 있다.

코드 14-4 2입력 OR 게이트의 시뮬레이션 테스트벤치

```
module tb_or2 ( );
  reg    a, b;

   or2_primitive U0 (.a(a), .b(b), .y(y));
// or2_assign U1 (.a(a), .b(b), .y(y));
// or2_if U2 (.a(a), .b(b), .y(y));
```

```
    initial begin
            a = 1'b0; b = 1'b0;
        #10 a = 1'b0; b = 1'b1;
        #10 a = 1'b1; b = 1'b0;
        #10 a = 1'b1; b = 1'b1;
        #10 a = 1'b0; b = 1'b0;
        #20 $finish;
    end

endmodule
```

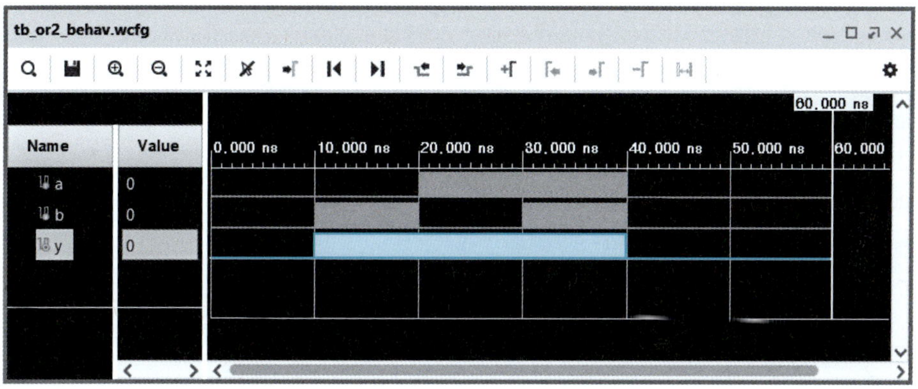

[그림 14-2] 2입력 OR 게이트의 시뮬레이션 결과

❹ 하드웨어 동작 확인

설계 및 검증된 회로를 FPGA 실습장비에 구현하여 하드웨어 동작을 확인한다. 실습회로는 [그림 14-3]과 같이 구성되며, 디바이스 핀 할당표는 [표 14-1]과 같다. 버튼 스위치 A, B로 입력신호 a, b를 인가하고, LED8로 OR 게이트의 출력 y를 확인한다. 버튼 스위치 A, B를 누름에 따라 LED8에 불이 켜지는 상태를 관찰하여 2입력 OR 게이트 회로가 [그림 14-1(b)]의 진리표와 동일하게 동작하는지 확인할 수 있다.

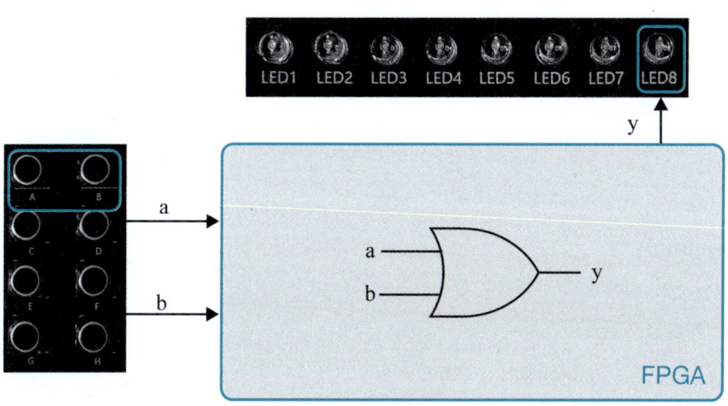

[그림 14-3] 2입력 OR 게이트의 FPGA 실습회로 구성도

[표 14-1] 디바이스 핀 할당표

구 분	포트 이름	핀 번호	연결 소자
입력	a	Y6	Button SW_A
	b	V7	Button SW_B
출력	y	Y1	LED8

14.1.2 설계 실습 과제

1 2입력 AND 게이트 설계

❶ 회로 기능

2입력 AND 게이트의 논리기능을 [표 14-2]의 진리표에 완성한다.

[표 14-2] 2입력 AND 게이트의 진리표

a	b	y
0	0	
0	1	
1	0	
1	1	

❷ Verilog HDL 모델링

2입력 AND 게이트를 다음과 같은 세 가지 방법으로 설계한다.

(a) 게이트 프리미티브를 사용하는 방법 : and2_primitive

(b) `assign` 문을 사용하는 방법: and2_assign

(c) `if` 문을 사용하는 방법 : and2_if

코드 14-5 게이트 프리미티브를 사용한 2입력 AND 게이트 모델링

```
module and2_primitive (input a, input b,
                       output y);

// 게이트 프리미티브를 사용해서 모델링한다.

endmodule
```

코드 14-6 assign 문을 사용한 2입력 AND 게이트 모델링

```
module and2_assign (input a, input b,
                    output y);

  // assign 문을 사용해서 모델링한다.

endmodule
```

코드 14-7 if 문을 사용한 2입력 AND 게이트 모델링

```
module and2_if (input a, input b,
                output y);

  // if 문을 사용해서 모델링한다.

endmodule
```

❸ 기능 검증

설계된 회로의 동작을 확인하기 위한 시뮬레이션 테스트벤치를 작성하고, 시뮬레이션을 통해 기능을 검증한다.

❹ 하드웨어 동작 확인

설계 및 검증된 회로를 FPGA 실습장비에 구현하여 하드웨어 동작을 확인한다. [그림 14-3]과 동일한 실습회로를 사용하며, [표 14-1]의 디바이스 핀 할당표를 이용한다.

2 2입력 NOR 게이트 설계

❶ 회로 기능

[표 14-3]의 2입력 NOR 게이트 진리표를 완성한다.

[표 14-3] 2입력 NOR 게이트의 진리표

a	b	y
0	0	
0	1	
1	0	
1	1	

❷ Verilog HDL 모델링

2입력 NOR 게이트를 다음과 같은 세 가지 방법으로 설계한다.

(a) 게이트 프리미티브를 사용하는 방법 : nor2_primitive
(b) assign 문을 사용하는 방법 : nor2_assign
(c) if 문을 사용하는 방법 : nor2_if

코드 14-8 게이트 프리미티브를 사용한 2입력 NOR 게이트 모델링

```
module nor2_primitive (input a, input b,
                       output y);

  // 게이트 프리미티브를 사용해서 모델링한다.

endmodule
```

코드 14-9 assign 문을 사용한 2입력 NOR 게이트 모델링

```
module nor2_assign (input a, input b,
                    output y);

  // assign 문을 사용해서 모델링한다.

endmodule
```

코드 14-10 if 문을 사용한 2입력 NOR 게이트 모델링

```
module nor2_if (input a, input b,
                output y);

  // if 문을 사용해서 모델링한다.

endmodule
```

❸ 기능 검증

설계된 회로의 동작을 확인하기 위한 시뮬레이션 테스트벤치를 작성하고, 시뮬레이션을 통해 기능을 검증한다.

❹ 하드웨어 동작 확인

설계 및 검증된 실습회로를 FPGA 실습장비에 구현하여 하드웨어 동작을 확인한다. [그림 14-3]과 동일한 실습회로를 사용하며, [표 14-1]의 디바이스 핀 할당표를 이용한다.

3 2입력 NAND 게이트 설계

❶ 회로 기능

[표 14-4]의 2입력 NAND 게이트 진리표를 완성한다.

[표 14-4] 2입력 NAND 게이트의 진리표

a	b	y
0	0	
0	1	
1	0	
1	1	

❷ Verilog HDL 모델링

2입력 NAND 게이트를 다음과 같은 세 가지 방법으로 설계한다.

(a) 게이트 프리미티브를 사용하는 방법 : nand2_primitive

(b) assign 문을 사용하는 방법 : nand2_assign

(c) if 문을 사용하는 방법 : nand2_if

코드 14-11 게이트 프리미티브를 사용한 2입력 NAND 게이트 모델링

```
module nand2_primitive (input a, input b,
                        output y);

  // 게이트 프리미티브를 사용해서 모델링한다.

endmodule
```

코드 14-12 assign 문을 사용한 2입력 NAND 게이트 모델링

```
module nand2_assign (input a, input b,
                     output y);

// assign 문을 사용해서 모델링한다.

endmodule
```

코드 14-13 if 문을 사용한 2입력 NAND 게이트 모델링

```
module nand2_if (input a, input b,
                 output y);

// if 문을 사용해서 모델링한다.

endmodule
```

❸ 기능 검증

설계된 회로의 동작을 확인하기 위한 시뮬레이션 테스트벤치를 작성하고, 시뮬레이션을 통해 기능을 검증한다.

❹ 하드웨어 동작 확인

설계 및 검증된 실습회로를 FPGA 실습장비에 구현하여 하드웨어 동작을 확인한다. [그림 14-3]과 동일한 실습회로를 사용하며, [표 14-1]의 디바이스 핀 할당표를 이용한다.

4 3입력 XOR 게이트 설계

❶ 회로 기능

[표 14-5]의 3입력 XOR 게이트 진리표를 완성한다.

[표 14-5] 3입력 XOR 게이트의 진리표

a	b	c	y
0	0	0	
0	0	1	
0	1	0	
0	1	1	
1	0	0	
1	0	1	
1	1	0	
1	1	1	

❷ Verilog HDL 모델링

3입력 XOR 게이트를 다음과 같은 세 가지 방법으로 설계한다.

(a) 게이트 프리미티브를 사용하는 방법 : xor3_primitive
(b) assign 문을 사용하는 방법 : xor3_assign
(c) if 문을 사용하는 방법 : xor3_if

코드 14-14 게이트 프리미티브를 사용한 3입력 XOR 게이트 모델링

```
module xor3_primitive (input a, input b, input c,
                       output y);

  // 게이트 프리미티브를 사용해서 모델링한다.

endmodule
```

코드 14-15 assign 문을 사용한 3입력 XOR 게이트 모델링

```
module xor3_assign (input a, input b, input c,
                    output y);

  // assign 문을 사용해서 모델링한다.

endmodule
```

코드 14-16 if 문을 사용한 3입력 XOR 게이트 모델링

```
module xor3_if (input a, input b, input c,
                output y);

  // if 문을 사용해서 모델링한다.

endmodule
```

❸ 기능 검증

설계된 회로의 동작을 확인하기 위한 시뮬레이션 테스트벤치를 작성하고, 시뮬레이션을 통해 기능을 검증한다.

❹ 하드웨어 동작 확인

설계 및 검증된 실습회로를 FPGA 실습장비에 구현하여 하드웨어 동작을 확인한다. [그림 14-4]의 실습회로를 사용하며, [표 14-6]의 디바이스 핀 할당표를 이용한다.

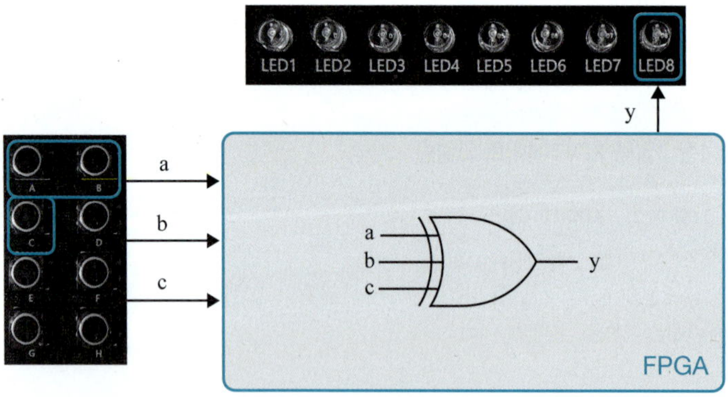

[그림 14-4] 3입력 XOR 게이트의 FPGA 실습회로 구성도

[표 14-6] 디바이스 핀 할당표

구 분	포트 이름	핀 번호	연결 소자
입력	a	Y6	Button SW_A
	b	V7	Button SW_B
	c	AB6	Button SW_C
출력	y	Y1	LED8

5 4비트 2입력 XNOR 게이트 설계

❶ 회로 기능

4비트 입력 a[3:0], b[3:0]에 대해 비트 단위로 XNOR 연산을 수행한다.

❷ Verilog HDL 모델링

4비트 2입력 XNOR 게이트를 다음의 세 가지 방법으로 설계한다.

(a) 게이트 프리미티브 배열을 사용하는 방법 : xnor2_4b_array

(b) assign 문을 사용하는 방법 : xnor2_4b_assign

(c) generate for – endgenerate 구문을 사용하는 방법(6.4.2절 참고) : xnor2_4b_gen

코드 14-17 게이트 프리미티브 배열을 사용한 4비트 2입력 XNOR 게이트 모델링

```
module xnor2_4b_array (input [3:0] a, input [3:0] b,
                        output [3:0] y);

// 게이트 프리미티브 배열을 사용해서 모델링한다.

endmodule
```

코드 14-18 assign 문을 사용한 4비트 2입력 XNOR 게이트 모델링

```
module xnor2_4b_assign (input [3:0] a, input [3:0] b,
                         output [3:0] y);

// assign 문을 사용해서 모델링한다.

endmodule
```

코드 14-19 generate for – endgenerate 구문을 사용한 4비트 2입력 XNOR 게이트 모델링

```
module xnor2_4b_gen (input [3:0] a, input [3:0] b,
                      output [3:0] y);

// generate for ~ endgenerate 구문을 사용해서 모델링한다.

endmodule
```

❸ 기능 검증

설계된 회로의 동작을 확인하기 위한 시뮬레이션 테스트벤치를 작성하고, 시뮬레이션을 통해 기능을 검증한다.

❹ 하드웨어 동작 확인

설계 및 검증된 실습회로를 FPGA 실습장비에 구현하여 하드웨어 동작을 확인한다. 실습회로는 [그림 14-5]와 같이 구성되며, 디바이스 핀 할당표는 [표 14-7]과 같다. 8비트 DIP 스위치로 입력신호 a[3:0], b[3:0]를 인가하고, 4개의 LED1 ~ LED4를 이용해서 XNOR 게이트의 출력 y[3:0]를 관찰한다. DIP 스위치의 On/Off에 따라 LED에 불이 켜지는 상태를 관찰하여 설계된 회로가 올바로 동작하는지를 확인한다.

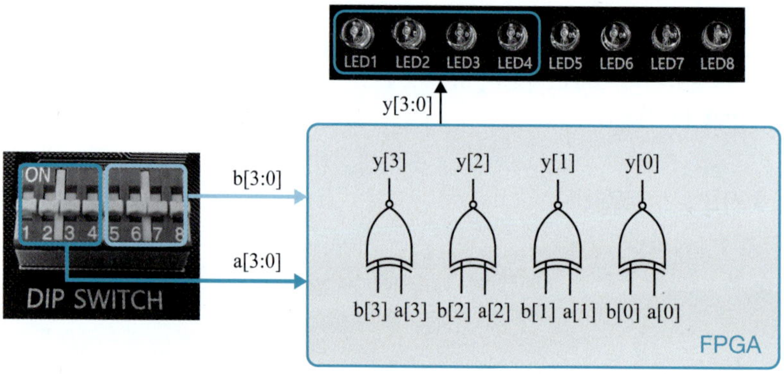

[그림 14-5] 4비트 2입력 XNOR 게이트 회로의 FPGA 실습회로 구성도

[표 14-7] 디바이스 핀 할당표

구 분	포트 이름	핀 번호	연결 소자
입력	a[3]	AB3	DIP_SW1
	a[2]	AB4	DIP_SW2
	a[1]	Y4	DIP_SW3
	a[0]	Y5	DIP_SW4
	b[3]	W5	DIP_SW5
	b[2]	V6	DIP_SW6
	b[1]	AB5	DIP_SW7
	b[0]	AA6	DIP_SW8
출력	y[3]	U5	LED1
	y[2]	V1	LED2
	y[1]	V4	LED3
	y[0]	V5	LED4

SECTION 14.2

가산기와 감산기 회로 설계

(실습목적) 산술연산 회로를 구성하는 기본 회로인 가산기와 감산기 회로를 Verilog HDL로 설계하고, FPGA 디바이스에 구현하여 하드웨어 동작을 확인하는 설계과정을 익힌다.

14.2.1 1비트 전가산기 설계

❶ 회로 기능

- 반가산기[half adder]는 두 입력 a, b를 가산하여 합 sum과 캐리 출력 cout을 만드는 회로이다. [그림 14-6(a)]는 반가산기 회로도이고, 진리표는 [그림 14-6(b)]와 같다.

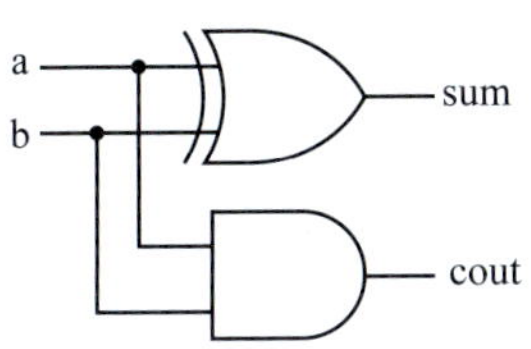

(a) 회로도

a	b	cout	sum
0	0	0	0
0	1	0	1
1	0	0	1
1	1	1	0

(b) 진리표

[그림 14-6] 반가산기

- 1비트 전가산기[full adder]는 두 입력 a, b와 캐리 입력 cin을 가산하여 합 sum과 캐리 출력 cout을 만드는 회로이며, 진리표는 [표 14-8]과 같다. 전가산기 회로를 다양한 방법으로 구현할 수 있으며, [그림 14-7]은 논리 게이트로 표현된 전가산기 회로도이고, [그림 14-8]은 반가산기 모듈과 OR 게이트로 표현된 회로도이다.

[표 14-8] 1비트 전가산기 진리표

a	b	cin	cout	sum
0	0	0	0	0
0	0	1	0	1
0	1	0	0	1
0	1	1	1	0
1	0	0	0	1
1	0	1	1	0
1	1	0	1	0
1	1	1	1	1

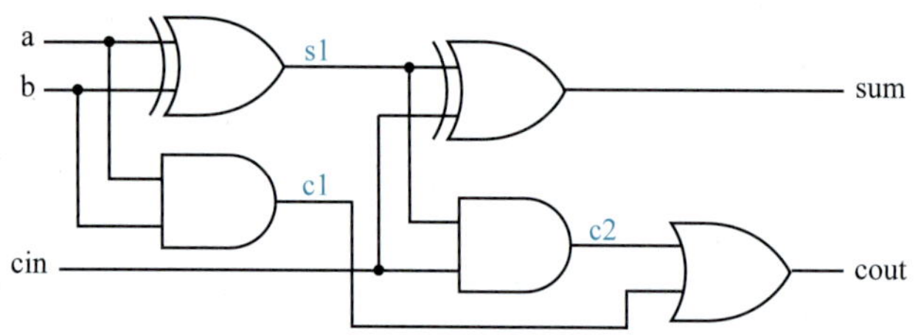

[그림 14-7] 1비트 전가산기 회로

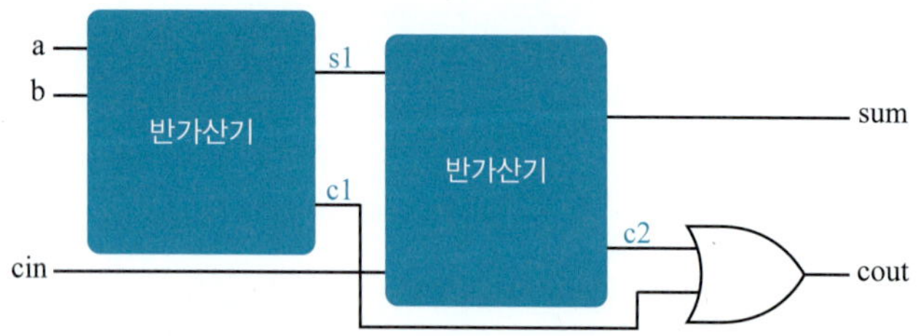

[그림 14-8] 반가산기 모듈을 이용한 1비트 전가산기 회로

❷ Verilog HDL 모델링

1비트 전가산기를 다음과 같은 다섯 가지 방법으로 설계한다.

(a) `assign` 문을 사용하는 방법([그림 14-7]의 회로도를 이용) : fa_assign

(b) 게이트 프리미티브를 사용하는 방법([그림 14-7]의 회로도를 이용) : fa_primitive

(c) `if` 문을 사용하는 방법([표 14-8]의 진리표를 이용) : fa_if

(d) `case` 문을 사용하는 방법([표 14-8]의 진리표를 이용) : fa_case

(e) 반가산기 모듈을 설계하고, 인스턴스하는 방법([그림 14-8]의 회로도를 이용) : fa_ha_instance

코드 14-20 assign 문을 사용한 1비트 전가산기 모델링

```
module fa_assign (input a, input b, input cin,
                  output sum, output cout);

  // assign 문을 사용한 모델링
  assign s1   = a  ^ b;
  assign c1   = a  & b;
  assign c2   = s1 & cin;
  assign sum  = s1 ^ cin;
  assign cout = c1 | c2;

endmodule
```

코드 14-21 게이트 프리미티브를 사용한 1비트 전가산기 모델링

```
module fa_primitive (input a, input b, input cin,
                     output sum, output cout);

 // 게이트 프리미티브를 사용하여 코드를 완성한다.

endmodule
```

코드 14-22 if 문을 사용한 1비트 전가산기 모델링

```
module fa_if (input a, input b, input cin,
              output sum, output cout);

 // if 문을 사용하여 코드를 완성한다.

endmodule
```

코드 14-23 case 문을 사용한 1비트 전가산기 모델링

```
module fa_case (input a, input b, input cin,
                output sum, output cout);

 // case 문을 사용하여 코드를 완성한다.

endmodule
```

코드 14-24 반가산기 모듈의 인스턴스를 이용한 1비트 전가산기 모델링

```
module fa_ha_instance (input a, input b, input cin,
                       output sum, output cout);

// 반가산기 모듈을 설계하고, 인스턴스를 사용하여 코드를 완성한다.

endmodule
```

❸ 기능 시뮬레이션

[코드 14-25]의 테스트벤치를 이용한 기능 시뮬레이션으로 설계된 회로의 동작을 확인한다. [그림 14-9]는 시뮬레이션 결과이며, [표 14-8]의 진리표와 동일하게 동작함을 확인할 수 있다.

코드 14-25 1비트 전가산기의 시뮬레이션 테스트벤치

```
module tb_fa ( );
  wire  ain, bin, cin;     // 생략 가능
  wire  sum, cout;         // 생략 가능
  reg   [2:0] tmp;

  fa_assign U0 (.a(ain), .b(bin), .cin(cin), .sum(sum), .cout(cout));

  initial tmp = 3'b000;

  always  begin
      #10 tmp = tmp + 1;
      if (tmp == 3'b111)
          #20 $finish;
  end

 assign   {cin, bin, ain} = tmp[2:0];

endmodule
```

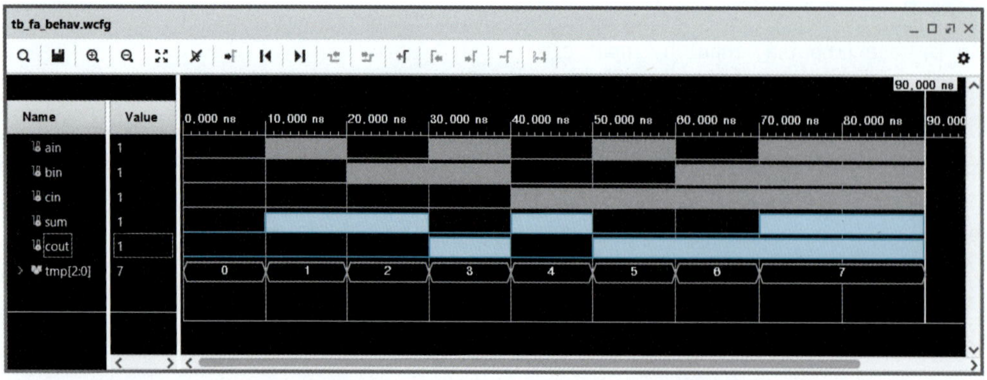

[그림 14-9] 1비트 전가산기의 시뮬레이션 결과

❹ 하드웨어 동작 확인

설계와 검증이 완료된 1비트 전가산기 회로를 FPGA 실습장비에 구현하여 하드웨어 동작을 확인한다. 실습회로는 [그림 14-10]과 같으며, [표 14-9]의 디바이스 핀 할당표를 이용한다. 버튼 스위치 A, B, C로 각각 입력신호 a, b, cin을 인가하고, LED7, LED8을 이용하여 cout과 sum 출력을 관찰한다. 버튼 스위치 A, B, C를 누름에 따라 LED7, LED8에 불이 켜지는 상태를 관찰하여 설계된 회로가 [표 14-8]의 진리표와 동일하게 동작하는지 확인할 수 있다.

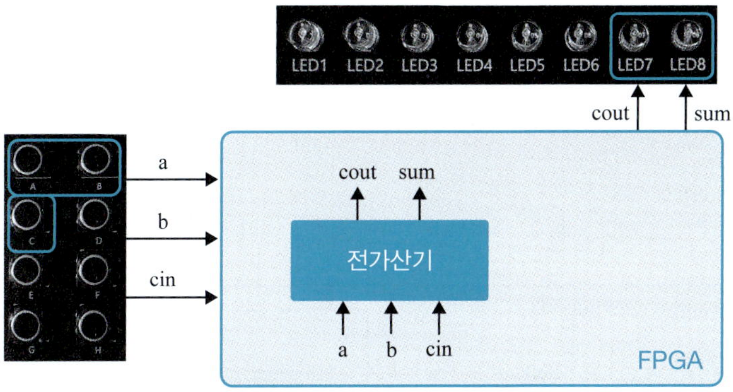

[그림 14-10] 1비트 전가산기 회로의 FPGA 실습회로 구성도

[표 14-9] 디바이스 핀 할당표

구 분	포트 이름	핀 번호	연결 소자
입력	a	Y6	Button SW_A
	b	V7	Button SW_B
	cin	AB6	Button SW_C
출력	cout	W3	LED7
	sum	Y1	LED8

14.2.2 파라미터를 이용한 가변 크기 가산기 설계

❶ 회로 기능

[그림 14-11]의 전가산기 회로의 입력 a, b와 출력 sum의 비트 수를 `parameter`로 선언해서 가변 크기의 가산기 회로를 설계한다. [그림 14-12]와 같이 `parameter` N의 값에 따라 N-비트의 리플 캐리 가산기[Ripple-Carry Adder, RCA]로 구현되도록 가산기 모듈 add_Nb를 설계한다.

$$sum = a \oplus b \oplus cin = s1 \oplus cin$$

$$cout = a \cdot b + a \cdot cin + b \cdot cin = s1 \cdot cin + \overline{s1} \cdot a$$

(a) 부울 식

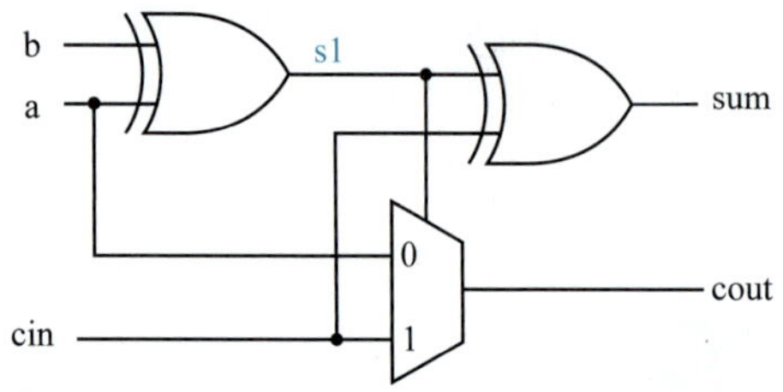

(b) 회로도

[그림 14-11] 1비트 전가산기 회로

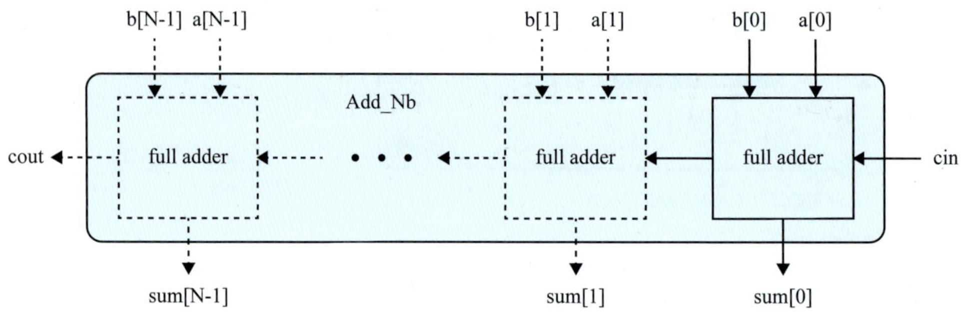

[그림 14-12] N-비트 리플 캐리 가산기

❷ Verilog HDL 모델링

[그림 14-11(b)]의 전가산기 회로에서 비트 수를 `parameter N`으로 선언하여 파라미터화된 N-비트 가산기를 설계한다. 반복문 `for` 루프 내부에 비트 XOR 연산자를 사용하여 XOR 게이트 출력 p[i]와 sum[i]를 구현하고, `case` 문을 이용한 멀티플렉서[MUX]로 cout[i+1]을 구현한다.

코드 14-26 파라미터화된 N-비트 가산기 모델링

```
module add_Nb (input [N-1:0] a, input [N-1:0] b, input cin,
               output [N-1:0] sum, output cout);

  parameter    N=1;
  reg    [N-1:0] sum;
  reg    [N-1:0] p;
  reg    [N:0]   carry;
  integer        i;

  always @(a or b or cin) begin
    carry[0] = cin;
```

```
// [그림 14-11(b)]의 회로를 참고해서 for 반복문으로 N-비트 가산기를 모델링한다.
- 비트 XOR 연산자를 이용해서 p[i], sum[i]를 모델링
- case 문을 이용한 MUX로 carry[i+1]을 모델링

  end

  assign cout = carry[N];

endmodule
```

❸ 기능 시뮬레이션

[코드 14-26]의 파라미터화된 N-비트 가산기 모듈 add_Nb(N=1로 선언되어 있음)의 동작을 확인하기 위하여 [코드 14-27]의 테스트벤치를 이용하여 기능 시뮬레이션을 수행한다. [그림 14-13]은 시뮬레이션 결과이며, parameter N=1로 선언되어 있으므로, 1비트 가산이 올바르게 동작함을 확인할 수 있다.

코드 14-27 add_Nb 가산기 모듈(N=1인 경우)의 시뮬레이션 테스트벤치

```
module tb_add_Nb ( );
   wire  ain, bin, cin;    // 생략 가능
   wire  sum, cout;        // 생략 가능
   reg   [2:0] tmp;

   add_Nb U0 ( .a(ain), .b(bin), .cin(cin), .sum(sum), .cout(cout));

   initial tmp = 3'b000;

   always  begin
        #10 tmp = tmp + 1;
        if (tmp == 3'b111)
           #20 $finish;
   end

  assign  {cin, bin, ain} = tmp[2:0];

endmodule
```

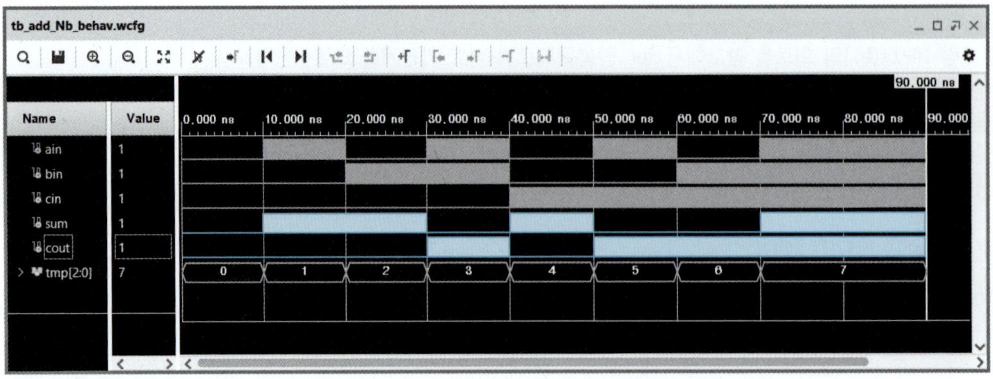

[그림 14-13] add_Nb 가산기 모듈(N=1인 경우)의 시뮬레이션 결과

❹ 하드웨어 동작 확인

설계 및 검증이 완료된 add_Nb 가산기 회로를 FPGA 실습장비에 구현하여 하드웨어 동작을 확인한다. 실습회로는 [그림 14-14]와 같이 구성되며, [표 14-10]의 디바이스 핀 할당표를 이용한다. 버튼 스위치 A, B, C로 각각 입력신호 a, b, cin을 인가하고, LED7과 LED8을 이용하여 cout과 sum 출력을 관찰한다. 버튼 스위치 A, B, C를 누름에 따라 LED7, LED8에 불이 켜지는 상태를 관찰함으로써 설계된 회로가 1비트 가산기로 동작하는지 확인할 수 있다.

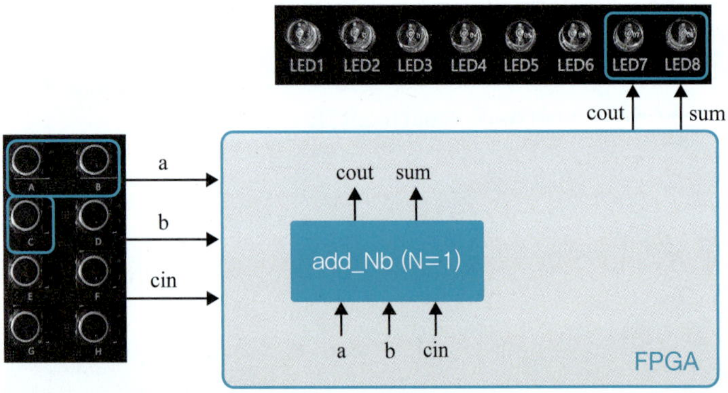

[그림 14-14] add_Nb 가산기 모듈(N=1인 경우)의 FPGA 실습회로 구성도

[표 14-10] 디바이스 핀 할당표

구 분	포트 이름	핀 번호	연결 소자
입력	a	Y6	Button SW_A
	b	V7	Button SW_B
	cin	AB6	Button SW_C
출력	cout	W3	LED7
	sum	Y1	LED8

14.2.3 설계 실습 과제

1 모듈 파라미터 변경을 이용한 4비트 가산기 설계

❶ 회로 기능

4비트의 두 입력 a[3:0], b[3:0]를 가산(a+b)하여 4비트의 합 sum[3:0]과 캐리 출력 cout을 만드는 4비트 리플 캐리 가산기([그림 14-15])를 설계한다. 캐리 입력 cin은 0으로 한다.

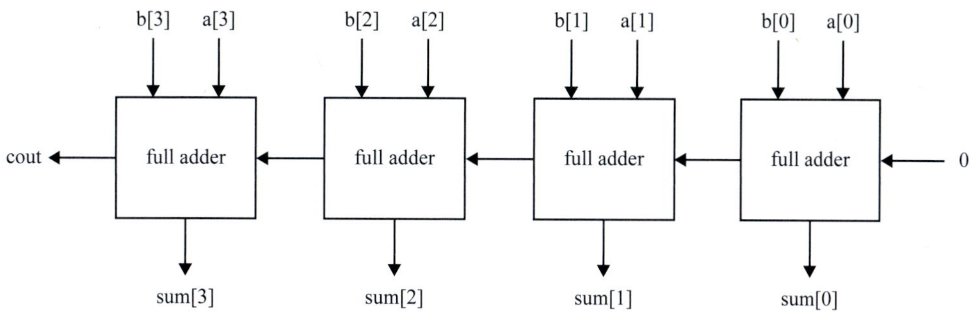

[그림 14-15] 4비트 리플 캐리 가산기

❷ Verilog HDL 모델링

14.2.2절에서 설계된 파라미터화된 N-비트 가산기 모듈 add_Nb을 인스턴스하고, 모듈 인스턴스에서 parameter N을 4로 설정하여 4비트 리플 캐리 가산기를 설계한다. 캐리 입력(cin)은 0으로 한다.

코드 14-28 4비트 리플 캐리 가산기 모델링

```
module add_4b (input [3:0] a, input [3:0] b,
               output [3:0] sum, output cout);
  parameter   N=4;

 // 14.2.2절에서 설계된 add_Nb 모듈([코드 14-26])을 인스턴스하고,
 // 모듈 parameter 변경을 통해 4비트 가산기를 구현한다. 캐리 입력(cin)은 0으로 한다.

endmodule
```

❸ 기능 검증

설계된 회로의 동작을 확인하기 위한 시뮬레이션 테스트벤치를 작성하고, 시뮬레이션을 수행하여 기능을 검증한다.

❹ 하드웨어 동작 확인

설계 및 검증이 완료된 회로를 FPGA 실습장비에 구현하여 하드웨어 동작을 확인한다. 실습회로는 [그

림 14-16]과 같이 구성되며, [표 14-11]의 디바이스 핀 할당표를 이용한다. 8비트 DIP 스위치로 4비트 입력신호 a[3:0], b[3:0]를 인가하고, 4개의 LED5~LED8을 이용하여 sum[3:0] 출력, 그리고 LED4를 이용해서 캐리 출력 cout을 관찰한다.

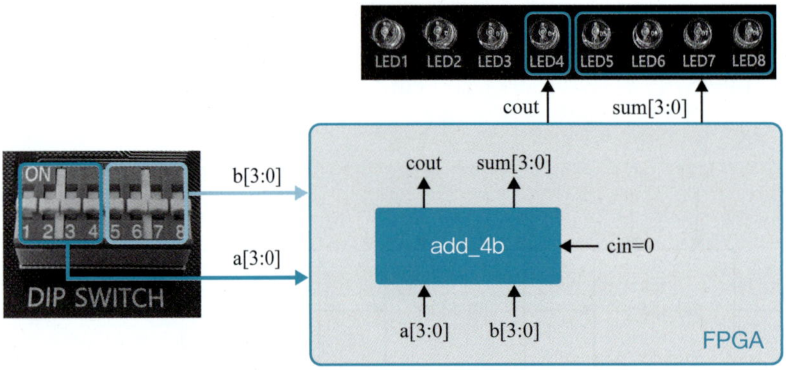

[그림 14-16] 실습회로 구성도

[표 14-11] 디바이스 핀 할당표

구 분	포트 이름	핀 번호	연결 소자
입력	a[3]	AB3	DIP_SW1
	a[2]	AB4	DIP_SW2
	a[1]	Y4	DIP_SW3
	a[0]	Y5	DIP_SW4
	b[3]	W5	DIP_SW5
	b[2]	V6	DIP_SW6
	b[1]	AB5	DIP_SW7
	b[0]	AA6	DIP_SW8
출력	cout	V5	LED4
	sum[3]	W1	LED5
	sum[2]	W2	LED6
	sum[1]	W3	LED7
	sum[0]	Y1	LED8

2 모듈 파라미터 변경을 이용한 4비트 가산기/뺄셈기 설계

❶ 회로 기능

4비트의 두 입력 a[7:0], b[7:0]에 대해 가산(a+b, mode=0인 경우)과 뺄셈(a−b, mode=1인 경우)을 선택적으로 연산하여 4비트의 합(또는 차) sum[3:0]과 캐리 출력(cout)을 만드는 4비트 가산기/뺄셈기를 설계한다. 2의 보수 수체계에서 뺄셈은 식 (14.1)과 같이 표현되며, 뺄셈(mode=1)의 경우, 피연산자 b를 1의 보수(비트 반전)로 취하여 a와 가산하고, 가산기 최하위 비트[LSB]의 캐리 입력에 mode 신호를 입력하면 가산기를 이용하여 뺄셈을 연산할 수 있다. 피연산자 b의 반전은 XOR 게이트를 이용하여 구현할 수 있다. 따라서 [그림 14-17]과 같이 4비트 가산기/뺄셈기 회로를 구현할 수 있다.

$$a - b = a + (-b) = a + (\overline{b} + 1) \tag{14.1}$$

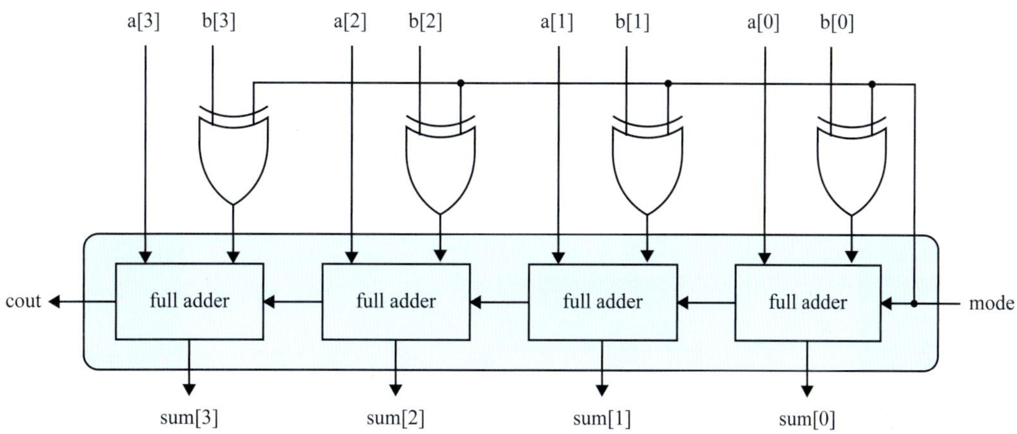

[그림 14-17] 4비트 가산기/뺄셈기 회로

❷ Verilog HDL 모델링

14.2.2절에서 설계된 파라미터화된 N-비트 가산기 모듈 add_Nb를 인스턴스하고, 모듈 인스턴스에서 `parameter N`을 4로 설정하여 4비트 가산기를 구현한다. [그림 14-17]의 회로도와 같이, mode 신호에 따라 덧셈(mode=0)과 뺄셈(mode=1)이 선택적으로 연산되도록 [코드 14-29]를 완성한다.

코드 14-29 4비트 가산기/뺄셈기 회로 모델링

```
module add_sub_4b (input [3:0] a, input [3:0] b, input mode,
                   output [3:0] sum, output cout);
  parameter     N=4;

  // 14.2.2절에서 설계된 add_Nb 모듈([코드 14-26])을 인스턴스하고, parameter 값 변경을 통해 4비트
     가산기를 설계한다.
  // [그림 14-17]의 회로와 같이, mode 신호에 따라 4비트 덧셈과 뺄셈을 선택적으로 연산할 수 있도록 설계한다.

endmodule
```

❸ 기능 검증

설계된 회로의 동작을 확인하기 위한 시뮬레이션 테스트벤치를 작성하고, 시뮬레이션을 수행하여 기능을 검증한다.

❹ 하드웨어 동작 확인

설계 및 검증이 완료된 회로를 FPGA 실습장비에 구현하여 하드웨어 동작을 확인한다. 실습회로는 [그림 14-18]과 같이 구성되며, [표 14-12]의 디바이스 핀 할당표를 이용한다. 8비트 DIP 스위치로 입력신호 a[3:0], b[3:0]를 인가하고, 버튼 스위치 A를 mode 신호 입력으로 사용한다. 버튼 스위치 A를 누르지 않으면(mode=0) 덧셈이 수행되고, 누르면(mode=1) 뺄셈이 수행된다. 4개의 LED5 ~ LED8을 이용하여 sum[3:0] 출력, 그리고 LED4를 이용해서 캐리 출력 cout을 관찰한다.

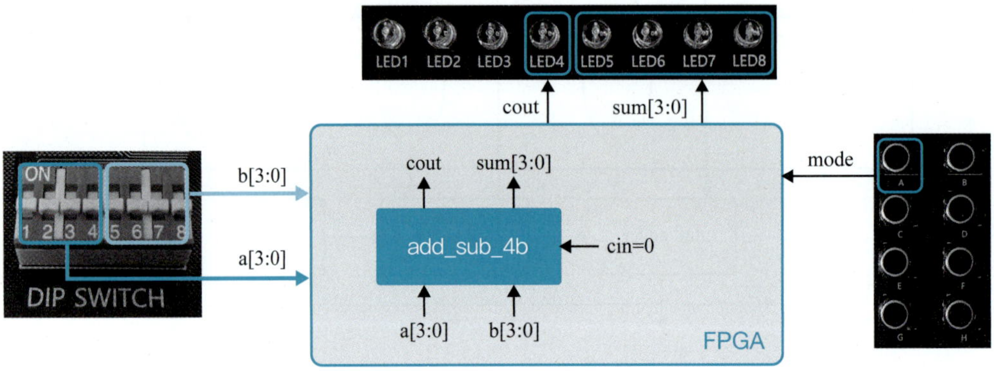

[그림 14-18] 실습회로 구성도

[표 14-12] 디바이스 핀 할당표

구 분	포트 이름	핀 번호	연결 소자
입력	a[3]	AB3	DIP_SW1
	a[2]	AB4	DIP_SW2
	a[1]	Y4	DIP_SW3
	a[0]	Y5	DIP_SW4
	b[3]	W5	DIP_SW5
	b[2]	V6	DIP_SW6
	b[1]	AB5	DIP_SW7
	b[0]	AA6	DIP_SW8
	mode	Y6	Button SW_A
출력	cout	V5	LED4
	sum[3]	W1	LED5
	sum[2]	W2	LED6
	sum[1]	W3	LED7
	sum[0]	Y1	LED8

SECTION 14.3

멀티플렉서 설계

실습목적 멀티플렉서 회로를 여러 가지 Verilog HDL 구문으로 설계하고, FPGA 디바이스에 구현하여 하드웨어 동작을 확인하는 설계과정을 익힌다.

14.3.1 4비트 2 : 1 멀티플렉서 설계

❶ 회로 기능

[그림 14-19]는 4비트의 두 입력 a[3:0], b[3:0] 중 하나를 선택하여 출력하는 2 : 1 멀티플렉서이다.

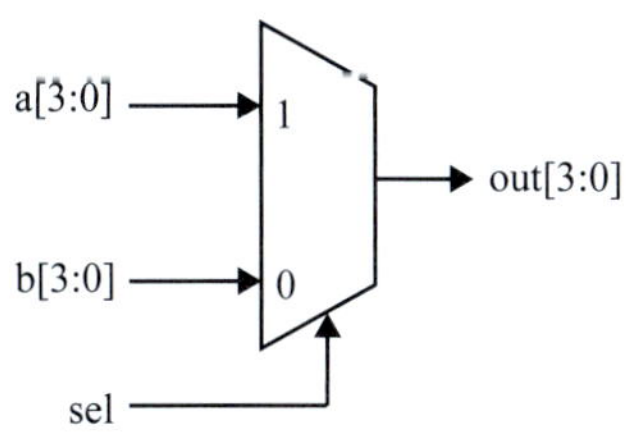

[그림 14-19] 4비트 2 : 1 멀티플렉서

❷ Verilog HDL 모델링

4비트 2 : 1 멀티플렉서를 다음과 같은 세 가지 방법으로 설계한다.

(a) `assign` 문에 조건 연산자(? :)를 사용하는 방법 : mux21_4b_assign

(b) `case` 문을 사용하는 방법 : mux21_4b_case

(c) `if` 문을 사용하는 방법 : mux21_4b_if

코드 14-30 assign 문을 이용한 4비트 2 : 1 멀티플렉서 모델링

```
module mux21_4b_assign (input [3:0] a, input [3:0] b, input sel,
                        output [3:0] out);

 assign out = (sel ? a : b);   // assign 문에 조건 연산자를 사용한 모델링

endmodule
```

코드 14-31 case 문을 이용한 4비트 2 : 1 멀티플렉서 모델링

```
module mux21_4b_case (input [3:0] a, input [3:0] b, input sel,
                      output [3:0] out);

// case 문을 사용하여 코드를 완성한다.

endmodule
```

코드 14-32 if 문을 사용한 4비트 2 : 1 멀티플렉서 모델링

```
module mux21_4b_if (input [3:0] a, input [3:0] b, input sel,
                    output [3:0] out);

// if 문을 사용하여 코드를 완성한다.

endmodule
```

❸ 기능 시뮬레이션

설계된 회로의 동작을 확인하기 위하여 [코드 14-33]의 테스트벤치로 기능 시뮬레이션을 수행한다. [그림 14-20]은 시뮬레이션 결과 파형이며, sel=1이면 out=a이고, sel=0이면 out=b가 되어 2 : 1 멀티플렉서로 동작함을 확인할 수 있다.

코드 14-33 4비트 2 : 1 멀티플렉서의 시뮬레이션 테스트벤치

```
module tb_mux21_4b ( );

  reg  [3:0] a, b;
  reg        sel;
  wire [3:0] out;

  mux21_4b_assign U0 (.a(a), .b(b), .sel(sel), .out(out));
// mux21_4b_if U0 (.a(a), .b(b), .sel(sel), .out(out));
// mux21_4b_case U0 (.a(a), .b(b), .sel(sel), .out(out));

  initial begin
        a = 4'h1; b = 4'h8;
    #20 a = 4'h2; b = 4'h9;
    #20 a = 4'h3; b = 4'ha;
    #20 a = 4'h4; b = 4'hb;
    #20 a = 4'h5; b = 4'hc;
    #20 a = 4'h6; b = 4'hd;
    #20 a = 4'h7; b = 4'he;
    #20 a = 4'h8; b = 4'hf;
```

```
    end

    initial begin
            sel = 1'b1;
       #50 sel = 1'b0;
       #40 sel = 1'b1;
       #40 sel = 1'b0;
       #30 $finish;
    end
endmodule
```

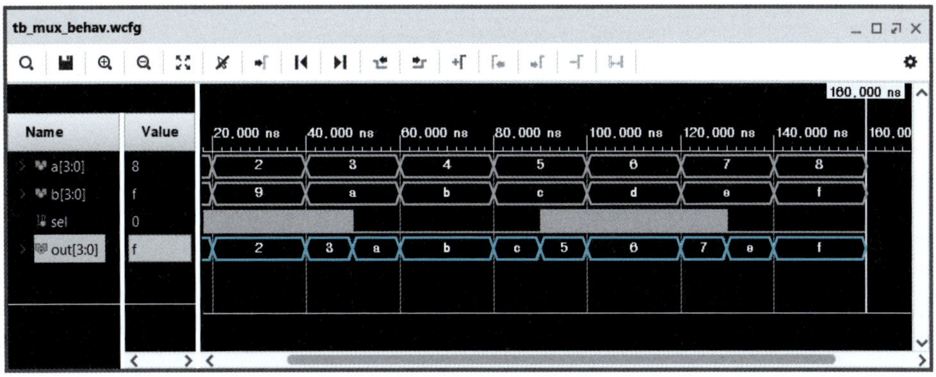

[그림 14-20] 4비트 2 : 1 멀티플렉서의 시뮬레이션 결과

❹ 하드웨어 동작 확인

설계 및 검증이 완료된 회로를 FPGA 실습장비에 구현하여 하드웨어 동작을 확인한다. 실습회로는 [그림 14-21]과 같이 구성되며, [표 14-13]의 디바이스 핀 할당표를 이용한다. 8비트 DIP 스위치로 입력 a[3:0], b[3:0]를 인가하고, 버튼 스위치 A를 신호 sel의 입력으로 사용한다. 버튼 스위치 A를 누르지 않으면 sel=0이 되어 out=b가 되고, 누르면 sel=1이 되어 out=a가 된다. 4개의 LED5 ~ LED8을 이용하여 출력 out[3:0]를 관찰함으로써 설계된 회로가 올바로 동작하는지 확인할 수 있다.

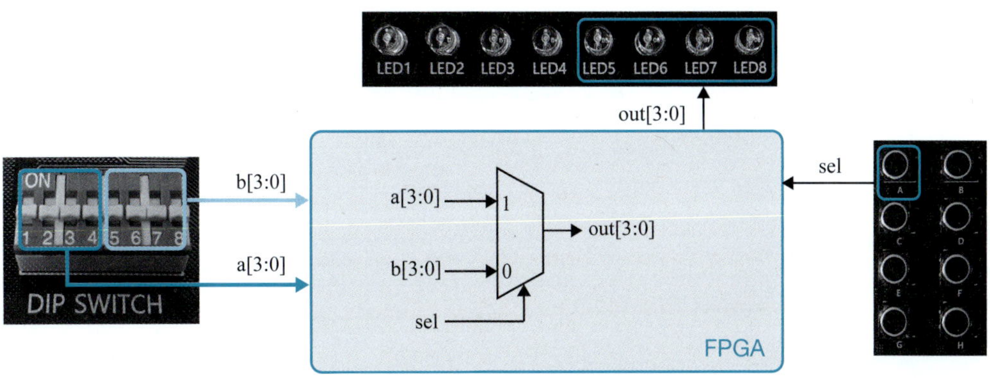

[그림 14-21] 실습회로 구성도

[표 14-13] 디바이스 핀 할당표

구 분	포트 이름	핀 번호	연결 소자
입력	a[3]	AB3	DIP_SW1
	a[2]	AB4	DIP_SW2
	a[1]	Y4	DIP_SW3
	a[0]	Y5	DIP_SW4
	b[3]	W5	DIP_SW5
	b[2]	V6	DIP_SW6
	b[1]	AB5	DIP_SW7
	b[0]	AA6	DIP_SW8
	sel	Y6	Button SW_A
출력	out[3]	W1	LED5
	out[2]	W2	LED6
	out[1]	W3	LED7
	out[0]	Y1	LED8

14.3.2 설계 실습 과제

1 enable 신호를 갖는 2비트 4 : 1 멀티플렉서 설계

❶ 회로 기능

[그림 14-22(a)]는 4개의 2비트 입력 a[1:0], b[1:0], c[1:0], d[1:0] 중 하나를 선택해서 출력하는 4 : 1 멀티플렉서 회로이며, active-low로 동작하는 enable 신호를 갖는다. 진리표는 [그림 14-22(b)]와 같다.

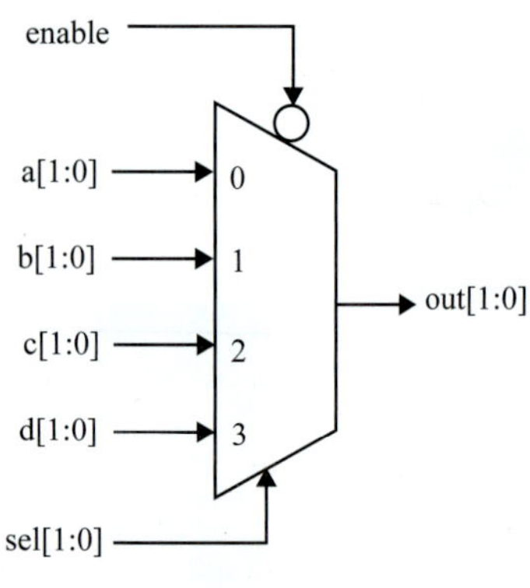

(a) 회로도

enable	sel	out
0	00	a
	01	b
	10	c
	11	d
1	–	00

(b) 진리표

[그림 14-22] active-low enable 신호를 갖는 2비트 4 : 1 멀티플렉서

❷ Verilog HDL 모델링

enable 신호에 따른 동작을 구현하기 위해 `if` 문을 사용하며, 4 : 1 MUX 기능을 구현하기 위해 `case` 문을 사용해서 모델링한다. [그림 14-22(b)]의 진리표를 참고하여 enable 신호의 active-low 동작을 구현한다.

코드 14-34 active-low enable 신호를 갖는 2비트 4 : 1 멀티플렉서 모델링

```
module mux41_2b_en (input [1:0] a, input [1:0] b, input [1:0] c, input [1:0] d,
                    input [1:0] sel, input enable,
                    output [1:0] out);

  // if 문을 사용하여 enable 신호에 따른 동작을 구현한다.
     ([그림 14-22(b)]의 진리표를 참고하여 enable 신호의 active-low 동작을 구현한다.)
  // case 문을 사용하여 4:1 MUX 기능을 모델링한다.

endmodule
```

❸ 기능 검증

설계된 회로의 동작을 확인하기 위한 시뮬레이션 테스트벤치를 작성하고, 시뮬레이션을 수행하여 기능을 검증한다.

❹ 하드웨어 동작 확인

실습회로는 [그림 14-23]과 같이 구성되며, [표 14-14]의 디바이스 핀 할당표를 이용한다. 8비트 DIP 스위치를 2비트씩 분할하여 4개의 입력 a[1:0], b[1:0], c[1:0], d[1:0]을 인가하고, 버튼 스위치 A와 B를 2비트의 sel[1:0] 신호로 사용한다. 버튼 스위치 C를 enable 신호로 사용한다. 2개의 LED7 ~ LED8을 이용하여 출력 out[1:0]을 관찰하여 설계된 회로의 동작을 확인할 수 있다.

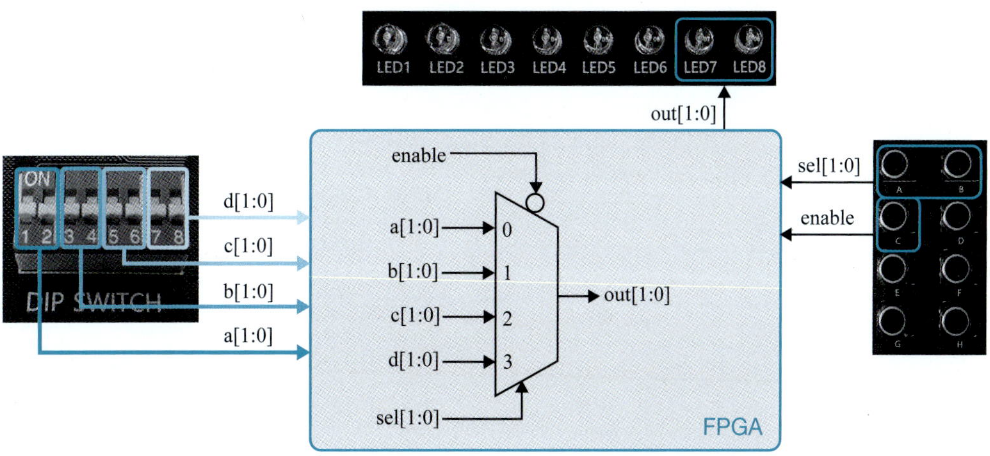

[그림 14-23] 실습회로 구성도

[표 14-14] 디바이스 핀 할당표

구 분	포트 이름	핀 번호	연결 소자
입력	a[1]	Y5	DIP_SW1
	a[0]	Y4	DIP_SW2
	b[1]	AB4	DIP_SW3
	b[0]	AB3	DIP_SW4
	c[1]	AA6	DIP_SW5
	c[0]	AB5	DIP_SW6
	d[1]	V6	DIP_SW7
	d[0]	W5	DIP_SW8
	sel[1]	Y6	Button SW_A
	sel[0]	V7	Button SW_B
	enable	AB6	Button SW_C
출력	out[1]	W3	LED7
	out[0]	Y1	LED8

SECTION 14.4

인코더와 디코더 설계

실습목적 인코더와 디코더 회로를 여러 가지 Verilog HDL 구문으로 설계하고, FPGA 디바이스에 구현하여 하드웨어 동작을 확인하는 설계과정을 익힌다.

14.4.1 8 : 3 이진 인코더 설계

❶ 회로 기능

[그림 14-24(a)]는 8비트의 입력 enc_in[7:0]을 이진 인코딩하여 3비트의 코드값 enc_out[2:0]을 출력하는 8 : 3 이진 인코더이며, 진리표는 [그림 14-24(b)]와 같다.

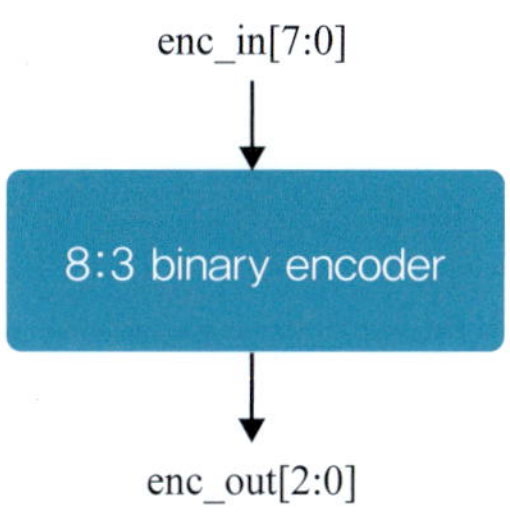

(a) 입출력 신호

입력(enc_in[7:0])	출력(enc_out[2:0])
0000_0001	000
0000_0010	001
0000_0100	010
0000_1000	011
0001_0000	100
0010_0000	101
0100_0000	110
1000_0000	111

(b) 진리표

[그림 14-24] 8 : 3 이진 인코더

❷ Verilog HDL 모델링

8 : 3 이진 인코더는 8비트의 입력에 대응되는 3비트의 코드값을 출력하는 회로이므로, `if` 문 또는 `case` 문을 이용하여 설계할 수 있다. `for` 반복문을 이용하면 간결한 코딩이 가능하다. `for(i=0; i<8; i=i+1)`를 사용하는 경우, enc_in[7:0]의 비트 수만큼 반복하면서 반복루프 내부에서 temp를 왼쪽으로 1비트씩 시프트시키고 `if(enc_in == temp)`를 판단하여 enc_out=i를 할당하면 인코딩 동작을 구현할 수 있다. 이때, 반복문 시작 전에 temp=8'b0000_0001의 초기 값을 설정해야 한다.

[그림 14-24(b)]의 진리표에서 보는 바와 같이, 인코더의 입력 8비트 중 단지 하나의 1만 포함하며, 그 이외의 경우에는 인코더 출력이 000이 되도록 설계한다. 다음과 같은 세 가지 방법으로 구현하고, 시뮬레이션과 FPGA 구현을 통해 동작을 확인한다.

(a) `case` 문을 사용하는 방법 : enc_8to3_case
(b) `if` 문을 사용하는 방법 : enc_8to3_if
(c) `for` 반복문을 사용하는 방법 : enc_8to3_for

코드 14-35 case 문을 이용한 8 : 3 이진 인코더 모델링

```
module enc_8to3_case (input [7:0] enc_in,
                      output [2:0] enc_out);

  reg    [2:0]   enc_out;

  always @(enc_in) begin
      case (enc_in)
            8'h01 : enc_out = 0;
            8'h02 : enc_out = 1;
            8'h04 : enc_out = 2;
            8'h08 : enc_out = 3;
            8'h10 : enc_out = 4;
            8'h20 : enc_out = 5;
            8'h40 : enc_out = 6;
            8'h80 : enc_out = 7;
           default : enc_out = 3'b000;
      endcase
  end

endmodule
```

코드 14-36 if 문을 이용한 8 : 3 이진 인코더 모델링

```
module enc_8to3_if (input [7:0] enc_in,
                    output [2:0] enc_out);

 // if 문을 사용하여 코드를 완성한다.
 // [그림 14-24(b)]의 진리표에 나열된 입력 값 이외에는 000이 출력되도록 한다.

endmodule
```

코드 14-37 for 반복문을 이용한 8 : 3 이진 인코더 모델링

```
module enc_8to3_for (input [7:0] enc_in,
                     output [2:0] enc_out);

// for 반복문을 사용하여 코드를 완성한다.
   - 반복문 시작 전에 temp=8'b0000_0001의 초기 값을 설정
   - enc_in의 비트 수 만큼 반복하는 for 루프
   - 반복루프 내부에서
     · if(enc_in == temp)를 판단하여 enc_out=i
     · temp를 왼쪽으로 1비트씩 시프트시킨다.
// [그림 14-24(b)]의 진리표에 나열된 입력 값 이외에는 000이 출력되도록 한다.

endmodule
```

❸ 기능 시뮬레이션

설계된 회로의 동작을 확인하기 위하여 [코드 14-38]의 테스트벤치로 기능 시뮬레이션을 수행한다. [그림 14-25]는 시뮬레이션 결과 파형이며, [그림 14-24(b)]의 진리표와 동일하게 동작함을 확인할 수 있다.

코드 14-38 8 : 3 이진 인코더의 시뮬레이션 테스트벤치

```
module tb_enc_8to3 ( );
  reg  [7:0] enc_in;
  wire [2:0] enc_out;

    enc_8to3_case U0 (.enc_in(enc_in), .enc_out(enc_out));
//  enc_8to3_if   U0 (.enc_in(enc_in), .enc_out(enc_out));
//  enc_8to3_for  U0 (.enc_in(enc_in), .enc_out(enc_out));

  initial begin
      enc_in = 8'b00000001;
      #100 $finish;
  end

  always
      #10 enc_in = enc_in << 1;

endmodule
```

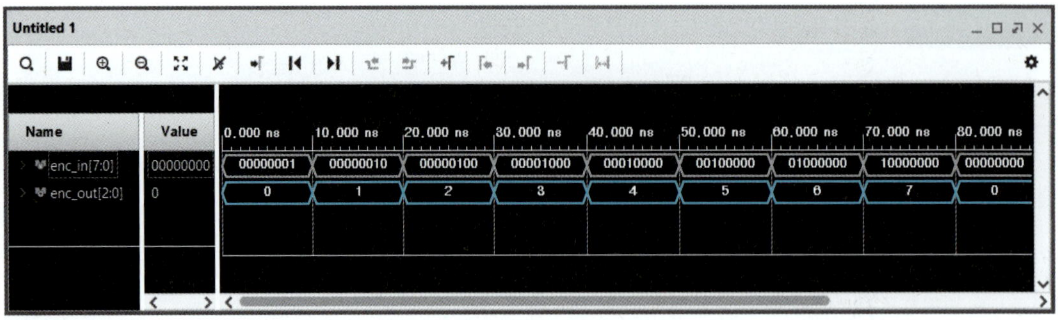

[그림 14-25] 8 : 3 이진 인코더의 시뮬레이션 결과

❹ 하드웨어 동작 확인

설계 및 검증된 회로를 FPGA 실습장비에 구현하여 하드웨어 동작을 확인한다. 실습회로는 [그림 14-26]과 같이 구성되며, [표 14-15]의 디바이스 핀 할당표를 이용한다. 8비트 DIP 스위치로 입력신호 enc_in[7:0]을 인가한다. 3개의 LED6~LED8을 이용하여 출력신호 enc_out[2:0]을 관찰하여 설계된 회로의 동작을 확인할 수 있다.

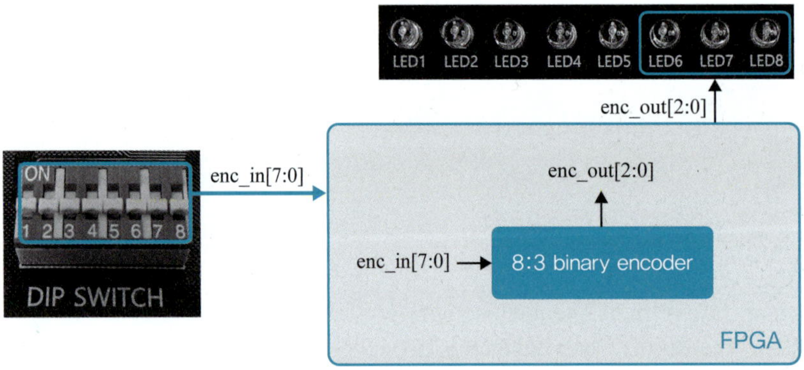

[그림 14-26] 실습회로 구성도

[표 14-15] 디바이스 핀 할당표

구 분	포트 이름	핀 번호	연결 소자
입력	enc_in[7]	AB3	DIP_SW1
	enc_in[6]	AB4	DIP_SW2
	enc_in[5]	Y4	DIP_SW3
	enc_in[4]	Y5	DIP_SW4
	enc_in[3]	W5	DIP_SW5
	enc_in[2]	V6	DIP_SW6
	enc_in[1]	AB5	DIP_SW7
	enc_in[0]	AA6	DIP_SW8
출력	enc_out[2]	W2	LED6
	enc_out[1]	W3	LED7
	enc_out[0]	Y1	LED8

14.4.2 3:8 이진 디코더 설계

❶ 회로 기능

이진 디코더는 14.4.1절에서 실습한 이진 인코더의 역변환 기능을 수행한다. [그림 14-27(a)]의 3 : 8 이진 디코더는 3비트의 dec_in[2:0]을 입력받아 이를 디코딩하여 8비트의 dec_out[7:0]을 출력하며, [그림 14-27(b)]의 진리표를 갖는다.

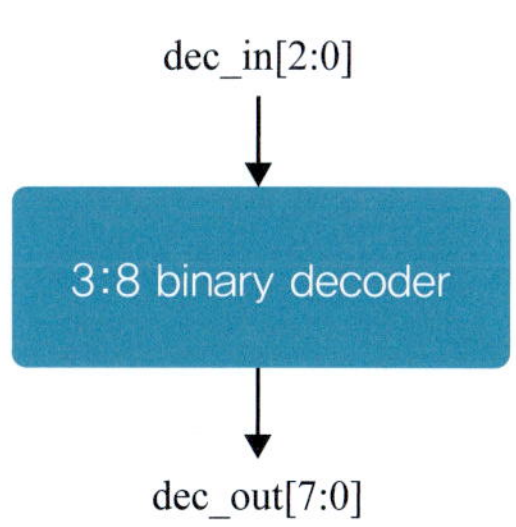

(a) 입출력 신호

입력(dec_in[2:0])	출력(dec_out[7:0])
000	0000_0001
001	0000_0010
010	0000_0100
011	0000_1000
100	0001_0000
101	0010_0000
110	0100_0000
111	1000_0000

(b) 진리표

[그림 14-27] 3 : 8 이진 디코더

❷ Verilog HDL 모델링

3 : 8 이진 디코더는 3비트의 입력에 따라 8비트의 디코딩 값을 출력하는 회로이므로, `if` 문 또는 `case` 문을 이용하여 설계할 수 있으며, `for` 반복문을 이용하면 간결한 코딩이 가능하다. `for` 반복문을 사용하는 경우, dec_out의 비트 수만큼 반복하면서 반복루프 내부에서 `if(dec_in == i)`를 판단하여 `dec_out[i]`에 1 또는 0을 할당하면 디코딩 동작을 구현할 수 있다. 다음과 같은 세 가지 방법으로 설계한다.

(a) `case` 문을 사용하는 방법 : dec_3to8_case
(b) `if` 조건문을 사용하는 방법 : dec_3to8_if
(c) `for` 반복문을 사용하는 방법 : dec_3to8_for

코드 14-39 case 문을 이용한 3 : 8 이진 디코더 모델링

```
module dec_3to8_case (input [2:0] dec_in,
                      output [7:0] dec_out);
  reg    [7:0] dec_out;

  always @(dec_in)  begin
    case (dec_in)
          3'b000 : dec_out = 8'h01;
          3'b001 : dec_out = 8'h02;
          3'b010 : dec_out = 8'h04;
          3'b011 : dec_out = 8'h08;
          3'b100 : dec_out = 8'h10;
          3'b101 : dec_out = 8'h20;
          3'b110 : dec_out = 8'h40;
          3'b111 : dec_out = 8'h80;
         default : dec_out = 8'h00;
     endcase
   end
endmodule
```

코드 14-40 if 문을 이용한 3 : 8 이진 디코더 모델링

```
module dec_3to8_if (input [2:0] dec_in,
                    output [7:0] dec_out);

  // if 문을 사용하여 코드를 완성한다.

endmodule
```

코드 14-41 for 반복문을 이용한 3 : 8 이진 디코더 모델링

```
module dec_3to8_for (input [2:0] dec_in,
                     output [7:0] dec_out);

// for 반복문을 사용하여 코드를 완성한다.
   - dec_out의 비트 수 만큼 반복하는 for 루프
   - 반복루프 내부에서 if(dec_in == i)를 판단하여 dec_out[i]에 1 또는 0을 할당

endmodule
```

❸ 기능 시뮬레이션

설계된 회로의 동작을 확인하기 위하여 [코드 14-42]의 테스트벤치로 기능 시뮬레이션을 수행한다. [그림 14-28]은 시뮬레이션 결과이며, [그림 14-27(b)]의 진리표와 동일하게 동작함을 확인할 수 있다.

코드 14-42 3 : 8 이진 디코더의 시뮬레이션 테스트벤치

```
module tb_dec_3to8 ( );
   reg  [2:0] dec_in;
   wire [7:0] dec_out;

    dec_3to8_case  U0 (.dec_in(dec_in), .dec_out(dec_out));
//  dec_3to8_if    U0 (.dec_in(dec_in), .dec_out(dec_out));
//  dec_3to8_for   U0 (.dec_in(dec_in), .dec_out(dec_out));

   initial begin
      dec_in = 3'b000;
      #100 $finish;
   end

   always
      #10 dec_in = dec_in + 1;

endmodule
```

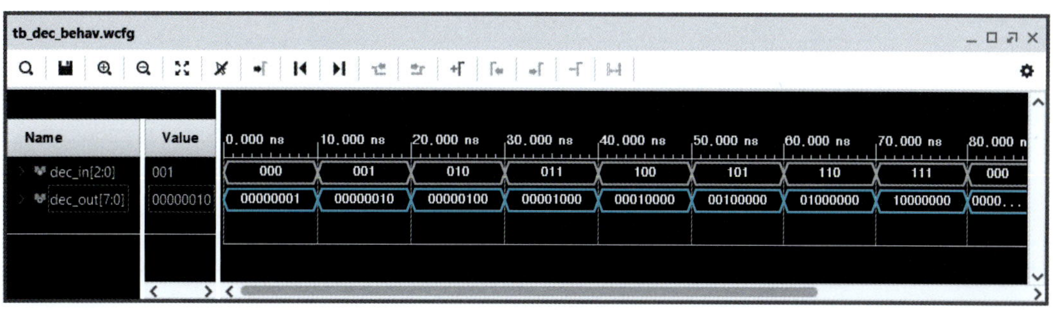

[그림 14-28] 3 : 8 이진 디코더의 시뮬레이션 결과

❹ 하드웨어 동작 확인

설계 및 검증된 회로를 FPGA 실습장비에 구현하여 하드웨어 동작을 확인한다. 실습회로는 [그림 14-29]와 같이 구성되며, [표 14-16]의 디바이스 핀 할당표를 이용한다. DIP 스위치로 입력신호 dec_in[2:0]을 인가한다. 8개의 LED1 ~ LED8을 이용하여 출력신호 dec_out[7:0]을 관찰하여 설계된 회로의 동작을 확인할 수 있다.

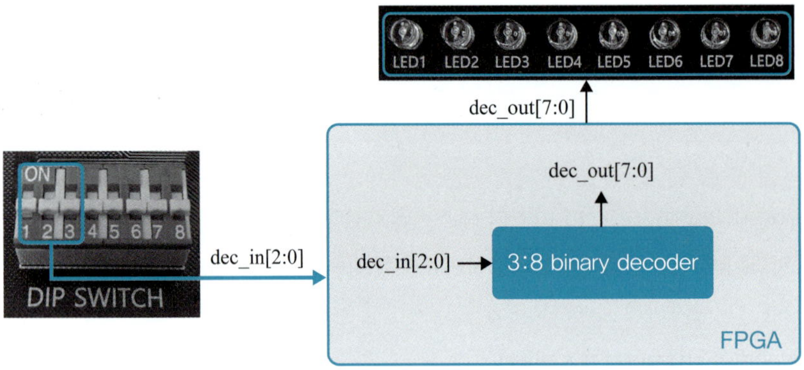

[그림 14-29] 실습회로 구성도

[표 14-16] 디바이스 핀 할당표

구 분	포트 이름	핀 번호	연결 소자
입력	dec_in[2]	AB3	DIP_SW1
	dec_in[1]	AB4	DIP_SW2
	dec_in[0]	Y4	DIP_SW3
출력	dec_out[7]	U5	LED1
	dec_out[6]	V1	LED2
	dec_out[5]	V4	LED3
	dec_out[4]	V5	LED4
	dec_out[3]	W1	LED5
	dec_out[2]	W2	LED6
	dec_out[1]	W3	LED7
	dec_out[0]	Y1	LED8

14.4.3 설계 실습 과제

1 enable 신호를 갖는 4 : 2 이진 인코더 설계

❶ 회로 기능

[그림 14-30(a)]와 같이 4비트의 enc_in[3:0]을 입력받아 인코딩하여 2비트의 이진 코드값 enc_out[1:0]을 출력하는 4 : 2 이진 인코더이다. active-low로 동작하는 enable 신호를 가지며, [그림 14-30(b)]의 진리표와 같이 동작한다. 인코더의 입력 4비트 중 단지 하나의 1만 포함하고 있으며, 그 이외의 경우에는 00이 출력되도록 설계한다.

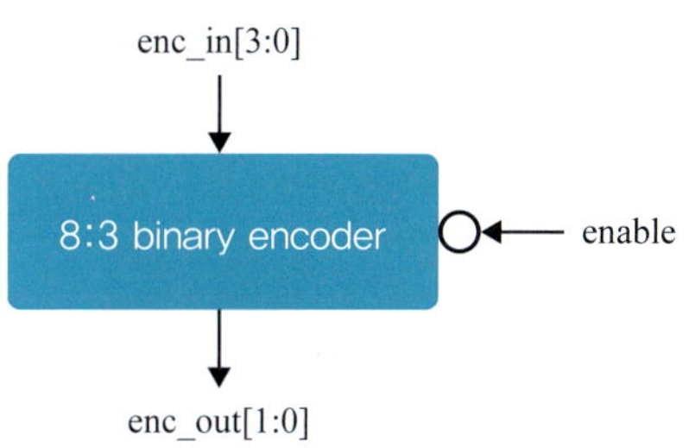

(a) 입출력 신호

enable	입력(enc_in[3:0])	출력(enc_out[1:0])
0	0001	00
	0010	01
	0100	10
	1000	11
1	–	00

(b) 진리표

[그림 14-30] active-low enable을 갖는 4 : 2 이진 인코더

❷ Verilog HDL 모델링

enable 신호에 따른 동작을 구현하기 위해 `if` 문을 사용하며, 4 : 2 인코더 기능을 구현하기 위해 `case` 문을 사용하여 설계한다([그림 14-30(b)]의 진리표를 참고하여 enable 신호의 active-low 동작을 구현한다). [그림 14-30(b)]의 진리표에 나열된 입력 값 이외에는 00이 출력되도록 한다.

코드 14-43 active-low enable을 갖는 4 : 2 이진 인코더 모델링

```
module enc_4to2_en (input [3:0] enc_in, input enable,
                    output [1:0] enc_out);

  // if 문을 사용하여 enable 신호에 따른 동작을 구현한다([그림 14-30(b)]의 진리표를 참고하여 enable
     신호의 active-low 동작을 구현한다).
  // case 문을 사용하여 4:2 인코더 기능을 구현한다.
     - [그림 14-30(b)]의 진리표에 나열된 입력 값 이외에는 00이 출력되도록 한다.

endmodule
```

❸ 기능 검증

설계된 회로의 동작을 확인하기 위한 시뮬레이션 테스트벤치를 작성하고, 시뮬레이션을 수행하여 기능을 검증한다.

❹ 하드웨어 동작 확인

실습회로는 [그림 14-31]과 같이 구성되며, [표 14-17]의 디바이스 핀 할당표를 이용한다. 8비트 DIP 스위치로 4비트의 입력신호 enc_in[3:0]을 인가하고, 버튼 스위치 A를 enable 신호 입력으로 사용한다. LED7 ~ LED8을 이용하여 출력신호 enc_out[1:0]을 관찰하여 설계된 회로가 올바로 동작하는지 확인할 수 있다.

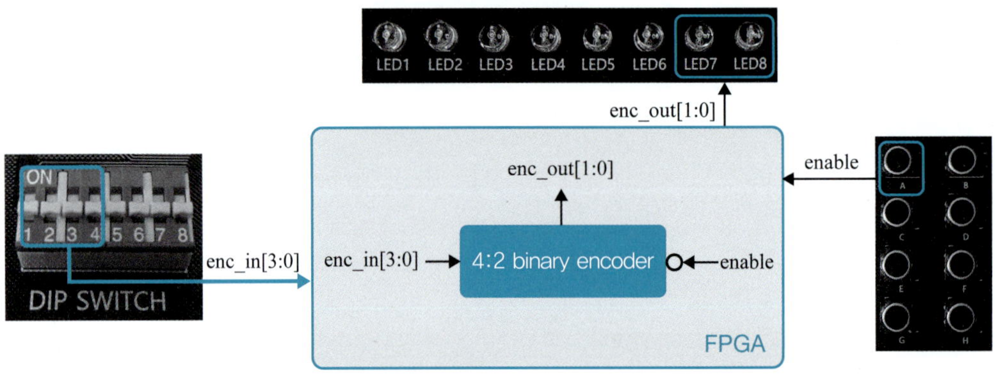

[그림 14-31] 실습회로 구성도

[표 14-17] 디바이스 핀 할당표

구 분	포트 이름	핀 번호	연결 소자
입력	enc_in[3]	AB3	DIP_SW1
	enc_in[2]	AB4	DIP_SW2
	enc_in[1]	Y4	DIP_SW3
	enc_in[0]	Y5	DIP_SW4
	enable	Y6	Button SW_A
출력	enc_out[1]	W3	LED7
	enc_out[0]	Y1	LED8

2 enable 신호를 갖는 2 : 4 이진 디코더 설계

❶ 회로 기능

[그림 14-32(a)]와 같이 2비트의 dec_in[1:0]을 입력받아 디코딩하여 4비트의 dec_out[3:0]을 출력하는 2 : 4 이진 디코더이다. active-low로 동작하는 enable 신호를 가지며, [그림 14-32(b)]의 진리표와 같이 동작한다.

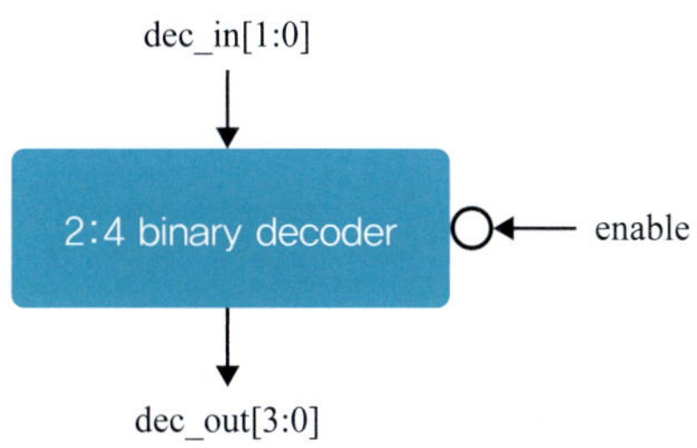

(a) 입출력 신호

enable	입력(dec_in[1:0])	출력(dec_out[3:0])
0	00	0001
	01	0010
	10	0100
	11	1000
1	–	0000

(b) 진리표

[그림 14-32] active-low enable을 갖는 2 : 4 이진 디코더

❷ Verilog HDL 모델링

enable 신호에 따른 동작과 2 : 4 디코딩 기능을 `assign` 문에 조건 연산자(`? :`)를 사용하여 단일 문장으로 구현한다. 단일 문장으로 구현하기 위해서는 조건 연산자 식에 `!enable`을 조건 판단식으로 사용하고, 상수 1을 디코더 입력 dec_in의 값만큼 왼쪽으로 시프트시키면 디코딩 값을 얻을 수 있다.

코드 14-44 active-low enable을 갖는 2 : 4 이진 디코더 모델링

```
module dec_2to4_en (input [1:0] dec_in, input enable,
                    output [3:0] dec_out);

  // assign 문에 조건 연산자( ? : )를 사용한 단일 문장으로 모델링한다.
  // 왼쪽 시프트 연산자 <<를 사용하여 상수 1을 입력 dec_in의 값만큼 시프트시켜 디코딩 결과를 얻는다.

endmodule
```

❸ 기능 검증

설계된 회로의 동작을 확인하기 위한 시뮬레이션 테스트벤치를 작성하고, 시뮬레이션을 수행하여 기능을 검증한다.

❹ 하드웨어 동작 확인

실습회로는 [그림 14-33]과 같이 구성되며, [표 14-18]의 디바이스 핀 할당표를 이용한다. DIP 스위치로 입력신호 dec_in[1:0]을 인가하며, 버튼 스위치 A를 enable 신호 입력으로 사용한다. 4개의 LED5 ~ LED8을 이용하여 출력신호 dec_out[3:0]을 관찰하여 설계된 회로의 동작을 확인할 수 있다.

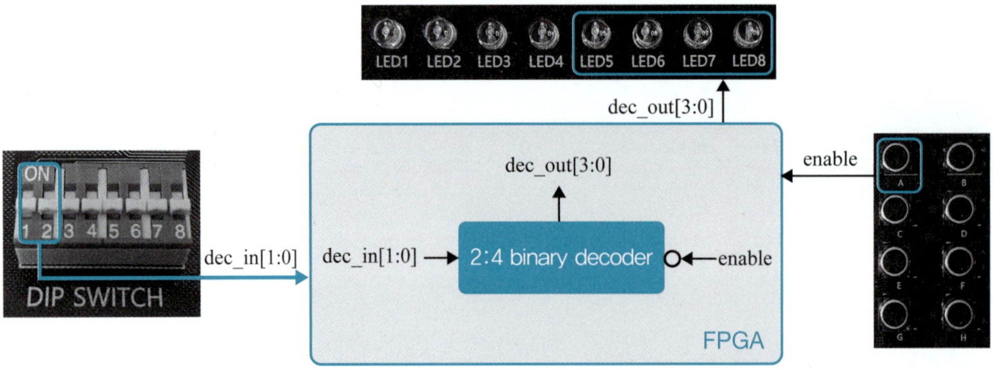

[그림 14-33] 실습회로 구성도

[표 14-18] 디바이스 핀 할당표

구 분	포트 이름	핀 번호	연결 소자
입력	dec_in[1]	AB3	DIP_SW1
	dec_in[0]	AB4	DIP_SW2
	enable	Y6	Button SW_A
출력	dec_out[3]	W1	LED5
	dec_out[2]	W2	LED6
	dec_out[1]	W3	LED7
	dec_out[0]	Y1	LED8

3 BCD-FND 디코더 설계

❶ 회로 기능

[그림 14-34(a)]와 같이 4비트의 BCD Binary-Coded Decimal 코드값 bcd_in[3:0]을 입력받아 디코딩하여 FND에 디스플레이될 8비트의 fnd_data[7:0]을 출력하는 디코더 회로이다. 회로의 진리표는 [그림 14-34(b)]와 같으며, 8비트의 fnd_data[7:0]은 [그림 14-35]와 같이 FND의 각 세그먼트에 인가된다. 실습장비에는 8개의 FND가 탑재되어 있으며, 8비트의 디스플레이 데이터(fnd_data[7:0])와 8비트의 FND 선택신호(fnd_scan[7:0])를 받아 dynamic display 방식으로 동작한다. 8개의 FND 중 디스플레이될 위치를 지정하기 위해 fnd_scan[7:0] 중 해당 비트만 0으로 설정하고, 나머지 비트들은 1로 설정한다. 실습회로에서는 실습장비의 첫 번째 FND에 데이터가 표시되도록 한다. 실습장비에 탑재되어 있는 FND 배열은 12.2.6절을 참고한다.

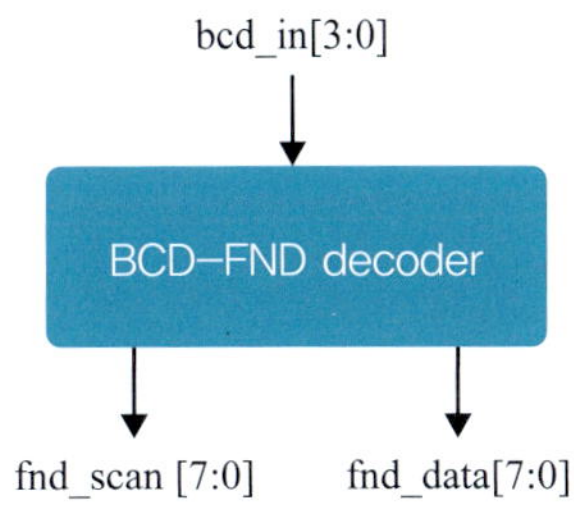

(a) 입출력 신호

bcd_in[3:0]	fnd_data[7:0](HGFE_DCBA)	디스플레이 값
0000	0011_1111	0
0001	0000_0110	1
0010	0101_1011	2
0011	0100_1111	3
0100	0110_0110	4
0101	0110_1101	5
0110	0111_1101	6
0111	0000_0111	7
1000	0111_1111	8
1001	0110_0111	9

(b) 진리표

[그림 14-34] BCD-FND 디코더

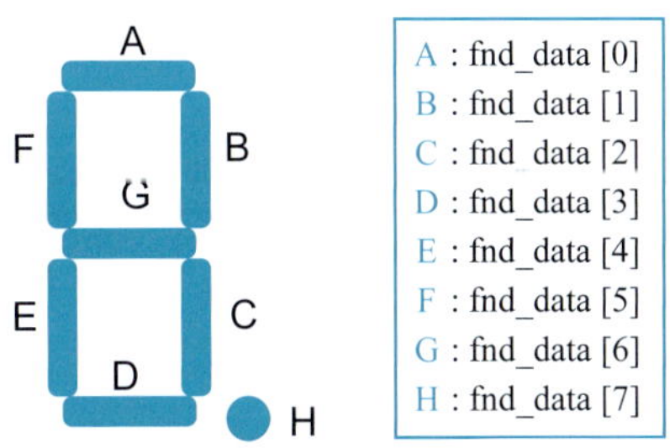

[그림 14-35] FND의 LED 세그먼트와 fnd_data[7 : 0]의 관계

❷ Verilog HDL 모델링

4비트의 입력에 따라 8비트의 디코딩 값을 출력하는 회로이므로, `if` 문 또는 `case` 문을 이용하여 설계할 수 있다. 실습에서는 Verilog HDL의 함수를 이용하여 구현한다. 함수 bcd_to_fnd를 `if` 문 또는 `case` 문을 사용하여 정의한 후, 모듈 bcd_fnd_dec에서 함수를 호출하여 FND에 디스플레이할 데이터 fnd_data[7:0]을 생성하는 방식으로 설계한다.

코드 14-45 BCD-FND 디코더 모델링

```
module bcd_fnd_dec (input  [3:0] bcd_in,
                    output [7:0] fnd_data, output [7:0] fnd_scan);

// [그림 14-34(b)]의 진리표를 구현하는 함수 bcd_to_fnd를 정의한다.
// 함수 내부에 if 문 또는 case 문을 사용하여 모델링한다.

// 함수 bcd_to_fnd를 호출하여 fnd_data[7:0]에 할당하는 assign 문으로 모델링한다.

  assign fnd_scan = 8'b1111_1110;

endmodule
```

❸ 기능 검증

설계된 회로의 동작을 확인하기 위한 시뮬레이션 테스트벤치를 작성하고, 시뮬레이션을 수행하여 기능을 검증한다.

❹ 하드웨어 동작 확인

실습회로는 [그림 14-36]과 같이 구성되며, [표 14-19]의 디바이스 핀 할당표를 이용한다. DIP 스위치로 입력신호 bcd_in[3:0]을 인가한다. 실습장비의 첫 번째 FND에 디스플레이되는 숫자를 관찰하여 설계된 회로가 올바로 동작하는지 확인할 수 있다.

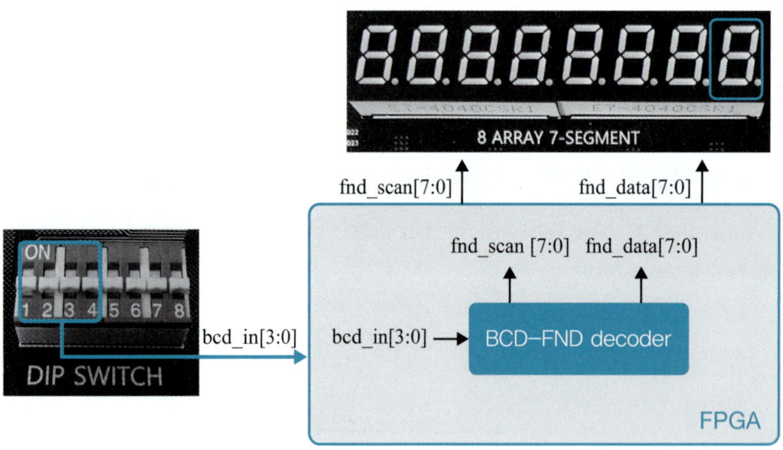

[그림 14-36] 실습회로 구성도

[표 14-19] 디바이스 핀 할당표

구 분	포트 이름	핀 번호	연결 소자
입력	bcd_in[3]	Y5	DIP_SW1
	bcd_in[2]	Y4	DIP_SW2
	bcd_in[1]	AB4	DIP_SW3
	bcd_in[0]	AB3	DIP_SW4
출력	fnd_data[7]	M3	SEG_H
	fnd_data[6]	M4	SEG_G
	fnd_data[5]	M5	SEG_F
	fnd_data[4]	N1	SEG_E
	fnd_data[3]	N3	SEG_D
	fnd_data[2]	N4	SEG_C
	fnd_data[1]	N5	SEG_B
	fnd_data[0]	P1	SEG_A
	fnd_scan[7]	T2	fnd_scan7
	fnd_scan[6]	T1	fnd_scan6
	fnd_scan[5]	R5	fnd_scan5
	fnd_scan[4]	R4	fnd_scan4
	fnd_scan[3]	R3	fnd_scan3
	fnd_scan[2]	R2	fnd_scan2
	fnd_scan[1]	P3	fnd_scan1
	fnd_scan[0]	P2	fnd_scan0

CHAPTER 15

순차회로의 FPGA 구현 실습

학습 목표

- Verilog HDL로 설계된 순차회로를 FPGA 디바이스에 구현해서 하드웨어 동작을 확인하는 과정을 실습을 통해 익힌다.
- 플립플롭, 여러 가지 시프트 레지스터와 계수기 및 그 응용회로를 Verilog HDL로 모델링하고, FPGA 실습장비에 구현해서 하드웨어 동작을 확인하는 실습을 한다.
- FPGA 실습장비에 장착되어 있는 키패드, Piezo, 스텝 모터, Color LED, Text LCD 등의 장치를 사용하는 다양한 응용회로를 Verilog HDL로 모델링하고, 실습장비에 구현해서 하드웨어 동작을 확인하는 실습을 한다.

들어가기 전에

Verilog HDL을 이용한 회로 설계와 RTL 기능 검증이 완료되면, 회로 검증의 마지막 단계로 FPGA 디바이스에 설계된 회로를 구현해서 하드웨어 동작을 확인해야 한다. FPGA 디바이스에 회로를 구현하기 위해서는 RTL 소스코드를 합성^synthesis 하고 타깃 FPGA 디바이스로 구현^implementation 한 후, 비트스트림^bitstream 파일을 생성해서 FPGA 디바이스로 프로그래밍 하는 과정을 거쳐야 한다. FPGA 디바이스에 연결된 장치들을 사용하기 위해서는 회로의 입출력 신호를 디바이스 핀에 할당한 후 합성, 구현 과정을 진행해야 한다. 이 장에서는 플립플롭과 시프트 레지스터, 계수기와 주파수 분주기 등 여러 종류의 순차회로와 FPGA 실습장비에 장착되어 있는 piezo, 스텝 모터, color LED, text LCD 등의 장치를 이용한 여러 가지 응용회로를 Verilog HDL로 모델링하여 기능을 검증하고, 실습장비의 FPGA 디바이스에 구현하여 하드웨어 동작을 확인하는 설계과정을 익힌다.

FPGA 실습장비의 구성과 주요 장치들은 12장을 참고하고, Xilinx FPGA 디바이스에 대한 소개와 내부 구조는 13장을 참고하기 바란다. 또한 실습에 사용되는 Xilinx Vivado 툴은 13장 Vivado 사용법과 Xilinx사에서 제공하는 사용자 가이드 문서나 동영상 자료를 참고하기 바란다.

SECTION 15.1

플립플롭과 시프트 레지스터 설계

D 플립플롭flip-flop은 클록신호의 상승천이 모서리positive edge 또는 하강천이 모서리negative edge에서 동작하여 한 클록주기 동안 1비트의 정보를 저장하는 소자이며, 시프트 레지스터, 계수기 등 다양한 순차회로에 사용된다.

시프트 레지스터shift register는 다수 개의 플립플롭이 직렬로 연결된 구조를 가지며, 클록신호가 인가될 때마다 데이터가 왼쪽 또는 오른쪽으로 시프트(이동)하는 기능을 수행한다. 시프트 레지스터의 데이터는 직렬 또는 병렬 형태로 입출력될 수 있으며, 형태에 따라 직렬입력-직렬출력, 직렬입력-병렬출력, 병렬입력-직렬출력, 병렬입력-병렬출력 등으로 구분된다. 병렬 형태의 시프트 레지스터는 각 플립플롭의 입력과 출력을 외부에서 제어할 수 있으며, 모든 플립플롭들이 병렬로 동시에 데이터를 입력받고, 또한 병렬로 데이터를 출력한다. 범용 시프트 레지스터는 네 가지의 입출력 동작을 선택적으로 수행할 수 있는 구조를 갖는다.

실습목적 D 플립플롭과 시프트 레지스터 회로를 Verilog HDL로 설계하고, FPGA 디바이스에 구현하여 하드웨어 동작을 확인하는 설계과정을 익힌다.

15.1.1 8비트 레지스터

❶ 회로 기능

[그림 15-1]과 같이 8개의 D 플립플롭으로 구성되는 8비트 레지스터를 설계한다. 클록의 상승에지마다 8비트 데이터가 병렬로 입력되고 병렬로 출력된다. 레지스터는 비동기식 active-high 리셋을 갖는다.

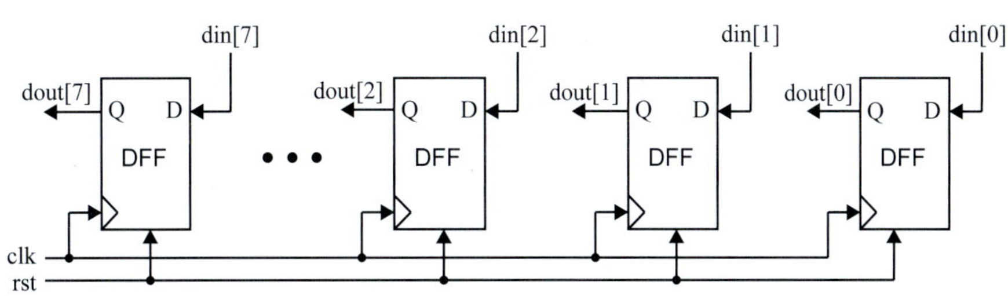

[그림 15-1] 8비트 레지스터

❷ Verilog HDL 모델링

비동기식 active-high 리셋을 구현하기 위해 `always @(posedge clk or posedge rst)`을 사용하며, `always` 블록 내부에서 `if(rst)` 조건문으로 레지스터를 0으로 초기화한다.

코드 15-1 비동기식 active-high 리셋을 갖는 8비트 레지스터 모델링

```
module reg_8b (input clk, input rst, input [7:0] din,
               output [7:0] dout);
  reg [7:0] dout;

  always @ (posedge clk or posedge rst) begin
     // 코드를 완성한다.
  end
endmodule
```

❸ 기능 시뮬레이션

설계된 회로의 동작을 확인하기 위해 [코드 15-2]의 테스트벤치로 기능 시뮬레이션을 한다. [그림 15-2]는 시뮬레이션 결과이며, 클록신호의 상승에지에서 입력 din이 플립플롭에 저장되는 동작을 확인할 수 있다.

코드 15-2 비동기식 active-high 리셋을 갖는 8비트 레지스터의 시뮬레이션 테스트벤치

```
module tb_reg_8b ( );
   reg         clk, rst;
   reg  [7:0] din;
   wire [7:0] dout;
   integer    i;

  reg_8b U0 (clk, rst, din, dout);

   initial begin
         clk = 0; rst = 0;
     #5  rst = 1;
     #15 rst = 0;
   end

   always #5 clk = ~clk;

   always begin
      for (i=0; i<=255; i=i+1) begin
         #10 din <= i;
      end
      #20 $finish;
   end

endmodule
```

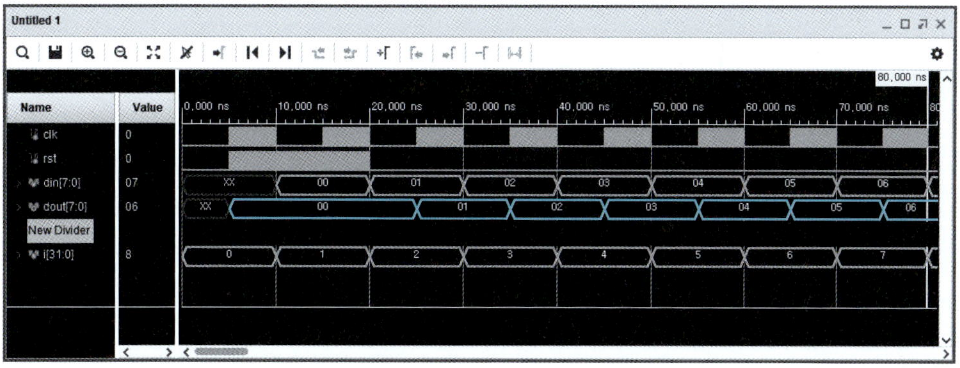

[그림 15-2] 비동기식 active-high 리셋을 갖는 8비트 레지스터의 시뮬레이션 결과

❹ 하드웨어 동작 확인

설계 및 검증이 완료된 회로를 FPGA 실습장비에 구현하여 하드웨어 동작을 확인한다. 실습회로는 [그림 15-3]과 같이 구성되며, [표 15-1]의 디바이스 핀 할당표를 사용한다. 버튼 스위치 B를 클록신호 clk 입력으로, 버튼 스위치 D를 리셋신호 rst 입력으로, 그리고 DIP 스위치로 데이터 입력 din[7:0]을 인가한다. 클록신호 clk(버튼 스위치 B)에 따라 8비트 데이터 din[7:0]이 레지스터에 저장되어 LED에 표시되는 것을 관찰하여 설계된 회로의 동작을 확인한다.

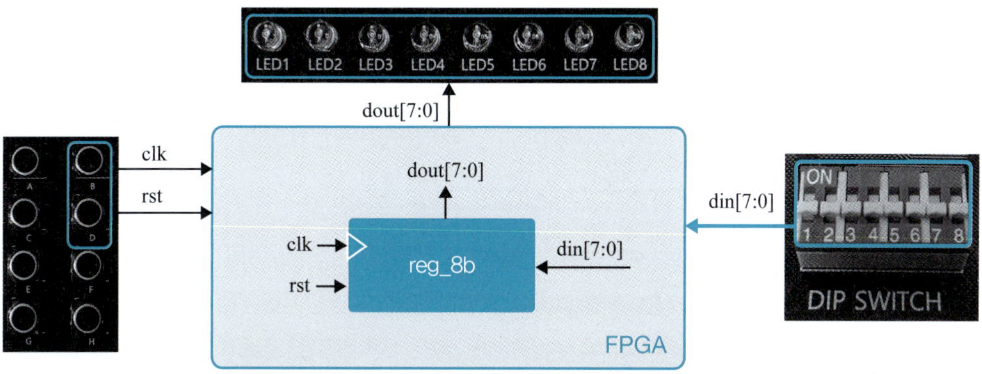

[그림 15-3] 8비트 레지스터 실습회로 구성도

[표 15-1] 디바이스 핀 할당표

구 분	포트 이름	핀 번호	연결 소자
입력	clk	V7	Button SW_B
	rst	Y7	Button SW_D
	din[7]	AB3	DIP_SW1
	din[6]	AB4	DIP_SW2
	din[5]	Y4	DIP_SW3
	din[4]	Y5	DIP_SW4
	din[3]	W5	DIP_SW5
	din[2]	V6	DIP_SW6
	din[1]	AB5	DIP_SW7
	din[0]	AA6	DIP_SW8
출력	dout[7]	U5	LED1
	dout[6]	V1	LED2
	dout[5]	V4	LED3
	dout[4]	V5	LED4
	dout[3]	W1	LED5
	dout[2]	W2	LED6
	dout[1]	W3	LED7
	dout[0]	Y1	LED8

참고사항

핀 할당을 완료한 후, Vivado 툴에서 합성(synthesis)과 구현(implementation) 과정을 실행하면 [그림 15-4(a)]와 같은 오류 메시지가 발생되고, 구현 과정이 실패해 Bitstream 파일이 생성되지 않는다. 이는 [그림 15-3]의 실습회로에 인가되는 클록신호 clk가 클록 전용 핀으로 입력되지 않고 버튼 스위치 B로 입력받기 때문에 일반 I/O 핀에 연결되어 구현 과정에서 I/O 핀과 BUFG 사이에 배선을 위한 배치가 불가능해서 발생되는 오류이다.

이를 해결하기 위해서는 핀 할당 정보가 저장되어 있는 XDC 파일(확장자가 xdc인 constraints 파일)에 [그림 15-4(b)]와 같이 추가한 후 다시 합성과 구현 과정을 실행하면 오류가 발생되지 않는다.

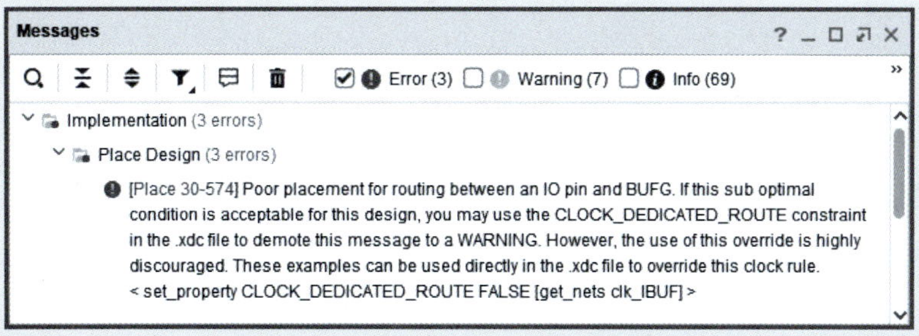

(a) 구현 과정에서 클록신호 핀 할당에 관련해서 발생된 오류 메시지

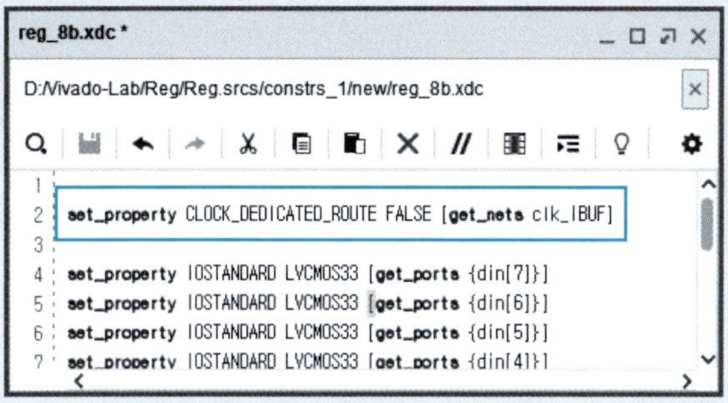

(b) 클록신호 핀 할당 관련 오류 제거를 위한 XDC 파일 수정 내용

[그림 15-4] 클록신호 핀 할당에 관련된 구현 과정의 오류 발생과 해결 방법

15.1.2 직렬입력-병렬출력 시프트 레지스터 설계

❶ 회로 기능

[그림 15-5]와 같이 8개의 D 플립플롭으로 구성되는 8비트 직렬입력-병렬출력Serial Input-Parallel Output, SIPO 시프트 레지스터를 설계한다. LSB 위치의 플립플롭에 직렬입력 sdin이 인가되며, 클록의 상승에지마다 입력된 데이터가 좌측으로 이동된다. 각 플립플롭의 출력이 시프트 레지스터의 병렬출력 dout[7 : 0]이 되며, 비동기식 active-high 리셋을 갖는다.

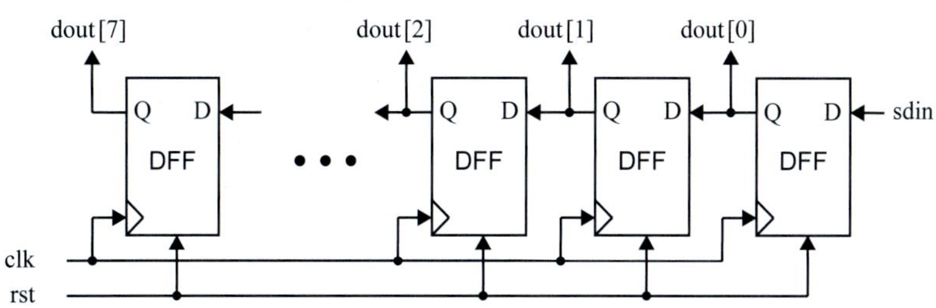

[그림 15-5] 직렬입력-병렬출력 8비트 시프트 레지스터

❷ Verilog HDL 모델링

직렬입력-병렬출력 8비트 시프트 레지스터를 다음의 세 가지 방법으로 설계한다.

(a) 시프트 연산자 <<를 사용하는 방법 : shift_reg8b_shop
(b) 결합 연산자 { }를 사용하는 방법 : shift_reg8b_conop
(c) for 반복문을 사용하는 방법 : shift_reg8b_for

비동기식 active-high 리셋을 구현하기 위해 always @(posedge clk or posedge rst)를 사용하며, always 블록 내부에서 if(rst) 조건문으로 플립플롭의 출력을 0으로 초기화한다. [코드 15-3]은 시프트 연산자 <<를 사용한 모델링 예이며, q[0]에 직렬입력 sdin을 할당하는 문장의 순서가 매우 중요하다. q[0] <= sdin 할당문이 시프팅 동작 앞에 오느냐 뒤에 오느냐에 따라 결과가 달라지므로 주의해야 하며, 시뮬레이션을 통해 두 경우의 차이를 확인해 본다.

코드 15-3 직렬입력-병렬출력 8비트 시프트 레지스터 모델링 (시프트 연산자 << 사용)

```
module shift_reg8b_shop (input clk, input rst, input sdin,
                         output [7:0] dout);
   reg    [7:0]  q;

   assign dout = q;

   always @(posedge clk or posedge rst) begin
      if (rst)  q <= 8'b0000_0000;
      else  begin
         q <= q << 1;
         q[0] <= sdin;
      end
   end
endmodule
```

결합 연산자를 사용하는 경우([코드 15-4]), 8비트 플립플롭의 하위 7비트 출력 q[6 : 0]과 직렬입력 sdin을 결합 연산자로 결합하여 8비트를 만들고, 이를 플립플롭에 인가하면 시프팅 동작이 구현된다. 병렬출력 dout[7:0]은 플립플롭의 출력으로 구성되며, assign 문으로 구현한다.

코드 15-4 직렬입력-병렬출력 8비트 시프트 레지스터 모델링 (결합 연산자 사용)

```
module shift_reg8b_conop (input clk, input rst, input sdin,
                          output [7:0] dout);
   reg    [7:0]  q;

   assign dout = q;

   always @(posedge clk or posedge rst) begin

   // active-high 리셋 기능을 구현한다.
   // 결합 연산자 { }를 사용하여 코드를 완성한다.

   end
endmodule
```

for 반복문을 사용하는 경우([코드 15-5]), 플립플롭의 출력 q에 nonblocking 할당문을 사용해야 한다. 만약 blocking 할당문을 사용하면 시프트 레지스터가 아닌 1비트의 플립플롭이 생성되므로 주의해야 한다(5.2절 참고). 시뮬레이션을 통해 nonblocking 할당문을 사용하는 경우와 blocking 할당문을 사용하는 경우의 차이를 확인해 본다.

코드 15-5 직렬입력-병렬출력 8비트 시프트 레지스터 모델링 (for 반복문 사용)

```
module shift_reg8b_for (input clk, input rst, input sdin,
                        output [7:0] dout);
   reg    [7:0]  q;
   integer       i;   // for 반복문에 사용되는 변수

   assign dout = q;

   always @(posedge clk or posedge rst) begin

   // active-high 리셋 기능을 구현한다.
   // for 반복문을 사용해서 코드를 완성한다.

   end
endmodule
```

❸ 기능 시뮬레이션

설계된 회로의 동작을 확인하기 위하여 [코드 15-6]의 테스트벤치로 기능 시뮬레이션을 한다. [그림 15-6]은 시뮬레이션 결과이며, 직렬입력 데이터가 클록의 상승에지에서 왼쪽으로 시프팅되는 동작을 확인할 수 있다.

코드 15-6 직렬입력-병렬출력 8비트 시프트 레지스터의 테스트벤치

```
module tb_shift_reg8b;
   reg        clk, rst, sdin;
   wire [7:0] dout;

   shift_reg8b_shop U0 (clk, rst, sdin, dout);

   initial begin
         clk = 0;     rst = 0;
     #3  rst = 1;  #10 rst = 0;
   end

   always #5 clk = ~clk;

   always begin
          sdin = 1;   #20 sdin = 0;
      #10 sdin = 1;   #10 sdin = 0;
      #20 sdin = 1;   #30 sdin = 0;
      #10 sdin = 1;   #20 $finish;
   end

endmodule
```

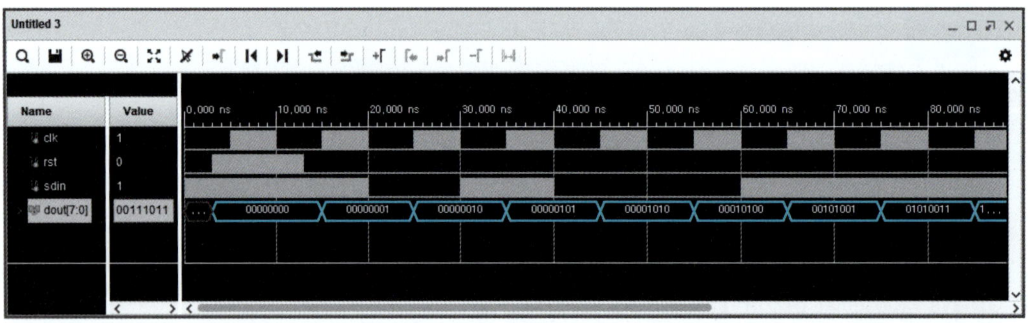

[그림 15-6] 직렬입력-병렬출력 8비트 시프트 레지스터의 시뮬레이션 결과

❹ 하드웨어 동작 확인

설계 및 검증이 완료된 회로를 FPGA 실습장비에 구현하여 하드웨어 동작을 확인한다. 실습회로는 [그림 15-7]과 같이 구성되며, [표 15-2]의 디바이스 핀 할당표를 사용한다. 버튼 스위치 B를 clk 입력으로, 버튼 스위치 D를 리셋신호 rst 입력으로, 그리고 직렬입력 데이터 sdin은 버튼 스위치 F로 인가한다. 예를 들어, 버튼 스위치 F를 누른 상태에서 버튼 스위치 B를 눌렀다 떼면 sdin='1'이 입력된다. 버튼 스위치 B와 F를 사용하여 임의의 직렬입력을 인가하면서 데이터가 왼쪽으로 이동하는 동작을 LED로 관찰하여 설계된 회로의 동작을 확인한다. 15.1.1절에서 설명했듯이, constraints 파일에 [그림 15-4(b)]와 같이 "set_property CLOCK_DEDICATED_ROUTE FALSE [get_nets clk_IBUF]"를 추가한 후, 합성과 구현 단계를 진행한다.

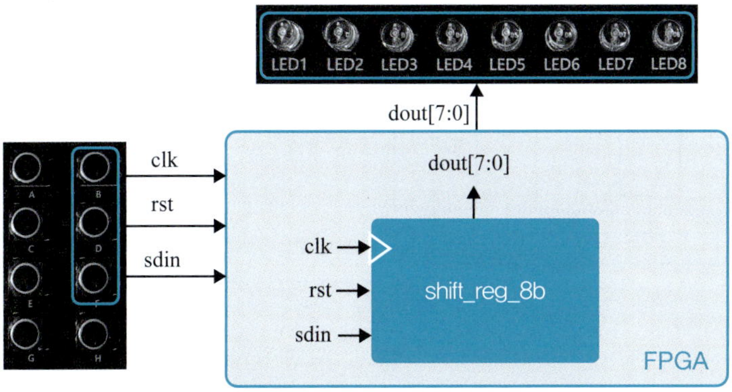

[그림 15-7] 직렬입력-병렬출력 8비트 시프트 레지스터 실습회로 구성도

[표 15-2] 디바이스 핀 할당표

구 분	포트 이름	핀 번호	연결 소자
입력	clk	V7	Button SW_B
	rst	Y7	Button SW_D
	sdin	AB7	Button SW_F
출력	dout[7]	U5	LED1
	dout[6]	V1	LED2
	dout[5]	V4	LED3
	dout[4]	V5	LED4
	dout[3]	W1	LED5
	dout[2]	W2	LED6
	dout[1]	W3	LED7
	dout[0]	Y1	LED8

15.1.3 8비트 링 계수기 설계

❶ 회로 기능

링 계수기ring counter는 [그림 15-8]의 회로와 같이 시프트 레지스터의 마지막 플립플롭 출력이 첫 번째 플립플롭의 입력으로 연결되어 링ring 구조를 형성하는 회로이며, 시프트 계수기shift counter라고도 한다. 8비트 링 계수기는 [그림 15-9]의 상태 천이도를 가지며, 플립플롭에 저장된 하나의 '1'이 매 클록마다 인접한 플립플롭으로 순환 이동하는 시프트 레지스터의 응용회로이다.

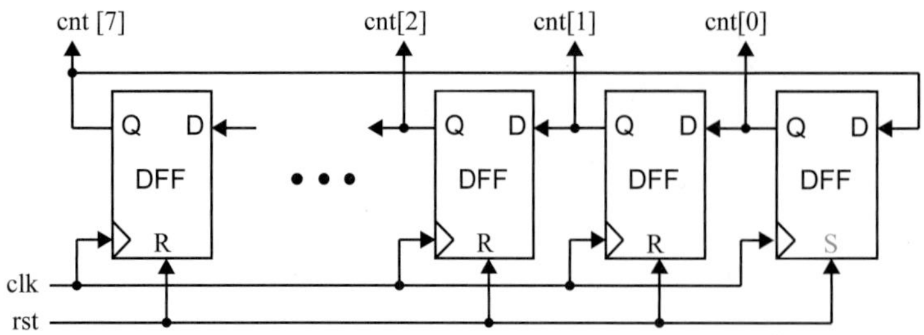

[그림 15-8] 8비트 링 계수기

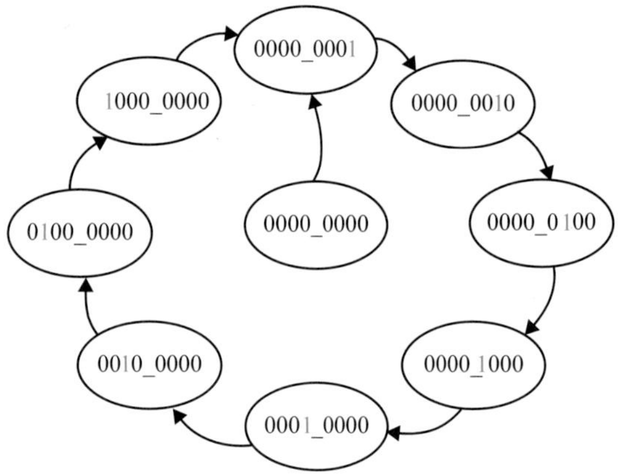

[그림 15-9] 8비트 링 계수기의 상태 천이도

❷ Verilog HDL 모델링

링 계수기는 [그림 15-8]과 같이 시프트 레지스터로 구현할 수 있으며, 시프트 레지스터를 구성하는 MSB 플립플롭의 출력 cnt[7]을 LSB 플립플롭의 입력으로 귀환시켜 순환 이동되도록 한다. 15.1.2절에서 설계한 시프트 레지스터와 유사한 방법으로 설계할 수 있으며, [그림 15-9]의 상태 천이도에 의한 동작 조건을 추가적으로 고려해야 한다. 리셋신호(rst)는 active-high로 동작하며, rst='0'일 때 링 계수기로 동작하고, rst='1'이거나 계수기를 구성하는 레지스터의 값이 0000_0000인 경우에는 초기상태 0000_0001로 복귀된다. 아래의 세 가지 방법으로 설계한다.

(a) 결합 연산자 `{ }`를 사용하는 방법 : ring_cnt8b_conop
(b) 시프트 연산자 <<를 사용하는 방법 : ring_cnt8b_shop
(c) `for` 반복문을 사용하는 방법 : ring_cnt8b_for

[코드 15-7]에서 비동기식 active-high 리셋을 구현하기 위해 `always @(posedge clk or posedge rst)`를 사용하며, `always` 블록 내부의 `if (rst)` 조건문을 통해 계수기 출력을 0000_0001로 초기화한다. 리셋이 인가되었을 때, 계수기가 0이 아닌 1로 초기화되어야 하는 점에 주의한다. rst=0인 정상동작 모드에서는 cnt=0 또는 cnt=1000_0000 (128)인 경우에는 초기상태 0000_0001로 복귀시키며, 그 이외의 경우에는 결합 연산자 `{ }`를 사용하여 매 클록마다 레지스터 값이 1비트씩 왼쪽으로 순환 시프트 되도록 설계한다.

코드 15-7 8비트 링 계수기 모델링 (결합 연산자 { } 사용)

```
module ring_cnt8b_conop (input clk, input rst,
                         output [7:0] cnt);
reg     [7:0] cnt;

always @(posedge clk or posedge rst) begin
    if (rst) cnt <= 1;
    else begin
       if ((cnt == 0) || (cnt == 128)) cnt <= 1;
       else                            cnt <= {cnt[6:0], cnt[7]};
    end
end

endmodule
```

코드 15-8 8비트 링 계수기 모델링 (시프트 연산자 << 사용)

```
module ring_cnt8b_shop (input clk, input rst,
                        output [7:0] cnt);
  reg     [7:0] cnt;

  always @(posedge clk or posedge rst) begin

// active-high 리셋 기능을 구현한다.
// 시프트 연산자 <<를 사용해서 코드를 완성한다.

  end

endmodule
```

for 반복문을 사용하는 [코드 15-9]에서는 플립플롭의 출력 cnt[7:0]에 nonblocking 할당문을 사용해야 한다. 만약 blocking 할당문을 사용하면, 0 → 1 → 0으로 동작하는 회로가 되므로 주의해야 한다(5.2.2절 참고). 시뮬레이션을 통해 nonblocking 할당문을 사용하는 경우와 blocking 할당문을 사용하는 경우의 차이를 확인해 본다.

코드 15-9 8비트 링 계수기 모델링 (for 반복문 사용)

```
module ring_cnt8b_for (input clk, input rst,
                       output [7:0] cnt);

  reg     [7:0] cnt;
  integer       i;

  always @(posedge clk or posedge rst) begin
```

```
    // active-high 리셋 기능을 구현한다.
    // for 반복문을 사용해서 코드를 완성한다.

  end
endmodule
```

❸ 기능 시뮬레이션

설계된 회로의 동작을 확인하기 위하여 [코드 15-10]의 테스트벤치를 작성해서 기능 시뮬레이션을 한다. [그림 15-10]은 시뮬레이션 결과이며, [그림 15-9]의 상태 천이도와 동일하게 하나의 1이 오른쪽에서 왼쪽으로 시프팅되는 동작을 확인할 수 있다.

코드 15-10 8비트 링 계수기의 시뮬레이션 테스트벤치

```
module tb_ring_cnt8b( );
  reg        clk, rst;
  wire [7:0] cnt;

  ring_cnt8b_conop U0 (.clk(clk), .rst(rst), .cnt(cnt));

  initial begin
         clk = 0;           rst = 1'b0;
    #5   rst = 1'b1;  #10 rst = 1'b0;
    #200 rst = 1'b1;  #10 rst = 1'b0;
    #30  $finish;
  end

  always
    #10 clk  = ~clk;

endmodule
```

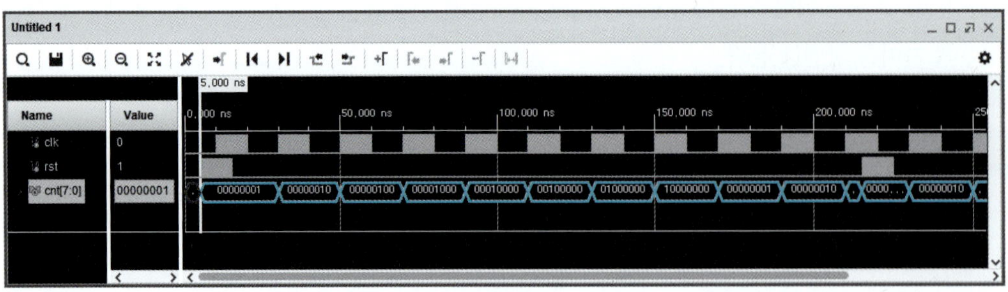

[그림 15-10] 8비트 링 계수기의 시뮬레이션 결과

❹ 하드웨어 동작 확인

설계 및 검증이 완료된 회로를 FPGA 실습장비에 구현하여 하드웨어 동작을 확인한다. 실습회로는 [그림 15-11]과 같이 구성되며, [표 15-3]의 디바이스 핀 할당표를 사용한다. 실습장비의 메인 클록을 사용하며, 클록 주파수는 10Hz로 설정한다. 리셋신호는 버튼 스위치 B로 인가한다. LED1 ~ LED8을 이용하여 계수기 출력 cnt[7:0]을 관찰하면, LED의 오른쪽에서 왼쪽으로 불빛이 순환 이동하는 것을 확인할 수 있다. 버튼 스위치 B를 누르면 회로가 초기화되어 LED8에서부터 다시 시작된다.

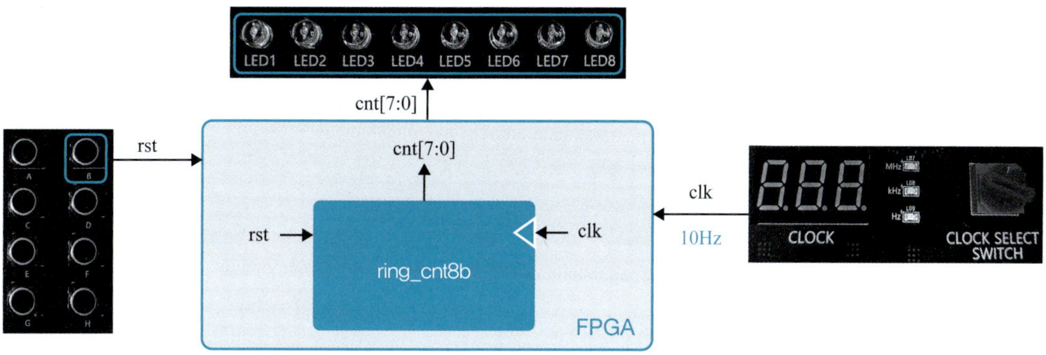

[그림 15-11] 8비트 링 계수기 실습회로 구성도

[표 15-3] 디바이스 핀 할당표

구 분	포트 이름	핀 번호	연결 소자
입력	clk	B6	Main_Clock (10Hz)
	rst	V7	Button SW_B
출력	cnt[7]	U5	LED1
	cnt[6]	V1	LED2
	cnt[5]	V4	LED3
	cnt[4]	V5	LED4
	cnt[3]	W1	LED5
	cnt[2]	W2	LED6
	cnt[1]	W3	LED7
	cnt[0]	Y1	LED8

15.1.4 설계 실습 과제

1 좌우 시프팅 기능을 갖는 8비트 링 계수기 설계

❶ 회로 기능

[표 15-4]와 같이 좌우 시프팅 기능을 갖는 링 계수기를 설계한다. mode='0'이면 오른쪽으로 시프트되며, mode='1'이면 왼쪽으로 시프트된다. mode='0'인 경우에 계수기의 값이 0000_0000 또는 0000_0001이면 1000_0000 상태로 복귀되며, mode='1'인 경우에 계수기의 값이 0000_0000 또는 1000_0000이면 0000_0001 상태로 복귀되도록 한다. 비동기식 active-high 리셋에 의해 초기상태 0000_0001로 복귀된다.

[표 15-4] mode 신호에 따른 좌우 시프트 링 계수기의 동작

rst	mode	cnt[7:0]	동 작
0	0	0000_0000 또는 0000_0001	1000_0000으로 복귀
		-	오른쪽으로 시프팅
	1	0000_0000 또는 1000_0000	0000_0001로 복귀
		-	왼쪽으로 시프팅
1	-		0000_0001로 초기화

❷ Verilog HDL 모델링

`if(mode)` 조건문을 사용해서 왼쪽 시프트(mode='1'인 경우) 또는 오른쪽 시프트(mode='0'인 경우) 동작을 구현한다. 시프팅 방향(mode 신호의 값)에 따라 초기상태를 1 또는 128로 설정하는 것을 고려해야 한다. mode=0일 때에는 cnt=0 또는 cnt=1인 경우 초기상태 128로 복귀되며, mode=1일 때에는 cnt=0 또는 cnt=128인 경우 초기상태 1로 복귀되도록 한다. 다음의 세 가지 방법으로 설계를 완성하며, 비동기식 active-high 리셋을 갖도록 한다.

(a) 시프트 연산자 <<와 >>를 사용하는 방법 : LRS_ring_cnt8b_shop
(b) `for` 반복문을 사용하는 방법 : LRS_ring_cnt8b_for
(c) 결합 연산자를 사용하는 방법 : LRS_ring_cnt8b_conop

코드 15-11 좌우 시프팅 기능을 갖는 8비트 링 계수기 모델링 (시프트 연산자 사용)

```
module LRS_ring_cnt8b_shop (input clk, input rst, input mode,
                            output [7:0] cnt);

  // 비동기식 active-high 리셋 기능을 구현한다.
  // rst=0인 정상동작 모드에서 if(mode) 조건문으로 아래의 기능을 모델링한다.
     • mode=1인 경우
       - cnt=0 또는 cnt=128이면, 초기상태(0000_0001)로 복귀
       - 왼쪽 시프트 연산자 <<를 사용하여 시프팅 동작을 구현
     • mode=0인 경우
       - cnt=0 또는 cnt=1이면, 초기상태(1000_0000)로 복귀
       - 오른쪽 시프트 연산자 >>를 사용하여 시프팅 동작을 구현

endmodule
```

코드 15-12 좌우 시프팅 기능을 갖는 8비트 링 계수기 모델링 (for 반복문 사용)

```
module LRS_ring_cnt8b_for (input clk, input rst, input mode,
                           output [7:0] cnt);

  // 비동기식 active-high 리셋 기능을 구현한다.
  // if (mode) 조건문과 for 반복문을 사용하여 왼쪽, 오른쪽 시프팅 동작을 구현한다.

endmodule
```

코드 15-13 좌우 시프팅 기능을 갖는 8비트 링 계수기 모델링 (결합 연산자 사용)

```
module LRS_ring_cnt8b_conop (input clk, input rst, input mode,
                             output [7:0] cnt);

  // 비동기식 active-high 리셋 기능을 구현한다.
  // if (mode) 조건문과 결합 연산자를 사용하여 왼쪽, 오른쪽 시프팅 동작을 구현한다.

endmodule
```

❸ 기능 검증

테스트벤치를 작성하고, 시뮬레이션을 통해 설계된 회로의 동작을 검증한다.

❹ 하드웨어 동작 확인

설계된 회로를 FPGA 실습장비에 구현하여 하드웨어 동작을 확인한다. 실습회로는 [그림 15-12]와 같이 구성되며, [표 15-5]의 디바이스 핀 할당표를 사용한다. 클록 주파수는 10Hz로 설정한다. 리셋신호는 버

튼 스위치 B로 인가하고, mode 신호는 버튼 스위치 D로 인가한다. mode='0'인 경우에는 LED 불빛이 왼쪽에서 오른쪽으로 이동하며, mode='1'인 경우에는 오른쪽에서 왼쪽으로 이동함을 확인할 수 있다.

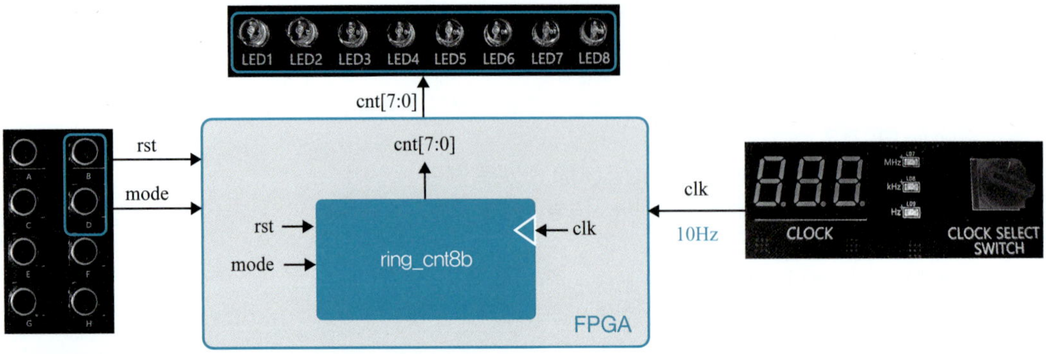

[그림 15-12] 좌우 시프팅 기능을 갖는 8비트 링 계수기 실습회로 구성도

[표 15-5] 디바이스 핀 할당표

구 분	포트 이름	핀 번호	연결 소자
입력	clk	B6	Main_Clock (10Hz)
	rst	V7	Button SW_B
	mode	Y7	Button SW_D
출력	cnt[7]	U5	LED1
	cnt[6]	V1	LED2
	cnt[5]	V4	LED3
	cnt[4]	V5	LED4
	cnt[3]	W1	LED5
	cnt[2]	W2	LED6
	cnt[1]	W3	LED7
	cnt[0]	Y1	LED8

2 좌우 시프팅 기능을 갖는 병렬입력-병렬출력 8비트 시프트 레지스터 설계

❶ 회로 기능

[표 15-6]과 같이 병렬입력과 좌우 시프팅 기능을 갖는 8비트 시프트 레지스터를 설계한다. load='1'이면 8비트 입력 din[7 : 0]이 레지스터에 입력되며, load='0'이면 시프팅 동작을 수행한다. 시프팅 모드에서 mode='0'이면 왼쪽으로 시프팅하며, mode='1'이면 오른쪽으로 시프팅한다. 레지스터의 데이터는 병렬로 출력되며, 비동기식 active- high 리셋을 갖는다.

[표 15-6] 시프트 레지스터의 동작

load	mode	동 작
0	0	왼쪽으로 시프팅
	1	오른쪽으로 시프팅
1	-	din[7 : 0]의 병렬입력

❷ Verilog HDL 모델링

15.1.2절에서 설계된 방식과 유사하게 여러 가지 방법으로 설계할 수 있으나, 시프트 연산자 <<와 >>를 사용해서 [코드 15-14]와 같이 설계한다. if (load) 조건문을 사용해서 load='1'인 경우 din[7:0]을 레지스터에 병렬입력하고, load='0'인 경우 mode 신호에 따라 왼쪽 또는 오른쪽 시프팅 동작을 구현한다.

코드 15-14 좌우 시프팅 기능을 갖는 병렬입력-병렬출력 8비트 시프트 레지스터 모델링

```
module shift_reg8b_pld (input clk, input rst, input load, input mode, input [7:0] din,
                        output [7:0] pout);
  reg     [7:0] reg_tmp;

  assign pout = reg_tmp;

  always @(posedge clk or posedge rst) begin
  // active-high 비동기식 리셋 동작을 모델링한다.
  // if (load) 조건문에 의해
   - load=1인 경우, din[7:0]을 레지스터에 병렬로 입력한다.
   - load=0인 경우, 왼쪽 시프트(mode=0) 또는 오른쪽 시프트(mode=1) 동작을 모델링한다.
  end

endmodule
```

❸ 기능 검증

테스트벤치를 작성하고, 시뮬레이션으로 설계된 회로의 동작을 검증한다.

❹ 하드웨어 동작 확인

설계된 회로를 FPGA 실습장비에 구현하여 하드웨어 동작을 확인한다. 실습회로는 [그림 15-13]과 같이 구성되며, [표 15-7]의 디바이스 핀 할당표를 사용한다. 버튼 스위치 A는 리셋신호 rst 입력으로 사용하고, 버튼 스위치 C, E, G는 각각 clk, load, mode 입력으로 사용한다. 입력 din[7 : 0]은 DIP_SW1 ~ DIP_SW8로 입력한다.

버튼 스위치 E를 누른 상태(load=1)에서 버튼 스위치 C를 눌렀다 떼면 DIP_SW에 설정된 값이 레지스터에 din[7 : 0]으로 입력되고, LED에 값이 표시된다. 레지스터에 값이 로딩된 후, 버튼 스위치 C로 클록신호 clk를 인가하면, 레지스터의 값이 왼쪽으로 시프팅되어 LED의 불빛이 왼쪽으로 이동되는 것을 관찰할 수 있다. 버튼 스위치 G를 누른 상태(mode=1)에서 버튼 스위치 C로 클록신호 clk를 인가하면, 레지스터의 값이 오른쪽으로 시프팅되어 LED에 불빛이 오른쪽으로 이동되는 것을 관찰할 수 있다. 버튼 스위치 A를 눌렀다 떼면, 레지스터가 초기화되어 LED가 모두 꺼지게 된다.

15.1.1절에서 설명했듯이, constraints 파일에 [그림 15-4(b)]와 같이 "set_property CLOCK_DEDICATED_ROUTE FALSE [get_nets clk_IBUF]"를 추가한 후, 합성과 구현 단계를 진행한다.

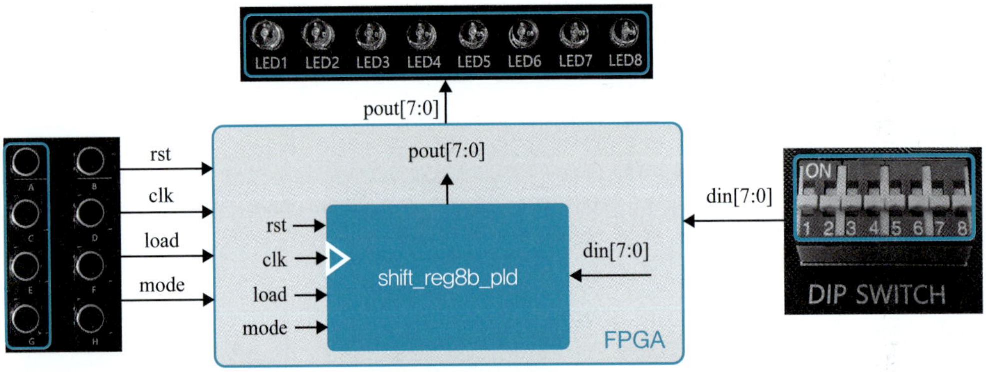

[그림 15-13] 실습회로 구성도

[표 15-7] 디바이스 핀 할당표 (계속)

구 분	포트 이름	핀 번호	연결 소자
입력	rst	Y6	Button SW_A
	clk	AB6	Button SW_C
	load	W7	Button SW_E
	mode	AA7	Button SW_G
	din[7]	AB3	DIP_SW1
	din[6]	AB4	DIP_SW2
	din[5]	Y4	DIP_SW3
	din[4]	Y5	DIP_SW4
	din[3]	W5	DIP_SW5
	din[2]	V6	DIP_SW6
	din[1]	AB5	DIP_SW7
	din[0]	AA6	DIP_SW8

[표 15-7] 디바이스 핀 할당표

구 분	포트 이름	핀 번호	연결 소자
출력	pout[7]	U5	LED1
	pout[6]	V1	LED2
	pout[5]	V4	LED3
	pout[4]	V5	LED4
	pout[3]	W1	LED5
	pout[2]	W2	LED6
	pout[1]	W3	LED7
	pout[0]	Y1	LED8

3 8비트 의사 난수 발생기 설계

❶ 회로 기능

[그림 11-24]의 8비트 선형 귀환 시프트 레지스터[LFSR] 회로를 설계한다.

❷ Verilog HDL 모델링

결합 연산자를 이용해서 시프트 동작을 모델링하며, 비동기식 active-high 리셋을 갖도록 설계한다.

❸ 기능 검증

테스트벤치를 작성하고 시뮬레이션을 해서 의사 난수[pseudo-random number]가 생성되는 동작을 확인한다.

❹ 하드웨어 동작 확인

설계된 회로를 FPGA 실습장비에 구현하여 하드웨어 동작을 확인한다. 실습회로는 [그림 15-11]과 같이 구성되며, [표 15-3]의 디바이스 핀 할당표를 사용한다. 실습장비의 메인 클록을 사용하며, 클록 주파수는 10Hz로 설정한다. 리셋신호는 버튼 스위치 B로 인가한다. LED1 ~ LED8을 이용하여 LFSR 회로의 8비트 출력이 무작위로 발생됨을 확인할 수 있다.

SECTION 15.2

계수기 설계

클록펄스가 인가될 때마다 레지스터의 값을 증가 또는 감소시키는 회로가 계수기[counter]이며, 주파수 분주기를 비롯한 제어회로 설계에 자주 사용되는 대표적인 순차회로이다.

실습목적 증가 · 감소 계수기, BCD 계수기 회로를 Verilog HDL로 설계하고, FPGA 디바이스에 구현하여 하드웨어 동작을 확인하는 설계과정을 익힌다.

15.2.1 8비트 증가 계수기 설계

❶ 회로 기능

증가 계수기는 클록펄스가 인가될 때마다 레지스터의 값이 1씩 증가하여 [그림 15-14]의 상태 천이도와 같이 0 → 1 → 2 → ··· → 255 → 0으로 계수하는 회로이다.

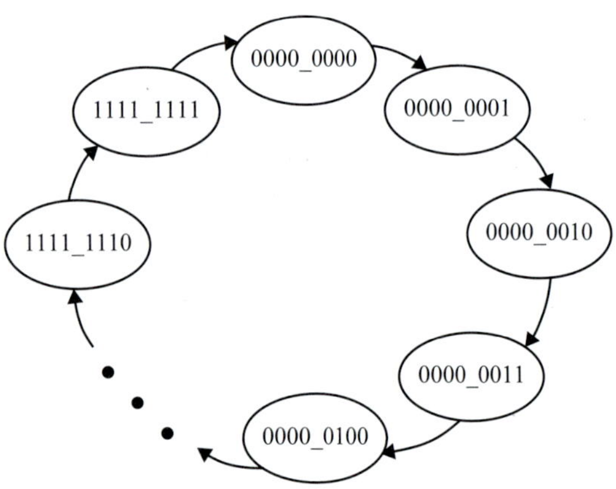

[그림 15-14] 8비트 증가 계수기의 상태 천이도

❷ Verilog HDL 모델링

rst='1'인 경우에 계수기 값을 0으로 초기화하고, 정상동작 모드 (rst='0')에서는 계수기의 값이 1씩 증가되도록 [코드 15-15]와 같이 모델링한다.

코드 15-15 8비트 증가 계수기 모델링

```
module counter_up (input clk, input rst,
                   output [7:0] cnt);
  reg   [7:0] cnt;

  always @(posedge clk or posedge rst) begin
     if (rst) cnt <= 0;
     else     cnt <= cnt + 1;
  end

endmodule
```

❸ 기능 검증

테스트벤치를 작성하고, 시뮬레이션을 통해 설계된 회로의 동작을 검증한다.

❹ 하드웨어 동작 확인

설계된 실습회로를 FPGA 실습장비에 구현하고, 10Hz의 클록을 인가하여 하드웨어 동작을 확인한다. 계수기 출력 cnt[7:0]이 1씩 증가하여 LED에 표시됨을 확인한다. [그림 15-15]의 실습회로와 [표 15-8]의 디바이스 핀 할당표를 사용한다.

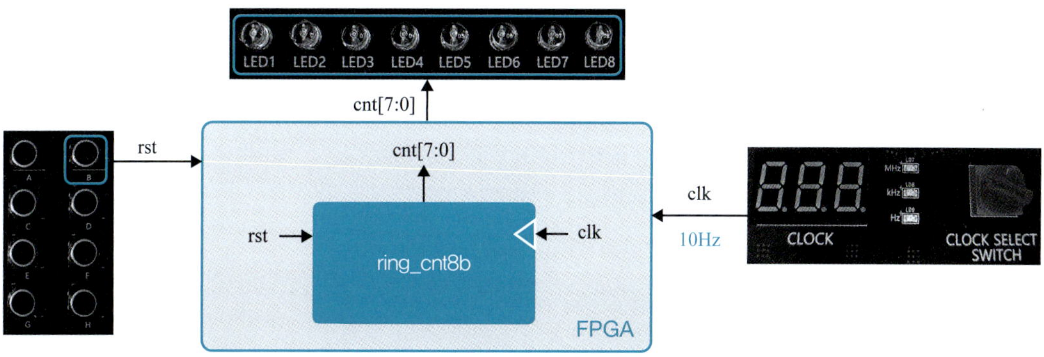

[그림 15-15] 실습회로 구성도

[표 15-8] 디바이스 핀 할당표

구 분	포트 이름	핀 번호	연결 소자
입력	clk	B6	Main_Clock (10Hz)
	rst	V7	Button SW_B
출력	cnt[7]	U5	LED1
	cnt[6]	V1	LED2
	cnt[5]	V4	LED3
	cnt[4]	V5	LED4
	cnt[3]	W1	LED5
	cnt[2]	W2	LED6
	cnt[1]	W3	LED7
	cnt[0]	Y1	LED8

15.2.2 설계 실습 과제

1 8비트 증가/감소 계수기 설계

❶ 회로 기능

[그림 15-16]의 상태 천이도와 같이 동작하는 8비트 증가/감소 계수기를 설계한다. mode='0'이면 계수기 값이 1씩 증가하는 증가 계수기up counter로 동작하며, mode='1'이면 계수기 값이 1씩 감소하는 감소 계수기down counter로 동작한다. 비동기식 active-high 리셋을 갖는다.

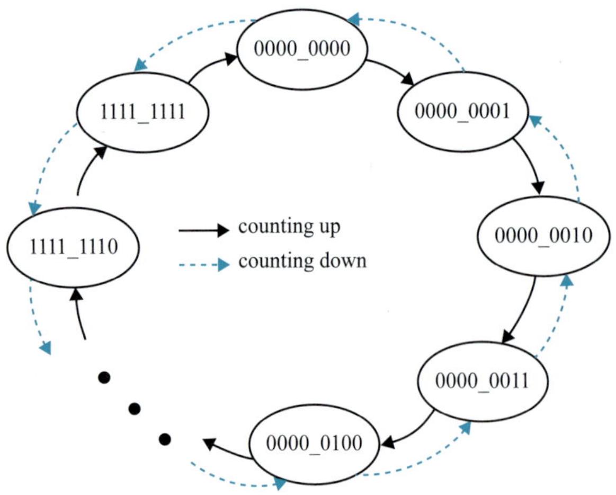

[그림 15-16] 8비트 증가/감소 계수기의 상태 천이도

❷ Verilog HDL 모델링

rst='1'인 경우 계수기 값을 0으로 초기화하고, 정상동작 모드(rst='0')에서는 [표 15-9]와 같이 mode 신호에 따라 계수기의 값이 1씩 증가 또는 1씩 감소하는 동작을 하도록 [코드 15-16]을 완성한다.

[표 15-9] mode 신호에 따른 증가/감소 계수기의 동작

rst	mode	동작
0	0	1씩 증가(+)
	1	1씩 감소(−)
1	−	0000_0000으로 초기화

코드 15-16 8비트 증가/감소 계수기 모델링

```
module ud_cnt8b (input clk, input rst, input mode,
                 output [7:0] cnt);

  // 비동기식 active-high 리셋 기능을 구현한다.
  // rst=0인 정상동작 모드에서
     - mode=0이면, cnt가 1씩 증가되도록 모델링한다.
     - mode=1이면, cnt가 1씩 감소되도록 모델링한다.

endmodule
```

❸ 기능 검증

테스트벤치를 작성하고, 시뮬레이션을 통해 설계된 회로의 동작을 검증한다.

❹ 하드웨어 동작 확인

설계 및 검증된 실습회로를 FPGA 실습장비에 구현하여 하드웨어 동작을 확인한다. [그림 15-17]의 실

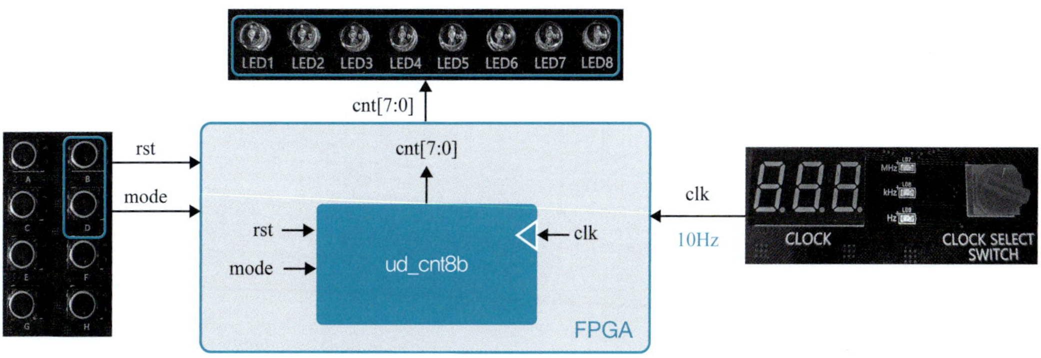

[그림 15-17] 8비트 증가/감소 계수기 실습회로 구성도

습회로와 [표 15-10]의 디바이스 핀 할당표를 사용한다. mode 신호에 따라 계수기 출력 cnt[7 : 0]이 1씩 증가 또는 감소하여 LED에 표시됨을 확인할 수 있다.

[표 15-10] 디바이스 핀 할당표

구 분	포트 이름	Xilinx	연결 소자
입력	clk	B6	Main_Clock (10Hz)
	rst	V7	Button SW_B
	mode	Y7	Button SW_D
출력	cnt[7]	U5	LED1
	cnt[6]	V1	LED2
	cnt[5]	V4	LED3
	cnt[4]	V5	LED4
	cnt[3]	W1	LED5
	cnt[2]	W2	LED6
	cnt[1]	W3	LED7
	cnt[0]	Y1	LED8

2 BCD(Binary Coded Decimal) 계수기 설계

❶ 회로 기능

[그림 15-18]과 같이 0 → 1 → 2 → ⋯ → 9 → 0 → 1을 계수하는 BCD 계수기를 설계한다. 계수기의 출력 cnt[3 : 0]은 FND에 숫자 형태로 표시되도록 하며, 이를 위해 함수 bcd_to_seg를 이용해서 변환한다. 비동기식 active-high 리셋에 의해 BCD 계수기의 출력이 0000으로 초기화된다.

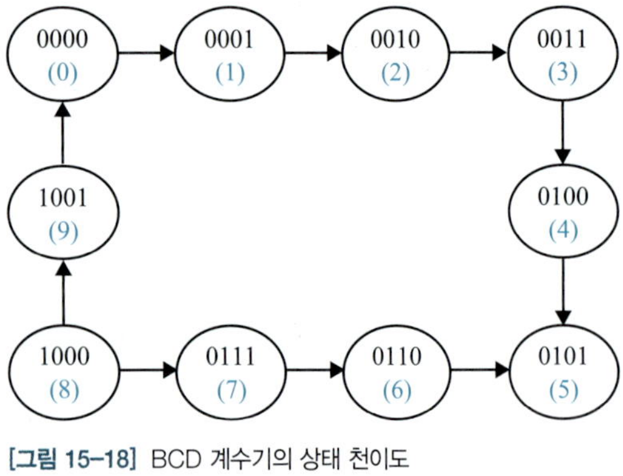

[그림 15-18] BCD 계수기의 상태 천이도

❷ Verilog HDL 모델링

[코드 15-15]의 증가 계수기와 유사한 형태로 [코드 15-17]과 같이 설계할 수 있으며, 0 ~ 9를 반복적

으로 계수하는 동작을 if 조건문으로 구현한다. 계수기 값 cnt를 판단하여 cnt=9이면 0으로 초기화하고, 그렇지 않은 경우에는 cnt를 1씩 증가시키는 증가 계수기를 구현한다.

코드 15-17 BCD 계수기 회로 모델링

```
module bcd_counter (input clk, input rst,
                    output [3:0] cnt);

// 비동기식 active-high 리셋 기능을 구현한다.
// rst=0인 경우, if 조건문으로 다음의 기능을 모델링한다.
  - cnt=9이면 cnt=0으로 초기화한다.
  - cnt가 9가 아닌 경우, cnt가 1씩 증가하는 증가 계수기를 구현한다.

endmodule
```

계수기의 출력 cnt[3:0]을 FND에 디스플레이하기 위해 top 모듈 bcd_cnt_fnd를 [코드 15-18]과 같이 설계한다. [코드 15-17]에서 설계된 모듈 bcd_counter를 인스턴스하고, 14.4.3절의 BCD-FND 디코더에서 설계된 함수 bcd_to_fnd([코드 14-45]의 함수부분)를 호출하여 계수기 출력 cnt[3:0]을 FND 구동 형식의 fnd_data로 변환한다.

코드 15-18 BCD 계수기 값의 FND 디스플레이 회로 모델링

```
module bcd_cnt_fnd (input clk, input rst,
                    output [7:0] fnd_scan, output [7:0] fnd_data);
  wire   [3:0] cnt;

// 컴파일러 지시어를 사용해서 함수 파일 bcd_to_fnd.v를 include한다.

// [코드 15-17]에서 설계된 모듈 bcd_counter를 인스턴스한다.

// 14.4.3절에서 설계된 함수 bcd_to_fnd를 호출하여 fnd_data로 변환한다. (assign 문)

  assign fnd_scan = 8'b1111_1110;

endmodule
```

❸ 기능 검증

테스트벤치를 작성하고, 시뮬레이션을 해서 설계된 회로의 동작을 검증한다.

❹ 하드웨어 동작 확인

설계된 회로를 FPGA 실습장비에 구현하여 하드웨어 동작을 확인한다. 실습회로는 [그림 15-19]와 같

이 구성되며, [표 15-11]의 디바이스 핀 할당표를 사용한다. 실습장비의 메인 클록을 사용하며, 클록 주파수는 10Hz로 설정한다. 리셋신호는 버튼 스위치 B로 인가한다. FND에 디스플레이되는 값을 관찰하여 설계된 BCD 계수기의 동작을 확인할 수 있다. 버튼 스위치 B를 누르면 계수기가 초기화되어 0이 디스플레이된다.

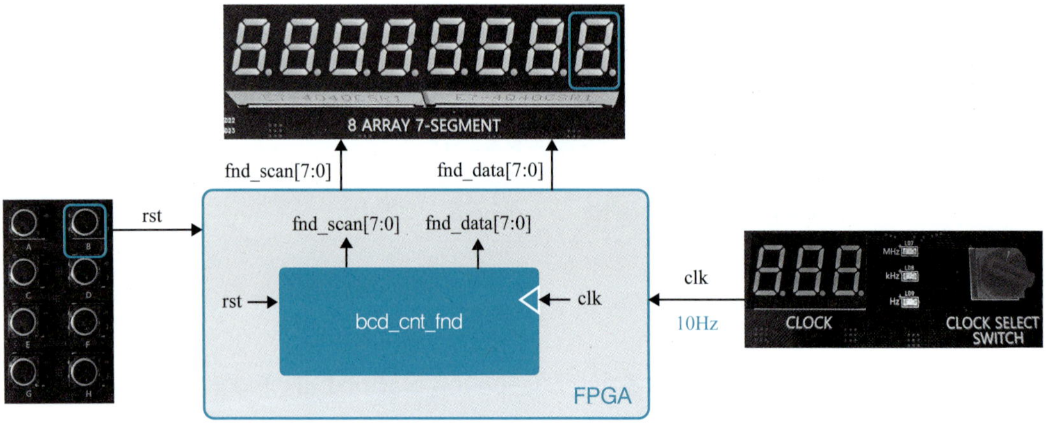

[그림 15-19] 실습회로 구성도

[표 15-11] 디바이스 핀 할당표

구 분	포트 이름	핀 번호	연결 소자
입력	clk	B6	Main_Clock (10Hz)
	rst	V7	Button SW_B
출력	fnd_data[7]	M3	SEG_H
	fnd_data[6]	M4	SEG_G
	fnd_data[5]	M5	SEG_F
	fnd_data[4]	N1	SEG_E
	fnd_data[3]	N3	SEG_D
	fnd_data[2]	N4	SEG_C
	fnd_data[1]	N5	SEG_B
	fnd_data[0]	P1	SEG_A
	fnd_scan[7]	T2	fnd_scan7
	fnd_scan[6]	T1	fnd_scan6
	fnd_scan[5]	R5	fnd_scan5
	fnd_scan[4]	R4	fnd_scan4
	fnd_scan[3]	R3	fnd_scan3
	fnd_scan[2]	R2	fnd_scan2
	fnd_scan[1]	P3	fnd_scan1
	fnd_scan[0]	P2	fnd_scan0

SECTION
15.3 주파수 분주기 설계

주파수 분주기frequency divider는 높은 주파수의 신호를 낮은 주파수로 변환하는 회로이며, 클록신호의 주파수 변환을 위해 사용된다. 주파수 분주기는 15.2절에서 실습한 계수기를 기본으로 구현될 수 있다.

실습목적 주파수 분주기와 응용회로를 Verilog HDL로 설계하고, FPGA 디바이스에 구현하여 하드웨어 동작을 확인하는 설계과정을 익힌다.

15.3.1 1/10 주파수 분주기 설계

❶ 회로 기능

10Hz의 클록을 1/10로 분주하여 50%의 duty cycle을 갖는 1Hz의 분주 클록을 생성하는 회로를 설계한다. 비동기식 active-high 리셋이 인가되면 분주기는 초기상태를 갖는다.

❷ Verilog HDL 모델링

1/10로 분주된 클록이 50%의 duty cycle을 갖도록 하기 위해 cnt를 1씩 증가시키며 계수하다가 cnt=4이면 분주 클록 clk_1hz를 반전시키도록 구현한다. clk_1hz와 mclk를 LED로 출력시켜 비교하기 위해 mclk가 mclk_out으로 출력되도록 `assign` 문으로 구현한다.

코드 15-19 1/10 주파수 분주기 회로 모델링

```
module frq_div10 (input mclk, input rst,
                  output mclk_out, output clk_1hz);
   reg [2:0] cnt;
   reg       clk_1hz;

   assign mclk_out = mclk;
   always @(posedge mclk or posedge rst) begin
      if (rst) begin
         cnt <= 0;
         clk_1hz <= 0;
      end
```

```
        else begin
            if (cnt == 4) begin
                cnt <=0;
                clk_1hz <= ~clk_1hz;
            end
            else cnt <= cnt + 1;
        end
    end
endmodule
```

❸ 기능 시뮬레이션

설계된 회로의 동작을 확인하기 위하여 [코드 15-20]의 테스트벤치를 이용하여 기능 시뮬레이션을 수행한다. [그림 15-20]의 시뮬레이션 결과 파형으로부터, 10Hz의 클록 mclk가 1/10로 분주되어 1Hz의 분주 클록 clk_1hz가 출력됨을 확인할 수 있다.

코드 15-20 1/10 주파수 분주기의 시뮬레이션 테스트벤치

```
module tb_frq_div10 ( );
   reg   rst, mclk;

   frq_div10 U0 (.mclk(mclk), .rst(rst), .mclk_out(mclk_out), .clk_1hz(clk_1hz));

   initial begin
            mclk = 0;
            rst = 1;
      #15  rst = 0;
   end

   always
     #10 mclk = ~mclk;

endmodule
```

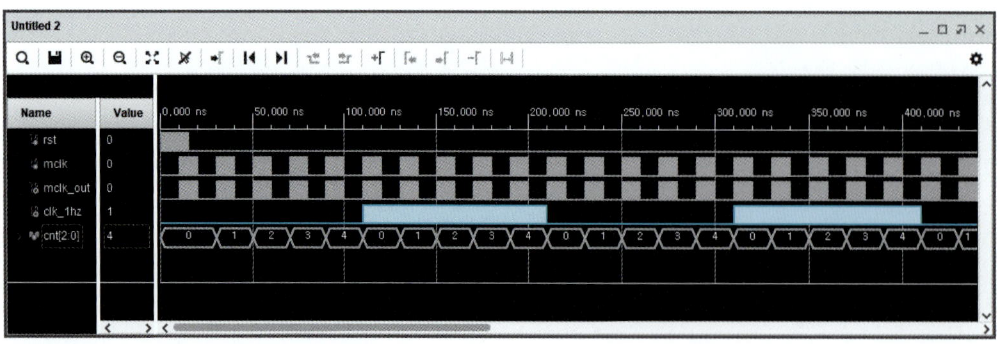

[그림 15-20] 1/10 주파수 분주기의 시뮬레이션 결과

❹ 하드웨어 동작 확인

설계된 주파수 분주기 회로를 FPGA 실습장비에 구현하여 하드웨어 동작을 확인한다. 실습회로는 [그림 15-21]과 같이 구성되며, [표 15-12]의 디바이스 핀 할당표를 사용한다. 실습장비의 메인 클록을 사용하며, 주파수를 10Hz로 설정한다. 리셋신호는 버튼 스위치 B로 인가한다. 입력 클록과 분주 클록을 각각 LED1과 LED8에 인가하여 LED의 점멸 속도를 비교해서 설계된 회로의 동작을 확인한다.

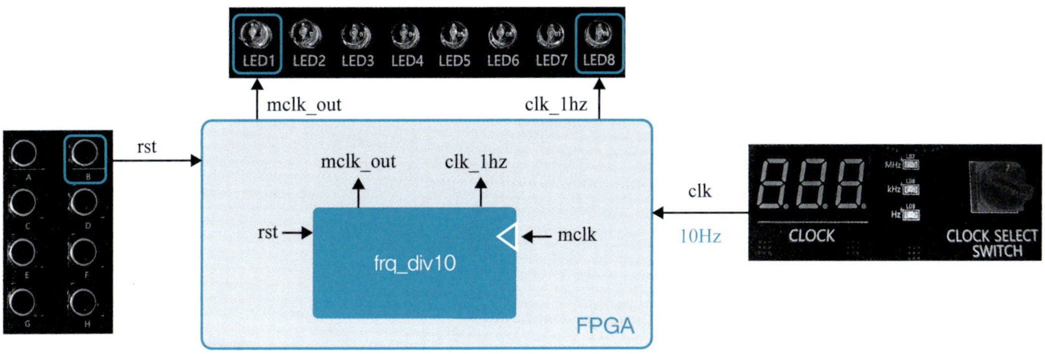

[그림 15-21] 실습회로 구성도

[표 15-12] 디바이스 핀 할당표

구 분	포트 이름	핀 번호	연결 소자
입 력	mclk	B6	Main_Clock (10Hz)
	rst	V7	Button SW_B
출 력	mclk_out	U5	LED1
	clk_1hz	Y1	LED8

15.3.2 설계 실습 과제

1 여덟 가지 동작모드를 갖는 LED 시프터 회로 설계

여덟 가지 동작모드를 갖는 LED 시프터 회로를 주파수 분주기와 링 계수기를 이용하여 설계하고 동작을 확인한다. 비동기식 active-high 리셋을 갖는다.

❶ 회로 기능

[표 15-13]과 같이 4비트의 mode[3 : 0] 신호에 의해 제어되는 여덟 가지 동작모드를 갖는 LED 시프터 회로를 설계한다. mode[2 : 0]에 의해 LED 빛이 이동하는 속도(클록 주파수)가 선택되며, mode[3]에 의해 LED 빛의 이동방향(시프팅 방향)이 선택되도록 한다. LED 빛의 시프트 속도를 제어하는 클록 신호 clk_10hz, clk_1hz, clk_05hz는 100Hz의 클록 mclk를 분주하여 생성한다. 100Hz의 마스터 클

록을 1/10 분주하여 clk_10hz(10Hz)를 생성하고, clk_10hz를 1/10 분주하여 clk_1hz(1Hz)를 생성하며, clk_1hz를 1/2 분주하여 clk_05hz(0.5Hz)를 생성한다.

[표 15-13] 여덟 가지 동작모드를 갖는 LED 시프터의 기능

mode[3:0]	동작 모드	클록 주파수
x000	mclk	100Hz
x001	clk_10hz	10Hz
x010	clk_1hz	1Hz
x100	clk_05hz	0.5Hz
0xxx	좌 → 우 시프팅	0.5 ~ 100Hz
1xxx	우 → 좌 시프팅	0.5 ~ 100Hz

❷ Verilog HDL 모델링

led_shifter_8modes 회로는 [코드 15-21]과 같이 5개의 **always** 블록으로 설계한다. 블록-① ~ 블록-③은 [표 15-13]에 정의된 세 가지의 분주 클록신호(clk_10hz, clk_1hz, clk_05hz)를 생성하기 위한 주파수 분주기를 구현한다. 생성되는 분주 클록신호들은 모두 50% duty cycle을 갖도록 설계한다.

- 블록-① : 100Hz의 mclk를 받아 1/10로 분주하여 10Hz의 clk_10hz를 생성한다.
- 블록-② : 블록-①에서 생성된 10Hz의 clk_10hz를 받아 1/10로 분주하여 1Hz의 clk_1hz를 생성한다.
- 블록-③ : 블록-②에서 생성된 1Hz의 clk_1hz를 받아 1/2로 분주하여 0.5Hz의 clk_05hz를 생성한다.
- 블록-④ : LED 시프팅에 사용될 클록신호를 결정하며, mode[2 : 0]을 이용하여 네 가지 클록신호 mclk, clk_10hz, clk_1hz, clk_05hz 중 하나를 선택하여 clk_ledshift를 생성한다.
- 블록-⑤ : 블록-④에서 결정된 클록 clk_ledshift로 LED 빛을 시프팅시키며, 15.1.3절에서 설계된 링 계수기와 동일한 기능을 갖는다. 시프팅 방향을 결정하는 mode[3]을 이용하여 왼쪽 또는 오른쪽 시프팅 기능을 구현한다.

❸ 기능 검증

테스트벤치를 작성하고, 시뮬레이션을 해서 설계된 회로의 동작을 검증한다.

❹ 하드웨어 동작 확인

설계된 회로를 FPGA 실습장비에 구현하여 하드웨어 동작을 확인한다. 실습회로는 [그림 15-22]와 같이 구성되며, [표 15-14]의 디바이스 핀 할당표를 사용한다. 마스터 클록 mclk의 주파수는 100Hz로 설정한다. 버튼 스위치 B를 리셋신호로 사용하고, 버튼 스위치 E, F, G, H를 각각 mode[0], mode[1], mode[2], mode[3] 신호의 입력으로 사용한다. 아무 스위치도 누르지 않은 기본 동작모드에서는 LED 빛이 100Hz의 속도로 왼쪽에서 오른쪽으로 이동한다. 버튼 스위치 E를 누르면 10Hz의 속도로 왼쪽에서 오른쪽으로 이동하며, 버튼 스위치 E와 H를 동시에 누르면 10Hz의 속도로 오른쪽에서 왼쪽으로 이동하는 것을 관찰할 수 있다. [표 15-13]에 나열된 동작모드에 대해 LED 빛의 이동속도와 방향을 관찰하여 설계된 회로의 동작을 확인한다.

코드 15-21 여덟 가지 동작모드를 갖는 LED 시프터 모델링

```
module led_shifter_8modes (input mclk, input rst, input [3:0] mode,
                           output [7:0] led_out);

  reg    [7:0] led_out;
  reg    [2:0] cnt1, cnt2;
  reg          clk_10hz, clk_1hz, clk_05hz, clk_ledshift;

 // 블록-①: 1/10 주파수 분주기
    always @(posedge mclk or posedge rst) begin
    // 100Hz의 mclk를 1/10 분주하여 10Hz의 clk_10hz(50% duty cycle)를 생성한다.
    end

 // 블록-②: 1/10 주파수 분주기
    always @(posedge clk_10hz or posedge rst) begin
     // clk_10hz를 1/10 분주하여 1Hz의 clk_1hz(50% duty cycle)를 생성한다.
    end

 // 블록-③: 1/2 주파수 분주기
    always @(posedge clk_1hz or posedge rst) begin
      // clk_1hz를 1/2 분주하여 0.5Hz의 clk_05hz(50% duty cycle)를 생성한다.
    end

 // 블록-④
    always @(mode or mclk or clk_10hz or clk_1hz or clk_05hz) begin
      // case(mode[2:0])에 의해 네 가지 클록 주파수 mclk, clk_10hz, clk_1hz,
      // clk_05hz 중 하나를 선택하여 clk_ledshift를 생성한다.
    end

 // 블록-⑤: mode[3]에 따른 LED 불빛의 좌우 시프팅 구현
    always @(posedge clk_ledshift or posedge rst) begin
      // 블록-④에서 생성된 clk_ledshift를 받아 LED를 왼쪽 또는 오른쪽으로 시프팅시켜
      // led_out[7:0]을 생성를 생성한다.
    end

endmodule
```

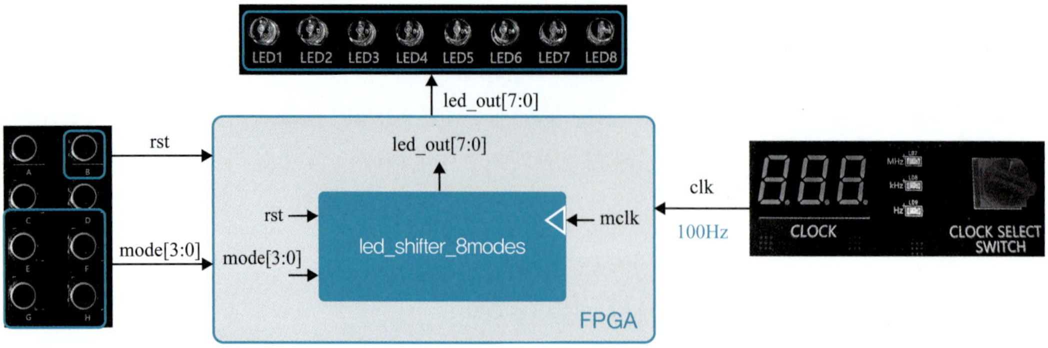

[그림 15-22] 실습회로 구성도

[표 15-14] 디바이스 핀 할당표

구 분	포트 이름	핀 번호	연결 소자
입 력	mclk	B6	Main_Clock (100Hz)
	rst	V7	Button SW_B
	mode[3]	W8	Button SW_H
	mode[2]	AA7	Button SW_G
	mode[1]	AB7	Button SW_F
	mode[0]	W7	Button SW_E
출 력	led_out[7]	U5	LED1
	led_out[6]	V1	LED2
	led_out[5]	V4	LED3
	led_out[4]	V5	LED4
	led_out[3]	W1	LED5
	led_out[2]	W2	LED6
	led_out[1]	W3	LED7
	led_out[0]	Y1	LED8

SECTION 15.4

키패드 스캔 회로 설계

FPGA 실습장비에 부착되어 있는 키패드keypad를 스캔하여 눌러진 키에 해당하는 코드값을 출력하는 회로를 설계한다. 실습장비에 장착되어 있는 4행×3열의 키패드는 4개의 행row 신호와 3개의 열column 신호에 의해 동작하며, 행 또는 열을 스캔하여 어떤 키가 눌러졌는지 판별한다(12.2.3절 참고). 키패드 스캔 회로는 회로에 입력을 인가하는 입력장치로 사용된다.

실습목적 키패드 스캔 회로를 Verilog HDL로 설계하고, FPGA에 구현하여 하드웨어 동작을 확인하는 설계과정을 익힌다.

15.4.1 키패드 스캔 회로 설계

❶ 회로 기능

FPGA 실습장비에 부착되어 있는 키패드를 열 스캔방식으로 스캔하여 12비트의 출력 key_data[11 : 0]을 생성한다. 키패드의 각 열에 순차적으로 1을 인가하면서 키패드에서 입력되는 행의 값을 읽어 어떤 키가 눌러졌는지 판별하는 기능을 설계한다. 설계될 회로는 [그림 15-23]과 같으며, 3비트의 열 스캔신호 key_col[2 : 0]을 생성해서 키패드로 보내고 동시에 키패드로부터 4비트의 key_row[3 : 0]을 받아 key_col과 key_row 값이 동시에 1이 되는 위치의 키가 눌러진 것으로 판단하는 기능을 수행한다. 키패드 스캔 회로는 key_col[2 : 0]을 생성하기 위해 [그림 15-24]의 상태 천이도를 갖는 FSM을 포함한다. FSM은 클록신호에 의해 column1 → column2 → column3 → column1의 상태 천이를 반복하여 001 → 010 → 100 → 001의 key_col[2:0] 신호를 생성한다. [표 15-15]는 key_col 값과 key_row 값에 따른 출력 key_data[11 : 00] 및 이에 대응되는 키패드의 키를 나타낸 것이다.

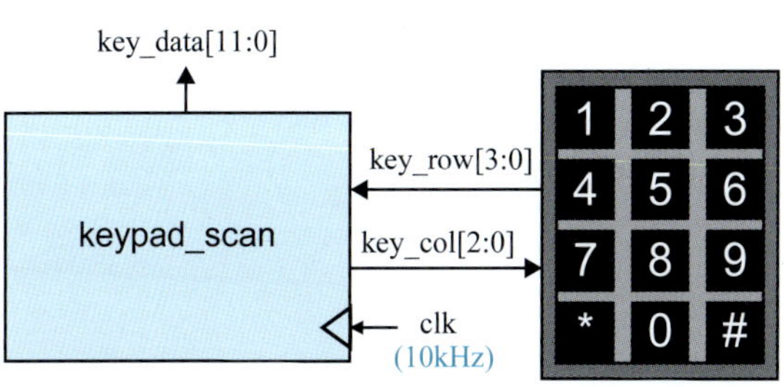

[그림 15-23] 키패드 스캔 회로

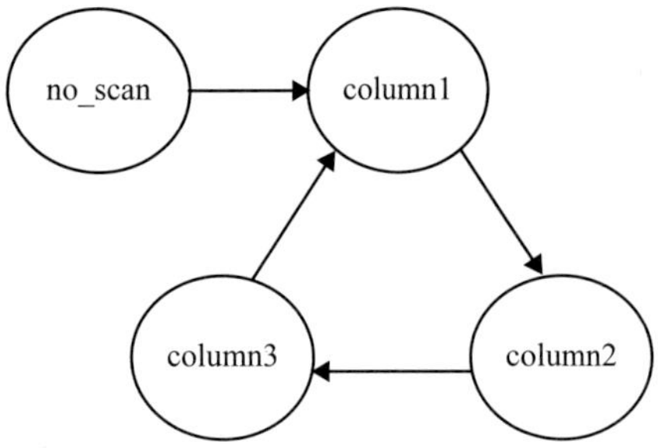

[그림 15-24] key_col 신호를 생성하는 FSM의 상태 천이도

[표 15-15] 키패드 스캔 출력에 따른 키 입력 판별

key_col	key_row	key_data	키 입력
001	0001	0000 0000 0001	1
	0010	0000 0000 1000	4
	0100	0000 0100 0000	7
	1000	0010 0000 0000	*
010	0001	0000 0000 0010	2
	0010	0000 0001 0000	5
	0100	0000 1000 0000	8
	1000	0100 0000 0000	0
100	0001	0000 0000 0100	3
	0010	0000 0010 0000	6
	0100	0001 0000 0000	9
	1000	1000 0000 0000	#

❷ Verilog HDL 모델링

keypad_scan 회로는 [코드 15-22]와 같이 2개의 `always` 블록과 `assign` 문장으로 모델링된다. 블록-①은 [그림 15-24]의 상태 천이도가 갖는 네 가지 상태(no_scan, column1, column2, column3)를 `parameter`로 선언한다. 블록-②(첫 번째 `always` 블록)는 [그림 15-24]의 FSM을 구현한다. FSM이 외부 입력 없이 클록에 의해서 상태 천이가 일어나므로, 현재 상태에 따라 다음 상태가 결정된다. 한편, 키가 눌러진 동안에는 key_col 신호에 의한 스캔 동작이 중단되어야 하므로, key_stop 신호를 이용하여 FSM의 상태 천이가 멈추도록 한다. 블록-③(두 번째 `always` 블록)은 키패드의 각 column에 대해 key_row 값을 조사하고 [표 15-15]에 따라 key_data 값을 결정한다.

코드 15-22 키패드 스캔 회로 모델링

```
module keypad_scan (input clk, input rst, input [3:0] key_row,
                    output [2:0] key_col, output [11:0] key_data);
  reg    [11:0] key_data;
  reg    [2:0]  state;
  wire          key_stop;

// 블록-① : FSM의 상태를 parameter로 선언
   parameter no_scan = 3'b000;
   parameter column1 = 3'b001;
   parameter column2 = 3'b010;
   parameter column3 = 3'b100;

 assign key_stop = | key_row;   // 축약 or 연산자
 assign key_col = state;

// 블록-② : [그림 15-24]의 FSM 구현
   always @(posedge clk or posedge rst) begin
      if (rst) state <= no_scan;
      else begin
         if (!key_stop) begin
              case (state)
                 no_scan  : state <= column1;
                 column1  : state <= column2;
                 column2  : state <= column3;
                 column3  : state <= column1;
                   default: state <= no_scan;
              endcase
         end
      end
   end

// 블록-③ : [표 15-15]에 의한 key_data 출력
  always @(posedge clk or posedge rst) begin
     if (rst)
       key_data <= 12'b0000_0000_0000;
     else begin
       case (state)
         column1 : case (key_row)
                      4'b0001 : key_data <= 12'b0000_0000_0001; // key_1
                      4'b0010 : key_data <= 12'b0000_0000_1000; // key_4
                      4'b0100 : key_data <= 12'b0000_0100_0000; // key_7
                      4'b1000 : key_data <= 12'b0010_0000_0000; // key_*
                       default: key_data <= 12'b0000_0000_0000;
                   endcase
```

```
        column2 : case (key_row)
        // key_2, key_5, key_8, key_0에 해당하는 key_data를 생성하도록 완성한다.
                endcase
        column3 : case (key_row)
        // key_3, key_6, key_9, key_#에 해당하는 key_data를 생성하도록 완성한다.
                endcase
          default : key_data <= 12'b0000_0000_0000;
      endcase
    end
  end

endmodule
```

❸ 기능 시뮬레이션

설계된 회로의 동작을 확인하기 위하여 [코드 15-23]의 테스트벤치를 이용해 시뮬레이션을 수행한다. [그림 15-25]는 시뮬레이션 결과이며, key_col과 key_row의 값에 따라 [표 15-15]와 동일한 key_data(16진수로 표시됨)가 출력됨을 확인할 수 있다.

코드 15-23 키패드 스캔 회로의 시뮬레이션 테스트벤치

```
module tb_keypad_scan ( );
  reg             clk, rst;
  reg   [3:0]    key_row;
  wire  [2:0]    key_col;
  wire  [11:0]   key_data;

keypad_scan U0 (.clk(clk), .rst(rst), .key_row(key_row),
                .key_col(key_col), .key_data(key_data));

initial begin
        clk = 0;        rst = 0;
    #5  rst = 1;   #10  rst = 0;
end

always #10 clk = ~clk;

initial begin
    #30;
    repeat (3) begin
           key_row = 4'b0000;
      #20 key_row = 4'b0001;
      #20;
    end
```

```
    repeat (3) begin
         key_row = 4'b0000;
      #20 key_row = 4'b0010;
      #20;
    end
    repeat (3) begin
         key_row = 4'b0000;
      #20 key_row = 4'b0100;
      #20;
    end
    repeat (3) begin
         key_row = 4'b0000;
      #20 key_row = 4'b1000;
      #20;
    end
end
endmodule
```

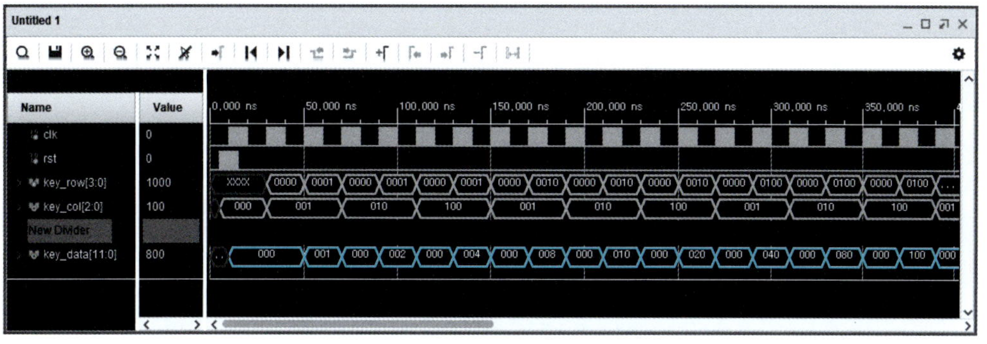

[그림 15-25] 키패드 스캔 회로의 시뮬레이션 결과 (key_data는 16진수로 표시됨)

❹ 하드웨어 동작 확인

설계된 키패드 스캔 회로를 FPGA 실습장비에 구현하여 하드웨어 동작을 확인한다. 실습회로는 [그림 15-26]과 같이 구성되며, [표 15-16]의 디바이스 핀 할당표를 사용한다. 실습장비에 LED가 8개만 장착되어 있으므로, key1 ~ key8만 LED에 연결하여 동작을 확인하는 실습을 진행한다(나머지 key9, key0, key*, key#은 확인하지 않는다.). 키패드의 키를 누르면 대응되는 LED가 ON되는 것을 통해 설계된 회로의 동작을 확인한다. 실습장비의 메인 클록을 주파수 10kHz로 설정한다.

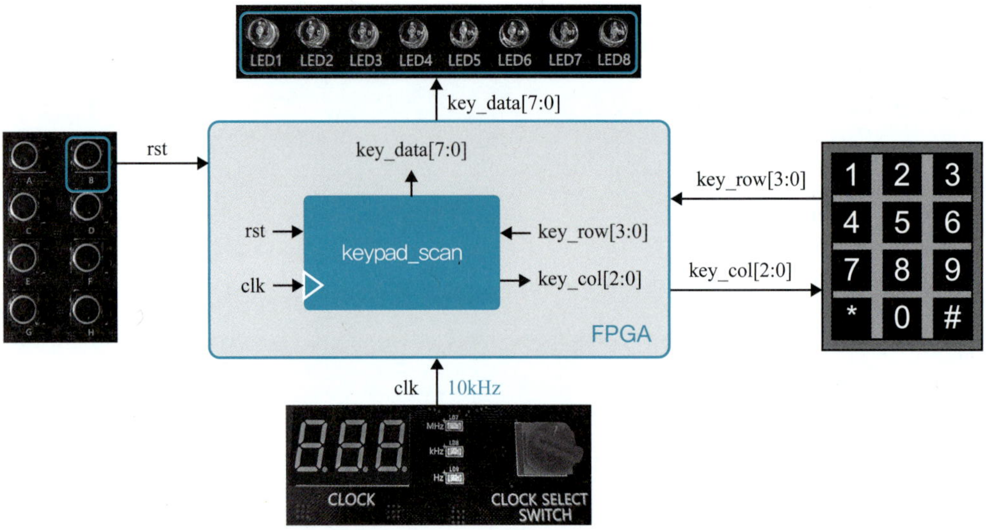

[그림 15-26] 키패드 실습회로 구성도

[표 15-16] 디바이스 핀 할당표

구 분	포트 이름	핀 번호	연결 소자
입 력	clk	B6	Main_Clock (10kHz)
	rst	V7	Button SW_B
	key_row[3]	AB10	key_R3
	key_row[2]	AA10	key_R2
	key_row[1]	AB9	key_R1
	key_row[0]	AA9	key_R0
출 력	key_col[2]	Y8	key_C2
	key_col[1]	AA8	key_C1
	key_col[0]	V8	key_C0
	key_data[7]	U5	LED1
	key_data[6]	V1	LED2
	key_data[5]	V4	LED3
	key_data[4]	V5	LED4
	key_data[3]	W1	LED5
	key_data[2]	W2	LED6
	key_data[1]	W3	LED7
	key_data[0]	Y1	LED8
	key_data[8]	–	No Connection
	key_data[9]	–	No Connection
	key_data[10]	–	No Connection
	key_data[11]	–	No Connection

15.4.2 설계 실습 과제

1 키 값의 FND 디스플레이 회로 설계

❶ 회로 기능

FPGA 실습장비의 키패드 키를 누르면 해당 숫자가 FND에 표시되도록 [그림 15-27]의 회로를 설계한다. 키패드의 0~9 키를 누르면 해당 숫자가 FND에 표시되며, * 키와 # 키는 각각 문자 'A'와 문자 'b'로 표시되도록 한다. 15.4.1절에서 설계된 keypad_scan 회로의 출력 key_data[11 : 0]을 FND 표시 형식으로 변환하는 함수 fnd_dis를 만들어 사용한다.

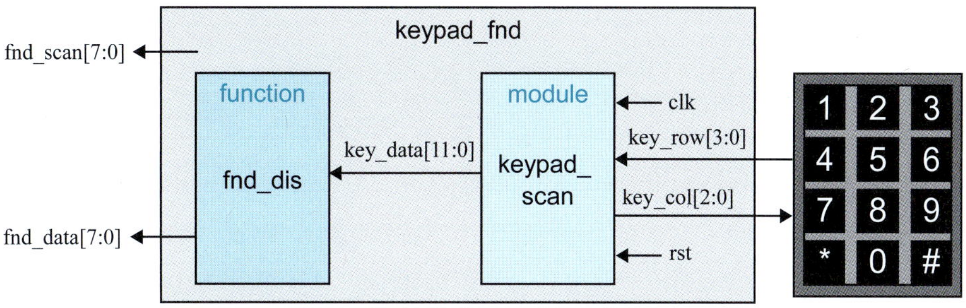

[그림 15-27] keypad_fnd 회로

❷ Verilog HDL 모델링

[그림 15-27]의 회로를 [코드 15-24]와 같이 설계한다. keypad_scan 회로([코드 15-22])의 출력 key_data[11 : 0]을 FND 디스플레이 형식으로 변환하는 함수 fnd_dis를 [코드 15-25]로 만들고, [코드 15-24]에서 이를 호출하여 사용한다.

코드 15-24 키 값의 FND 디스플레이 회로 모델링

```
module keypad_fnd (input clk, input rst, input [3:0] key_row,
                   output [2:0] key_col, output [7:0] fnd_scan,
                   output [7:0] fnd_data);

  wire   [11:0]  key_data;

  // 컴파일러 지시어를 사용해서 함수 파일 fnd_dis.v를 include시킨다.

  // [코드 15-22]에서 설계된 keypad_scan 모듈을 인스턴스한다.

  // 함수 fnd_dis를 호출하여 key_data를 fnd_data로 변환한다.

  assign fnd_scan = 8'b1111_1110;

endmodule
```

코드 15-25 함수 fnd_dis 모델링

```
function [7:0]  fnd_dis;
   input [11:0] key_data;
begin
   case (key_data)

 // 12비트의 key_data를 FND 표시형식으로 변환한다. (*:A, #:b)

   endcase
end
endfunction
```

❸ 기능 검증

테스트벤치를 작성하고, 시뮬레이션을 해서 설계된 회로의 동작을 검증한다.

❹ 하드웨어 동작 확인

설계된 회로를 FPGA 실습장비에 구현하여 하드웨어 동작을 확인한다. 실습회로는 [그림 15-28]과 같이 구성되며, [표 15-17]의 디바이스 핀 할당표를 사용한다. 키패드의 키를 누르면 FND에 표시되는 값을 통해 동작을 확인한다.

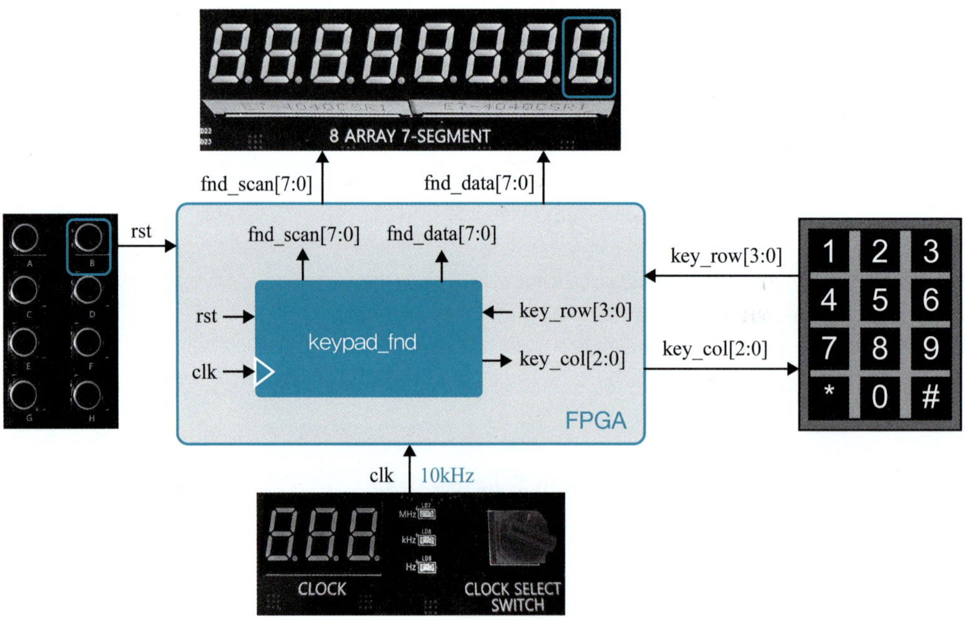

[그림 15-28] 실습회로 구성도

[표 15-17] 디바이스 핀 할당표

구 분	포트 이름	핀 번호	연결 소자
입 력	clk	B6	Main_Clock (10kHz)
	rst	V7	Button SW_B
	key_row[3]	AB10	key_R3
	key_row[2]	AA10	key_R2
	key_row[1]	AB9	key_R1
	key_row[0]	AA9	key_R0
출 력	key_col[2]	Y8	key_C2
	key_col[1]	AA8	key_C1
	key_col[0]	V8	key_C0
	fnd_data[7]	M3	SEG_H
	fnd_data[6]	M4	SEG_G
	fnd_data[5]	M5	SEG_F
	fnd_data[4]	N1	SEG_E
	fnd_data[3]	N3	SEG_D
	fnd_data[2]	N4	SEG_C
	fnd_data[1]	N5	SEG_B
	fnd_data[0]	P1	SEG_A
	fnd_scan[7]	T2	fnd_scan7
	fnd_scan[6]	T1	fnd_scan6
	fnd_scan[5]	R5	fnd_scan5
	fnd_scan[4]	R4	fnd_scan4
	fnd_scan[3]	R3	fnd_scan3
	fnd_scan[2]	R2	fnd_scan2
	fnd_scan[1]	P3	fnd_scan1
	fnd_scan[0]	P2	fnd_scan0

SECTION 15.5 Piezo 응용회로 설계

FPGA 실습장비에는 오디오 주파수대의 신호를 인가하면 해당 주파수의 소리를 출력하는 장치인 Piezo가 장착되어 있다. Piezo 디바이스를 구동해서 여러 가지 소리를 발생시키는 응용회로를 설계한다. Piezo 장치에 관한 내용은 12.2.9절을 참고한다.

(실습목적) Piezo를 이용한 응용회로를 Verilog HDL로 설계하고, FPGA 디바이스에 구현하여 하드웨어 동작을 확인하는 설계과정을 익힌다.

15.5.1 Piezo를 이용한 beep 발생기 설계

❶ 회로 기능

Piezo 장치에 신호를 인가해서 beep 음(삐~ 소리) 발생과 묵음 동작이 반복되는 회로를 설계한다. beep 음 발생과 묵음 간격을 0.1초~0.9초 범위에서 0.1초 단위로 설정할 수 있도록 하며, 1kHz의 클록신호를 받아 동작하도록 설계한다.

❷ Verilog HDL 모델링

[코드 15-26]에서 첫 번째 `always` 구문은 1kHz의 클록신호를 받아 duty cycle 50%인 10Hz의 분주 클록 clk_10hz를 생성한다. 두 번째 `always` 구문은 10Hz의 분주 클록 clk_10hz에 의해 0.1초마다 pwm_cnt를 1씩 증가시키는 10진 계수기를 구현한다. `parameter` 문에 의해 beep 음 발생기간 beep_period는 1~9 범위의 정수로 설정되며, beep_period 값에 따라 (beep_period×0.1)초 동안 beep 음 발생, (10−beep_period)×0.1초 동안 묵음 동작이 결정된다. `assign` 문에 의해 pwm_cnt < beep_period인 기간 동안 1kHz의 신호가 Piezo 장치에 인가되어 beep 음이 발생된다.

코드 15-26 beep 음 발생기 회로 모델링

```
module piezo_beep (input clk, input rst,
                   output piezo_out );
  reg         clk_10hz;
  reg  [5:0]  cnt_10hz;
  reg  [3:0]  pwm_cnt;
  parameter  beep_period = 5;      // 0 < beep_period < 10

  always @(posedge clk or posedge rst) begin  // 1 khz ⟶ 10 hz 분주 클록 생성
    if (rst) begin
       cnt_10hz <= 0;
       clk_10hz <= 0;
    end
    else begin
      if (cnt_10hz == 49) begin   // 50×2=100 for 10 Hz (0.1 sec)
         cnt_10hz <= 0;
         clk_10hz <= ~clk_10hz;
      end
      else  cnt_10hz <= cnt_10hz + 1;
    end
  end

   always @(posedge clk_10hz or posedge rst) begin
     if (rst)  pwm_cnt <= 0;
     else begin
        if (pwm_cnt >= 9)  pwm_cnt <= 0;      // 10 클록 (0.1 sec x 10=1 sec)
        else               pwm_cnt <= pwm_cnt + 1;
     end
   end
// 반복 : (beep_period x 0.1)초 '삐' ⟷ (10-beep_period)x0.1초 묵음
   assign beep_on = (pwm_cnt < beep_period) ? 1 : 0;
   assign piezo_out = beep_on & clk;

endmodule
```

❸ 기능 시뮬레이션

설계된 회로의 동작을 확인하기 위하여 [코드 15-27]의 테스트벤치로 기능 시뮬레이션을 한다. [그림 15-29]는 beep_period=5인 경우의 시뮬레이션 결과이다. parameter 문으로 설정된 beep_period=5에 의해 pwm_cnt < 5인 기간 동안 1kHz의 신호가 piezo_out으로 출력되는 동작을 확인할 수 있다.

코드 15-27 beep 음 발생기의 시뮬레이션 테스트벤치

```
module tb_piezo_beep ( );
   reg    clk, rst;
   wire   piezo_out;

   piezo_beep U0 (.clk(clk), .rst(rst), .piezo_out(piezo_out));

   initial begin
            clk = 0;         rst = 1'b0;
      #5    rst = 1'b1;  #10 rst = 1'b0;
      #500  $finish;
   end

   always
      #10 clk  = ~clk;

endmodule
```

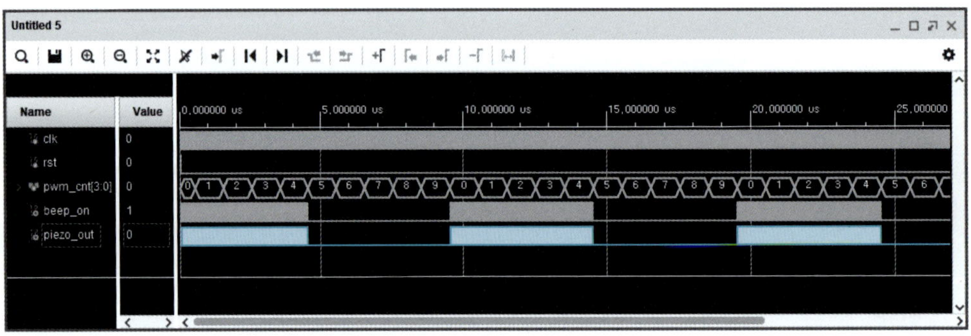

[그림 15-29] beep 음 발생기의 시뮬레이션 결과 (beep_period=5인 경우)

❹ 하드웨어 동작 확인

설계된 piezo_beep 회로를 FPGA 실습장비에 구현하여 하드웨어 동작을 확인한다. 실습회로는 [그림 15-30]과 같이 구성되며, [표 15-18]의 디바이스 핀 할당표를 사용한다. 실습장비의 메인 클록을 주파수 1kHz로 설정한다. [코드 15-26]에서 beep_period=5로 설정된 경우에 0.5초 간격으로 '삐' 소리와 묵음이 반복되는 동작을 확인하며, 또한 `parameter` 문의 beep_period 값을 변경하여 회로의 동작도 확인해 본다.

NOTE FPGA 실습장비의 Piezo 장치 우측에 스위치를 ON 상태로 해야 소리가 발생된다.

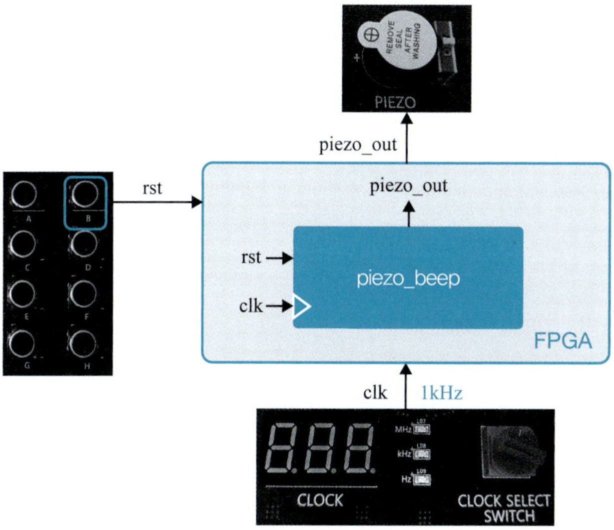

[그림 15-30] 실습회로 구성도

[표 15-18] 디바이스 핀 할당표

구 분	포트 이름	핀 번호	연결 소자
입 력	clk	B6	Main Clock (1kHz)
	rst	V7	Button SW_B
출 력	piezo_out	W4	Piezo

15.5.2 설계 실습 과제

1 네 가지 동작모드를 갖는 beep 발생기 설계

❶ 회로 기능

15.5.1절에서 설계된 piezo_beep 회로를 응용해서 [표 15-19]와 같이 네 가지 beep 음을 발생시키는 회로를 설계한다. FPGA 실습장비의 버튼 스위치(SW_A, SW_C, SW_E, SW_G)를 입력받아 beep 음 발생과 묵음 기간이 [표 15-19]와 같이 결정되도록 하며, 회로는 1kHz의 클록신호를 받아 동작하도록 설계한다.

[표 15-19] 네 가지 동작모드를 갖는 beep 음 발생기의 동작

버튼 스위치	mode[3:0]	동 작
SW_A	0001	beep 음 0.1초 → 0.9초 묵음 (반복)
SW_C	0010	beep 음 0.4초 → 0.6초 묵음 (반복)
SW_E	0100	beep 음 0.7초 → 0.3초 묵음 (반복)
SW_G	1000	beep 음 0.9초 → 0.1초 묵음 (반복)

❷ Verilog HDL 모델링

버튼 스위치 입력 mode[3:0]에 따라 beep 음 발생 기간이 달라지므로, mode[3:0]에 따라 beep_period 값을 결정하는 **always** 구문이 추가되는 점 이외에는 기본적으로 [코드 15-26]과 동일한 구성을 가지며, [코드 15-28]과 같이 모델링한다.

코드 15-28 네 가지 동작모드를 갖는 beep 음 발생기 회로 모델링

```
module beep_4modes (input clk, input rst, input [3:0] mode,
                    output piezo_out );
   reg        clk_10hz;
   reg  [5:0] cnt_10hz;
   reg  [3:0] pwm_cnt, beep_period;

   // 1 khz의 클록신호 clk를 10hz의 clk_10hz로 분주한다. (duty cycle: 50%)

   // clk_10hz로 동작하는 10진 계수기 pwm_cnt를 모델링한다.

   // mode[3:0]에 따른 beep_period 값을 결정하는 기능을 always 구문으로 모델링한다.
     ([표 15-19] 참조)

  // 반복: (beep_period x 0.1)초 '삐' ←→ (10-beep_period)x0.1초 묵음

   //  assign 문을 사용해서 beep_on, piezo_out 신호를 생성한다.

endmodule
```

❸ 하드웨어 동작 확인

설계된 beep_4modes 회로를 FPGA 실습장비에 구현하여 하드웨어 동작을 확인한다. 실습회로는 [그림 15-31]과 같이 구성되며, [표 15-20]의 디바이스 핀 할당표를 사용한다. 실습장비의 메인 클록을 주파수 1kHz로 설정한다. 버튼 스위치 SW_A, SW_C, SW_E, SW_G를 누름에 따라 [표 15-19]에 명시된 대로 beep 음 발생과 묵음 동작이 반복됨을 확인한다.

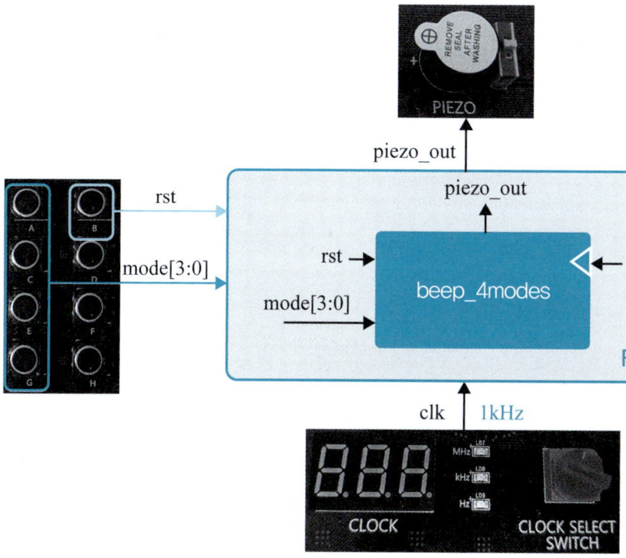

[그림 15-31] 실습회로 구성도

[표 15-20] 디바이스 핀 할당표

구 분	포트 이름	핀 번호	연결 소자
입 력	clk	B6	Main_Clock (1kHz)
	rst	V7	Button SW_B
	mode[3]	AA7	Button SW_G
	mode[2]	W7	Button SW_E
	mode[1]	AB6	Button SW_C
	mode[0]	Y6	Button SW_A
출 력	piezo_out	W4	Piezo

2 piezo를 이용한 1옥타브 피아노 회로 설계

❶ 회로 기능

실습장비에 있는 키패드의 key1 ~ key8을 누르면 각각 도, 레, 미, 파, 솔, 라, 시, 도의 소리를 발생하는 1옥타브 피아노 회로를 설계한다. [표 15-21]의 4 옥타브 음계의 표준 주파수를 적용한다. 예를 들어, 261Hz의 신호를 Piezo에 인가하면 4 옥타브 C(도) 음의 소리가 발생하고, 293Hz의 신호를 인가하면 4 옥타브 D(레) 음의 소리가 발생하도록 한다. 5 옥타브 음계의 주파수는 4 옥타브 음계 주파수의 2배이다.

[표 15-21] 옥타브와 음계의 표준 주파수 [단위: Hz]

옥타브	C (도)	D (레)	E (미)	F (파)	G (솔)	A (라)	B (시)
4	261.6256	293.6648	329.6276	349.2282	391.9954	440.000	493.8833
5	523.2511	587.3295	659.2551	698.4565	783.9909	880.000	987.7666

❷ Verilog HDL 모델링

[코드 15-29]와 같이 keypad_scan 모듈([코드 15-22])과 piezo_tone 모듈([코드 15-30])의 인스턴스로 설계한다. piezo_tone 회로는 500kHz의 클록신호를 받아서 [표 15-21]의 4 옥타브 음계(도, 레, 미, 파, 솔, 라, 시, 도)의 소리를 발생시키는 주파수 신호를 생성한다. 이를 위해서는 500kHz의 클록신호를 [표 15-21]에 나열된 4 옥타브 음계의 주파수로 변환하는 주파수 분주기가 사용된다. [코드 15-30]에서 `parameter` 선언부분은 주파수 분주기에 사용되는 계수기의 상한값을 정의한다. 예를 들어, parameter C_tone = 956은 500kHz를 duty cycle 50%인 261Hz로 분주하는 주파수 분주기의 계수기 상한값으로 사용되며, 500kHz ÷ (957 × 2) = 261Hz의 수식으로 계산된다.

첫 번째 `always` 구문은 키패드 모듈에서 들어오는 12비트의 key_in 신호 중, 하위 8비트 key_in[7:0]에 따라 주파수 분주기의 계수기 상한값 piezo_cnt를 결정한다. 두 번째 `always` 구문은 첫 번째 `always` 구문에서 결정된 계수기 상한값 piezo_cnt를 적용한 주파수 분주기를 구현하며, Piezo로 인가되는 대칭 분주 신호 piezo_freq를 생성한다.

코드 15-29 piezo_piano 모듈 모델링

```
module piezo_piano (input clk, input rst, input [3:0] key_row,
                    output [2:0] key_col, output piezo_out);

  wire   [11:0] key_data;

 // [코드 15-22]의 keypad_scan 모듈을 인스턴스한다. (이름에 의한 포트 매핑 적용)

 // [코드 15-30]의 piezo_tone 모듈을 인스턴스한다. (이름에 의한 포트 매핑 적용)

endmodule
```

코드 15-30 piezo_tone 회로 모델링

```
module piezo_tone (input clk, input rst, input [7:0] key_in,
                  output piezo_freq);

// tone 주파수 생성을 위한 분주기 계수값 설정 (clk = 500kHz의 경우)
   parameter C_tone = 956;  // 도(261Hz) : [press key_1]
   parameter D_tone = 851;  // 레(293Hz) : [press key_2]
   parameter E_tone = 758;  // 미(329Hz) : [press key_3]
   parameter F_tone = 716;  // 파(348Hz) : [press key_4]
   parameter G_tone = 638;  // 솔(391Hz) : [press key_5]
   parameter A_tone = 568;  // 라(440Hz) : [press key_6]
   parameter B_tone = 506;  // 시(493Hz) : [press key_7]

   reg  [9:0]   piezo_cnt;
   reg          piezo_freq;
   reg  [9:0]   cnt;

  always @(key_in) begin

 //  key_in 입력에 따라 주파수 분주기의 계수기 상한값 piezo_cnt를 결정한다.
 //  (case 구문과 정의된 parameter 이름 C_tone, D_tone, ... 사용)

  end
  always @(posedge clk or posedge rst) begin
     if (rst) begin
           cnt <= 0;
           piezo_freq <= 0;
     end
     else begin

 // piezo로 인가되는 신호 piezo_freq를 생성하는 주파수 분주기 (대칭 분주 신호 생성)

     end
  end
endmodule
```

❸ 하드웨어 동작 확인

설계된 piezo_piano 회로를 FPGA 실습장비에 구현하여 하드웨어 동작을 확인한다. 실습회로는 [그림 15-32]와 같이 구성되며, [표 15-22]의 디바이스 핀 할당표를 사용한다. 실습장비의 메인 클록을 주파수 500kHz로 설정한다. keypad의 key1~key8을 누르면서 도, 레, 미, 파, 솔, 라, 시, 도의 소리가 나는 것을 확인한다.

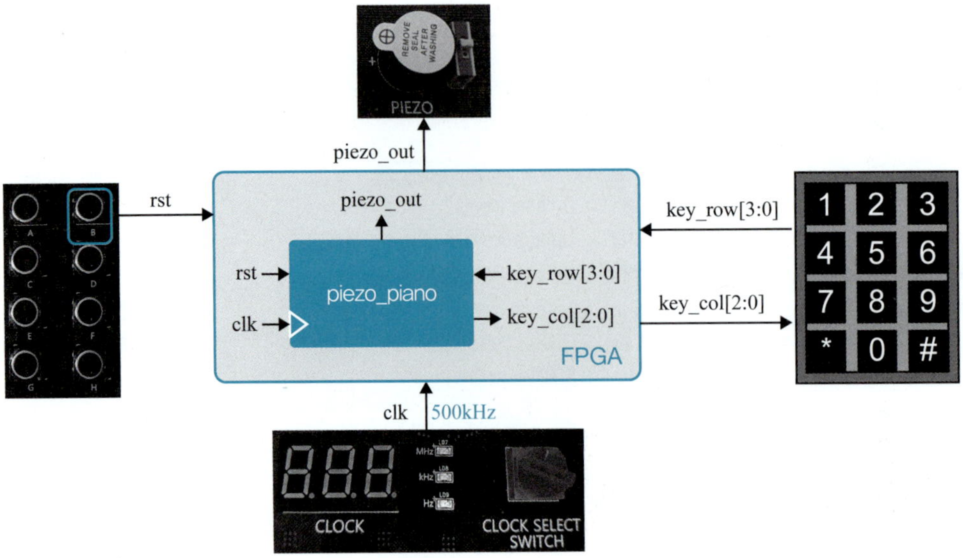

[그림 15-32] 실습회로 구성도

[표 15-22] 디바이스 핀 할당표

구 분	포트 이름	핀 번호	연결 소자
입 력	clk	B6	Main_Clock (500kHz)
	rst	V7	Button SW_B
	key_row[3]	AB10	key_R3
	key_row[2]	AA10	key_R2
	key_row[1]	AB9	key_R1
	key_row[0]	AA9	key_R0
출 력	key_col[2]	Y8	key_C2
	key_col[1]	AA8	key_C1
	key_col[0]	V8	key_C0
	piezo_out	W4	Piezo

SECTION 15.6 스텝 모터 구동회로 설계

FPGA 실습장비에 탑재되어 있는 스텝 모터는 4비트의 신호(A, B, /A, /B)에 의해 동작하며, 인가되는 신호의 주파수에 따라 모터의 회전속도를 제어할 수 있다.

실습목적 스텝 모터 구동회로를 Verilog HDL로 설계하고, FPGA 디바이스에 구현하여 하드웨어 동작을 확인하는 설계과정을 익힌다.

15.6.1 스텝 모터의 2상 여자 방식 구동회로 설계

❶ 회로 기능

실습장비에 장착되어 있는 스텝 모터를 2상 여자 방식으로 구동하여 회전시키며, 모터 옆에 부착된 자기센서magnetic sensor를 통해 모터의 회전수를 계수하고, 모터가 5회전 하면 회전 방향을 반대로 바꾸어 회전하도록 설계한다. 1kHz의 클록신호를 받아 동작하도록 설계하며, 스텝 모터의 구동신호 형식은 12.2.10절을 참고하기 바란다.

❷ Verilog HDL 모델링

[코드 15-31]에서 첫 번째 `always` 구문은 1kHz의 클록신호를 1/20로 대칭 분주해서 50Hz의 분주 클록 clk_50hz를 만들어 모터 구동신호를 생성한다. 분주 클록 clk_50hz로 동작하는 두 번째 `always` 구문은 2상 여자 방식의 스텝 모터 구동신호 motor_data[3:0]={StepM_A, StepM_B, StepM_Abar, StepM_Bbar}를 생성한다. 12.2.10절의 [그림 12-19(b)]를 참고하면, 2상 여자 방식의 모터 구동신호는 1주기가 4 스텝으로 구성되므로, 모터 구동신호를 순차적으로 출력하기 위해 0에서 3까지 계수하는 계수기 cnt_step을 case 구문에 사용해서 4 스텝의 motor_data 신호를 생성한다. 모터에 인가되는 구동 데이터의 순서를 반대로 인가하면 스텝 모터가 반대 방향으로 회전하므로, mode 신호에 따라 모터의 회전 방향이 반대가 되도록 모터 구동신호 motor_data를 생성한다. 세 번째 `always` 구문은 스텝 모터의 회전수를 계수해서 모터의 회전 방향을 결정하는 mode 신호를 생성한다. 모터가 1회전 할 때마다 자기센서에서 출력되는 펄스를 계수기의 클록신호로 사용한다. 자기센서로부터 입력되는 mag_sen 신호를 FPGA 디바이스 내부의 버퍼 게이트 IBUFG로 버퍼링한 후 계수기의 클록 mag_sen_buf로 사용한다.

코드 15-31 스텝 모터의 2상 여자 방식 구동회로 모델링

```
module motor_drive (input clk, input rst, input mag_sen,
                    output [3:0] motor_data);
  reg     [1:0] cnt_step;
  reg     [3:0] cnt_d, cnt_turn, motor_data;
  reg           clk_50hz, mode;

   always @(posedge clk or posedge rst) begin

  // 모터 회전속도 제어를 위해 1kHz 클록 clk를 1/20로 대칭 분주하여
  // 50Hz의 분주 클록 clk_50hz를 생성 (계수기: cnt_d)

   end

  always @(posedge clk_50hz or posedge rst) begin
   if (rst) begin
     cnt_step <= 2'b00;
     motor_data <= 4'b0000;
   end
   else begin
      if (!mode) begin       // mode에 따른 모터 회전 방향 제어

 // cnt_step에 따른 모터 구동신호 motor_data 생성 (case 구문 사용)
 // 반시계 방향 회전

      end
      else begin

 // cnt_step에 따른 모터 구동신호 motor_data 생성 (case 구문 사용)
 // 시계 방향 회전

      end
      cnt_step <= cnt_step + 1;
   end
  end
// 자기센서를 통해 모터의 회전을 계수하여 회전 방향을 결정
// 자기센서 출력신호(mag_sen)를 IBUFG로 버퍼링하여 mag_sen_buf를 계수기의 클록으로 사용
  IBUFG U0 (.I(mag_sen), .O(mag_sen_buf));

  always @(posedge mag_sen_buf or posedge rst) begin

 // 모터의 5회전을 cnt_turn으로 계수하여 회전 방향을 반대로 바꾸는 기능을 모델링

   end
endmodule
```

❸ 하드웨어 동작 확인

설계된 motor_drive 회로를 FPGA 실습장비에 구현하여 하드웨어 동작을 확인한다. 실습회로는 [그림 15-33]과 같이 구성되며, [표 15-23]의 디바이스 핀 할당표를 사용한다. 실습장비의 메인 클록을 주파수 1kHz로 설정하고 동작시키면 모터가 5회전 할 때마다 반대 방향으로 회전하는 것을 확인할 수 있다.

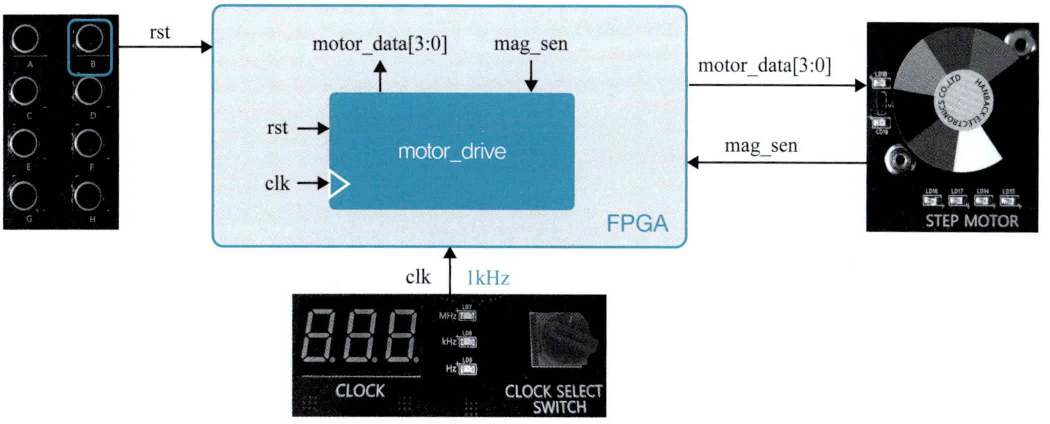

[그림 15-33] 실습회로 구성도

[표 15-23] 디바이스 핀 할당표

구 분	포트 이름	핀 번호	연결 소자
입 력	clk	B6	Main_Clock (1kHz)
	rst	V7	Button SW_B
	mag_sen	Y3	Step Motor
출 력	motor_data[3]	AB2	Step Motor
	motor_data[2]	AA3	
	motor_data[1]	AA2	
	motor_data[0]	AA1	

15.6.2 설계 실습 과제

1 모터 회전수 FND 표시 회로 설계

❶ 회로 기능

스텝 모터를 구동하고 회전수를 FND에 16진수로 표시하는 회로를 설계한다. 모터의 회전수를 FND 디스플레이 형식으로 변환하기 위해 함수 fnd_dis를 만들어 사용한다. 1kHz의 클록신호를 받아 동작하도록 설계하며, 스텝 모터의 구동신호 형식은 12.2.10절을 참고하기 바란다.

❷ Verilog HDL 모델링

[코드 15-31]의 스텝 모터 구동회로를 기반으로 모터의 회전수를 FND에 디스플레이하는 기능을 추가해서 [코드 15-32]와 같이 설계한다. 모터의 회전수 cnt_turn[3:0]을 FND 디스플레이 형식으로 변환하는 함수 fnd_dis를 [코드 15-33]으로 모델링하고, [코드 15-32]에서 이를 호출해서 사용한다.

코드 15-32 모터 회전수 FND 표시 회로 모델링

```
module motor_turn_fnd (input clk, input rst, input mag_sen,
                       output [3:0] motor_data, output [7:0] fnd_data,
                       output [7:0] fnd_scan);
   reg    [1:0] cnt_step;
   reg    [3:0] cnt_d, cnt_turn, motor_data;
   reg          clk_50hz, mode;

  // 컴파일러 지시어를 사용해서 함수 파일 fnd_dis.v를 include시킨다.

  // [코드 15-31]을 참고해서 모터 구동회로를 모델링한다.
  // 모터가 16회전 후 반대 방향으로 회전하도록 모델링한다.

  // 함수 fnd_disp를 호출하여 모터 회전수 cnt_turn을 fnd_data로 변환한다.

  assign fnd_scan = 8'b1111_1110;

endmodule
```

코드 15-33 함수 fnd_disp 모델링

```
function [7:0]  fnd_disp;
   input [3:0] cnt_turn;
begin
   case (cnt_turn)

  // 4비트의 cnt_turn을 FND 표시형식으로 변환한다. (*:A, #:b)

   endcase
end
endfunction
```

❸ 기능 검증

테스트벤치를 작성하고, 시뮬레이션을 해서 설계된 회로의 동작을 검증한다.

❹ 하드웨어 동작 확인

설계된 회로를 FPGA 실습장비에 구현하여 하드웨어 동작을 확인한다. 실습회로는 [그림 15-34]와 같이 구성되며, [표 15-24]의 디바이스 핀 할당표를 사용한다. 모터가 회전되면서 FND에 회전수가 표시되는 동작을 확인한다.

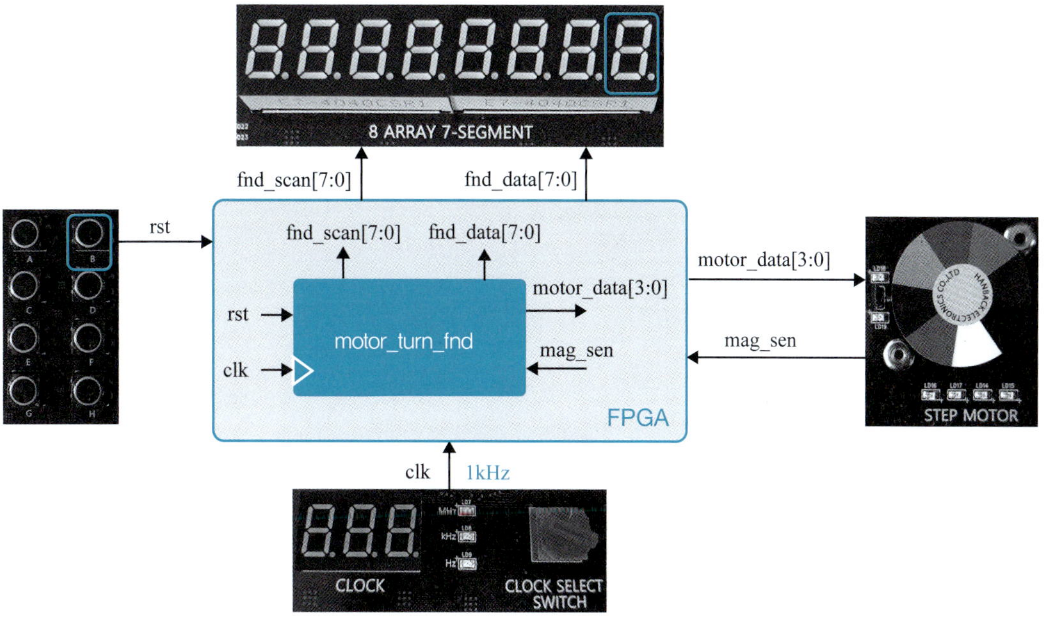

[그림 15-34] 실습회로 구성도

[표 15-24] 디바이스 핀 할당표 (계속)

구 분	포트 이름	핀 번호	연결 소자
입 력	clk	B6	Main_Clock (1kHz)
	rst	V7	Button SW_B
	mag_sen	Y3	Step Motor

[표 15-24] 디바이스 핀 할당표

구 분	포트 이름	핀 번호	연결 소자
출 력	motor_data[3]	AB2	Step Motor
	motor_data[2]	AA3	
	motor_data[1]	AA2	
	motor_data[0]	AA1	
	fnd_data[7]	M3	SEG_H
	fnd_data[6]	M4	SEG_G
	fnd_data[5]	M5	SEG_F
	fnd_data[4]	N1	SEG_E
	fnd_data[3]	N3	SEG_D
	fnd_data[2]	N4	SEG_C
	fnd_data[1]	N5	SEG_B
	fnd_data[0]	P1	SEG_A
	fnd_scan[7]	T2	fnd_scan7
	fnd_scan[6]	T1	fnd_scan6
	fnd_scan[5]	R5	fnd_scan5
	fnd_scan[4]	R4	fnd_scan4
	fnd_scan[3]	R3	fnd_scan3
	fnd_scan[2]	R2	fnd_scan2
	fnd_scan[1]	P3	fnd_scan1
	fnd_scan[0]	P2	fnd_scan0

2 모터 회전수 FND 표시 및 1회전마다 beep 음 발생 회로 설계

❶ 회로 기능

스텝 모터를 구동하여 회전수를 FND에 16진수로 표시하고, 1회전마다 beep 음을 발생하는 회로를 설계한다. 스텝 모터가 1회전 할 때마다 발생되는 mag_sen 신호의 펄스폭이 1msec(1kHz 클록의 1주기)보다 크다는 점을 이용해서 설계한다. 1kHz의 클록신호를 받아 동작하도록 설계한다.

❷ Verilog HDL 모델링

[코드 15-32]의 스텝 모터 구동회로 모델링을 기반으로 모터 1회전마다 발생되는 mag_sen 신호와 1kHz의 클록신호를 AND해서 beep 음이 발생되도록 [코드 15-34]와 같이 설계한다.

코드 15-34 모터 회전수 FND 표시 및 1회전마다 beep 음 발생 회로 모델링

```
module motor_turn_fnd_beep (input clk, input rst, input mag_sen,
                            output piezo_out, output [3:0] motor_data,
                            output [7:0] fnd_data, output [7:0] fnd_scan);
    reg  [1:0] cnt_step;
    reg  [3:0] cnt_d, cnt_turn, motor_data;
    reg        clk_50hz, mode;

  // motor_turn_fnd 모듈의 소스코드를 입력한다.

  // mag_sen_buf와 clk를 AND하여 piezo_out 신호를 생성한다.

  endmodule
```

❸ 기능 검증

테스트벤치를 작성하고, 시뮬레이션을 해서 설계된 회로의 동작을 검증한다.

❹ 하드웨어 동작 확인

설계된 회로를 FPGA 실습장비에 구현하여 하드웨어 동작을 확인한다. 실습회로는 [그림 15-35]와 같이 구성되며, [표 15-25]의 디바이스 핀 할당표를 사용한다. 모터가 회전되면서 FND에 회전수가 표시되고, 1회전마다 beep 음이 발생되는 동작을 확인한다.

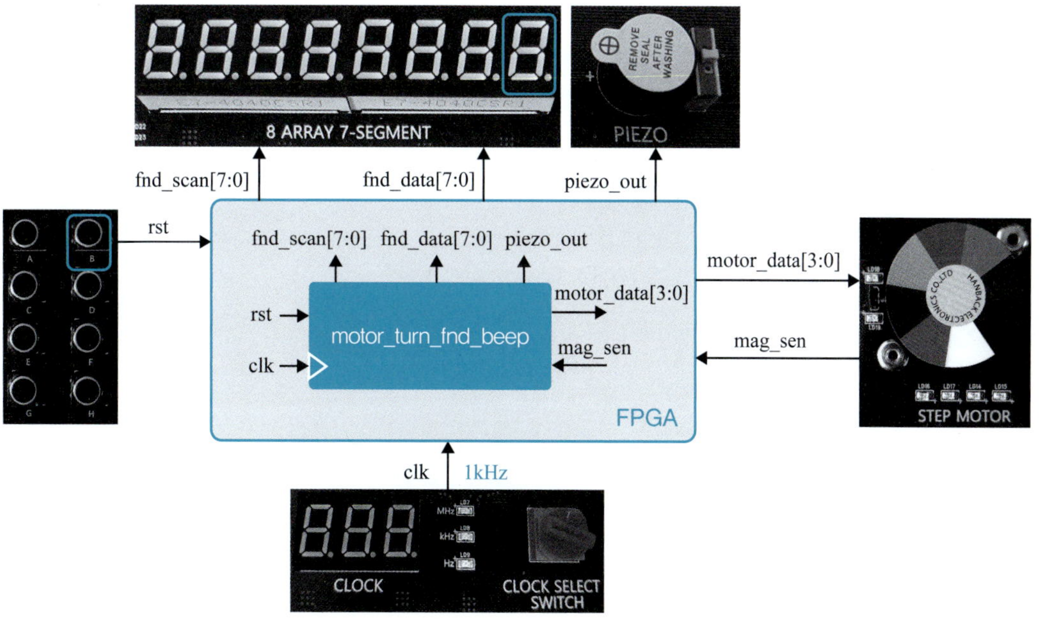

[그림 15-35] 실습회로 구성도

[표 15-25] 디바이스 핀 할당표

구 분	포트 이름	핀 번호	연결 소자
입 력	clk	B6	Main_Clock (1kHz)
	rst	V7	Button SW_B
	mag_sen	Y3	Step Motor
출 력	piezo_out	W4	Piezo
	motor_data[3]	AB2	Step Motor
	motor_data[2]	AA3	
	motor_data[1]	AA2	
	motor_data[0]	AA1	
	fnd_data[7]	M3	SEG_H
	fnd_data[6]	M4	SEG_G
	fnd_data[5]	M5	SEG_F
	fnd_data[4]	N1	SEG_E
	fnd_data[3]	N3	SEG_D
	fnd_data[2]	N4	SEG_C
	fnd_data[1]	N5	SEG_B
	fnd_data[0]	P1	SEG_A
	fnd_scan[7]	T2	fnd_scan7
	fnd_scan[6]	T1	fnd_scan6
	fnd_scan[5]	R5	fnd_scan5
	fnd_scan[4]	R4	fnd_scan4
	fnd_scan[3]	R3	fnd_scan3
	fnd_scan[2]	R2	fnd_scan2
	fnd_scan[1]	P3	fnd_scan1
	fnd_scan[0]	P2	fnd_scan0

SECTION 15.7

Color LED 디스플레이 회로 설계

FPGA 실습장비에는 R, G, B 세 가지 색의 LED를 하나의 칩으로 합친 Full Color LED 모듈이 탑재되어 있으며, R, G, B LED를 독립적으로 제어해서 원하는 색의 빛을 만들 수 있다. 이 절에서는 Full Color LED 모듈이 여러 색의 빛을 발생시키는 응용회로를 설계하고 동작을 확인하는 실습을 한다. Full Color LED 모듈에 대해서는 12.2.8절을 참고하기 바란다.

실습목적 Color LED 디스플레이 회로를 Verilog HDL로 설계하고, FPGA 디바이스에 구현하여 하드웨어 동작을 확인하는 설계과정을 익힌다.

15.7.1 Color LED의 RGB 발광 회로 설계

❶ 회로 기능

FPGA 실습장비의 버튼 스위치로 Color LED 모듈의 R, G, B LED의 ON/OFF를 독립적으로 제어하는 회로를 설계한다. 버튼 스위치 SW_D는 R^red LED를 ON/OFF시키고, 버튼 스위치 SW_F는 G^green LED를 ON/OFF시키며, 버튼 스위치 SW_H는 B^blue LED를 ON/OFF시킨다. 버튼 스위치 SW_D, SW_F, SW_H는 각각 토글^toggle 방식으로 동작하도록(즉, 해당 버튼 스위치를 누를 때마다 ON → OFF → ON 동작이 교대로 일어나도록) 설계한다.

❷ Verilog HDL 모델링

Color LED 구동회로를 [코드 15-35]와 같이 모델링한다. 세 개의 `always` 구문은 각각 red, green, blue에 해당하는 버튼 스위치 입력을 클록신호로 사용하며, Color LED를 구동하기 위한 토글 신호를 생성한다. `always` 구문에서 생성된 신호는 `assign` 문과 반복 연산자에 의해 4비트로 확장되어 Color LED 모듈로 인가된다. 3비트 출력 신호 led는 Color LED로 인가되는 red, green, blue 신호의 값을 확인하는 용도로 사용된다.

코드 15-35 Color LED의 RGB 발광 회로 모델링

```
module cled (input rst, input red, input green, input blue,
             output [2:0] led, output [3:0] red_led,
             output [3:0] green_led,  output [3:0] blue_led);

// Button SW_D : red, Button SW_F : green, Button SW_H : blue
   reg red_reg, green_reg, blue_reg;

   always @(posedge red or posedge rst) begin
      if (rst)  red_reg <= 1'b0;
      else      red_reg <= ~red_reg;
   end

   always @(posedge green or posedge rst) begin
      // green_reg 모델링을 완성한다.
   end

   always @(posedge blue or posedge rst) begin
      // blue_reg 모델링을 완성한다.
   end

   assign led = {red_reg, green_reg, blue_reg};
   assign red_led = {4{red_reg}};
    // green_led와 blue_led 모델링을 완성한다.

 endmodule
```

❸ 하드웨어 동작 확인

cled 회로를 FPGA 실습장비에 구현하여 하드웨어 동작을 확인한다. 실습회로는 [그림 15-36]과 같이 구성되며, [표 15-26]의 디바이스 핀 할당표를 사용한다. 버튼 스위치 SW_D를 누르면 LED1이 ON되고 Color LED 모듈에 빨간색 빛이 나며, SW_D를 한 번 더 누르면 LED1이 OFF되고 Color LED 모듈에 빨간색 빛이 꺼지는 동작을 확인한다. SW_F와 SW_H를 각각 누르면, LED2, LED3이 ON되고, Color LED 모듈에 초록색, 파란색 빛이 나는 동작을 확인한다. 또한, SW_D, SW_F, SW_H가 눌러진 조합에 따라 Color LED 모듈에 R, G, B가 혼합된 색의 빛이 나는 동작을 확인한다.

[코드 15-35]의 always 구문은 버튼 스위치 SW_D, SW_F, SW_H의 입력을 클록신호로 사용하므로, constraints 파일에 다음을 추가한 후, 합성과 구현 단계를 진행한다([그림 15-4(b)] 참고).

```
set_property CLOCK_DEDICATED_ROUTE FALSE [get_nets red_IBUF]
set_property CLOCK_DEDICATED_ROUTE FALSE [get_nets green_IBUF]
set_property CLOCK_DEDICATED_ROUTE FALSE [get_nets blue_IBUF]
```

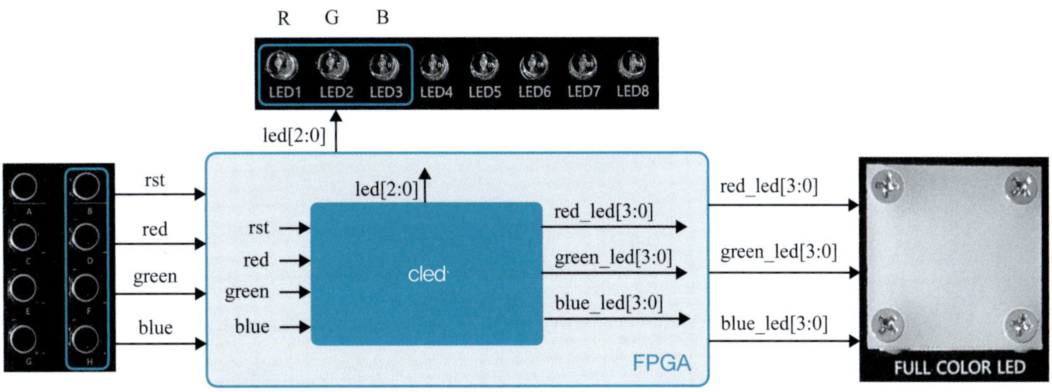

[그림 15-36] 실습회로 구성도

[표 15-26] 디바이스 핀 할당표

구 분	포트 이름	핀 번호	연결 소자
입 력	rst	V7	Button SW_B
	red	Y7	Button SW_D
	green	AB7	Button SW_F
	blue	W8	Button SW_H
출 력	red_led[3]	A4	Color LED
	red_led[2]	B2	
	red_led[1]	A3	
	red_led[0]	D1	
	green_led[3]	D5	
	green_led[2]	B3	
	green_led[1]	C4	
	green_led[0]	C1	
	blue_led[3]	E5	
	blue_led[2]	C3	
	blue_led[1]	D4	
	blue_led[0]	C2	
	led[2]	U5	LED1
	led[1]	V1	LED2
	led[0]	V4	LED3

15.7.2 설계 실습 과제

1 Color LED의 RGB 혼합 발광 회로 설계

❶ 회로 기능

빛의 삼원색 R, G, B를 혼합하면, [그림 15-37(a)]와 같은 색의 빛이 얻어진다. R과 G를 혼합하면 노란색 yellow이 얻어지고, R과 B를 혼합하면 자홍색magenta이 얻어지며, B와 G를 혼합하면 청록색 cyan이 얻어진다. R, G, B를 모두 혼합하면 흰색white이 얻어진다. Color LED 모듈을 구성하는 R, G, B LED를 제어해서 [그림 15-37(b)]의 순서로 빛을 발생하는 회로를 설계한다. cyan 색은 green LED와 blue LED를 동시에 ON시켜 얻어지고, yellow 색은 green LED와 red LED를 동시에 ON시켜서 얻어지며, magenta 색은 red LED와 blue LED를 동시에 ON시켜서 얻어진다. 또한, white 색은 red, green, blue LED를 모두 동시에 ON시켜 얻어지며, black은 세 개의 LED를 모두 OFF시켜 얻어진다.

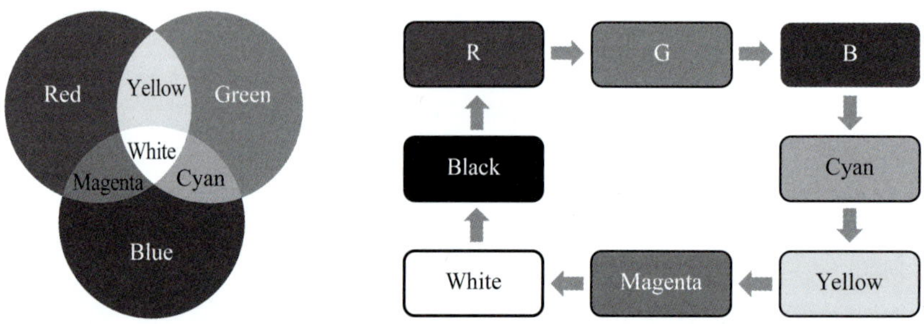

(a) RGB 벤 다이어그램 (b) RGB 혼합 발광 순서

▶ [그림 15-37] 자세히 보기

[그림 15-37] RGB 혼합 발광

❷ Verilog HDL 모델링

RGB 혼합 발광 회로를 [코드 15-36]과 같이 모델링한다. 실습장비에 탑재된 red, green, blue LED를 독립적으로 구동하기 위해 3비트 신호 rgb[2:0]을 사용한다. rgb[2], rgb[1], rgb[0]은 각각 red, green, blue LED를 구동한다. 첫 번째 `always` 구문은 1kHz 주파수의 클록신호 clk를 1Hz로 분주해서 clk_1hz 분주 클록을 생성하고, 두 번째 `always`는 0부터 7까지 계수하는 계수기 cnt를 모델링한다. 세 번째 `always` 구문은 [그림 15-37(b)]의 순서대로 빛을 발생시키기 위해 계수기 cnt[2:0]의 값에 따라 3비트 신호 rgb[2:0]을 결정한다. 마지막 부분의 `assign` 문은 세 번째 `always` 구문에서 결정된 rgb[2:0]을 비트 단위로 분리해서 LED 구동신호를 생성한다. 이때, Color LED 모듈에는 LED가 4개 장착되어 있으므로, 반복 연산자를 사용해서 1비트 신호 rgb[2], rgb[1], rgb[0]을 4비트로 확장해서 출력으로 보낸다.

❸ 하드웨어 동작 확인

설계된 실습회로를 FPGA 실습장비에 구현하여 [그림 15-37(b)]의 순서로 빛이 발광하는 동작을 확인한다. 실습회로와 디바이스 핀 할당표는 각각 [그림 15-38] 및 [표 15-27]과 같다.

코드 15-36 RGB 혼합 발광 회로 모델링

```
module color_mix (input clk, input rst,
                  output [3:0] red_led, output [3:0] green_led,
                  output [3:0] blue_led);

   reg         clk_1hz;
   reg  [8:0]  cnt_1hz;
   reg  [2:0]  cnt, rgb;

   always @(posedge clk or posedge rst) begin   // 1 khz clk → 1 hz 분주 클록 생성
     if (rst) begin
         cnt_1hz <= 0;
         clk_1hz <= 0;
     end
     else begin
       // 1 khz의 clk로부터 1 hz의 분주 클록 clk_1hz가 생성되도록 분주기를 모델링한다.
     end
  end

   always @(posedge clk_1hz or posedge rst) begin
      if (rst) cnt <= 0;
      else begin
         // 0 ~ 7을 계수하는 계수기 cnt를 모델링한다.
      end
   end

   always @(posedge clk_1hz or posedge rst) begin
      if (rst) begin
         rgb <= 3'b000;
      end
      else begin
         case (cnt)
             0 : rgb <= 3'b000;   // Black
             1 : rgb <= 3'b100;   // Red
             // 코드를 완성한다.
             7 : rgb <= 3'b111;   // White (Red+Blue+Green)
        default : rgb <= 3'b000;
        endcase
      end
   end

   assign red_led   = {4{rgb[2]}};
   // green_led, blue_led 모델링한다.

endmodule
```

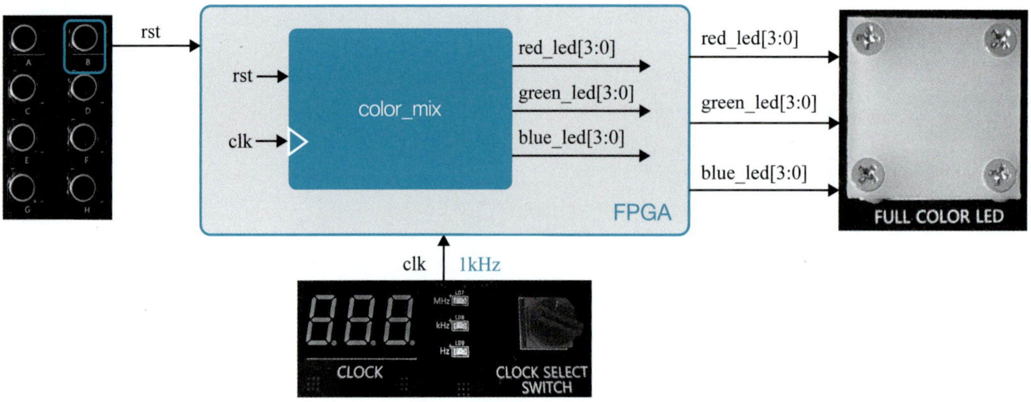

[그림 15-38] 실습회로 구성도

[표 15-27] 디바이스 핀 할당표

구 분	포트 이름	핀 번호	연결 소자
입력	clk	B6	Main_Clock (1kHz)
	rst	V7	Button SW_B
출력	red_led[3]	A4	Color LED
	red_led[2]	B2	
	red_led[1]	A3	
	red_led[0]	D1	
	green_led[3]	D5	
	green_led[2]	B3	
	green_led[1]	C4	
	green_led[0]	C1	
	blue_led[3]	E5	
	blue_led[2]	C3	
	blue_led[1]	D4	
	blue_led[0]	C2	

SECTION 15.8

Text LCD 문자 디스플레이 회로 설계

FPGA 실습장비에는 16문자×2라인의 문자를 디스플레이할 수 있는 Text LCD 모듈이 탑재되어 있다. Text LCD 모듈은 전원(VCC와 GND)을 포함한 14개의 핀을 통해 제어신호, 명령어 및 데이터를 입출력한다. Text LCD 모듈은 리셋, rs, r/w 및 enable의 제어신호를 가지며, 명령어, 주소, 데이터 등은 8비트의 버스를 통해 인터페이스된다. Text LCD 모듈이 제어명령을 받아 실행하기 위해서는 지정된 소요시간이 필요하므로, 동작 타이밍 조건과 명령어에 대한 이해가 필요하며, 12.2.7절을 참고하기 바란다.

실습목적 Text LCD에 문자를 디스플레이하는 회로를 Verilog HDL로 설계하고, FPGA 디바이스에 구현하여 하드웨어 동작을 확인하는 설계과정을 익힌다.

15.8.1 2라인 문자 디스플레이 회로 설계

❶ 회로 기능

[그림 15-39]의 문자를 2초 동안 디스플레이한 후, 화면을 지우고 2초 후에 동일한 문자를 반복 디스플레이하는 회로 lcd_display를 설계한다.

	D	i	g	i	t	a	l		D	e	s	i	g	n	
W	i	t	h		V	e	r	i	l	o	g		H	D	L

[그림 15-39] Text LCD에 디스플레이될 문자

LCD에 문자를 디스플레이하기 위해서는 일련의 명령어를 보내서 디스플레이 조건을 설정하는 초기화가 선행되어야 한다. 다음의 과정으로 Text LCD 모듈의 초기화 설정을 한다.

① Text LCD 모듈의 초기화를 위해 100ms 동안 기다린다.
② function set 명령(001x_xx00)을 보내 데이터 인터페이스 비트 수와 디스플레이 라인 수를 설정한다.
③ entry mode 명령(0000_01xx)을 보내 커서가 움직이는 방향과 디스플레이 시프트 등을 설정한다.
④ display ON/OFF 제어 명령(0000_1xxx)을 보내 전체 디스플레이의 ON/OFF, 커서의 ON/OFF, 커서 위치의 문자 깜박임 등을 설정한다.

초기화 설정이 완료되면 디스플레이할 문자 데이터를 보내며, 필요에 따라 디스플레이 조건을 변경하기 위한 명령어도 보낸다.

설계될 lcd_display 회로의 제어흐름은 [그림 15-40]의 상태 천이도와 같이 총 9개의 상태로 구성된다. LCD의 초기화 과정은 delay_100ms, function_set, entry_mode, disp_on의 4개 상태로 구성되고 초기에 한 번만 실행된다. 문자 디스플레이를 위한 제어는 disp_line1, disp_line2, delay_2sec, display_clear, delay_2sec_B의 5개 상태로 구성되며, 이들은 계속 반복된다. disp_line1과 disp_line2 상태는 각각 라인-1과 라인-2의 문자 디스플레이를 제어한다.

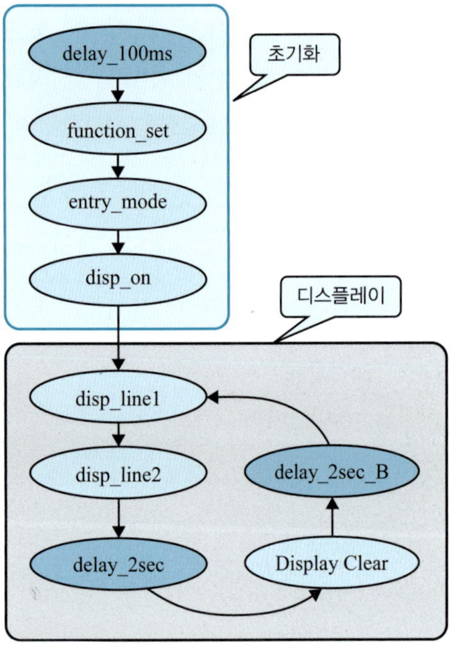

[그림 15-40] lcd_display 회로의 상태 천이도

❷ Verilog HDL 모델링

ldc_display 회로는 [코드 15-37]과 같이 설계될 수 있으며, 각 부분은 다음의 기능을 수행한다.

- 블록-① : [그림 15-40]의 상태 천이도가 갖는 9개의 상태와 디스플레이 라인의 DDRAM[Display Data RAM] 시작주소를 `parameter`로 선언한다. DDRAM은 LCD에 표시되는 데이터를 저장하는 메모리이다. 7비트의 DDRAM 주소와 MSB 위치에 제어비트 1을 추가하여 8비트로 표현한다. MSB 위치에 추가되는 1은 8비트 데이터가 DDRAM 주소임을 나타내며, 라인-1, 라인-2의 주소를 각각 1000_0000과 1100_0000으로 설정한다.
- 블록-② : 컴파일러 지시어 `'include`를 사용하여 LCD에 표시될 문자 데이터를 소스코드에 포함시킨다. 각 라인에 표시될 문자([그림 15-39])를 [코드 15-38]('data_line1.v'), [코드 15-39] ('data_line2.v')의 함수로 정의한다. 표시될 문자의 ASCII 코드값은 12.2.7절의 [표 12-6]을 참고한다.

- 블록-③ ~ 블록-⑥ : LCD의 명령어 처리와 디스플레이 동작에 필요한 지연을 만든다.
  - 블록-③ : 1kHz 클록으로부터 5ms마다 반복되는 cnt_clk를 생성한다.
  - 블록-④ : cnt_clk를 이용해서 100ms(=20×5ms)의 지연을 생성한다.
  - 블록-⑤와 블록-⑥ : 각각 cnt_clk를 이용하여 2sec(=400×5ms)의 지연과 85ms(=17×5ms)의 지연을 생성한다. 2sec의 지연은 [그림 15-40]의 display_clear 모드 전후에 사용되며, 85ms의 지연은 LCD의 각 라인에 문자를 디스플레이하기 위해 사용된다.
- 블록-⑦ : LCD의 동작을 제어하는 [그림 15-40]의 상태 천이도를 구현하며, 각 상태에 설정된 시간이 경과하면 다음 상태로 천이되도록 한다.
- 블록-⑧ : LCD 제어상태가 disp_line1과 disp_line2 상태일 때, LCD에 입력되는 정보가 주소(명령어)인지 문자 데이터인지를 구분하는 lcd_rs 신호를 정의한다. 주소가 입력되는 경우에는 lcd_rs=0(명령어)으로 설정하고, 문자 데이터가 입력되는 경우에는 lcd_rs=1(데이터)로 설정한다. 참고로, 데이터 입력 전에 디스플레이 주소가 먼저 입력되어야 한다.
- 블록-⑨ : LCD의 각 제어상태에서 LCD 제어신호, lcd_e 신호, 문자 코드를 lcd_data로 할당한다. function_set 명령어를 8'b0011_1000으로 지정하여 8비트 인터페이스와 2라인 디스플레이로 설정한다. entry_mode 명령어를 8'b0000_0110으로 지정하여 화면이 시프트되지 않고 주소를 증가시키는 모드로 설정한다. disp_on 명령어는 8'b0000_1100으로 지정하여 커서가 OFF되도록 설정한다.

코드 15-37 LCD 디스플레이 회로 모델링

```
module lcd_display (input clk, input reset,
                    output lcd_e, output lcd_rs,output lcd_rw,
                    output [7:0] lcd_data);
  // clk : 클록신호 (1kHz)
  // reset : active-high 리셋신호
  // lcd_e : LCD enable 신호
  // lcd_rs : LCD rs 신호 (rs=0 : 명령어, rs=1 : 데이터)
  // lcd_rw : LCD r/w 신호 (r/w=0 : 쓰기, r/w=1 : 읽기)

// 필요한 변수 및 wire 선언
  wire [2:0]    cnt_clk_half;
  reg  [3:0]    lcd_routine;
  reg  [2:0]    cnt_clk;
  reg  [7:0]    lcd_data;
  reg  [4:0]    cnt_delay_20m, cnt_line;
  reg  [8:0]    cnt_delay_2sec;
  reg           lcd_e, lcd_rs;
```

```
// 블록-① : [그림 15-40]의 FSM 상태를 parameter로 선언
   parameter delay_100ms    = 0;
   parameter function_set   = 1;
   parameter entry_mode     = 2;
   parameter disp_on        = 3;
   parameter disp_line1     = 4;
   parameter disp_line2     = 5;
   parameter delay_2sec     = 6;
   parameter display_clear  = 7;
   parameter delay_2sec_B   = 8;
// LCD 라인 1과 라인 2의 시작 주소 설정
   parameter address_line1  = 8'b1000_0000;
   parameter address_line2  = 8'b1100_0000;
```

```
// 블록-② : 함수로 정의된 문자 데이터를 삽입
// 라인 1의 문자 데이터를 정의한 함수 data_line1.v를 삽입한다. (컴파일러 지시어 사용)
// 라인 2의 문자 데이터를 정의한 함수 data_line2.v를 삽입한다. (컴파일러 지시어 사용)
```

```
// 블록-③ : 5ms 주기의 cnt_clk 생성
   always @(posedge clk or posedge reset) begin
      if (reset) cnt_clk <= 0;
      else begin
            if (cnt_clk == 4) cnt_clk <= 0;
            else              cnt_clk <= cnt_clk +1;
      end
   end
```

```
// 블록-④ : 블록-③의 cnt_clk를 이용해서 100ms(=5ms×20)의 지연을 생성
   always @(posedge clk or posedge reset) begin
      if (reset) cnt_delay_20m <= 0;
      else begin
         if (lcd_routine == delay_100ms) begin  // delay_100ms state
              if (cnt_clk == 4) begin
                  if (cnt_delay_20m == 19) cnt_delay_20m <= 0;
                  else cnt_delay_20m <= cnt_delay_20m + 1;
              end
         end
         else cnt_delay_20m <= 0;
      end
   end
```

```
// 블록-⑤ : 블록-③의 cnt_clk를 이용해서 2sec(=5ms×400)의 지연을 생성
   always @(posedge clk or posedge reset) begin
      if (reset) cnt_delay_2sec <= 0;
      else begin
           // 코드를 완성한다.
      end
   end
```

```
// 블록-⑥ : 블록-③의 cnt_clk를 이용해서 85ms(=5ms×17)의 지연을 생성
// LCD 각 라인의 디스플레이를 위해 필요한 85ms의 지연을 생성
   always @(posedge clk or posedge reset) begin
      if (reset) cnt_line <= 0;
      else begin
           // 코드를 완성한다.
      end
   end
```

```
// 블록-⑦ : [그림 15-40]의 상태 천이도를 구현
// 각 routine에 설정된 시간이 경과하면 다음 상태로 천이
   always @(posedge clk or posedge reset) begin
     if (reset) lcd_routine <= delay_100ms;
     else begin
        if (cnt_clk == 3'b100) begin
          case (lcd_routine)
             delay_100ms  : if (cnt_delay_20m == 19) lcd_routine <= function_set;
                // 코드를 완성한다.
             delay_2sec_B : if (cnt_delay_2sec == 399)
                                        lcd_routine <= disp_line1;
          endcase
        end
     end
   end
```

```
// 블록-⑧ : lcd_rs 신호에 대한 정의
   always @(posedge clk or posedge reset) begin
       if (reset) lcd_rs <= 1'b0;
       else begin
           if (lcd_routine == disp_line1 || lcd_routine == disp_line2) begin
               if (cnt_line == 0) lcd_rs <= 0;  // for address
               else                lcd_rs <= 1;  // for data
           end
           else lcd_rs <= 1'b0;
       end
   end
```

```
// 블록-⑨ : 각 제어상태에서 lcd 제어신호, lcd_e 신호 및 문자 코드를 lcd_data에 할당
  assign lcd_rw = 1'b0;      // LCD Data Register에 쓰기 설정
  assign cnt_clk_half = 3;  // lcd_e 제어신호 정의를 위한 cnt_clk_half 값 설정

   always @(posedge clk or posedge reset) begin
      if (reset) begin
          lcd_data <= 8'b0000_0000;
          lcd_e <= 1'b0;
      end
      else begin
         case (lcd_routine)
            delay_100ms : begin
                              lcd_data <= 8'b0000_0000;
                              lcd_e <=1'b0;
                          end
            function_set : begin
                              lcd_data <= 8'b0011_1000;
                          if (cnt_clk >= 1 && cnt_clk <= cnt_clk_half)
                               lcd_e <= 1'b1;      // cnt_clk_half=3
                          else lcd_e <= 1'b0;
                          end
            entry_mode   :  begin
                            lcd_data <= 8'b0000_0110; // Display no shift
                            // lcd_e 신호를 생성하는 코드를 완성한다.
                          end
             disp_on    :  begin
                            lcd_data <= 8'b0000_1100;
                            // lcd_e 신호를 생성하는 코드를 완성한다.
                          end
            disp_line1  : begin
                  if (cnt_line == 0) lcd_data <= address_line1;
                  else               lcd_data <= data_line1(cnt_line-1);
                 // lcd_e 신호를 생성하는 코드를 완성한다.
           end
           disp_line2  :  // line2가 디스플레이되도록 코드를 완성한다.
           delay_2sec  :  // 코드를 완성한다.
           delay_2sec_B  : // 코드를 완성한다.
           display_clear : // LCD에 표시된 내용이 clear 되도록 코드를 완성한다.
        endcase
     end
  end

endmodule
```

코드 15-38 함수 data_line1 모델링

```
// 라인 1에 디스플레이될 문자 데이터([표 12-6]의 ASCII 코드값을 할당)
  function [7:0] data_line1;
    input [3:0] addr_in;

  begin
    case (addr_in)
          0  : data_line1 = 8'b0010_0000; // blank
          1  : data_line1 = 8'b0100_0100; // D
          2  : data_line1 = 8'b0110_1001; // i
          3  : data_line1 = 8'b0110_0111; // g
          4  : data_line1 = 8'b0110_1001; // i
          5  : data_line1 = 8'b0111_0100; // t
          6  : data_line1 = 8'b0110_0001; // a
          7  : data_line1 = 8'b0110_1100; // l
          8  : data_line1 = 8'b0010_0000; //
          9  : data_line1 = 8'b0100_0100; // D
          10 : data_line1 = 8'b0110_0101; // e
          11 : data_line1 = 8'b0111_0011; // s
          12 : data_line1 = 8'b0110_1001; // i
          13 : data_line1 = 8'b0110_0111; // g
          14 : data_line1 = 8'b0110_1110; // n
          15 : data_line1 = 8'b0010_0000; //
     default : data_line1 = 8'b0000_0000;
    endcase
end
endfunction
```

코드 15-39 함수 data_line2 모델링

```
// 라인 2에 디스플레이될 문자 데이터([표 12-6]의 ASCII 코드값을 할당)
function [7:0] data_line2;
    input [3:0] addr_in;

  begin
     case (addr_in)
       // "with Verilog HDL"이 디스플레이되도록 코드를 완성한다.
     endcase
  end
endfunction
```

❸ 하드웨어 동작 확인

lcd_display 회로를 FPGA 실습장비에 구현하여 하드웨어 동작을 확인한다. [그림 15-39]의 문자가 2초 동안 디스플레이된 후 화면이 지워지고, 2초가 지난 후 다시 동일한 문자가 디스플레이되는 과정이

반복되는 동작을 확인한다. 실습회로는 [그림 15-41]과 같이 구성되며, [표 15-28]의 디바이스 핀 할당표를 사용한다. 실습장비의 메인 클록을 주파수 1kHz로 설정한다.

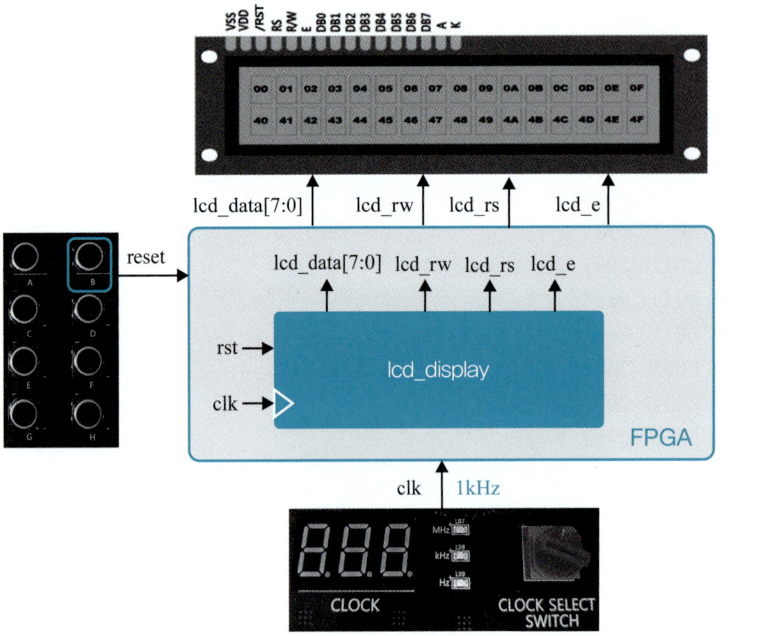

[그림 15-41] 실습회로 구성도

[표 15-28] 디바이스 핀 할당표

구 분	포트 이름	핀 번호	연결 소자
입력	clk	B6	Main_Clock (1kHz)
	reset	V7	Button SW_B
출력	lcd_data[7]	J3	Text LCD
	lcd_data[6]	K1	
	lcd_data[5]	K2	
	lcd_data[4]	K3	
	lcd_data[3]	K4	
	lcd_data[2]	K5	
	lcd_data[1]	L1	
	lcd_data[0]	L4	
	lcd_e	L5	
	lcd_rs	M2	
	lcd_rw	M1	

15.8.2 설계 실습 과제

1 2프레임 문자 디스플레이 회로 설계

❶ 회로 기능

[그림 15-42]와 같이 2개의 프레임frame으로 구성되는 문자를 디스플레이하는 lcd_2frame_disp 회로를 설계한다. 첫 번째 프레임은 15.8.1절에서 구현한 문자와 동일하며, 두 번째 프레임은 자신의 이름과 학과(또는 학교) 이름이 디스플레이 되도록 한다.

	D	i	g	i	t	a	l		D	e	s	i	g	n	
W	i	t	h		V	e	r	i	l	o	g		H	D	L

(a) 프레임-1

	Y	o	u	r		N	a	m	e						
	E	l	e	c	t	r	o	n	i	c		E	n	g	

(b) 프레임-2

[그림 15-42] lcd_2frame_disp의 프레임별 디스플레이 문자

설계될 lcd_2frame_disp 회로의 제어흐름은 [그림 15-43]의 상태 천이도와 같이 총 11개의 상태로 구성된다. LCD의 초기화 과정은 15.8.1절의 설계와 동일하게 4개의 상태로 구현한다. 문자 디스플레이 제어는 disp_line1, disp_line2, delay_2sec, disp_line3, disp_line4, delay_2sec, clear의 7개 상태로 구성되며, 이들 7개의 상태는 계속 반복된다. disp_line1, disp_line2에 의해 첫 번째 프레임의 문자가 LCD의 라인 1과 라인 2에 디스플레이되고, 2초 지연이 경과한 후 disp_line3, disp_line4에 의해 두 번째 프레임의 문자가 라인 1과 라인 2에 디스플레이되도록 설계한다. 2초의 지연이 경과한 후, 화면을 모두 지우고 disp_line1, disp_line2에 의해 첫 번째 프레임의 문자가 다시 디스플레이 되도록 한다. 라인 3과 라인 4에 디스플레이되는 데이터는 [코드 15-41], [코드 15-42]와 같이 함수로 정의한다.

❷ Verilog HDL 모델링

[코드 15-37]과 [그림 15-43]의 상태 천이도를 참고하여 [코드 15-40]을 완성한다.

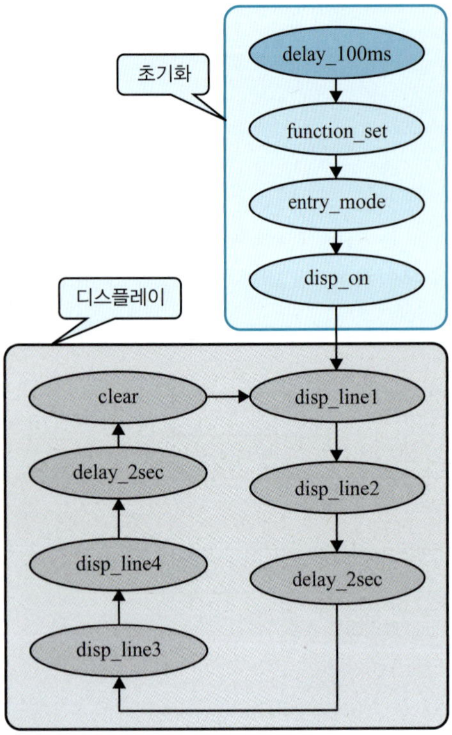

[그림 15-43] lcd_2frame_disp 회로의 상태 천이도

코드 15-40 2프레임 문자 디스플레이 회로 모델링

```
module lcd_2frame_disp (input clk, input reset,
                        output lcd_e, output lcd_rs,
                        output lcd_rw, output [7:0] lcd_data);
// clk :  클록신호 (1kHz)
// reset : active-high 리셋신호
// lcd_e : LCD enable 신호
// lcd_rs : LCD rs 신호 (rs=0 : 명령어, rs=1 : 데이터)
// lcd_rw : LCD r/w 신호 (r/w=0 : 쓰기, r/w=1 : 읽기)

// 필요한 변수 및 wire 선언
  wire [2:0]      cnt_clk_half;
  reg  [3:0]      lcd_routine;
  reg  [7:0]      lcd_data;
  reg  [2:0]      cnt_clk;
  reg  [4:0]      cnt_delay_20m, cnt_line;
  reg  [8:0]      cnt_delay_2sec;
  reg             lcd_e, lcd_rs, before_state;
```

```
// 블록-① : [그림 15-43]의 FSM 상태를 parameter로 선언
// 코드를 완성한다.

// LCD 라인 1과 라인 2의 시작 주소 설정
   parameter address_line1 = 8'b1000_0000;
   parameter address_line2 = 8'b1100_0000;

// 블록-② : 함수로 정의된 문자 데이터를 삽입
// 라인 1의 문자 데이터를 정의한 함수 data_line1.v를 삽입한다. (컴파일러 지시어 사용)
// 라인 2의 문자 데이터를 정의한 함수 data_line2.v를 삽입한다. (컴파일러 지시어 사용)
// 라인 3의 문자 데이터를 정의한 함수 data_line3.v를 삽입한다. (컴파일러 지시어 사용)
// 라인 4의 문자 데이터를 정의한 함수 data_line4.v를 삽입한다. (컴파일러 지시어 사용)

// 블록-③ ~ 블록-⑥ : [코드 15-37]과 동일하게 코드를 완성한다.

// 블록-⑦ : [그림 15-43]의 상태 천이도를 구현
// [코드 15-37]을 참조하여 상태를 추가한다.
   always @(posedge clk or posedge reset) begin
       // 코드를 완성한다.
   end

// 블록-⑧ : lcd_rs 신호에 대한 정의
// [코드 15-37]과 동일하게 코드를 완성한다.

// 블록-⑨ : 각 제어상태에서 lcd 제어신호, lcd_e 신호, 문자 코드를 lcd_data에 할당
// [코드 15-37]을 참조하여 완성한다.

  assign lcd_rw = 1'b0;        // LCD Data Register에 쓰기 설정
  assign cnt_clk_half = 3;     // lcd_e 제어신호 정의를 위한 cnt_clk_half 값 설정

   always @(posedge clk or posedge reset) begin
       // 코드를 완성한다.
   end

endmodule
```

코드 15-41 함수 data_line3.v

```
// 두 번째 프레임의 라인 1에 디스플레이될 문자 데이터
function [7:0] data_line3;
    input [3:0] addr_in;

  // [표 12-6]의 ASCII 코드값을 이용하여 디스플레이 문자를 할당한다.

endfunction
```

코드 15-42 함수 data_line4 모델링

```
// 두 번째 프레임의 라인 2에 디스플레이될 문자 데이터
function [7:0] data_line4;
    input [3:0] addr_in;

  // [표 12-6]의 ASCII 코드값을 이용하여 디스플레이 문자를 할당한다.

endfunction
```

❸ 하드웨어 동작 확인

설계된 실습회로를 FPGA 실습장비에 구현하여 하드웨어 동작을 확인한다. 실습회로와 디바이스 핀 할당표는 각각 [그림 15-41] 및 [표 15-28]과 동일하다.

Appendix

Xilinx Vivado 툴 통합 설치 과정

❶ Xilinx 홈페이지(https://www.xilinx.com/)에서 이메일 주소로 사용자 계정을 생성한다.

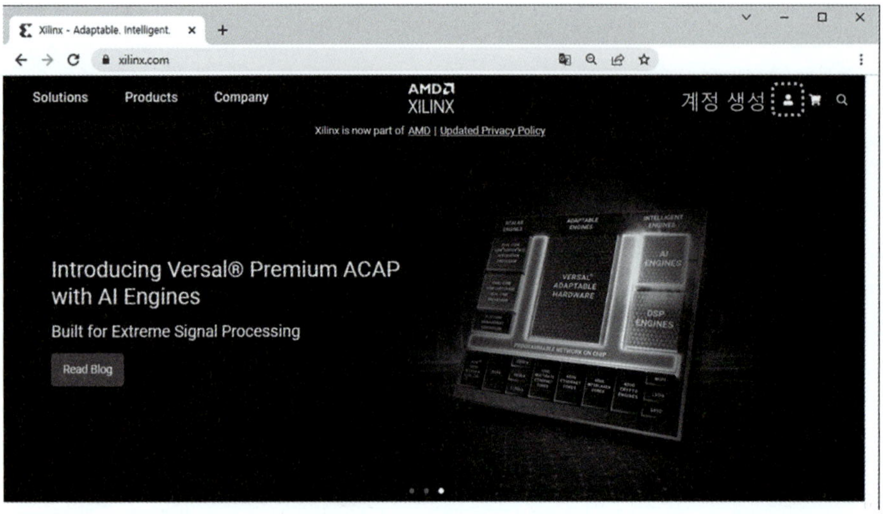

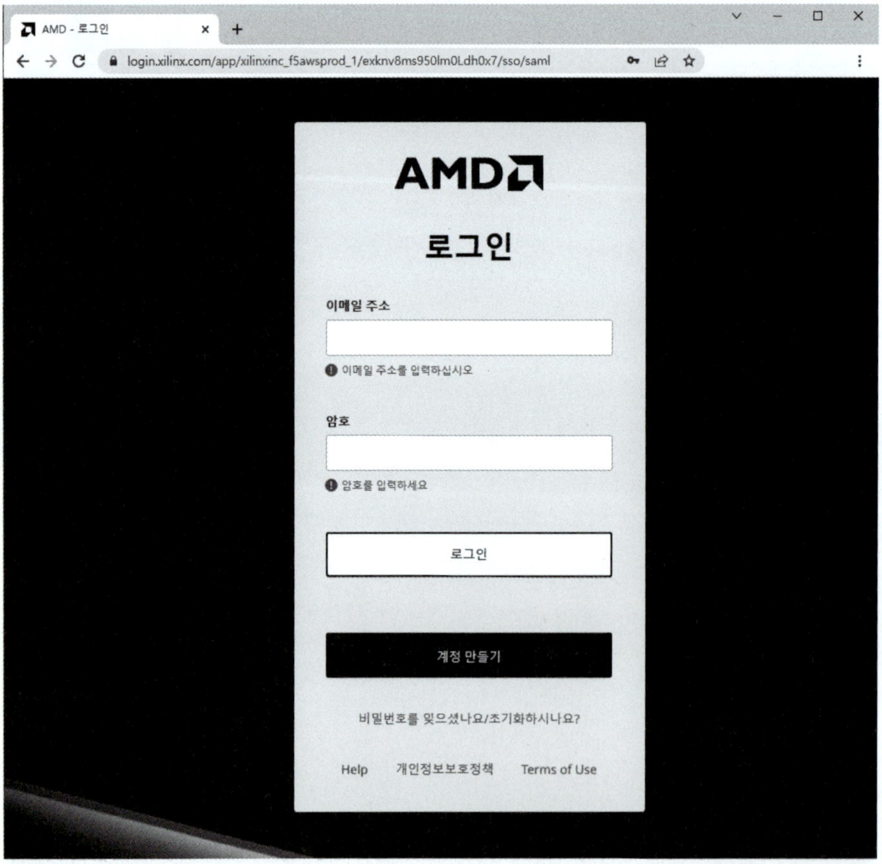

❷ Vivado 툴 다운로드 사이트에 접속한다.

https://www.xilinx.com/support/download/index.html/content/xilinx/en/downloadNav/vivado-design-tools/2021-2.html

❸ Xilinx Unified Installer 2021.2에서 Windows Self Extracting Web Installer를 실행한다.

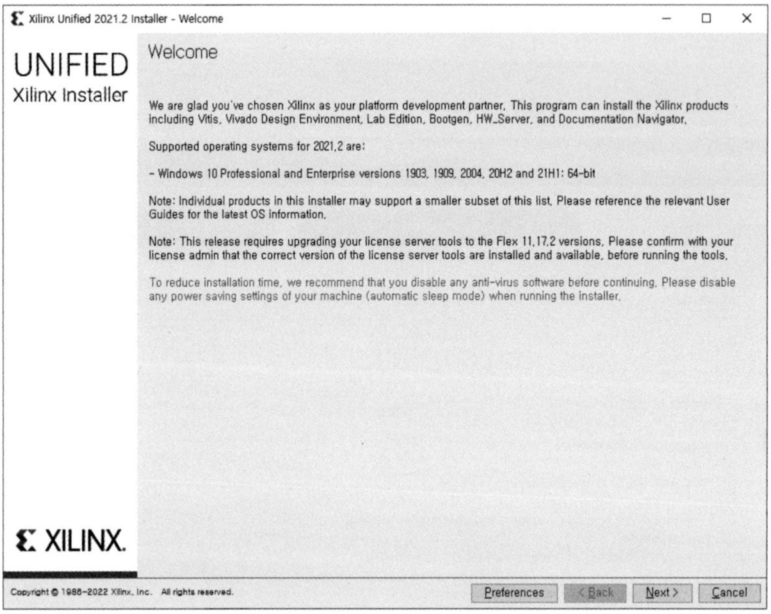

❹ Xilinx 가입 정보를 입력한다.

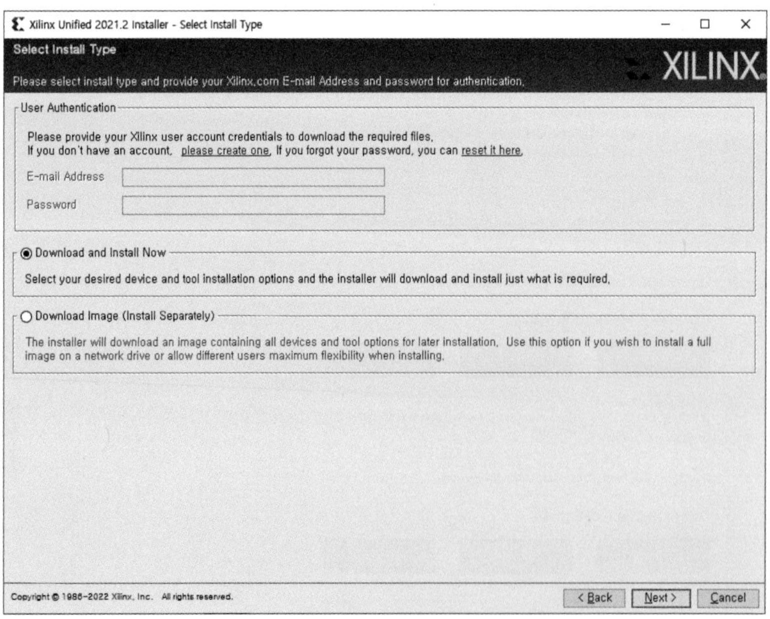

❺ 설치할 제품(Vivado)을 선택한다.

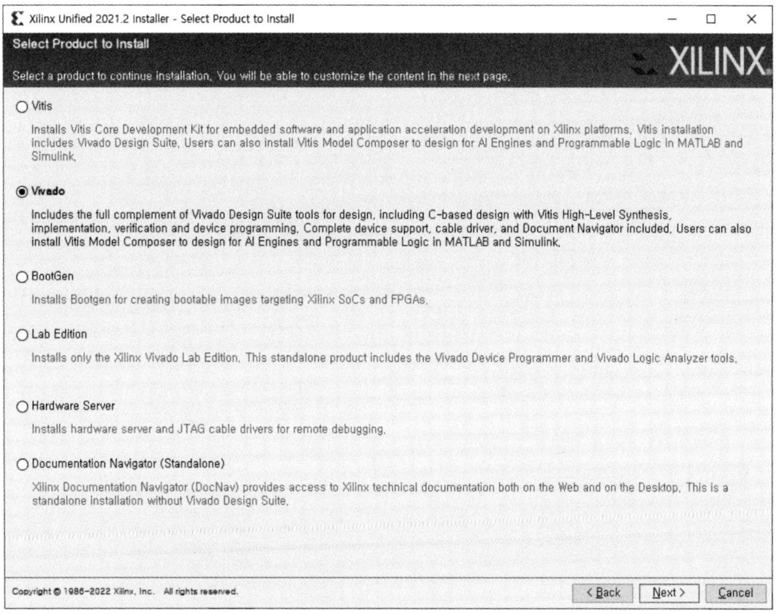

❻ 'Vivado ML Standard'(무료 버전)를 선택한다.

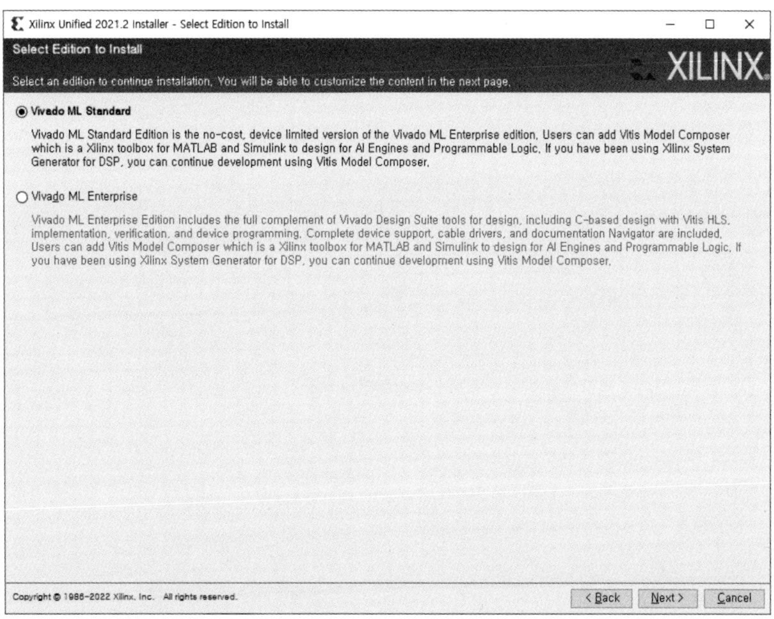

❼ 설치할 툴과 디바이스를 선택한다.

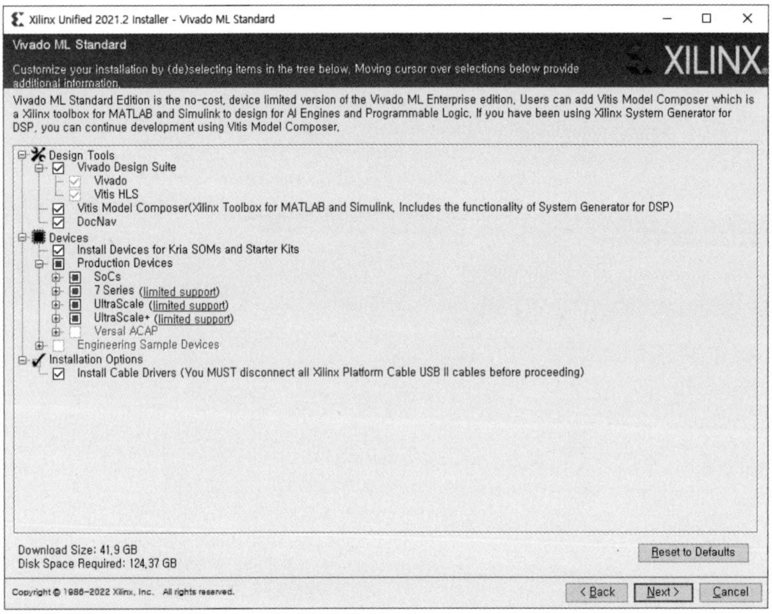

❽ 라이선스에 동의한다.

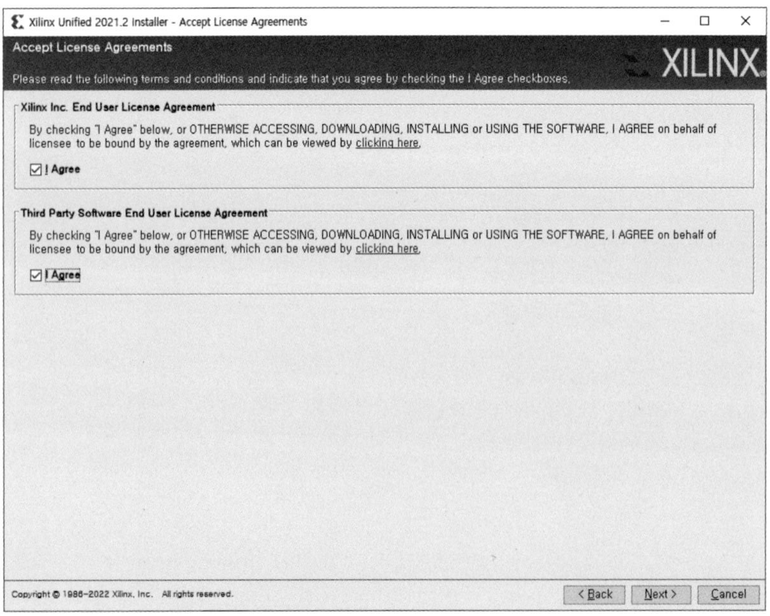

⑨ 설치 폴더를 지정한다.

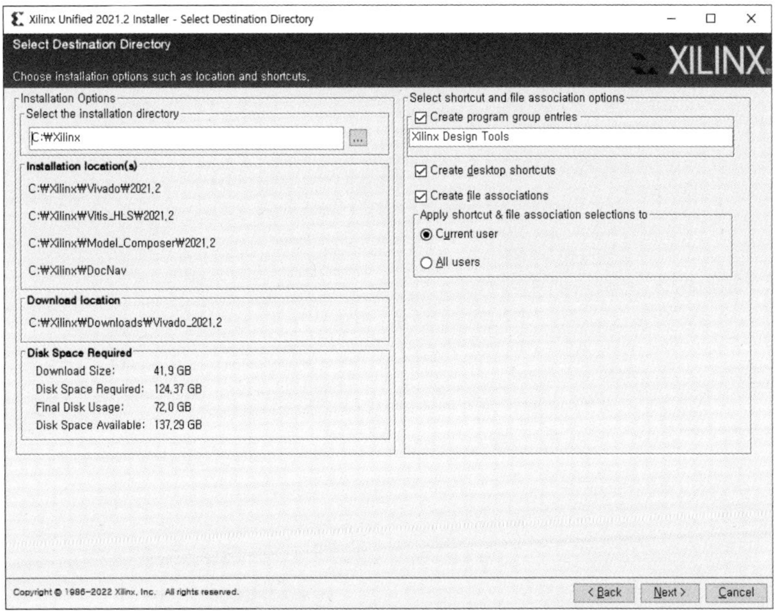

⑩ 설치정보 요약을 확인한다.

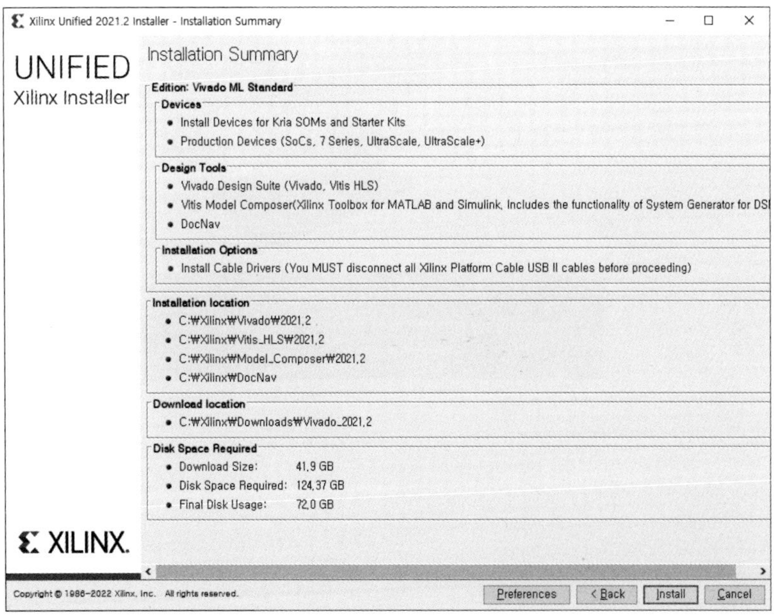

⑪ Xilinx 사용자 계정 정보를 입력한다.

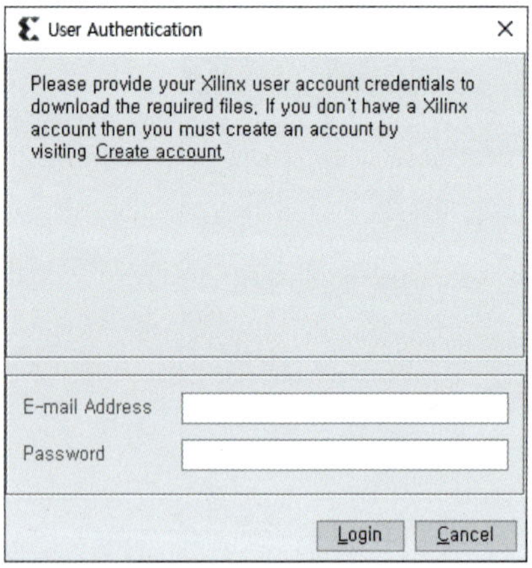

⑫ 설치를 진행한다.

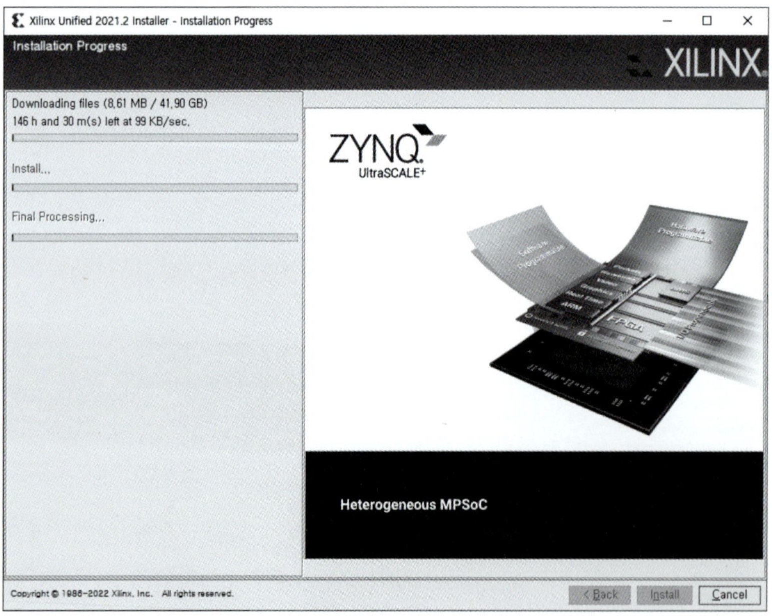

찾아보기

찾아보기

찾아보기